# Die Bienenweide

von

Dr. ULRICH BERNER
Wilhelmsfeld bei Heidelberg

Mit einem Beitrag über die
biologischen Grundlagen der Honigtautracht
von

Dr. HANS MÜLLER
Konstanz

Dritte Auflage

Mit 85 Abbildungen

VERLAG EUGEN ULMER STUTTGART

CIP-Kurztitelaufnahme der Deutschen Bibliothek

**Handbuch der Bienenkunde** / hrsg. von Friedrich Karl Böttcher. – Stuttgart: Ulmer.

NE: Böttcher, Friedrich Karl [Hrsg.]
→ Berner, Ulrich: Die Bienenweide

**Berner, Ulrich:**
Die Bienenweide / von Ulrich Berner. Mit e. Beitr. über die biolog. Grundlagen d. Honigtautracht / von Hans Müller. – 3. Aufl., unveränd. Nachdr. d. 2. Aufl. – Stuttgart: Ulmer, 1979.
(Handbuch der Bienenkunde)
ISBN 3-8001-7410-3

NE: Müller, Hans: Die biologischen Grundlagen der Honigtautracht

Unveränderter Nachdruck der 2. Auflage



Printed in Germany
Druck: Offsetdruckerei Karl Grammlich, Pliezhausen

# Vorwort

Eine Neuauflage des Bandes VII »Die Bienenweide« des ZANDERschen Handbuches bedurfte einer durchgreifenden Neubearbeitung. Die Erstauflage gerade dieses Bandes liegt besonders weit zurück. Es ist dabei nicht einmal so sehr von Bedeutung, daß inzwischen die wissenschaftlichen Erkenntnisse fortgeschritten sind; das ist bei jedem älteren Werk der Fall. Besonders wichtig ist aber, daß die wirtschaftlichen Grundlagen der Bienenweide sich in letzter Zeit entscheidend geändert haben. Ich habe mich daher bemüht, die Möglichkeiten einer Bienenweideverbesserung, die heute weit dringlicher geworden ist als vor fast 40 Jahren, besonders herauszustellen, immer mit Bezugnahme auf die jetzigen landwirtschaftlichen und allgemein volkswirtschaftlichen Verhältnisse.

Die botanischen Namen sind grundsätzlich dem neuesten Stand der Nomenklatur, entsprechend dem »Handwörterbuch der Pflanzennamen« von ROBERT ZANDER (Verlag Eugen Ulmer 1964, 9. Aufl.) angeglichen worden. Ältere, aber bekanntere und noch vielfach gebrauchte Synonyme sind des besseren Verständnisses halber hinzugefügt worden.

Ein besonderer Abschnitt ist der Honigtautracht gewidmet, die ja gerade in letzter Zeit starkes Interesse sowohl bei den Bienenwissenschaftlern als auch bei den praktischen Imkern gefunden hat.

Die Ausführungen über die biologisch-forstzoologischen Grundlagen dieser Honigtautracht hat Dr. HANS MÜLLER beigesteuert.

Wilhelmsfeld, im Frühjahr 1967 Dr. ULRICH BERNER

# Inhaltsverzeichnis

# I Die Grundlagen der Bienenweidekunde

*»Ein Blumenglöckchen*
*Vom Boden hervor*
*War früh gesprosset*
*In lieblichem Flor;*
*Da kam ein Bienchen*
*Und naschte fein: –*
*Die müssen wohl beide*
*Füreinander sein.«*

## A Allgemeines

Man kann zu diesen schönen Worten Goethes mit nüchternem Verstande allerlei Bedenken vorbringen. Man könnte sagen, daß die Bienen sich durchaus nicht auf das Sammeln von Blütennektar beschränken, sondern sich überall da einfinden, wo sich eine Gelegenheit bietet, Zuckerstoffe zu sammeln, ganz gleich, wo und wie sie entstanden sind: aus Blütennektarien, extrafloralen Nektarien oder gar von den Ausscheidungen der Tannenläuse, wobei wirklich kein biologisches Gegenseitigkeitsverhältnis besteht. Auch könnte man anführen, daß das Nektarsammeln aus Blüten oft auf irreguläre Weise geschieht, durch seitliches Einführen des Rüssels zwischen den Blütenblättern hindurch oder durch Bißstellen der Erdhummeln. Man kann sogar mit Ewert (1932) und anderen der Ansicht sein, daß ursprünglich und primär die Aufgabe der Nektarien gar nicht gewesen ist, Insekten anzulocken, sondern ganz einfach die Pflanze von überflüssigem Zucker zu befreien. Denn Honigdrüsen sind auch bei Pflanzen nachzuweisen, die grundsätzlich nichts mit Insektenbeflug zu tun haben. Erst später sei dann durch eine gewisse Auslese im darwinistischen Sinne ein engeres, wenn auch nicht immer bindendes Verhältnis zwischen Biene und Blüte entstanden. So hat Pech (1960) auch an den Honigdrüsen des Adlerfarns *(Pteridium aquilinum* [L.] Kuhn), der zu den blütenlosen Pflanzen gehört, saugende Bienen angetroffen. Sie beschränken sich ja nicht darauf, den Pollen von insektenblütigen Weiden zu sammeln, sondern sie nehmen auch von den windblütigen Haseln. Man könnte sogar sagen, daß, wenn die Robinienblüte für die Bienen geschaffen sei, der Schöpfungsplan schon die Entdeckung Amerikas durch Kolumbus mit einkalkuliert haben müßte.

Wenn wir aber das Wort Goethes so nehmen, wie es wohl gemeint ist, nämlich nicht als fachwissenschaftliche Erkenntnis, sondern als dichterischen Versuch, rätselhafte und wunderbare Dinge durch einen symbolhaften Vergleich dem Verständnis näherzubringen, dann mag das Gedicht als Einleitung dieses Abschnittes seine Berechtigung haben.

Man hat wohl etwas gar zu kühn behauptet, daß ein Ausfall der Bienen und anderer befruchtender Insekten die Erde in eine vegetationslose Wüste verwandeln würde. Nun, es gibt ja genug Pflanzen, die nicht insekten-, sondern windblütig sind. Gerade die Hauptmasse der eigentlichen Nahrungs- und Viehfutterpflanzen, wie Getreide, Kartoffeln, Rüben und Gras sind windblütig, desgleichen die überwiegende Zahl unserer Waldbäume. Aber es würde eine erschreckende Verarmung des Pflanzenwuchses und auch eine unerträgliche Einseitigkeit der menschlichen Ernährung eintreten. Einige Zweige der Nahrungsmittelerzeugung, zum Beispiel der Obstbau, würden zusammenbrechen.

Wie dem auch sei, eine enge Zusammengehörigkeit von Biene und Blüte besteht, und die Entdeckung von Christian Konrad Sprengel (1793) von den Beziehungen der Bienen zu den Blüten gehört zu den Großtaten der botanischen Forschung. Die blütenbiologischen Erscheinungen sollen hier nicht weiter behandelt werden, da dies schon durch Weiss in Band IV des Handbuches der Bienenkunde (Das Leben der Biene) geschehen ist. Nur bei dem Kapitel »Obstbau« müssen wir noch darauf zurückkommen.

Die Bienenzucht ist ein Zweig der Nahrungsmittelerzeugung, die sich nicht auf die Ausnutzung eigenen Geländes beschränkt, sondern auch — und zwar in den meisten Fällen — nichteigene Flächen verwertet. Dadurch tritt aber keinerlei Schädigung fremder Interessen auf, es werden nur die Nektarschätze der Natur, die sonst ungenutzt verlorengehen würden, der menschlichen Ernährung zugeführt. Im Gegenteil schaffen die Bienen durch ihre Sammeltätigkeit und die damit verbundene Befruchtung für die nichtimkernden Landwirte und Obstbauern indirekt einen Nutzen, der den Wert der Honigerzeugung um ein Vielfaches übersteigt.

### *Wert der Bestäubungstätigkeit*

Schon Sprengel (1811) führte den geringen Ertrag des Buchweizens in der Umgebung von Berlin auf den Mangel an Bienen zurück. In Berner (1916) wurde der Wert der Früchte und Samen in Deutschland, die zu ihrer Entstehung auf Befruchtung durch Honigbienen und verwandte Insekten angewiesen sind, auf annähernd 280 Millionen Mark berechnet. Davon wurden zwei Drittel bis drei Fünftel auf das Konto der Honigbiene gesetzt und dementsprechend deren Tätigkeit mit *173 bis 192 Millionen Mark* bewertet. Vor einigen Jahren (1958) hat Verfasser dann für das Gebiet der Bundesrepublik eine Neuberechnung vorgenommen und kam für die Befruchtungstätigkeit der Bienen auf den Wert von *850 Millionen DM jährlich.* Für Gesamtdeutschland wäre die Summe von *einer Milliarde* ganz erheblich überschritten worden. Bei der zu erwartenden Zunahme des Obstbaues und vor allem bei Qualitätssteigerung und damit Werterhöhung des Obstes dürften diese Zahlen in Zukunft noch erheblich steigen.

Nach einer Notiz des »Südwestdeutschen Imkers« (1966, Heft 4) wurde in der siebenten *Konferenz über Bienenbestäubung in den USA* festgestellt, daß der Wert der von den Bienen abhängigen Obst- und Samenerträge *mehr als eine Milliarde Dollar beträgt.*

*Extraflorale Nektarien und andere zuckerhaltige Nahrungsquellen*

Die schon erwähnten extrafloralen Nektarien können an den verschiedensten Stellen des Pflanzenkörpers auftreten. In Deutschland spielen in dieser Hinsicht vor allem die Wicken eine gewisse Rolle. Einmal sah Verfasser im Westerwald einen sehr beachtlichen Bienenbeflug auf die Nektarien in den Blattwinkeln von wilden Kirschen. Auch bei dem Trompetenbaum *(Catalpa bignonioides* Walt.) sollen gleichzeitig die Blütennektarien und die Blattnektarien beflogen werden. Bekanntlich können infolge des Baues der Blüten und der Rüssellänge nur bestimmte Blüten von den Bienen ausgenutzt werden. Man unterscheidet ja *Bienen-, Hummel-, Falter- und sogar Vogel- und Fledermausblüten* (die beiden letzteren kommen bei uns allerdings nicht vor). Die Grenzen gehen natürlich ineinander über. Aber auch ausgesprochene Hummelblüten können für die Bienen wertvoll werden; wenn die Blütenröhren von den Erdhummeln *(Bombus terrestris)* am Grunde angebissen worden sind, lassen sich die Bienen diese Gelegenheit nicht entgehen. Das spielt zum Beispiel bei dem Rotklee, dem Lerchensporn und in gewissem Sinne auch bei der Saubohne eine Rolle.

Gelegentlich kann man Bienen auch auf süßen Früchten wie Himbeeren oder Weintrauben saugen sehen. Sie richten aber dadurch keinen Schaden an, da sie nur an geplatzte oder von Wespen angenagte Früchte gehen, wie die Beobachtungen von JORDAN (1965) ergeben haben. Als Kuriosität sei noch erwähnt, daß wohl auch der vom Mutterkorn des Getreides abgesonderte süße Saft aufgenommen werden kann.

*Honigtau*

Die zweitwichtigste Honigquelle ist der Honigtau, der in den südlichen und mittleren Teilen Deutschlands eine besondere Rolle spielt, auch in benachbarten Ländern wie Schweiz, Österreich, ferner auf dem Balkan, in Jugoslawien und Griechenland. Überwiegend stammt er von Koniferen: Fichte, Weißtanne, auch Lärche, etwas seltener Kiefer. Von Laubhölzern haben hier Eichen, Ahorne, Linden manchmal Bedeutung, gelegentlich auch andere Bäume. Auch die Absonderungen von Blattläusen auf dem Boden der Blütenköpfe des Rotklees werden manchmal eingetragen.

*Pollen*

Für die Bienen ebenso lebenswichtig wie der Nektar ist der Pollen. Da er die Voraussetzung für eine kräftige Entwicklung des Bienenvolkes und damit für dessen Sammelfähigkeit ist, so hat er auch indirekt eine entsprechende Bedeutung für den Imker. Nur besteht der Unterschied, daß Honig theoretisch unbegrenzt, praktisch in sehr hohem Maße sammel-, stapel- und erntbar ist. Es kann daher nicht zuviel Nektarquellen geben. Wenn der – freilich recht hohe – Pollenbedarf eines Volkes einschließlich einer Speichermenge im Herbst gedeckt ist, so ist weiterer Pollen wertlos. Im allgemeinen darf man annehmen, daß in der wärmeren Jahreszeit die Bienen ausreichend Blütenstaub finden. Im Frühjahr kann Pollen Mangelware sein, und ebenso kann es vorkommen, daß im Herbst das Pollenangebot für die Aufmästung der Überwinterungsbienen und zur Speicherung für den ersten Frühjahrsbedarf nicht ausreicht. Das Interesse des Imkers für Nurpollenpflanzen beschränkt sich daher im allgemeinen auf die ausgesprochenen Früh- und auch auf die Spätblüher.

Nun ist Pollen nicht gleich Pollen. Der Nährwert und die Auswirkung auf die Bruttätigkeit und die Volksentwicklung ist bei den verschiedenen Blütenstaubarten sehr verschieden. Es liegen hier interessante Untersuchungen von MAURIZIO (1950) und WAHL (1963) vor. Leider stimmen die Ergebnisse oft nicht überein, so daß ich auf die Wiedergabe einer Wertreihenfolge verzichten möchte. Man könnte den Eindruck haben, daß der Pollen von insektenblütigen Pflanzen wie Obst, Klee, Kreuzblütlern, Weiden wertvoller ist als der von windblütigen Pflanzen. Doch gilt diese Regel keineswegs unbedingt. Wenn der Pollen von Löwenzahn *(Taraxacum officinale* Web.) nicht besonders gut abschneidet, so möchte ich die Vermutung äußern, daß es damit zusammenhängt, daß die Blüten dieser Pflanze oft apogamisch fruchten, das heißt ohne jede Bestäubung. Man könnte also sagen, daß die Bienentätigkeit nicht mehr eine Lebensnotwendigkeit für die Pflanze ist, sondern ein Relikt früherer Zeiten. Doch möchte ich noch bemerken, daß viele Imker den Löwenzahn nicht einmal so sehr wegen des Nektars als wegen der entwicklungsfördernden Wirkung des reichen Pollenangebots schätzen.

Eindeutig scheint festzustehen, daß die untersuchten Koniferenpollen ziemlich wertlos sind. Ich selber habe einen Bienenbeflug auf Fichten- und Kiefernpollen nie beobachten können, wohl aber wurden in meinem früheren Bienengarten Lärche und Eibe regelmäßig und stark beflogen. Völlig unklar scheint mir nach den vorliegenden Versuchen die Wirkung des Birkenpollens zu sein. Ich konnte im Gegensatz nicht nur zur Hasel, sondern auch zu den ebenfalls windblütigen Erlen, Espen, Eichen und Ulmen nur ein einziges Mal ein starkes Pollensammeln bei der Birke beobachten.

Beachtenswert ist die Feststellung von WAHL, daß einerseits manche Pollenersatzmittel rein chemisch betrachtet höheren Nährwert haben als die besten Pollenarten, daß andererseits, unbegrenztes Angebot vorausgesetzt, die Entwicklung des Volkes bei einigermaßen guter Pollennahrung besser vor sich geht als bei einseitigem Angebot von Ersatzmitteln. Der Grund liegt darin, daß die Bienen wegen des ihnen mehr zusagenden Geschmackes, oder sagen wir vorsichtiger mit WAHL wegen des Gehaltes an Attraktivstoffen weit mehr von dem Naturpollen zu sich nehmen.

Bekannt ist ja, daß die Bienen bei Pollenmangel auch völlig wertlose, aber höselbare Stoffe eintragen wie Sägemehl, Ziegelstaub und Ruß. Nach den letzten Versuchen von WAHL (1966) geht den Bienen ein Spürsinn für den Nährwert des Sammelgutes ab. Sie ziehen den gehaltvollsten Ersatzmitteln nicht nur gleichwertigen, sondern auch ganz minderwertigen Pollen vor. Auch bei Ersatzmitteln machen sie in der Stärke des Eintragens keinen Unterschied zwischen hochwertigen und minderwertigen. Wenn man bei der Beobachtung in der freien Natur vielleicht doch zu dem Eindruck kommen könnte, daß sie bei Auswahlmöglichkeit die Pollenarten bevorzugen, die sich untersuchungsmäßig als nährstoffreicher erwiesen haben, so könnte das möglicherweise auf einen größeren Gehalt an Attraktivstoffen bei den guten Pollenarten zurückzuführen sein.

Sogar giftiger Pollen wird nicht verschmäht. Man hat bestimmte im Frühjahr auftretende Krankheits- und Vergiftungserscheinungen, die auch als *Bettlacher Maikrankheit* bezeichnet werden, früher auf den Verzehr von erfrorenem Pollen zurückgeführt. Tatsächlich handelt es sich um den giftigen Pollen einiger Hahnenfußarten, besonders *Ranunculus puberulus* W. Koch. Glücklicherweise sammeln die Bienen ihn nur, wenn sie nichts Besseres zur Verfügung haben. Das Gegenmittel – oder besser Vorbeugungsmittel – ist klar erkennbar: Man sorge für ausreichenden guten Frühjahrspollen.

Die für Menschen oder Tiere giftige Eigenschaft der ganzen Pflanzen irgendeiner Art sagt für die Giftigkeit des Pollens und Honigs für Bienen und Menschen im allgemeinen nichts aus. Die Sophore, ein beliebter Parkbaum, besitzt giftiges Holz. Der Nektar ist nachgewiesenermaßen ungiftig. (Näheres in dem Kapitel »Park- und Zieranlagen«.) Aber es gibt auch einige Ausnahmen sowohl in Hinsicht auf die Bienen als auch auf die Menschen. Der erste — man kann wohl sagen klassische — Beleg für den zweiten Fall ist der Bericht des XENOPHON, daß auf dem berühmten Zug der Zehntausend bei den Griechen in Armenien nach dem Genuß von Honig der dortigen Rhododendronart *(Rhododendron ponticum* L.) ziemlich schwere Vergiftungserscheinungen aufgetreten sind. Ebenso soll Honig aus *Kalmia latifolia* L., einer nordamerikanischen Ericacee, wirken. Ähnliches wird von dem in Nordostdeutschland vorkommenden Verwandten der Rhododendren, dem Sumpfporst *(Ledum palustre* L.) behauptet, doch dürfte im Handel ein Honig, der zum nennenswerten Teil von Porst stammt, noch nicht aufgetreten sein. In Nordamerika gibt es in einigen Gegenden eine Verwandte unserer Roßkastanie *(Aesculus californica* Nuth.), bei deren Blütenanfang die Imker abwandern, weil Pollen und Nektar den Bienen schädlich sind.

Nun ist es wichtig, etwas über den Trachtwert der verschiedenen Bienenpflanzen zu wissen, sowohl für den Imker, der seinen Betriebsplan auf die zu erwartende Tracht einstellen möchte, als auch für denjenigen, der die Bienenweide verbessern will.

Hier verfällt man oft in den Fehler, nicht genügend zwischen dem *Trachtwert* im engeren Sinne, d. h. der Honigleistung der einzelnen Blüte beziehungsweise Pflanze und der *Trachtbedeutung* zu unterscheiden.

Eine Pflanze, die sehr große Mengen hochwertigen und für die Bienen ausnutzbaren Nektars absondert, besitzt einen extrem hohen Trachtwert. Wenn sie aber nur vereinzelt vorkommt, so bleibt ihre Trachtbedeutung trotzdem gering. Eine andere Pflanze, deren Nektarabsonderung etwas schlechter ist, die aber in großen Flächen wild oder angebaut vorkommt, kann von ganz erheblicher Trachtbedeutung sein. Bei den Listen honigender Pflanzen weiß man meist nicht, wenn etwa der Wert mit den Zahlen 1 bis 4 zensiert wird, ob es sich um den Trachtwert, die Trachtbedeutung oder um einen Kompromiß zwischen beiden handelt, ganz abgesehen davon, daß man für die genaue Richtigkeit der Zensuren nicht immer die Hand ins Feuer legen kann.

## B Methoden zum Bestimmen des Trachtwertes

Da ist zunächst der *consensus apicultorum,* die allgemeine Imkermeinung. Man soll sie, weil auf jahrhundertelanger Erfahrung beruhend, nicht gering achten. Ja, es ist schon vorgekommen, daß man aufgrund von einmaligen und einseitigen Laboruntersuchungen und Experimenten voreilig die Irrtümlichkeit dieses consensus feststellen zu können geglaubt hat. Wenn man sich dann aber näher mit der Sache beschäftigt hat, dann hat sich oft gezeigt, daß die alten Imker doch gar nicht solche Dummköpfe waren, wie es zunächst schien. Die Schwäche dieser Imkerüberlieferungen besteht darin, daß sie sich vor allem auf die trachtbedeutenden Pflanzen beziehen und daß man wenig über seltene Pflanzen erfährt, die sich vielleicht zur Vermehrung eigneten. Die Herkunft eines Honigs ist auch durch die Zungenprobe nur zu bestimmen, wenn er einen ganz spezifischen Sortengeschmack hat. Es kann auch vorkommen, daß kleine Beimischungen von Honigen mit »vordringlichem Geschmack«, wie ZANDER es nennt, etwas Falsches vortäuschen. Endlich sind aus der allgemeinen Imkererfahrung keine Zahlenwerte abzuleiten.

### 1 Waagstockbeobachtung

Dieser Mangel wird schon etwas behoben durch die Waagstockbeobachtung. Man kann hier die tägliche Zunahme feststellen und auch nach Schluß der Tracht einer bestimmten Pflanzenart das Fazit bei der Schleuderung ziehen. Ein Unsicherheitsfaktor entsteht dadurch, daß eine etwaige Gewichtszunahme des Volkskörpers die Rechnung stören kann. Auch versagt die Methode, wenn zwei oder mehr Trachtpflanzen in größerem Umfange gleichzeitig blühen. Endlich darf man nicht versäumen, die Größe der beflogenen Fläche und die Zahl der befliegenden Völker in die Berechnung mit einzubeziehen. Selbstverständlich läßt sich auch so kein Werturteil über seltene Pflanzen fällen.

### 2 Pollenanalyse

Auch bei den nur Nektar sammelnden Bienen gelangen auf irgendwelche Weise gewisse Pollenmengen in das Sammelgut und damit in den Honig. Seit Anfang dieses Jahrhunderts etwa bemüht man sich, aus der Form des im Honig enthaltenen Pollens die Herkunft des betreffenden Honigs zu ermitteln. Dazu war es zunächst nötig, sich eine genaue Kenntnis von der Gestalt und sonstigen Eigenart möglichst vieler Pollenarten zu verschaffen.

Am bekanntesten ist hier das groß angelegte, systematisch durchgeführte und vorzüglich ausgestattete Werk von Enoch Zander (1935 – 1948).

Man glaubte nun zunächst, mit dieser Methode völlig hinter das Naturgeheimnis gekommen zu sein, aber man hat oft die äußerst wertvollen und interessanten Ergebnisse dieser Vergleiche überschätzt oder unzutreffend beurteilt. Es herrschte zunächst die Ansicht, daß man bei Mischhonigen den Anteil der verschiedenen Trachtpflanzen prozentual aus dem Anteil der verschiedenen Pollenkörnerarten ablesen könne.

Maurizio (1949) wies nun darauf hin, daß bei Sortenhonigen, d. h. bei Honigen, die nach Farbe, Geschmack, Beschaffenheit usw. ganz überwiegend von einer einzigen Trachtpflanze stammen, ausgesprochene Unterschiede in der absoluten Zahl der vorhandenen Pollenkörner vorhanden sind. Bei Robinien-Sortenhonig fand sie in 10 cm³ Honig Zahlen, die etwa um 10 000 schwankten. Bei derselben Menge Edelkastanien-Honig waren es mehrere hunderttausend. Es ist nun klar, daß bei Mischungen die pollenarmen Honige zu schlecht, die pollenreichen über Gebühr gut abschneiden. Hatte Zander einen Prozentsatz von 50 als Leitpollen bezeichnet, von 15 bis 30 als Begleitpollen und darunter als Einzelpollen (später Leitpollen über 45, Begleitpollen 16 bis 45, Einzelpollen unter 16), so schlug Maurizio nun vor, die Grenze für Leitpollen bei ausgesprochen pollenarmen Honigen wie Linde und Robinie auf 40 (später 35 bis 40) % herabzusetzen, andererseits bei sehr pollenreichen Honigen wie *Castanea* und *Myosotis* (über die angeblichen Vergißmeinnicht-Honige später) die für Leitpollen erforderliche Zahl auf 70 zu erhöhen.

Demgegenüber hat Verfasser (1952) darauf hingewiesen, daß diese Korrektur noch bei weitem nicht der Wirklichkeit gerecht wird, weil bei der prozentualen Ablesung so ungeheuerliche Mißweisungen entstehen können, daß diese Berichtigung keineswegs ausreicht. Zum Beleg werden folgende Rechenbeispiele angeführt:

(In dem Aufsatz wurden *Myosotis* und *Robinia* verglichen. Da es aber Vergißmeinnicht-Honig praktisch überhaupt nicht geben dürfte, wird in folgendem die Edel-Kastanie der Robinie gegenübergestellt. Die Verhältnisse bleiben völlig gleich.)

Wenn 10 cm³ Kastanien-Sortenhonig mit einem Gehalt von 500 000 Pollenkörnern mit einem Robinien-Sortenhonig mit 10 000 Pollenkörnern gemischt werden, so enthalten 10 cm³ der Mischung halb und halb 250 000 Kastanienpollen und nur 5000 Robinienpollen. Selbst bei einer Mischung 1:4, die also praktisch schon guter Robinien-Sortenhonig ist, beträgt der Pollenanteil der Kastanie immer noch 100 000 = 92,6 %, der Anteil des Robinienpollens 8000, das sind kümmerliche 7,4 %. Bei einer Mischung 1:9 kommt die Robinie mit 16,9 % gerade noch auf die Stufe des Begleitpollens. Erst bei einem wahren Honiganteil von 98,1 % erlangt der Robinienpollen mit 50,8 % ein ganz knappes Übergewicht. Das bedeutet aber, daß sich die Robinie und ähnlich die Linde gegenüber Edelkastanie und Vergißmeinnicht überhaupt nicht durchsetzen kann, wenn der Honiganteil der letzteren Pflanzen Spuren auch nur im geringsten überschreitet. So konnte es geschehen, daß das Vergißmeinnicht, tatsächlich eine kümmerliche Trachtpflanze, als Trachtriese erschien. Die Linde dagegen, unter Umständen tatsächlich ein Trachtriese, wurde als kümmerlicher Zwerg angesehen. Nicht ganz so extrem, aber immerhin noch beträchtlich sind die Mißweisungen bei Sortenhonigen mit nicht ganz so hohen oder ganz so niedrigen Pollenzahlen.

Diese Ausführungen haben meist wenig oder zögernde Beachtung gefunden. Sie sind aber grundsätzlich durch die Untersuchungen von PRITSCH (1956/57) bestätigt worden. Auch er hält die Verwendung von starken Umrechnungsquotienten, die auf dem absoluten Pollengehalt von Sortenhonigen basieren, für notwendig.

PRITSCH und BERNER mußten immerhin mit der unsicheren Grundlage der Zahlen aus im Umlauf befindlichen »Sortenhonigen« rechnen. Diese sind selbstverständlich nie absolut rein, und bei pollenarmen Honigen wird schon eine kleine Beimischung pollenreichen Honigs, die in der freien Natur nie ganz zu vermeiden sein wird, die Gesamtzahl der Pollenkörner stark nach oben drücken. Nun haben A. und S. DEMIANOWICZ (1956) einseitige Blütenpflanzenkulturen zusammen mit einem Bienenvolk gekäfigt, so daß garantiert reiner Sortenhonig entstehen mußte. Es ergab sich, daß der Pollengehalt bei den pollenarmen Nektaren noch erheblich unter den bisher angenommenen Zahlen lag. Bei der Winterlinde enthielt 1 g Honig 186 Körner, das entspricht bei 10 $cm^3$ etwa der Zahl 2300, bei der Robinie sind die Zahlen 122 beziehungsweise 1500. Mögen diese Zahlen auch nicht endgültig sein, im Grundsatz sind sie richtig. Es ist deshalb völlig unverständlich, daß man sich immer noch weigert oder es verabsäumt, bei der Ausdeutung des Honigpollenbildes entsprechende Korrekturen vorzunehmen. EVENIUS (1960) hat bei 225 Honigproben Vergleiche zwischen der Pollenanalyse und den Berichten des Beobachtungsdienstes vorgenommen. Er vertritt dabei wegen der geringen Pollenzahl nach wie vor die Ansicht von der »Überschätzung der Linde als Trachtpflanze«. Tatsächlich dürften die Beobachter recht gehabt haben.

Nach einer polnisch geschriebenen Veröffentlichung hat Z. DEMIANOWICZ (1960) Bienen über Vergißmeinnichtbeeten gekäfigt. Der so gewonnene absolut reine Vergißmeinnicht-Honig wies im Gramm 17,3 Millionen Vergißmeinnicht-Pollen auf, das heißt auf die sonst übliche Menge von 10 $cm^3$ umgerechnet, rund 220 Millionen. Dementsprechend enthielten Honige mit 90 und mehr % Vergißmeinnicht-Pollen höchstens 0,5 bis 1 % Vergißmeinnicht-Honig. Das ist vermutlich noch zu hoch und setzt zum mindesten voraus, daß die anderen 10 % des Pollens aus ebenfalls recht pollenreichen Honigen stammen. Hat der Vergleichshonig etwa eine durchschnittliche Pollenzahl von 50 000, so ist rechnerisch der Vergißmeinnicht-Honiganteil nur knapp mit ein Fünftel Prozent anzusetzen. Handelt es sich aber um einen pollenarmen Honig wie bei der Robinie, so ergibt die Rechnung für den Vergißmeinnicht-Honig nur wenige Promille, ja vielleicht Bruchteile von einem Promille. Das heißt, daß das gelegentliche Aufsuchen einiger Vergißmeinnichtblüten genügt, um fast jeden Honig mit Vergißmeinnicht-Pollen zu überschwemmen, und daß es Vergißmeinnicht-Honig praktisch überhaupt nicht gibt.

Wenn bei der Untersuchung von Honigproben nicht die absoluten Pollenzahlen, sondern nur die Prozentzahlen der verschiedenen Pollenarten ermittelt worden sind, so kann man auch hier die wahren Anteile der verschiedenen Honige errechnen für den Fall, daß man die Pollencharakterzahl der in Betracht kommenden Honige kennt.

Wenn drei Pollenarten in einer Honigprobe auftreten, diese also aus drei Honigen, A, B, C, gemischt ist, gilt folgender Doppelbruch als Schlüssel [1] für den wahren Prozentanteil des Honigs A:

$$\frac{\dfrac{\text{Prozentsatz des Pollens A}}{\text{Charakterzahl des Honigs A}} \cdot 100}{\dfrac{\text{Prozentsatz des Pollens A}}{\text{Charakterzahl des Honigs A}} + \dfrac{\text{Prozentsatz des Pollens B}}{\text{Charakterzahl des Honigs B}} + \dfrac{\text{Prozentsatz des Pollens C}}{\text{Charakterzahl des Honigs C}}}$$

Für die Berechnung des wahren Prozentsatzes des Honigs B ist im Hauptzähler entsprechend der Buchstabe B einzusetzen, ebenso tritt für den Honig C im Hauptzähler der Buchstabe C auf.

Eine durchgeführte Rechnung erläutere die Formeln:

Ein untersuchter Honig habe 3 Pollenarten, A Robinie in 10,4 % (die Charakterzahl sei mit 10 000 angenommen), B Weißklee in 14,9 % (die Charakterzahl sei mit 50 000 angenommen) und C Edelkastanie in 74,6 % (die Charakterzahl sei mit 500 000 angenommen)

$$\text{Wahrer Anteil des Honigs A} = \frac{\dfrac{10{,}4}{10\,000} \cdot 100}{\dfrac{10{,}4}{10\,000} + \dfrac{14{,}9}{50\,000} + \dfrac{74{,}6}{500\,000}} = 70\,\%$$

$$\text{Wahrer Anteil des Honigs B} = \frac{\dfrac{14{,}9}{50\,000} \cdot 100}{\dfrac{10{,}4}{10\,000} + \dfrac{14{,}9}{50\,000} + \dfrac{74{,}6}{500\,000}} = 20\,\%$$

$$\text{Wahrer Anteil des Honigs C} = \frac{\dfrac{74{,}6}{500\,000} \cdot 100}{\dfrac{10{,}4}{10\,000} + \dfrac{14{,}9}{50\,000} + \dfrac{74{,}6}{500\,000}} = 10\,\%$$

Diese Formeln nach Berner sind als kompliziert bezeichnet worden, höchst verwunderlich. Keine Wissenschaft scheut sich, wenn nötig, die höhere

---

[1] Bei der ersten Veröffentlichung (1952) hatten sich leider trotz mehrfacher Korrektur zwei Druckfehler in die Formeln eingeschlichen, die aber bei gutem Willen bei den durchgeführten Rechnungen leicht zu erkennen waren.

Mathematik heranzuziehen. Die obigen Aufgaben kann aber ein mathematikbegabter Obertertianer lösen. Auch der Vorbehalt, daß man nicht genügend Charakterzahlen zur Verfügung habe, zeigt nur, wo hier noch wertvolle Arbeit nach der Methode von DEMIANOWICZ geleistet werden kann, um an den Kern des Problems heranzukommen.

Auch die Tatsache, daß oft bei Pollen-Honiguntersuchungen aus vermutbaren oder ganz unerklärlichen Gründen Pollenformen auftreten, die absolut nichts mit den betreffenden Honigen zu tun haben können (MAURIZIO 1962), mahnt zu großer Vorsicht bei Rückschlüssen auf die Herkunft der Honige. Bemerkt sei noch, daß nach Z. DEMIANOWICZ (1966) in dem Honig derselben Pflanze sehr starke Unterschiede im Pollengehalt auftreten können je nach dem verschiedenen Anteil der Flug- und Stockbienen im Volk.

Mit alledem soll in keiner Weise die Bedeutung und der Wert der Pollenanalyse herabgesetzt werden. Sie kann hervorragende Dienste leisten, wenn sie unter Berücksichtigung der richtigen Korrekturquotienten gehandhabt wird. Das beweisen Untersuchungen von PRITSCH (1958), bei denen sich eine starke Übereinstimmung der korrigierten Pollenanalyse mit den Angaben der Imker herausstellte, auch in bezug auf die Linde.

Daß die Methode bei der Feststellung der geographischen Herkunft der geprüften Honige hervorragenden Wert hat, erübrigt sich fast zu betonen. Tritt irgendeine Pollenart auf, die in dem angeblichen Herkunftsland des Honigs nicht vorkommt, so handelt es sich nicht um reinen selbstgewonnenen Honig. Doch Vorsicht bei der Nähe Botanischer Gärten usw.! Auch den Imkern sei Vorsicht angeraten bei der Verwendung von gekauften Futterteigen, denn es ist nicht ausgeschlossen, daß sie ausländischen Pollen enthalten (VORWOHL 1966).

Es ist klar, daß man mit der Pollenanalyse im günstigen Fall die Trachtbedeutung, nicht den Trachtwert der Pflanzen feststellen kann.

## 3 Nektarmessung in den Blüten

Das ist dagegen der Fall bei einer anderen Untersuchungsmethode, um die sich BEUTLER besondere Verdienste erworben hat (s. WAHL 1964). Es handelt sich um die direkte Nektarmessung in den Blüten. So eindeutig die Resultate auf den ersten Blick zu sein scheinen, wenn man die Menge des jeweils in einem bestimmten Zeitraum (24 Stunden) abgesonderten Nektars in einer gegen Insektenbesuch abgeschirmten Blüte mißt, so sind auch hier bestimmte Zusatzkontrollen notwendig. Es muß hervorgehoben werden, daß diese grundsätzlich von BEUTLER schon in die Untersuchungen einbezogen worden sind.

Selbstverständlich muß man auch hier mit Durchschnittswerten arbeiten, da nach Bodenbeschaffenheit und Feuchtigkeit der Luft Schwankungen auftreten. Ferner unterscheiden sich die einzelnen Pflanzenarten nicht nur in der Menge des abgesonderten Nektars, sondern auch in dessen Zucker- und Wassergehalt. BEUTLER (1940) hat von Anfang an dem absoluten Zuckerwert besondere Bedeutung beigelegt.

Von ihren zahlreichen Tabellen sei einiges hier angeführt. Es muß noch bemerkt werden, daß es sich jeweils um die einzelne Blüte, nicht um den Blütenstand handelt.

**Tab. 1. Nektar-Zuckerwert verschiedener Bienennährpflanzen**

| Pflanzenart | Nektarmenge je Blüte in 24 Stunden mg | Nektar-konzentration % | Zuckerwert mg |
|---|---|---|---|
| Himbeere *(Rubus idaeus* L.) | 17,7 | 46,0 | 7,56 |
| Brombeere *(Rubus plicatus* Wh. et Nees) | 3,96 | 48,8 | 1,92 |
| Stachelbeere *(Ribes uva-crispa* L.) | 3,61 | 23,9 | 1,03 |
| Johannisbeere | 4,12 | 25,9 | 1,31 |
| Schneebeere *(Symphoricarpos albus* [L.] Blake) | 9,39 | 22,9 | 1,95 |
| Rotklee *(Trifolium pratense* L.) | 0,32 | 22,6 | 0,076 |
| Weißklee *(Trifolium repens* L.) | 0,1 | 40,2 | 0,041 |
| Riesenhonigklee *(Melilotus albus* Medik.) | 0,11 | 35,5 | 0,04 |
| Inkarnatklee *(Trifolium incarnatum* L.) | 0,23 | 31,4 | 0,07 |
| Hornschotenklee *(Lotus corniculatus* L.) | 0,19 | 40,0 | 0,08 |
| Luzerne *(Medicago falcata* L.) | 0,24 | 33,2 | 0,07 |
| Esparsette *(Onobrychis sativa* L.) | 0,54 | 44,8 | 0,24 |
| Ackersenf *(Sinapis arvensis* L.) | 0,45 | 24,3 | 0,087 |
| Algiermalve *(Malva sylvestris* L. ssp. *mauritiana* [L.] Aschers. et Graebn.) | 3,93 | 45,2 | 1,51 |
| Phazelia *(Phacelia tanacetifolia* Benth.) | 1,59 | 28,3 | 0,42 |

Die Notwendigkeit der Errechnung des Zuckerwertes ergibt sich deutlich aus folgendem Beispiel: Die Robinie wurde sowohl auf Marsch- als auch auf Sandboden untersucht. Im ersten Fall betrug die Nektarmenge 1,71, die Konzentration 56,8, der Zuckerwert 1,10. Im zweiten Fall waren die Zahlen 2,12 – 45,0 – 0,95.

Nun gibt aber auch der absolute Zuckerwert des Nektars einer Blüte aus mehreren Gründen noch nicht den Trachtwert einer Pflanze an. So hat BOETIUS (1948) auf folgendes hingewiesen: Wenn zwei Blüten den gleichen Zuckerwert aufweisen, die eine in wässerigem, die andere in konzentriertem Zustand, so ist die zweite bienenmäßig unbedingt besser. Die Flugbienen müssen im ersten Fall nutzlosen Ballast transportieren und bringen je Flug nur geringere Zuckermengen nach Hause. Dies um so mehr, als sie für jeden Flug die gleiche Menge Zucker als Betriebsstoff selbst verbrauchen. Das kann so weit gehen, daß sehr beachtliche Mengen von Nektar mit sehr geringem Zuckerprozentsatz, aber immer noch erträglichem Gesamt-Zuckergehalt für die Bienen völlig uninteressant werden. So habe ich persönlich noch nie eine Biene an der Kaiserkrone *(Fritillaria imperialis* L.), deren Zuckerprozentsatz etwa zwischen 5 und 8 schwanken dürfte, gesehen, obwohl sie kaum in einem Verzeichnis für Bienenpflanzen fehlt.

Umgekehrt kann auch das Verwässern eines stark konzentrierten Nektars unter Umständen vorteilhaft sein. Dann nämlich, wenn der Nektarspiegel in langen Blütenröhren so steigt, daß er für die Bienen erreichbar wird. Deshalb ist eine strenge Unterscheidung von Bienen- und Hummelpflanzen nicht möglich.

Es kommt nun aber nicht nur darauf an, welchen Zuckerwert die einzelne Blüte erzeugt, sondern auch darauf, wieviel Blüten an einer Pflanze zu finden sind oder ganz genau gesagt wieviel Blüten auf einer bestimmten Flächeneinheit vorhanden sind. BEUTLER hat auf diesen Punkt schon beim Raps hingewiesen, dessen einzelne Blüte zwar nur einen mittleren Zuckerwert aufweist, wo aber auf einen Hektar fast 13 Millionen Blüten kommen.

Auch der Riesenhonigklee und andere Kleearten, die eindeutig hervorragende Trachtpflanzen sind, haben je Blüte nur geringe Zuckerwerte. Dieser Mangel wird aber durch die überreiche Fülle der Blüten mehr als ausgeglichen. Auch die Dauer der Blüte ist in Rechnung zu stellen.

Hüten muß man sich vor der Auffassung, daß die selbst mit allen Kautelen errechnete Gesamtzuckermenge restlos in Honig umgesetzt werden kann. Das wird immer nur zu einem ziemlich bescheidenen Prozentsatz möglich sein. Wollte man die völlige Ausnutzung auch nur annähernd erreichen, so müßte man soviel Bienen einsetzen, daß ihre Arbeit unproduktiv wird. Ein Vergleich: Ein Beerensammler wird hohe Ergebnisse nur erzielen, wenn er lediglich die besten Stellen absucht. Wollte er aber die letzten Beeren erfassen, so würde schließlich das Sammelergebnis in keinem Verhältnis zur aufgewandten Mühe stehen. Ebenso können die Bienen nur dann große Ernten eintragen, wenn sie aus dem Vollen schöpfen können.

Wenn früher einmal WAGNER (1930) berechnet hat, daß in Niedersachsen 3 Millionen Bienenvölker ausreichende Bienenweide für Ernten von je 20 kg finden würden, während damals doch nur 90 000 Bienenvölker vorhanden waren, die in der Wanderzeit auf 300 000 anstiegen, so ist das eine ausgesprochene Milchmädchenrechnung.

Ein Einwand, den man gegen die Methode der Nektarmessung erheben könnte, läßt sich leicht ausschalten. Selbstverständlich kommt es nicht darauf an, wieviel Nektar- und Zuckerwert eine Blüte hat, sondern darauf, ob die Bienen diesen Nektar einheimsen wollen und können. Die Rotkleeblüte ist fast doppelt so nektarreich wie die des Weißklees, aber wegen der längeren Blütenröhren kommt der Rotklee nur in Sonderfällen in Betracht. Die Roßkastanie sondert einen Nektar von extrem hoher Konzentration ab, theoretisch müßte sie eine unserer besten Trachtpflanzen sein. Tatsächlich spielt sie schätzungsweise nur alle zehn Jahre einmal als Honiglieferant eine Rolle. Dieses Unsicherheitsmoment läßt sich aber leicht ausschalten durch eine systematische Beobachtung des Bienenbefluges.

### 4 Flugbeobachtung

Die Flugbeobachtung ist diejenige Methode, die sich mit den geringsten Hilfsmitteln durchführen läßt. Sie ist aber bei sachgemäßem Verfahren und sachgemäßer Ausdeutung besonders für die Erkennung des Trachtwertes im engeren Sinne von besonderer Wichtigkeit. Man kann annehmen, daß bei Blüten, die beflogen werden, auch etwas zu holen ist. Wir werden später sehen, daß die Auffassung von einem Blindbeflug der Linde völlig unbegründet ist. Dagegen spricht auch schon die Tatsache, daß Bienen, die auf langröhrigen Rotklee duftgelenkt worden sind, nach einigen vergeblichen Anstrengungen ihre Bemühungen aufgeben und sich nicht weiter betrügen lassen.

Die Feststellung, ob nur Pollen oder nur Nektar oder beides gesammelt wird, ist nicht schwer. Die subjektiv bedingte Feststellung: starker, mittlerer, schwacher Beflug läßt sich verhältnismäßig leicht objektiver und exakter gestalten. Auf einem markierten kleinen Stück etwa von einem Quadratmeter wird die Zahl der gleichzeitig saugenden Bienen festgestellt und mit der auf einer gleich großen Fläche einer anderen Pflanze verglichen. Außerdem muß die Dauer des Verweilens an einer Blüte berücksichtigt werden. Natürlich lassen sich keine exakten Zahlen, sondern nur Vergleichswerte gewinnen. Die übrigen Unsicherheitsfaktoren, die nach Möglichkeit eliminiert werden müssen, finden wir aber auch bei den meisten anderen Methoden. Wenn den Bienen nur ein kleines Areal einer Honigpflanze zur Verfügung steht, wird der Andrang größer sein, als bei einem umfangreichen. Wenn ferner gleichzeitig eine sehr gute Trachtpflanze mit einer guten zur Verfügung steht, so wird die immerhin gute schlechter abschneiden, als ihrem wahren Wert entspricht.

## C Zusammenfassende Betrachtung

Wir sehen aus allem, daß keine der erwähnten Methoden zu einem absoluten Ergebnis führen kann, ja, daß sie einseitig für sich angewandt zu argen Mißweisungen Anlaß geben können. Bei der Kombination der verschiedenen Methoden und ihrer gegenseitigen Ergänzung kann man aber für die Praxis ganz annehmbare Sicherheiten erzielen. Mathematische Genauigkeit, die etwa der einen Pflanze einen Wert von 3,7, der anderen den von 3,3 zuerkennt, wird es nie geben. Schon deshalb nicht, weil dieselbe Pflanze sich in verschiedenen Gegenden unterschiedlich verhält und auch die verschiedenen Pflanzen ganz individuell reagieren. Bei der Linde beispielsweise läßt schwül-warmes Wetter mit leichter Gewitterneigung den Nektar besonders fließen. Bei solchem Wetter quillt auch oft beim Rotklee der Nektar so hoch, daß die Bienen ihre Freude haben. Die Heide dagegen verlangt warmes, klares Augustwetter. Bei dauernden elektrischen Spannungen »verblitzt« sie, wie jeder Heideimker weiß.

Letzten Endes schadet es auch nichts, daß eine Bewertung nicht auf Dezimalstellen genau vorgenommen werden kann. Denn bei den bestehenden Trachtverhältnissen dürfen wir nicht allzu wählerisch sein. Man muß zufrieden sein, wenn sich überhaupt etwas Brauchbares bietet. Wie die Dinge nun einmal liegen, ist es schon ein Fortschritt, wenn beispielsweise auf einer Bergwerkshalde Bäume und Sträucher angepflanzt werden, die einen mittleren Trachtwert haben, da die Imker einstweilen leider nur einen geringen Einfluß auf die Auswahl des verwendeten Pflanzenmaterials haben.

Aber diese Beschränkung muß unbedingt eine untere Grenze haben. Es ist nötig, daß die Pflanzen, die nur alle Jubeljahre einmal von einer oder einigen Bienen besucht werden, aus der Liste der Bienenpflanzen gestrichen werden. Sonst kann es geschehen, daß von öffentlicher Seite geglaubt wird, mit der Anpflanzung gerade dieser Gewächse den Imkern einen besonderen Dienst erwiesen zu haben.

Nun ergeben sich leider auch bei der Beflugbeobachtung starke Widersprüche. So konnte Beutler in München keinen Beflug der Pfirsichblüten beobachten, während dieser anderswo als selbstverständlich betrachtet wird. In Bayern gilt der Bärenklau als gute Bienenpflanze. Das deckt sich nicht mit den Beobachtungen in anderen Gegenden. Wohl nach den Angaben des französischen Biologen Bonnier findet sich in der Literatur vielfach die Bemerkung, daß der Weißdorn nicht, aber der Schwarzdorn (Schlehe) gut beflogen werde. In Übereinstimmung mit Ewert konnte der Verfasser in beiden Fällen das Gegenteil feststellen. Diese Beispiele ließen sich endlos vermehren. Auch die Angaben botanischer Klassiker für die allgemeine Blütenbiologie wie Knuth (1898) und von Kirchner (1911) können nicht in unserem Sinne als zuverlässig gelten. Das ist verständlich, denn den Nur-Botanikern lag die spezielle Frage nach dem Trachtwert fern. Eine Angabe wie »Bienen beobachtet« sagt für uns nicht allzuviel. Die zuverlässigsten Beobachtungen haben wohl Ewert und Ewert jun. gemacht, doch gelten sie zunächst lokal für die Umgegend von Landsberg an der Warthe. Feststellungen von Berner, die sich auf mehrere Gegenden Deutschlands beziehen, decken sich zwar nicht überall, aber fast überall mit denen von Ewert.

Manche Widersprüche dürften sich folgendermaßen erklären. Viele Pflanzen mit guter Nektarabsonderung haben so lange Blütenröhren, daß normalerweise der Nektar nicht erreichbar ist. Bei ganz besonders günstigen Witterungs- und Bodenverhältnissen kann aber die Nektarabsonderung so stark werden, daß der Nektarspiegel doch zugänglich ist. Das sind dann häufig die Jahre, von denen der Imker sagt, daß die »Zaunpfähle honigen«. Tritt nun dieser überreichliche Nektarfluß in kürzeren Abständen auf, so kann das betreffende Gewächs immerhin als gute Bienenpflanze gelten. Geschieht es aber ganz ausnahmsweise, so ist die Pflanze doch aus der Liste zu streichen.

Bei der beschriebenen Sachlage ist es nicht möglich, im folgenden alle Pflanzen zu behandeln, die irgendwo einmal auf der Liste der Trachtpflanzen auftauchen. Es konnten nur diejenigen berücksichtigt werden, deren guter Beflug selbst beobachtet wurde oder bei denen sonst kein Zweifel besteht. Es wäre schön, wenn diese Ausführungen den Leser zu eigenen vermehrten genauen Beobachtungen anregen würden. Wenn im folgenden Abschnitt eine Bestandsaufnahme der augenblicklichen Trachtverhältnisse vorgenommen werden soll, so ist dabei zu bedenken, daß es seltene Pflanzen gibt, die für die Bienenzucht im großen gesehen nicht viel Bedeutung haben, die aber an vereinzelten Stellen doch in größerer Menge konzentriert vorkommen und so – ganz lokal freilich – auch ihren Wert besitzen. Erinnert sei an den Majoran-Honig in der Ascherslebener Gegend und an *Limonium vulgare* Mill. *(Statice limonium* L.), bei der nach Knuth auf der Insel Sylt ein geradezu überraschend starker Beflug von saugenden Bienen beobachtet worden ist. Es mag sein, daß Verfasser der eine oder andere Fall entgangen ist.

Ein Wunschtraum ist es, eine Bienenflora Europas zusammenzustellen, in der bei jeder wichtigen Pflanze über die verschiedenen experimentellen und auch Beobachtungsergebnisse berichtet, vor allem auch diskutiert würde.

Schon Gleditsch (1769) hatte seiner Betrachtung des Bienenstandes in der Mark Brandenburg ein ausführliches Verzeichnis von Honiggewächsen angehängt. Doch unterschied er nicht zwischen Hummel- und Bienenblüten. Im Jahre 1859 veröffentlichte der Arzt und Botaniker Alefeld eine ausführliche und interessante Bienenflora. Sie muß großes Interesse gefunden haben, denn schon drei Jahre später (1862) erschien eine zweite Auflage. Die illustrierte Bienenflora von Dengg (o. J.) stand unter einem Unstern. Es war dem Verfasser nur möglich, den ersten Band der zweiten Auflage zu Gesicht zu bekommen, der die allgemeine Einführung behandelt. Das Buch, das große Kenntnisse verrät, ist nicht ganz mit Recht in Verruf gekommen wegen des eigensinnigen Festhaltens an der Theorie der rein pflanzlichen Herkunft des Tauhonigs. Beachtenswert ist noch die Schrift von Alfonsus (1923) und zwar nicht nur wegen der Vorschläge zur Verbesserung der Tracht, sondern auch wegen eines ausführlichen Trachtpflanzenverzeichnisses, wenn darin auch manches steht, an dem man zweifeln könnte. Endlich sei noch Berner erwähnt: Trachtverbesserung ob und wie (1954).

Es erscheint noch angebracht, kurz auf die Bedeutung der Duftlenkung für die Bienentracht einzugehen. Im allgemeinen hat diese Lenkung den Sinn, die Bienen von einer ihnen genehmeren — also doch wohl ertragreicheren — Blütenart auf eine andere weniger produktive überzuschalten, um deren Befruchtung zu sichern. Das bedeutet meist ein Minus für den Imker. Es mag allerdings vorkommen, daß die Bienen eine hervorragende neu aufblühende Trachtquelle nicht gleich entdecken und sich gewissermaßen auf die schon bestehende Tracht eigensinnig festbeißen.

Dann könnte eine Nachhilfe vorteilhaft sein. Es sei in diesem Zusammenhang an den von MAURIZIO (1962) berichteten Fall erinnert, wonach drei nebeneinander stehende Völker ganz verschiedenen Honig eingetragen haben. Man kann sich auch folgendes vorstellen: Im August fehlt irgendwo jegliche andere Tracht, lediglich ausgedehnte Rotkleefelder stehen zur Verfügung. Der Nektarspiegel in den Röhren steht so hoch, daß die Bienen ihn fast, aber eben nur fast erreichen können. Die duftgelenkten Bienen mögen nun ihren Anstrengungen verdoppeln und etwa durch Zusammenpressen der Röhren wenigstens bei manchen Blüten doch an den Nektar gelangen. Allerdings sind diese Fragen noch nicht restlos geklärt. Jedenfalls scheint es, daß die Duftstofflenkung mehr zu dem Thema «Die Bedeutung der Bienen als Befruchter» als zu dem Thema »Verbesserung der Bienenweide« gehört.

# II Die bestehenden Trachtverhältnisse

## A Wald

Wenn man zu einer Bestandsaufnahme der im Augenblick vorhandenen Trachtverhältnisse schreitet, so fängt man zweckmäßig mit dem Wald an; denn es bestehen seit langem enge Beziehungen zwischen Biene und Wald. Der vielgehörte Satz »Der Wald ist die Urheimat der Bienen« ist allerdings bei näherer Prüfung nicht aufrechtzuerhalten. Er gilt höchstens in dem Sinne, daß die Bienen bei ihrer nacheiszeitlichen Einwanderung nach Mitteleuropa in diesem Gebiet mit immerhin größerer Winterkälte vor Eingreifen des Menschen lediglich in den hohlen Bäumen des Urwaldes eine Stätte fanden, wo sie vor der rauhen Witterung geschützt waren. In dem milden Klima des Südens konnten sie ebensogut in Felsklüften überwintern. Kennzeichnenderweise werden hier die Hausbienen noch heute in Mauernischen oder tönernen Gefäßen gehalten.

### 1 Geschichtliches

Immerhin hat zu allen Zeiten der Wald den Bienen einen großen Teil ihrer Nahrung geliefert. Um zu erkennen, wie hoch dieser Anteil in der Vergangenheit war, in der Gegenwart ist und in der Zukunft vielleicht sein könnte, ist es nötig, sich mit der Geschichte des deutschen Waldes zu beschäftigen. Man muß dabei einer ganzen Reihe von populären Irrtümern entgegentreten. Zunächst muß derjenige, der für die Rückkehr zu dem »alten deutschen Wald« eintritt, angeben, welchen Zeitpunkt er dabei im Auge hat, und zwar muß diese Zeitbestimmung nicht nur nach Jahrtausenden, sondern eigentlich nach Jahrhunderten genau datiert werden. Der Zustand des mitteleuropäischen Waldes ist kein bleibender gewesen, sondern er war einer dauernden Veränderung unterworfen. Wenn die Zusammensetzung des mitteleuropäischen Urwaldes auch nicht so relativ kurzfristigen Veränderungen ausgesetzt war, wie es SCHENCK (1939) in den nordamerikanischen Urwäldern beobachten konnte, so lag das nur daran, daß bei der Artenarmut Mitteleuropas der Wechsel langsamer vonstatten ging, weil das Material für einen schnellen Wechsel fehlte.

Es ist auch unmöglich, für die Geschichte des deutschen Waldes eine gerade, ungebrochene Linie herauszuarbeiten, weil sich häufig gegensätzliche Tendenzen bemerkbar gemacht haben, wobei die eine in diesem, die andere in jenem Gebiet die Oberhand gewann. Dabei spielen in Mitteleuropa im Gegensatz zu Nordamerika schon früh die Eingriffe des Menschen eine bedeutsame Rolle.

Wie schon angedeutet, ist für den mitteleuropäischen Urwald gegenüber dem amerikanischen eine ausgesprochene Artenarmut kennzeichnend. Dabei ist festzustellen, daß nach den Braunkohlefunden des Tertiärs zu urteilen eine weitgehende Übereinstimmung in der damaligen Zeit zwischen den Wäldern Mitteleuropas und Nordamerikas bestanden hat und – was auf den ersten Blick verwunderlich erscheinen mag – auch eine starke Übereinstimmung mit dem rezenten nordamerikanischen Urwald. Zahlreiche Bäume des heutigen Nordamerika, wie etwa der Mammutbaum, die Sumpfzypresse, der Liriodendron, lebten im Tertiär – wenigstens in ganz nahe verwandten Arten – in Mitteleuropa. Während in Nordamerika kein nennenswerter Wechsel stattgefunden hat, ist in Mitteleuropa später eine auffällige Artenverarmung eingetreten. Der Grund liegt in den verschiedenen Auswirkungen der auf das warme Tertiär folgenden Eiszeit. In Nordamerika mit seinen von Nord nach Süd streichenden Gebirgszügen konnte die wärmebedürftige Vegetation nach Süden ausweichen und nach dem Ende der Eiszeit das alte Gebiet wieder erobern. Bei der geographischen Beschaffenheit Mitteleuropas war ein solches Ausweichen unmöglich. Die meisten Pflanzen sind – um einen Ausdruck SCHENCKS zu gebrauchen – in den Alpen erfroren oder im Mittelmeer ertrunken. Nur wenige anspruchslose und widerstandsfähige Pflanzen konnten im Südwesten und Südosten überleben und dann nach der Eiszeit wieder nach Norden vordringen.

Nun ist aber das Waldbild Mitteleuropas nach der Eiszeit nicht mit einem Schlag entstanden, sondern war, da die Kälte erst allmählich abgeklungen ist und auch in der Folgezeit sehr erhebliche Klimaschwankungen eingetreten sind, mannigfachen Veränderungen unterworfen. Über diese Wandlungen sind wir durch die Ergebnisse der Paläobotanik unterrichtet, für die neben den größeren pflanzlichen Fossilien besonders auch die in den Bodenschichten abgelagerten Pollenformen eine Rolle spielen. Es sei hier auf die Arbeiten von FIRBAS (1949) hingewiesen.

Zunächst war das Land mit kümmerlichen tundrenmäßigen Birken- und Kiefernbeständen bedeckt. Etwa um das Jahr 4000 v. Chr., d. h. etwa zu Beginn der sogenannten jüngeren Steinzeit, hatte sich das Klima so weit verbessert, daß weite Strecken mit einem Eichenurwald bedeckt waren. Um diese Zeit setzt aber schon mit dem beginnenden Ackerbau eine gewisse Beeinflussung durch den Menschen ein. Besonders in den Gebieten, die durch Boden und Lokalklima waldlos waren oder nur einen schütteren Wald trugen, siedelten sich die Steinzeitmenschen an und gewannen ihre Ackerflächen. Aber auch auf den benachbarten eigentlichen Urwaldflächen übten sie einen gewissen Einfluß aus durch vorübergehende Rodungen und vor allen Dingen durch die Waldweide. Doch war diese Wirkung damals nur räumlich beschränkt, und es blieb wohl noch reichlicher unberührter Urwald übrig. Dieser spielte bis in die Römerzeit hinein als Grenz- und Schutzwall gegenüber benachbarten Völkerstämmen eine Rolle.

Etwa um das Jahr 1000 v. Chr., um den Beginn der Eisenzeit, trat eine erhebliche Klimaverschlechterung ein. Infolgedessen verdrängte die Buche auf weiten Gebieten Mitteleuropas die Eiche.

Nach Hessmer und Meyer (1939) bestand um die Römerzeit der Wald Westdeutschlands zur guten Hälfte aus Buchen, einem guten Drittel aus Eichen, die sich besonders im Nordwesten gehalten haben, zu vier Prozent aus anderen Laubhölzern und zu acht Prozent aus Nadelhölzern; diese letzteren waren eigentlich nur in gewissen Berglagen vorhanden. In Ostdeutschland war der Anteil der Nadelhölzer – sei es rein, sei es in Mischungen – etwas größer.

Bis zur Karolingerzeit kann man das Verhältnis von Wald zu offenem Land vielleicht mit 3:1 ansetzen. Seitdem setzte jedoch eine starke Rodetätigkeit ein, die etwa im 12. Jahrhundert ihren Abschluß fand. Manche geschlossenen großen Waldgebiete wie Odenwald und Schwarzwald sind wohl auch erst später teilweise besiedelt worden. Das Waldverhältnis verschob sich infolgedessen in das Gegenteil 1:3 und ist im großen und ganzen bis in die Gegenwart so geblieben.

Mitscherlich (1963) und Mantel (1961), denen diese Ausführungen folgen – es sei auch noch auf die großen botanischen Werke von Ellenberg (1963) und Walter (1954) hingewiesen –, nehmen an, daß um 1200 der Bestand des Waldes gerade ausgereicht habe, den Bedarf der angewachsenen Bevölkerung an Bau- und Brennholz zu decken. Es dürften damals aber auch schon gewisse geographischen Spannungen eingetreten sein, indem die siedlungsnahen Wälder übermäßig beansprucht wurden, während abgelegene Gebirgswälder nur in bescheidenem Maße durch Triften und Flößen nutzbar gemacht werden konnten. In solchen Wäldern spielten waldwirtschaftliche Nebennutzungen wie Köhlerei, Harzgewinnung, teilweise auch die Waldbienenzucht, über die wir noch näher sprechen werden, eine große Rolle. Es muß noch bemerkt werden, daß eine weitere Waldrodung und Waldverarmung in Deutschland wohl nur durch die königlichen und fürstlichen Bannwälder, die als Jagdgebiete geschont wurden, verhindert worden ist.

Da die Bevölkerung nach 1200 (mit Schwankungen etwa durch Pestepidemien) weiter stieg, wurde die Holzversorgung immer gefährdeter. Die wertvollen Hölzer, die man aus dem Bestand heraushieb, wurden immer seltener und die Bestandsmasse auf der Fläche immer geringer. Die Devastierung des Waldes wurde noch dadurch verstärkt, daß er im steigenden Maße zur Waldweide benutzt wurde. Allerdings schonte man vielfach die Eichen wegen der Schweinehaltung. Aber diese Bäume überalterten dadurch und wurden in ihrem Holz wertlos. Größere Gebiete in der Nähe der Städte und Siedlungsballungen trugen überhaupt keinen Hochwald oder Mittelwald mehr, sondern wurden als Niederwälder in kurzen Abständen zur Brennholzgewinnung abgetrieben. So waren zu Goethes Zeiten etwa die Hänge des Neckartales überwiegend mit Eichenbuschwald bestanden. Um das Jahr 1800 war die Sorge um die Holzbeschaffung besonders akut. Es ist

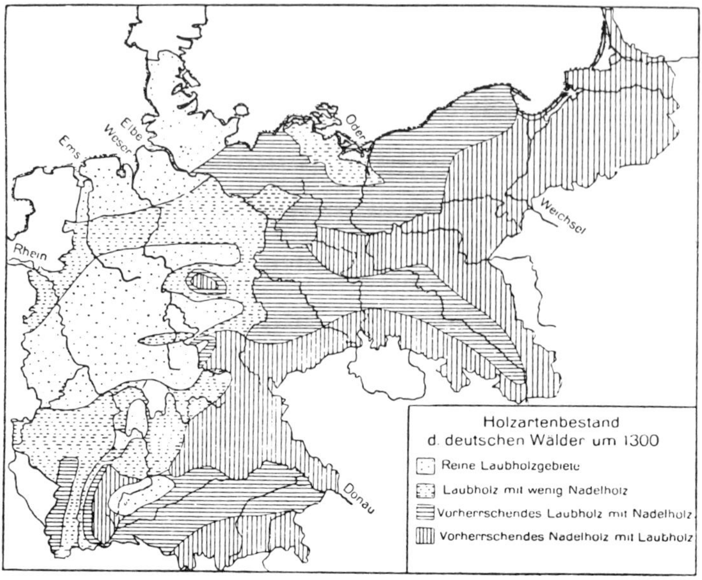


Abb. 1. Zusammensetzung der Wälder im Mittelalter (nach HAUSRATH/WALTER)

die Zeit, in der der Mannheimer MEDICUS (1796 – 1803) den Anbau der Robinie wegen ihres schnellen Zuwachses propagierte.

Obwohl die um diese Zeit aufkommende Industrie zunächst besondere Anforderungen an den Wald stellte, trat doch bald eine Milderung der Nöte ein, da mehr und mehr die Kohle den Bedarf der Industrie und auch des Hausbrandes deckte. Es war nun auch der sich entwickelnden Forstwissenschaft und Forstwirtschaft möglich, die ertragsarmen Mittel- und Niederwälder in Hochwald umzuwandeln, der wirklich Wertvolles erzeugte.

Dabei verwendete man aus mehreren Gründen überwiegend Nadelhölzer, die an den betreffenden Standorten ursprünglich fremd waren. So waren im Jahre 1960 in der Bundesrepublik nur 1 933 000 Hektar Laubwald gegenüber 4 395 000 Hektar Nadelwald vorhanden. Einen Vergleich der Zusammensetzung des Waldes im Mittelalter und der Gegenwart geben die Karten auf Abb. 1 und 2.

Man hat diese Vernadelung in der Ebene hauptsächlich mit Kiefern, in Gebirgslagen mit Fichten aus biologischen Gesichtspunkten heraus sehr scharf verurteilt, in vielen Fällen wohl zu scharf. Es war verständlich, daß man zu den schnellwüchsigen Nadelhölzern griff, um den Bedarf an Nutzholz schneller decken zu können, zumal auch der Prozentsatz des Abfall- und Brennholzes bei ihnen geringer ist als bei Eiche und Buche. Vielfach war der Waldboden auch so devastiert, daß man wohl oder übel die anspruchsloseren Nadelbäume verwenden mußte. MANTEL vertritt sogar die Ansicht, daß Klimaveränderungen um das Jahr 1500 von allein ein Vordringen der Nadelhölzer bewirkt hätten, wenn man nicht aus Gründen der Waldhutung die Eiche künstlich gefördert hätte. Und endlich kann man sehr

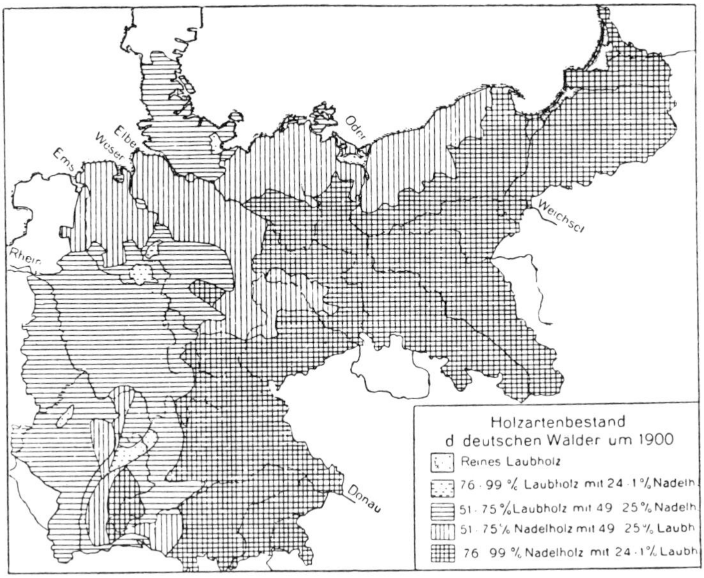


Abb. 2. Zusammensetzung der Wälder in der Gegenwart (nach HAUSRATH/WALTER)

wohl behaupten, daß zunächst einmal der Nadelhochwald biologisch gesünder war als die ausgeplünderten Laub-Plenterwaldungen.

Aber zweifellos ist man doch in der Folgezeit besonders auch aus finanziellen Gründen – die nicht in Bausch und Bogen abzulehnen sind – weiter gegangen, als notwendig und wünschenswert gewesen wäre. Die Nadelhölzer wirkten sich auf den ihnen nicht von Natur zugewiesenen Flächen ausgesprochen bodenverschlechternd aus. Während die Blätter der Laubbäume einen gesunden, milden Humus liefern, bilden sich bei Nadelhölzern, besonders bei der Fichte, leicht Lagen von saurem Rohhumus, die das Aufkommen der nächsten Waldgeneration hemmen.

Die Nadeln der Fichte lassen auch das Regenwasser schneller abfließen und hindern es, in die tieferen Bodenschichten einzusickern. Die Folge sind unangenehme Änderungen im Wasserhaushalt der Natur. Es sei ausdrücklich bemerkt, daß diese Frage des Wasserhaushaltes zur Zeit in dem dicht besiedelten und hoch industrialisierten Deutschland eines der wichtigsten sozialwirtschaftlichen Probleme ist.

Verstärkt wurden diese Schädigungen noch dadurch, daß die Folge des einseitigen Koniferenanbaues die Kahlschlagwirtschaft war. Bei dem völligen Abtreiben des Bestandes tritt zunächst einmal auf dem ungeschützten Boden eine Verhagerung und Verschlechterung ein. Es ist daher nicht verwunderlich, daß sich seit längerem Bestrebungen geltend machen, von dem einseitigen Nadelholzanbau wenigstens zu einem Mischwald zurückzukehren. Als Ausdruck dieser Bestrebungen sei das Buch »Dem Mischwald gehört die Zukunft« (o. J.) genannt.

## 2 Beziehungen zwischen Wald und Bienen

Hier interessiert natürlich besonders, was der Wald in seinen verschiedenen Zeitaltern und Entwicklungsstufen den Bienen geboten hat. Wir werden sehen, daß man sich von voreiligen und verallgemeinernden Urteilen fernhalten muß. Beginnen wir bei dem Urwald, wie er etwa in der Römerzeit ausgesehen haben mag. Die landläufige Vorstellung von einem Urwald ist oft stark romantisch verfärbt. Die alten, knorrigen, weit ausladenden Eichen früherer Jahrhunderte haben zwar Maler und Dichter der Romantik begeistert, aber sie standen meist in völlig durch Weidegang und übermäßigen Einschlag devastierten Beständen (s. Abb. 3). Sie können nicht als Typen des ungestörten Urwaldes gelten.

Gewiß, es gibt in den gemäßigten Zonen Urwaldgesellschaften, bei denen alles Mögliche durcheinanderwächst, wo unter den Hochstämmen vielerlei Kräuter und Sträucher üppig gedeihen. Aber dies ist durchaus nicht die Regel. Ebenso gilt das für die Ansicht, daß in einem Urwald alle möglichen Baumarten in allen denkbaren Größenstufen durcheinanderwachsen. Viele Baumarten haben die Neigung, sich zu mehr oder minder großen Reinbeständen zusammenzuschließen. Wenn dies bis zu einem gewissen Grade

Abb. 3. Eichenwald, nur dem Anscheine nach urtümlich

Abb. 4. Weidenröschen *(Chamaenerion augustifolium)* Abb. 5. Gamander *(Teucrium)*

sogar für das artenreiche Nordamerika gilt, so erst recht für das artenarme Mitteleuropa. Die Wälder waren hier zum größten Teil reine Buchenbestände. Aber gerade bei den Buchen besteht die Neigung, zu einem einheitlichen Kronendach zusammenzuwachsen. Das heißt, die jungen Buchen, die in irgend einer entstandenen Lücke aufsprießen, streben zunächst einmal in die Höhe, um nicht von den älteren Bäumen unterdrückt zu werden. In diesem Buchenurwald standen also zwar Bäume verschiedenen Alters und verschiedener Dicke, aber nicht verschiedener Höhe nebeneinander. Nun ist die Buche mit ihrem dichten Kronendach ausgesprochen unterwuchsfeindlich. Von den Anemonen und Leberblümchen, die im zeitigen Frühjahr noch Licht genug finden, können die Bienen nicht leben. Die Beimischung von Bienenbäumen wie Ahorn und Linde war doch nur mäßig und in der Hauptsache auf einzelne Gebiete beschränkt.

Beachtenswert ist, daß der berühmte Lindenwald von Kolbitz in der Altmark nicht etwa ein Relikt früherer Urwaldherrlichkeit ist, sondern, wie Harney (1950) berichtet, zu Beginn des vorigen Jahrhunderts künstlich angelegt worden ist.

Besser sah es wohl für die Bienen in den Eichenurwäldern mit ihrem lichteren Kronendach aus. Besonders in den Auewäldern, die später mehr oder minder zu Wiesen gerodet worden sind, mag das romantische Durcheinander aller möglichen Bäume und Sträucher geherrscht haben.

Es scheint nach allem nicht, daß der Urwald der damaligen Zeit im ganzen genommen ein ausgesprochenes Bienenparadies gewesen ist. Die Bienen konnten leben, aber nicht gerade schlemmen.

Mit dem Beginn der Rodungszeit trat der Wald als Bienenweide auch flächenmäßig zurück. Dafür gab es in den Niederwäldern und ausgeschlagenen Plenterwäldern oftmals eine Möglichkeit für die Ausbreitung honigender Kräuter und Sträucher. Besonders vorteilhaft mochte sich eine eigenartige Form der Waldbewirtschaftung auswirken, die wir seit dem Mittelalter in allen deutschen Mittelgebirgen feststellen können. Zur Ergänzung der oft nicht ausreichenden Ernten auf dem eigentlichen Ackerland schlug man benachbarte Waldhänge nieder und bestellte sie für ein oder höchstens zwei Jahre mit Roggen, Hafer oder auch mit dem im Mittelalter in Deutschland eingeführten Buchweizen. Danach ließ man den Boden wieder zu Buschwald werden, der nach einer bestimmten Reihe von Jahren wieder geschlagen wurde. Die allerletzten Reste dieser Betriebsweise haben sich bis in unser Jahrhundert im Schwarzwald erhalten (s. KOTHE 1958).

Andererseits ist freilich zu bedenken, daß durch den üblichen Vieheintrieb auch dieser bienenfreundliche Strauch- und Krautwuchs stark zurückgehalten worden ist.

Wenn man die Dinge genauer betrachtet, so kommt man zu dem zunächst verblüffenden Resultat, daß sich die Vernadelung des Waldes für die Bienenzucht gar nicht ungünstig ausgewirkt hat. Vorher gab es wohl nur in einigen Gegenden wie dem Schwarzwald und dem Bayerischen Wald eine Koniferentautracht. Durch die Ausbreitung der Fichte ist sie aber in weiten Teilen wenigstens Mittel- und Süddeutschlands ein wichtiger Faktor geworden. Die Kiefern honigen seltener, wenn auch vielleicht etwas häufiger, als man bisher angenommen hat. Aber der lichte Schirm älterer Kiefernbestände gestattet auf besseren Böden weit eher das Aufkommen einer Strauch- und Kräuterschicht als der dichte Schirm der Buche. Auf schlechteren Böden findet sich sehr oft unter Kiefern das Heidekraut ein. Sogar der Kahlschlag-Betrieb ist bienenmäßig gesehen gar nicht so übel. Häufig siedelt sich auf größeren Kahlschlagflächen eine bienenfreundliche Interimsflora an, wie etwa Weidenröschen (*Chamaenerion angustifolium* [L.] Scop. = *Epilobium angustifolium* L.) oder der Gamander (*Teucrium scorodonia* L.), der besonders in dem Siegener Land ein lohnendes Wanderziel bietet. Wenn auch diese Verbesserungen der Bienenweide nur zeitweilig und örtlich auftreten, so können sie doch aussichtsreiche Wanderplätze bieten, während vorher der Wald bestenfalls eine Unterhaltstracht geliefert hatte, die zu bewandern sich wegen ihrer Entlegenheit nicht lohnte. Die ungünstigen Momente dieser Waldbaumethode für die Bienenzucht bestanden eigentlich nur darin, daß vielfach der Unterwuchs über das notwendige Maß hinaus bekämpft wurde und in dem Bestreben, den Wald zu einer gut ausgefegten Stube zu machen.

Im Gegensatz zu weit verbreiteten Meinungen bezweifelt Verfasser, daß sich die Durchlaubung für die Bienenweide ohne weiteres günstig auswirken wird. Zunächst einmal wird ja doch die Zahl der honigenden Fichten vermindert. Dann darf man aber wohl auch annehmen, daß das Auftreten der Lachniden usw. in Mischbeständen auch bei den bleibenden Fichten geringer sein wird. Die eingesprengten Laubbäume werden meist aus den bienenmäßig wertlosen Buchen bestehen.

Eine andere Entwicklung des Waldbaues, die sich abzuzeichnen scheint, eröffnet für die Bienenweide ebenfalls keine guten Aussichten. In ausgedehntem Maße werden an Stelle der Fichten wegen ihrer forstwirtschaftlichen Vorzüge wie Schnellwüchsigkeit und bessere Bodenpfleglichkeit Douglasien und Weymouthskiefern gepflanzt. Diese kommen als Taulieferanten nicht in Frage, obwohl die Douglasie in Nordamerika auch Tauhonig liefern soll. Ein weiterer Nadelbaum, der gewisse Aussichten hat, sich bei uns auszubreiten, der Riesenlebensbaum *(Thuja plicata* Donn.) kommt ebenfalls in dieser Hinsicht nicht in Betracht. Der nächste Verwandte dieses Baumes, die *Thuja occidentalis* L., liefert zwar gar nicht so selten Honigtau, aber ist doch mehr ein Baum der Friedhöfe und Parkanlagen als der Wälder. Nach einer Mitteilung von BOLDT wurde im Schloßpark von Ludwigslust wohl die Gärtner-Varietät *Thuja plicata* 'Aurescens' beflogen, nicht aber die Stammform. Vielleicht handelt es sich auch um eine Verwechslung mit einer gelbnadeligen Form von *Thuja occidentalis: Thuja occidentalis* 'Aureispicata'.

Welche Maßnahmen geeignet wären, diese zu erwartende Verschlechterung der Waldtracht auszugleichen, soll in dem entsprechenden Kapitel des Abschnitts III besprochen werden. Um Wiederholungen zu vermeiden, werden die bienenfreundlichen Sträucher des Waldes auch dort erst später behandelt.

Ergänzend sei noch folgendes ausgeführt: Man hat, um die Bedeutung des Waldes für die Bienen zu unterstreichen, oft auf die im Mittelalter vorhanden gewesenen »Waldbienenzuchten« mit ihren Zeidlergenossenschaften hingewiesen, die sich zum Teil bis ins 18. Jahrhundert erhalten haben. Hierzu ist aber zweierlei zu bemerken. Wir finden solche Waldbienenzuchten nur im östlichen Deutschland, die westlichsten von ihnen lagen im oberen Maingebiet und in dem berühmten Reichswald bei Nürnberg. Die meisten befanden sich weiter östlich wie in der Lausitz (Muskau, Hoyerswerda), in der Mark Brandenburg (Kienbaum, Krebsjauche), in Pommern, West- und Ostpreußen. Wo man aus mittelalterlichen Urkunden Westdeutschlands etwas von angeblichen Waldbienenzuchten hat herauslesen wollen, handelt es sich, wie ARMBRUSTER nachgewiesen hat, nur um Berechtigungen, durchgegangene Schwärme einzufangen, beziehungsweise ausgerissene Bienen, die sich in naturhohlen Bäumen festgesetzt hatten, auszunehmen. Der ostdeutsche Zeidler dagegen war kein Bienenfänger und Bienenjäger, sondern ein Heger und Pfleger, der seine Waldbienen genau so sorgsam – wenn auch unter schwierigeren Bedingungen – behandelte wie seine Hausbienen und der die Wohnungen in lebenden Bäumen künstlich herstellte. Die Waldbienenzucht der östlichen Zeidlergenossenschaften geht wenigstens in der Technik auf slawische Tradition zurück, genauer gesagt, nordslawische Tradition. Denn die Südslawen – Ukrainer, Bulgaren, Serben – kennen die Waldbienenzucht nicht und haben eine ganz andere Bienentechnik. Die Nordslawen haben die Waldbienenzucht augenscheinlich einmal von den Wolgafinnen übernommen. In deren waldbedeckter Heimat war es nötig, die Bienen vor Feinden, besonders den Bären, dadurch zu schützen, daß man in großer Höhe des Baumstammes die Bienenwohnung aushöhlte (s. ARMBRUSTER 1936).

Ferner aber läßt sich feststellen, daß diese Waldbienenzucht in Ostdeutschland nur dort anzutreffen war, wo ein armer Boden vorherrschte, der wohl seit langem mit nicht zu dicht stehenden Kiefern bestockt war. Das darunter befindliche Heidekraut war die Grundlage der östlichen Waldbienenzucht genau wie bei der Lüneburger Korbbienenzucht; nur daß im ersten Fall mit einer grundsätzlich anderen Imkertechnik gearbeitet wurde als im zweiten. Kennzeichnend ist, daß sich in Mecklenburg mit seinem überwiegenden Lehmboden unter den mittelalterlichen Urkunden nirgends ein Hinweis auf eine Waldbienenzucht findet. Meist ist sonst die Waldbienenzucht nachzuweisen aus zahlreichen Belegen wie Steuerregistern usw., weil die Abgaben nicht unbeträchtlich waren (s. BERNER 1954).

In historischer Zeit drangen noch zwei Bienenbäume in beschränktem Umfang in den Wald ein. Im 18. Jahrhundert die Robinie – sie soll später noch ausführlich behandelt werden. Erheblich früher kam mit den Römern die Edelkastanie *(Castanea sativa* Mill.) ins Land. Zunächst wohl nur als Fruchtbaum angepflanzt, ist sie dann in die Freiheit entsprungen und hat sich ihr zusagende Gebiete erobert. Begünstigt wurde sie dabei durch die Tatsache, daß ihre Früchte ähnlich wie die Eichel von Hähern leicht verschleppt werden. Auch haben die Bewohner der betreffenden Gebiete sie als neue Nahrungsquelle nicht ungern gesehen. Aber da ihr eigentliches Verbreitungsgebiet im gemäßigten mediterranen Klima liegt, hat sie bei uns nur in den besonders warmen Zonen festen Fuß gefaßt, die man pflanzengeographisch nach ihr das »Castanetum« nennt (im Gegensatz zum Fagetum, dem Buchengebiet). Auch war ihre Ausbreitungsmöglichkeit begrenzt durch ihre Kalkfeindlichkeit. Wenn sie infolgedessen auch insgesamt im Bestand der deutschen Waldbäume nur eine geringe Rolle spielt, so haben sich doch an geeigneten Standorten halbwegs größere zusammenhängende Bestockungen gebildet, so an den Sandsteinhängen der Bergstraße und der Weinstraße, im Osten und Westen der oberrheinischen Tiefebene. Dort bildet sie, schon etwas über das rein Lokale hinausgehend, eine sehr beachtliche Honigquelle. Besonders geschätzt ist auch ihr außerordentlich reiches Pollenangebot. Völker, mit denen später in die benachbarte Tannentracht gewandert werden soll, können sich einen Vorrat an Pollen zulegen.

Da sie sich die ihr zusagenden Gebiete aber schon erobert hat, ist mit einer weiteren Ausbreitung nicht zu rechnen, zumal sie sich bei den Forstleuten keiner besonderen Beliebtheit erfreut. Ein Einwand, der früher gegen sie erhoben wurde, dürfte freilich heute im Wohlstandszeitalter hinfällig geworden sein. Man bemängelte, daß die Sammler der Früchte durch starke Schläge gegen die Stämme großen Schaden anzurichten pflegten. Aber das Holz ist wenig begehrt, obwohl es sich durch große Härte auszeichnet. Es sollen beispielsweise die Fässer der Bordeauxweine nicht nur aus Eichenholz, sondern zum großen Teil auch aus Kastanienholz gefertigt werden.

Eine forstwirtschaftliche Bedeutung dürfte ihr allerdings als bodenpflegliches Unterholz auf leichten Böden zukommen.

# B Park- und Grünanlagen

## 1 Vorhandene Flächen

Im Jahre 1964 gab es laut statistischem Jahrbuch (1966) 82 600 Hektar öffentliche Parkanlagen und Friedhöfe (im Jahre 1961 = 79 000 Hektar). Daneben entfielen aus dem Gartenland der Statistik noch 43 200 Hektar auf private Parkanlagen, Rasenflächen, Ziergärten (1961 = 41 400 Hektar). Also insgesamt 125 800 Hektar (1961 = 120 400 Hektar). Es ist also eine Zunahme von 5400 Hektar zu verzeichnen. Diese Zahl gibt aber aus mehreren Gründen kein eindeutiges Bild von der Entwicklung der Trachtverhältnisse.

Zunächst müssen wir zu der Park-Bienenweide, weil wesensverwandt, noch die der Stadt- und Landstraßenbäume rechnen. Sie dürfte nicht unbeträchtlich sein, doch ist es unmöglich, einen genauen Zahlenwert zu erfassen. Anzunehmen ist, daß die Entwicklung in diesem Punkte rückläufig ist, da viele alte Bäume Siedlungsbauten, Fabrikanlagen und nicht zum wenigsten Straßenverbreiterungen zum Opfer gefallen sind und noch fallen werden.

Die Erweiterung der Sport-, Flug- und Militärplätze von 175 100 Hektar im Jahre 1961 auf 192 600 Hektar im Jahre 1965 besagt wenig, da diese Flächen nur sehr bedingt für die Trachtverbesserung heranzuziehen sind; ja vielleicht hat ihre Erweiterung sogar manchen Bäumen, Gebüschgruppen und Heideflächen das Leben gekostet.

Abb. 6. Blüten der Edelkastanie

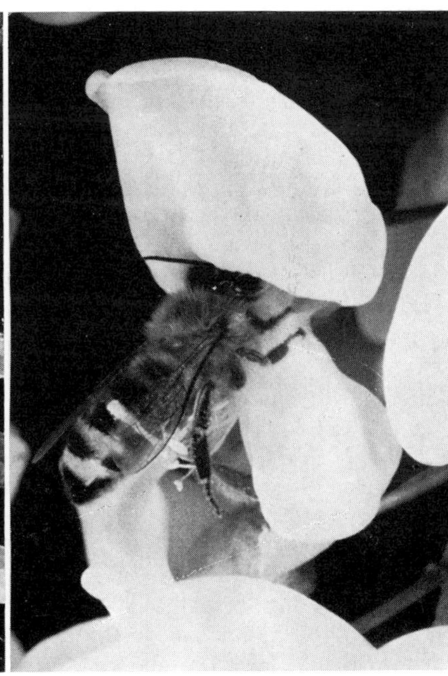

Abb. 7. Robinienblüte mit Biene

Vor allem aber kommt es nicht darauf an, wie groß die Parkanlagen usw. sind, sondern was darin wächst. Der gegenwärtige Prozentsatz der honigenden Gewächse läßt sich schwer schätzen. Die Parktracht (wie alles zusammenfassend genannt werden soll) hat schon immer eine beachtliche Rolle gespielt. So wanderten früher zahlreiche Imker in die alte (unzerstörte) Großstadt Hamburg mit ihren Tausenden von Lindenbäumen. Neuerdings hat auch KEGLER (1961) auf die Bedeutung der Großstadt als Bienen-Territorium hingewiesen. Bei dem Wachsen der Städte ist eine Vermehrung der Grünanlagen ein dringendes Erfordernis in sozialhygienischer Hinsicht. Bei Neuanlagen könnte sehr gut gleich eine entsprechende Auswahl der Pflanzen getroffen werden.

## 2 Bäume von umstrittenem Trachtwert

Auch hier sollen, um Wiederholungen zu vermeiden, die honigenden Parkgewächse erst im entsprechenden Kapitel des Abschnitts III besprochen werden. Es sollen nur einige Bäume behandelt werden, deren Trachtwert und Verwendungsfähigkeit umstritten sind.

*Robinie*

Die Robinie (*Robinia pseudoacacia* L.) ist zweifellos ein hervorragender Bienenbaum. Leider ist sie etwas launisch. Die kurze Blütezeit von etwa zehn Tagen kann leicht verregnen, auch trockene, kalte Winde sind dem Nektarfluß ungünstig. Trifft aber die Blütezeit mit gutem Wetter zusammen, so können ganz ungeheure Ernten erzielt werden. Verfasser konnte schon sehen, daß auf einem größeren Stande im Durchschnitt rund 15 kg je Volk geschleudert wurden. Besonders häufig scheinen solche Massentrachten gerade im nördlichen Deutschland, vor allem in der Mark Brandenburg zu sein. Das mag damit zusammenhängen, daß dort die Blüte später als in Südwestdeutschland sich entfaltet, etwa Anfang Juni, während sie im Süden bereits Mitte Mai zum Aufbruch kommt. Es dürfte im Juni durchschnittlich besseres und regelmäßigeres Flugwetter herrschen als im Mai.

PREUSS und KUNTZSCH lebten nur von Robinie und Linde. PERKIEWICZ (1964) berichtet, daß der Bienenaltmeister SNOWADZKY in Posen Riesenernten von der Robinie erzielte, die mit der anschließenden Linde eine Volltracht von Juni bis Juli ergab.

In der Heidelberger Gegend will man beobachtet haben, daß die Robinien in der oberrheinischen Tiefebene besser honigen als die an den Berghängen des Neckartals. Das erscheint glaubhaft, da die ersteren das Grundwasser erreichen können. Merkwürdigerweise wird auch behauptet, daß die Robinie nicht in Meeresnähe honige. Dem steht gegenüber, daß Verfasser in Verden an der Aller an den wenigen vorhandenen Exemplaren stets einen lebhaften Bienenflug beobachtet hat. Aus einem Ort der Lüneburger Heide ging der Bericht eines Imkers ein, der sich äußerst lobend über den Ertrag der Robinie aussprach. BEUTLER hat in Jork an der Elbemündung bei den dortigen Robinien besonders hohe Nektarmengen gemessen. Die Erklärung für diesen

Abb. 8. Sophore

Widerspruch mag entweder darin liegen, daß an der Meeresküste – aber wohl nur in einem sehr schmalen Streifen – zur Blütezeit regelmäßig schlechtes Wetter herrscht, oder es handelt sich um den typischen Fall der Verwechslung von Trachtwert und Trachtbedeutung. Man verlangt von wenigen Exemplaren etwas, was sie beim besten Willen nicht leisten können.

Es gibt auch eine zweimal blühende Gartenform der Robinie, doch soll sie schlechter honigen. Der Trachtwert der rosa blühenden Arten der Gattung Robinia erscheint nicht ganz geklärt. Guten Beflug konnte Verfasser nur feststellen bei *Robinia viscosa* Vent., einem kleineren Baum, der auch im Herbst noch einmal blüht. An der strauchartigen *Robinia hispida* L. wurden kaum Bienen beobachtet.

*Sophore*

Ein vorzüglicher Honigbaum ist ohne Zweifel die Sophore *(Sophora japonica* L.). Der Nektarreichtum ist so groß, daß sich die Bienen noch eifrig um die abgefallenen Blüten am Boden bemühen. Besonders wertvoll ist auch die späte Blütezeit Ende Juli bis Anfang August. Nun wäre die Sophore um ein Haar – ähnlich wie die Linde – unverdientermaßen in einen schlechten Ruf gekommen. Unter den Sophorenbäumen in der Nähe des Senkenberg-

Museums in Frankfurt am Main fanden sich häufig tote und sterbende Bienen in großer Anzahl. Mit primitiver Logik schloß man daraus, daß der Sophorennektar giftig sei, und eifrige Tierschutzfreunde forderten sogar das Abhacken dieser schönen Bäume. Es ist das Verdienst GONTARSKIS (1949), diesem Gerede ein für allemal ein Ende bereitet zu haben. Er wies die Ungiftigkeit des Nektars durch Fütterungsversuche nach, und gleichzeitig gelang es ihm, die Ursache dieses Bienensterbens einwandfrei zu ermitteln. Der Täter war der Bienenwolf, der nicht nur Bienen durch einen Stich lähmt und als Futter für die jungen Maden in seine Höhle schleppt, sondern auch für seinen eigenen Futterbedarf Bienen sticht, sie ableckt beziehungsweise den Inhalt der Honigblase herausdrückt und diese Bienen dann fallen läßt. Das ganze Problem reduziert sich ganz einfach auf die Notwendigkeit, den Bienenwolf zu bekämpfen.

*Roßkastanie*

Die Roßkastanie (*Aesculus hippocastanum* L.) ist ein eigenartiger Baum. Die Blüte sondert reichlich Nektar von sehr hoher Zuckerkonzentration ab. Sie wird infolgedessen bei gutem Wetter reich beflogen – aber meist nur von Hummeln, was man schon an dem tiefen Summton erkennen kann. Bienenbeflug ist nur gelegentlich zu beobachten und dann wieder oft nur auf Pollen. Ernten von Roßkastanienhonig kommen vor, aber recht selten. Der Geschmack dieses Honigs ist nicht gerade erstklassig. Die Ansicht, daß die rotblühende Kastanie (*Aesculus carnea* Hayne) besser und regelmäßiger von den Bienen beflogen werde, fand Verfasser durch eigene Beobachtungen bestätigt. Es handelt sich bei *A. carnea*, auch *A. rubicunda* genannt, um einen Bastard zwischen der gewöhnlichen Roßkastanie und *Aesculus pavia* L., einem kleinen, kaum über 6 m hohen Baum aus den östlichen Vereinigten Staaten. Infolgedessen ist auch der Wuchs von *carnea* etwas schwächer.

*Linde*

Mit aller Entschiedenheit und trotz aller entgegenstehenden Behauptungen sei der eindeutige Satz aufgestellt: Die Linde ist unser bester und auch recht zuverlässiger Park-, Straßen- und Alleebaum.

Die Anklagen, die gegen die Linde erhoben werden, sind so verschiedener, ja zum Teil sich widersprechender Art, daß man nur dann zu einem klaren Ergebnis kommen kann, wenn man mehr als bisher die einzelnen Anklagepunkte auseinanderhält und für sich behandelt.

Der erste Anklagepunkt lautet: Die Linde »honigt« nicht überall oder sehr unzuverlässig. Dabei wird nicht klar unterschieden, ob es heißen soll, daß die Lindenblüten keinen oder nur ungenügenden Nektar absondern, oder nur, daß sie vielerorts nicht die Honigräume füllen. Die erste Auffassung ist ohne jeden Zweifel falsch, die zweite kann (örtlich) richtig sein. Daß die Linde je nach Umständen zufriedenstellend, gut, sehr gut oder ganz ausgezeichnet Nektar absondert, ist durch die Untersuchungen von BEUTLER und WAHL (1936) bewiesen. Bedauerlicherweise kann auf diese mustergültigen Untersuchungen hier nicht näher eingegangen werden. Es sind bei ihnen alle Kautelen eingeschaltet, um Zufallsergebnisse auszuschließen. Durch Nektarmessungen in drei bis vier hintereinanderfolgenden Jahren in über 40 verschiedenen Orten Deutschlands ist bewiesen, daß niemals und an keinem Platze die Lindenblüten nektarlos waren, auch dort, wo die ansässigen Imker es steif und fest behaupteten. Ihnen konnte zu ihrer Verblüffung der abgesaugte Nektar gezeigt werden. Natürlich gab es zeitliche und örtliche Schwankungen, aber bei welcher Honigpflanze ist das nicht der Fall? Es ist typisch, daß die Begründungen der betreffenden Imker für ihre Ansicht von dem angeblichen Nichthonigen der Linde sich oft diametral widersprachen. Bald hieß es: »Bei uns auf Sandboden honigt sie nicht«, bald: »Bei uns auf Lehmboden.«

Wenn es heute noch in der Fachliteratur kommentarlose Äußerungen gibt in dem Sinne, der Trachtwert (nicht die Trachtbedeutung) der Linde sei viel umstritten, so ist das bedauerlich. Es sollte keine Streitigkeiten geben. Wer nach wie vor das Nichthonigen, das heißt die Wertlosigkeit der Linde an sich, behauptet, unterschlägt einfach die Untersuchungen von BEUTLER und WAHL.

Diese haben auch schon den Grund des Irrtums erkannt und herausgestellt. Es hat sich bei ihren Untersuchungen gezeigt, daß überall dort, wo im Verhältnis zu der Völkerzahl ziemlich viel Linden vorhanden waren, die Imker die Linde als gut honigend beurteilten, während überall dort, wo sie als nicht honigend bezeichnet wurde, nur verschwindend wenig Linden auf jedes Volk entfielen.

Als Musterbeispiele wurden herausgestellt die Orte Bocholt mit 200 Völkern und 2700 Linden (die Linde honigt dort nach den Aussagen der Imker) und Klein-Gladbach mit 150 Völkern und 20 Linden (Aussage der dortigen Imker: die Linde honigt nicht). Im ersten Fall entfielen auf ein Bienenvolk 13,5 Linden, im zweiten 0,13 Linden. Nimmt man nun den Kronendurchmesser einer Linde im Durchschnitt mit 6 m an, so würde sich für jeden Baum eine Blütenfläche von 30 $m^2$ ergeben, also für Bocholt 405 $m^2$ Lindenblütenfläche je Volk, in Klein-Gladbach noch nicht 4 $m^2$.

Würde jemand behaupten, wenn 2500 Völker bei einem Hektar Raps stünden und selbstverständlich keine Ernte erzielt würde, daß der Raps »nicht gehonigt« habe? Es ist dabei noch zu bedenken, daß der durchschnittliche Kronendurchmesser von 6 m von mir recht hoch angenommen worden ist. Man weiß bei solchen Lindenzählungen nicht immer genau, ob nur die halbwegs größeren Linden berücksichtigt worden sind oder ob auch die kleinen mitgezählt worden sind.

BEUTLER und WAHL haben völlig recht, wenn sie behaupten, daß in den Fällen, wo der Waagstock während der Lindenblüte keine Zunahme oder gar eine Abnahme gezeigt habe, der Rückgang noch größer gewesen sein würde, wenn die Linden ganz gefehlt hätten.

Verfasser ist den Gedankengängen weiter gefolgt und hat an verschiedenen Orten die Linden ausgezählt oder ihre Auszählung veranlaßt. Es hat sich dabei herausgestellt, daß auch an Orten, wo die Linde als guter und zuverlässiger Honigspender gilt, selten viel mehr als 200 $m^2$ Lindenblütenfläche auf ein Volk entfällt. In Potsdam (man denke an PREUSS) wurden etwa

1000 Völker und 5000 Linden genannt. Da hier vielleicht die kleinen Linden nicht mitgezählt worden sind, mag die Fläche vielleicht 150 m² übersteigen.

Umgekehrt in West-Berlin. Hier, wo die Linde ebenfalls ein wichtiger Trachtbaum ist, befinden sich nach HOFFMANN (1964) etwa 5700 Bienenvölker und 85 400 Linden, das heißt 11,3 Linden je Volk. Da hier zweifellos amtliches Material benutzt worden ist, dürften die jungen Linden mit erfaßt sein. Die zu errechnende Fläche von 340 m² kann wohl auf die, ich möchte fast sagen »Normalfläche« von 200 m² reduziert werden. Wenn aber umgerechnet ein Hektar für 50 Völker eine gute Tracht liefert, so ist die Linde nicht nur ein guter Nektarspender, sondern ein wahrer Trachtriese.

Es sei darauf hingewiesen, daß PREUSS (1900) für seinen Stand in Potsdam auf Grund seiner Buchführung im Durchschnitt der Jahre 1890 bis 1898 den Gesamtertrag je Volk mit 18,5 kg angibt. Davon entfielen im Durchschnitt 2 kg auf die Obstblüte (Extreme 0,5 und 3,5 kg), 7 kg auf die Robinie (Extreme 3 und 11 kg) und auf die Linde 9,5 kg (Extreme 6 und 15 kg).

Nach BILLIG (1961) standen im Jahre 1960 in dem berühmten Kolbitzer Lindenwald (Größe 188 Hektar, Mischbestand mit 80 % Lindenanteil, das entspricht 150 Hektar Reinbestand überwiegend *Tilia cordata),* ungefähr 2000 Bienenvölker mit einem Durchschnittsertrag von 6 bis 7 kg. Über eine Rekordleistung des Kolbitzer Lindenwaldes berichtete HARNEY (1950). Ein verspätet angewanderter Imker erntete im Jahre 1911 in fünf Tagen noch mit 18 Völkern genau 332,5 kg, also je Volk fast 18,5 kg.

Ist etwas Ähnliches in unseren Gegenden bei Blütennektar schon vorgekommen?

Daß in Süddeutschland die Linde im allgemeinen einen schlechteren Ruf hat als in Norddeutschland, erklärt sich ganz einfach daraus, daß im Süden die Linden spärlicher vertreten sind als im Norden, nicht aus der unterschiedlichen Nektarabsonderung. So kann z. B. in der elsässischen Stadt Hagenau mit guten Lindenhonigernten gerechnet werden, eben weil dieser Ort verhältnismäßig reich an Linden ist. Warum sollten sich die Linden links vom Rhein anders verhalten als rechts davon?

In der »Deutschen Bienenwirtschaft« schreibt MAURIZIO (1959): »Das Honigen der Linden gab schon Anlaß zu ausgedehnten Diskussionen, wobei sich zwei Tatsachen gegenüberstehen. Einerseits gehören die Lindenarten unzweifelhaft zu den ausgiebigsten Nektarquellen (tägliche Zuckersekretion i. M. 7,2 mgr/Blüte), andererseits sind Lindensortenhonige mit einem Tilia-Leitpollen in Europa selten und bleiben auf Gebiete mit ausgedehnten Lindenbeständen beschränkt (z. B. in Deutschland im Magdeburger Wald, in der Schweiz im Hasli-Tal und in Ufergebieten des Brienzer- und Walensees und in Stadtgebieten wie Hamburg, Berlin, Kopenhagen, Toulouse usw.).«

Hier liegt jedoch gar kein Gegensatz vor. Die beiden Tatsachen stehen sich nicht gegenüber, sondern stehen in voller Harmonie nebeneinander und erklären sich gegenseitig. Dabei muß auch wieder daran erinnert werden, daß die Linde durch die falsche Ausdeutung der Pollenanalyse stark unterbewertet worden ist (s. Kapitel I). Die Kombination beider Fehlschlüsse wirkte sich natürlich verheerend auf die Beurteilung der Linde aus.

Ganz unlogisch erscheint die vielfach erhobene Forderung, statt der Linden Ahorne anzupflanzen. Nichts gegen den Ahorn, aber was man gegen die Linde vorbringt, könnte man mit demselben Recht auch gegen ihn vorbringen. Sortenhonige von Ahorn sind doch wohl noch seltener als Lindensortenhonige, und Ahorn-Pollen in Mischhonigen sind zweifellos nicht häufiger als Linden-Pollen.

Durch die Untersuchungen von BEUTLER und WAHL ist die Linde von der Anklage der Trachtminderwertigkeit oder Unzuverlässigkeit freigesprochen worden, und zwar nicht nur aus Mangel an Beweisen, sondern wegen erwiesener Unschuld.

Es ist deshalb höchst verwunderlich und wirkt fast tragikomisch, daß in der Schrift »Bessere Bienenweide« Heft 3 der Schriftenreihe des DIB (1955) der Satz steht: »Linden honigen in vielen Gebieten nicht, deshalb nur dort anpflanzen, wo das Honigen erwiesen ist.« Erschwerend kommt hinzu, daß bei keiner anderen Pflanze diese Einschränkung gemacht worden ist, auch dort nicht, wo sie vielleicht angebracht gewesen wäre. Wenn im Vorwort gesagt wird, daß dieser Wegweiser – man müßte in diesem Falle besser sagen »Mißweiser« – die Billigung der Bienenweide-Obleute der Landesverbände gefunden habe, so läßt sich als Entschuldigung vielleicht anführen, daß die Veröffentlichung von BEUTLER und WAHL etwas abseits der eigentlichen Imker-Literatur erfolgt ist. Die verantwortlichen Herausgeber der Schrift hätten es aber von Amts wegen besser wissen müssen.

Noch 1958 in Nr. 10 der »Deutschen Bienenwirtschaft« schreibt BIRKLEIN in einer Bekanntmachung des DIB mit dem Titel: »Bienenweide bei der Bepflanzung von Straßen und Wegen«: »Es ist bekannt, daß die Linden in manchen Gebieten nicht honigen. Da die Straßenbauämter aber die Meinung vertreten, gerade durch die Anpflanzung von Linden die Imker zu unterstützen, ist es zweckmäßig, daß sich die Bienenweidefachleute der Vereine mit ihren zuständigen Straßenbauämtern in Verbindung setzen.«

Das ist ja beinahe ein Aufruf an die Imker zur Selbstverstümmelung! In diesem Falle waren die Straßenbauämter besser orientiert als der damalige Präsident des DIB.

Nicht ganz so eindeutig liegen die Dinge bei den tatsächlichen oder angeblichen Vergiftungserscheinungen, welche die Bienen bei Lindenbeflug erleiden sollen.

Auch hier werden zwei Erscheinungen, die ganz entgegengesetzter Art sind, nicht genügend auseinandergehalten. Wenn Imker in Orten mit viel zu wenig Linden während der Lindenblüte einerseits keine Stockzunahme beobachten konnten, andererseits aber einen lebhaften Beflug der Lindenblüten – es ist klar, daß gerade an lindenarmen Orten ein besonders starker Besuch stattfinden wird – so kam das Märchen von dem Blindbeflug der Linde auf. Verstärkt wurde die Glaubwürdigkeit dieses Märchens durch die Tatsache, daß man manchmal unter den Linden tote und sterbende Bienen gefunden hat. Nun kam man wieder zu zwei verschiedenen Erklärungen für diesen Totenfall. Nach der einen sollen sich die Bienen an den nektarlosen, aber attraktiven Blüten nutzlos zu Tode arbeiten, abends den Heimflug versäumen und in der Nachtkühle zu Tode erstarren. Mit Recht sagen dazu

Beutler und Wahl: »Die letztere Ansicht hätte alles, was wir von dem Verhalten einer Futterquelle gegenüber wissen, erschüttert: daß die Bienen, ohne Erfolg in der Tracht zu haben, einen stark duftenden Platz tagelang eifrig befliegen, war auf das höchste anzuzweifeln.«

Nach der anderen Erklärung sind es direkte toxische Wirkungen des Lindennektars, die den Tod herbeiführen. Hier kommen wir auf ein durchaus beachtenswertes Problem. Aber so überaus einfach ist es auch nicht zu erklären. Ein Herunterfallen im toten oder sterbenden Zustand setzt eine derartige Giftigkeit voraus, die von vornherein als unmöglich bezeichnet werden muß, und die auch in den Laborversuchen (chemische und Fütterungsversuche), von denen wir weiter unten sprechen werden, keine Bestätigung gefunden hat. Der Lindennektar müßte an toxischer Wirkung dicht neben Blausäure und Cyankali stehen. Auch nach Berührung mit den stärksten Spritzgiften erreichen die Bienen immer noch ihren Stock. Ferner müßte, da der Totenfall nur eine Ausnahme bildet, bei den verschiedenen Linden-Individuen ein Unterschied zwischen Harmlosigkeit und unvorstellbarer Stärke der Giftigkeit bestehen.

Ein gewisser Totenfall durch Beschädigung der Flügel usw. bei den ältesten, kurz vor ihrem natürlichen Tod stehenden Bienen, dürfte wohl unter allen Trachtpflanzen stattfinden. Nur wird dieser Totenfall bei einem Rapsfeld oder Phazeliabeet nicht so zu bemerken sein wie auf dem glatten Pflaster einer Straße.

Gerade bei dem nur lokalen Auftreten dieses Bienensterbens erscheint eine andere Erklärung höchstwahrscheinlich zu sein. Die Parallele zu dem oben erwähnten Fall der Frankfurter Sophoren ist bis in Einzelheiten außerordentlich deutlich. Auch die äußeren Umstände gleichen sich völlig. Sonst mangelnde Tracht Ende Juli / Anfang August. Konzentrierung der Bienen auf die einzige noch vorhandene Nektarquelle. Zusammenballung der Bienenwölfe auf die wenigen Bienenplätze. Jedenfalls wäre es dringend notwendig, in dieser Hinsicht Beobachtungen zu machen. Als Vermutung sei geäußert, daß bei den Laborversuchen von Geissler und Steche (1962), die eine Verkürzung der Lebenszeit von gekäfigten Bienen bei Fütterung mit den Extrakten von Totenfall-Bienen ergaben, vielleicht das im Körper der toten Bienen befindliche Bienenwolf-Gift die Ursache gewesen sein könnte.

Die Berichte über den Totenfall beziehen sich zwar nicht ausschließlich, aber überwiegend auf die spät blühende Silberlinde. Bei ihr ist schon wegen der Blütezeit die Parallele mit der Sophore besonders naheliegend. Es handelt sich nach Maurizio meist um alte Flugbienen. Es kann sogar die Frage aufgeworfen werden, ob der Verlust wirklich so schädlich ist. Immer wieder – es sei nur als Beispiel auf Böttcher (1959) verwiesen – wird die Forderung erhoben, sich im Spätsommer der »alten Tanten« irgendwie, z. B. durch Reizfutter, zu entledigen zwecks Verminderung der Nosemagefahr.

Ein ganz verschiedenes Bild davon zeigen gelegentliche Berichte von anderen Imkern über Schadenswirkungen der Lindentracht. Hier ist nicht die Rede von einer gewissermaßen narkotisch aufgeputschten Betriebsamkeit, sondern von einem schleichenden Schwächerwerden und apathischen Zustand der Völker. Über das gelegentliche Vorkommen dieser Art von

»Lindenkrankheit« besteht kein Zweifel, aber auch hier scheint vieles noch unsicher zu sein.

Man hat nun versucht, in die einigermaßen verworrene Angelegenheit durch Laborversuche Klarheit zu bringen, so MAURIZIO (1943 und 1945) sowie GEISSLER und STECHE (1962). Diese Untersuchungen haben interessante Einzelergebnisse gezeitigt, aber doch das Ganze nicht restlos geklärt.

Daß mit Lindenblütenextrakt gefütterte Bienen eine kürzere Lebensdauer haben als solche, die mit gewöhnlicher Zuckerlösung ernährt worden sind, besagt nicht allzu viel und war von vornherein nicht unwahrscheinlich. Die Lebensreformer, die den Genuß von Kräutertees empfehlen, warnen andererseits davor, gerade Lindenblütentee regelmäßig und in großen Mengen und anders als gelegentliches Heilmittel zu genießen. Ferner bekommen die Bienen doch nirgends in der Natur Lindenblütentee. Daran ändert sich auch nichts, wenn man in den Lindenblüten gewisse Zuckerarten festgestellt hat wie Galaktose, Mannose, Rhamnose, die bei Fütterungsversuchen eine verkürzte Lebensdauer der Bienen ergeben haben. Der entscheidende Punkt ist der, ob diese Zuckerarten nicht nur im Körper der Lindenblüte, sondern auch im Linden-Nektar enthalten sind, oder ob mit Linden-Nektar gefütterte Bienen Vergiftungserscheinungen gezeigt haben. Andere Giftpflanzen haben doch auch fast immer ungiftigen Nektar. Auch die Sophore hat eine stark giftige Körpersubstanz.

Auch die Tatsache gibt ein Rätsel auf, daß im Labor mit recht starken Gaben dieser giftigen Zuckerarten gefütterte Bienen erst nach einiger Zeit (1 bis 4 Tage) gestorben sind, bei Lindenextrakt erst nach 10 Tagen.

Wie dem aber auch sei, es ist überall nur von späteren Schädigungen die Rede und der schlagartige Totenfall unter den Linden bleibt immer noch unerklärt.

Auch der Linden-Pollen ist verdächtig erschienen. GEISSLER und STECHE haben eine Giftigkeit der Spaltprodukte des Linden-Pollens festgestellt, aber sie lassen die Frage offen, ob der Pollen allein oder nur in Verbindung mit dem Linden-Nektar (soweit er giftig sei) schädigende Wirkungen hervorrufe. MAURIZIO hat bei Bienen, die lediglich mit Linden-Pollen gefüttert wurden, Lebensverkürzungen beobachtet. Sie gelangt aber zu der Auffassung, daß in der Praxis nennenswerte Schäden nur auftreten, wenn unglückliche Umstände zusammenfallen, besonders wenn bei Fehlen anderer Nahrungsquellen sich die Bienen ausschließlich von Lindenerzeugnissen ernähren müssen. Diese vorsichtige Ansicht würde die Gefahr des Linden-Pollens schon auf ein Minimum schrumpfen lassen. Ob in der Praxis jemals Querstände durch Linden-Pollen aufgetreten sind, wie dies bei bestimmten Hahnenfuß-Pollen tatsächlich der Fall ist, erscheint zweifelhaft. So ist aus Potsdam mit seiner extrem einseitigen Lindentracht im Juni/Juli nichts davon bekannt geworden.

Die gesamten Pollenfütterungsversuche scheinen noch nicht endgültige Resultate ergeben zu haben. So hat zum Beispiel MAURIZIO bei Fütterung mit Roßkastanien-Pollen lebensverkürzende Wirkungen beobachtet, während WAHL diese Pollenart als besonders entwicklungsfördernd befunden hat.

Eindeutig hingegen scheint aber festzustehen, daß Blatthonig von Linden schädlich ist und unter Umständen verheerend wirken kann. NOTBOHM und LUCIUS (1929) berichten, daß im Jahre 1928 im August in Lübeck geradezu ungeheure Mengen von Linden-Tauhonig eingetragen worden seien und daß danach ein Massensterben eingetreten sei. Es ist dies zweifellos ein Extremfall, aber andere Beobachtungen und Untersuchungen weisen in dieselbe Richtung.

Der Vorgang wäre pflanzenphysiologisch betrachtet auch ganz einleuchtend. Da in dem Körper beziehungsweise in dem Saftstrom der Linden schädliche Zuckerarten festgestellt sind, ist auch anzunehmen, daß die Linden-Blattläuse diese Zuckerarten aufsaugen und auch wieder ausscheiden.

Abb. 9. Lindenblüten mit Biene

Es erhebt sich die Frage, ob unter Umständen die schleichenden Schäden auf einen gleichzeitig mit der Blüte einsetzenden, aber nicht beobachteten Blattlausbefall zurückgehen.

Zu einer ganz kurzen Bemerkung von BITTNER in dem Tätigkeitsbericht der Bayerischen Landesanstalt für Bienenzucht, Erlangen 1961, daß sogar der Duft der Lindenblüten toxisch wirke, kann nicht Stellung genommen werden.

Für die Praxis ist bei der Lindenfrage ausschlaggebend, wie groß die Schäden für die Allgemeinheit sind, d. h., wie oft sie auftreten. Es wäre notwendig, eine Art Statistik aufzustellen, ähnlich wie man sie für Spritzschäden besitzt. Vermutlich ist die Häufigkeit der Schäden auf die Gesamtmenge der Bienenstände und Lindenbestände bezogen doch sehr gering. Jeder beobachtete Totenfall unter Linden (worauf er auch zurückzuführen sei) ist eine Sensation, die sofort ihren Weg durch die Imkerpresse nimmt und einen über Gebühr starken Eindruck macht. Es hat sich nun einmal das Interesse auf die Linde konzentriert, und dabei sind doch viele Tauhonige höchst verdächtig. Die Frage der Schwarzsucht ist zwar nicht restlos geklärt, aber zum Beispiel MORGENTHALER (1961) hält neben der Pollen-Unterernährung in der Waldtracht auch eine Vergiftung durch Honigtau als Ursache für die Schwarzsucht für möglich. Wie dem aber auch sei, fest steht, daß eine späte Koniferentracht sich auf den Zustand der Völker höchst schädlich auswirkt, so daß eine gute Ausnutzung der folgenden

Frühtracht stark behindert wird. Verfasser hat aber noch nie gehört, daß jemand die Tanne als Bienenmörder in Acht und Bann getan hätte.

Wenn nun in der Praxis gelegentlich – es sei betont, daß es sich immer um seltene Ausnahmen handeln wird – einige Querstände bei der Linde auftreten können, so muß man grundsätzlich folgendes bedenken: In der Wirtschaft wie auch in der Medizin wird man gewisse Maßnahmen beziehungsweise Medikamente, mit denen sich sehr große Erfolge und Wirkungen erzielen lassen, auch dann nicht in Verruf bringen, wenn sich gelegentlich einige kleinere und unerwünschte Nebenwirkungen zeigen sollten. Man wird die Gesamtbilanz ziehen.

Und diese Gesamtbilanz kann in unserem Fall nur lauten: Fördert die Lindenanpflanzung mit allen Kräften!

Gewissermaßen als Anhang sei noch ein spezieller Fall erwähnt, der genau verfolgt und beobachtet wurde. Dem sehr intelligenten und zuverlässigen Vorsitzenden des Imkervereins Ludwigslust geschah vor einigen Jahrzehnten mit seinen Bienen einmal folgendes: Ludwigslust in Mecklenburg ist eine verhältnismäßig lindenreiche Stadt, doch hält sich die Zahl der Linden absolut in bescheidenen Grenzen. Die Völker waren in sehr gutem Zustande ausgewintert und durch gute Pflege zunächst stark gefördert worden. Durch schlechte Trachtverhältnisse und ungünstiges Wetter war aber im Spätfrühling keine Weiterentwicklung zu beobachten. Der Waagstock zeigte keine Zunahme an, ja, die Bienen litten sogar Mangel und fingen vereinzelt an, Maden herauszuziehen. Da zeigte schlagartig(!) mit dem Aufblühen der Linden der Waagstock eine starke Zunahme an, die anhielt, solange die Linden blühten und ebenso schlagartig(!) aufhörte, als die Lindenblüte vorbei war. Der Durchschnittsertrag der Völker, die doch gar nicht in besonders gutem Zustand in die Lindentracht hineingegangen waren, betrug rund 10 kg. Der Honig war nach Aussehen, Farbe und Geschmack, der unverkennbar ist, typischer Linden-Honig. Die Pollenanalyse einer eingesandten Probe ergab Kornblumen-Pollen, Weißklee-Pollen und einiges andere, darunter auch Linden-Pollen.

Im »Südwestdeutschen Imker« 1962, Heft 12, veröffentlichte MAURER einen Bericht über die Untersuchungen von Z. DEMIANOWICZ und HLYN über die Nektarsekretion einer großen Reihe von Lindenarten. Das Ergebnis im ganzen genommen bestätigte bis auf einige ausgefallene Arten, daß die Linden im Durchschnitt der Jahre ausgezeichnete Nektarspender sind. Viele der untersuchten Arten sind aber sehr selten und im Handel kaum in größeren Mengen greifbar. Selbst in dem SPÄTH-Buch von 1930 sind viele nicht zu finden. Die Späthschen Baumschulen hatten doch damals das größte Sortiment von allen Arten und Spielarten, das es in Deutschland und wahrscheinlich in ganz Europa gab. Eine Verlängerung der an und für sich bei jeder Lindenart nur etwa 14 Tage betragenden Blütezeit auf annähernd eineinhalb Monate läßt sich auch durch Verwendung der bei uns hauptsächlich verbreiteten fünf Lindenarten erreichen. Es sind dies die Sommerlinde (*Tilia platyphyllos* Scop.), die holländische Linde (*Tilia europaea* L.), wahrscheinlich eine Kreuzung von Sommer- und Winterlinde, die Winterlinde (*Tilia cordata* Mill.), die Krim-Linde (*Tilia euchlora* K. Koch), wahrscheinlich eine Kreuzung von Kaukasus-Linde (*Tilia dasystyla* Stev.) und der Winterlinde und endlich die Silberlinde (*Tilia tomentosa* Mönch).

An Trachtwert dürften sie ungefähr gleich sein, der Nektargehalt bei der Blüte der Sommerlinde ist stärker, dafür ist die Blütenzahl der Winterlinde größer. Die holländische Linde dürfte in beiden Punkten in der Mitte stehen. Der Geschmack des Sommerlinden-Honigs soll angenehmer sein als der des Winterlinden-Honigs. Dem sonst so zuverlässigen Imker-Abc ist ein kurioser Irrtum unterlaufen. Es spricht (mit Unrecht) der *Tilia vulgaris* oder *hollandica* einen Trachtwert ab, empfiehlt aber (mit Recht) *Tilia intermedia*. Tatsächlich sind alle drei Namen nur Synonyme für *Tilia europaea* L.

Abb. 10. Winterlinde

## C Heide und Moor

Die Heide ist eine besondere Form der Pflanzenverbände, die sich von Wald, Wiese und Steppe unterscheidet. Man versteht unter ihr ein mehr oder weniger offenes Gelände ohne erheblichen Baumwuchs, dessen Pflanzenwelt neben anderen Blütengewächsen und bestimmten Gräsern, Moosen und Flechten im wesentlichen aus Halbsträuchern gebildet wird, aber eines geschlossenen, saftigen Grasrasens ermangelt.

Je nach den vorherrschenden Gewächsarten kann man verschiedene Heideformationen unterscheiden. Für uns in Deutschland kommt nur eine solche in Frage, deren Charakterpflanzen *Ericaceen* (Heidekrautgewächse) sind, und zwar vor allem solche im engeren Sinne, Angehörige der Gattungen *Calluna* und *Erica.* Am wichtigsten ist das Heidekraut schlechthin, die Besenheide *(Calluna vulgaris* Hull) und zwar sowohl nach Trachtwert

Abb. 11. Silberlinde

als auch nach Trachtbedeutung. Im Nordwesten Deutschlands ist sie an feuchten Stellen vergesellschaftet mit der Glocken- oder Dopheide *(Erica tetralix* L.). Sie geht aber nicht so weit nach Süden und nach Osten, wenigstens nicht in größeren geschlossenen Beständen. Sie blüht schon im Juli, Trachtwert und Trachtbedeutung sind geringer als bei *Calluna.* Vereinzelt kommt im Rheinland die Grauheide *(Erica cinerea* L.) vor, etwa um dieselbe Zeit blühend. Sie ist in West- und Südwesteuropa weit verbreitet.

Eine räumliche Sonderstellung nimmt die Frühjahrs- oder Schneeheide (*Erica carnea* L.) an den Hängen der bayerischen und österreichischen Gebirge ein. Wir wollen sie später gesondert besprechen.

Man muß praktisch unterscheiden zwischen den echten Heiden mit vorherrschenden Halbsträuchern und nur vereinzelten Hochsträuchern und Halbbäumen (besonders auch Wacholder) und den Baumheiden, wo die Halbstrauchgesellschaft unter Bäumen, meist Kiefern, steht.

Die echten Heiden finden wir überwiegend nur in Nordwestdeutschland. Sie greifen über die Elbe nach Schleswig-Holstein und weiter nach Jütland und auch nach dem Südwesten Mecklenburgs, der »grisen Gegend« aus. Ferner finden sie sich in der Eifel und Teilen der Lausitz. Baumheiden gehen auf geeignetem Boden weit nach Süden oder Osten hin (Beispiele: Die Heide nördlich von Pasewalk in Vorpommern, ferner in Hinterpommern, im Reichswald bei Nürnberg, in Teilen der Oberpfalz. Sogar im südlichen Schwarzwald, im oberen Albtal, gibt es Heide, die durch Wandern ausgenutzt wird, wenn auch die betreffenden Imker es hauptsächlich auf die Fichtentracht abgesehen haben.)

Natürlich gibt es Übergänge zwischen echter Heide und Baumheide. Aufgeforstete Flächen der ehemaligen echten Lüneburger Heide kann man heute oft als Baumheiden bezeichnen. Als im Anfang dieses Jahrhunderts ein riesenhafter Waldbrand die Primkenauer Wälder in Westschlesien, an der Grenze der Lausitz, verwüstet hatte, nahmen weite Flächen vorübergehend den Charakter einer echten Heide an.

Um Mißverständnisse zu vermeiden, sei bemerkt, daß mit dem Ausdruck »Baumheide« nicht etwa die in Südeuropa weit verbreitete Art *Erica arborea* L. zu verstehen ist, die in ihrer Heimat für die Bienenzucht auch eine große Rolle spielt.

Viel über die bienenzüchterische Bedeutung der Heide zu sagen, ist fast überflüssig. Die Massenspättracht, die stets das Ideal der Trachtverhältnisse darstellt, hat hier einen Berufsimkerstand entstehen lassen, der nicht nur ein enorm technisches Können erworben hat, sondern auch zu großen bienenbiologischen Kenntnissen gelangt ist zu einer Zeit, als von einer akademischen Bienenwissenschaft noch nicht die Rede war. Es ist wohl kein Zufall, daß im Gebiet der ostdeutschen Kiefernheiden sich gleichfalls früh ein ähnliches bienenbiologisches Wissen und Können entwickelt hat. SCHIRACH hat seine damals aufsehenerregenden Kenntnisse über die Aufzucht von Königinnen aus Jungmaden wohl nicht selbst erarbeitet, sondern die lange als Berufsgeheimnis gehüteten Erfahrungen der Muskauer Zeidler übernommen.

Für die Bienenzucht ist es ein schwerer Schaden, daß die echte Heide in weitem Ausmaß verschwunden ist. Vor wenig mehr als einem halben Jahrhundert reichte sie noch von den Toren Hannovers fast bis nach Hamburg. Heute ist sie eigentlich schon auf den Wilseder Naturschutzpark zusammengeschrumpft. Sie bietet heute nicht mehr die wünschenswerten Möglichkeiten für fremde Wanderimker, ja sie reicht kaum für die einheimischen Heidjer aus. Es ist kennzeichnend, daß in den letzten Jahren Lüneburger Imker in die Tannentracht des Schwarzwaldes gewandert sind.

Nun bildet eine gute Spättracht nicht nur die Grundlage für die Lüneburger Schwarmbienenzucht, sondern sie ist auch ideal für jede Mobilbienenzucht. Die Völker können in Ruhe erstarken und dann die Spättracht mit vollen Kräften ausnutzen. Es erübrigen sich umständliche und letzten Endes auch kostspielige Betriebsweisen, mit denen man allein in einer reinen Frühtracht Erfolg haben kann.

Günstiger liegen die Aussichten bei den Kiefernheiden: ihr Bestand ist trotz einiger Bekämpfungsmaßnahmen weniger gefährdet, und ihre möglichst hohe Ausnutzung durch Wandern ist wünschenswert.

Neben den Heidekräutern im eigentlichen Sinne finden sich in der Heide noch weitere bienenfreundliche Pflanzen, zum großen Teil auch aus der Familie der *Ericaceen*. Da ist zunächst die Preisel- oder Kronsbeere *(Vaccinium vitis-idaea* L.). Sie tritt meist da auf, wo sich die echte Heide mehr der Baumheide annähert und ist mit ihren lederartigen immergrünen Blättern eine Charakterpflanze sehr armer Sandböden. Sie blüht zweimal, im Frühjahr und im August. Die verwandte laubabwerfende Heidel-, Schwarz-, Blau- oder Bickbeere *(Vaccinium myrtillus* L.) stellt schon etwas höhere Bodenansprüche. Sie ist auch außerhalb der eigentlichen Baumheiden in ganz Nord- und Süddeutschland auf leichteren Waldböden verbreitet. Wegen ihrer frühen Blüte und ihres oft abgelegenen Vorkommens wird sie meist nicht restlos von den Bienen ausgenutzt, könnte aber vielleicht in Zukunft eine größere Rolle spielen. Mengenmäßig treten dagegen zurück die auf moorigen Stellen vorkommende Rauschbeere *(Vaccinium uliginosum* L.) und die Moosbeere *(Vaccinium oxycoccos* L.), desgleichen die Krähenbeere *(Empetrum nigrum* L.), deren Wert als Bienenpflanze dahingestellt sein mag.

Auffallend ist mit seinen leuchtend gelben Blüten im Mai der Besenginster *(Cytisus scoparius* [L.] Link = *Sarothamnus scoparius* W. D. J. Koch). Auch der Stachelginster *(Ulex europaeus* L.) ist zu nennen. Beide sind aber nur Pollenlieferanten. Übrigens ist der Besenginster durchaus keine spezifische Charakterpflanze der Heiden, er kommt auch andernorts ziemlich häufig vor, z. B. an den Talhängen des Schwarzwaldes, der Eifel und des Odenwaldes. Auch die Stechpalme *(Ilex aquifolium* L.) mit der Blüte im Mai/Juni findet sich in Süddeutschland. An sonnigen Stellen blüht im Juli/August der Thymian *(Thymus serpyllum* L.). Auch Brombeeren und Weidenröschen in verschiedenen Arten stellen sich ein. Weißklee, Hornschotenklee, Skabiosen können auftreten. Der Sumpfporst *(Ledum palustre* L.), im Juni/Juli blühend, ist häufiger auf moorigen Stellen des Nordostens. In den Heidegebieten der Berglagen des Südostens ist die Frühjahrs- oder Schneeheide die Charakterpflanze. Da sie früh – manchmal vielleicht zu früh – blüht, bietet sie eine gute Entwicklungstracht. Von niederen Sträuchern sind noch zu nennen zwei Rhododendronarten, die rostfarbige Alpenrose *(Rhododendron ferrugineum* L.) mit rostfarbiger Blattunterseite und der Almenrausch *(Rhododendron hirsutum* L.) mit grüner Blattunterseite und am Rande bewimperten Blättern. Die erstere gedeiht auf dem Urgesteinsboden der mittleren Alpen, die zweite auf dem Kalkgestein der Nordalpen. *R. hirsutum* blüht ab Juni, *R. ferrugineum* etwas später. Die hochgelegenen Alpenrosenbestände werden, soweit zugänglich, auch von den Talimkern bewandert.

Verwunderlich mag es erscheinen, daß die Lüneburger Heide im Grunde gar keine echte Naturlandschaftsform ist, sondern durch recht brutale Eingriffe des Menschen schon in sehr früher Zeit geschaffen worden ist. Vor 2000 Jahren war sie noch ein überwiegend bewaldetes Gebiet. Die vereinzelten schönen Eichen stammen natürlich nicht aus dieser Zeit, sind aber die letzten Nachfahren des ursprünglichen Bestandes. Durch starke Rodung und übermäßige Beweidung mit Schafen wurde der Boden freigelegt und verheidete. Die Wiederaufforstung der Lüneburger Heide ist also gar keine Verfälschung der ursprünglichen Natur, sondern nur eine gewisse Wiedereinsetzung in den alten Stand, wobei man bei den verdorbenen Böden oft die Kiefer benutzen mußte. Ja, ohne den Verbiß der jungen Kiefern durch die Heidschnucken hätten schon längst die zerstreuten samentragenden älteren Kiefern die Wiederbewaldung bewirkt. Das gilt wenigstens für solches Gelände, wo der undurchdringliche Ortstein nicht in geringer Tiefe den Wurzeln Halt gebietet. Aber auch der Ortstein ist zum großen Teil erst wieder eine Folge der Entwaldung.

Man sieht hier, wie vorsichtig man mit dem Begriff der »natürlichen« Landschaft umgehen muß. Es ist doch eigentlich paradox, daß man in den Heidenaturschutzgebieten die Heide künstlich gegen die natürliche Entwicklung schützen muß, indem man hier noch Schnucken hält, die in den anderen Gebieten der Lüneburger Heide fast völlig verschwunden sind. (Vor etwa 100 Jahren gab es dort über drei viertel Millionen, um 1900 noch eine viertel Million, heute sind es nicht mehr als 25 000 Schnucken.)

Abb. 12. Heide mit Schnuckenherde

Auch der Weidegang dieser Tiere allein genügt nicht, um die Heide in dem gewünschten Zustand zu erhalten. Es fehlt der früher geübte Plaggenhieb. Die Heidebauern schlugen in einem regelmäßigen Turnus das ältere Heidekraut mit der obersten Erdschicht ab, um die Plaggen als Viehstreu und damit als Dünger für ihre ewigen Roggenfelder zu verwenden. Damit trat eine laufende Verjüngung des Heidekrautes ein. Diese war für die Bienenzucht günstig, weil die jungen Triebe besonders gut honigen. Ältere Pflanzen erliegen zudem leichter Krankheiten und machen auch einen weniger schönen Eindruck. In dem holländischen Nationalpark Veluwe-Zoom greift man, um die Heide zu erhalten, zu dem brutalen Hilfsmittel, sie von Zeit zu Zeit abzubrennen (ELLENBERG 1963).

Abb. 13. Plaggen hauender Heidebauer

Mit alledem soll nichts gegen die Erhaltung von Heideparks eingewendet werden. Sie sind wertvolle Erinnerungen an eigenartige alte, wenn auch nicht gerade uralte Zustände.

Das Wesen des Begriffes »Moor« im Gegensatz zum Sumpf im allgemeinen besteht darin, daß im Boden eine Schicht Torf von mindestens 30 cm Dicke vorhanden ist. Die meisten Moore sind entstanden durch Verlandung von Seen oder Teichen. Die abgestorbenen Teile der Wasserpflanzen sinken zu Boden, und der Mangel an Luftzutritt verhindert ihre Zersetzung. Dadurch erhöht sich der Boden des Gewässers mehr und mehr, bis zum Verschwinden des Wasserspiegel. Es hat sich dann ein Flach- oder Niedermoor gebildet. Die Vegetation des neu entstandenen Bodens ist, solange die Pflanzen das nährstoffreiche Grundwasser erreichen können, eigenartig, aber nicht gerade ärmlich. In dem Maße wie sich die Pflanzenabfälle häufen, sind die Gewächse immer mehr auf das nährstoffarme Regenwasser angewiesen. Da sie auch nicht mehr Zugang zu dem mineralischen Unterboden finden und die Nährstoffe des Torfes für sie nicht ausnutzbar sind, wird die Vegetation immer ärmlicher. Zuletzt gedeihen nur noch ganz anspruchslose Moosarten *(Sphagnum)*, die in den unteren Lagen absterben und weiter nach oben wachsen. Die abgestorbenen Schichten vertorfen ebenfalls, und so kann die Torfschicht eine erhebliche Mächtigkeit erlangen. Diese *Sphagnum*-Bestände wölben sich uhrglasartig empor, daher der Name »Hochmoor«. Dieser Ausdruck hat nichts mit der Höhenlage über dem Meeresspiegel zu tun.

Selbstverständlich können auch in Gebirgstälern ohne das vorherige Bestehen von offenen Wasserflächen bei schlechtem Wasserabfluß dieser Täler Moor- und Torfbildungen entstehen. Immerhin ist es aus dem Vorigen verständlich, daß wir das Hauptvorkommen von Mooren einerseits in Norddeutschland und andererseits in der süddeutschen Hochebene finden, weil durch die Eiszeit Wasserflächen entstanden waren. Wenn wir in Nordwestdeutschland mehr Moore und weniger Seen finden als in Nordostdeutschland, so erklärt sich das daraus, daß sich im Westen das Eis früher zurückzog und infolgedessen die Gewässer mehr Zeit zum Verlanden hatten.

Die Vegetation der Niederungsmoore unterscheidet sich – wenigstens imkerisch gesehen – nicht allzu sehr von der anderer feuchter Stellen. Es sei auf die später im Kapitel »Wiesen und Weiden« angeführten Pflanzen verwiesen. Wo diese Niedermoore mit Bäumen, besonders Erlen und Weiden, bestockt sind, siedelt sich darunter auch gern der trachtmäßig sehr wertvolle Kreuzdorn, auch Faulbaum genannt *(Rhamnus frangula* L.), an.

Das ausgesprochene *Sphagnum*-Hochmoor bietet den Bienen wenig. Aber an trockneren Stellen finden sich auch zahlreiche bienenfreundliche Pflanzen ein, besonders auch dort, wo die Hochmoorbildung noch nicht zur vollen Entwicklung gekommen ist und wo man dann von einem Zwischenmoor spricht. Kennzeichnend für solche Moore in Nordwestdeutschland ist die schon erwähnte Glockenheide *(Erica tetralix* L.), die auch Moorheide genannt wird. Nun siedelt sich aber oft in großem Umfang auch die Besenheide *(Calluna)* auf Moorböden an. Dann wird sie ebenfalls als »Moorheide« bezeichnet, lediglich aus Standortsgründen im Gegensatz zu derselben Art *Calluna,* soweit sie auf mineralischem Sandboden wächst. Das gleichzeitige Vorkommen von Moor-*Calluna* und Sand-*Calluna* war den Heidjern sehr erwünscht, da bei feuchtem Wetter die eine, bei trockenem Wetter die andere besser honigte. Die übrigen auf diesen trockneren Moorstellen vorkommenden Bienenpflanzen sind etwa dieselben wie in der Heide überhaupt.

Hoch- wie Niedermoore sind nun in ausgedehntem Maße in Kulturland umgewandelt worden. Aus Niedermooren sind vor allem Wiesen geworden. Auch hier gleicht die Vegetation mehr oder minder derjenigen anderer feuchter Wiesen. Besonders gern kommen auf ihnen die beiden bienenwichtigen Pflanzen Kohldistel und Bärenklau vor.

Auf die Art der Gewinnung von Kulturland aus Hochmooren kann hier nicht weiter eingegangen werden. Es entstehen dann die Trachtverhältnisse wie auf anderem Kulturland. Man könnte vielleicht sogar sagen, daß mit dieser Umwandlung ein gewisser Rückgang der Bienenweide eingetreten ist. Früher war auf Hochmooren stellenweise eine primitive landwirtschaftliche Nutzung durch den Moorbrand üblich. Die obere Schicht des Bodens wurde mit der Hacke aufgeschollert und nach Abtrocknen in Brand gesetzt. In die Asche wurde dann Buchweizen gesät. Nach einem oder zwei Jahren wurde dieser Boden wieder verlassen und ein neues Stück in Angriff genommen. Natürlich wollen wir dem Verschwinden dieser unerhört ärmlichen Form der Landwirtschaft, die noch dazu die Nachbarschaft mit dicken Rauchschwaden belästigte, nicht nachtrauern.

## D Wiesen und Weiden

Da in der Bundesrepublik im Jahre 1964 rund 3,5 Millionen Hektar mit Wiesen bedeckt waren, abgesehen von über 2 Millionen Hektar, die als Weiden bezeichnet werden, spielen diese Flächen für die Bienenzucht schon rein räumlich eine beträchtliche Rolle.

Die Wiese ist eine halb natürliche Pflanzengemeinschaft, die den Einflüssen des Landwirtes weniger unterworfen ist als der Acker. Sie ist meist entstanden durch Rodung von Auewäldern. Eine Beeinflussung ist freilich bis zu einem gewissen Grade durch Be- und Entwässerung, Düngung und Nutzungsart möglich. Die Pflanzenwelt der Wiesen kann man für den praktischen Gebrauch in vier Gruppen teilen: Sauergräser, Süßgräser, Schmetterlingsblütler und Kräuter. Unter dem Begriff »Kräuter« faßt man Angehörige aller möglichen Pflanzenfamilien zusammen; für die Bienen haben nur die beiden zuletzt genannten Pflanzengruppen Bedeutung. Man pflegt im allgemeinen zu unterscheiden zwischen sauren Wiesen auf nassen Böden, bei denen die Sauergräser eine große Rolle spielen und Süßgraswiesen mit geregeltem Wasserstand. Es läßt sich nicht generell sagen, welche von den beiden Wiesenarten für die Bienenzucht bessere Bedingungen bietet. Das hängt von den örtlichen Umständen ab. Auf sauren Wiesen finden sich häufig Kräuter, die recht erheblichen Trachtwert besitzen, Süßgraswiesen können durch starken Kleeanteil eine sehr ergiebige Tracht liefern. Aber vielfach ist gerade bei gut gepflegten Wiesen der Bestand an Klee und anderen Leguminosen nur gering.

In Bienenweidelisten wird oft eine Unzahl von Wiesenkräutern angeführt. Die meisten kann man aber wohl ausschalten, da sie entweder vereinzelt vorkommen oder aber nur irgendwann einmal von einzelnen Bienen beflogen werden. Es werden nur die Pflanzen hervorgehoben, die von wirklicher Bedeutung zu sein scheinen.

Im März/April blühen der Huflattich *(Tussilago farfara* L.) und die Pestwurz *(Petasites hybridus = Petasites officinalis)*. Beide haben als Frühtrachtpflanzen eine gewisse Bedeutung für die Entwicklung der Völker. In den Alpen und im Alpenvorland wird *P. hybridus* ersetzt durch die etwas später blühende Schneepestwurz *(Petasites paradoxus* Baumg. = *P. niveus)*. Diesen Pflanzen schließt sich an der Gemeine oder Frühlingslöwenzahn *(Taraxacum officinale* Web.). Er ist verbreitet, liefert im allgemeinen wohl nur eine Entwicklungstracht, kann aber auch, besonders zusammen mit anderen Frühblühern zur Honigernte beitragen. Der Honig hat einen ausgesprochen »vordringlichen« Geschmack und kann den neutraler Honigarten schon in geringen Mengen völlig überdecken. Das an sich recht gut beflogene Märzveilchen *(Viola odorata* L.) ist mehr ein Gewächs der Büsche und Hecken. Ebenso ist der Bärenlauch *(Allium ursinum* L.), im Mai blühend, mehr in feuchten Parkanlagen und lichten Auewäldern zu finden. Das Wiesenschaumkraut *(Cardamine pratensis* L.) blüht wohl reichlich auf den Wiesen im April/Mai, wird aber von den Bienen nur wenig beachtet. Ebenso ist die Sumpfdotterblume *(Caltha palustris* L.) im April/Mai höchstens als

Pollenlieferant von einiger Bedeutung. Auf trockneren Wiesen werden die Ehrenpreisarten, besonders *Veronica spicata* L., im Juni und später recht gut beflogen. Die Wiesensalbei *(Salvia pratensis* L.) kommt gelegentlich in Massen vor und scheint nicht ohne Bedeutung zu sein; Blüte ab Mai. Einen großen Namen als Bienenpflanze hat der Bärenklau *(Heracleum sphondylium* L.), Blüte Juni bis Herbst. Aber EWERT hat auf den Warthewiesen keinen Beflug beobachten können. Das deckt sich ziemlich mit eigenen Erfahrungen. Sogar auf den Odenwaldwiesen war zwar stets ein reicher Insektenflug zu beobachten, aber es waren nur sehr wenige Bienen darunter. Allerdings mögen die Dinge in manchen Gegenden anders liegen. Nicht nur auf den Moosen, sondern auch anderswo in Bayern, zum Beispiel auf den Regnitz-Wiesen, wird der Bärenklau nach BÖTTCHER meist gut beflogen. Das setzt allerdings warmes Wetter voraus. Ähnliches wurde auch aus der Oberrheinischen Tiefebene berichtet. Vielleicht liegt die Erklärung dieses Widerspruches darin, daß die Bienen den Bärenklau an sich wegen der Blütenform, die mehr auf Fliegenbesuch eingestellt ist, nicht besonders lieben, ihm aber bei wetterbedingtem reichlichen Nektarfluß, vor allem auch bei mangelnder anderer Tracht, noch ihre Aufmerksamkeit zuwenden.

Abb. 14. Bärenlauch im Walde

Die anderen Doldenblüter oder *Umbelliferen* scheinen für die Bienen ziemlich uninteressant zu sein. Rückschlüsse aus den Pollenbefunden des Honigs betrachtet Verfasser hier mit besonderem Mißtrauen. Hingegen ist die Kohldistel *(Cirsium oleraceum* Scop.) eine ausgezeichnete Bienenpflanze, die dort, wo sie in Mengen vorkommt – wie etwa im Rhinluch der Mark Brandenburg –, große Späternten liefern kann. Der Blutweiderich *(Lythrum salicaria* L.) scheint nur bei schwül-warmem Wetter beflogen zu werden. Auf feuchtem Wiesengelände können verschiedene Minzenarten, zum Beispiel *Mentha aquatica* L., im Spätsommer eine gute Tracht liefern. Auch der Wiesenknöterich *(Polygonum bistorta* L.) kann beflogen werden.

Wichtiger sind die Leguminosen. Neben der Zaunwicke und der Vogelwicke *(Vicia sepium* L. und *V. cracca* L.) sind es vor allem die Kleearten, die das Interesse der Bienen finden, allerdings in unterschiedlichem Maße. Der überaus häufige wilde Rotklee oder Bullenklee *(Trifolium pratense* L.) hat wohl nach EWERT eine noch stärkere Nektarabsonderung als die angebauten Formen. Er wird aber von den Bienen kaum beachtet. Ernten von Rotkleehonig stammen entgegen früherer Annahmen durchgängig von dem angebauten Rotklee. Die in jeder Weise wichtigste Kleeart der Wiesen ist der Weißklee, auf feuchteren Stellen auch der Schwedenklee *(Trifolium repens* L. und *T. hybridum* L.). Der gleichfalls dort vorkommende Sumpfschotenklee *(Lotus uliginosus* Schkuhr) wird von den Bienen weniger beachtet als der verwandte, etwas trockeneren Boden liebende Hornschotenklee *(Lotus corniculatus* L.). Auch der mit der Luzerne verwandte Gelbklee oder Hopfenklee *(Medicago lupulina* L.) muß erwähnt werden, wenn er auch anscheinend nicht die gleiche Anziehungskraft hat. Auch einige andere *Trifolium*-Arten, die besonders in Gebirgsgegenden auftreten, sind mehr oder minder gute Bienenpflanzen.

Wiesen und Weiden sind zusammengehörige Begriffe, doch muß man bei den Weiden mehrere Erscheinungsformen unterscheiden. Zunächst kann die Weide eine Wiese sein, die nicht geschnitten wird, sondern dauernd vom Vieh beweidet wird. So etwas findet man besonders in den Marschniederungen. Die Vegetation wird sich nicht allzusehr von der der Wiesen unterscheiden. Künstliche Dauerweiden finden sich aber besonders in Norddeutschland auf schwereren Lehmböden mit tieferem Wasserstand. Hier ist der Pflanzenwuchs bei der Anlage schon vorher bestimmt, wobei man außer Gras vor allem Kleearten verwendet. Da sich hier namentlich der Weißklee breitmachen wird, können diese Weiden für die Bienenzucht eine bedeutsame Rolle spielen. Weiden sind ferner die Almen der Hochgebirge über der Baumgrenze. Hier trifft man zahlreiche Blütengewächse an. Bei der Entlegenheit dieser Plätze dürfte aber deren Bienenbedeutung gering sein. Schließlich gibt es noch trockenes Gelände mit armen Böden, auf dem eine landwirtschaftliche Nutzung nicht mehr in Frage kommt und das nur als Weide für anspruchslose Tiere (Schafe) zu verwenden ist. Der Ausdruck »Hutungen« wäre hier besser am Platze. Hier treten andere Gewächse als auf den Wiesen und guten Weiden auf, unter denen sich auch manche guten Bienenpflanzen befinden. Doch wollen wir diese bei dem Kapitel »Triften usw.« besprechen.

## E Äcker

### 1 Unkräuter

Der Acker trug von altersher bis in die neuere Zeit fast nur Getreide, war also durch die Hauptfrucht für die Tracht bedeutungslos. Lediglich in wenigen Gebieten, in denen schon im Mittelalter die Landwirtschaft eine höhere Stufe erreicht hatte, z. B. in der Umgebung von Erfurt, wurden auch Farbpflanzen wie der Waid *(Isatis tinctoria* L.) auf größeren Flächen angebaut. Im allgemeinen aber herrschte die Dreifelderwirtschaft mit ihrem Wechsel von Winterkorn, Sommerkorn und Brache, in einigen Gegenden auch die Zweifelderwirtschaft mit dem Wechsel Getreide – Brache. Der verhältnismäßig geringe Bedarf an Ölfrüchten, Faserpflanzen und Gemüsen wurde durch den Anbau in den recht großen Hausgärten oder in besonderen gartenähnlichen »Stücken« gedeckt. Handelsgewächse und Futterpflanzen, die als Honigspender in Frage kommen, drangen erst auf den eigentlichen Acker vor, als es möglich war, durch bessere Düngung die Dreifelderwirtschaft durch die freie Fruchtfolge zu ersetzen, das heißt etwa mit dem Beginn des 19. Jahrhunderts. Die Nektarspender des Ackers waren daher fast ausschließlich die Unkräuter, die früher in Fülle vorhanden waren.

Das Ganze bedarf einer Einschränkung, weil im Mittelalter von Osten her der Buchweizen eingeführt wurde und nicht nur in ganz Deutschland, sondern auch weit nach dem Westen hin – etwa in der belgischen Campine und in der Bretagne – starke Verbreitung fand. Er war in Deutschland nicht nur auf die Lüneburger Heide beschränkt, sondern wurde auch in Süddeutschland und Österreich viel angebaut. Der große Bienenzüchter Freiherr von Ehrenfels (um 1800) wanderte schon mit seinen Bienenkörben in die Buchweizenbestände des Marchfeldes. Seit man aber gelernt hatte, auch leichte Böden, für die früher der Buchweizen allein als Nutzpflanze in Frage kam, durch künstliche Düngung zu verbessern, ging sein Anbau rapide zurück und spielt im Augenblick in Deutschland überhaupt keine Rolle mehr.[1] Die anderen Getreide waren nicht nur ertragreicher, sondern auch sicherer. Der Buchweizen dagegen ist eine ausgesprochene Lotteriefrucht. Man sagt, daß es einen Bauern gegeben habe, der in einem Jahre von einem Scheffel Aussaat 100 Scheffel Buchweizen geerntet habe. Als er, dadurch ermutigt, im

---

[1] In den dreißiger Jahren fand Verfasser überraschenderweise ein inselartiges Vorkommen des Buchweizenanbaues in der Nähe des Heide-Wanderbienenstandes der schlesischen Imker in Neuhammer am Queiß. Auf dem Sandboden der breiten Talmulde befanden sich zahlreiche Felder mit Buchweizen, der infolge des nicht zu tiefen Grundwasserstandes ein erstaunlich üppiges Wachstum zeigte. Er bot den zahlreichen Heide-Wandervölkern, wenn sie mit der Eisenbahn bereits einige Tage vor dem Aufblühen der Heide angekommen waren, eine Unterhalts- und Beschäftigungstracht. Soweit ich mich erinnere, wurde er weniger als Körnerfrucht denn als Grünfutterpflanze angebaut, die allerdings spät geschnitten wurde. Es mag also sein, daß er auch heute noch in besonderen Fällen als Futterpflanze, vielleicht im Zweitanbau desselben Jahres, eine gewisse landwirtschaftliche Beachtung verdient.

Jahre darauf alle 100 Scheffel ausgesät habe, hätte die gesamte Ernte nur einen Scheffel betragen. In Rußland, in Zentral- und Ostasien hat sein Anbau noch Bedeutung, so daß in ausländischen Honigen auch wohl Buchweizen-Pollen gefunden werden kann. Auch in Nordamerika wird er noch angebaut, dort aber wohl nur als Futterpflanze.

Es sei noch darauf hingewiesen, daß der Rückgang der alten Lüneburger Bienenzucht außer auf die Minderung der Heideflächen auch auf das Verschwinden des Buchweizenanbaues zurückzuführen ist. Früher hatte der Heidjer zwei Möglichkeiten der Spättracht. Versagte die eine, so konnte mit einiger Wahrscheinlichkeit die andere den Ausgleich geben. Gab es eine sehr gute Buchweizentracht, so wurde allerdings die Heide wegen des Verschleißes der Völker nicht mehr besonders ausgenutzt.

Doch nun zurück zu den Unkräutern. Die Zahl der Getreideunkräuter ist außerordentlich groß, doch haben nur wenige für die Bienenzucht Bedeutung. So hat BERNER beispielsweise übereinstimmend mit EWERT an der Ackerdistel *(Cirsium arvense* Scop.) niemals eine Biene beobachten können. Auch die Gänsedistel *(Sonchus oleraceus* L.) hat wohl keine große Anziehungskraft, allerdings liegen auch andere Beobachtungen vor. Der Windenknöterich *(Polygonum convolvulus* L.) wird wohl nur bei besonders günstigem Wetter etwas stärker beflogen. Auch an der Kornrade *(Agrostemma githago* L.) hat EWERT wie Verfasser selbst kaum Bienen beobachten können. Wenn ZANDER zwar nicht allzu häufig, aber immerhin in einigen Fällen, Kornraden-Pollen in Honigen gefunden hat, so müssen die Bienen bei gelegentlichen Besuchen unverhältnismäßig große Mengen von Kornraden-Pollen mitgeführt haben. Es bleiben von Bedeutung als Zwischenpflanzen des Getreides nur drei Arten: die Kornblume *(Centaurea cyanus* L.), der Hederich *(Raphanus raphanistrum* L.) und der Ackersenf *(Sinapis arvensis* L.). Dieser Ackersenf ist nicht zu verwechseln mit dem gelegentlich auf Äckern angebauten weißen Senf *(Sinapis alba* L.).

Hederich und Ackersenf sind sehr ähnlich und werden oft miteinander verwechselt. Die einfachste Unterscheidungsregel gibt der Satz: Hederich hebt, Senf senkt – nämlich die Kelchblätter. Auch ist das Gelb der Blüte beim Ackersenf kräftiger als beim Hederich, der manchmal, besonders in Süddeutschland, sogar weiße Blüten trägt, die mit einem etwas dunkleren Aderwerk durchzogen sind. Beide Pflanzen kommen vor allem im Sommergetreide vor. Welche Pflanze einen größeren Trachtwert und eine größere Trachtbedeutung besitzt, soll hier nicht entschieden werden. Der Honig von beiden ähnelt sehr dem Rapshonig.

Nicht ausschließlich, aber meist im Wintergetreide wächst die Kornblume, deren Trachtwert unbestreitbar ist. Die Trachtbedeutung aller drei Pflanzen war bis vor kurzem noch außerordentlich groß. Auch die immerhin recht fortgeschrittene Landbautechnik zu Beginn unseres Jahrhunderts hatte es nicht vermocht, diesen Pflanzen den Garaus zu machen. In Mecklenburg ging unter den Imkern der Spruch, daß das Getreide in den Landesfarben blühe. Roggen blau (Kornblume), Sommergetreide gelb (Hederich oder Ackersenf), Weizen rot (Feldmohn). Es sei bemerkt, daß der Feldmohn *(Papaver rhoeas* L.) als Bienenpflanze keine Bedeutung hat. Er honigt nicht, und auch sein Pollen übt auf die Bienen keineswegs die ungeheure Anziehungskraft aus wie der des angebauten Mohnes *(Papaver somniferum* L.).

In der letzten Zeit ist aber die Bekämpfung der Ackerunkräuter mit chemischen Mitteln so weit gediehen, daß das Auffinden einer Kornblume in vielen Feldern beinahe eine Sensation ist. Auch Hederich und Ackersenf sind stark zurückgedrängt worden. Somit haben diese trachtwertigen Pflanzen ihre Trachtbedeutung so ziemlich verloren.

Auch nach dem Schnitt des Getreides können Stoppelunkräuter einen Beitrag zur Honigernte liefern. In Österreich und weiter östlich sind die Stoppelfelder vielfach bedeckt mit dem sogenannten Vusperkraut *(Stachys annua* L.), das eine geschätzte Späternte liefert. In Deutschland ist es recht selten. SKLENAR hat früher auf Wunsch Samen davon versandt, doch hat es sich nicht eingebürgert. Auf schweren und feuchten Lehmböden kommt manchmal bei uns die Ackerminze *(Mentha arvensis* L.) vor, die wie alle Minzenarten gut beflogen wird. Auf sandigem Gelände, so auch auf Roggenfeldern mit leichtem Boden, findet sich manchmal ein dichter Bestand des Hasenklees *(Trifolium arvense* L.). Im allgemeinen beachten ihn die Bienen kaum, aber gelegentlich habe ich auch einen ganz überraschend starken Beflug beobachtet. Der Nektar der Taubnessel- oder Bienensaugarten *(Lamium)* ist in den meisten Fällen den Bienen nicht zugänglich. Die rote Taubnessel *(Lamium purpureum* L.) findet sich häufig in immerhin beachtenswerter Menge im Frühjahr vor der Bestellung ein. Um diese Zeit wird sie ziemlich stark von Bienen besucht und mag daher als Anreiztracht erwähnt werden.

## 2 Ölfrüchte, Handelsgewächse und Gewürzkräuter

Außer den Getreidearten trägt der Acker noch mancherlei andere Pflanzen, die zum Teil für die Bienen von Bedeutung sind. Bei vielen davon, besonders bei den Kreuz- und Schmetterlingsblütern, ist die Nutzungsart sehr verschieden. Man kann sie zum Beispiel zur Gewinnung von Körnern und Samen, Grünfutter und Heu, zur Gründüngung verwenden, und zwar als Hauptfrucht, Untersaat, Stoppelsaat oder im Winter-Zwischenfruchtbau.

Bei den Ölfrüchten steht an erster Stelle der Raps. Der Rübsenbau ist statistisch mit dem Raps zusammen erfaßt. Der Rübsen stellt etwas geringere Bodenansprüche, bringt aber auch geringere Erträge. Da er etwas früher blüht, wirkt sich ein gleichzeitiger Anbau für die Verlängerung der Tracht günstig aus. Ideal war es, daß in der Zeit der Hochblüte des Ölfruchtbaues auf großen Gütern zum Zwecke der Verteilung der Arbeitszeit oft die vorgesehene Fläche von Ölfrüchten gedrittelt wurde, und zwar wurde je ein Drittel dem Rübsen, einer früh blühenden und einer spät blühenden Rapsart zugeteilt.

Die Anbaufläche von Raps (und Rübsen) hat im Laufe der letzten hundert Jahre sehr große Schwankungen erfahren. Um die Mitte des vorigen Jahrhunderts hing bei vielen norddeutschen Großlandwirtschaften der Jahresreinertrag nicht so sehr von der Getreideernte wie von der Rapsernte (und

Abb. 15. Wanderstand am Rapsfeld

dem Wollertrag) ab. Aber schon in der zweiten Hälfte des vorigen Jahrhunderts läßt sich eine starke und regelmäßige Abnahme des Rapsanbaues feststellen. Im Jahre 1878 wurden im Gebiet des damaligen Deutschen Reiches 179 000 Hektar angebaut, im Jahre 1900 nur noch 73 000 Hektar. Im Jahre 1913 dürfte die Fläche kaum 30 000 Hektar betragen haben. Der Grund dieses Rückganges war die steigende Konkurrenz billiger überseeischer Fette und der vermehrte Anbau von Hackfrüchten wie Kartoffeln und Zuckerrüben.

Während des ersten Weltkrieges nahm verständlicherweise der Anbau stark zu und sank bald danach wieder erheblich ab. In der Zeit des Dritten Reiches wurde aus Gründen der Autarkie der Rapsbau auf das stärkste gefördert und mochte den Stand von 1900 wohl überschritten haben. Nach 1945 trat in Westdeutschland wieder ein starker Rückgang ein, während der Anbau im Osten weiter gefördert blieb. Im Jahre 1954 wurde in der Bundesrepublik nur eine Anbaufläche von rund 9000 Hektar festgestellt. Merkwürdigerweise trat hier von diesem Jahre an eine sehr erhebliche Zunahme ein. Der Grund liegt darin, daß sich der Rapsanbau für die Bodenkultur sehr günstig auswirkt und die Landwirte auf rapsfähigen Böden diese Pflanze ungern aus ihrer Fruchtfolge ausscheiden möchten.

Schon fünf Jahre später, 1959, war der Umfang auf etwa das Dreifache gestiegen und hat sich bis 1964 ziemlich regelmäßig auf 50 251 Hektar vermehrt. Auch 1965 ist noch eine weitere Steigerung eingetreten.

Es ist also, da die Zahlen sich nur auf die Bundesrepublik beziehen, schätzungsweise sogar der Stand vor dem Jahre 1900 wieder erreicht, und damit ist der Raps wieder eine richtige Frühtrachtpflanze geworden. Aber es ist dabei mehreres zu bedenken. Diese Tracht ist nur regional von wirklicher Bedeutung, denn gut die Hälfte (25 818 Hektar) entfiel allein auf Schleswig-Holstein, auf Baden-Württemberg beispielsweise nur 1908 Hektar. Dann sagt man wohl mit Recht, daß der Raps im Süden erheblich schlechter honige als in Norddeutschland, ja hier ist man sogar der Ansicht, daß er um so besser honige, je näher er dem Meere stehe.

Man muß sich auch darüber klar sein, daß das Wiederaufleben des Rapsbaues eine protektionistische Blüte ist. Die Margarinefabriken sind gezwungen, eine bestimmte Menge Rapsöl zu verwenden oder besser gesagt, zu bestimmten Preisen abzunehmen. Wozu dann das Rapsöl wirklich verwendet wird, sei dahingestellt.

Einzelheiten über die Zukunft des Rapsbaues vorherzusagen, dürfte schwer sein. Doch ist anzunehmen, daß er sich einerseits im Rahmen der Landwirtschaftspolitik der EWG halten, aber auch keine weitere Ausbreitung erfahren wird.

Meist wird Raps und Rübsen als Winterfrucht gebaut, selten als Sommerfrucht, wobei sich dann die Blüte vom Mai zum Juni/Juli verschiebt.

Der Leindotter *(Camelina sativa* L.), der früher, als der Ölfruchtbau noch grundsätzlich lohnend war, auf leichteren Böden gelegentlich angebaut wurde (im Jahre 1900 im Deutschen Reich ungefähr 1000 Hektar) und auch wohl als Ersatz für ausgewinterten Raps benutzt wurde, dürfte heute praktisch verschwunden sein. Das gleiche gilt von dem Anbau von Körnersenf, der seit dem Jahre 1955 in der Statistik nicht mehr erfaßt wird. Im Jahre 1954 nahm er eine Fläche von 389 Hektar ein. Da die Entwicklung bis dahin schon rückläufig war, dürfte er heute kaum noch eine Rolle spielen.

Die Sonnenblume *(Helianthus annuus* L.) wird in Ost- und Südeuropa viel zur Ölgewinnung angebaut und spielt dort auch als Trachtpflanze eine erhebliche Rolle. Bei uns wird sie nur als Futterpflanze angebaut und ist wegen des vorzeitigen Schnittes für die Bienen ohne Bedeutung.

Die Gruppe der Handelsgewächse (zu denen man manchmal auch die Ölfrüchte rechnet) umfaßt alle möglichen Pflanzenfamilien und Arten. In den statistischen Jahrbüchern 1963/65 sind zusammengefaßt: Flachs, Hopfen, Tabak, Mohn, Heil- und Gewürzpflanzen, alle anderen Handelsgewächse. Der Hopfen ist für uns uninteressant; der Mohn, im Jahre 1955 mit 716 Hektar vertreten, war damals ebenfalls in starkem Rückgang begriffen. Er liefert den Bienen einen sehr begehrten Pollen, aber keinen Nektar. Für uns kommen außer den Gewürzpflanzen nur der Flachs und vielleicht der Tabak in Betracht.

Die blauen Blüten des Flachses oder Lein *(Linum usitatissimum* L.) im Juni/Juli werden auch von den Bienen besucht. Aber der Trachtwert dürfte wohl geringer sein als der des Rapses. Sein Nutzen ist ein doppelter, man gewinnt sowohl Fasern als auch ölhaltige Samen. Je nach Anbauart und dichterer oder dünnerer Aussaat tritt die eine oder andere Nutzungsart mehr in den Vordergrund. Der Flachs – schon in der jüngeren Steinzeit nachzuweisen – war früher eine sehr wichtige Kulturpflanze. Durch die Konkurrenz von ausländischem Flachs, Baumwolle und Chemiefasern hat er seine Bedeutung verloren. Wegen der besonderen Vorliebe der Bewohner einiger Landschaften, besonders Schlesiens und der Lausitz, für das Leinöl hatte sich der Anbau dort noch verhältnismäßig lange in kleinerem Umfange erhalten. Sogar in der Bundesrepublik wurden in der Zeit von 1953 bis 1955 durchschnittlich noch 3400 Hektar angebaut. Seitdem dürfte die Fläche weiter zurückgegangen sein.

Der Tabak kommt in zwei Arten vor, *Nicotiana tabacum* L. und *N. rustica* L. (Bauerntabak). Die gelben Blüten der letzten Art werden von den Bienen beflogen. Doch beschränkt sich der Anbau auf Privatgärten von Rauchern, die einen besonders kräftigen Glimmstoff lieben. Auch an Ziertabakarten konnte Verfasser mehrfach Bienenbeflug beobachten. Es war aber eine Überraschung, als er vor einer Reihe von Jahren die Nachricht erhielt, daß ein Imker von Tabakfeldern (Blüte Juli bis September) eine gute Spättrachternte erzielt habe, so daß er in Zukunft auf eine Heidewanderung verzichten wolle. Das dürfte wohl etwas zu optimistisch gesehen sein. Immerhin liegen mehrfach Berichte von Beflug der Tabakfelder aus

Abb. 16. Tabakfeld

verschiedenen Gegenden vor. Das Bild, das sich bietet, ist aber nicht ganz einheitlich, besonders auch nicht hinsichtlich des Erfolges dieses Befluges. Es sieht so aus, als ob einige Kulturrassen des Tabaks bienengünstiger sind als andere. Daß solche Nachrichten jetzt häufiger auftauchen, hängt wohl damit zusammen, daß man früher zur Erhöhung der Blattmasse die Blüten auszugeizen pflegte, während man heute, um Qualitätsware zu erzielen, darauf verzichtet.

Abb. 17. Biene an Tabakblüte

Der Anteil des Tabaks an den 17 000 Hektar Handelsgewächsen dürfte nicht ganz unbeträchtlich sein, da im Jahre 1960 allein in Baden-Württemberg rund 4000 Hektar mit Tabak bepflanzt waren.

Von einwandfreiem Trachtwert sind viele Gewürz- und Heilkräuter. Für 1963 liegt eine statistische Erhebung vor. Danach betrug die Anbaufläche in der Bundesrepublik 528 Hektar, darunter Bohnenkraut 4,1, Fenchel 2,8, Majoran 12,6, Pfefferminze 219,2, Thymian 0,5 Hektar. Besonders stark war, und ist noch außerhalb der Bundesrepublik, der Gewürzkräuteranbau in dem Gebiet östlich vom Harz. Vor allem liefert der Majoran in der Ascherslebener Gegend nicht selten eine Späthonigernte. Über den Geschmack dieses Honigs sind absprechende Urteile gefällt worden, doch ist ja gerade beim Honig die Geschmacksbewertung stets völlig subjektiv. Böttcher spricht von einem leicht säuerlichen, an Zwetschgenmus erinnernden Geschmack. In der Umgebung von Magdeburg kann auch Zwiebelhonig geerntet werden, er dürfte kaum nach Zwiebeln schmecken. Hingegen soll Fenchelhonig aus der Leipziger Gegend ausgesprochen nach Fenchel schmecken.

## 3 Hülsenfrüchte und Feldgemüse

Der Anbau von »Futterhülsenfrüchten einschließlich Mischfrucht zur Körnergewinnung« umfaßte in der Bundesrepublik im Jahre 1960 eine Fläche von 21 273 Hektar. Sie stieg bis 1964 ziemlich gleichmäßig auf 34 830 Hektar. Bis zum Jahre 1960 war eher eine Tendenz zur Abnahme zu beobachten, die man ziemlich plausibel mit der steigenden Einfuhr billiger Eiweißfuttermittel und der sinkenden Nachfrage nach Hülsenfrüchten für die menschliche Ernährung erklärt hat. Worauf dieser Wechsel in der Entwicklung beruht, ist fraglich, ebenso läßt sich bei den ungeklärten Agrarverhältnissen keine Prognose für die Zukunft erstellen.

Man darf aber die gesamten 35 000 Hektar nicht als Bienenweidefläche betrachten, da die einzelnen Arten der Hülsenfrüchte nicht unterschieden sind und es daher nicht festzustellen ist, wieviel von der Fläche etwa auf Erbsen und Lupinen entfallen.

Als Bienenweide kommen in Frage die drei Wickenarten Saatwicke (*Vicia sativa* L.), Zottel- oder Sandwicke (*V. villosa* Roth) und Pferde- oder Saubohne (*Vicia faba* L.), die nicht zu den Bohnen, sondern zu den Wicken gehört. Alle drei sind von Mai bis Juni vorzügliche Honigpflanzen. Auch die an den Nebenblättern befindlichen extrafloralen Nektarien werden besucht. Die Blütenröhre von *Vicia faba* ist eigentlich für den Bienenrüssel zu lang, doch ist der Nektar den Bienen zugänglich, da Fahne und Flügel der Blüte nur locker zusammenschließen, so daß die Bienen seitwärts herankommen können. Auch die Bißstellen von Erdhummeln werden benutzt. Es gibt nach der Größe der Samen zwei Unterarten, variatio *major* und variatio *minor* genannt. Der Ertrag ist übrigens ziemlich gleich, da die Größe der Samen und ihre Zahl sich ausgleichen. Alle Wickenarten scheinen auf die Bienen eine erregende Wirkung auszuüben, wie ihre Stechlust während der Blütenzeit beweist.

Gelegentlich werden auch zwei verwandte Wikkenarten angebaut, *Vicia pannonica* Crantz und *V. narbonensis* L. Die Pferdebohne hat ihr Hauptanbaugebiet in den Nordseemarschen, auch in regenreicheren Gegenden des Binnenlandes wird sie verwendet. Die Zottel- oder Winterwicke wird meist im Gemisch mit Winterroggen gebaut, die Saat- und Sommerwicke im Gemenge mit Hafer. Da nun an Stelle des Sensenschnittes beim Getreide immer mehr die Ernte mit dem Mähdrescher tritt und dabei mit der Wicken-Mischfrucht Schwierigkeiten entstehen, ist zu fürchten, daß der Anbau von

Abb. 18. Zwiebelfeld

Abb. 19. Feuerbohne *(Phaseolus coccineus)*

Saat- und Zottelwicke künftig stark zurückgehen wird, obwohl dieser Mischbau an sich manche landwirtschaftlichen Vorteile bietet. Jedenfalls ist jetzt schon gegenüber früheren Jahrzehnten ein gewaltiger Rückgang eingetreten. Im Jahre 1900 wurden im Bereich des damaligen Deutschland 102 194 Hektar Wicken allein zur Körnergewinnung angebaut. Dazu kam ebenfalls zur Körnergewinnung eine Fläche von 214 892 Hektar Mischfrucht (Getreide und Hülsenfrüchte).

Die meisten feldmäßig angebauten Gemüse liefern kaum etwas für die Bienen, aber immerhin befanden sich unter den so bewirtschafteten Flächen im Jahre 1963 (Bremen, Hamburg, Berlin nicht mitgerechnet) in der Bundesrepublik 5208 Hektar Spargel, 953 Hektar Zwiebeln, 2066 Hektar Dicke Bohnen *(Vicia faba)* und 4981 Hektar Gurken.

Von Erbsen *(Pisum sativum* L.) und Bohnen *(Phaseolus vulgaris* L.) wird auch wohl mal ein Beflug berichtet, doch sind dies Ausnahmen. Hingegen wird die Feuerbohne *(Phaseolus coccineus* L.) eifrig besucht. Man findet sie aber wohl nur in Hausgärten.

## 4 Futter- und Gründüngungspflanzen

Neben dem Wiesenwuchs spielt auch der Anbau von Futterpflanzen auf dem Acker für die Ernährung des Viehes eine große Rolle. Die Statistik unterscheidet beim Hauptanbau nur drei Gruppen: Klee und Kleegras, Luzerne, andere Futterpflanzen. Die Anbauzahlen schwankten vom Jahre 1960 bis zum Jahre 1964 von 683 000 Hektar bis 613 000 Hektar. Im Durchschnitt der fünf Jahre fielen davon auf Klee und Kleegras rund 460 000 Hektar und auf andere Futterpflanzen 48 000 Hektar.

Es ist sehr schwer, etwas über die Trachtbedeutung dieser Flächen auszusagen. Man weiß zunächst nicht, welchen Anteil die bienengünstigen Kleearten wie Weißklee, Schwedenklee, Hornschotenklee, Gelbklee, Inkarnatklee oder die neuerdings empfohlenen Arten und Abarten wie Ladino-Weißklee, Persischer Klee und Alexandriner Klee an der Gesamtmenge haben. (Über die Verwendungsmöglichkeit dieser Arten siehe WELLMANN 1964.) Der Hauptanteil wird wohl auf den problematischen Rotklee entfallen. Von ihm wird im Abschnitt III noch ausführlich die Rede sein.

Dann ist entscheidend, wann der Schnitt dieser Kleearten erfolgt, vor, bei Beginn der Blüte oder etwas danach. Für die Bienenzucht bedauerlich erscheint die Tendenz, den Schnitt möglichst früh zu legen und dann möglichst auf einmal, mit der Maschine, vorzunehmen. Doch müssen wir uns wohl den landwirtschaftlichen Interessen beugen.

Ähnlich liegen die Dinge bei der Luzerne. Zwar warnt WELLMANN (1964) vor einem zu frühen Schnitt, weil sich vor Ansatz der Blütenknospen nicht genügend Nährstoffe für die weitere Entwicklung im Wurzelkopf ablagern. Er empfiehlt den zweiten Schnitt in der Vollblüte und hält ein eingeschaltetes Samenjahr für den Bestand des Luzerneschlages für vorteilhaft. Nur ist zu fürchten, daß diese Ratschläge und Warnungen aus einem anderen Grunde nicht allzu viel Gehör finden werden. Denn während man früher den Luzerneschlag aus der Fruchtfolge herausnahm und möglichst lange, acht oder zehn Jahre, benutzte, also ein Interesse hätte haben müssen, die Pflanzen möglichst lange lebenskräftig zu erhalten, wird heute empfohlen, den Luzernebau in die Fruchtfolge mit einzubeziehen und den Schlag nur zwei, allerhöchstens vier Jahre zu benutzen.

Was sich unter den etwa 48 000 Hektar »andere Futterpflanzen« verbirgt, ist ebenfalls nicht eindeutig zu erkennen. Lediglich der Rückgang des Esparsette-Anbaues dürfte feststehen. Nach einer Mitteilung des Statistischen Landesamtes wurden im Jahre 1961 mit Esparsette 9133 Hektar angebaut. Gegenüber früheren Jahrzehnten ist ein rapides Absinken festzustellen. Im Jahre 1878 betrug die Fläche im Gebiet des Deutschen Reiches 128 000 Hektar. Im Jahre 1900 waren es 86 000 Hektar. Es mag schätzungsweise etwa die Hälfte davon auf das Gebiet der heutigen Bundesrepublik entfallen sein. Zu den Gründen für den Rückgang ist folgendes zu bemerken. Die Esparsette liefert das beste und nährstoffreichste Grün- und Rauhfutter, das es überhaupt gibt. Aber die Masse des Ertrages ist gering. Sie ist deshalb, wo die Bodenverhältnisse es irgendwie erlauben, von der Luzerne verdrängt worden, die ein annähernd gleichwertiges Futter liefert, aber dabei Massen, die mindestens doppelt so hoch liegen. Der Rückgang wird nicht aufzuhalten sein, und der Anbau wird sich auf trockene, kalkhaltige, flachgründige Lagen beschränken, wo die Luzerne nicht fortkommt, wohl aber die kalkhungrige, sonst aber anspruchslose Esparsette.

Diese Entwicklung ist bienenwirtschaftlich sehr bedauerlich, da die Esparsette zu den besten Bienengewächsen gehört, nicht nur weil die Blüten reichlich Nektar erzeugen, sondern auch weil der Schnitt zu einem relativ späten Zeitpunkt bei voller Blüte erfolgt. Die Bienenzucht GERSTUNGS stützte sich in der Hauptsache auf die Esparsette, wie dies bei PREUSS und KUNTZSCH

Abb. 20. Komfreyblüte *(Symphytum)* mit Biene an Hummelbißstelle

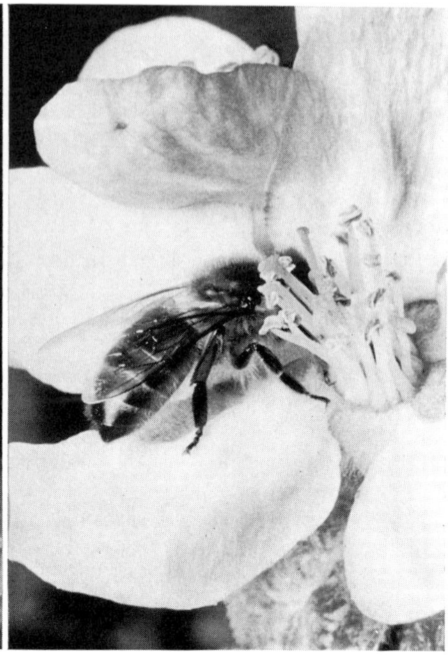

Abb. 21. Biene an Apfelblüte

mit Robinie und Linde der Fall war. Auch die ganz eigenartige Bienenzucht der Landschaft Gatinais südlich von Paris, die ARMBRUSTER (1936) beschrieben hat, war in extremster Weise allein auf der Esparsette aufgebaut.

Nach einem dem Verfasser zugegangenen Bericht war im vorigen Jahrhundert die Esparsette nicht nur in ausgesprochenen Kalkgebieten wie Thüringen und Württemberg in Kultur, sondern auch auf dem immerhin kalkhaltigen Geschiebelehm der Uckermark in Norddeutschland. Für Mecklenburg kann man vielleicht einen entsprechenden Rückschluß ziehen aus der Tatsache, daß sie anscheinend aus der Kultur entsprungen gar nicht selten an Eisenbahndämmen und Einschnitten wild anzutreffen ist. Ein Hinweis, daß sie zur Trachtverbesserung an entsprechenden Stellen vorzüglich geeignet ist.

Eine besondere Stellung unter den Futterpflanzen nimmt der neuerdings viel empfohlene Ölrettich *(Raphanus sativus* var. *oleiformis* Pers.) ein. Für die Bienenzucht ist bedeutsam, daß er im Gegensatz zu manchen anderen Futterpflanzen in landwirtschaftlicher Hinsicht einen relativ späten Schnitt erlaubt. Seine Verträglichkeit mit sich selbst und seine kurze Vegetationsdauer ermöglichen sogar einen zweimaligen Anbau in demselben Jahr auf demselben Felde. Es können so extrem hohe Mengen von Grünfutter mit recht befriedigendem Gehalt an Rohprotein gewonnen werden. Dann allerdings wird er kaum zur Blüte gelangen. Interessant ist, daß schon im vorigen Jahrhundert der damals bekannte Landwirt und Imker HILBERT in Maciejewo bei Thorn den Anbau von Ölrettich als gleich vorteilhaft für Landwirte und Bienenzüchter empfahl. Allerdings baute er ihn zur Samen- und Ölgewinnung (s. Eichstätter Bienenzeitung, 31. Jahrg. 1875, Seite 56).

Von Kleinstlandwirten wird auch auf bescheidenen Flächen der Beinwell oder Komfrey *(Symphytum)* in verschiedenen Arten und Kreuzungen angebaut. Die Blüten (Juni bis August) sind zwar an sich den Bienen unzugänglich, doch werden die Bißlöcher der Hummeln von den Bienen manchmal recht lebhaft ausgenutzt.

Vollwertige Bienenpflanzen sind alle die angeführten Gewächse natürlich nur dann, wenn sie zur Samengewinnung angebaut werden. Doch davon mehr im Abschnitt III.

Es werden diese Pflanzen und auch einige andere nicht nur als Hauptfrucht angebaut, sondern auch als Zweitfrucht. Man unterscheidet bei diesem Zwischenfruchtbau drei Formen:

1. Untersaat in das Getreide
2. Stoppelsaat nach Aberntung des Getreides mit Verwendung im selben Jahr
3. den sogenannten Winter-Zwischenbau.

Die beiden ersten Arten unterscheiden sich eigentlich nur in der landwirtschaftlichen Technik. Es kommen fast dieselben Pflanzen zum Anbau, auch ihre Nutzung ist dieselbe, entweder zusätzliche Gewinnung von Herbstfutter oder Gründüngung. Natürlich gibt es hier Übergänge, die in der Statistik nicht auseinander gehalten werden. Bei dem Winterfrucht-Zwischenbau erfolgt die Ernte erst im folgenden Frühjahr vor der Bestellung der Hauptfrucht zum Zweck einer frühen Futtergewinnung. Die Statistik gibt hier nachstehendes Bild (ich scheide bei der Wiedergabe den Zweitfruchtanbau von Stoppel- und Steckrüben von vornherein aus): Im Jahre 1962 wurden zum Zweck der Futtergewinnung im Sommerzwischenbau in der Bundesrepublik rund 560 000 Hektar benutzt. Davon waren Stoppelklee (Rot-, Weiß- und Inkarnatklee sowie Serradella) 273 000 Hektar. Ferner trugen 170 000 Hektar Zweitfrüchte zur Gründüngung. Die Trachtbedeutung dieser Flächen läßt sich ebenfalls im einzelnen nicht genau bestimmen, da nicht erkennbar ist, wieviel von allem zur Blüte kommt. Am günstigsten dürften die Dinge in dieser Hinsicht bei den 170 000 Hektar Gründüngungspflanzen liegen. Von den in der Statistik angegebenen »sonstigen Futterpflanzen« gilt ähnliches wie vom Stoppelklee. Es scheiden innerhalb dieser Pflanzengruppe für uns von vornherein einige Gewächse aus wie Mais und Futterkohl. Aber der größte Teil dürfte doch aus an sich bienenfreundlichen Pflanzen bestehen wie Sommerraps, Sommerrübsen, der schnellwüchsige Lihoraps, Senf.

Die Anbauzahlen sind sich in den Jahren 1960 bis 1962 einigermaßen gleich geblieben. Im Abschnitt III werden wir in dem entsprechenden Kapitel darlegen, daß in Zukunft bei der sich verändernden allgemeinen

Agrarstruktur eine Zunahme wenigstens des Gründüngungsanbaues zu erwarten, jedenfalls dringlich zu erstreben ist.

Noch einige Bemerkungen zu zwei Pflanzen: Im allgemeinen heißt es, daß der Inkarnatklee Weinklima verlange. Verfasser hat ihn auch in der früheren Provinz Posen, in Mecklenburg und in der Lüneburger Heide angetroffen. Die Serradella dürfte innerhalb der Stoppelklee-Sparte der Statistik die bienenvorteilhafteste Pflanze sein, da sie wohl in den meisten Fällen zur Blüte kommen wird. Im Lüneburgischen gibt sie oft, wenn man so sagen darf, der Heide eine gewisse Hilfsstellung. Auch an den Gründüngungspflanzen wird sie stark beteiligt sein, allerdings wohl nur in den Sandgegenden Norddeutschlands. In Süddeutschland hat sie nie recht festen Fuß gefaßt.

Bei den Winter-Zwischenfrüchten ist von 1960 bis 1962 eine Zunahme von rund 36 000 Hektar auf rund 58 000 Hektar zu bemerken. Aus gewissen Anzeichen darf man vielleicht schließen, daß davon ein gutes Drittel auf Wintergetreide, je ein schwaches Drittel auf Inkarnatklee und Landsberger Gemenge (eine Mischung von Weidelgras, Zottelwicken und Inkarnatklee) einerseits, Winterrübsen, Winterraps und Abarten davon andererseits entfällt. Es kommt auch hier wieder darauf an, wann der Futterschnitt erfolgt. Manchmal haben besonders bei Raps und Rübsen die Bienen noch für die halbe Blütezeit eine Weide. Leider geht auch hier wie bei allen oder fast allen Futterpflanzen die landwirtschaftliche Tendenz dahin, den Schnitt möglichst früh und in kurzer Zeit mit der Maschine durchzuführen.

## F Obstanlagen

Im Augenblick stehen leider die Zahlen für die 1965 erfolgte Obstbaumzählung noch nicht zur Verfügung, doch läßt sich die kommende Entwicklung im grundsätzlichen schon vorhersagen. Im Jahre 1951 gab es in der Bundesrepublik 91 455 000 tragfähige Obstbäume. Für das Jahr 1958 hat man mit Hilfe statistischer Methoden die Zahl von 99 545 000 errechnet. Diese schlüsselt sich nach den Hauptobstarten und den einzelnen Ländern folgendermaßen auf (in Tausenden):

| | | | |
|---|---|---|---|
| Schleswig-Holstein | 3 570 | Hessen | 9 580 |
| Hamburg | 1 945 | Rheinland-Pfalz | 9 758 |
| Niedersachsen | 13 165 | Baden-Württemberg | 21 284 |
| Bremen | 524 | Bayern | 16 688 |
| Nordrhein-Westfalen | 19 637 | Saarland | 2 395 |

| | | | |
|---|---|---|---|
| Äpfel | 49 213 | Pflaumen usw. | 22 130 |
| Birnen | 15 122 | Aprikosen | 241 |
| Süß- und Sauerkirschen | 10 296 | Pfirsiche | 2 536 |

Der Obstbau als solcher wird in den nächsten Jahren noch einen gewaltigen Aufschwung nehmen (das bedeutet aber, vorwegnehmend sei es gesagt, nicht unbedingt eine Massenzunahme der Obsterzeugung, sondern nur eine Wert- und Qualitätssteigerung, erst recht nicht eine Verbesserung der Obstblüten-Bienenweide). Das Klima Deutschlands ist für die Erzeugung von Qualitätsobst ganz vorzüglich geeignet, besonders von Äpfeln und auch von manchen Steinobstarten. Es ist daher nicht verwunderlich, daß die Landwirtschaftsbehörden der Bundesrepublik sich die Förderung des Qualitätsobstbaues als eines Teilausweges aus der prekären Lage der deutschen Landwirtschaft besonders angelegen sein lassen.

Nach dem »Generalplan für die Neuordnung des Obstbaues« vom Jahre 1957 des Landes Baden-Württemberg sollen in diesem Lande allein 30 000 Hektar neue Obstplantagen entstehen, sowohl als Gemeinschaftsanlagen als auch als private Unternehmungen. Die Planung, die bis 1969 vorgesehen ist, hat inzwischen zu etwa 60 Prozent ihre Verwirklichung gefunden. Man hofft, daß nach Ablauf der Frist der Gedanke des Obstbaues sich derart durchgesetzt hat, daß man danach auf weitere Förderungsmaßnahmen verzichten kann. Ähnliche Generalpläne wie in Baden-Württemberg sind auch in den anderen Bundesländern aufgestellt worden, wenn auch manchmal unter anderer Bezeichnung.

Das hört sich für die Bienenweide zunächst sehr vorteilhaft an, aber bei näherem Zusehen wird man sich eingestehen müssen, daß die Hoffnungen unbegründet sind, ja, daß sogar ein Minus auftreten kann. Gleichzeitig mit den Neuanlagen sieht der Generalplan eine Verringerung der bestehenden 130 000 Hektar Obstbaufläche auf 70 000 Hektar vor. Den Feld- und Wiesenobstbäumen ist der Kampf angesagt und zwar obstbaulich gesehen mit vollem Recht. Die ordnungsgemäße Pflege ist schwierig und meist handelt es sich um Sorten, die heute nicht oder nur zu völlig unzureichenden Preisen abzusetzen sind. Die Neuanlagen sind dagegen von vornherein als geschlossene Bestände von acht bis 15 Hektar (als Extremfälle gelten ein bis fünf und 50 Hektar) vorgesehen, so daß eine zweckmäßige und kostensparende Behandlung und Bewirtschaftung möglich ist. Bei der Sortenwahl wird gleich darauf geachtet, daß nur Qualitätsobst verwendet wird, das mit ausländischer Ware in erfolgreichen Wettbewerb treten kann.

Diese Neuanlagen sind im allgemeinen reine Obstbaubetriebe. Man hat auch den bäuerlichen Obstbau in die Planung einbezogen mit dem Ziel, diesen Obstbau ebenfalls räumlich mehr zu konzentrieren, auf geschlossene Flächen zusammenzuziehen und zu modernisieren. Man verspricht sich ganz richtig von einer so verkleinerten Fläche einen höheren Obstertrag, zum mindesten dem Wert nach, und ein Freiwerden von Gelände für andere landwirtschaftliche Zwecke.

Abgesehen von der Frage, ob die bäuerliche Bevölkerung geneigt ist, auf diese Pläne einzugehen und Neuanlagen vorzunehmen, würde das Ganze objektiv gesehen einen ungeheuren Rückgang der Obstblütenfläche bedeuten.

Ein konkretes Beispiel möge das erläutern. Im Wohnort des Verfassers im Odenwald stehen an den Wegen oder in den Wiesen zerstreut so zahlreiche Obstbäume – den natürlichen Bedingungen entsprechend überwiegend Kernobst – daß die Blütenpracht des Frühjahrs eine wichtige

Trachtquelle für die Bienen bedeutet. Obstbaulich gesehen sind die Zustände aber katastrophal. Ein Viertel des Bestandes mag auf Birnbäume entfallen. Es sind aber durchgängig Mostbirnen, die früher einen geschätzten Haustrunk lieferten. Heute im Zeitalter des Wohlstandswunders machen sich nur wenige noch die Mühe des Mostens. Da sie zu etwas anderem nicht zu gebrauchen sind, verfaulen die Früchte auf den Wiesen oder werden auf den Wegen von den Autos zerquetscht. Von den Apfelbäumen muß man leider sagen, daß mindestens zwei Drittel wegen Schwamm- und Pilzverseuchung obstbaulich für Axt und Säge reif sind, ja daß diese Beseitigung im Interesse der noch gesunden jüngeren Bäume dringend nötig wäre. Nach jedem Sturm liegen heruntergerissene Äste oder gar umgebrochene Baumstämme auf dem Boden. Wenn nun die nutzlosen und kranken Bäume entfernt werden oder von selbst eingehen, so würde die Blütenfläche nicht nur auf ein Viertel zurückgehen, sondern vielleicht auf ein Zehntel oder noch weniger. Denn die kranken Bäume sind ja ganz überwiegend die alten mit unverhältnismäßig großer Blütenfläche. Die Neupflanzungen sind nicht sehr zahlreich und können auch erst in einer ganzen Reihe von Jahren wirksam werden.

Ähnlich dürfte es in vielen anderen Gemeinden liegen. Es besteht kein Zweifel, daß die Hoffnungen auf eine automatisch eintretende Verbesserung der Frühtracht und den Erfolg einer einseitigen Einstellung der Bienenzuchtbetriebweisen auf die Frühtracht unbegründet sind. Es ist ferner zu bedenken, daß die neuen Anlagen für Qualitätsobst sich auf die klimatisch und bodenmäßig besonders günstigen Gebiete beschränken werden. So würden einerseits geschlossene Trachtgebiete entstehen, andererseits aber würde sich eine Trachtverödung weiter Gebiete bemerkbar machen. Für diese Entwicklung könnte man einiges Positive anführen wie die Entstehung von Wanderplätzen. Aber andererseits würde die notwendige räumliche Auflockerung der Bienenzucht behindert werden. Jedenfalls erscheint es nicht nur im Interesse der Bienenzucht, sondern auch aus anderen Gründen, auf die hier nicht näher eingegangen werden kann, notwendig, daß die Bestrebungen zur Förderung des bäuerlichen Obstbaues gegenüber dem Plantagen-Obstbau nicht vernachlässigt werden. Dies um so mehr, als man auch in nicht besonders bevorzugten Lagen ein immerhin absatzfähiges Obst erzeugen kann.

Die Imker pflegen im allgemeinen nur von Obsthonig schlechthin zu sprechen und können in den meisten Fällen auch gar nicht die verschiedenen Obstarten beim Honig auseinanderhalten. Tatsächlich unterscheiden sich die verschiedenen Obstarten Apfel, Birne, Kirsche, Zwetschge nicht nur in der Art ihres Nektars, sondern auch in der Stärke ihrer Nektar-Absonderung. Die allgemeine Imker-Erfahrung – und die Nektarmessungen haben es bestätigt – stellt den Apfel und die Kirsche an die Spitze und weiß, daß die Birne weniger anziehend für die Bienen ist. STECHE (1960) berichtet von dem Fall, daß in einer Birnenplantage aufgestellte Bienen meist nur eine 500 m entfernte Apfelplantage aufgesucht hätten. In diesem Falle käme wohl eine Duftstofflenkung auf Birnen in Frage, wobei allerdings der Imker dabei schlecht abschneiden würde. Neuere Untersuchungen haben sogar ergeben, daß sich die einzelnen Apfelsorten in der Stärke ihrer Nektarabsonderung unterscheiden. Doch da die Untersuchungen noch nicht als abgeschlossen gelten und nicht ohne weiteres der imkerlichen Praxis nutzbar gemacht werden können, soll hier nicht näher darauf eingegangen werden.

In vielen Gegenden liefert das Obst nur eine – allerdings sehr wichtige – Entwicklungstracht. In ausgesprochenen Obstbaugebieten können aber bei entsprechender Betriebsweise auch beachtliche Honigmengen geerntet werden.

Der Anbau von Beerenobst ist gegenüber früheren Jahrzehnten stark zurückgegangen. Im Jahre 1958 gab es in der Bundesrepublik 59 311 000 Stachel- und Johannisbeerbüsche, was vielleicht einer Blütenfläche (nicht Areal von 6000 Hektar entsprechen würde. Die Himbeeren nahmen im Durchschnitt der Jahre 1952 bis 1955 1304 Hektar ein.

Eine besonders gute Bienenweide liefern außer den Himbeeren die Stachelbeeren, deren Anteil an der Gesamtmenge von 60 Millionen man wohl auf ein knappes Viertel schätzen kann. Ihr Nektar hat wegen der frühen Blütezeit und der geringen Zahl der Sträucher nur die Bedeutung eines allerdings sehr wichtigen Reiz- und Entwicklungsfutters. Der Beginn der Blüte ist gewissermaßen eine Terminmarke für die Pflegemaßnahmen am Bienenvolk.

Über die Bedeutung der Johannisbeere ist schwer ein Urteil zu fällen. Einerseits zeigen Versuche (Vergleiche zwischen frei stehenden und umhüllten Blüten), daß die Fruchtbarkeit doch von der Möglichkeit eines Insektenbesuches abhängig ist. Andererseits konnte Verfasser in der Natur einen wirklich starken Bienenbesuch niemals beobachten.

Auch die Erdbeerblüten haben – wenn auch schwach entwickelte – Nektarien und man hat bei Treiberdbeeren in Glashäusern die Bienen mit Erfolg zur Erhöhung der Ernten mit herangezogen. In der freien Natur ist jedoch die Erdbeere kaum als Trachtpflanze zu bezeichnen.

Die Gartenbrombeeren erfreuen sich meist eines überaus starken Bienenbesuches, der reger zu sein scheint als bei den wilden Brombeerarten, doch ist die Zahl der angepflanzten Brombeersträucher recht gering.

## G Triften, Wegränder und Ufer

In den bisherigen Kapiteln sind nicht alle Standorte erfaßt worden, wie etwa die in dieser Überschrift angeführten. Aber es lohnt doch, sie zu behandeln, denn ihre Gesamtfläche ist größer, als es auf den ersten Anblick erscheint. Die Breite dieser Flächen ist zwar oft gering, die Länge kann aber doch recht beträchtlich sein. Ferner finden wir auf ihnen auch Pflanzen, die zwar gute Bienengewächse sind, die wir aber bisher nicht unterbringen konnten.

Wegraine und auch Böschungen mit gutem Boden ähneln in ihrer Vegetation den Wiesen und Ackerweiden der Nachbarschaft. Es kommen auf

Abb. 22. Thymian *(Thymus serpyllum)*

ihnen auch Kleearten und die schon erwähnten Kräuter vor. Es finden sich aber auch Pflanzen, die anderswo weniger vorkommen, besonders dann, wenn diese Flächen nicht mehr zur Futtergewinnung benutzt werden. Dies ist ja heute sehr oft der Fall, da meist nur solches Futter Interesse findet, das maschinell geerntet werden kann. So trifft man an Wegrändern, wie ja schon der Name andeutet, oft die Wegwarte oder wilde Zichorie *(Cichorium intybus* L.). Sie wird verschieden beurteilt, die Erklärung dafür liegt wohl darin, daß ihre Blüten nur von 6 bis 11 Uhr geöffnet sind (Oberdorfer 1962). Auch andere Pflanzen sind nur tageszeitlich Nektarquellen, sei es, daß sich die Blüte zu einem bestimmten Zeitpunkt schließt oder mit der Nektarsekretion aufhört. Die Gereiztheit der Bienen in der früheren Buchweizentracht wurde darauf zurückgeführt. An Böschungen mit leichterem und trockenerem Boden wächst der wilde Majoran oder Dost *(Origanum vulgare* L.) und der Feldthymian *(Thymus serpyllum* L.). Beide werden gern beflogen und liefern, falls reichlich vorhanden, wie wohl die meisten Lippenblüter einen dunklen, aromatischen Honig. Derselben Familie gehört der Löwenschwanz an, auch Herzgespann genannt *(Leonurus cardiaca* L.). Eine vielbesuchte Pflanze ist der Natternkopf *(Echium vulgare* L.). Regelmäßig wird in Bienenweidebüchern die ebenfalls zu den Boretschgewächsen gehörige Ochsenzunge genannt *(Anchusa officinalis* L.). Doch liegt hier wohl der Fall vor, daß eine einmal in die Liste gekommene Pflanze sich hartnäckig darin erhält. Ewert hat nie eine Biene daran beobachten können, Berner allenfalls Hummeln. Die Pechnelke *(Lychnis viscaria* L. = *Viscaria vulgaris)*

Abb. 23. Natternkopf *(Echium vulgare)*

hat eigentlich wohl eine Falterblüte. Gelegentlich kann man aber auch Bienen beobachten. Besonders an den sandigen Hängen von Waldwegeinschnitten siedelt sich gern die wichtigste Form des Weidenröschens an *(Chamaenerion angustifolium* Scop. = *Epilobium ang.)*, desgleichen auch wohl die Königskerze *(Verbascum)* in verschiedenen Arten, deren Gartenformen jedoch vermutlich besser beflogen werden. Die zerstreut vorkommenden Ehrenpreisarten *(Veronica)* werden stark beachtet. An Eisenbahndämmen kommt auch verwildert die Esparsette vor, auch wohl auf Böden, die an und für sich gar nicht so besonders kalkreich sind. Anscheinend wird hier der Kalkbedarf der Pflanze gedeckt durch abfliegenden Staub von Güterwagen. Dasselbe gilt auch von der Luzerne *(Medicago sativa* L.). Auch die einheimische gelbe Luzerne *(Medigaco falcata* L.) ist anzutreffen. Auf leichteren Böden sieht man oft den weißen oder gelben Steinklee *(Melilotus albus* Med. und *M. officinalis* L.). Bei deren Vorkommen haben wohl schon oft die Imker mit kleineren Versuchen der Bienenweideverbesserung nachgeholfen. An Zäunen treten manchmal die weiße und die rote Zaunrübe auf *(Bryonia alba* L. und *B. dioica* Jacq.).

Auch Holzgewächse finden sich an den in Frage kommenden Örtlichkeiten. Wert voll sind die beiden Weißdornarten *(Crataegus oxyacantha* L. und *C. monogyna* Jacq.), ebenfalls der Bocksdorn *(Lycium halimifolium* Mill.). Wenig Wert hat dagegen der Schlehdorn *(Prunus spinosa* L.).

An den Rändern von Bächen findet sich oft die Wiesenraute *(Thalictrum flavum* L.). Wenn die Nachbarwiesen nicht gemäht werden – so etwas gibt es im Zeichen des Wirtschaftswunders – dringt sie auch auf das Land hin weiter vor. Dasselbe gilt auch von anderen Uferpflanzen wie den feuchtigkeitliebenden Arten der Weidenröschen. Diese mögen allerdings an Trachtwert den Waldweidenröschen nachstehen. Von den verschiedenen Arten der Vergißmeinnicht wächst das Sumpfvergißmeinnicht *(Myosotis scorpioides* L. = *M. palustris)* gern an Grabenrändern. Durch falsche Ausdeutung der Honigpollenuntersuchung sind die Vergißmeinnichtarten, wie schon erwähnt, zeitweilig in den unzutreffenden Ruf bedeutender Trachtpflanzen gelangt. Tatsächlich wird wohl nur manchmal etwas Pollen gesammelt. Bedeutsamer ist immerhin die Rolle des Wasserdostes *(Eupatorium cannabinum* L.) aus der Familie der *Compositen*. Beispielsweise in der Mark Brandenburg und in Mecklenburg umzieht ein ausgedehnter Gürtel manche Seen. Wenn der Wasserdost wohl auch hauptsächlich eine Falterblüte trägt, so kann er unter Umständen doch eine lokale Trachtbedeutung erlangen. Merkwürdigerweise trifft man die Pflanze recht häufig, wenn auch meist nicht in so großer Massenausdehnung, in deutschen Mittelgebirgen an, wohl dort, wo der Boden vom Bergwasser befeuchtet ist. An See-, Teich- und Flußrändern ist auch der Wasserliesch *(Butomus umbellatus* L.) zu finden, der zu den einkeimblättrigen Pflanzen gehört. In den Flußauen des Rheins, der Donau, aber auch der Weichsel haben sich aus Gärten entsprungene Goldruten ein großes Terrain erobert. Über den Trachtwert sind die Ansichten durchaus entgegengesetzt. Auch in Gärten hat Verfasser ein unterschiedliches Verhalten der Bienen an den Goldruten beobachtet. Dieselben Erfahrungen haben zahlreiche andere Imker gemacht. Eigenartig war es, daß auf der Rheininsel bei Ketsch, wo die Goldrute große Bestände bildet, derselbe Unterschied sich bei verschiedenen Gruppen zeigte. Unverbindlich sei die Ansicht geäußert, daß es sich bei den dortigen Goldruten um mindestens zwei verschiedene Arten handelt, um die kanadische Goldrute (*Solidago canadensis* L.) und die späte Goldrute *(Solidago gigantea* Ait.) beziehungsweise *Solidago gigantea* var. *serotina*. Eine gewisse Bestätigung dieser An-

Abb. 24. Königskerze *(Verbascum bombyciferum)* im Knospenstadium

Abb. 25. Wasserliesch *(Butomus umbellatus)*

sicht findet sich bei Oberdorfer (1962), der bei *S. canadensis* zwar Insektenbestäubung angibt, in Klammern aber hinsetzt »Fliegen«. Bei *S. gigantea* hingegen »Fliegen, auch Bienenweide«.

Die Frage der *Solidago*-Arten verdiente, näher geklärt zu werden. Einstweilen sei den Imkern, die sie verbreiten wollen, empfohlen, vorher Probeversuche im eigenen Garten anzustellen. Die einheimische Goldrutenart *Solidago virgaurea* L., die trockenen Boden bevorzugt, scheint wenig beachtet zu werden. Am unteren Neckar und am Oberrhein hat sich auch die indische Balsamine *(Impatiens glandulifera* Royle) angesiedelt. Obwohl sie von Oberdorfer nur als Hummelblume bezeichnet wird, schätzen sie die dortigen Imker sehr.

Daß ferner Bach-, Fluß und Seeufer bevorzugte Standorte für alle möglichen Weidenarten sind, braucht kaum erwähnt zu werden. Zum Beispiel im Spreewald kommt es vor, daß »Werfthonig« geerntet wird von der Werftweide = Grauweide *(Salix cinerea* L.), wobei auch andere Weidenarten beteiligt sein mögen.

Auch die Meerstrandpflanzen sind gelegentlich von Bedeutung. An erster Stelle ist die Strandaster zu nennen *(Aster tripolium* L.). Sie kommt im

Abb. 26. Indische Balsamine *(Impatiens glandulifera)*

Binnenlande nur selten an salzhaltigen Stellen vor, kann aber an der Küste lokal eine ganz gute Spättracht liefern. Das wird auch aus Holland berichtet. Etwa um dieselbe Zeit (Juli bis September) blüht an der Meeresküste der Widerstoß *(Limonium vulgare* Mill. = *Statice limonium).* Auch die Strand-Männertreu (*Eryngium maritimum* L.) mag erwähnt werden.

# III Die Verbesserung der Bienenweide

## A Möglichkeiten der Bienenweideverbesserung

### 1 Wald

Wenn wir feststellen wollen, welche Möglichkeiten der Wald für die Bienenweideverbesserung bietet, müssen wir von zwei Grundlagen ausgehen. Zunächst finden die Imker bei den Forstleuten oft ein gewisses Wohlwollen und Verständnis, manchmal sogar in sehr hohem Maße. Jedoch wird kein Forstmann um der schönen Augen der Imker willen etwas tun, was nicht forstwirtschaftlich vorteilhaft oder wenigstens vertretbar ist.

Das eifrige Bestreben der Forstwirte, ihren Betrieb, soweit es irgendwie geht, rentabel zu erhalten oder zu gestalten, ist grundsätzlich in keiner Weise zu beanstanden. Keine Wirtschaft, sei es die Landwirtschaft, sei es die Bienenwirtschaft, sei es die Forstwirtchaft verdient den Namen »Wirtschaft«, wenn sie nicht nach Rentabilität strebt. Es ist zu verstehen, daß die Forstleute sich bemühen, in ihrem Betrieb zum mindesten nicht mit Verlust zu arbeiten, denn jeder Zuschußbetrieb läuft Gefahr, schlecht behandelt zu werden. Dann stellt der Wald, selbst wenn er sich im Augenblick schlecht verzinst, eine wichtige volkswirtschaftliche Kapitalreserve dar. Da die Möglichkeit besteht, daß die Hochkonjunktur nicht bis in alle Ewigkeit dauert, kann diese Reserve von großer Wichtigkeit werden und so die Frage der Rentabilität des Waldbaues wieder sehr akut werden. Aber die »Rentabilität« bedarf einiger Erläuterungen mit genaueren Begriffsbestimmungen. In der Landwirtschaftswissenschaft war es von vornherein klar, daß nicht der momentane einmalige Reinertrag ausschlaggebend ist – der kann sehr wohl einen Raubbau darstellen – sondern der »nachhaltige Überschuß«. Das gilt ohne weiteres auch für die Forstwirtschaft, doch ist hier das Problem schwerer zu erkennen, weil die Wirtschaftsperiode in der Landwirtschaft ein Jahr, in der Forstwirtschaft rund ein Jahrhundert beträgt. Eine Bodenaussaugung und Verschlechterung ist in dem einen Fall sehr bald, im anderen erst in der zweiten oder dritten Menschengeneration zu erkennen.

Wie die Dinge nun einmal liegen (Menschenzusammenballung, Verstädterung – man kann beinahe sagen Verindustrialisierung), treten die Wohlfahrtsaufgaben des Waldes immer mehr in den Vordergrund. Diese sind

Abb. 27. Tulpenbaum
*(Liriodendron tulipifera)*

nicht nur idealistischer und geistiger Art, sondern haben auch zum großen Teil erhebliche Bedeutung materieller Art, die Sicherung des Wasserhaushaltes, Minderung der Luftverschmutzung, Erhaltung des Gesundheitszustandes und der Arbeitskraft der städtischen Bevölkerung. Mit welchen Zahlen das alles zu bewerten ist, läßt sich schwer sagen. Aber dabei kann man viel leichter zu tief als zu hoch greifen. Diese Gesichtspunkte sind zwar nicht in die eigentliche, wohl aber in die höhere Rentabilitätsberechnung des Waldbaues einzubeziehen.

Bei jeder waldbaulichen Kalkulation macht sich nun aber zur Zeit ein höchst unangenehmer Unsicherheitsfaktor bemerkbar. Welche Holzarten im Augenblick Geld einbringen, weiß man, unbekannt aber ist, welche Rolle das Produkt Holz in hundert oder auch nur fünfzig Jahren spielen wird und welche Holzarten dann noch gefragt sein werden.

Vom allgemeinen volkswirtschaftlichen Standpunkt aus läßt sich jedoch sagen, daß sich dem Waldbau solche Baumarten anbieten, die

1. die allgemeinen Wohlfahrtsaufgaben erfüllen,

Abb. 28. Blüten von *Liriodendron tulipifera*

2. bodenpfleglich sind,
3. sich durch Raschwüchsigkeit und möglichst kurze Umtriebszeit auszeichnen.

Zu beachten ist dabei noch für Wälder, die in der Nähe von Industriegebieten liegen, die Widerstandsfähigkeit gegen den Gas- und Rauchgehalt der Luft. Die Gebiete, bei denen dieser Gesichtspunkt berücksichtigt werden muß, vergrößern sich von Jahr zu Jahr.

Nach dem, was der forstlichen Literatur entnommen werden kann, kommen bei besonderer Berücksichtigung des Punktes 2 für den Waldbau vor allem drei Baumarten in Frage:

a) die Douglasie,
b) der Tulpenbaum,
c) die Robinie.

Die Douglasie ist für die Imker uninteressant; sie kommt auch nicht für luftkranke Gebiete in Frage. Wir werden uns deshalb hauptsächlich mit den beiden anderen Bäumen beschäftigen.

Hier sollen einige grundsätzliche Bemerkungen eingeschaltet werden. Wir Imker können den Forstleuten keine Vorschläge machen oder gar Ratschläge geben. Was in diesem oder jenem Falle zu tun ist, was vorteilhaft oder wenigstens möglich ist, müssen die Fachleute entscheiden. Es wird daher auch im folgenden im allgemeinen darauf verzichtet, auf die Ansprüche und Lebensbedingungen der verschiedenen in gleicher Weise forst- wie bienenwirtschaftlich beachtenswerten Gewächse einzugehen. Erst recht erfolgt keine Einmischung in die Meinungsverschiedenheiten über diese oder jene waldbauliche Methode. Es geht hier nur um Grundsätzliches. Allerdings nimmt sich Verfasser die Freiheit, auf die Ansichten von anerkannten Fachleuten gegebenenfalls nachdrücklich hinzuweisen.

Im Waldbau kommen für die Verbesserung der Bienenweide folgende sechs Möglichkeiten in Frage:

1. Der Anbau von Hauptnutzhölzern
2. der Anbau von dienenden Unterhölzern
3. die Anlage von Rand- und Windschutzstreifen
4. die Wegbepflanzung mit schönen Bäumen
5. die Behandlung von Kahlschlagflächen
6. die Behandlung von Unland, wie Wegböschungen usw.

Der Tulpenbaum (*Liriodendron tulipifera* L.) wird von allen Laubhölzern an Schnellwüchsigkeit und Zuwachs nur von der Pappel erreicht, erzeugt aber ein erheblich wertvolleres Holz. Der eifrigste Befürworter des Anbaues des *Liriodendron* war der große Forstmann Carl Alwin Schenck, der den Baum in dessen Heimat kennengelernt hatte. Statt eigener Ausführungen folgen drei Zitate:

Schenck (1939, S. 323): »Der Tulpenbaum ist der Aristokrat des amerikanischen Lauburwaldes. Da stehen sie, die vornehmen unnahbaren Herren mit Höhen von 35 bis 45 m, mit Durchmessern von 100 cm und mit astreinen Schäften von 20 m, mit ihren lächerlich kleinen schirmförmigen Kronen, die sich hoch über dem plebejischen Blätterdach von Eichen, Kastanien, Linden, Eschen und Buchen erheben!«

Fabricius (1959/60): »Voreiszeitlich bei uns einheimisch, leistete er sowohl nach Holzmasse wie Qualität, nach Wuchsform und -geschwindigkeit auf geeigneten Standorten und in gutem Windschutz das beste aller Laubholzarten des geschlossenen Waldes.«

Wilhelmi (1961/62): ». . . darf daraus die Folgerung gezogen werden, daß er auch in regenreichen, verhältnismäßig kühlen Gebieten unbedenklich zum Anbau, ja daß seine Propagierung zur Bereicherung unserer Wälder um eine nutzholztüchtige Baumart zu empfehlen ist. Bedenken wir, daß sein Holz besser als Pappelholz für Blindholzzwecke, aber auch für Innenausbau, billige Massivmöbel und Furniere sowie für Kisten, Körbe, Papiermasse Verwendung finden kann.«

Während eigentlich alle, die sich mit ihm beschäftigt haben, dem Tulpenbaum einen hohen Wert zuschreiben, liegt die Sache bei der Robinie (im Volksmund meist Akazie genannt) etwas anders. Man hat sie sogar als forstlichen Unbaum bezeichnet, der allenfalls als Lückenbüßer geeignet sei für Stellen, wo nichts anderes mehr fortkomme, an anderen Orten aber wertvolleren Hölzern den Platz fortnehme. Wertmindernd ist auch die meist auftretende starke Krummwüchsigkeit, obwohl das Holz an sich von vorzüglicher Beschaffenheit und sogar dem Eichenholz in manchen Punkten überlegen ist.

Einem Einwand gegen den Anbau der Robinie soll gleich im voraus entgegengetreten werden. Das Holz bringt trotz seiner Qualitäten auch bei guten Stücken keine Preise. Das ist aber grundsätzlich bei allen Hölzern der Fall, die nicht in Massen angeboten werden können, ändert sich jedoch automatisch, sowie durch Massenanbau Massenangebote entstehen, also Großeinkäufe getätigt werden können.

Nun hat aber die ganze Robinienfrage durch die Untersuchungen und Feststellungen von Blümke (1955/56) ein ganz neues Gesicht gewonnen. Blümke fand in der Freiburger Gegend Robinien mit kerzengeraden Stämmen, die im Alter von 49 Jahren bei einer Höhe von durchschnittlich 30,6 m einen Brusthöhendurchmesser von 38 bis 61 cm aufwiesen mit astreinen Schäften von 16 bis 21 m. B. führt die Unterschiede in der Wuchsform auf folgende Tatsache zurück. In der Heimat der Robinie im Osten der USA gibt es drei Varianten der Art mit verschiedenen Wuchsformen. Die Form C im südlichen Teil des Gesamtverbreitungsgebietes ist im Verband wie als Solitär krummwüchsig, die Form B im mittleren Teil neigt zwar als Solitär auch zur Krummwüchsigkeit, ist aber im Verband geradschäftig. Die Form A ist in jedem Fall geradwüchsig.

Unglücklicherweise ist nun ganz überwiegend die krummwüchsige Form C nach Europa eingeführt worden. In der Freiburger Gegend hat Blümke Exemplare der günstigen Form B gefunden, die er daher die Freiburger Robinie nennt. Die Form A, auch als Schiffsmastenrobinie bezeichnet, ist in Deutschland kaum zu finden. Ihre Vermehrung ist schwieriger, weil sie durch Wurzelbrut erfolgen muß, da der Baum kaum blüht und fruchtet. Auch ist der Wuchs dieser Form A wohl etwas schwächer. Für die Imker ist sie nach allem nicht von Interesse.

Wenn der Zuwachs der Robinie oft nicht befriedigt hat, so hat das nach Blümke folgende Gründe. Zunächst ist die Robinie durchaus nicht ein Baum, der trockenen Boden verlangt. Wenn er infolge seiner Anpassungsfähigkeit noch dort fortkommt, wo jeder andere Baum völlig versagt, so darf man seinen Zuwachs an diesen Plätzen nicht mit dem anderer Bäume auf besseren Standorten vergleichen. Zu ihrem guten Fortkommen (Schlagreife in etwa 50 Jahren) stellt sie natürlich auch ihre Anforderungen, die aber keineswegs maßlos sind. Die Ansprüche an den Nährstoffgehalt des Bodens sind gering. Sogar reine Sand- und Kiesböden sind unter zwei Bedingungen optimale Standorte. Zunächst muß die obere Bodenschicht locker sein, Blümke empfiehlt daher bei Neuanlagen Tiefumbruch. Tiefere Schichten, wenn sie nicht ganz undurchlässig sind, lockert sie mit ihrem gewaltigen Wurzelwerk selbst und sucht sich die nötigen Nährstoffe zusammen. Dann muß zweitens das Grundwasser erreichbar sein. Ist das nicht der Fall, so muß der Boden schon, wenigstens im Untergrund, besser und feuchtigkeitshaltiger sein.

Abb. 29. Krummwüchsige Robinie

Abb. 30. Geradschäftige Robinie

Gegenüber dem Kalkgehalt des Bodens ist sie einigermaßen gleichgültig, wenigstens dann, wenn sie mit ihren Wurzeln bald in die Tiefe gelangen kann. Wenn der erfolgreiche Amateur-Anbauer der Robinie, der Industrielle Carl Miele in Gütersloh, der die Robinie im Moselgebiet angebaut hat, unbedingt eine Kalkdüngung verlangt, so hat das seinen berechtigten Grund wohl darin, daß Gaben von Kalk und auch anderem künstlichen Dünger den Tiefumbruch bis zu einem gewissen Grade ersetzen können. Das ist auch zu bedenken, wenn man die Robinie an Hängen anpflanzen will, wo sich ein Umbruch verbietet.

Wie falsch es ist, die Robinie als Trockenbodenpflanze zu betrachten und zu behandeln, geht daraus hervor, daß in ihrer Heimat reichlich Niederschläge fallen, und daß sie wenigstens kurze Überschwemmungen erträgt und sogar auf Überrieselungen mit städtischen Abwässern mit erhöhtem Zuwachs reagiert.

Eine zweite Ursache dafür, daß die Robinie oft nicht das geleistet hat, was sie hätte leisten können, hängt mit der Nichtberücksichtigung ihres eigenartigen Wachstumsrhythmus' zusammen. Während beispielsweise die Eiche ihren stärksten Zuwachs erst mit 30 Jahren erreicht, ist dieser bei der

Robinie im ersten Lebensjahr am größten und nimmt dann regelmäßig ab, bis sie in etwa 50 bis 60 Jahren ihre Maximalhöhe von gut 30 m erlangt. Daraus folgt, daß die entscheidenden Pflegemaßnahmen schon in den ersten Jahren vor sich gehen müssen. Doch ist hier nicht der Ort, diese rein waldbautechnischen Fragen zu behandeln.

Blümke gibt für verschiedene Holzarten die jährliche durchschnittliche Derbholzerzeugung in Masse (fm) und Trockengewicht (t) folgendermaßen an:

**Tab. 2. Mittlere jährliche Derbholzerzeugung**

| | Masse ohne Rinde fm | Raumdichtezahl | Trockengewicht t |
|---|---|---|---|
| Robinie | 17,7 | 0,65 | 11,5 |
| Pappel | 21,7 | 0,36 | 7,8 |
| Douglasie | 14,6 | 0,40 | 5,8 |
| Eiche | 5,9 | 0,57 | 3,4 |
| Buche | 7,8 | 0,56 | 4,4 |
| Kiefer | 7,0 | 0,41 | 2,9 |
| Fichte | 11,2 | 0,39 | 4,4 |

Zu diesen vorzüglichen Ergebnissen in der Holzerzeugung — die Robinie steht, wenn man den Wert des Holzes berücksichtigt, mit weitem Abstand an der Spitze der verglichenen Waldbäume – tritt noch die bodenverbessernde Wirkung. Die Wurzeln zerklüften und lockern den Boden, reichern ihn durch die Knöllchenbakterien mit Stickstoff an, das Robinienlaub ist leicht zersetzbar und erzeugt einen guten Humus. Das geht schon daraus hervor, daß Blümke unter Robinien weit mehr Regenwürmer fand als unter irgendeiner anderen Baumart.

Es soll hier zwar nicht ein Urteil über die Ergebnisse der Forschung von Blümke abgegeben werden, zwei seiner Sätze dürften aber unbedingte Richtigkeit haben:

»Das Robinienholz kann bei der beginnenden Verdrängung des Holzes durch andere Stoffe dem Holz bereits verlorengegangene Absatzgebiete zurückerobern und neue gewinnen, wenn es in größeren Mengen und Dimensionen produziert wird.«

Ferner: »Wenn in einer solchen Wirtschaft die Robinie dieselben oder noch größere Stammstärken und Holzmassen in der halben Umtriebszeit und weniger (mit 50 Jahren) als unsere einheimischen Laubholzarten und manche Nadelhölzer liefert, so dürfte dieses Ziel wohl einiger Mühe und Anstrengungen wert sein.«

Die Imker hätten an dieser Frage das allergrößte Interesse und sollten alles tun, um die Sache nicht einschlafen zu lassen. Es handelt sich um die größte und wirkungsvollste Möglichkeit, die Bienenweide zu verbessern, die es überhaupt gibt, besonders weil die Robinie im Gegensatz zu anderen Waldbäumen schon in sehr jungem Lebensalter Blüten trägt.

Es sind aber zu dem Robinien-Problem noch eine ganze Reihe von Bemerkungen nötig. Oberforstmeister i. R. FABRICIUS vertritt die Auffassung, daß man die Geradschaftigkeit bei geeignetem Standort auch durch dichte Pflanzung und Aufastung bei der gewöhnlichen Robinienart erreichen könne.

EHLERS (1960) behauptet von der Robinie, daß sie einen Stickstoff aussondere, der anderen Bäumen schädlich sei. Das erscheint völlig unbegründet, da die Messungen amerikanischer Forstleute ergeben haben, daß im Mischwald das Höhen- und Dickenwachstum der anderen Bäume um so stärker ist, je näher sie einer Robinie stehen. Wie EHLERS im gleichen Atemzug von »ungünstigen Eigenschaften als Gesellschafter« und »Wuchsförderer« sprechen kann, ist unerfindlich. Es dürfte sich vielmehr ein Mischbau gerade auch mit Fichten auf heruntergekommenen Böden als förderlich erweisen. Auf zusagenden Böden gedeiht die Robinie sogar als Unterholz, zum Beispiel in den Kiefernwäldern der Mark Brandenburg. Schon vor vielen Jahrzehnten ist sie als Lupine des Waldes« bezeichnet worden.

Eine besondere Wichtigkeit hat, wie schon betont, der Wald für die heute akute Frage des Wasserhaushaltes. In diesem Punkte läßt sich für die Robinie noch etwas besonders Günstiges sagen. In Ungarn wurde nachgewiesen, daß sich der Grundwasserstand in der Ebene allgemein unter Waldbestockung senkt, eine Ausnahme machte nur die Robinie, bei der unter Umständen sogar eine Hebung des Wasserspiegels erfolgt. Der Grund für diese besondere Wasserpfleglichkeit dürfte darin liegen, daß infolge der lichten Belaubung wenig Regenwasser an den Blättern verdunstet und viel davon auf den Boden gelangt. Dort wieder wird es infolge des guten Humuszustandes in nur verhältnismäßig geringen Mengen oberflächlich abfließen und viel davon in die Tiefe sickern.

Vielfach gerade auch in Kreisen der Imker und Bienenwissenschaftler ist die Annahme verbreitet, daß die Robinie nur im sogenannten Castanetum, das heißt in Deutschland nur in den wärmeren Gebieten des Südwestens, gut fortkomme. Das ist schon für die gewöhnliche Form C stark übertrieben. Von den rund 6000 Hektar, die die Robinie in Deutschland bestockt, entfallen 2200 Hektar, das heißt 37 Prozent, allein auf die Mark Brandenburg. Sie dehnt sich auch weit nach dem Osten, ja Nordosten Europas aus. In Rußland fruchtet sie noch 450 km nördlich von Moskau. Auch in den Ländern Südosteuropas, wo sie ihre zweite Heimat gefunden hat – in Ungarn nahm sie im Jahre 1950 nicht weniger als 224 000 Hektar, das sind 18,9 Prozent der gesamten Waldfläche ein –, herrschen im Winter erheblich tiefere Temperaturen als in Deutschland. (Im Januar in Potsdam minus 1,1 Grad Durchschnittstemperatur, in Saarbrücken minus 0,2 Grad, dagegen in Bukarest minus 3,6, in Keskemet [Ungarn] minus 2,9 Grad). Die Freiburger Robinie ist noch weniger frostempfindlich, da sie ja auch in ihrer Heimat weiter nördlich, bzw. in höheren Gebirgslagen zu Hause ist als die Form C.

Es ist nun immer wieder von einer angeblichen Giftigkeit der Robinie gesprochen worden. Sowie man aber versucht, von dem Gerede zu objektiven Tatsachen vorzustoßen, kommt man zu keinen greifbaren Ergebnissen. Es »sollen« Vergiftungen von Kindern vorgekommen sein, die an den Wurzeln gekaut haben. Sind diese Fälle medizinisch anerkannt? Oder handelt es sich nur um Zeitungsmeldungen? EHLERS a. a. O. schreibt: »Rinde, Wurzeln und Samen enthalten giftig wirkende Protëide und alkaloide Wirkstoffe«. Praktisch wirksam können diese Stoffe in der Rinde nicht sein. Es ist ja bekannt, daß Hasen und Kaninchen im Winter mit besonderer Vorliebe die Rinde von jungen Robinien schälen; und daß Hasen und Kaninchen Selbstmordabsichten haben, ist kaum anzunehmen. EHLERS schreibt weiter: »Rinde und Laub sind giftig für Pferde«. In der Tat war es bei der Deutschen Wehrmacht verboten, Pferde an Robinien zu binden. Vermutlich sind aber gegebenenfalls Schädigungen durch mitgefressene Dornen entstanden; denn es ist eine bekannte Tatsache, daß auf dem Balkan Robinienlaub (Nährwert gleich gutem Klee) in ausgedehntem Maße zur Fütterung von Schafen, Ziegen, Rindern und Pferden verwendet wird. Auch pflegt Rehwild in Kiefernwäldern mit Robinienbeimischung sich besonders kräftig zu entwickeln.

Es erscheint dringend notwendig, daß diese Fragen einmal geklärt werden, und zwar nicht durch Laborversuche, sondern durch praktische Fütterungsversuche. Es kommt ja nicht darauf an, ob irgendwelche Giftstoffe chemisch nachweisbar sind – es gibt unendlich viele Pflanzen, in denen irgendwelche Gifte vorhanden sind, aber in so geringen Mengen, daß Schädigungen nicht auftreten – sondern darauf, ob sich diese Stoffe praktisch auswirken. Es sei an den Ausspruch von PARACELSUS erinnert »daß kein Ding an sich Gift ist, sondern nur die Dosis es ausmacht, ob ein Ding Gift sei.«

Die Imkerschaft wäre an einer solchen Klarstellung besonders interessiert. Man kann sich des Eindrucks nicht erwehren, daß dieses starke Herausstellen der »Giftigkeit« der Robinie das unterschwellige – vielleicht auch überschwellige – Überbleibsel der unvorstellbaren Abneigung gegen die Robinie aus der Zeit des Dritten Reiches ist, wie sie besonders von dem damaligen Reichslandschaftsanwalt gepflegt wurde. Die Robinie galt ja damals in vielen Kreisen als »undeutscher« und verabscheuenswerter Baum.

Zur Berechtigung des Exotenbaues zwei Zitate:

SCHENCK (a. a. O. Bd. 1 S. VIII): »Wer die Ausländerei grundsätzlich ablehnt, der ist ein — sit venia verbo — ›Denkfaulpelz‹, der sich vor Klimastudien und vor Verantwortung drückt ... Ausländerei! Wo wäre die deutsche Landwirtschaft ohne die Ausländer, die sie seit tausend Jahren eingeführt hat und zu denen Kartoffeln, Weizen und Reben gehören? Wo wären wir in Hunderten von deutschen Forstämtern, wenn wir dort nicht die ortsfremde *Picea abies* Karst, *Larix decidua* Mill. und *Pinus sylvestris* L. seit Dezennien eingeführt hätten! ... Die Waldnatur ist mehr revolutionär als konservativ.«

Fabricius (1961/62): »Eine Vielgestaltigkeit aller Gehölzanlagen — Wald-Park-Garten — ist krisenfester als Kulturen von wenigen Holzarten, und dies sowohl klimatisch als wirtschaftlich gesehen. Außerdem nimmt die Bedeutung aller Gehölzanbauten irgendwelcher Art als Erholungskomponente für die Stadtbevölkerung sehr rasch zu. Diese besondere Aufgabe von Wald und Park muß aber erst recht vielgestaltig sein, damit jeder seinen Lieblingsplatz, -wald, -baum oder -strauch darin findet und damit — richtig zusammengestellt — Farbe und Duft nahezu das ganze Jahr darin erfreuen können.«

»So ist der Anbau sogenannter fremdländischer Gehölze oder winterharter Exoten kein Luxus, sondern einfach eine Pflicht, den ehemaligen Reichtum unseres Landes an Gehölzen soweit möglich wieder herzustellen.«

Schenck erinnert auch daran, daß man oft, wenn bei einem ausländischen Baum eine rote Nadel auftritt, die Ausländerei in Grund und Boden verdammt und dabei vergißt, daß Millionen deutscher Bäume dieser oder jener Epidemie zum Opfer fallen.

Wie weit die bienenfreundlichen einheimischen Baumarten wie Linde und Ahorn unter den jetzigen Umständen als Header anbauwürdig sind, kann hier natürlich nicht entschieden werden. Es wäre aber vorstellbar, daß solche Spezialhölzer, auch bei geringerer Nachfrage nach Holz im allgemeinen, in Zukunft noch Abnehmer finden werden. Hinzuweisen ist in diesem Zusammenhang noch auf die Verwendung der Silberlinde für leichte Böden in der Nähe von Industriegebieten, da diese Art von allen Linden die geringsten Bodenansprüche stellt und starke Widerstandsfähigkeit gegen Industrieeinflüsse besitzt. Dasselbe gilt auch von den schon erwähnten Tulpenbäumen und Robinien sowie von den noch zu behandelnden spät blühenden Traubenkirschen.

Es gibt neben der Mischpflanzung von Laub- und Nadelhölzern noch eine zweite Möglichkeit, Nadelbestände zu durchlauben, nämlich den Unterbau mit Laubhölzern. Die forstliche Frage, ob man diese Unterhölzer dann später einwachsen lassen soll oder ob sie nur als »dienende« Gewächse ihren Platz finden sollen (Bodenpflege, günstige Beeinflussung der Schäfte der Wertholzstämme usw.), interessiert uns Imker nicht. Bei der Auswahl der betreffenden Holzarten können wir aber vielleicht unsere Bitten vorbringen, soweit nicht forstwirtschaftliche Gründe dem entgegenstehen.

Wo die Lichtverhältnisse es irgendwie erlauben, sollten nicht nur Buchen, sondern auch Winterlinden verwendet werden, denen mannigfache Vorteile nachgesagt werden. In dem berühmten Forstbetrieb von Erdmannshausen (Kreis Grafschaft Hoya) wird von der spät blühenden Traubenkirsche berichtet, daß sie an Bodenpfleglichkeit von keiner anderen Holzart übertroffen werde. Wegen ihrer geringen Bodenansprüche ist sie als Unterholz auch für solche Böden geeignet, die wegen ihrer Beschaffenheit nun einmal gegebene Kiefernstandorte sind. Auch die Edelkastanie soll sich in Erdmannshausen als dienendes Holz bewährt haben.

Ob man von einer Zweischichtigkeit des Kronendaches zu einer Dreischichtigkeit übergehen soll, das heißt unter die zweite Baumschicht noch eine Strauchschicht legen soll, bzw., ob dies überhaupt möglich ist, das ist wieder eine Entscheidung für die Forstleute. Jedenfalls ist es aber heute wohl keine Frage, daß man den natürlichen Unterwuchs, seien es Kräuter oder Sträucher, nur aus besonderen Gründen bekämpfen, aber im allgemeinen fördern soll. Auf die Waldsträucher wird später eingegangen, hier sei nur auf zwei Punkte aufmerksam gemacht.

Es ist bekanntermaßen in reinen Nadelholzwaldungen wegen des Wildverbisses schwierig, eine Durchlaubung einzuleiten. Es sind dann kostspielige Schutzmaßnahmen nötig. Nun ist vorgeschlagen worden, die jungen Pflanzen mit Berberitzensträuchern zu umgeben, deren Stacheln das Wild am Verbiß hindern. Die Berberitze ist eine ganz vorzügliche Bienenpflanze und schattenverträglich. In Tirol sah Verfasser unter Kiefernwald einen dichten und ausgedehnten Berberitzenbestand, der vielleicht sogar ein Anwandern gelohnt hätte. Allerdings soll die Berberitze wegen der Übertragung des Getreiderostes 400 m von Getreidefeldern entfernt bleiben. Vielleicht sollte man auch der Schneebeere ein Plätzchen im Wald gönnen. Den Böcken sagt sie beim Fegen besonders zu, und so könnten wohl wertvolle junge Gehölze vor Schaden bewahrt bleiben.

Kein Zweifel besteht wohl in waldbaulicher Hinsicht darüber, daß besonders da, wo dem älteren Bestand ein natürlicher Traufrand fehlt, Windschutzstreifen dem Eindringen von schädlichem und austrocknendem Wind entgegenwirken. Bei dem kulissenhaften Aufbau läßt sich eine Unmenge von honigenden Sträuchern und Bäumen zweiter Höhenklasse verwenden. Es erscheint möglich, dabei ohne jeden waldbaulichen Nachteil lediglich Honiggewächse zu wählen. Für jeden Boden (Feuchtigkeit und Nährstoffgehalt) wird sich eine genügende Auswahl treffen lassen. Neben höheren Bäumen wie Linde, Berg- und Spitzahorn, vielleicht auch Silberahorn *(Acer saccharinum* L.) und Eschenahorn *(A. negundo* L.) sind zu nennen alle möglichen Arten von Weiden (strauch- und baumartige), Feldahorn, Mehlbeere *(Sorbus aria* Crantz), Weißdorn, Robinie, Schneebeere, Bocksdorn, Faulbaum *(Rhamnus frangula* L.), die einheimische Traubenkirsche, die spätblühende Traubenkirsche, Vogelkirsche, Felsenbirne, Stechpalme, Liguster, Wildbirne und Wildapfel. Selbstverständlich können hier auch Himbeere und Brombeere ihren Platz finden; auch die Waldrebe mag geduldet werden.

Im obigen wurden nur Gewächse angeführt, die einerseits nicht »ausgefallen«, sondern weit verbreitet sind, bei denen andererseits ihre Eigenschaft als gute Nektarspender unumstritten ist. Auch Haselnuß und Espe mögen noch als Pollenspender genannt werden.

Die meisten dieser Gewächse kommen, wie schon angedeutet, auch für die Strauchschicht im Walde in Frage. Eine Bepflanzung der Waldwegränder mit schönkronigen oder schön blühenden Bäumen wie etwa Ahorn, Linde, Tulpenbaum, Robinie, spät blühende Traubenkirsche in eintönigen Nadelwäldern wäre im Sinne einer psychologischen Wohlfahrtswirkung begrüßenswert.

Ohne auf die Art und den Weg der verschiedenen Holzerntearten einzugehen, darf man wohl sagen, daß der Kahlschlag nicht vollständig und unter allen Umständen zu vermeiden sein wird. Sprießt hier, wie es vorkommt, plötzlich eine Kahlschlag-Vegetation auf, wie Weidenröschen und bald auch wohl Himbeeren und Salweiden, so sollte man sie nur soweit bekämpfen, als sie den Boden für Neukulturen verdämmen.

Nach einem Bericht hatten in Meschede Eichen im Alter von zwölf Jahren in Verbindung mit Salweiden eine Höhe von 2,80 m, ohne Salweiden von 1,40 m. Bei Buchen waren die Zahlen 1,80 und 0,80 m.

Wenn diese Bodenbedeckung aber nicht von allein eintritt, könnte man sie durch Aussäen von Gründüngungspflanzen künstlich bewirken. Von bienengünstigen Pflanzen kämen in Frage die Serradella, ferner der Stein- oder Honigklee. Zunächst übernehmen diese Pflanzen die Aufgabe von Wildäckern, dann aber erfolgt nicht nur ein Bodenschutz gegen die Verhagerung, sondern auch eine wertvolle Bodenverbesserung. Gerade bei *Melilotus* tritt nicht nur eine Stickstoffdüngung ein, sondern auch noch eine intensive Bodenlockerung bis in große Tiefen. Hatte man früher im Gegensatz zur Landwirtschaft angenommen, daß sich die Kraft des Waldbodens trotz der Jahrhunderte, ja Jahrtausende dauernden Entfernung von Bodenprodukten durch Zersetzung erneuere, so macht man sich vielleicht schon Gedanken, ob nicht doch die Zeit für einen Ersatz durch künstliche Düngung gekommen sei. Mit der Gründüngung wäre das Problem von der Stickstoffseite her gelöst.

Im Walde gibt es nun immer gewisse Flächen, die nicht geeignet sind, forstmäßig bepflanzt zu werden (z. B. die Böschungen von Waldwegen, die in Berghänge eingeschnitten sind). Sie wären besonders für die Besamung mit Steinklee geeignet, schon um die Gefahr von Rutschungen zu beseitigen.

Eine stärkere Verwirklichung der Wohlfahrtsaufgaben wird in erster Linie bei den Staatswaldungen und den größeren Gemeindewaldungen durchführbar sein. Ein großer Teil der Wälder ist Privatbesitz, vielfach in sehr kleinen Flächen. So betrug nach dem Statistischen Jahrbuch 1965 der Anteil an der Waldbodenfläche von 6 938 000 Hektar

für Bundes- und Landesforsten 2 123 000 Hektar (in 1888 Betrieben)
für Gemeindeforsten 1 581 000 Hektar (in 14 405 Betrieben)
für Privatforsten 2 811 000 Hektar (in 470 700 Betrieben).
Der Rest entfällt auf Körperschafts- und Gemeinschaftsforsten.

Bei den Kleinwaldbesitzern wird zwangsläufig das Rentabilitätsstreben die entscheidende Rolle spielen. Ihnen den Anbau von biologisch zwar wertvolleren, aber ertragsschwächeren Hölzern zu empfehlen, wäre völlig zwecklos. Es kommt lediglich darauf an, dieses Ertragsstreben möglichst in die richtigen Bahnen zu lenken.

Eine besondere Rolle spielt in diesem Zusammenhang die Aufforstung von Grenzlandböden, wie es solche Ackerstücke sind, die wegen ihrer geringen Bonität oder entfernten Lage nicht mehr die landwirtschaftliche Nutzung lohnen oder wegen ihrer Form nicht maschinell zu bewirtschaften sind. Es sei verwiesen auf die Schrift von HASSELBACH und SCHMIDT: »Ödlandnutzung für Aufforstung und Wildhege« (1959). Wenn die darin entwickelten Gedanken auch zunächst von der Wildhege ausgehen, so sind sie auch allgemein volks- und waldwirtschaftlich beachtlich. Wild und Wald sind prinzipiell keine Gegensätze; richtig ist es, sie aufeinander abzustimmen. In der Schrift wird bemerkt, daß von der Kreisgruppe Braunschweig-Land des Landesjagdverbandes Niedersachsen den Aufforstungswilligen kostenlos Pflanzenmaterial zur Verfügung gestellt worden ist. Von vornherein werden nun den Landwirten, die bei der Aufforstung solcher Grenzböden möglichst bald Ertrag gebenden Holzarten empfohlen, auf trockenen Böden Fichten, auf schlechten Wiesen Pappeln und Erlen. Von der Bienenweide her betrachtet ist das – wenigstens für Braunschweig – nicht allzu viel (im mittleren und südlichen Teil Deutschlands freilich könnte die Fichte zur Verbesserung der Tauhonigtracht beitragen). Es wird aber auch hier schon aus jagdlichen Gründen die Möglichkeit vorgesehen, mit Sträuchern und Unterbau-Holzarten nachzuhelfen. Dazu könnten ja auch Bienenpflanzen benutzt werden. Vielleicht ließe sich in diese Planung auch die Robinie einbeziehen.

Überhaupt sei an einer Stelle der Schrift eine kleine Ergänzung vorgeschlagen. Es heißt Seite 20: »Die Anpflanzungen im Landkreis dienen der Landschaftspflege, dem Naturschutz, der Ödlandnutzung, rationeller Nutzung schlecht genutzter landwirtschaftlicher Flächen, der Verbesserung der Jagdbezirke, dem Vogelschutz, biologischer Schädlingsbekämpfung, dem Windschutz.« Es schiene besser, wenn hinzugefügt worden wäre: »und der Bienenweideverbesserung«.

## 2 Park- und Zieranlagen

Gerade hier bieten sich für die Verbesserung der Bienenweide sehr günstige Gelegenheiten. Die Auswahl der Gewächse ist sehr groß, da es ja nicht um einen materiellen Nutzwert geht und auch niemand eine Beschränkung auf einheimische Arten fordern wird. Außer den schon besprochenen Baumarten (Linde, Robinie, Sophore) gibt es eine Fülle von Honigpflanzen mit hohem Zierwert, die an erster Stelle verwendet werden sollten. Es wird mit den Holzgewächsen begonnen.

Abb. 31.
Blüte vom Bergahorn

Abb. 32.
Blüten vom Rotahorn

Gattung *Acer* (Ahorn). Alle Arten sind mehr oder minder sehr gute Honigpflanzen und haben großen Zierwert. Neben den einheimischen Wildarten Bergahorn *(A. pseudo-platanus* L.) Mai und Spitzahorn *(A. platanoides* L.) April/Mai finden wir rot- und buntblättrige Gärtnerarten wie *A. platanoides* 'Reichenbachii', *A. platanoides* 'Schwedler' und *A. pseudo-platanus* 'Purpureus'. Von ausländischen Arten seien erwähnt *A. saccharinum* L. = *dasycarpum,* der frühblühend großen Anreiz auf die Bienen ausübt, ferner der in Amerika als Straßenbaum sehr bliebte *A. rubrum* L., ebenfalls früh blühend, auch *A. negundo* L. Unter den kleinwüchsigen und strauchartigen Ahorn-Arten finden sich zahlreiche besonders zierende Formen.

*Ailanthus altissima* Swingle = *A. glandulosa* (Götterbaum). Sehr schnellwüchsig, leider wegen einer gewissen Frostempfindlichkeit nicht zum Waldbau geeignet. Doch in geschützten Lagen wie in Heidelberg hat er die strengsten Winter überstanden. Eigenartig zierend durch die bis 50 cm langen Fiederblätter. Juli.

Abb. 33. Götterbaum *(Ailanthus altissima)*

*Amelanchier ovalis* Medik. (Felsenbirne). Bis 2 m hoher Strauch, schöne Blüte Anfang Mai. Andere, ausländische Arten wie *A. confusa* Hl. = *canadensis, A. alnifolia* Nutt, *A. asiatica* Endl. haben etwas stärkeren Wuchs. Alle Felsenbirnen zeichnen sich durch sehr schöne Herbstfärbung aus.

*Amorpha fruticosa* L. (Bastardindigo). Strauch für trockenen Boden. Violette Schmetterlingsblüten im Juli/August. Friert in rauhen Lagen leicht zurück, schlägt aber immer wieder aus.

*Berberis* (Sauerdorn). Alle Berberitzenarten sind gleichzeitig gute Bienenpflanzen und Ziersträucher. Der gemeine Sauerdorn *(B. vulgaris* L.) hat auch eine rotblättrige Abart, var. *atripurpurea*. Die Blätter der oft angepflanzten *B. thunbergii* DC färben sich im Herbst rot. April/Mai. Die früher als *Berberis aquifolium,* heute als *Mahonia aquifolium* Nutt. bezeichnete Mahonie ist ein kleiner, immergrüner Strauch und blüht Ende April.

Abb. 34. Mahonie

Abb. 35. Blütenzweige vom Trompetenbaum *(Catalpa)*

*Catalpa* (Trompetenbaum). Prächtige Blütenbäume für etwas geschützte Lagen. *C. bignonioides* Walt. mittelhoher Baum, Juni bis Ende Juli. *C. ovata* G. Don *(C. kaempferi)* kleiner Baum, Juli. *C. speciosa* Engelm., höherer Baum, Juni. Daneben Kreuzungen wie *C.* × *erubescens* Carr. mit rotem Blattaustrieb, Blüte Juli/August.

*Cercis siliquastrum* L. (Judasbaum). Südosteuropa und *C. canadensis* L., kleine Bäume mit eigenartigen Blättern, rosa Blüten vor dem Blattaustrieb. April/Mai.

Abb. 36. Blütenzweige vom Gelbholz *(Cladrastis)*

*Chaenomeles japonica* Lindl. (Japanische Quitte), früher auch als *Cydonia japonica* bezeichnet. Im März/April herrlich scharlachrot blühender Strauch. Beflug wechselnd, manchmal aber sehr stark. Zahlreiche Arten.

*Cladrastis lutea* K. Koch (Gelbholz). Mittlerer Baum mit herrlich duftenden Blütenrispen im Juni. Soll in Südwestfrankreich eine Anschlußtracht an die Robinie bieten. *C. sinensis* Hemsl. mit rötlich-weißen Blüten im Juli/September. *C. amurensis,* heute *Maackia amurensis* Rupr. et Maxim. genannt, blüht Juli/August.

*Cornus* (Hartriegel). Vor allem zu empfehlen *Cornus mas* L. Schon im März/April durch die gelben Blüten zierend.

Abb. 37. Kornelkirsche *(Cornus mas)*

Abb. 38. Zwergmispel (Cotoneaster *horizontalis)* mit Früchten

Abb. 39. Seidelbast *(Daphne)*

*Cotoneaster* (Zwergmispel). Die verschiedenen Arten sind von unterschiedlichem Wert. Ausgezeichnet beflogen wird im Juni *C. horizontalis* Decne. Auch für Steingärten geeignet. Zierend auch durch die roten Früchte.

*Daphne mezereum* L. (Seidelbast). Bis 1 m hoher Strauch, auch für Felsanlagen. Die reizenden, blaß karminfarbenen Blüten bieten im März/April eine der ersten Bienenweiden. Giftig für Menschen!

*Deutzia.* Die Deutzien gehören zu den schönsten Blütensträuchern und sind mittleren oder kleineren Wuchses. Die Blüten öffnen sich je nach Art von Mai bis Juli. Besonders hervorzuheben sind *D. scabra* Thunb. *(D. crenata)*, bis 3 m hoch, Juni/Juli. *D. gracilis* Sieb. et Zucc. Bis 1 m hoch, Mai/Juni. Zahlreiche andere Arten und Kreuzungen.

*Elaeagnus angustifolia* L. (Ölweide). Hoher Strauch für trockene Lagen, silbrig-weißfilzige Blätter, stark duftende Blüten im Juni. Beflug allerdings sehr wechselnd.

*Erica.* Aus den wilden ausländischen und einheimischen Arten von *Erica* und auch *Calluna* sind zahlreiche Gartenformen gezüchtet und gekreuzt worden. Die Halbsträucher blühen je nach Abstammung sehr früh oder spät (s. Hickmann 1955/56).

*Fraxinus ornus* L. (Blumenesche). Während die meisten Eschen Windblüter sind, wird dieser aus Südeuropa stammende kleine Baum von Insekten, besonders auch Bienen, beflogen.

*Gleditsia triacanthos* L. (Christusdorn). Hoher Baum mit eigenartig gefiederten Blättern. Gilt auf dem Balkan als Anschlußtracht an die Robinie. Wegen der großen Dornen als Straßenbaum (Autoreifen!) bedenklich. Es gibt aber auch eine dornenlose Abart, *G. inermis*. Blüte Juni/Juli. Das rote Holz liefert Edelmaterial für Drechslerarbeiten.

Abb. 40. Blasenbaum *(Koelreuteria)*

*Koelreuteria paniculata* Laxm. (Blasenbaum). In Laub und Blüte sehr schöner kleiner Parkbaum. Wertvoll durch die späte Blütezeit Juli/August.

*Ligustrum vulgare* L. (Rainweide). Wertvoller Schatten- und Heckenstrauch, zahlreiche Abarten und ausländische Arten, die aber nicht immer winterfest sind.

*Lonicera* (Heckenkirsche). Von den zahlreichen Arten kommt für die Bienenweide vor allem *L. tatarica* L. mit vielen Sorten in Frage. Mai/Juni.

*Liriodendron tulipifera* L. (Tulpenbaum). Nicht zu verwechseln mit der wohl auch Tulpenbaum genannten Magnolie. Einer der schönsten Parkbäume.

Der größte geschlossene Waldbestand befindet sich im Heidelberger Stadtforst. Im Gegensatz zu dem geradschäftigen Wuchs im Bestand lädt die Krone des Solitärs breit aus. Tulpenähnliche, gelb-orangefarbene Blüten im Juni/Juli, leuchtend gelbe Herbstfärbung der eigenartig geformten Blätter.

Die Ansicht, daß die exotischen Bäume und Sträucher nur für besonders geschützte Lagen in Frage kommen, darf man nicht verallgemeinern. Der Tulpenbaum nimmt es an Winterhärte mit einheimischen Laubbäumen durchaus auf. Auch die Sophore kann nicht so besonders kälteempfindlich sein, das zeigen die zahlreichen alten Exemplare in Hannover.

*Lycium halimifolium* Mill. (Bocksdorn). Wertvoll durch die lange und späte Blütezeit Juni bis September. Für Zierparkanlagen wohl nicht schön genug, mehr für trockene Böschungen und zum Verdecken von Zäunen.

*Malus.* Alle Zieräpfel sind von Wert, desgleichen die *Prunus*-Arten, Pflaume, Kirsche, soweit sie nicht gefüllt blühen. Besonders schöne Blätter hat die Abart *cartilaginea* von *Prunus serotina* Ehrh. Mai/Juni. Wegen des Duftes zu nennen die gemeine Traubenkirsche *Prunus padus* L.

Abb. 41.
Zierapfel *(Malus zumi)*

*Paulownia tomentosa* Steud. *(P. imperialis)*. Die blau-violetten Blüten dieses Baumes April/Mai erfrieren in harten Wintern schon als Knospe.

*Phellodendron amurense* Rupr. (Korkbaum). Kleiner Baum, Blüten im Juni.

*Rhamnus* (Kreuzdorn). Unsere beiden Arten *R. catharticus* L. und *R. frangula* L. als Schattensträucher, Mai/Juni.

*Rhododendron*. Die meisten angepflanzten Rhododendren und Azaleen haben für die Bienenzucht keine Bedeutung.

*Rhus typhina* L. (Hirschkolbensumach). Kleiner Baum oder Strauch, Juni/Juli Blätter ähnlich *Ailanthus*, schöne Herbstfärbung. *Rhus cotinus*, heute als eigene Gattung *Cotinus coggygria* Scop. aufgestellt (Perückenstrauch), wird ebenfalls von den Bienen beflogen.

Von den zahlreichen Zier-*Ribes*-Arten ist eigentlich nur *Ribes sanguineum* Pursh (Blutjohannisbeere) als erstklassige Bienenpflanze zu empfehlen.

Von den *Salix*-Arten gibt es mehrere, die nicht nur durch die schönen Kätzchen im zeitigen Frühjahr, sondern auch sonst zierende Parkgewächse sind. Zum Beispiel *Salix alba* var. *vitellina pendula* (Trauerweide). Auch die Belaubung von *S. lucida* Muehlenb. (Glanzweide) und *S. pentandra* L. (Lorbeerweide) ist recht zierend. Es soll dabei nicht stören, daß die letzten Arten recht spät (im Juni) blühen, denn nicht nur als Pollen-, sondern auch als Nektarerzeuger sind die Weiden von Bedeutung.

Von den *Sorbus*-Arten scheint nur *S. aria* Crantz (Mehlbeere) eine Empfehlung zu verdienen. Mai.

Auch *Staphylea pinnata* L. (Pimpernuß) mag erwähnt werden. Mai/Juni.

Zierender und nicht so wucherfreudig wie die gemeine Schneebeere, *Symphoricarpos albus* Blake *(S. racemosus)* ist die Korallenbeere, *S. orbiculatus* Moench, mit roten Früchten, im Juli bis August, also nicht ganz so lange wie die erste Art, blühend. Als Füllstrauch ist wohl die Art *albus* vorzuziehen.

Endlich ist noch der Halbstrauch des Edelgamanders, *Teucrium chamaedrys* L. zu erwähnen. Juli/Oktober, und ferner zwei *Vaccinium*-Arten, Verwandte der Heidelbeere, *V. corymbosum* L. und *V. macrocarpon Ait.*, von ihnen noch später.

Unter den Schlinggewächsen sind wichtig die herrlichen Glycinen, *Wisteria sinensis* Sweet, Blüten im Mai/Juni. Sie dürften kaum besonders frostempfindlich sein, da Verfasser die stärksten und schönsten Exemplare in Norddeutschland (Verden an der Aller) gesehen hat. Ferner der wilde Wein, *Parthenocissus quinquefolia* Planch., blüht im Juni/Juli. Die selbstklimmende Abart 'Engelmannii' blüht etwas später im August/September. Besonders schön durch Blattform und Herbstfärbung ist der selbstklimmende *Parthenocissus tricuspidata* Planch. in der Form 'Veitchii'. Doch ist er etwas empfindlicher als 'Engelmannii' und läßt sich schwerer durch Stecklinge vermehren. Während die schönen Gartenformen der *Clematis* kaum be-

Abb. 42.
Selbstklimmender wilder Wein *(Parthenocissus tricuspidata* 'Veitchii')

achtet werden, wird die auch für Laubenbekleidungen verwendbare wilde Waldrebe, *Clematis vitalba* L. von Juli bis September gern besucht. Hingegen scheinen die oft empfohlenen rankenden Knöterícharten *Polygonum aubertii* Henry und *P. baldschuanicum* Regel, vom Juli bis Oktober blühend, von geringerer Anziehungskraft zu sein. Selbstverständlich darf der Efeu, *Hedera helix* L., nicht fehlen. Er blüht erst in höherem Alter, aber dann reich und liefert große Massen von wertvollem Herbstpollen. Auch einige rankende Brombeer-Zierarten mögen hier erwähnt werden.

Es folge hier nach dem SPAETH-Buch ein Verzeichnis der gegen den Rauch wenig empfindlichen Holzgewächse. *Acer campestre, A. saccharinum, A. pseudo-platanus, Ailanthus, Catalpa, Cornus mas, Crataegus, Gleditsia, Ilex, Liriodendron, Ligustrum, Robinia, Salix, Tilia tomentosa.*

Für schattigen oder halbschattigen Standort, also noch unter höheren Bäumen verwendbar sind: *Amelanchier, Cornus mas, Daphne mezereum,*

*Ilex, Ligustrum, Lonicera tatarica, Prunus padus, Prunus serotina, Prunus virginiana, Rhamnus, Staphylea, Symphoricarpos.*

Hecken haben natürlich ihre volle Blütenfülle nur dann, wenn sie nicht im strengen Schnitt gehalten werden, doch bei genügender Breite können zum Beispiel geschnittene Ligusterhecken auch recht gut blühen. Das gilt auch von der Kornelkirsche. Bei ihr wird empfohlen, sie nach dem Pflanzen kurz zurückzuschneiden und im nächsten Jahr die jungen Triebe zu verflechten, um eine gleichmäßige Dichte zu erzielen. Zierhecken mit nur leichtem Schnitt blühen natürlich wie andere Sträucher auch.

Für hohe Schutzhecken kommen außer dem meist verwendeten Weißdorn noch die Gleditschie, die spät blühende Traubenkirsche, Winter- und Krimlinde in Frage.

Für mittelhohe Schutz- und Zierhecken eignen sich *Berberis, Cornus mas, Deutzia scabra, Ilex, Lonicera tatarica, Chaenomeles, Rhamnus catharticus,* auch *Prunus laurocerasus* in der Form 'Schipkaensis', die im Gegensatz zu den anderen Kirschlorbeerarten winterfest ist.

Für niedere Zierhecken sind zu nennen Mahonie, niedere Formen der Deutzie, *Berberis thunbergii,* auch schwachwüchsige Formen von *Chaenomeles* und der Edelgamander.

Davon sind immergrün *Mahonia, Ilex, Prunus laurocerasus* 'Schipkaensis'. Auch an Hecken von Lebensbaum *(Thuja occidentalis)* hat Verfasser des öfteren Beflug auf Tauhonig beobachtet (vgl. KLOFT, 1959).

Abb. 43. Efeublüten

Abb. 44. *Euodia daniellii*
Abb. 45. Bartblume *(Caryopteris)*

Bei den Holzgewächsen wurden schon die relativ wertlosen möglichst ausgeschieden. Bei den Stauden usw. ist es nötig, noch strenger zu verfahren. Es pflegen in den Listen von Honigpflanzen viele Stauden aufzutreten, bei denen man niemals eine Biene beobachten kann. Auch solche, bei denen man ab und zu eine einzelne Biene findet, mögen zwar für ein rein botanisches Werk die Bemerkung verdienen: Bienen saugend angetroffen. Aber für eine Anbauempfehlung in Park und Garten kommen sie nicht in Frage. Sie würden nur wirklich wertvollen Pflanzen den Platz wegnehmen.

Selbstverständlich kann es sein, daß eine Pflanze, die für wertlos gehalten wird, an irgend einem Ort und unter ganz besonderen Bedingungen doch beflogen wird. Auch ist es möglich, daß die eine oder andere seltene gute Pflanze nicht erwähnt wurde.[1] Aber es scheint nötig, zuerst einmal den Ballast abzuwerfen. Korrekturen und Ergänzungen stehen den örtlichen Bienenweidesachverständigen frei.

Wenn die verschiedenen krautigen Zier- und Gartenpflanzen nach Lebensablauf und Verwendungsmöglichkeit in Gruppen eingeteilt werden, so muß man bedenken, daß man oft dieselbe Pflanze zu verschiedenen gärtnerischen Zwecken verwenden kann, und daß ferner innerhalb derselben Gattungen oft mehrjährige, zweijährige und einjährige Pflanzen auftreten.

Vielfach ist empfohlen worden, Rasenflächen durch Einmischung früh blühender Zwiebelgewächse nicht nur zu verschönen, sondern auch der Frühjahrsentwicklung der Völker nutzbar zu machen. Es sind sogar Krokus-Aktionen angelaufen. Der Erfolg entspricht aber kaum den Aufwendungen. An einigen Stellen, wie bei Zavelstein im Nordschwarzwald, blüht *Crocus neapolitanus* Ker-Gawl *(C. vernus)* in Massen wild. Aber Rasenflächen sind keine Naturwiesen und Naturweiden. Das Scheren der Rasenflächen stört den Krokus, so daß er nach einiger Zeit verschwindet. Der geeignete Platz ist wohl unter Gebüschen, wo er vor dem Laubausbruch blüht und von dem späteren Schatten nicht mehr gestört wird. An diesen Stellen sind vielleicht noch zweckmäßiger andere frühblühende Zwiebelgewächse wie Schneeglöckchen *(Galanthus nivalis* L.), Märzenbecher *(Leucojum vernum* L.), Sternhyazinthe *(Scilla bifolia* L.), auch Schneeglanz *(Chionodoxa luciliae* Boiss).

---

[1] Beispielsweise erhielt ich nach Abschluß des Manuskriptes von Herrn F. Boerner, dem Präsidenten der Deutschen Dendrologischen Gesellschaft, den Hinweis, daß im Botanischen Garten von Darmstadt *Euodia daniellii* Hemsl. in geradezu unvorstellbarem Maße vom Spätsommer bis zum Herbst beflogen wird. Es handelt sich um einen kleinen aus Ostasien stammenden Baum aus der Familie der *Rutaceen* mit eschenähnlichen Blättern, ebereschenähnlichen Blüten und zierenden roten Früchten im Spätherbst. Boerner nennt ihn in seinem Buch »Blütengehölze für Garten und Park« (1964) den Baum der hunderttausend Blüten, in einem Brief bezeichnete er ihn als »den tollsten Bienenbaum des Hochsommers — Frühherbstes«. In Amerika wurde schon 1955 auf ihn hingewiesen und man verlieh ihm den Namen »Bee bee tree« (Abb. 44, Seite 101).

Ferner wurde mir *Caryopteris incana* Miq. = *C. tangutica* (Bartblume) als wertvoller, im Herbst blühender Strauch bezeichnet (Abb. 45 auf Seite 101).

Abb. 46.
Krokus *(Crocus neapolitanus)*

Abb. 47.
Schneeglöckchen mit Biene

Da aber diese Zwiebeln, besonders die vom Krokus, oft von Mäusen gefressen werden, erscheint sehr empfehlenswert der robustere Winterling *(Eranthis hyemalis* Salisb.). Er gehört zwar zu den Hahnenfußgewächsen und wird durch Knollen vermehrt. Er gleicht aber in seinem Vegetationsablauf den oben genannten Zwiebelgewächsen. Er sollte unter Sträuchern schon wegen der frühen leuchtend gelben Blütenpracht im Februar/März in umfangreichem Maße verwendet werden. Er breitet sich von selber aus, aber man darf den Boden unter den Sträuchern nicht umgraben, auch nicht das Laub allzu scharf abharken. Vor Laubverwehung können die Wege durch ganz niedrige Zierhecken geschützt werden.

*Eranthis hyemalis* (L.) blüht allerdings in manchen Jahren so früh auf, daß noch kein Flugwetter herrscht und die Bienen erst die letzte Hälfte der Blüte ausnutzen können. Es gibt aber eine andere Winterling-Art, *E. cilicica* Schott et Kotschy, die etwas später aufblüht. Eine Kreuzung von beiden ist *E. tubergenii* Bowl.

Abb. 48. Märzenbecher im Wald

Die genannten Pflanzen lassen sich auch in Steingärten verwenden. Von anderen hierfür geeigneten Gewächsen haben für die Bienenzucht Bedeutung das Blaukissen *Aubrieta deltoides* (L.) mit zahlreichen Gartenformen im März bis Mai und die Gänsekresse. Meist dürfte es sich bei ihrem Vorkommen nicht um *Arabis alpina* L., sondern um *A. caucasica* Willd. *(A. albida)* handeln. Letztere Art blüht März/April, *A. alpina* etwas später. Auch rosafarbige Formen kommen vor, solche mit gefüllten Blüten sind wertlos. Die verschiedenen Formen von *Thymus serpyllum* L. bilden im August schön blühende Polster. Ganz besonders müssen herausgestellt werden die zahlreichen Arten der Fetthenne *(Sedum)*, die verschieden hoch sind, verschiedene Farbtöne haben und zu verschiedenen Zeiten blühen, alle aber

Abb. 49.
Winterling *(Eranthis)*

Abb. 50.
Blaukissen (Aubrieta)

verhältnismäßig spät, ab Juni bis in den Herbst. Sie lassen sich leicht durch Stecklinge vermehren. Auf den noch nicht handtellergroßen Blütenständen von *Sedum telephium* L. ssp. *fabaria* hat Verfasser bis sechs Bienen auf einmal und zwar sehr lange Zeit saugend angetroffen.

Abb. 51. Fetthenne *(Sedum caeruleum)*

Natürlich lassen sich diese Steingartenpflanzen auch in gewöhnlichen Beeten oder als Wegrandpflanzen verwenden, ebenso wie man unter den nun folgenden Stauden noch manche im Steingarten benutzen kann.

Abb. 52. Kugeldistel *(Echinops)* mit Bienen und Falter

Die Zahl der Stauden ist so groß, daß unmöglich ein vollständiges Verzeichnis gebracht werden kann. Von zweijährigen seien genannt verschiedene Arten und Formen der Königskerze *(Verbascum)*, Juni/August,

Abb. 53. Herkulesstaude *(Heracleum mantegazzianum)*

und die Honigdistel *(Echinops ritro* L.), Juli/August. Königskerze und Honigdistel vermehren sich leicht durch Selbstaussaat, die letztere ist auch zur Verwilderung auf geeigneten Plätzen wie Schutthaufen geeignet. Auch der imposante Riesenbärenklau *(Heracleum mantegazzianum* Somm. et Levier), Blüte Juni/Juli, ist oft nur zweijährig.

Unter den mehrjährigen Stauden kann man auf die Christrose in der Art *Helleborus niger* L. verzichten, da sie fast immer zu früh blüht. Später blühen die durch Kreuzung verschiedener Arten entstandenen Gartenhybriden.

Es folgt eine Aufzählung empfehlenswerter Stauden in alphabetischer Reihenfolge der botanischen Namen.

*Allium caeruleum* Pall. und andere Zierlaucharten, Juni/Juli.

*Asclepias incarnata* L. und *Asclepias syriaca* L., letztere wuchert. Beide gelten als Bienenfallen, doch dürfte der Schaden nicht nennenswert sein.

*Centaurea montana* L. (Bergflockenblume), Mai/Juni, auch andere *Centaurea*-Arten.

*Dictamnus albus* L. (Diptam), Mai/Juni.

*Gypsophila paniculata* L. (Schleierkraut), *Gypsophila repens* L. ist kriechend, rasenbildend, auch für Steingärten geeignet.

*Helenium autumnale* L. (Sonnenbraut), August/September, und verwandte Arten sowie viele Kreuzungen. Wertvollster Spätblüher.

*Limonium vulgare* Mill. = *Statice limonium* (Widerstoß), August bis Herbst.

*Nepeta mussinii* Spreng. (Katzenminze), Dauerblüher, Juni bis August.

*Penstemon barbatus* Nutt. = *Chelone barbata* (Bartfaden), ab Juni bis in den Herbst.

*Polemonium caeruleum* L. (Jakobsleiter), Juni/August.

*Ruta graveolens* L. (Raute), Juni/August.

Über *Solidago* (Goldrute) siehe die Ausführungen in Kapitel II.

*Veronica* (Ehrenpreis), in vielen Arten. Besonders schön *Veronica spicata* L., Juli/September.

Abb. 54. Nieswurz-Hybride *(Helleborus)*

Abb. 55.
Seidenpflanze *(Asclepias syriaca)*

Abb. 56.
Sonnenbraut
*(Helenium)*

Abb. 57. Goldlack *(Cheiranthus cheiri)*

Abb. 58. Haargurke *(Sicyos angulatus)*

Als spät blühende Pollenträger sind noch die einfach blühenden Dahlien und die Herbstastern zu erwähnen.

Von einjährigen Pflanzen sind noch von Bedeutung die bekannte *Reseda odorata* L., Juli bis September, ferner der Drachenkopf *(Dracocephalum moldavica* L.), Juli/August. Der Goldlack *(Cheiranthus cheiri* L.), Mai/Juni, steht an der Grenze der ein- und zweijährigen Pflanzen. Bei der Gattung *Salvia* (Salbei) gibt es ein- und mehrjährige Gartenarten, alle im Spätsommer blühend.

Von den einjährigen Kletterpflanzen bietet *Sicyos angulatus* L. (Haargurke) von Juni bis Juli eine gute Bienenweide, ebenso die Feuerbohne *(Phaseolus coccineus* L.), Juli bis Herbst.

## 3 Hausgärten, insbesondere Imkergärten

Von den Haus- und Kleingärten, deren Umfang im Jahre 1961 in der Bundesrepublik 373 300 Hektar, im Jahre 1964 371 200 Hektar betrug, ist grundsätzlich nicht viel Neues zu sagen. Die Obstbäume darin sind schon bei der Obstbaumzählung erfaßt. Der größte Teil der verwendeten Nutzgewächse, wie Frühkartoffeln und die meisten Gemüsearten, sind für die Bienen ohne Bedeutung. Allerdings einige wie Gurken, Kürbis, Spargel, Dicke Bohnen, Feuerbohnen sowie viele Gewürzkräuter, z. B. Bohnenkraut, Majoran, Thymian und Boretsch, sind gute Bienenpflanzen. Wenn sie auch jeweils nur in kleinen Mengen angebaut werden, so mag der addierte Gesamtteil doch immerhin beachtlich sein und die Werte für diese Pflanzen in der Sparte Feldgemüsebau erheblich erhöhen. Ähnliches gilt für die Blumen in den Hausgärten im Verhältnis zu denen der Parkanlagen.

Abb. 59. Boretsch *(Borago officinalis)*

Eine Vermehrung dieser Bienenweide kann aber nicht so sehr in dem Imkergarten als über den Imkergarten geschehen. Dazu ist es beispielsweise vorteilhaft, besonders schöne und zierende Honigblütenpflanzen möglichst sichtbar zu verwenden, so daß der Vorübergehende mit dem Wunsch nach Hause geht, diese schönen Pflanzen auch im eigenen Hausgarten zu besitzen. Ausgesprochen gute Farbdias von solchen Pflanzen sollten möglichst oft in Versammlungen von Gartenbau-Vereinen oder ähnlichen Veranstaltungen gezeigt werden.

Abb. 60. *Phacelia congesta*

Wenn auch der Imker selbst für die direkte Ho-

Abb. 61. *Phacelia*-Blüten mit Biene

nigerzeugung nicht allzuviel tun kann und die wenigen Quadratmeter, die wohl ein Bienenvater mit Phazelie ansät, nicht mehr bedeuten als eine freundliche Geste gegenüber seinen Bienen, so kann er doch einiges unternehmen, um indirekt den Honigertrag zu steigern. Wo es an der für die Volksentwicklung nötigen Pollen-Frühtracht fehlt, kann er wirksam eingreifen. Es sollte neben dem Bienenstand nicht nur eine, sondern es sollten möglichst mehrere früh blühende Weiden dort stehen. Auch da, wo vielleicht in einiger Entfernung sich genug Salweiden am Waldrand oder am Bachufer vorfinden, sind etliche Weidensträucher in unmittelbarer Nähe nützlich, um bei schwankendem Wetter einen weiten, gefahrvollen Flug zu ersparen. Man wird dabei früh- und reichblühende Arten mit großen männlichen Kätzchen bevorzugen, aber gut sind alle Weidenarten. Ja, man sollte es vermeiden, sich auf eine einzige Art festzulegen. Frostwetter kann die Kätzchen einer einzigen Art verderben, aber die von einer etwas später blühenden Art werden sich noch entfalten können. Besonders geschätzt für unsere Zwecke sind folgende Arten: Zunächst die bekannte Salweide *(Salix caprea* L.). Sie hat leider den Nachteil, daß die Vermehrung durch Stecklinge Schwierigkeiten macht. Das ist nicht der Fall bei der Kübler-Weide *(Salix smithiana* Willd.). Nach dem SPAETH-Buch ist sie ein Bastard zwischen der Salweide und der Bindeweide *(S. viminalis* L.), nach ROBERT ZANDER (1964) ist sie eine Kreuzung zwischen der Grauweide *(S. cinerea* L.) und der Bindeweide. Den Namen hat sie von dem früheren Garteninspektor KÜBLER der Firma SPAETH, der sich um ihre Verbreitung Verdienste erworben hat. Die Schimmelweide *(S. daphnoides* Vill.) ist besonders geschätzt in der Unterart *S. daphnoides* ssp. *pommeranica* mit bläulich-weiß bereiften Trieben und außerordentlich großen bis 8 cm langen Kätzchen. Erwähnt seien noch die Purpurweide *(S. purpurea* L.) mit anfangs rötlichen Blüten, die Bandstockweide

(*S. dasyclados* Wimm.), ferner die besonders früh blühende Medemsweide (*S. aegyptiaca* L.). In Norddeutschland wird auch viel die Segeberger Imkerweide verwendet, ein zufällig gefundener Bastard, dessen Herkunft nicht geklärt ist, der sehr stark wächst und ein wenig später als die Sal- und Küblerweide blüht.

Um bei diesen beiden Gartenweiden eine besonders reiche Blütenfülle zu erzielen, empfiehlt es sich, kleine Bäumchen zu ziehen und nach der Blüte alle schwachen Ruten ganz zu entfernen, die stärkeren auf ein bis zwei Augen zurückzuschneiden. Nach wenigen Wochen hat das Bäumchen wieder zahlreiche lange Triebe mit reichem Blattwerk gebildet, die im nächsten März reichlich blühen.

Die übrigen wichtigen Frühblüher sind bereits in dem vorigen Abschnitt besprochen worden.

Auch ein Haselstrauch sollte im Imkergarten nicht fehlen. Die Hasel ist zwar windblütig, liefert aber oft den ersten noch dazu gar nicht schlechten Pollen. Da sie aber oft verblüht, ehe Flugwetter eintritt, bevorzuge man möglichst spät blühende Sorten wie etwa die 'Hallesche Riesennuß'. Noch besser ist es, eine zweite Gartenart oder eine Wildpflanze danebenzusetzen, weil die Kulturhaseln selbststeril sind. Auf die für die Verbesserung der Spätpollentracht wichtigen Blütenpflanzen ist schon hingewiesen.

Abgeerntete Beete mit Frühkartoffeln können noch mit Phazelie oder Senf besät werden und liefern so im Herbst noch reichlich Pollen.

Daß im Imkergarten bei Sommerblühern nur gute Bienenpflanzen verwendet werden sollen, ist trotz der geringen zu erwartenden Nektarmenge selbstverständlich. Nur der hat ein grundsätzliches Recht, von anderen (der Öffentlichkeit) viel zu verlangen, der das Wenige, was er tun kann, auch wirklich in Angriff nimmt und schließlich macht Kleinvieh ja auch Mist. Das gilt in diesem Falle besonders dann, wenn der Imker aus seinem eigenen Garten Ableger, Stecklinge, Samen an Nachbargärten abgibt. Ja, in ländlichen Gegenden sollte ein Imker mit größerem Garten für billiges Geld Jungheistern von Linden, Ahornen usw. besorgen, sie zunächst weiter pflegen und sie dann später seiner oft an Geldmangel leidenden Gemeinde kostenlos zur Wegebepflanzung und Dorfverschönerung zur Verfügung stellen.

Oft gibt sich auch Gelegenheit, im Imkergarten unschöne Bretterschuppen und kahle Wände mit den erwähnten Schling- und Kletterpflanzen zu verschönern und so den Nachbarn ein Vorbild zu geben.

Im Zusammenhang damit sei darauf hingewiesen, daß es für private kleinere Ziergärten eine ganze Reihe von Sträuchern gibt, die einen doppelten, drei- oder gar vierfachen Nutzwert haben: erstens Blütenzier im Frühjahr, zweitens gleichzeitig Nektar, drittens verwertbare Früchte und viertens in manchen Fällen noch eine schöne Herbstfärbung, sei es durch Blätter, sei es durch Früchte. An erster Stelle sei hingewiesen auf die Kornelkirsche; die etwa 2 cm lange Frucht ist eßbar und für Gelees verwendbar. In Osteuropa wurde früher die geschätzteste Art von Met durch Übergießen der Früchte mit verdünntem Honig hergestellt. Die Früchte der Felsenbirne werden im Herbst in Frankreich nach Art der Schwarzen Johannisbeere verwendet. Die Japanische Quitte ziert durch ihre lachsrosa Blüten im April und auch durch die leuchtend gelben duftenden Früchte im Herbst. Diese sind roh ebensowenig wie die der Gartenquitte genießbar, geben aber Gelee und Marmelade von noch stärkerem Aroma als diese. Als Zusatz zu weniger aromatischen Marmeladen geeignet. Aus den Beeren der Mahonie (roh ebenfalls nicht wohlschmeckend) läßt sich ein portweinähnlicher Obstwein herstellen. Die immergrünen Blätter sind für die Kranzbinderei sehr beliebt. Für feuchten Standort besonders geeignet ist eine amerikanische strauchförmige Verwandte unserer Heidelbeere und unserer Moosbeere, Blueberry genannt *(Vaccinium corymbosum* L.). Die Blüten im Mai stehen in dichten rötlichen Büscheln, die Herbstfärbung der Blätter ist prächtig scharlach-orangefarben. Die bis ein cm dicken Früchte sind eßbar. Noch größer sind diese bei einer anderen amerikanischen Art, die kriechenden Wuchs hat, Cranberry genannt *(Vaccinium macrocarpon* Ait.). Sie wird in Amerika in großem Umfang angebaut und die Früchte werden dort wie Preiselbeeren verwendet.

Wegen ihres roten Laubes wird oft eine Abart der Myrobalane oder Kirschpflaume *(Prunus cerasifera* Ehrh.) die Form 'Atropurpurea' angepflanzt. Sie wird auch *Prunus pissardii* genannt. Sie trägt, wenn auch nicht allzu reichlich, recht wohlschmeckende Pflaumen. Auch die Früchte zahlreicher Zierapfelsorten lassen sich zu Gelee verwenden. Besonders brauchbar sind die Früchte der sogenannten Kirschäpfel oder Crabäpfel. Es handelt sich um Bastarde von sibirischen Wildäpfeln und Edelapfelsorten. Die Bäume zeichnen sich durch besondere Blütenfülle aus, und die bis 4 cm dicken Früchte sind besonders für die Apfelweinherstellung geeignet.

Erwähnt sei noch eine spaßige Methode, wie man ältere Weißdornhecken der menschlichen Ernährung dienstbar machen kann. Verfasser sah einmal, wie man an einer hohen, geschnittenen Weißdornhecke in regelmäßigen Abständen Einzeltriebe hatte nach oben gehen lassen. Diese waren dann mit Quitten gepfropft worden.

In Hinsicht auf den Nutzwert dieser Gruppe von Gartenpflanzen steht wohl die japanische Apfelrose *(Rosa rugosa* Thunb.) mit ihren großen und fleischigen Hagebutten an der Spitze. Leider ist ihr Bienenwert sehr bescheiden. Auch die eßbare Abart der Eberesche *(Sorbus aucuparia* L. var. *moravica)* dürfte wie die Stammart nicht von besonderer Bedeutung sein.[1] Wenn auch das Interesse der Hausfrauen an der Selbstherstellung von Marmeladen usw. heute geringer sein dürfte als früher, so mögen sich doch immerhin noch manche Liebhaber dafür finden.

---

[1] Dieses absprechende Urteil ist einzuschränken, da mir inzwischen von zuverlässiger Seite von einem sehr starken Beflug dieser mährischen Eberesche berichtet wurde.

### 4 Obstanlagen

Wir hatten im Kapitel II gesehen, daß die wahrscheinliche Zukunftsentwicklung der Obsttracht durchaus nicht zu rosigen Hoffnungen berechtigt. Es kommt auch hier darauf an, das Beste aus der Sachlage zu machen. Zunächst sei noch einmal betont, wie wichtig eine Förderung und Ermutigung des bäuerlichen Obstbaus ist. Dabei ist sogar der Streu-Obstbau und der Hoch- und Halbstamm nicht restlos zu verdammen. Auf Äckern haben Obstbäume nichts mehr zu suchen, weil sie den Mähdrescher stören. Aber auf Wiesen gibt es Stellen, Streifen, Ränder usw., wo der Grasschneider an ihnen vorbeikommen kann. Bei trockenen Magerwiesen scheidet der Obstbau natürlich aus. Aber auf genügend feuchten Wiesen mit gutem Boden finden Gras und Obstbaum beide schon genügend Nahrung und Wasser. Das zeigen die Zustände im Alten Lande. Es gibt ferner Apfelsorten, die – wohlgemerkt unter diesen günstigen Verhältnissen – zwar nicht Delikateß – wohl aber noch brauchbare Verkaufsware, nicht nur Mostobst ergeben können.

Bei den Kleinform-Plantagen empfiehlt es sich, den Boden durch Gründüngung mit Humus anzureichern. Da bei der Anlage dieser Plantagen schon besonders gute Böden ausgewählt werden, sind bodenerschließende Tiefwurzler nicht nötig. Ja, sie können sogar als Konkurrenten schädlich werden. Diese Gründüngungspflanzen müssen auch nicht stickstoffsammelnde Leguminosen sein, ja, unter Umständen ist eine besonders starke Zufuhr von Stickstoff gar nicht erwünscht. Für die reine Humus-Vermehrung kommt nun eine ganze Reihe guter Bienenpflanzen in Frage, die zum Schluß der Blütezeit oder danach untergebracht werden können. Besonders Sommerrübsen, Lihoraps, Senf und Ölrettich sind zu erwähnen. In diesem Falle käme durchaus auch die bei den Imkern so beliebte als Bienenpflanze erstklassige Phazelia in Betracht. Nun wird diese Gründüngung nur für die ersten Jahre der Anlage in Frage kommen. Hingegen ist eine andere Maßnahme, die häufig mit dem Kleinformbau zusammenhängt, von Dauer. Vielfach wird es nötig sein, eine Windschutzhecke anzulegen. Hier sind die Imker berechtigt, die Forderung (ich gebrauche an dieser Stelle den Ausdruck »Forderung« und nicht »Wunsch« mit Absicht) zu erheben, daß nicht nur »nach Möglichkeit«, sondern grundsätzlich und ausschließlich bienenfreundliche Gewächse verwendet werden.

Der Obstbau bedarf der Bienen, aber er kann sie allein nicht ernähren. Man kann die grobe Faustregel aufstellen, daß zum mindesten zwei große Trachten (zum Beispiel etwa Raps und Klee, oder Robinie und Linde) vorhanden sein müssen, um eine einigermaßen sichere Grundlage für eine rentable Bienenzucht zu bilden. Es steht also der Obstbau bei der Bienenzucht gewissermaßen mit einer Tracht in der Schuld.

Für die Befruchtung von 30 000 Hektar Obst sind nach der allgemeinen Erfahrung mindestens 120 000 Bienenvölker nötig. Die Zahl der vorhandenen Bienenvölker betrug am Stichtag (31. 12. 1964) in *Baden-Württemberg* nach dem Bericht des Deutschen Imkerbundes (DBW, 16. Jahrg. Nr. 7, 1965) 315 058. Es sind also für die Bewanderung der vorgesehenen Plantagen rund

40 Prozent der vorhandenen Bienenvölker nötig. Sollte die Ausdehnung der Obstanlagen, wie wünschenswert, sich weiter vergrößern, so würde es an Wandervölkern fehlen. Soll aber die Zahl der Bienenvölker an sich vermehrt werden, muß auch weitere Tracht für sie geschaffen werden.

Die Notwendigkeit der Bienen für den Obstbau soll näher begründet werden. Verwiesen sei auf RUDLOFF und SCHANDERL (1950). Man unterscheidet selbstfruchtbare (selbstfertile) und selbstunfruchtbare (selbststerile) Obstsorten. Bei den ersten bewirkt der Pollen der eigenen Blüte eine ausreichende Befruchtung, bei der zweiten Gruppe hingegen keine. Dazwischen gibt es Übergänge, wo nur eine mäßige Befruchtungswahrscheinlichkeit besteht.

Selbstunfruchtbar sind sämtliche Kernobstbäume mit Ausnahme der Quitten. Um Früchte zu erzeugen, muß daher irgendwie der Pollen einer anderen Apfel- oder Birnensorte auf die Narbe der betreffenden Blüte gelangen.

Es sind daher geschlossene Blockpflanzungen einer einzigen Apfel- oder Birnensorte zu vermeiden. Mindestens sind zwei Sorten nötig, um einen obstbaulichen Erfolg zu garantieren. Die Dinge liegen aber noch komplizierter. Es gibt Apfelsorten, die nur einen schlechten minderwertigen Pollen erzeugen, der keine Wirkung auf die Narbe ausübt. Meist sind es sogenannte triploide Sorten, bei deren Zellteilung die Zahl der Kernfäden durch 3 teilbar ist, während normalerweise die Zahl der Fäden sich durch 2 teilen läßt (in diesem Falle spricht man von diploiden Sorten). Darüber hinaus bestehen zwischen bestimmten Kernobstsorten gewisse physiologischen Abneigungen, so daß sich die Pollenkörner bestimmter an sich pollentüchtiger Kernobstsorten auf den Narben bestimmter anderer Sorten nicht entwickeln. Man spricht dann von Intersterilität. Auch die Blütezeit der Sorten, die sich gegenseitig befruchten, muß übereinstimmen.

Ebenfalls selbststeril sind alle Süßkirschen und Halbsauerkirschen, d. h. Kreuzungen von Süß- und Sauerkirschen. Es gilt für sie im großen und ganzen das vom Kernobst Gesagte.

Pfirsiche und Aprikosensorten sind bis auf wenige Ausnahmen selbstfertil, doch ist die Anzahl der angepflanzten Bäume nur gering (s. Aufstellung auf Seite 68).

Sowohl Sauerkirschen wie Pflaumen, einschließlich Zwetschen, Mirabellen, Renekloden, kann man in drei Gruppen teilen, in selbstfertile, selbststerile und solche, die nur schwach selbstfertil sind. Für die obstbauliche Praxis bedürfen die letzteren genau wie die selbststerilen der Fremdbestäubung. Es kommt hinzu, daß bei manchen grundsätzlich selbstfruchtbaren Obstsorten die Befruchtung mit dem eigenen Pollen technisch nicht immer zur Zufriedenheit funktioniert, so vor allem bei den Pfirsichen (übrigens auch bei den Stachelbeeren). Wenn man Pfirsiche unter Glas züchtet, ist es nötig, entweder künstlich mit der Hand zu befruchten oder ein Bienenvolk in das Glashaus zu stellen. Endlich kommen bei Obstsorten, die grundsätzlich als selbstfruchtbar gelten, zum Teil gar nicht selten Untertypen vor, die selbstunfruchtbar sind. Als Musterbeispiel kann der rundknospige selbstfertile und der spitzknospige selbststerile Typ der Schattenmorelle gelten.

Alles in allem kann man schätzen, daß mindestens 90 Prozent der Obstbäume der Fremdbestäubung bedürfen.

Außer *Apis mellifica* kommen freilich noch Wildinsekten, vor allem Hummeln und Solitärbienen als Pollenübermittler in Frage. Der Anteil der Honigbienen an der Gesamtinsektenzahl ist von Zander mit 85 bis 90 Prozent angenommen worden, was sicherlich nicht zu hoch ist. Aber der Wertanteil der Honigbienen liegt aus mehreren Gründen noch über der Prozentzahl der Besucher. Die anderen Insekten haben nicht die Blütenstetigkeit der Biene und geben somit nicht die Gewähr, daß der richtige Pollen auf die richtige Narbe kommt. Ein gezielter Einsatz von Befruchtern gerade bei größeren zusammenhängenden Obstbauflächen ist nur mit Bienen möglich. Es soll nicht bestritten werden, daß unter gewissen Voraussetzungen und bis zu einem gewissen Grade Steinobstpollen auch durch den Wind übertragen werden kann. Das wird aber nur auf kürzere Entfernungen möglich sein. Auch dürfte man sich nicht mit Sicherheit darauf verlassen können. Beim Kernobst, das doch zwei Drittel unserer Bestände ausmacht, ist die Wirksamkeit des Windes nicht in Rechnung zu stellen.

Selbstverständlich kann man in der Theorie auch die notwendige Bestäubung mit der Hand vornehmen. Im allgemeinen ist das eine Sache für Ruheständler, die in ihrem Gärtchen einige wenige Obstbuschbäumchen zu betreuen haben. Bei Hoch- und Halbstämmen scheidet diese Methode von vornherein aus. Man könnte sich auf dem Papier auch bei modernen Großanlagen mit Kleinformen einen Vorteil dafür ausrechnen. Wenn man an jedem Obstbusch nur eine bestimmte Anzahl von Blüten befruchte, so könne man sich später das Auslichten der angesetzten Früchte ersparen, das nun einmal bei Edelobst-Plantagen nötig sei, um Handelsware erster Qualität zu erzielen. Die Rechnung könnte allenfalls aufgehen, wenn es sich um große Anlagen in praktisch bienenleeren Gebieten handelt, wo auch die Wildinsekten im Verhältnis zu der gewaltigen Blütenfülle keine Rolle spielen. Im anderen Falle wird eine Befruchtung zusätzlicher Blüten doch erfolgen und später eine Auslichtung ebenfalls nötig sein. Eine Entfernung der nicht zu befruchtenden Blüten dürfte auch kaum weniger Arbeit erfordern als die der angesetzten kleinen Früchte. Die ganze Methode setzt auch das Vorhandensein einer großen Anzahl billiger Arbeitskräfte voraus. Alles in allem erscheint die Bestäubung durch die Bienen immer noch die bei weitem wirtschaftlichste Methode. Auch dann, wenn man für die angewanderten Bienenvölker einen angemessenen Befruchtungssold bezahlt. Dieser beträgt in dem Obstbaugebiet des Alten Landes, das im Durchschnitt mit etwa 10 000 Völkern bewandert wird, zur Zeit je 15 DM. Eine ähnliche Regelung bahnt sich auch in den Obstbauplantagen in Baden-Württemberg an.

Die Zusammenarbeit zwischen Obstbauern und Imkern im Alten Lande ist nicht immer reibungslos verlaufen (Vagt 1963). Das ist erklärlich, denn der Obstbauer kommt ohne Spritz- und Sprühmittel nicht aus. (Die Frage lautet tatsächlich gar nicht: Spritzen oder nicht?, sondern: Rücksichtsloses Spritzen oder verständiges Spritzen?) Dadurch sind zeitweilige Differenzen entstanden, die sogar zu einer vorübergehenden Einstellung der Wanderung geführt haben. Das hatte freilich die Folge, daß die Kirschenernte von durchschnittlich etwa 200 000 Zentnern auf 30 000 bis 40 000 sank. Inzwischen hat man sich anscheinend so einigermaßen zusammengerauft, wobei sich die Obstversuchsanstalt in Jork durch Ausarbeitung von beiderseits tragbaren Kompromißvorschlägen besondere Verdienste erworben hat.

Bei Außenstehenden könnte es Verwunderung erregen, daß die Imker einen Entgelt verlangen, da sie ja sonst Wanderungen auf eigene Rechnung vorzunehmen pflegen. In diesem Falle liegen die Dinge aber etwas anders. Trotz aller Vorsichtsmaßnahmen lassen sich Vergiftungserscheinungen nicht unbedingt vermeiden. Der Imker geht also ein Risiko ein, ob statt einer Honigernte nicht ein Verlust auf ihn zukommt. Die größere Sicherheit hat bei dem Zusammenarbeiten der Obstbauer.

Auch in den USA ist eine Vergütung für den Befruchtungsdienst der angewanderten Bienen üblich, nicht nur beim Obst, sondern auch bei der Samenzucht und zwar oft unter sehr vorteilhaften Bedingungen wie Anteilprozente an der Steigerung der Samenernte.

Unbedingt gültig ist der Satz bei RUDLOFF und SCHANDERL: »*So gilt denn nach wie vor die Losung: Obstbau und Bienenhaltung müssen Hand in Hand arbeiten.*«

## 5 Futter- und Gründüngungspflanzen

Noch weniger als bei der Forstwirtschaft hat in der Landwirtschaft die Empfehlung honigender Pflanzen einen Sinn, wenn ihr Anbau nicht wirtschaftlich vorteilhaft ist. Bei dem Waldbau kann man noch den Gesichtspunkt der Wohlfahrtswirkungen herausstellen, bei der Landwirtschaft muß unter den heutigen Zuständen das letzte Rentabilitätsstreben herrschen. Man kann höchstens darauf hinweisen, daß über eine kurzfristige Rentabilität nie die Dauerrentabilität, erzeugt durch Gesunderhaltung des Bodens, vergessen werden sollte. Man kann auch auf Pflanzen aufmerksam machen, bei denen die Möglichkeit eines vorteilhaften Anbaues gegeben sein könnte, die aber nur wenig bekannt sind.

So sind zum Beispiel mit der Phazelie in Osteuropa viele Anbauversuche gemacht worden. Sie scheinen dort nicht gerade ungünstig ausgefallen zu sein. Es erscheint aber zweifelhaft, ob sich die Pflanze bei uns unter anders gearteten Verhältnissen durchsetzen wird. Jedenfalls nicht auf Grund von reinen Empfehlungen, sondern nur dann, wenn man exakte Nachweise ihrer landwirtschaftlichen Brauchbarkeit vorzeigen kann.

Wenn man von dem Ölrettich absieht, bei dem vielleicht von der Landwirtschaftsseite her die Möglichkeit eines vermehrten Anbaues besteht, so müssen wir von der Tatsache ausgehen, daß bei uns die ganz überwiegenden Futterpflanzen die Luzerne und der Rotklee sind und bleiben werden. Andere Kleearten werden in nicht rotkleefähigen Lagen stets eine gewisse Rolle spielen. Aber an ihre Ausdehnung auf Kosten des ertragreicheren Rotklees zu denken, wäre absurd. Allenfalls wäre nach wirtschaftlichen Gesichtspunkten der Rat vertretbar, in Grenzlagen des Rotkleeanbaues

Beimischungen anderer Kleearten vorzunehmen, um das Risiko rotkleeungünstiger Jahre auszuschalten oder wenigstens zu vermindern.

Von der Luzerne her ist, wie wir schon gesehen haben, eine Verbesserung der Bienenweide kaum zu erwarten. Das imkerisch wichtigste Problem ist, ob sich die ausgedehnten Rotkleeflächen als Trachtquellen nutzbar machen lassen. Wie weit die Dinge hier gediehen sind, ist nicht ganz durchschaubar. Auch der neuerdings erschienene an sich interessante und wertvolle Aufsatz von v. RHEIN (1966) gibt gerade auf diese Frage keine Antwort. Daß durch Duftlenkung der Bienen eine starke Erhöhung der Samenerträge eintritt, kann als sicher gelten. Hingegen ist eine Steigerung der Honigerträge dabei nicht festzustellen. Ideal wäre aber ein starker Bienenbeflug auf Rotklee, der sowohl eine Vermehrung des Samenertrages als auch eine Steigerung der Honigernte zur Folge hat. Bei den angestellten Versuchen scheint nun nicht genügend beachtet zu sein, daß im Verhältnis von Rotklee zu den Bienen Rotklee nicht gleich Rotklee ist, daß es ganz offenkundig bienengünstige, weniger bienengünstige und bienenungünstige Rotkleerassen gibt. Von dieser Tatsache her muß man an die Rotkleefrage herangehen.

Man hat schon seit langem versucht, Rotklee und Bienen zusammen zu bringen. Leider sowohl von botanischer als auch zoologischer Seite her ohne durchschlagenden Erfolg. Man hat kurzröhrigen Rotklee gezüchtet, doch war die Kurzröhrigkeit gekoppelt mit schwachem Gesamtwuchs. Der neue Klee kam also für die Landwirtschaft nicht in Frage. Auch bei den Züchtungsbestrebungen auf eine langrüsselige Biene ist nicht gerade allzuviel herausgekommen. Die kaukasische, die Krainer und die italienische Biene sind etwas langrüsseliger als die schwarze. Deshalb wird bei ihnen etwas häufiger ein Beflug von Rotklee beobachtet. Aber von einer regelmäßigen und halbwegs erschöpfenden Ausnutzung der Nektarschätze des Rotklees kann keine Rede sein. Die ganze Frage ist so wenig einer systematischen Klärung entgegengeführt, daß hier nur eine Darstellung eigener Beobachtungen erfolgen soll. Zwar war es Verfasser durch Ungunst der Verhältnisse auch nicht möglich, zu endgültigen Ergebnissen zu gelangen, er glaubt jedoch, die Probleme, um die es geht, erkannt zu haben.

Auf dem Bienenstand meines Vaters war die Heide die entscheidende Tracht. Dementsprechend hatte ich in meiner Jugend keine Berührung mit dem Rotklee. Es wurde aber damals schon von alten Imkern, die auf schwerem Boden lebten, erzählt, daß es Jahre gebe, in welchen der Rotklee beflogen werde und Honig liefere. Das trete dann ein, wenn in einem besonders heißen und trockenen Sommer die Röhren vertrockneten und so die Bienen Zugang zum Nektar fänden. Diese Erklärung ist eine ausgesprochene »Hinterher-Erklärung«, nicht aus direkter Beobachtung gewonnen, sondern aus der Überlegung heraus: So muß es und anders kann es gar nicht gewesen sein. Tatsächlich sind nicht Jahre mit besonders heißen und trockenen Sommern, sondern solche mit zwar heißem, aber gleichzeitig feucht-schwülem Wetter gute Rotklee-Beflugsjahre. Verfasser konnte niemals bei beflogenem Rotklee verbrannte oder verkümmerte Röhren finden. Der Grund ist vielmehr der, daß in diesen Fällen bei normal langen Röhren die Nektarabsonderung so stark ist, daß der Abstand zwischen oberem Röhrenrand und dem Nektarspiegel so gering wird, daß die Bienen diesen erreichen können.

Später bin ich dann in eine ausgesprochene Rotklee-Gegend verschlagen worden, wo ich ausgiebige und jahrelange Beobachtungen machen konnte. Dabei fiel mir auf, daß in einigen Jahren — so etwa 1938 — eigentlich alle Rotkleeschläge beflogen wurden. Zwar nicht ganz gleich stark, aber doch alle recht gut. In den anderen Jahren war ein deutlicher Unterschied festzustellen. Die meisten Rotkleeschläge wurden überhaupt nicht beachtet, während man an einzelnen Feldern saugende Bienen in ganz beachtlicher Zahl feststellen konnte.

Auf einem Gute wurde der Rotklee mit der Regelmäßigkeit beflogen, wie man sie bei jeder guten Bienenpflanze finden kann. Hier wurde der Bedarf an Rotkleesamen jedes Jahr selbst gezogen. Die Provenienz des ursprünglichen Samens ließ sich nicht mehr feststellen, da ihn schon der Vater des damaligen Besitzers eingeführt hatte.

Dann hörte ich, daß in dem sogenannten Klützer Winkel, das ist die Küstengegend Mecklenburgs von Wismar nach Lübeck hin, und besonders auf der Insel Poel, vor Wismar gelegen, der Rotklee besonders gut und oft Honig liefern solle.

Auf der Insel Poel konnte ich folgendes feststellen: Auf seinem Saatgut Malchow hatte Lembcke eine Fläche von etwa 10 Hektar Originalzucht der von ihm herausgezüchteten und unter seinem Namen gehenden Rotkleerasse. Diese wurden bei Flugwetter von dem knapp 2 km entfernten Orte Kirchdorf so stark beflogen, daß man geradezu eine Luftbrücke beobachten konnte. Die Bienen von Kirchdorf, etwa 100 bis 150 Völker, lebten von zwei Trachten, dem Raps und dem Lembckeschen Rotklee. Alles andere war Nebensache. Man rechnete in Kirchdorf in einem Jahr mit erträglichem Flugwetter — das aber dort meist im August vorhanden war — mit einer Gesamternte von etwa 15 kg je Volk, die etwa zur Hälfte auf den Raps, zur Hälfte auf den Rotklee zurückgeführt wurde. Ein Imker, der Italiener-Bienen hielt, rechnete mit 10 kg Rotkleehonig, dafür nur mit 5 kg Rapshonig.

Da nun auch in anderen Gegenden an der südwestlichen Küste der Ostsee (Schleswig-Holstein, Dänemark) relativ häufig von guten Rotklee-Honigernten berichtet wird, erhob sich die Frage, ob die starke Nektar-Abscheidung des Rotklees auf das dortige Klima zurückzuführen sei oder ob es sich um eine erbliche Eigenschaft der Lembckeschen Rotkleerasse handele und diese oder verwandte Rassen besonders häufig in den dortigen Gegenden angebaut würden. Vorwegnehmend sei bemerkt, daß nach allem wahrscheinlich beides eine Rolle spielt.

Ewert, der sich viel mit der Rotkleefrage beschäftigt hatte, war zu keiner besonders günstigen Meinung über den Lembckeschen Rotklee gelangt. Das mag aber auf zwei Ursachen zurückgehen. Als Ewert die Insel Poel besuchte, herrschte zufällig sehr schlechtes Flugwetter. Und wenn der von ihm versuchsweise in Landsberg an der Warthe angebaute Lembckesche Rotklee keine bienengünstigen Eigenschaften zeigte, so mag das daran liegen, daß Landsberg südlich des Baltischen Höhenrückens schon ein einigermaßen kontinental-trockenes Klima hat.

Für mich konzentrierte sich die Frage darauf, ob diese Rotkleerasse auch in anderen, meeresfernen, aber feuchten Gegenden wie etwa am Fuß der Mittelgebirge ebenso oder wenigstens annähernd so stark honige wie auf Poel. Zunächst leitete ich einen Anbauversuch mit Original Lembcke-Kleesaat auf einem Gut im Binnenlande Mecklenburgs in die Wege. Der Erfolg war ausgezeichnet. Schon die Blüte vor dem ersten Schnitt wurde derart stark von den Bienen beflogen, daß der Inspektor zunächst Bedenken hatte, die Pferde vor der Mähmaschine in den Kleeschlag zu bringen. Auch auf dem anderen vorhin erwähnten Gute wurde der Rotklee in der ersten Blüte beflogen, so daß der Besitzer den Versuch machen wollte — er konnte ihn dann später nicht mehr durchführen — die erste Blüte zur Samengewinnung zu benutzen.

Da aber die klimatischen Unterschiede noch nicht groß genug erschienen, besorgte ich für einen Bauern am Fuß des Riesengebirges Original-Samen für einen Anbauversuch. Leider konnte dieser infolge des Krieges nicht mehr durchgeführt werden. Aber ich erhielt Anfang der 50er Jahre eine Nachricht von einer Imkerin aus Sachsen, die am Fuße des Erzgebirges, unter wohl ähnlichen klimatischen Bedingungen wie am Rand des Riesengebirges, ihren Bienenstand hatte. Sie teilte mit, daß ein Bauer Original LEMBCKEschen Rotklee anbaue und daß dieser von ihren Bienen stark und regelmäßig beflogen werde.

Es ist daher meines Erachtens nötig, bei allen Rotkleebeobachtungen die Provenienz des Samens festzustellen und auch die Klimabedingungen genau zu untersuchen. Vor allem müßte man die LEMBCKEsche Zuchtrasse im Auge behalten und ihr Verhalten in verschiedenen Gegenden studieren. Wo sie nicht verbreitet ist, müßten Anbauversuche mit ihr gemacht werden. Die Kosten dürften minimal sein, da nur sehr kleine Flächen bis herunter zu Gartenbeetgröße für die Feststellung der Grundtatsache erforderlich sind.

Die ganz enorme Honigleistung der 10 Hektar Rotkleefläche auf der Insel Poel beruht nun zum Teil freilich darauf, daß es sich um Rotklee zur Saatgewinnung handelte. Schnittrotklee wird nicht zum vollen Abblühen kommen, aber immerhin könnte doch einiges, unter Umständen Erhebliches für die Bienen abfallen. Im Jahre 1938 wurden in vielen Gegenden Deutschlands recht beträchtliche Mengen von Rotkleehonig geerntet; der Grund dafür war, daß die Getreideernte ganz ungewöhnlich reich war und besonders die größeren Güter wegen der Getreideeinbringung lange nicht zur Rotklee-Heuwerbung kamen. Andererseits war das Augustwetter ganz danach angetan, den Nektar der Rotkleeblüten fließen zu lassen. Auf jedem Rotkleeschlag, ganz gleich welcher Provenienz, den Verfasser damals in Mecklenburg beobachten konnte, wimmelte es von Bienen, und zwar konnte man drei Arten des Honigsammelns feststellen. Die meisten Bienen nahmen den regulären Zugang von oben, wobei sie die Röhren leicht zusammendrückten. Andere benutzten Hummel-Bißlöcher, noch andere drängten sich zwischen den Blütenröhren bis auf die Oberfläche des Blütenkopfes, wahrscheinlich um Sekrete von kleinen Blattläusen aufzunehmen.

Im Januar oder Februar des Jahres 1939 fand in Leipzig eine Kleintierzucht-Ausstellung statt. Sie war mit einer Honigschau verbunden, die aus allen Teilen Deutschlands beschickt wurde. Von den ausgestellten Honigen des Jahres 1938 bestand für Mecklenburg ganz augenscheinlich die Hälfte aus Rotklee-Honig. Dieser ist an seiner Farbe zu erkennen, völlig weiß, noch heller als Weißklee-Honig, fast mit einem bläulichen Schein. Aber auch aus anderen Gebieten besonders Norddeutschlands fand sich gar nicht selten diese Art Honig. Das bedeutet nun freilich nicht, daß die Hälfte des in Mecklenburg geernteten Honigs Rotklee-Honig war, da wohl vorwiegend Honig der letzten Schleuderung nach Leipzig geschickt worden war. Immerhin müssen im Jahre 1938 sehr beträchtliche Mengen Rotklee-Honig geerntet worden sein.

Die Rotkleefrage ist aber nicht nur von bienenzüchterischer, sondern noch mehr von rein landwirtschaftlicher Bedeutung. Wohl erzeugen manche Landwirte ihren Rotkleesamen selber, aber die Gesamtsamen-Produktion reicht bei weitem nicht aus, um den deutschen Bedarf zu decken. Die Landwirtschaft steht nun vor folgendem Dilemma: Kleeschläge von Saaten, die aus dem Ausland – meistens südlicher gelegenen Gebieten – eingeführt sind, weisen gegenüber solchen von deutschem Saatgut Mängel auf. Die deutsche Samenzucht ist aber wegen geringer Hektarerträge nicht rentabel. Man ist nun auf den immerhin kostspieligen und umständlichen Ausweg verfallen, deutsches Saatgut etwa in Frankreich vermehren zu lassen und diese Erzeugnisse dann wieder zum Futteranbau nach Deutschland zu importieren.

Nun hatte Lembcke auf seinen Saatzuchtflächen ganz außerordentlich hohe, weit über dem Durchschnitt liegende Samenerträge. Er führte das auf den starken Bienenbeflug zurück. Es erscheint daher nicht ausgeschlossen, daß bei einem ausgesprochen bienenfreundlichen Rotklee die Erträge des Saatguts durchschnittlich steigen und damit die heimische Saatzucht wieder rentabel machen könnten. Protektionistische Maßnahmen, wie der jetzt gewährte Zuschuß von 200 DM auf jeden geernteten Doppelzentner Rotkleesamen können gut, ja notwendig sein. Besser ist es, wenn man ohne sie auskommt.

Auch bei anderen Kleearten bieten einerseits Saatbauflächen besonders günstige Trachtverhältnisse, andererseits wird auch hier der Samenertrag durch die Stärke des Bienenbeflugs beeinflußt. Wie groß die Saatgewinnungsflächen für die ausgesprochen bienenfreundlichen Kleearten im Augenblick sind, ist nicht bekannt. In der ersten Hälfte der fünfziger Jahre wurden im Durchschnitt zur Samengewinnung 455 Hektar Weißklee, 104 Hektar Inkarnatklee und 189 Hektar anderer Klee, wohl meist Schwedenklee, angebaut.

In den dreißiger Jahren konnte man nicht nur in der Imker-Literatur, sondern auch in der landwirtschaftlichen viel über den Riesenhonigklee oder Bokharaklee lesen. So zum Beispiel schrieb Specht (1939) in den Landwirtschaftlichen Jahrbüchern darüber. Noch 1949 ist von dem Landwirt Blecken auf Grund eigener langjähriger Erfahrungen eine kleine im Grundsatz noch immer interessante Schrift über den Bokharaklee erschienen, in der seine landwirtschaftlichen Verwendungsmöglichkeiten herausgestellt worden sind. Ihm ging es damals darum, einen Beitrag zur Sicherstellung der Ernährung Deutschlands zu leisten. Diese Frage ist zwar im Augenblick nicht so akut, aber immerhin dürfte es im Interesse der Volkswirtschafts- und Landwirtschaftspolitik liegen, die Grenze zwischen den nicht mehr bebauungswürdigen und den nutzbaren Äckern möglichst hoch zu halten.

Zunächst eine botanische Auseinandersetzung. Die Namensbezeichnung der Melilotus-Arten ist in der Landwirtschafts- und Bienenzuchtliteratur etwas schwankend, ja widerspruchsvoll. Die übliche deutsche Bezeichnung ist Steinklee, doch mag man in Anlehnung an den botanischen Namen auch »Honigklee« sagen. Die beiden hauptsächlich in der Natur vorkommenden Arten sind *Melilotus albus* Medik. = weißer Steinklee und *Melilotus officinalis* Lam. = gebräuchlicher Steinklee, der letzte Ausdruck ist aber »ungebräuchlich« und wird meist durch »gelber Steinklee« ersetzt. Eine seltener vorkommende Art ist *Melilotus altissimus* Thuill. =hoher Steinklee, ebenfalls gelb blühend. Wenn in der Bienenzucht-Literatur der Name »Riesenhonigklee« oder *Melilotus albus altissimus* auftritt, so ist damit nicht der oben erwähnte *Melilotus altissimus* gemeint, sondern es handelt sich um eine Form von *Melilotus albus,* die ein besonders starkes Wachstum hat. Da der Bokharaklee in den USA eine wichtige Kulturpflanze ist, haben sich dort wie auch bei anderen Kulturpflanzen besondere Zuchtrassen mit verschiedenartiger Leistungsfähigkeit herausgebildet.

Die beiden *Melilotus*-Arten sind zweijährig, doch gibt es oft eine Anzahl von Pflanzen, die schon im ersten Jahre blühen gleich den unbeliebten Schossern der Runkelrüben. Aus diesen einjährigen Pflanzen hat man in Amerika eine grundsätzlich einjährige Form herausgezüchtet, die den Namen »Hubamklee« trägt.

Die Einschätzung des Riesenhonigklees leidet unter fast unausrottbaren Vorurteilen. Das hat mit darin seine Ursache, daß der Wachstumsrhythmus sich etwas von dem anderer Gewächse unterscheidet und daß man auf diesen Rücksicht nehmen muß.

Man hat behauptet, daß er wegen seiner Härte nicht als Viehfutter in Frage käme. Das hat nur seine Berechtigung, wenn er zu spät geschnitten worden ist. Im Frühjahr gesät, entweder in Blanksaat oder als Unterfrucht unter Getreide, entwickelt er bis zum Herbst einen hohen und dichten Bestand völlig weichen Krautes. Dieses vergeht, wenn es nicht vorher geschnitten wird, im Winter. Im nächsten Frühjahr treibt der Klee wieder als weiches Kraut aus, und ein solches Feld macht den Eindruck, als ob es mit einer besonders fleischigen Luzerne bestanden sei. Dann beginnt er etwa Ende Juni in Knospen zu gehen, und der Stengel verholzt mit fortschreitender Blüte immer mehr. Solange aber der Knospenansatz noch nicht erfolgt ist, enthält der Körper des Bokharaklees weniger Faserstoffe als normal geschnittene Luzerne. Kennzeichnend ist folgender beobachteter Fall: Ein Landwirt schnitt täglich von seinem Riesenhonigkleefeld, um seine Schweine damit zu füttern. Sie nahmen das Futter zunächst begierig auf. Später aber verweigerten sie die Annahme. Die Erklärung liegt auf der Hand. Der Klee war inzwischen zu alt und zu holzig geworden.

Der zweite Einwand lautet: Auch in weichem Zustand enthält die Pflanze soviel Bitterstoff (Cumarin), daß das Vieh ihn nicht frißt. Das stimmt in dieser Form einfach nicht.

Hier sei verwiesen auf die Veröffentlichung von Specht. Auch nach eigenen Beobachtungen ist es zu bestreiten, denn das Vieh von Landwirten, die Verfasser zum Anbau des Bokharaklees veranlaßt hat, verweigerte die Annahme nicht. Schlimmstenfalls kann es vorkommen, daß bei einem plötzlichen Futterwechsel eine etwas zögernde Aufnahme erfolgt. Aber bei allmählicher Beimischung ist auch dann die Schwierigkeit in wenigen Tagen überwunden.

Wenn man darauf hinweist, daß in den USA der »Sweet clover« eine weit verbreitete und geschätzte Futterpflanze ist, so kann man die Antwort hören: »Ja, dann hat eben in den USA der Riesenhonigklee einen geringeren Cumaringehalt!« Das ist völlig aus der Luft gegriffen, Untersuchungen haben das Gegenteil ergeben. Typisch ist folgende Tatsache. Die starke Verwendung des Riesenhonigklees ist in den USA verhältnismäßig jung, etwa erst seit einem halben Jahrhundert üblich. Im Anfang gab es auch dort Stimmen, die behaupteten, jedes Rindvieh »von einiger Selbstachtung« würde dieses Zeug nicht fressen. Ich wage nicht zu entscheiden, ob das amerikanische Rindvieh eine geringere Selbstachtung hat als das deutsche.

Wie weit die vor einiger Zeit unternommenen Versuche, einen cumarinfreien oder cumarinarmen Riesenhonigklee herauszuzüchten (auch durch Strahlenbeeinflussung) gediehen sind, ist nicht bekannt. Es ist zu fürchten, daß sich hierbei Querstände ergeben haben, weil das Cumarin nun einmal zu dem Wesen des Riesenhonigklees gehört und zweifellos bestimmte Funktionen hat.

Blecken hatte besonderen Wert auf die Verwendung des Riesenhonigklees als Gründünger gelegt. Da die Lupine frühestens im dritten Jahre nach sich selbst wiederkehren darf, hatte er zur Erhöhung der Humusmenge für leichte Böden etwa die Fruchtfolge

1 Roggen mit Riesenhonigklee-Untersaat zur Gründüngung
2 Kartoffeln
3 Sommergetreide mit Lupinen

vorgeschlagen. So vorteilhaft diese Fruchtfolge an sich und so wertvoll auch der Riesenhonigklee als Gründungspflanze sein mag, steht dem entgegen, daß bei der Verwendung des Mähdreschers die Untersaat des starkwüchsigen Riesenhonigklees störend wirkt. Es mag allerdings sein, daß die ganze Mähdrescherfrage noch keine endgültige Lösung gefunden hat, und vielleicht wird sich auch die Möglichkeit ergeben, daß der Mähdruschbetrieb mit solchem Unterwuchs fertig wird.

Trotz aller Bedenken sind doch die Vorzüge wie Anspruchslosigkeit, Zerklüftung des Bodens bis in ungeheure Tiefen, Erzeugung sehr hoher, nährstoffhaltiger Grünmassen auf leichtem Boden so groß, daß man sich doch etwas mehr Gedanken über seine Verwendungsmöglichkeit machen sollte, als es im Augenblick geschieht.

Nun stehen merkwürdigerweise auch viele Imker dem Riesenhonigklee skeptisch gegenüber. Kommt er zur Blüte, so taugt er in seinem verhärteten Zustand nicht als Futter. Wird er aber vor der Blüte geschnitten, so haben die Bienen nichts davon, so hört man es wohl. Auch hier denkt man etwas an der Sache vorbei. Eine Verwendung in der Landwirtschaft würde auch einen Samenanbau erzeugen. Die Preise für den Samen würden dann zweifellos erheblich sinken und so eine großzügige Verwendung bei der Ödlandbesamung erleichtern.

Die Gründüngungspflanzen werden in Zukunft wahrscheinlich eine erhebliche Rolle spielen. Durch die internationale Marktlage schränkt sich die Zahl der finanziell anbauwürdigen Ackerfrüchte immer mehr ein. Dadurch wieder wird die Möglichkeit einer bodenpflegerischen Fruchtfolge geringer. Der Acker wird immer einseitiger mit wenigen aufeinander folgenden Früchten bestellt. Nun lassen sich die nötigen Nährsalze wohl künstlich zuführen, aber von denen ist das Gedeihen der Pflanzen allein nicht abhängig. Die chemischen Nährstoffe können sich nur auswirken, wenn der

Boden gesund ist, die nötige Gare und den nötigen Humusgehalt besitzt und im Zusammenhang damit die notwendige Kleinfauna (zum Beispiel Regenwürmer) und Kleinstflora (Bodenbakterien) enthält, mit einem Worte »lebt«. Das alles ist durch die einseitigen Kulturen gefährdet. Durch Einschieben der Zwischenkulturen kann man nun, wie RENIUS (1961) ausführt, wieder zu bodengünstigen Fruchtfolgen gelangen.

Die verschiedenen Formen des Zwischenbaues sind schon im Abschnitt II besprochen worden. Die Statistik hat zwar bisher eine Zunahme der Zwischenkulturen im allgemeinen und der Gründüngung im besonderen nicht erkennen lassen, die Entwicklung wird aber zwangsläufig erfolgen müssen, wenn nicht nur der deutsche Boden, sondern auch die deutsche Landwirtschaft gesund erhalten bleiben soll. Wenn nun auch, wie schon angedeutet, die landwirtschaftliche Tendenz dahin geht, die Zwischenbaugewächse möglichst früh, das heißt vor der Blüte, zu schneiden, und das ganze Feld möglichst schnell zu räumen, so wird sich für die Bienenweide im ganzen genommen vielleicht doch ein kleines Plus ergeben.

## 6 Ödland

Es habe keinen Zweck, die Verbreitung des Riesenhonigklees zu propagieren, als Futterpflanze tauge er nicht und für seine sonstige Verbreitung fehle es in der dicht besiedelten Bundesrepublik im Gegensatz zu den USA an Platz, so ist mir entgegengehalten worden. Das ist ein Irrtum!

Nach der Statistik hat es im Jahre 1964 in der Bundesrepublik 663 000 Hektar Ödland und Unland gegeben. Außerdem 182 100 Hektar unkultivierte Moorflächen und 1 034 100 Hektar Wege und Eisenbahngelände. Von dem letzten ist ja auch ein großer Teil für uns verwertbares Unland. Das Areal dürfte sich inzwischen kaum verringert haben, da ja die Auflassung der Grenznutzenäcker im Fortschreiten ist. Durch Begrünung könnte man alle in Frage kommenden Flächen doch noch wirtschaftlich durch Honigerzeugung ausnutzen. Soweit diese Flächen nicht aufgeforstet werden, würde eine Bienenweideverbesserung sogar einen ausgesprochenen Dienst an der Landschaftspflege darstellen.

Nur darf man sich die Durchführung dieser Ödland-Ansamung nicht so einfach vorstellen und sich von dem gelegentlichen Ausstreuen einer Handvoll Samen keine Wunder versprechen. Das Ganze muß systematisch betrieben werden, Näheres in dem Abschnitt IV.

Allerdings sei zugestanden, daß solche Klein- und Kleinstaktionen, wenn sie beharrlich genug betrieben werden, auch eine gewisse Wirkung haben können. So war Verfasser früher der Lokführer einer Kleinbahnstrecke bekannt, der von seiner daherschnaufenden Maschine immer wieder Samen von Riesenhonigklee herauswarf, anerkennenswerterweise auch an Stellen, die nicht im Flugbereich seiner eigenen Bienen lagen. Bei dieser primitiven Methode konnte natürlich nicht alles aufgehen. Aber da er jahrelang damit fortfuhr, waren schließlich die Dammhänge seiner Strecke bienenwirtschaftliche Musterbeispiele geworden.

Die einfachste, billigste und am schnellsten wirkende Methode der Bienenweideverbesserung ist die Ansamung mit honigenden Krautgewächsen. Für die Praxis kommen vor allem zwei Pflanzen in Betracht, weil von ihnen Samen in größeren Mengen zu erhalten ist, der Riesenhonigklee und an geeigneten Orten die Esparsette. Bei anderen an sich geeigneten Pflanzen wie sibirischem Löwenschwanz und Natternkopf wird – wenigstens einstweilen – die Samenbeschaffung schwierig, wenn nicht unmöglich sein.

Selbstverständlich kann man auch eine Bepflanzung mit Sträuchern in Erwägung ziehen. Auch hier kommen solche in Betracht, die einerseits billig und bequem zu beschaffen sind, andererseits die Neigung haben, sich auszubreiten und von allein zu vermehren. Genannt seien Schneebeere und Bocksdorn.

Die Anpflanzung größerer Flächen wird wegen der Kosten für die Imker kaum in Frage kommen. Doch kann man sich manchmal auch da helfen. So hat der Imkerverein Wiesloch jahrelang den Gemeinden seines Bezirkes kostenlos Robinienheistern und in geringerem Umfang auch die anderer Honigbäume zur Bepflanzung kleinerer freier Stellen zur Verfügung gestellt. Auf rohen Böden kann der Riesenhonigklee als wertvolle Pionierpflanze die Erfolgsaussichten der Anlage erhöhen (Riesenhonigklee nicht als Vorpflanze für Robinien! Beide sind Konkurrenten!).

Bei den Dämmen und Einschnitthängen von Landstraßen und Eisenbahnlinien kann man auch dann von Unland sprechen, wenn es sich um bessere Böden handelt, die schon begrast sind. Gras, das nicht maschinell geschnitten werden kann, lockt ja kaum noch zur Werbung. Auch hier kommt eine Bepflanzung mit Robinien in erster Linie in Frage. Selbstverständlich steht etwa für die Eisenbahn die Betriebssicherheit (freie Sicht) an erster Stelle. Wo aber diese nicht gefährdet ist, steht einer Bienenweidenutzung nichts im Wege. Jedenfalls sollte es nicht geschehen, wie aus einem besonderen Fall bekannt ist, daß sich der Obmann der Eisenbahn-Kleintierzüchter bemüht, die Dämme mit Bienenpflanzen anzureichern und daß dann der betreffende höhere Beamte nach einer Besichtigung die Anordnung trifft, die Dämme abzurasieren.

Wo aus irgendeinem Grunde baumartige Gewächse abgelehnt werden, kommen natürlich geeignete Sträucher in Frage. In diesen Fällen wird oft die Verwendung von Schneezäunen unnötig sein. Grundsätzlich sollte bei frischen Aufschüttungen und Abstichen eine sofortige Begrünung erfolgen, um Rutschungen zu verhindern. Hier empfiehlt sich der Tiefwurzler Riesenhonigklee.

Ein besonderes Problem bieten die Mittelstreifen der Autobahn. Es besteht kein Zweifel, daß eine Lichtblende für entgegenkommende Autos die Verkehrssicherheit in der Nacht erhöhen würde. Auch gibt es immer noch betrunkene oder sonst unzurechnungsfähige Fahrer, die den Versuch machen, durch Überqueren des Mittelstreifens die Fahrtrichtung zu ändern. Ein Hindernis sollte solche verbrecherisch leichtsinnigen Versuche von vornherein unmöglich machen. Holz- oder gar Blechwände verschandeln aber die Landschaft. Nun kommen schon wegen der geringen Breite der Streifen ausgesprochene Bäume weniger in Frage. Auch besteht die Befürchtung, daß ein Auto, das verschuldet oder unverschuldet von der Fahrbahn auf den Mittelstreifen abkommt, an den starken Stämmen zerschellen könnte. Eine Lösung wäre es, hochwüchsige Sträucher mit biegsamen Zweigen zu verwenden, wie etwa Weiden (aus imkerischen Gründen diesmal möglichst spät blühende). Als niedrige Sträucher wären hier Schneebeeren ausgezeichnet geeignet.

Nun sind gerade von Imkern Bedenken angemeldet worden gegen die Bepflanzung der Mittelstreifen mit honigenden Gewächsen. Von den vielen gerade auf der Autobahn mit höchster Geschwindigkeit dahinrasenden Wagen würden zahlreiche Bienen zerschmettert. Ich habe zwar niemals an der Windschutzscheibe klebende Bienen oder andere Insekten feststellen können, möchte aber kein abschließendes Urteil fällen. Die Angelegenheit verdient, gründlich nachgeprüft zu werden.

Auf jeden Fall sollte man die Sache nicht übermäßig dramatisieren. Gegen die Bepflanzung von Einschnitthängen dürfte nichts einzuwenden sein. Bei Blüten von Hochsträuchern werden wohl die Bienen den besonders schnell fahrenden und damit besonders gefährlichen Pkws nicht in die Quere kommen. Ein gewisses Risiko muß man oft bei der Bienenzucht in Kauf nehmen.

Eine ganz außergewöhnliche Bedeutung für die Bienenweideverbesserung haben die von Menschen geschaffenen künstlichen Ödländereien, wie Halden von Fabrikanlagen und Bergwerken. Es handelt sich meist um größere Flächen, die nicht nur für die örtliche Imkerschaft von Interesse sind, sondern die auch als beachtliche Wanderziele Bedeutung erlangen können.

Als Musterbeispiel sei die Bepflanzung der Halden der Röchlingschen Eisen- und Stahlwerke in Völklingen/Saar herausgestellt. Die Halden dieses Werkes haben eine Fläche von ungefähr 140 Hektar erreicht, die Höhe einzelner Aufschüttungsberge etwa 100 m. Das Gelände bot den Anblick einer Mondlandschaft, die Staubbelästigung der Stadt war unerträglich, Rutschungen richteten großen Schaden an. Seit dem Jahre 1953 ist unter Leitung von Oberingenieur ALTPETER die Begrünung des toten Geländes in Angriff genommen worden (s. ALTPETER 1959/60 und 1964). Bis jetzt ist der größte Teil bepflanzt worden. Die Arbeiten, die weitergehen, waren aus drei Gründen besonders schwierig: Die Massen waren an den steilen Hängen noch nicht zur Ruhe gekommen, Heißluftausbrüche kamen vor, endlich bestand der Boden aus völlig totem Material wie Schlacken und Flugasche. Es würde zu weit führen, alle schwierigen und kostspieligen Maßnahmen zu schildern, die nötig waren, um diese Querstände zu beseitigen.

Auf diesem völlig sterilen Boden hat sich die Robinie am besten bewährt. Sie ist auch in allererster Linie angepflanzt worden. Schätzungsweise entspricht die Gesamtzahl der jetzt schon blühenden Robinien einer Fläche von etwa 80 Hektar. Aber auch unter den anderen Bäumen findet man viele gute Nektarspender wie Weiden, Linden, Traubenkirschen. Daneben haben sich noch Sträucher wie Brombeeren und honigende Kräuter angefunden. Ausgedehnte Verwendung hat auch der Riesenhonigklee als Pionierpflanze gefunden.

Abb. 62. Haldengelände in Völklingen vor der Bepflanzung

Aber auch außerhalb des eigentlichen Werkgeländes wurden Halden und Flächen von stillgelegten Anlagen begrünt. Eine frühere Sandgrube wurde aufgefüllt und mit über 10 000 Robinien bepflanzt. Ebenso wurde das brachliegende Gelände der ehemaligen Kalkgrube Barus in den Jahren 1959 bis 1962 mit rund 120 000 Robinien aufgeforstet, die auf dem immerhin sehr harten Boden befriedigende Entwicklung zeigten, und anderes mehr.

Nicht nur die Bewohner der Stadt Völklingen, sondern auch die Imkerschaft und alle Naturfreunde können Herrn Altpeter dankbar sein.

Für die nicht speziell an Bienen interessierten Naturfreunde sei erwähnt, daß sich inzwischen 42 Vogelarten angesiedelt haben und zur Belebung der Landschaft beitragen.

Noch umfangreicher als die Industrie-Halden sind die Bergwerks-Halden. So besitzt die Saar-Bergwerke AG 105 Halden mit rund 530 Hektar Umfang. Der Boden dieser Abraumfelder ist wohl etwas besser als der der Industrie-Halden, wenn auch keineswegs von besonderer Güte. Er besteht hauptsächlich aus dem als »Berge« bezeichneten Nebengestein, das beim Abbau der Kohlenflöze abfällt. Die Aufforstung ist hier auch nicht ganz einfach, doch drängt sich die Robinie nicht so selbstverständlich in den Vordergrund wie in Völklingen. Von diesen 530 Hektar waren im Jahre 1960

Abb. 63. Vorarbeiten für die Bepflanzung eines Haldenberges
Abb. 64. Mit Robinien bepflanztes Haldengelände im Winter

bereits 150 Hektar bepflanzt. 130 Hektar sind noch nicht zur Ruhe gekommen. Von den restlichen 250 Hektar wurden 115 Halden und Klärweiher-Flächen in den Jahren 1961 bis 1965 mit 1,1 Millionen Forstgehölzen bepflanzt. Darunter waren 80 000 Bergahorn, 30 000 Spitzahorn, 20 000 Feldahorn, 60 000 Winterlinden, 20 000 Weiden, 30 000 Kastanien. Ferner wurden an schwierigen Südhängen 120 000 Robinien horst- und gruppenweise angepflanzt. Da insgesamt der Anteil guter Bienenbäume 30 Prozent beträgt, kann man mit dem Ergebnis sehr zufrieden sein, um so mehr, als zur Bodenverbesserung neben 500 kg Lupinen auch 500 kg Steinklee ausgesät wurden.[1]

Wohnsiedlungen und Betriebsanlagen wurden endlich mit 50 000 Alleebäumen und Heistern abgeschirmt, über deren Zusammensetzung ist nichts bekannt (s. Exkursionsführer 1965).

Es sei in diesem Zusammenhang bemerkt, daß Hasselbach und Schmidt (1959) darauf hingewiesen haben, daß auch in ländlichen Bezirken heute am Rande der Dörfer industrielle Gebäude wie Ziegeleien, Transformatorenhäuser und Ölbehälter stehen, die keine Zierde der Landschaft bilden. Sie fordern mit Recht eine Umpflanzung mit Bäumen und Sträuchern: »Geldlich bedeuten diese Aufwendungen für einen Industriebetrieb nur Pfennige, verglichen mit den Zahlengrößen, in denen man sonst zu denken pflegt.«

Durch die Ausbeutung von Bodenschätzen können nun nicht nur unschöne und nutzlose Bodenerhebungen entstehen, sondern auch Löcher, die kaum weniger häßlich sind. In der Bundesrepublik werden jährlich etwa 1000 Hektar zur Kiesausbeute in Angriff genommen. Wie man die so entstehenden Unlandflächen in irgendeiner Weise nutzbar machen kann, zeigte die schöne Veröffentlichung von Weinzierl (o. J.). Der Begriff »nutzbar« ist hier mit Recht sehr weit gefaßt, zunächst wirtschaftlich gesehen Rückgewinnung von Ackerboden und Waldland, gegebenenfalls auch Schaffung von Fischteichen, dann aber Hand in Hand damit Verschönerung der entstellten Landschaft, Schaffung von Erholungsplätzen und Badegelegenheiten, Schutzplätzen für Tier- und Vogelwelt usw.

Bei den Vorschlägen zur Begrünung der Ufer spielen naturgemäß Busch- und Baumweiden eine wichtige Rolle. Bei Pappelpflanzungen wird Beimischung von Baumweiden empfohlen, ferner für etwas höher gelegene Partien der Hänge auch andere Laubbäume. Dabei werden auch Linden und Ahornarten erwähnt. An Stelle von Drahtzäunen an gefahrbringenden Stellen sollen dichte Brombeergebüsche treten. Auch die Aussaat von Kleearten *(Trifolium)* und Honigklee *(Melilotus)*, letzterer besonders als Pionierpflanze, wird angeregt.

Beachtenswert ist, daß es sich nicht nur um theoretische Empfehlungen handelt, sondern zum großen Teil um die Schilderung schon erreichter Erfolge. Es wird auch die Kostenfrage behandelt und glücklich gelöst: Vorherige Verpflichtung des Unternehmers zur späteren Rekultivierung.

---

[1] Nach Drucklegung teilte mir Herr Dipl.-Ing. Ingo Kreysler freundlicherweise mit, daß auch bei den Rekultivierungsmaßnahmen der Bayerischen Braunkohlen-Industrie AG in Schwandorf in erheblichem Maße honigende Gewächse verwendet worden sind.

Das einzige, was man von Imkerseite an der prächtigen Schrift aussetzen könnte, ist das Fehlen des Satzes: Da, wo zwei sonst gleichwertige und gleichgeeignete Gewächse zur Wahl stehen, ist das bienengünstigste zu bevorzugen. Handelt es sich bei dem allen um eine groß angelegte Aktion, so bleiben für die Initiative der Imker und Imkervereine noch genug kleinere Möglichkeiten. Vielfach gibt es auch noch weniger umfangreiche Objekte wie offengelassene kleine Kiesgruben, Steinbrüche oder Müllgruben, die der Bienenweide nutzbar gemacht werden können.

Während auf den eigentlichen Hochmooren wenig für die Bienenweideverbesserung möglich sein wird, können sumpfige Stellen und Bachufer wohl dazu herangezogen werden.

Auch bei der Anlage von Windschutzhecken in verwehungsgefährdetem Gelände können bienengünstige Sträucher in umfangreichem Maße verwendet werden.

## B Notwendigkeit der Bienenweideverbesserung

Die Ackerunkräuter werden mehr oder minder vernichtet, von den Heideflächen ist nur noch ein kleiner Rest geblieben, der Anbau honigender Ackerpflanzen ist rückläufig. Auch die Hoffnungen, daß durch eine Umstellung des Waldbaues und die Förderung des Obstbaues von allein eine Besserung eintreten werde, sind irreal. Behauptungen, daß sich die Bienenweide als Ganzes gar nicht verschlechtert habe, daß nur eine Verschiebung von der Spättracht zur Frühtracht erfolgt sei, treffen in dieser Form nicht zu. Bestenfalls kann man sagen, daß nur die Frühtracht einigermaßen gleich geblieben sei. Ob das aber auch zukünftig der Fall sein wird, ist zum mindesten nicht ganz geklärt.

Die Tracht aus dem Waldhonigtau dürfte an sich eher schlechter als besser werden, wenn man auch dieses Minus durch bessere Ausnutzung und Förderung der Honigtau erzeugenden Insekten (etwa Ameisenvermehrung) mag ausgleichen können. Ohne die Bedeutung der Waldtracht irgendwie herabzusetzen, und ganz abgesehen davon, daß sie nicht für den ganzen Bereich Deutschlands in Frage kommt, muß man bedenken, daß man auf dieser Art Tracht allein eine erfolgreiche Bienenzucht nicht aufbauen kann. Man darf sie auch für die Honigtau-Gegenden nicht als das Rückgrat der Bienenzucht bezeichnen. Sie liefert vielmehr – um bei dem Vergleich zu bleiben – das Rückenfett. Soll dieses aber einen Ansatzpunkt finden, so bedarf es eines kräftigen Rückgrates. Dieses muß durch die Blütentracht erzeugt werden. Das ist um so notwendiger, als die Tau-Waldtracht unter Umständen ganz unvergleichliche Ernten ergeben kann, aber in jeder Hinsicht unzuverlässig ist. Es sieht alles in allem recht schlecht aus, wenn nicht etwas Wirksames geschieht.

Vor Jahrzehnten mochte man vielleicht noch sagen können, eine Verbesserung der Bienenweide wäre ja ganz nett, aber ein dringendes Problem stelle sie nicht dar. Bei richtiger und zweckmäßiger Bewirtschaftung der Völker könne man auch so ganz erträgliche Honigernten erzielen. Inzwischen hat sich die Bienenweide so verschlechtert, daß diese Frage lebenswichtig für den Bestand der deutschen Bienenzucht geworden ist.

Krampfhaft bemühen sich die Imker, diese Verschlechterung der Grundlagen durch allerlei Maßnahmen auszugleichen, wie Züchtung leistungsfähiger Bienen, Verbesserung der Betriebsweisen, Förderung der Wanderung nach entfernten besseren Trachtgebieten usw. Es sei ausdrücklich betont, daß nicht die Absicht besteht, diese Bestrebungen irgendwie abzuwerten. Nur wenn alle Hand in Hand gehen, wird ein Aufschwung der deutschen Bienenzucht zu erreichen sein, aber dabei darf die Trachtverbesserung auf keinen Fall fehlen. Alles andere allein kann auf die Dauer den Ausgleich nicht bewirken. Was nützt die sammeltüchtigste Biene, wenn nichts mehr zu sammeln da ist? Wo nichts ist, hat nicht nur der Kaiser, sondern auch die beste Biene ihr Recht verloren. Was nützt die beste Betriebsweise, wenn nichts mehr zu betreiben ist? Was nützt eine Werbung für das Wandern, wenn es an geeigneten Wanderplätzen fehlt?

Gerade zum letzten Punkt ist noch einiges zu bemerken. Die Mehrzahl der Imker kann ihren Lebens- und Berufsverhältnissen nach nicht wandern. Selbst wenn es gelingt, den Prozentsatz der Wanderlustigen von zehn auf 15 Prozent zu erhöhen, so ist das Problem noch lange nicht gelöst. Ferner ist die Wanderung mit Unkosten verknüpft. Es fallen außer den eigentlichen Transportkosten noch die indirekten Kosten wie die vorzeitige Abnutzung der Beuten ins Gewicht. Betriebsweisen, die die immerhin vielfach noch erträgliche Frühtracht besonders stark einfangen wollen zum Ausgleich der verschwundenen Spättracht, erfordern nicht nur vermehrte Arbeit, sondern sind auch finanziell aufwendiger (Zweivolkbetrieb). Manche der empfohlenen Betriebsweisen sind nur in besonders teuren Bienenwohnungen durchführbar.

Daß die in früheren Jahrzehnten erhobenen Forderungen der Imker auf protektionistische Maßnahmen wie Erhöhung der Einfuhrzölle heute nicht mehr in Frage kommen, und zwar aus den verschiedensten Gründen und nicht nur im Hinblick auf die EWG, braucht nur kurz erwähnt zu werden.

Die deutsche Bienenzucht lebt von der Tatsache, daß ein Teil der Honigverbraucher gewillt ist, für deutschen Honig einen erheblich höheren Preis zu zahlen als für den meist aus Übersee stammenden Auslandshonig. Der Grund dafür ist die Eigenart des deutschen Honigs, seine vorbildliche Behandlungsweise durch den Imker und dessen persönliche Garantie und Haftbarkeit.

Nicht zu übersehen aber ist die Entwicklung der Dinge, wenn in nicht zu ferner Zeit der Honig anderer EWG-Länder auf den deutschen Markt kommen wird. Man hat sich damit getröstet, daß bisher nur sehr geringe Mengen dieses Honigs eingeführt worden sind. Nach der »Deutschen Bienenwirtschaft« Jahrgang 15, (8) S. 171, 1964 betrug im Jahre 1963 die Einfuhr von EWG-Honig nur 310,4 t bei einer Gesamteinfuhr von 44 957,3 t. Das wird sich zweifellos bei vollem Inkrafttreten der EWG-Ordnung ändern und zweifellos wird auch ein Preissturz für den deutschen Honig Platz greifen. Inländischer Honig hat bei allen EWG-Ländern den höchsten Preis in Deutschland (s. POPPE 1962). Es spielt nun keine Rolle, daß die anderen EWG-Länder ihren Honigbedarf nicht selber decken können und eine starke Einfuhr haben. In einer freien Marktwirtschaft strömt ein Erzeugnis nicht dahin, wo es an sich gebraucht wird, sondern dahin, wo es die höchsten Preise erzielt. Wird nun der deutsche Honig seinen Sonderpreis in der jetzigen Höhe halten können, wenn EWG-Honig in gleicher Aufmachung und in gleichem Pflegezustand auf den deutschen Markt kommt?

Man sollte annehmen, daß der Gedanke einer Bienenweideverbesserung größtes Interesse finden müßte, und in der Tat ist darüber sehr viel geschrieben worden, aber leider nur sehr wenig praktisch getan worden. Ja, es hat nicht an Stimmen gefehlt, die die Bienenweideverbesserung als unnötig oder praktisch gar nicht durchführbar abgelehnt haben.

Ein Einwand fällt in sich selbst zusammen. Es hätten schon viele Imker bei den jetzigen Ernten Schwierigkeiten, ihren Honig an den Mann zu bringen. Bei einer durch verbesserte Tracht erzielten Vermehrung der Erträge würden sie erst recht auf ihrem Honig sitzen bleiben oder wären genötigt, ihn zu Schleuderpreisen abzusetzen. Es erhebt sich sofort die Gegenfrage, warum gibt man sich – und zwar durchaus berechtigterweise – solche Mühe, leistungsfähigere Bienenrassen zu züchten? Dadurch soll doch auch die Honigerzeugung erhöht werden. Wer sich des obigen Argumentes bedient, muß also logischerweise gleichzeitig die Forderung erheben, die Zuchtbestrebungen einzustellen. Das würde mit Recht nur ein mitleidiges Kopfschütteln hervorrufen.

Es sei zugestanden, daß es gelegentlich weniger geschäftsgewandte Imker gibt, in der Hauptsache solche, die es nicht verstanden haben, sich einen festen Kreis von Privatabnehmern zu schaffen. Diese werden vor allem in Jahren mit besonders guten Ernten Schwierigkeiten mit dem Absatz haben. Hier Hilfe zu leisten, ist aber Aufgabe der Imkerverbände durch Einrichtung einer Absatz-Organisation und einer Marktregelung. Doch würde es über den Rahmen dieses Buches hinausgehen, sich näher damit zu beschäftigen.

Zweifellos würde eine erhebliche allgemeine Erhöhung der Honigerzeugung und des Marktangebotes einen gewissen Druck auf die Preise ausüben. Darin liegt aber keine privatwirtschaftliche und erst recht keine volkswirtschaftliche Gefahr. Den Vorteil hätte zunächst der Verbraucher. Aber auch der Imker, dessen Ernte sich beispielsweise um 50 Prozent erhöht hatte, wäre durchaus in der Lage, mit den Preisen herunterzugehen, ohne die Rentabilität seines Betriebes zu gefährden. Diese Preissenkung würde wieder die Absatzmöglichkeiten für deutschen Honig steigern.

Ein anderer Einwand ist der, daß für Deutschland in erster Linie das Wetter und nicht so sehr die Bienenweide für den Ertrag ausschlaggebend sei. Hier ist wie so oft ein Körnchen Wahrheit des Irrtums Stärke. Das Wetter Mitteleuropas ist in der Tat gekennzeichnet durch die häufigen atlantischen Störungen im Gegensatz zu Ländern mit mehr kontinentalem Klima und Standwetter. Herrsche nun, so sagt man wohl, während der Trachtperioden gutes Wetter, so reiche die deutsche Bienenweide schon aus und es gebe genug Honig. Bestünde aber während dieser Zeit durch Regen oder Kälte kein Flugwetter, so gebe es auch bei reichstem Trachtangebot keinen Honig und eine Verbesserung der Bienenweide sei unnütz.

Hierzu ist zweierlei zu bemerken. Zunächst ist die Bienenweide in Deutschland, wir wir schon gesehen haben, im allgemeinen nicht so ideal, daß selbst bei gutem Wetter die Bienen wirklich aus dem Vollen schöpfen können. Man muß auch bedenken, daß die Bienendichte in Deutschland sehr hoch ist und daß eine bestimmte Trachtfläche auch nur einer bestimmten beschränkten Zahl von Bienenvölkern reichliche Nahrung geben kann. Vergleicht man die Verhältnisse der Bundesrepublik mit denen der USA, so ergibt sich, daß auf jedes Bienenvolk bei uns 0,21 Quadratkilometer Fläche kommt, in den USA hingegen 1,74, also über achtmal so viel. 249 000 Quadratkilometer und 1,2 Millionen Bienenvölker einerseits, 9 400 000 Quadratkilometer und 5,4 Millionen Bienenvölker andererseits. Die amerikanischen Imker können sich also die fetten Gegenden aussuchen. Noch extremer liegen die Verhältnisse in Australien – etwa 7 700 000 Quadratkilometer mit 450 000 Völkern – und Argentinien – 2 800 000 Quadratkilometer mit 150 000 Völkern – (s. Poppe 1961).

Man übersieht in diesem Zusammenhang eine weitere Tatsache. Die Schwäche der deutschen Bienenweideverhältnisse besteht besonders noch darin, daß wir selten zusammenhängende Dauertrachten haben, sondern meistens zeitweilige kurzfristige Einzeltrachten, die durch Trachtlücken unterbrochen werden. Erst durch diesen Umstand kann sich das wechselhafte Wetter so recht verheerend auswirken. Fallen die Blütezeiten der in Frage kommenden Trachtpflanzen mit Schönwetterperioden zusammen, so geht es leidlich gut. Decken sich aber Blütezeiten und Schlechtwetterzeiten, so ist die Katastrophe da. Dieses Lotteriespielmäßige kann man aber durch Ausfüllen der Trachtlücken in starkem Maße ausschalten.

Ein Beispiel dafür: Im Jahre 1934 herrschte in Mecklenburg von Anfang Mai bis Mitte Juli eine unvorstellbare Dürre. Die Weißkleeweiden, die für einen großen Teil der Imker den Kern ihrer Tracht bildeten, lagen bald als braune Ödflächen da. Dementsprechend war die Ernte praktisch gleich Null. Wo aber Raps angebaut war, gab es recht ansehnliche Erträge. Die Bodenfeuchtigkeit hielt noch für den Mai aus, und das sonnige Wetter bewirkte zahlreiche Flugtage. Als gleich nach der Getreideernte dann Regenfälle einsetzten, säten viele Landwirte, um dem katastrophalen Futtermangel abzuhelfen, die Getreidefelder im großen Umfang mit Senf ein. Hier, aber eben auch nur hier, konnten die Imker noch eine ganz erträgliche Späternte verzeichnen.

Eine Variation des Wetterpessimismus ist folgende Ansicht: Wir könnten in unserem Klima mit den langen Wintern ja doch nicht mit den Tropen wetteifern, wo es das ganze Jahr hindurch eine üppige Fülle von Blüten gebe. Nun, zunächst soll der Schwächliche, auch wenn er keine Aussicht hat, ein Spitzenathlet zu werden, doch nach Möglichkeit seinen Körper kräftigen. Dann aber stimmt die ganze Auffassung grundsätzlich nicht. Auch in den meisten Tropenländern wird die Trachtzeit durch eine lange Ruhepause unterbrochen, in den feuchten Tropen durch die Regenzeit, in den trockenen Tropen durch die Dürrezeit. Beide Perioden sind bienenbiologisch noch schwieriger zu meistern als unser Winter. Es ist kennzeichnend, daß in den USA die Gebiete mit besonders hohen Ernten – abgesehen von Florida – nicht im Süden, sondern in den Nordstaaten liegen. Auch in einem der wenigen Gebiete, wo die Bienen tatsächlich das ganze Jahr hindurch auf Flug gehen können, den Kanarischen Inseln, drängt sich die Haupttracht, von der man erntet, auf einige Monate zusammen. In den anderen finden die Bienen gerade ihr Unterhaltsfutter.

Es ist kürzlich behauptet worden, daß die bisherigen Versuche, die Bienenweide zu verbessern, negativ verlaufen seien, und zwar lag in dieser Behauptung der Unterton, daß es so wenig Zweck habe, sich überhaupt mit der Angelegenheit zu befassen. Diese Ansicht ist grundsätzlich unzutreffend. Es sei auf das Beispiel von Völklingen verwiesen (s. voriges Kapitel), wo tatsächlich Großes erreicht worden ist. Wenn diese oder jene Versuche mißglückt sind, so liegt das daran, daß sie zögernd, ohne Energie, in zu kleinem Umfang und wahrscheinlich ohne die nötige Sachkenntnis unternommen worden sind. Jeder Wanderobmann weiß, daß eine merkliche Ertragszunahme nur dann eintritt, wenn einem jeden Volk eine bestimmte nicht zu kleine Trachtfläche zur Verfügung steht. Wie kann man dann erwarten, daß das Ausstreuen einer Handvoll Samen seine Wirkung erzielt, besonders wenn man nicht dafür gesorgt hat, daß dieser Samen auch wirklich aufgeht. Wie alles, was Erfolg haben soll, muß auch die Bienenweideverbesserung sorgfältig geplant, organisiert und technisch richtig durchgeführt werden.

Endlich ist das schöne Lied gesungen worden: Wer soll das bezahlen, wer hat soviel Geld? Aber gerade bei der Bienenweideverbesserung liegen die Dinge recht günstig. Entweder kostet sie gar nichts anderes als Mühe, Beharrlichkeit und Organisation oder die Aufwendungen sind relativ gering und kommen in kurzer Zeit mit Zins und Zinseszins wieder herein.

Vor einigen Jahren wurde von einem bekannten Bienenwissenschaftler sogar die Ansicht vertreten, daß der Rückgang der Bienenweide von ganz hohem Gesichtspunkt aus betrachtet nicht besonders schlimm sei. Es werde dadurch eine begrüßenswerte Auslese geschaffen. Es fielen die »Auch-Imker« aus und es blieben nur die innerlich Berufenen und wirklich tüchtigen Imker übrig. Das erinnert an die Geschichte von dem Fuchs und den Trauben. Mit derselben Logik könnte man sagen: Schwierigkeiten in der Landwirtschaft? Ausgezeichnet, da bleiben eben nur die wirklich tüchtigen Landwirte bestehen! Viehseuchen? Keine Gegenmaßnahmen! Denn durch diese Seuchen erfolgt ja eine Auslese der von Natur widerstandsfähigen Individuen! usw. usw.

Ein »Gesundschrumpfen« ist bei der allgemeinen Landwirtschaft unter Umständen und in gewissem Sinne möglich, zulässig, ja vielleicht unvermeidlich. Bei den besonderen Verhältnissen der Bienenzucht kommt es nicht in Betracht. Der Obstbau, eine der großen Chancen der deutschen Landwirtschaft, kommt mit einer verminderten Bienenzahl nicht aus.

Auch ist ein solches Gesundschrumpfen schon aus Gründen des Imkernachwuchses nicht angängig. Dieser erfolgt grundsätzlich anders als in der Landwirtschaft im allgemeinen. Der Landwirt beginnt nach entsprechender Ausbildung, seinen Beruf als Vollbeschäftigung auszuüben. Hauptberufsimker gibt es in Deutschland ja sehr wenig. Auch Halbberufsimker, an deren Gesamteinkommen der Ertrag aus der Bienenzucht einen nennenswerten Anteil hat, sind nicht allzu zahlreich. Dieser Halbberufsimkerstand ist freilich im Gefüge der Gesamtbienenzucht besonders wichtig. Die letzte Rentabilität läßt sich erst bei einer immerhin größeren Völkerzahl erreichen. Diese Imker sind als Vorbilder und Wegweiser unentbehrlich. Alle Maßnahmen, die eine Förderung dieser Gruppe von Imkern bewirken, sind nicht nur wünschenswert, sondern notwendig. Aber die Gesamtprobleme der deutschen Bienenzucht werden damit nicht erschöpfend erfaßt. Auch diese größeren Imker haben alle einmal klein als Liebhaber angefangen. Solche Anfänger können verständlicherweise nicht erwarten, gleich Spitzenerträge zu erzielen. Dazu fehlen ihnen einstweilen die Kenntnisse, und man kann bei ihnen nicht voraussetzen, daß sie gleich im Anfang raffiniertere ertragssteigernde Betriebsweisen beherrschen. Aber sie sollten doch gleich merken, daß die Bienenzucht kein Verlustgeschäft, kein Zuschüsse erforderndes Steckenpferd ist. Dann allein werden sie veranlaßt werden, diese Liebhaberei bis zum Hauptberuf auszuweiten. Damit die Amateurbeschäftigung von Anfang an wenigstens einigermaßen rentabel ist, muß eine halbwegs gute Tracht zur Verfügung stehen, woran es eben einstweilen oft fehlt. Da nun die meisten dieser Anfänger-Imker nicht wandern können, so erscheint es in diesem Falle notwendig, statt die Bienen in die Tracht zu schaffen, die Tracht an die Bienen heranzubringen.

Es muß noch hervorgehoben werden, daß jede Trachtverbesserung einen hohen Nutzeffekt haben wird. Um eine Verdoppelung der Honigernte zu erzielen, ist es nicht nötig, die Tracht zu verdoppeln. Wenn man mit Zander den Eigenverbrauch eines Volkes mit 30 kg annimmt – andere schätzen ihn noch höher – so würde ein Volk, das eine Honigernte von 5 kg gebracht hat, im ganzen 35 kg eingebracht haben. Verbessert man die Bienenweide nur in dem Maße, daß insgesamt 40 kg eingetragen werden, so wäre der schleuderbare Überschuß schon auf 10 kg, d. h. das Doppelte gestiegen. Bei einer Bienenweideverbesserung auf insgesamt 45 kg Eintrag erhöhte sich der Schleuderhonig auf 15 kg.

Es wird nicht für das mathematisch exakte Zutreffen dieser Rechnung garantiert, auf jeden Fall aber wird der Nutzeffekt sehr hoch liegen.

Eine gute Bienenweide ist zwar kein absoluter Schutz gegen Krankheiten, aber es besteht kein Zweifel, daß sie bei guten Trachtverhältnissen besser und leichter ausheilen, bzw. daß ihre Folgen leichter überwunden werden können. Namentlich bei der Nosema wird ein Abarbeiten der alten Bienen bei guter Spättracht die schlimmsten Erscheinungen verhindern können.

## C Organisation und Durchführung der Bienenweideverbesserung

Es wurde bereits darauf hingewiesen, daß in vielen Fällen die Bienenweideverbesserung keinerlei Kosten verursachen würde, wenn man sich geschickt an andere Maßnahmen anhängt oder auf sie Einfluß zu nehmen sucht. Dazu aber ist eine feste und tätige Werbungsorganisation erforderlich. Der Leitgedanke: »Wo ein anderer Baum (Strauch, Staude) gepflanzt wird, könnte ebensogut ein Honigbaum (Honigstrauch, Honigstaude) wachsen« muß so lange und so oft den entsprechenden Stellen und auch der Öffentlichkeit eingehämmert werden, bis man einsieht, daß hier die Möglichkeit einer Wirtschaftshilfe besteht, die keine Subvention im üblen Sinne ist, die niemanden etwas kostet und niemanden schädigt, wohl aber große Werte erzeugt.

Man muß sich aber darüber klar sein, daß ein einmaliges gelegentliches Vorsprechen ziemlich nutzlos ist. Die ganze Sache würde sich dann etwa folgendermaßen abspielen: Irgendein Imkervertreter geht zu einem der in Frage kommenden Sachbearbeiter und trägt die Bitte der Imker vor. In 99 Prozent aller Fälle wird der betreffende Herr freundlich darauf eingehen und vielleicht auch an seine untergeordneten Stellen eine Anweisung geben, nach Möglichkeit die Wünsche der Imker zu berücksichtigen. Mit diesem »nach Möglichkeit« ist die ganze Sache zur Unwirksamkeit verurteilt. Sogar wenn der betreffende Dezernent besonders imkerfreundlich ist und nach Jahresfrist einen Bericht anfordert, so wird die Antwort bejahend ausfallen, auch wenn sich praktisch gar nichts geändert hat. Es wird darin etwa heißen: »Dort 30 Linden und dort 20 Ahorne gepflanzt.« Nun, bei allen Pflanzungen pflegen sowieso einige Linden und einige Ahorne dabei zu sein. Wieviel wären ohne die Verfügung gepflanzt worden? Wahrscheinlich auch 30 Linden und 20 Ahorne. Es kommt aber darauf an, daß der Prozentsatz der honigenden Gewächse bei jeder Anlage und Pflanzung möglichst hoch getrieben wird.

Im Kapitel 18 des Lukas-Evangeliums findet sich das Gleichnis von der armen Witwe, die durch unermüdliches Bitten den an sich recht ungnädigen Richter schließlich dazu bringt, ihre berechtigten Wünsche zu erfüllen, damit er endlich Ruhe vor ihr hat. Daran müssen die Imker, die ja doch gar nicht einmal mit Böswilligkeit, sondern nur mit Gleichgültigkeit und Unverständnis zu rechnen haben, sich ein Beispiel nehmen.

Auf einer großen Imkerversammlung wurde einmal die abwegige Frage aufgeworfen, wo die Bemühungen für die Trachtverbesserung einzusetzen hätten, oben oder unten. Die Antwort darauf hätte lauten müssen: Von oben, von der Mitte und von unten in abgestimmter Zusammenarbeit. Es ist zweifellos gut und wirksam, persönliche Beziehungen lokaler Art auszunutzen, aber es ist besser und wirksamer, wenn diese persönlichen Kontakte unterstützt werden von der Autorität der höheren Organisationsstellen der Imker.

Ein Beispiel: Ein Revierförster wird eine – natürlich forstwirtschaftlich zulässige – Maßnahme zugunsten der Bienenweide um so bereitwilliger durchführen, wenn er sicher weiß, daß sein Forstmeister grundsätzlich damit einverstanden ist.

Die Sparte Bienenweide sollte von der Spitze des DIB bis herunter zum kleinsten Lokalverein straff durchorganisiert werden. Ein guter Zuchtobmann ist für jeden Verein von höchster Bedeutung, aber ein guter Bienenweideobmann ist ebenso wichtig.

Örtliche Objekte kleineren Umfanges sind von ihm zu bearbeiten. Nur wenn er Widerstand findet oder in seinem örtlichen Bereich größere Möglichkeiten auftreten, deren Bewältigung über seine Kräfte geht, hat er sofort Unterstützung von der oberen Organisation anzufordern. Die Einschaltung in die beabsichtigte Pflanzung muß aber rechtzeitig erfolgen. Ist deren Planung schon festgelegt, ist es schwer, noch Einfluß zu nehmen.

Bei allen öffentlichen Pflanzungen, wie Parkanlagen, einschließlich der Aktion »Unser Dorf soll schöner werden«, Bepflanzung von Straßen, Wegen usw., liegen die Dinge im Grundsatz verhältnismäßig einfach. Denn gegen die Forderung, in gesteigertem möglichst hohen Prozentsatz honigende Gewächse zu verwenden, läßt sich kein vernünftiger Einwand erheben.

Die Vorstellung der Imker bei den betreffenden Stellen dürfen aber nicht vage und allgemein gehalten sein, sondern es müssen gezielte Vorschläge gemacht werden. Eine Sachkunde auf dem Gebiet der Bienenweide darf man nicht voraussetzen. Bei der Einreichung von zu weit gefaßten Listen könnte es wohl geschehen, daß ein Gartenbaudirektor glaubt, mit der Pflanzung einer Birkenallee den Imkern eine besondere Wohltat erwiesen zu haben.

Etwas schwieriger liegen die Dinge bei der Forst- und Landwirtschaft. Kein Forstwirt wird eine Baumart verwenden, die er waldbaulich nicht für geeignet hält. Aber wie in dem ersten Fall kann man immer wieder mit der dringenden Bitte kommen, von zwei gleich geeigneten Gewächsen das bienengünstigste zu wählen. Es kommt noch hinzu, daß auch in der Forstwissenschaft und Forstwirtschaft verschiedene Meinungen bestehen. Es ist zweckmäßig, sich mit denjenigen Ansichten vertraut zu machen, die der Bienensache günstig sind, sie unter Berufung auf die Bedeutung und das Ansehen der betreffenden Forstleute immer wieder herauszustellen und das Interesse an diesen Problemen zu wecken oder zu vertiefen.

Ähnlich liegen die Dinge bei der Landwirtschaft. Unsubstantiierte Empfehlungen von irgendwelchen Bienenpflanzen in Imkerzeitungen haben nicht allzuviel Sinn. Wirklichen Erfolg verspricht nur der exakte Nachweis, daß mit diesen Pflanzen ein landwirtschaftlicher Nutzen erreicht worden ist oder erreicht werden kann. Es ist daher zweckmäßig, landwirtschaftliche Versuchsstationen zu Anbauversuchen zu bewegen, nicht nur zu einem Versuch, denn es kann wohl sein, daß eine Pflanze unter bestimmten Bedingungen durchaus befriedigt und unter anderen nicht. Eine besondere Aufgabe könnte den imkernden Landwirten zufallen. Doch sollten sie über etwaige Erfolge nicht nur in Bienenzeitungen, sondern auch in landwirtschaftlichen Fachblättern berichten.

Die Vertreter der heute so überaus wichtigen Agrarsoziologie beschäftigen sich intensiv mit der Frage, wie und in welcher Form man heute noch dem Boden einen Nutzen abgewinnen kann, wie das Programm der Tagung der Agrarsozialen Gesellschaft (2. bis 4. Juli 1966 in Bad Ems) beweist. Zu diesem Punkt hätten die Imker bestimmt auch etwas zu sagen. Die Imkerverbände könnten Anschluß auch an diese Bestrebungen suchen, um ihren Wünschen Nachdruck zu verleihen.

Bei der Heranziehung des Ödlandes zur Bienenweideverbesserung gibt es unterschiedliche Fälle. Wo es sich um Ödland unter öffentlicher Verwaltung handelt, wie unbenützte Bahndämme usw., liegen die Dinge nicht viel anders als bei den öffentlichen Anlagen. Hier ist ein Vorstelligwerden, um eine Pflanzung zu erreichen, am Platze.

Die Haldenbegrünung fällt schon stark in das forstliche Gebiet, doch werden hier in großem Umfange Pionierpflanzen benötigt, unter denen sich viele gute Bienengewächse befinden. Eine Einschaltung der Imker hätte gerade hier gute Aussichten.

Wenn es sich darum handelt, Ödland im engeren Sinne des Wortes in Bienenweide umzuwandeln, dann tritt zu dem organisatorischen Problem noch das finanzielle und auch technische. Aber alle finanziellen Aufwendungen sind vergeblich, wenn sie nicht organisatorisch gelenkt werden. Es wurde schon darauf hingewiesen, daß das gelegentliche Ausstreuen einer Handvoll Samen allein sich nicht in wägbarer Vermehrung der Honigpflanzen auswirken kann. Es müssen schon größere Flächen sein, die systematisch besät oder auch bepflanzt werden, wie nicht mehr benutzte arme Schafweiden oder aus irgendeinem Grunde aufgelassene Ackerstücke.

Da die Ausnutzung allen Bienen des Ortes freisteht, wird ein einzelner Imker in den meisten Fällen nicht an die Sache herangehen. Also wird sich der örtliche Verein der Angelegenheit annehmen müssen. Auf jeden Fall ist es dabei nötig, sich durch einen formalen Überlassungsvertrag – am besten durch Zahlung einer geringen Pachtsumme – die mehrjährige Nutzung zu sichern. Dann lohnt es, die ganze Ansamung gewissermaßen landwirtschaftlich durchzuführen: Beseitigung der Unkräuter, leichte Bodenlockerung, regelrechte systematische Aussaat usw. Die Kosten dieser Aufwendungen werden nach den Umständen verschieden sein. Auf jeden Fall aber erreichen sie bei weitem nicht die Höhe einer Bestellung mit einer landwirtschaftlichen Frucht.

Ohne Zweifel ist aber das Ganze ein lohnendes Unternehmen. Wenn auch davor zu warnen ist, die ganze von einer Fläche errechnete Nektar- bzw. Zuckerwertmenge als geernteten oder zu erntenden Honig anzusehen, so kann man wohl doch ohne Übertreibung sagen, daß bei einer guten Honigpflanze die Kosten sich schon in einem Jahr durch die vermehrte Honigernte des betreffenden Vereins bezahlt machen werden.

Es kommt nun darauf an, zunächst einmal das Anfangskapital zu beschaffen. Bei einem aktiven Ortsverein sollte sich die nötige Summe etwa durch eine Umlage in bar oder Honig wohl aufbringen lassen. Sehr geeignet ist die Gelegenheit, Zuckerpfennige einzubehalten. Bei Nachweis einer sachgemäßen Verwendung ließe sich ein Zuschuß vom Landesverband genau so verantworten wie Zuschüsse zu anderen Zwecken. Die Imker in Luxemburg haben so etwas schon in Angriff genommen (s. PUHL 1963).

Auch die Verwendung solcher Vereinsmittel zum Ankauf von Bäumen und Sträuchern, gegebenenfalls auch die Anzucht billiger Jungpflanzen in einem Imkergarten, die dann kostenlos der Gemeinde zu irgendeinem Verschönerungszweck zur Verfügung gestellt werden, kommt in Frage. Gute Erfolge hat hier der Bienenzüchterverein Wiesloch erzielt.

Zu alledem aber brauchen die kleinen Ortsvereine nicht nur die Unterstützung, sondern auch die Ermutigung der größeren Verbände. Deren Aufgabe wäre es, etwa durch Anbauverträge dafür zu sorgen, daß der Preis der Samen von Honigpflanzen so weit gesenkt wird, daß größere Aktionen billig durchgeführt werden können.

Bedauerlicherweise können sich die Bienenzucht-Institute nur in beschränktem Umfange den Bienenweidefragen widmen. Sie sind mit Routine-Aufgaben überlastet und von anderen wissenschaftlichen Arbeiten in Anspruch genommen. Ideal wäre es, ein Institut zu besitzen, das sich im besonderen der Bienenweidekunde widmet. Ich sage ausdrücklich »*Bienenweidekunde*«, nicht »Bienenbotanik«. Blütenbiologie, Bienenbotanik und Bienenweidekunde beruhen auf gemeinsamer Grundlage und ihre Arbeitsgebiete überdecken sich vielfach. Aber die Kreise sind nicht ganz konzentrisch. Bei der Bienenweidekunde tritt neben die Naturwissenschaft die Wirtschaftswissenschaft. Nur bei starker Heranziehung der wirtschaftlichen Gesichtspunkte ist eine bedeutsame fördernde Auswirkung auf die Bienenwirtschaft möglich. Auch bei der wissenschaftlichen Landwirtschaft im allgemeinen besteht kein müßiger Streit, ob sie eine wirtschaftlich auszunutzende Naturwissenschaft oder eine sich auf naturwissenschaftliche Grundlagen stützende Wirtschaftswissenschaft ist. Naturwissenschaft und Wirtschaftswissenschaft sind bei ihr zu einer Hand in Hand arbeitenden Einheit verschmolzen.

Eine heikle Frage ist das Verhältnis von Bienenweideverbesserung zum Natur- und Landschaftsschutz. Es sei vorher bemerkt, daß Natur- und Landschaftsschutz an sich eine Angelegenheit ist, die sich mehr und mehr als dringend notwendig erweist. Meinungsverschiedenheiten können nur entstehen über die Art der Durchführung. Im folgenden werden vor allem die Verhältnisse von Baden-Württemberg betrachtet, in den übrigen Ländern dürfte es nicht viel anders liegen.

Die Grundlage bildet das *Reichsnaturschutzgesetz* vom Jahre 1935 (s. GOES, o. J.). Es ist in Baden-Württemberg mit einigen kleinen Änderungen und Zuständen im Jahre 1959 übernommen worden. Es sei betont, daß das Gesetz von 1935 nichts enthält, was einer Übernahme in die Gegenwart widersprechen könnte. Es finden sich darin auch schon Ermächtigungen, für die Naturschutzbehörde durch Verordnungen gewisse Vorschriften für »sonstige Landschaftsteile« zu erlassen, die wir heute Landschaftschutzgebiete nennen. Der Umfang und Bereich dieser Vorschriften ist im § 5 und § 19 festgelegt. Sie beschränken sich außer einigen belanglosen Einzelheiten auf das grundsätzliche Verbot von Maßnahmen, die geeignet sind, *die Natur zu schädigen, den Naturgenuß zu beeinträchtigen und das Landschaftsbild zu verunstalten.* Das Baden-Württembergische Gesetz vom Jahre

1959 zur Ergänzung und Änderung des Reichsnaturschutzgesetzes bringt in diesem Punkte auch nichts grundsätzlich Neues.

Nun hat schon seinerzeit der Reichsforstmeister als damaliger Vertreter der obersten Naturschutzbehörde eine Musterverordnung erlassen (s. HASEL 1965), wie der § 5 und der § 19 zu verstehen seien. Auch hier standen die drei oben erwähnten Hauptgesichtspunkte im Vordergrund, daneben wurden aber noch spezielle Verbote erlassen, von denen allerdings »in besonderen Fällen« Ausnahmebewilligungen möglich sein sollten.

Nach 1945 haben zahlreiche Gerichte, auch das Bundesverwaltungsgericht, die Auffassung vertreten, daß solche Verbote in spezieller Form sich nicht aus der Ermächtigung des Reichsnaturschutzgesetzes ableiten lassen, sondern es müsse geprüft werden, ob eine beabsichtigte Maßnahme, zum Beispiel die Errichtung eines Baues, gegen die drei Grundsätze der §§ 5 und 19 verstoße.

Infolgedessen haben die obersten Naturschutzbehörden einiger Länder neue Verordnungsmuster veröffentlicht. An sich war das durchaus nötig, da inzwischen die geschützten Landschaftsgebiete sich der Zahl nach stark vermehrt haben und zum Teil großen Umfang angenommen haben. Sie werden dann meist als »Naturpark« bezeichnet. Nach HASEL gab es im Jahre 1965 27 solcher Naturparks, von denen allein die 19 von ihm behandelten eine Fläche von 1 136 550 Hektar umfaßten. Inzwischen dürften Zahl und Umfang noch gestiegen sein.

Leider sind nun diese Verordnungsmuster sehr uneinheitlich und legen oft den in den Landschaftsschutzgebieten gelegenen Land- und Forstwirtschaftsbetrieben starke Beschränkungen auf. Zudem sind die Formulierungen nicht immer eindeutig, so daß eine ziemliche Willkür in der Auslegung entstehen kann.

Die Ursache dürfte zum großen Teil darin liegen, daß man außer dem *Reichsnaturschutzgesetz* noch Gedanken aus einer anderen Quelle herangezogen hat. Im Jahre 1936 erschien eine Verordnung zum Schutze der wild wachsenden Pflanzen und der nicht jagdbaren wild lebenden Tiere *(Naturschutzverordnung)*. Auch bei dieser Verordnung ist gegen den Schutz seltener Pflanzen und ausrottungsbedrohter Tiere nichts einzuwenden. Aber der § 2 lautet:

1. Es ist verboten, ohne Erlaubnis der zuständigen höheren Naturschutzbehörde standortsfremde oder ausländische Gewächse in der freien Natur auszusäen oder anzupflanzen.
   (Dieser Absatz wird allerdings gemildert durch den folgenden Absatz 2.)
2. Dieses Verbot gilt nicht für das Aussäen oder Anpflanzen von Gewächsen in Gärten, Parken, Friedhöfen, auf Versuchsfeldern oder zu sonstigen land- und forstwirtschaftlichen Zwecken.

Auch diese »Verordnung« ist im Jahre 1963 mit kleinen Ergänzungen einschließlich des § 2 von der Baden-Württembergischen Regierung als »Verordnung« erneuert worden.

Es sei den Juristen überlassen, zu entscheiden, ob diese Verordnung, die sich ja auf kein »Gesetz« stützt, sondern nur eine Wiederholung einer Verordnung des Dritten Reiches ist, überhaupt Gesetzeskraft hat. Auf alle Fälle aber hat man übersehen, daß dieser § 2 aus dem Blut-und-Boden-Gedanken des Dritten Reiches entsprossen ist.

Auf alle diese Fragen mußte so ausführlich eingegangen werden, weil sie für die Bienenweideverbesserung von unabsehbarer Bedeutung sind. Gibt man dem Wortlaut eine strenge Auslegung, so sind der Bienenweideverbesserung sehr starke Fesseln angelegt. Es würde jemand, der einen Schuttplatz oder eine häßliche Kiesgrube mit Schneebeeren bepflanzt und so tatsächlich zur Verschönerung der Landschaft beiträgt, sich strafbar machen. Natürlich könnte er vorher eine Erlaubnis beantragen, aber ein solcher Antrag wird wohl stets unterbleiben, da selten jemand Lust und Zeit hat, sich auf einen dem Objekt gar nicht angemessenen Papierkrieg einzulassen.

Nun haben solche Gedanken über die »deutsche« Natur zum Teil in aller Schärfe noch nach 1945 weitergelebt. So haben Behörden die Verwendung der Robinie an durchaus geeigneten Orten abgelehnt, nicht aus sachlichen, sondern ausgesprochenermaßen aus weltanschaulichen Gründen. Es soll hier auf Einzelheiten nicht eingegangen werden, weil inzwischen vielfach eine Lockerung in der Auffassung der Begriffe »ausländisch« und »standortsfremd« eingetreten ist. Gewächse, die vor gar nicht allzu langer Zeit heimisch geworden sind, werden nicht ohne weiteres mit dem Odium des Ausländischen behaftet. Auch werden wohl solche Bäume und Sträucher zur Gestaltung der Landschaft empfohlen auch auf Standorten, auf denen sie nicht von Natur vorkommen, auf denen sie aber ausgezeichnet gedeihen. So scheut sich EHLERS (1960) nicht, in seinem Buch zur Gestaltung der deutschen Landschaft beispielsweise die Schneebeere und auch andere ausländische Gewächse vorzuschlagen.

WEINZIERL (o. J.), der sich in seiner beachtenswerten, im Zusammenhang mit dem (privaten) deutschen Naturschutzring herausgegebenen Veröffentlichung »Kiesgrube und Landschaft« mit den Rekultivierungsmöglichkeiten der Kiesgruben beschäftigt, und zwar sowohl in wirtschaftlicher als auch landschaftlicher Hinsicht, schreibt auf Seite 90:

»... wobei durchaus in Extremfällen auch auf bewährte »Fremdlinge« (Robinie, Schwarzkiefer u. a.) zurückgegriffen werden kann. Einwände mancher fanatischer Landschaftspfleger und Naturschützer, solche Baumarten würden nicht in unsere heimischen Fluren passen, können in einer ohnedies längst aus dem biologischen Gleichgewicht geratenen, vielschichtig gestörten und künstlich geformten Zivilisationslandschaft nicht immer ernst genommen werden.

... denn lieber stockt doch ein Robinienbestand oder eine Schwarzkieferngruppe auf einem Kiesbuckel anstatt gar nichts oder an Stelle einer wüsten Schutthalde!«

Aber immerhin gibt es auch heute noch viele Fälle, wo bei Anpflanzungen in Landschaftsschutzgebieten Schwierigkeiten gemacht werden. Es ist zu verstehen, daß man bei ausgesprochenen »Naturschutzgebieten« jede Veränderung der bestehenden Natur zu verhindern und diese als Museumsstück zu konservieren sucht. Auch dann, wenn der jetzige Zustand gar nicht der ursprüngliche ist, aber ein kulturhistorisches Interesse erweckt oder wenn eine besonders eigenartige Pflanzengesellschaft sich irgendwie herausgebildet hat.

Aber bei den »Landschaftsschutzgebieten« liegen die Dinge anders. Da sich – und zwar erfreulicherweise – diese Gebiete immer mehr erweitern, würde jede grundsätzliche Ablehnung einer Veränderung der zufällig gerade bestehenden Vegetation dahin führen, daß ein gewaltiges Museumsgebiet entstehen würde, mit Museumsstücken von höchst zweifelhaftem Wert, da die bestehende Vegetation ja fast immer schon durch den Menschen auf das stärkste beeinflußt worden ist.

Sind ferner Bäume, die im Tertiär bei uns heimisch waren (zum Beispiel der Lirirodendron), wirklich Fremde? Oder sind sie nicht verlorene Söhne, die bei ihrer Rückkehr freudig zu begrüßen sind? Man sollte weniger fragen, ob ein Gewächs standortsfremd ist oder nicht, sondern ob es standortsgeeignet ist oder nicht.

Überhaupt hätte sich der gesamte Landschaftsschutz zu beschränken auf die drei Grundbegriffe, die aus dem Naturschutzgesetz vom Jahre 1935 abzuleiten sind. Das ist es, was den jetzigen Verhältnissen angemessen ist.

Man sollte auch nicht stur jeden Bau verbieten, sondern nur dann, wenn er das Landschaftsbild stört oder den Naturgenuß beeinträchtigt. Wie die Dinge liegen, haben viele städtische Imker Schwierigkeiten, für ihre Bienen einen Platz zu finden. Sie möchten sie oft gern in einiger Entfernung aufstellen. Die Bewirtschaftung ist bei der Motorisierung ziemlich leicht durchführbar. Es soll nun keineswegs einem als Bienenhaus getarnten Wochenendhaus in einem Landschaftsschutzgebiet das Wort geredet werden. Aber ein etwa im Blockhausstil gebautes echtes Bienenhaus stellt keine Beeinträchtigung des Naturgenusses und keine Verschandelung der Landschaft dar. Auf diese Weise ließe sich ja auch die Ausnutzung entlegener Trachtquellen erleichtern und eine schädliche Zusammenballung der Bienenvölker vermeiden. Man bedenke, daß nicht nur die Vögel, denen man eine Heimstätte bieten will, Geschöpfe der Natur sind, sondern auch die Bienen.

Um Schwierigkeiten mit fanatischen Naturschützern zu vermeiden, sei empfohlen, bei Bienenweideverbesserungen auf Ödland sich ein ausdrückliches Nutzungsrecht zu sichern, damit man sich auf den Absatz 2 des verhängnisvollen § 2 stützen kann.

Eine Mitarbeit von Imkerseite an privaten Vereinigungen für Naturschutz wäre zweifellos vorteilhaft, um hier liberaleren Gedanken zum Siege zu verhelfen.[1]

Verfasser ist sich bewußt, daß alle diese Vorschläge Idealforderungen sind. Wenn sich auch nicht alles erreichen läßt, so doch bei ernsthaftem Bemühen so viel, daß ein beachtenswerter Fortschritt erzielt wird.

---

[1] Inzwischen habe ich der Deutschen Bienenwirtschaft 1966, Heft 12, entnommen, daß der DIB seit Juli 1966 korporatives Mitglied im Deutschen Naturschutzring E. V. ist.

# IV Die Honigtautracht aus imkerischer Sicht

In den vorhergegangenen Abschnitten ist an geeigneten Stellen bereits vom Honigtau die Rede gewesen. Da aber die Verhältnisse sich in mehrfacher Hinsicht von denen der Nektartracht unterscheiden, soll hier die Honigtautracht gesondert behandelt werden.

Es ist gerade in letzter Zeit viel über Honigtau, seine Erzeuger und Tauhonig gearbeitet worden. Neben rein wissenschaftlichem Interesse ist die Triebfeder auch oft die Überlegung gewesen, daß bei der Verschlechterung der Nektartracht in verstärktem Maße der Honigtau zur Honigerzeugung genutzt werden müsse. Diese Auffassung ist durchaus richtig und verständlich. Sollte aber – und Anzeichen dafür sind gelegentlich vorhanden – bewußt oder unbewußt der Gedanke mitschwingen, daß nun damit das Problem der Wirtschaftlichkeit der Bienenzucht gelöst werden könne, so muß diesem Irrtum entgegengetreten werden. Die Nöte der Bienenzucht sind nicht aus einem Punkte zu kurieren, sondern nur durch ein verständnisvolles Hand-in-Hand-Greifen aller möglichen Förderungsmaßnahmen. Besonders muß man sich auch gegen die etwaige Auffassung verwahren, daß durch eine bessere Ausnutzung der Honigtautracht Maßnahmen zur Förderung der Nektartracht unnötig würden.

Doch zuvor eine kurze definitorische Auseinandersetzung. Die Verfasser (Kloft, Maurizio, Kaeser 1965) des »Waldhonigbuches« (1965) hatten verständliche Schwierigkeiten, für ihr Werk den richtigen Titel zu finden. Der Ausdruck »Waldhonig« ist letzten Endes ungenau, denn auch manche Nektarhonige werden im Walde eingetragen. Ursprünglich schwebte den Verfassern die Bezeichnung »Honigtauhonigbuch« vor. Um dies Wortungetüm zu vermeiden, haben sie schließlich doch den Ausdruck »Waldhonigbuch« gewählt. Da aber genau angegeben ist, was das Buch behandeln soll – nämlich die durch Blatt- und Rindensauger entstandenen zuckerhaltigen Massen und ihre Erzeuger – also kein Mißverständnis entstehen kann, so ist gegen den gewählten Titel nichts Ernsthaftes einzuwenden. Aber die Flucht aus dem Unschönen in das Ungenaue wäre gar nicht nötig gewesen.

Für die Ausscheidungen der Blatt- und Rindensauger ist allgemein üblich der Ausdruck »Honigtau«. Es soll an dieser Stelle nicht näher untersucht werden, inwieweit diese Bezeichnung völlig einwandfrei ist, immerhin ist ja zu bedenken, daß der Honigtau im Grunde noch kein Honig ist, ebenso wenig wie der Blütennektar. Aus dieser Erwägung heraus hat man wohl den Ausdruck »Süßtau« vorgeschlagen. Ebenso ist Anstoß genommen worden an der Aussage, daß eine Blütenpflanze oder etwa die Tanne »honige«. Man müsse im ersten Falle von »nektaren«, im zweiten von »süßtauen« sprechen. Das Ganze dürfte aber ein Streit um des Kaisers Bart sein. Die Begriffe »Honigtau« und »honigen« sind nun einmal sprachüblich geworden, und da keine Unklarheiten auftreten können, so mag man sie unbedenklich weiter gebrauchen.

Aber es erhebt sich die Frage, wie man den aus dem Honigtau erzeugten Honig bezeichnen soll. Man will ihn ja unterscheiden von dem Blütenhonig. (Wenn man es pedantisch genau nimmt, ist auch dieser Ausdruck nicht ganz korrekt, da ja unter Umständen auch extraflorale Nektarien beflogen werden. Ganz exakt müßte es also »Nektarhonig« heißen.)

Nun ist es, seit man sich mit dem Honigtauproblem näher beschäftigt hat, vielfach üblich geworden, im Gegensatz zum Blütenhonig von »Honigtauhonig« zu sprechen. Auch dieser Ausdruck ist, selbst dann, wenn er nicht mit dem Zusatz »Buch« verlängert wird, unschön, zudem ist das erste »Honig« völlig überflüssig. Der einfache Ausdruck »Tauhonig« ist durchaus unmißverständlich und genügend. Er grenzt diese Art Honig deutlich vom Blütenhonig ab und andererseits kann durch den Ausdruck »Tau« ohne die Vorsilbe »Honig« kein Mißverständnis entstehen. Niemand wird wohl auf den Gedanken kommen, daß die Bienen aus dem Morgentau der Gräser Honig fabrizieren könnten.

Es seien zwei sprachliche Parallelen angeführt. Apfelmost ist der ausgepreßte Saft von Äpfeln. Der Zusatz »Apfel« ist nötig, weil es ja beispielsweise auch Johannisbeermost gibt. Spricht man aber von Äpfeln, die nicht dem direkten Verzehr, sondern nur der Gewinnung von Saft dienen sollen, so bezeichnet man sie nicht als »Apfelmostäpfel«, sondern nur als »Mostäpfel«. Die Honigbiene erzeugt Honig. Will man aber besonders betonen, daß es sich nicht um Kunsthonig oder ähnliches handelt, so mag man von »Bienenhonig« sprechen. Sinnlos wäre es aber, den Ausdruck »Honigbienenhonig« zu gebrauchen.

Mit diesen Ausführungen soll nicht gesagt sein, daß Waldhonig im Sinne einer Mischung von Tau- und Blütenhonig etwas Minderwertiges wäre. Im Gegenteil, er wird sich oft durch einen besonders guten abgerundeten Geschmack auszeichnen. Nur als exakte Herkunftsbezeichnung ist der Name ungeeignet.

Wenn schon angedeutet ist, daß die Honigtautracht wohl eine äußerst wertvolle Ergänzung der Blütentracht, aber kein Ersatz dafür ist, so hat das mehrere Gründe.

Es besteht kein Zweifel, daß eine einseitige, lang andauernde Honigtautracht für das Bienenvolk mit schweren Schäden verbunden ist. Hier ist nicht Aufgabe, sich mit dem Problem der Schwarzsucht als solchem auseinanderzusetzen. Es interessiert hier nur die Frage der »Waldkrankheit«, das heißt der Form der Schwarzsucht, die bedingt ist durch die Einwirkungen der Waldtracht in dem Sinne einer einseitigen Honigtautracht. Die Ursachen der Waldkrankheit sind im einzelnen nicht ganz klar. Ja, es sieht so aus, als ob bei intensiver Beschäftigung mit dem Problem die Dinge immer komplizierter werden. Es dürfte wohl eine Reihe verschiedener Schädigungsfaktoren sich oft zu einer verheerenden Gesamtwirkung vereinigen. Wie dem auch sei, die Waldkrankheit ist eine Realität, die man nicht verniedlichen oder vertuschen sollte, gerade auch dann nicht, wenn man für eine vermehrte Ausnutzung der Honigtautracht werben will. Gefahren erkennen ist die Voraussetzung dafür, ihnen zu entgehen. Und in der Praxis gibt es schon Mittel, zum mindesten wirklich Schlimmes zu vermeiden.

Bis zu einem gewissen Grade kann man die Schäden wohl unter dem Begriff »Mangelkrankheit« zusammenfassen. Eine ausreichende Blütentracht liefert den Bienen, den erwachsenen wie der Brut, in Nektar und Pollen alle lebensnotwendigen Aufbaustoffe, Kohlenhydrate, Fette, Eiweiße und Vitamine. Das ist bei der Honigtautracht nicht der Fall. Zunächst einmal pflegen in großen geschlossenen Koniferen-Monokulturen, die an sich Massenernten liefern können, die pollenspendenden Pflanzen zu fehlen. Die Aufzucht der Brut wird dadurch oft unmöglich. Aber es scheint so, als ob der Pollenmangel auch den Flugbienen schädlich ist. MORGENTHALER (1960) nimmt an, daß die Flugbienen, die an sich keinen Pollen mehr aus den Vorräten der Waben aufnehmen, doch einen gewissen Pollenbedarf haben, den sie aus dem im Blütennektar befindlichen Pollen decken. Als Beweis dafür könne gelten, daß im Kot waldkranker Bienen keine Pollenreste vorhanden seien, dagegen die Kotblase nur einen wässerigen Inhalt habe. Es ist demnach kein Widerspruch in sich, wenn gelegentlich bei an der Waldkrankheit zusammengebrochenen Völkern noch Pollenvorräte in den Waben vorhanden sind. Es haben dann schon die Jungbienen Schädigungen erlitten, die sie verhindert haben, ausreichende gesunde Brut aufzuziehen.

Beachtenswert erscheint auch die Auffassung von BRÖKER (1966) zu diesem Problem. Der Blütennektar besteht schon aus Invertzucker oder aber aus Rohrzucker, dessen Spaltung die Kräfte der Bienen in bezug auf die Fermentbildung nicht übersteigt. Im Honigtau dagegen finden sich häufig komplizierte Mehrfachzucker-Arten. DUSPIVA (1953) hat darauf hingewiesen, daß sich in den Ausscheidungen der Sauger Zuckerarten befinden, die in dem Siebröhrensaft der Pflanzen nicht vorhanden sind. Die Reduzierung dieser Mehrfachzucker nimmt aber nach BRÖKER die Kräfte der schon unterernährten Bienen übermäßig in Anspruch, denn die Erzeugung der spaltenden Fermente im Körper der Biene sei bedingt durch die nötige Eiweißzufuhr. Bei nicht genügender Reduzierung des eingetragenen Mehrfachzuckers könnte sogar im Körper der Bienen ein Blutzuckermangel entstehen, der Krankheit und Tod zur Folge habe.

Es sind auch vom Honigtau – wenigstens von einigen Arten – unmittelbar toxische Wirkungen behauptet worden, doch ist diese Frage nicht restlos geklärt. Auch diese Erscheinungen dürften sich wohl nur bei einseitiger Tracht entscheidend bemerkbar machen.

Es soll mit diesen Ausführungen die Honigtautracht nicht schlecht gemacht werden oder gar vor ihr gewarnt werden. Denn diese Gefahren bestehen eben nur bei einseitiger Honigtautracht. Es soll nur darauf hingewiesen werden, daß diese einseitige Honigtautracht kein Ersatz für gute Nektartracht und nicht mit ihr auswechselbar ist.

Alle Mangelkrankheiten sind im Grundsatz verhältnismäßig leicht zu heilen, ja im Entstehen zu verhindern durch Zuführung der fehlenden Aufbaustoffe. Auch bei der menschlichen Ernährung ist es nicht nötig, daß jedes einzelne Lebensmittel alle Bestandteile enthält, die für den normalen Ablauf der Lebensvorgänge erforderlich sind. Eine ausschließliche Ernährung mit geschältem Reis, bei dem die vitaminhaltigen Silberhäutchen entfernt sind, führt zu der schweren Mangelkrankheit Beriberi. Werden daneben aber vitaminreiche Nahrungsmittel genossen, so ist der Verzehr von geschältem Reis unbedenklich. Kartoffeln sind ein hervorragendes Nahrungsmittel für den Menschen. Nur bei einseitiger Kartoffelnahrung entstehen Schäden, die durch Eiweißmangel hervorgerufen werden, sich aber durch geeignete Zusatznahrung leicht vermeiden lassen.

Ganz ähnlich liegen die Dinge bei der Ernährung der Bienen. Aber immer wird man bei der Zufuhr der lebenswichtigen Stoffe, die dem Honigtau fehlen, irgendwie auf eine Blütentracht zurückgreifen müssen. Deren Verbesserung wird auch eine intensivere Ausnutzung der Honigtautracht ermöglichen.

Besonders dringlich ist die Frage einerseits in den großen Monokulturen von Koniferen und andererseits bei sehr spätem Auftreten des Honigtaues. Bei dessen frühem Erscheinen wird empfohlen, vorher in eine gute Frühpollentracht zu wandern, damit sich die Völker einen Vorrat anlegen können, und nach Ende der Honigtautracht wieder in eine Spätpollentracht zu gehen, damit sich die Völker erholen und wieder in Brut gehen können. Dieser Rat ist gut, wenngleich es nicht allein der Mangel an Pollen, sondern auch die Zusammensetzung des Honigtaues ist, was Gefahren bringen kann. Aber die ganze Methode setzt das Vorhandensein guter Pollen-Blütentrachten voraus.

Wenn man empfiehlt, während der Honigtautracht vorhergewonnenen Blütenhonig zuzufüttern, so setzt dies starke Nektarhonig-Ernten voraus. Sonst wäre es bei der Unsicherheit und Unberechenbarkeit des Ertrages der Waldtracht ein etwas großes Risiko.

Ideal ist es natürlich, wenn im Koniferenwald honigende und pollenliefernde Bäume, Sträucher und Kräuter eingesprengt sind. Wo diese fehlen, kann man wohl in manchen Fällen nachhelfen. Irgendwelche Böschungen kann man mit Riesenhonigklee ansamen oder ein in der Nähe gelegenes gepachtetes Stück Brachland mit Senf bestellen (BERNER 1964).

Es hat beinahe den Anschein, daß die Bienen bei Wahl sich für eine Blütentracht entscheiden, auch wenn sie weniger lohnend ist, zu einigem Verdruß des Imkers. Wenn es gelingt, eine Dressur der Bienen auf die Tautracht durchzuführen, so entsteht eine ganz nüchterne Kalkulation, was für den Imkereibetrieb vorteilhafter ist, ein größeres Plus an Honigertrag oder die gesündere Entwicklung der Völker. Wenn das Ergebnis der Lenkung nicht einseitig ist, das heißt, wenn ein Teil der Flugbienen den Blüten treu bleibt, so ist aus den oben angeführten Gründen alles in Ordnung.

Besonders prekär ist die Sachlage bei sehr späten Honigtautrachten. Hier ist ein Gesundpflegen der Völker nicht mehr möglich. Diese werden schwach in den Winter gehen und im Frühjahr lange Zeit zum Erstarken brauchen, wenn nicht gar erhebliche Winterverluste eintreten. Wenn man den Rat befolgt, nicht zu spät abzuwandern, so muß man leider auf die restlose Ausnutzung dieser oft sehr reichlichen Tracht verzichten. Vielleicht könnte hier zur Lösung des Problems das Bewandern dieser Tracht mit verlorenen Völkern in Frage kommen. Eine viel geübte und sicherlich nicht schlechte allgemeine Betriebsweise besteht darin, die Entwicklung eines Volkes nicht bis zur vollen Höhe zu treiben, sondern immer einige Prozent darunter zu bleiben, um keine Schwarmstimmung aufkommen zu lassen. Das ist aber nur möglich durch Schröpfen und Ablegermachen. Mit den dann im Herbst vorhandenen überzähligen Völkern kann man ohne Rücksicht auf ihr weiteres Schicksal in die späte Honigtautracht wandern.

Es würde so eine Betriebsweise entstehen, die einigermaßen der alten Lüneburger ähnelt. Doch sind einige wichtige Unterschiede vorhanden. Die Auswahl der Überlebenswürdigen kann der Heideimker nach Ende der Spättracht vornehmen, hier jedoch muß die schwierige Entscheidung schon vorher getroffen werden. Es kommt hinzu, daß der Heideimker die abzustoßenden Völker noch vorteilhaft verkaufen kann, was nach der Spät-Waldtracht nicht möglich ist. Es ist deshalb nicht verwunderlich, daß Lüneburger Imker, die nach dem Schwarzwald wanderten – heute technisch keine besondere Sache – nicht von dem Erfolg begeistert waren.

Eine große Schwäche, die der Honigtautracht anhaftet, ist ihre Unregelmäßigkeit. Auf ein Jahr mit fast unvorstellbar hohen Erträgen folgt meist eine Reihe von Fehljahren. Schmutterer (1958) betont, daß die von ihm im Jahre 1957 in Hessen beobachtete ungewöhnlich hohe Ernte von Kiefernhonig – die auch anderswo, z. B. in Bayern, verzeichnet worden ist – ein Ereignis gewesen sei, das sich vielleicht alle 20 Jahre einmal wiederhole. Eine langfristige Vorhersage des Eintretens einer Tautracht ist nicht möglich. Alles, was man tun kann, ist die Einrichtung eines gut organisierten Beobachtungsdienstes, der unverzüglich meldet: Jetzt und an diesem Orte honigt die Tanne, Fichte usw.

Während eine länger dauernde Blütentracht durch eine kurzfristige Schlechtwetterperiode nur vorübergehend unterbrochen wird, kann dadurch eine vielversprechende Tautracht restlos beendigt werden.

Wenn auch die Tauhonigtracht unzuverlässig ist, so ist doch wieder verständlich, daß nach Feststellungen von Wellenstein (1966) in einem größeren südwestdeutschen Gebiet im Durchschnitt vieler Jahre diejenigen Stände, von denen aus die Bienen einen Wald erreichen konnten, höhere Erträge gebracht haben als die waldfernen.

Genau festzustellen, wie hoch die Prozentsätze des in der Bundesrepublik geernteten Blütenhonigs und Tauhonigs an der Gesamtmenge sind, ist aus mehreren Gründen schwierig. Zunächst werden die Zahlen in den verschiedenen Jahren sehr schwanken. Ferner wird bei der mikroskopischen Honiganalyse die Zahl der Sporen, Algen usw., die für die Tauhonige kennzeichnend sind, nicht immer in genauer Parallelität zu dem wirklichen Tauhonig-Anteil stehen.

Bei der Untersuchung von 221 Honigproben der Jahre 1956 und 1957 aus der Bundesrepublik kam EVENIUS (1960) zu dem Ergebnis, daß davon 60 aus Tauhonigen bestanden. Allerdings erhöht sich der Anteil noch insofern, als bei einer größeren Anzahl von Honigen mehr oder minder große Beimischungen von Tauhonig erkennbar waren. Es sei dahingestellt, ob diese beiden Jahre als repräsentativ gelten können. 1957 war wohl ein besonders gutes Honigtaujahr, wenn auch anscheinend mit großen regionalen Unterschieden. Es ist merkwürdig, daß gerade in dem klassischen Tauhonigland Baden nur 9 von 42 Proben aus Tauhonig bestanden, während man für Kurhessen und Hessen-Nassau zu dem Ergebnis kommen kann, daß etwa die Hälfte des insgesamt geernteten Honigs Tauhonig war.

Honigtau kann sich auf allen möglichen Holzgewächsen bilden. Doch darf man aus der sich durchaus berechtigten Behandlung aller dieser Arten im »Waldhonigbuch« (1965) nicht die Folgerung ziehen, daß man von allen diesen Bäumen mit regelmäßigen Ernten rechnen könne. Bei vielen dürfte es sich doch nur um gelegentliche Möglichkeiten handeln. Schon entsprechend dem Massenvorkommen wird die ganz überwiegende Menge des geernteten Tauhonigs von der Fichte stammen, örtlich auch von der Weißtanne. Im mittleren und südlichen Teil Deutschlands können – wie wir gesehen haben – gelegentlich auch die Kiefern eine gewisse Rolle spielen. Von den Verbrauchern besonders geschätzt werden eigentlich nur Tannen- und vielleicht noch Fichtenhonige, während die von Laubgehölzen, wie Eichen, Linden usw., weniger bekannt und beliebt sind.

Honigtaubildung auf Nichtholzgewächsen ist wohl ziemlich selten und nicht von Bedeutung für den Imker. KLOFT erwähnt im »Waldhonigbuch« (Seite 119), daß die Mehlige Pflaumenblattlaus im Sommer auch das Uferschilf besiedeln kann. Diese »Schilftracht« könne an sich durchaus beachtlich sein, werde aber nur bei Fehlen anderer Möglichkeiten eingetragen. SCHMUTTERER (1958) berichtet, daß im Jahre 1957 die Schwarze Bohnenblattlaus, ein im Acker- und Gemüsebau lästiger Schädling, an der Ackerbohne und am Mohn reichlich Honigtau erzeugt habe, der auch von einigen Bienen gesammelt wurde. Auch hätten einige Bienen am Honigtau der Haferblattlaus beobachtet werden können. Daß gelegentlich auch Sauger-Ausscheidungen von dem Boden der Blütenköpfe des Rotklee eingetragen werden können, ist bereits erwähnt worden.

Anders als in Süd- und Mitteldeutschland liegen die Dinge in der Norddeutschen Tiefebene. Hier besteht noch der ZANDERsche Satz zu Recht: »Jedenfalls wirkt sich das riesige norddeutsche Kieferngebiet nicht im geringsten in der Honigernte aus.« (ZANDER, Handbuch der Bienenkunde, Bd. IV, Seite 105). Die Fichte ist in der norddeutschen Tiefebene nicht so zahlreich wie im Süden vertreten. Aber es gibt doch immerhin so große Bestände, daß sie, wenn sie eben Honigtau produzierte, für die Honigernte

Bedeutung haben könnte. Dies ist aber leider auch nicht der Fall. Man kann bei ZANDER nachlesen, daß es wohl bei norddeutschen Fichten, Kiefern und auch bei den kleinen Weißtannenbeständen in Schleswig-Holstein und Ostfriesland gelegentlich Honigtauernten gegeben hat. Diese Fälle sind aber so selten, daß sie stets von den betreffenden Imkern als Sensation empfunden worden sind. In der Arbeit »Die Nektartracht und deren regionale Verteilung im Gebiet der DDR« von KOCH (1966) werden die Trachtverhältnisse regional genau analysiert. Als Gebiete der Waldtracht werden auf der beigegebenen Karte nur ein schmaler Streifen im Erzgebirge und der Harz angegeben, wobei Waldtracht mit Fichte und Himbeere definiert wird. Nur bei einigen ganz kleinen Gebieten nördlich und nordöstlich von Berlin findet sich noch die Signatur »Waldtracht«. Hierbei hat es sich aber sicher um eine Waldtracht aus Waldblüten gehandelt. Jedenfalls findet sich bei den gewaltigen Kiefernflächen der Mark Brandenburg und auch bei den immerhin erwähnenswerten Fichtenflächen etwa in Mecklenburg keine Hindeutung auf eine Honigtautracht.

Wenn gelegentlich in der Imkerliteratur der Eindruck erweckt wird, als ob die Nutzbarmachung der norddeutschen Koniferengebiete nur noch eine Frage der Zeit sei, so entspricht das nicht den realen Tatsachen.

Auch die optimistische Berufung auf die Autorität von GEINITZ (1958) ist nicht ganz stichhaltig. In seinem 1948 verfaßten und 10 Jahre später veröffentlichten Aufsatz beschäftigte sich GEINITZ wohl mit dem Gedanken einer künstlichen Vermehrung und Ausbreitung der Rindenläuse. Er vertrat aber keineswegs die Ansicht, daß der Erfolg sicher sei. Daß die norddeutschen Kiefernwälder als Trachtquelle ausscheiden, war für ihn ebenso wie für ZANDER eine gegebene Tatsache. Wenn er zum Schluß seines Aufsatzes in wenigen Worten die Ansicht äußerte, daß die Höhenlage wohl keine Bedingung für das Vorkommen der Tannensauger sei, da er selber in den kleinen Weißtannenbeständen in Schleswig-Holstein und in Ostfriesland die entsprechenden Insekten gefunden habe, so ist erstens das alles sehr allgemein gehalten und zweitens ist es ja bekannt, daß in einzelnen Jahren, aber eben nur in einzelnen Jahren, diese Weißtannenbestände gehonigt haben. GEINITZ hat Honigtauerzeuger wohl dort gefunden, aber er hat nicht gesagt, daß er sie als Dauerbevölkerung festgestellt habe.

In einem gewissen Gegensatz zu den Ansichten des Verfassers stehen Berichte über die Versuche des Forstamtmannes RUPPERTSHOFEN (1965–1966) in Schleswig-Holstein. Man muß hier grundsätzlich unterscheiden zwischen den allgemein biologisch ausgerichteten Bestrebungen von RUPPERTSHOFEN und den Auswirkungen auf die Bienenzucht. Über die Berechtigung, die chemische Bekämpfung von Forstschädlingen durch eine lebende Waldpolizei zu ersetzen, ist weiter kein Wort zu verlieren.

Auch seine Bemühungen für die Bienenzucht sollen in keiner Weise abgewertet werden. Sollte es sich herausstellen, daß die Ansicht, der norddeutsche Wald stehe den Honigtauerzeugern abweisend gegenüber, jedenfalls auf die Dauer, unrichtig ist, so könnte man sich herzlich freuen.

Die Berichte über die Erfolge von Ruppertshofen sind leider oft wenig substantiiert, weil manchen Imkern die Unterscheidungsgabe fehlt, zwischen dem, was zu erhoffen ist und dem, was mit Sicherheit zu erwarten ist.

Fest steht, daß es Ruppertshofen gelungen ist, örtlich in Holstein die verschiedensten Honigtauerzeuger, besonders auch die Eichen-Lachnide anzusiedeln, ferner, daß diese Sauger auch Honigtau absondern und endlich, daß dieser auch von Bienen eingetragen worden ist.

Noch nicht positiv geklärt dürften folgende Punkte sein:

1. Werden diese Kolonisten auf die Dauer heimisch bleiben?
2. Werden sie sich räumlich weiter ausbreiten?
3. Wie hoch sind die Honigerträge, die von dieser Tracht zu erwarten sind?
4. Wird dieses Tau-Honigen mit derselben Häufigkeit eintreten, wie dies immerhin in Süddeutschland der Fall ist?

Wenn sich auch nicht alle Hoffnungen erfüllen sollten, so ist doch die Imkerschaft Ruppertshofen zu großem Dank verpflichtet. Zunächst, weil jeder Versuch, der überhaupt eine gewisse Aussicht auf Erfolg bietet, zu begrüßen ist. Dann, weil durch seine Bemühungen die Aufmerksamkeit der Öffentlichkeit auf die Probleme der Bienenzucht im allgemeinen und auf die Trachtfrage im besonderen gefördert wird. Endlich hat sich Ruppertshofen nicht einseitig auf die Verbesserung der Tracht durch Honigtau festgelegt, sondern hat auch die Vermehrung von Blütengewächsen im Walde – zum Beispiel auch der Robinie – in sein Programm aufgenommen. Nicht für ganz ausgeschlossen erscheint es dem Verfasser, daß wenigstens die Laubbäume im Westen Norddeutschlands immerhin etwas besser tau-honigen als im Osten. Hier sind ihm nur sehr wenige Fälle bekannt geworden. Wohl hat er häufiger Honigtau auf Blättern von Linden und Obstbäumen bemerkt, aber kaum einen nennenswerten Bienenbeflug, auch nicht in den frühen Morgenstunden. Gelegentlich erreichten ihn Nachrichten über den Beflug von Eichenblättern, zum Beispiel aus der Gegend von Frankfurt/Oder. Auch die Blätter der Linde müssen ab und zu besucht worden sein (in einigen Fällen nämlich war aus der Beschreibung von »Lindenhonig«, den Imker einmal geerntet hatten, mit ziemlicher Sicherheit zu schließen, daß es sich um Tauhonig gehandelt hat).

Evenius fand bei seinen bereits erwähnten Untersuchungen auch für Nordwestdeutschland Tauhonige, und zwar für den Bezirk Weser/Ems 3 von 16 Proben. Zu bedenken ist auch hier, daß das Jahr 1957 für den Honigtau besonders günstig war. Ob dieser Tauhonig aus Weser/Ems von Koniferen oder Laubhölzern stammt, ist nicht angegeben. Im Imkerbezirk Niedersachsen wurden von 39 Proben 6 als Tauhonige identifiziert. Dabei ist nicht zu erkennen, wieviel von diesen 6 Honigen aus dem Berglande Südniedersachsens stammt.

Was für Süddeutschland in bezug auf den Honigtau gilt, trifft verständlicherweise auch für die Schweiz und Österreich zu. Besonders häufig und auch vielseitig scheint die Honigtautracht in Österreich zu sein. Ausgesprochen zahlreiche Berichte im »Waldhonigbuch« beziehen sich auf Österreich.

Auch noch weiter nach Süden spielt der Honigtau eine bedeutende Rolle, doch könnte man den Eindruck haben, daß dies mehr für das mittlere Südeuropa (Apennin) und Südosteuropa (und weiterhin bis Kleinasien) gilt, als für Südwesteuropa. Zwar wird auch aus Frankreich von gelegentlich sehr hohen Tauhonig-Ernten berichtet, doch geht aus der Karte von BORNECK (1963) hervor, daß die Waldtracht nur in den Gebirgsgegenden, nicht in den Wäldern der Ebenen eine Rolle spielt. In der spanischen Landschaft Galicia mit einem noch recht starken Waldbestand hat Verfasser erkundet, daß die Nadelhölzer nicht honigen, gelegentlich wohl die Eichen und in seltenen Fällen die Erlen.

Es besteht kein Zweifel, daß es wünschenwert, ja bei der ganzen Sachlage notwendig ist, die Tauhonig-Ernten zu erhöhen. Es könnte eine Meinungsverschiedenheit aufkommen, ob dies geschehen solle durch eine Vermehrung des Auftretens von Honigtau oder durch bessere Ausnutzung der sich von allein anbietenden Schätze. Für den Imker selbst kommt nur das letztere in Frage.

Es soll noch einmal mit allem Nachdruck betont werden, daß die Frage nicht lautet: Vermehrung der Blütentracht oder Förderung der Honigtautracht? Beides ist notwendig. Fortschritte auf beiden Gebieten würden sich nicht nur addieren, sondern gewissermaßen multiplizieren.

# V Die biologischen Grundlagen der Honigtautracht

## A Die Honigtauerzeuger

### 1 Systematik der Honigtauerzeuger

Honigtau ist zuckerhaltiger Baumsaft. Er stammt nicht aus Blüten oder aus geheimnisvollen Poren auf den Zweigen. Der Honigtau tropft aus lebendigen Zapfhähnen — aus Insekten, die auf Bäumen und Sträuchern leben (BÜSGEN 1891, GEINITZ).

Mit ihren rüsselförmigen Mundwerkzeugen stechen sie die Saftbahnen der Pflanzen an. Unterkiefer und Oberkiefer sind rinnenartige Borsten (Abb. 65). Zwei vorn scharfe Stechborsten arbeiten im Gegentakt wie zwei

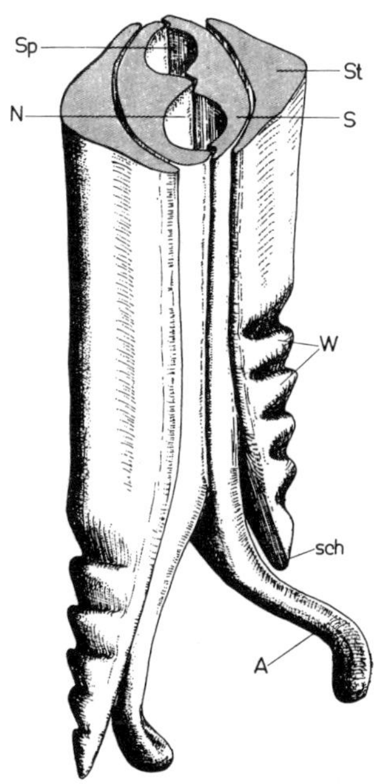


Abb. 65. Rüsselspitze einer Rindenlaus.

St = Stechborste, sch = deren scharfes Ende, W = Widerkanten, S = Saugborste, Sp = Speichelgang, N = Nahrungsgang.

Links: Bohrstellung; stumpfes Ende der Saugborste verhütet Verstopfen von Speichel- und Nahrungsgang.

Rechts: Saugstellung; Stechborste ein Stück zurückgezogen, Ende der Saugborste als Anker (A) herausgeklappt

zu einem Rohr aneinandergelegte Hohlmeißel. Sie bahnen den Weg für die beiden vorne stumpfen Saugborsten, die zusammen auf Nut und Feder verfalzt sind und zwei gegeneinander abgeschlossene Kanäle, den Nahrungsgang und den Speichelgang bilden. Die Unterlippe umhüllt das Borstenbündel wie eine Werkzeugtasche; sie wird nicht mit in den Stichkanal eingeführt.

Alle Honigtauerzeuger gehören einer einzigen Insektenordnung an, die wir nach diesem Saugrüssel Schnabelkerfe oder *Rhynchota* nennen.

Nach ihren Eigenarten teilen wir sie ein in

I. Blattflöhe (Psylliden) *Psyllina* CB.
II. Schildläuse (Cocciden) *Coccoidea*
III. Blattläuse (Aphiden) *Aphidina*

mit den Familien

1. Baum- oder Rindenläuse (Lachniden) *Lachnidae* (Pass.) Lichtst.
   mit den Unterfamilien
   a) Kienläuse *Cinarinae*
   b) Laubholzrindenläuse *Lachninae*
2. Borstenläuse (Chaitophoriden) *Chaitophoridae* (Mordv.) CB.
3. Zierläuse (Callaphididen) *Callaphididae* (HS.) CB.
4. Röhrenläuse (Aphididen) *Aphididae* (HS.) CB.
5. Maskenläuse (Thelaxiden) *Thelaxidae*
6. Blasenläuse (Pemphigiden) *Pemphigidae* (Pass.) CB.

Zu jeder dieser Gruppen gehören viele Arten. Oft sehen die Frühjahrsformen einer Art ganz anders aus als die Herbstläuse. Manchmal wurden Farbvarietäten als verschiedene Arten beschrieben, und häufig gab es für nur verschiedene Formen einer Art verschiedene Namen. Wer sich im Familienstammbuch der Pflanzensauger zurechtfinden will, dem wachsen graue Haare. Professor Börner aus Naumburg hat ein ganzes Leben gebraucht, um all die Pflanzenläuse im Freiland zu finden und Ordnung in die Vielfalt ihrer Namen zu bringen.

Sein Verzeichnis der Pflanzenläuse (Börner 1952) nennt *Lachnus* nur einige, die auf Laubhölzern hausen; Rindenläuse auf Nadelbäumen heißen meist *Cinara, Cinaria* oder *Cinaropsis.*

Der Spezialist aus der Forschung versteht wohl auch dann den Fachmann aus der waldimkerlichen Praxis, wenn der einen sechsbeinigen Pflanzensauger als Lachnus bezeichnet, der eigentlich anders heißt. Wir sollten uns jedoch an die neuen Namen gewöhnen, selbst auf die Gefahr hin, daß wir in einigen Jahren wieder umlernen müssen. Am besten benutzen wir aber die treffenden deutschen Bezeichnungen, die im »Waldhonigbuch« vorgeschlagen sind (Kloft, Maurizio, Kaeser 1965; dort auch ausführliches Verzeichnis von Schriften über Honigtauerzeuger).

*Mecinaria piceae* ist heute noch genau dieselbe Große schwarze Fichtenrindenlaus, wie früher, als sie noch *Lachnus grossus* hieß; und wer sie zum erstenmal draußen im Wald sieht, der erkennt sie sofort nach ihrem deutschen Namen. Im übrigen läßt sich dieser Name genau so treffend in andere Sprachen übersetzen.

Die Honigtauerzeuger sind meist kleiner als einen halben Zentimeter und oft tarnfarbig gescheckt, so daß auch der Kenner sie manchmal erst nach einigem Suchen entdeckt. Aber trotz aller Vielfalt ist es gar nicht so schwer, sie richtig anzusprechen: An *Blattflöhen* und *Aphiden* erkennen wir deutlich sechs Beine. Dagegen sind die erwachsenen Weibchen der *Schildläuse* blasen- oder napfförmige, bewegungslose Gebilde so groß wie Erbsen oder Linsen — ohne sichtbare Beine. Nur ihre Larven sind befußt; doch sind sie so klein, daß wir sie mit bloßem Auge kaum sehen können. Während man an den reifen Weibchen ihre Insektennatur nicht erkennen kann, schauen die winzigen geflügelten Männchen wie normale Insekten aus.

Alle Blattflöhe saugen an Blättern und Blattstielen, Aphiden an Blättern, Zweigen, Ästen und am Stamm. Schildläuse finden wir meist auf den Zweigen und Ästen, selten am Stamm des Wirtsbaumes.

Auf Obstbäumen rufen Blattflöhe und einige Blattlausarten oft wochenlang anhaltende Tautrachten hervor. Die gewaltigen Trachten im Wald aber verdankt der Imker neben den Schildläusen den Aphiden. Deren wichtigste Arten saugen nicht auf Blättern oder auf Nadeln, sondern auf den verholzten Teilen der Bäume. Die meisten davon gehören zur Familie Rindenläuse oder Lachniden.

Zu welcher Gruppe der gefundene Honigtauerzeuger gehört, läßt sich leicht feststellen. Die Art nach feinen Körpermerkmalen zu bestimmen, gelingt indessen nur dem Spezialisten. Deshalb haben die Verfasser des »Waldhonigbuches« die Pflanzensauger nach ihren Wirtsbäumen geordnet und beschreiben 125 Arten in Wort und Bild (Fossel) so gründlich, daß sie auch der Ungeübte danach im Freiland erkennen kann.

## 2 Fortpflanzung der Honigtauerzeuger

Im Jahreskreis (Schels 1962, 1964) der Pflanzensauger gibt es Formen, wie wir sie bei anderen Insekten, z. B. bei unseren Bienen, nicht finden. Wenn wir die Waldtracht erkunden wollen, müssen wir alle diese Formen kennen und wissen, was sie bedeuten.

**Schildläuse** oder Cocciden entwickeln nur *eine* Generation im Jahr. Beide Geschlechter überwintern als winzige *Junglarven*. Die Weibchen verbringen ihr ganzes Leben an der Stelle am Zweig, wo sie sich im Frühjahr nach der zweiten Häutung festgesaugt haben. Dort wachsen sie in ein paar Wochen zu etwa halbzentimetergroßen Bollen heran. Honigtau geben sie nur so lange, wie sie fest und saftig sind. Nach der Paarung werden sie braun und lederartig, legen unter dem Schild ihre *Eier* und sterben. Wenn man sie dann zerreibt, fällt ein graues oder rotes Pulver heraus — eben die Hunderte von Eiern und die später daraus geschlüpften Larven. Oft sitzt ein grüner „Wurm" unter dem Schild. Das ist entweder die Made einer Schlupfwespe, der die Laus zum Opfer gefallen ist, oder die Larve des parasitischen Rüsselkäfers *Brachytarsus nebulosus,* die die Schildlauseier aufgefressen hat.

Je weniger parasitierte Schilde wir finden, desto größer ist die Generation der Jungläuse, desto größer die Hoffnung auf Schildlaustracht im nächsten Jahr.

**Blattläuse** überwintern als meist schwarze, selten bräunliche oder grüne, etwa 1 mm lange *Wintereier,* einzeln oder zu vielen an Nadeln, Knospen oder an jungen Zweigen. Gegen Frost sind Lachnideneier unempfindlich. Sie brauchen ihn als Entwicklungsreiz (Böhmel und Jancke 1942).

Abb. 66. Stammutter der Grünen Tannenhoniglaus *Buchneria pectinatae* mit mehreren Töchtern, bewacht von *Formica rufa.* (Welchental ostwärts Freiburg/Brg.) (Foto: G. Oechsler)

Im Frühjahr schlüpfen aus den Eiern nur Weibchen, die *Stammütter* vieler Generationen. Wenn sie nach sechs bis acht Häutungen erwachsen sind, gebären sie — ohne vorangegangene Befruchtung — 10 bis 20 Junge (Abb. 66). Inmitten ihrer Töchter fallen die Stammütter meist als dunkler gefärbte »fette« Tiere auf.

Den ganzen Sommer über leben die Blattläuse als reine Weibergesellschaften, als *Jungfern,* unter denen kein einziges Männchen zu finden ist.

Jungfern sind auch die *geflügelten Tiere* (Abb. 67), die wir im Frühjahr und Sommer oft auf solchen Bäumen finden, deren Zweige und Äste dicht an dicht von vielen Altersstadien besetzt sind. Die Geflügelten verbreiten die Art über den ganzen Bestand. Mit ihren wieder ungeflügelten Nachkommen besiedeln sie bald alle Zweige der neuen Wirtsbäume.

Wer viele Geflügelte findet, der weiß, daß der Wald kurze Zeit später honigt — wenn das Wetter günstig ist und bleibt. Gegen Ende der Vegetationszeit erscheinen als letzte Generation *Geschlechtstiere,* Männchen und eierlegende Weibchen. Die Eierlegerinnen der Rindenlausarten erkennen wir an der weißen Wachskrause am vorletzten Hinterleibsring.

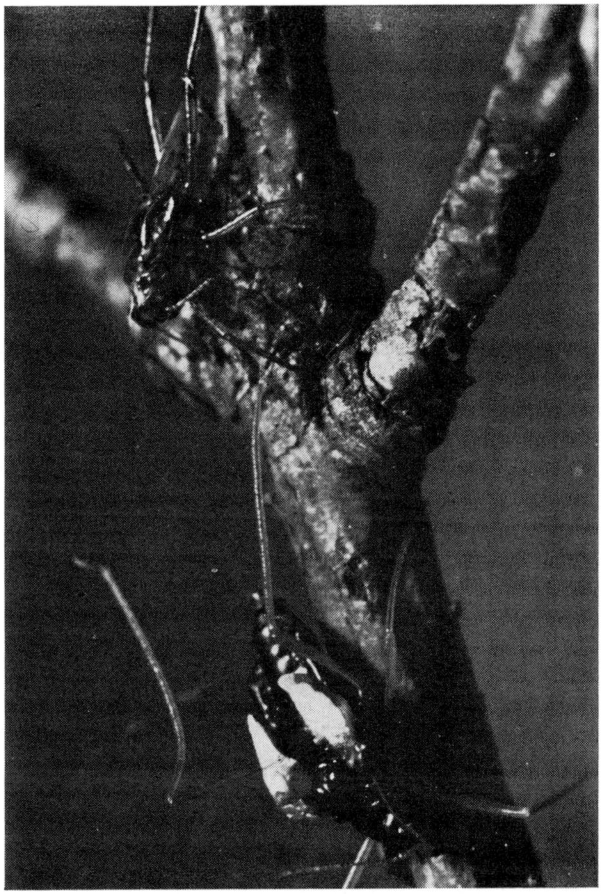

Abb. 67. Unten: Eben geschlüpfte geflügelte Jungfer der Großen schwarzen Fichtenrindenlaus *Mecinaria piceae;* die Flügel sind noch nicht entfaltet.

Oben: Die leere Nymphenhülle (Exuvie). (Wittental, ostwärts Freiburg/Brg.)

Wenn wir solche Tiere finden, bedeutet dies, daß keine weitere Generation mehr entsteht. Honigtau ist also nicht mehr zu erwarten.

Aber: Je mehr Eierlegerinnen im Herbst da sind, desto mehr Wintereier, desto mehr Stammütter gibt es im nächsten Jahr, desto günstiger sind die Voraussetzungen für ein gutes neues Waldhonigjahr. Der Grundstock für die Lachniden-Entwicklung des nächsten Jahres wird im wahrsten Sinne des Wortes im Jahr vorher gelegt: als Wintereier.

Die Vermehrungsfähigkeit der Läuse ist gewaltig. Eine einzige Stammmutter gebiert Dutzende von Töchtern, diese miteinander schon Tausende von Enkeln, und die wieder Zehntausende von Urenkeln. In der nächsten Generation gibt es schon Millionen, in der übernächsten Milliarden Nachkommen — wenn alle am Leben blieben. Dann wüchse die Familie einer einzigen Mutter auf 820 Billiarden Kinder und Kindeskinder — 820 mit 15 Nullen. Wenn jedes Tier nur ein Milligramm wiegt, dann hat die ganze

Gesellschaft ein Gewicht von 820 Millionen Tonnen (SCHUMANN), so viel, wie auf der Welt in drei Jahren an Weizen geerntet wird!

Über Vermehrung und Verbreitung der Lachniden im Wald hat in neuerer Zeit SCHELS berichtet. Es lohnt, seine Schriften zu lesen!

## 3 Entstehung des Honigtaus

In einem sind alle Pflanzensauger gleich: sie leben von Pflanzensäften, die allerhand Nährstoffe in gelöster, also leicht verdaulicher Form enthalten: Kohlenhydrate als Einfach- und Mehrfachzucker, Eiweißbausteine als Aminosäuren und Amide sowie Nährsalze.

Alle einheimischen Kräuter, Sträucher und Bäume werden von Sauginsekten befallen; auf allen Pflanzenteilen sitzen sie: auf Blättern oder Nadeln, an Blattstielen, an Früchten, Maitrieben, verholzten Zweigen, auf Ästen, am Stamm und an den Wurzeln. Die meisten Rhynchoten-Arten haben sich auf eine einzige Pflanzenart spezialisiert, nur wenige saugen gleichzeitig oder nacheinander auf verschiedenen Wirten.

Die meisten Pflanzenarten bewirten mehrere Saugerarten. Doch bevorzugt eine jede Art andere Teile derselben Pflanze. Auf den Nadeln der Fichte saugt die Grüne Fichtenröhrenlaus *Elatobium abietinum.* Auf Maitrieben lebt die Rotbraun bepuderte Rindenlaus *Cinara pilicornis,* an dünnen Zweigen die Stark bemehlte Rindenlaus *Lachniella costata.* An einjährigen Zweiggabeln finden wir die Quirlschildlaus *Physokermes,* an mehrjährigen Zweigen die Grüngestreiften Rindenläuse *Cinara cistata* und *C. viridescens.* Die Große schwarze Rindenlaus *Mecinaria piceae* saugt an Ästen und am Stamm. Während des Sommers finden wir an den Wurzeln die Grüngescheckte Rindenlaus *Cinara pruinosa* (WELLENSTEIN 1930, S. 765).

Pflanzensauger gewinnen auf drei Arten ihre Nahrung: Die einen saugen Pflanzenzellen oder Zellkomplexe aus. Manche zapfen die Wasserleitungsbahnen (das Xylem) an. Andere ziehen Saft aus den Siebröhren (dem Phloem).

Wer aus dem Xylem oder aus Zellen saugt, verbraucht sämtliche darin enthaltenen Nährstoffe. Alle wichtigen Honigtauerzeuger aber sind Phloem-Sauger (RAWITSCHER 1933). Sie trinken mit dem Siebröhrensaft viel mehr Zucker, als sie benötigen und scheiden deswegen den Überschuß in vielen Tröpfchen aus — eben als Honigtau.

Von den Stickstoffverbindungen des Siebröhrensaftes enthält der Honigtau etwa die Hälfte, von den Kohlenhydraten meist mehr als neun Zehntel. Organische Säuren und Vitamine stammen aus der Pflanze (LAMB 1959, ZIEGLER 1962), Fermente (EHRHARDT 1962, KLOFT 1960) und Bakterienhemmstoffe liefern meist die Sauginsekten.

In der Trockenmasse des Honigtaus kann man etwa ein Prozent Stickstoffverbindungen nachweisen, meist in Form der Eiweißbausteine Aminosäuren und Amide. Unter den Kohlenhydraten (über 90 Prozent der Trockensubstanz) gibt es auch Zucker, die nicht im Baumsaft vorhanden sind, weil die Pflanzensauger Zuckerstoffe spalten und andere daraus aufbauen (DUSPIVA, 1953).

**Tab. 3. Anzahl der Pflanzensauger-Arten auf einheimischen Nadel- und Laubbäumen**
(fette Zahlen: Bienenbesuch nachgewiesen, magere Zahlen: Bienenbesuch möglich)

| Holzart | Blattflöhe | Schildläuse | Blattläuse: Rindenläuse | Borstenläuse | Zierläuse | Röhrenläuse | Maskenläuse | Blasenläuse | gesamt |
|---|---|---|---|---|---|---|---|---|---|
| Fichte | | **2** 1 | **5** 1 | | | | | | **7** 2 |
| Kiefer, Latsche, Zirbelkiefer | | | **7** 9 | | | | | | **7** 9 |
| Lärche | | | **2** 1 | | | | | | **2** 1 |
| Tanne | | | **3** | | | | **1** | | **4** |
| Thuja, Lebensbaum | | **1** | **1** | | | | | | **2** |
| Wacholder | | | **1** 1 | | | | | | **1** 1 |
| Ahorne | | 1 | | **3** 5 | 1 | | | | **3** 7 |
| Birke | | | | | **3** 4 | | 1 | | **3** 5 |
| Eßkastanie | | | **1** | | **1** | | | | **2** |
| Eichen | | **2** | **2** | | **2** | | **1** | | **7** |
| Erle | 1 | | | | **1** 2 | | 1 | | **1** 4 |
| Esche | | | | | | | | **2** | **2** |
| Linde | | | | | **1** | | | | **1** |
| Obstbäume | **4** | | | | | **7** | | | **11** |
| Pappel | | | | **1** | | 1 | | | **1** 1 |
| Rotbuche | | | 1 | | **1** | | | | **1** 1 |
| Weiden | | | **1** | | | **1** 1 | | | **2** 1 |
| sonstige Laubhölzer | **2** | **1** 3 | | | **3** | | | **1** | **7** 3 |
| Bienenbesuch nachgewiesen | **6** | **6** | **23** | **4** | **12** | **8** | **2** | **3** | **64** |
| Bienenbesuch möglich | 1 | 5 | 13 | 5 | 7 | 2 | 2 | | 35 |
| Honigtautracht-erzeuger | **7** | **11** | **36** | **9** | **19** | **10** | **4** | **3** | **99** |

**Tab. 4 a. Wissenschaftliche Namen wichtiger Honigtauerzeuger auf Nadelbäumen**

| Nr. | heute gültige Namen | Holzarten | veraltete Namen |
|---|---|---|---|
| | **II Coccoida (Schildläuse)** | | |
| 1 | *Physokermes hemicryphus* Dalm. | Fichte | *Eulecanium hemicryphum* |
| 2 | *Physokermes piceae* Schrk. | Fichte | |
| 3 | *Eulecanium fletcheri* (Ckll.) | Thuja | *Eulecanium arion* (Ldgr.) |
| | **III Aphidina (Blattläuse)** | | |
| | Fam. **Lachnidae** | | |
| | Unterfam. **Cinarinae (Kienläuse)** | | |
| 4 | *Cinara pinea* (Mordv.) | Kiefer | *Lachnus pineti* Koch |
| 5 | *Cinara boerneri* HRL. | Lärche | *Cinara laricicola* CB. |
| 6 | *Cinara (Cinaropsis) pilicornis* (HTG). | Fichte | *Lachnus hyalinus* Koch |
| 7 | *Cinara (C.) cistata* (Bckt.) | Fichte | *Lachnus piceicola* Chol. |
| 8 | *Cinara (C.) viridescens* (Chol.) | Fichte | *Lachnus piceicola* var. *viridescens* Chol. |
| 9 | *Cinara (C.) pruinosa* (HTG.) | Fichte | *Lachnus bogdanowi* Mordv. |
| 10 | *Mecinaria (C.) piceae* Panz. | Fichte | *Lachnus grossus* Kalt. |
| 11 | *Cinaria laricis* (Walk.) CB. | Lärche | *Lachnus laricis* Chol. |
| 12 | *Buchneria pectinatae* (Nördl.) | Tanne | *Lachnus pichtae* Mordv. |
| 13 | *Laricaria kochiana* (CB.) | Lärche | *Lachnus laricis* Koch |
| 14 | *Todolachnus abieticola* (Chol.) | Tanne | *Lachnus abieticola* Chol. |
| 15 | *Todolachnus confinis* (Koch) | Tanne | *Lachnus confinis* Koch |
| 16 | *Cupressobium juniperi* (De G.) CB. | Wachold. | *Lachnus juniperi* Kalt. |

**Tab. 4 b. Honigtaukalender für Nadelbäume**

| Holzarten | Nr. | Namen der Honigtauerzeuger (Saugstellen) | Tracht zu erwarten im April | Mai | Juni | Juli | Aug. | Sept. | Okt. |
|---|---|---|---|---|---|---|---|---|---|
| Fichte | 2 | Große Fichtenquirlschildlaus (1 . . . 3jährige Zweige) | - Ameisen | = = = | Ei | | | | |
| | 1 | Kleine Fichtenquirlschildlaus (1 . . . 2jährige Zweige) | | = = | = = = | =Ei | | | |
| | 6 | Rotbraun gepuderte Fichtenrindenlaus (Maitriebe, manchmal 1jährige Triebe, Wipfel älterer Bäume) | - - - | XX = | =♀= | = =Ei | - - | | |

Zeichenerklärung s. Seite 165

**Tab. 4 b. Honigtaukalender für Nadelbäume** (Fortsetzung)

| Holzarten | Nr. | Namen der Honigtauerzeuger (Saugstellen) | Tracht zu erwarten im: April / Mai / Juni / Juli / Aug. / Sept. / Okt. |
|---|---|---|---|
| Fichte | 7/8 | Grüngestreifte Fichtenrindenläuse (stets ältere Zweige) | ----XX ===--- |
| | 10 | Große schwarze Fichtenrindenlaus (von 1 . . . 3jährigen Zweigen auf starke Äste und Stämme) | ----XXX ======----♀ Ei |
| | 9 | Grüngescheckte Fichtenrindenlaus (Zweige, Wurzeln) | ----wwwwwwWWWWwww---♀ Ei |
| Kiefer Latsche | 4 | Große braune Kiefernrindenlaus (benadelter Bereich, auch Maitriebe) | -----XXX=====-------- Ei |
| Lärche | 11 | Gefleckte, warzig-borstige Lärchenrindenlaus (glatte Rinde an vorjährigen und älteren Zweigen) | XX=== ====♀ Ei „Manna" |
| | 5 | Graubraune Lärchenrindenlaus (glatte Rinde zwischen Kurztrieben, dann an Langtrieben) | XX=========♀==Ei Melezitose-Honig |
| | 13 | Gr. Lärchenrindenlaus (Zweige, bis Stamm, Wurzeln) | -------==XX ? X ? X ? ♀ „Manna" |
| Tanne | 12 | Grüne Tannenhoniglaus (einzeln auf 2jährigen Zweigen) | ---------XXXX======= ♀ |
| | 14/15 | Große braunschwarze Tannenrindenläuse (Zweige, Stamm, Wurzeln) | XXX wwwwww==== ♀ Ei |
| Thuja | 3 | Lebensbaum-Napfschildlaus (Unterseite von Zweigen) | ====Ei |
| Wachold. | 16 | Wacholder-Rindenlaus (Zweige und Äste) | XXXXX=== Ei |

**Tab. 5 a. Wissenschaftliche Namen wichtiger Honigtauerzeuger auf Laubbäumen**

| Nr. | heute gültige Namen | Holz-arten | veraltete Namen |
|---|---|---|---|
| | **I Psyllina (Blattflöhe)** | | |
| 17 | *Psylla mali* Schmidb. | Apfel | |
| 18 | *Psylla piri* L. | Birne | |
| 19 | *Psylla piricola* Först. | Birne | |
| 20 | *Psylla pyrisuga* Först. | Birne | |
| 21 | *Psylla ulmi* Först. | Ulme | |
| | **II Coccoidea (Schildläuse)** | | |
| 22 | *Kermes quercus* (L.) | Eiche | |
| 23 | *Eulecanium rufulum* (Ckll.) | Eiche | |
| | **III Aphidina (Blattläuse)** Fam. **Lachnidae,** Unterfam. **Lachninae (Laubholzrindenläuse)** | | |
| 24 | *Tuberolachnus salignus* (Gmel.) Mordv. | Weide | *Lachnus punctatus* Burm. |
| 25 | *Schizodryobius pallipes* (HTG.) | Buche | *Lachnus exsiccator* Altum |
| 26 | *Schizodryobius longirostris* (Mordv.) | Eiche | *Pterochlorus roboris* var. *longirostris* Mordv. |
| 27 | *Lachnus roboris* (L.) | Eiche | *Pterochlorus roboris* Mordv. |
| 28 | *Lachnus longipes* (Dufour) | Kast. | |
| | Fam. **Chaitophoridae (Borstenläuse)** | | |
| 29 | *Chaetophorella aceris* (L.) CB. | Ahorn | |
| 30 | *Periphyllus villosus* (HTG.) | Ahorn | |
| | Fam. **Callaphididae (Zierläuse)** | | |
| 31 | *Symydobius oblongus* (v. Heyd.) | Birke | |
| 32 | *Betacallis comes* (Walk.) | Birke | |
| 33 | *Phyllaphis fagi* (L.) | Buche | |
| 34 | *Myzocallis castanicola* Bak. | Kast. | |
| 35 | *Tuberculoides annulatus* HTG. | Eiche | |
| 36 | *Tuberculoides querceus* (Kalt.) | Eiche | |
| 37 | *Eucallipterus tiliae* (L.) | Linde | *Callipterus tiliae* Koch |
| | Fam. **Aphididae (Röhrenläuse)** | | |
| 38 | *Pterocomma salicis* (L.) | Weide | *Melanoxanthus salicis* Bckt. |
| 39 | *Aphis pomi* De G. | Apfel | |
| | Fam. **Thelaxidae (Maskenläuse)** | | |
| 40 | *Thelaxes dryophila* (Schrk.) | Eiche | *Vacuna dryophila* |

**Tab. 5 b. Honigtaukalender für Laubbäume**

| Holzarten | | Namen der Honigtauerzeuger (Saugstellen) | Tracht zu erwarten im April | Mai | Juni | Juli | Aug. | Sept. | Okt. |
|---|---|---|---|---|---|---|---|---|---|
| Ahorn | 29 | Norwegische Ahornborstenlaus (Blattunterseite) | XXX | ==== | ==== | ==== | | ♀ | |
| | 30 | Europäische Ahornborstenlaus (Blütenstände, Blätter) | | ==== | ==== | | | ==♀ | |
| Birke | 31/32 | Braune und Schmale braune Birkenrinden-Zierläuse (verholzte Zweige) | | | ==== Ameisen | ==== Ameisen | ==== Ameisen | | Ei |
| Eßkastanie | 28 | Eßkastanien-Rindenlaus (1jähriges und älteres Holz, Stockausschläge) | | | =+ | | | | |
| | 34 | Eßkastanien-Zierlaus (Blattunterseite, Blüten) | | | == | | | | |
| Eiche | 22 | Eichenstamm-Schildlaus (Borkenrisse am Stamm, selten an Ästen) | ==== | ==== | ==== Ei | | | | |
| | 23 | Eichen-Napfschildlaus (dicht auf jüngeren Zweigen) | -- | ==== | --Ei | | | | |
| | 40 | Eichen-Maskenlaus (Knospen, Triebspitzen, Blattstiele, Blattrippen) | | ==== | ==== | ==== | | | |
| | 27 | Braunschwarze Eichenrindenlaus (Zweige, Äste) | --X | ==== | ==== | ==== | ==== | ♀ | Ei |
| | 26 | Schwarzglänzende Eichenrindenlaus (Zweige, Äste) | Ameisen | Ameisen | === | Ameisen | Ameisen | | Ei |
| | 35/36 | Eichenzierläuse (Blätter) | | | ==== | ==== | ==== | | |
| Linde | 37 | Gelbe Lindenzierlaus | | | ==== | ==== | ==== | ==== | |
| Apfel | 17 | Apfelblattfloh-Larven (Triebe, Blätter) | ==== | ==== | | | | | |
| | 39 | Grüne Apfelblattlaus | | === | | | | | |
| Birne | t8-20 | Birnenblattflöhe (Knospen, Stengel, Blätter) | | | ==== | ==== | | | |

**Tab. 5 b. Honigtaukalender für Laubbäume** (Fortsetzung)

| Holzarten | Nr. | Namen der Honigtauerzeuger (Saugstellen) | Tracht zu erwarten im April | Mai | Juni | Juli | Aug. | Sept. | Okt. |
|---|---|---|---|---|---|---|---|---|---|
| Rotbuche | 25 | Buchenrindenlaus (mehrjährige Zweige, Krone) | - | A m | e | i s | e | n - | Ei |
| | 33 | Wollige Buchenzierlaus (Mittelrippen der Blätter) | | = = = | = : = | XXX- - | | ♀ | |
| Ulme | 21 | Ulmenblattfloh | | = = = | | | | | |
| Weide | 24 | Große Weidenrindenlaus (jüngere Zweige) | | | | | = = = = | = = = | |
| | 38 | Bunte Weidenröhrenlaus | | = = = | XXXX | | = = = | = = = | Ei |

Die Tabellen 3, 4 und 5 wurden unter Verwendung der Angaben im „Waldhonigbuch" (1965) zusammengestellt.

Im Freiland finden wir viele Sauginsekten, die für die Tautracht nichts taugen. Alle Zell- und Wasserleitungssauger geben keinen oder nur sehr wenig Honigtau. Über 500 Arten Röhrenläuse auf Kräutern bieten zu wenig, als daß sie unsere Bienen locken könnten.

Wenn wir allerdings überall recht viele dieser »nichtsnutzigen« Pflanzensauger entdecken, dann ist ein gutes Läusejahr, und wir können hoffen, daß auch diejenigen in Massen erscheinen, die wir suchen: eben die Rinden-, Blatt- und Schildläuse auf Nadel- und Laubbäumen im Wald, in Parkanlagen und an den Alleen.

Für Bienen nutzbare Honigtautrachten können 99 Arten von Pflanzensaugern hervorrufen, nämlich (nach »Waldhonigbuch«)

7 Blattflöhe
11 Schildläuse (von etwa 70 einheimischen Arten)
81 Blattläuse (von etwa 800 einheimischen Arten).

Für zwei Drittel dieser Arten wurde Bienenbesuch bereits nachgewiesen. Die anderen erzeugen so viel Honigtau, daß Bienenbesuch möglich und zu erwarten ist (Lit. im »Waldhonigbuch«).

Meist sitzen auf einer Holzart, oft auf demselben Baum, mehrere verschiedene Lausarten, die in Koproduktion zur selben Zeit oder nacheinander honigen.

Die Honigtauerzeuger auf Nadelbäumen gehören meist zu den Rindenläusen (Lachniden), die auf Laubbäumen meist zu den Zierläusen; Tautrachten auf Obstbäumen stammen von Blattflöhen und Röhrenläusen (Tab. 3).

## 4 Tautrachtkalender

Blumen gibt es das ganze Jahr über — aber jede Art blüht zu ihrer Zeit; einige nur während weniger Tage, andere wochenlang. Jeder Monat bietet Nektar und Pollen, als Imkerfreude oder als Läppertracht, ganz danach, was blüht und wieviel. Für die Erzeuger der Tautracht gilt gleiches.

Immer gibt es irgendwo im Wald Pflanzensauger, und jede Art vermehrt und verbreitet sich zu ihrer Zeit. Tautrachten können wir auf allen Bäumen des Waldes erhoffen; in jedem Monat nach einem jährlich wiederkehrenden *Tautrachtkalender* (Tab. 4 und 5). Der Kalender zeigt, in welchen Monaten einige wichtige Honigtauerzeuger auf Nadel- und Laubbäumen besonders häufig sind (===), wann sich Blattläuse mit geflügelten Jungfern verbreiten (×××) und wann wir die ersten Eierlegerinnen (♀) und die ersten Wintereier (Ei) finden können. Einige Arten »arbeiten« vorwiegend für Ameisen, besonders dann, wenn sie an den Wurzeln ihrer Wirtsbäume leben (www).

Immer wiederkehrende Frühtrachten im Fichtenwald verdanken wir den Lecanien, berühmte Spättrachten der Massenvermehrung der grünen und der schwarzbraunen Tannenrindenläuse.

Aber auch jede andere Art vermag gewaltige Tautrachten zu erzeugen, wenn Standort und Wetter so günstig sind, daß auf vielen Wirtsbäumen Millionen von »Zapfhähnen« heranwachsen können.

Die von einer einzigen Art erzeugten Tautrachten dauern meist nur kurze Zeit. Länger, aber oft weniger ergiebig honigt der Wald, wenn mehrere Läusearten — auf einer oder auf verschiedenen Baumarten — einander ablösen.

## 5 Die Honigtauerzeuger in der Lebensgemeinschaft des Waldes

Waldhonig ist ein Erzeugnis der Produktions- und Verbrauchsgenossenschaft Wald. Alle Mitglieder der Gemeinschaft, Tiere und Pflanzen, sind an den *Standort,* das *Klima* und das wechselhafte *Wetter* angepaßt; Pflanzensauger und ihre Wirtsbäume leben zusammen mit den *anderen Wesen* des Waldes, miteinander, füreinander — aber auch gegeneinander.

Nur wer die Zusammenhänge kennt, versteht vieles, was dem anderen um Honigtau und Pflanzensauger rätselhaft erscheint.

Wärme und Luftfeuchtigkeit bestimmen, wie rasch die Schnabelkerfe wachsen und sich vermehren. Kälte hemmt die Entwicklung. Spätfröste, Schlagregen und Hagel vernichten viele Blattläuse; Schildläuse sind weniger empfindlich dagegen.

Im Tal und an Waldrändern nach Süden gedeihen alle früher und rascher als im Gebirge, an Nordrändern oder in Frostlöchern.

Jede Pflanzensaugerart hat sich auf eine bestimmte Holzart eingerichtet, und weil dort noch andere leben wollen, saugt jede an anderem Ort oder zu einer anderen Jahreszeit. Feinde, wie Schlupfwespen, Schwebfliegen, Marienkäfer und Vögel, dezimieren den Bestand, Ameisen hegen ihn.

Abb. 68. Große Kolonie der Grüngestreiften Fichtenrindenlaus *Cinara cistata* am Stamm einer jungen Fichte. Unter den erwachsenen Stammüttern sitzen dicht gedrängt die Jungen der nächsten Generation. Starker Ameisenbesuch *(Formica polyctena)*. (Roter Hau Ringingen, Forstamt Ehingen/Donau)

Zeiten guten Wetters und reichlicher Nahrung nutzen die Pflanzensauger mit gewaltiger Vermehrung (Abb. 68); robuste Überlebensformen erhalten die Arten über Kälte-, Dürre- und Hungerzeiten.

Offenbar hat jede Art von Honigtauerzeugern ihren eigenen Lebensrhythmus. Jede nutzt andere Gelegenheiten, und was für die eine günstige Lebensbedingungen sind, ist für die andere anscheinend nicht gut genug. Und jede wird auf ihre Weise mit den Widerwärtigkeiten des Daseins fertig.

Was im Leben der Pflanzensauger oft als kunterbuntes Durcheinander erscheint, ist in Wirklichkeit raffiniertes Angepaßtsein, zu dem nicht nur die Klima-, Standort- und Ernährungsbedingungen zwingen, sondern auch die Konkurrenz.

Als erste Sauginsekten des Jahres erscheinen die Schildläuse, denn sie erleben den neuen Frühling als Junglarven. Die Blattläuse aber überwintern als Eier an Knospen, Nadeln, Zweigen oder Ästen, einzeln, in kleinen oder großen Gruppen (Tab. 6, Abb. 69, 70). Von den Massengelegen lassen Singvögel, Schimmelpilze und Mäuse oft nur wenige Eier übrig; die einzeln abgelegten bleiben meist unbehelligt.

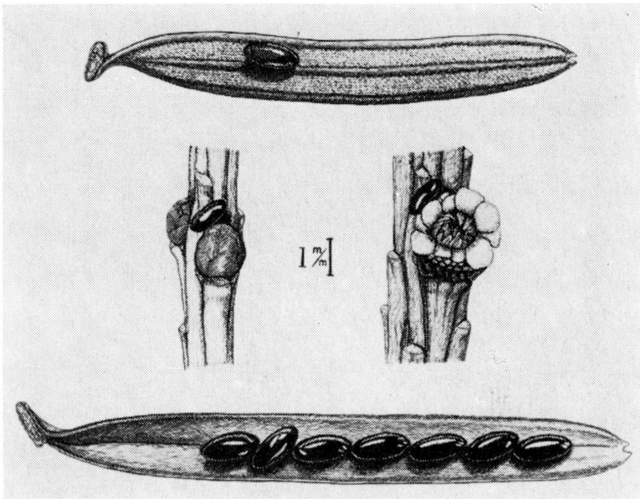

Abb. 69. Eigelege von Lachniden. Oben: Ei der Grünen Tannenhoniglaus *Buchneria pectinatae* auf der Unterseite einer Tannennadel. Mitte: Eier der Lärchenrindenlaus *Cinaria laricis* an Knospen. Unten: Eizeile der Schwarzbraunen Tannenrindenlaus *Todolachnus confinis* auf der Oberseite einer Tannennadel. (Zeichnung: R. GAUSS)

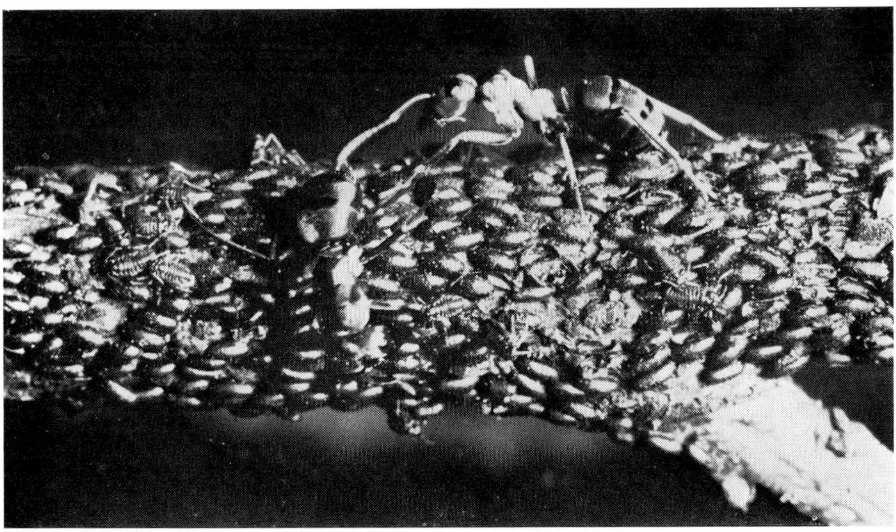

Abb. 70 Massengelege der Eichenrindenlaus *Lachnus roboris* mit frisch geschlüpften Stammüttern und Ameisenwächtern *(F. polyctena)*. (Roter Hau Ringingen, Forstamt Ehingen/Donau)

**Tab. 6. Wintereier einiger Aphidenarten**

(Angaben von G. WELLENSTEIN 1930, G. OECHSLER in Arbeitsbericht an die DFG 1962, 1963, sowie eigene Beobachtungen)

| Blattlaus | Holzart | Gelegegröße | abgelegt an | Verluste während des Winters |
|---|---|---|---|---|
| *Cinara pruinosa* | Fichte | einzelne Eier | Nadeln, meist Unterseite | |
| *Cinara cistata* | Fichte | einzelne Eier und Zeilen | Nadeln, meist Unterseite | 24 % |
| *Mecinaria piceae* | Fichte | 5 bis 15 Eier in Gruppen | Nadeln, meist Basis | |
| *Buchneria pectinatae* | Tanne | einzelne Eier | Nadeln, Ober- und Unterseite | 3 bis 20 % |
| *Todolachnus confinis* | Tanne | 4 bis 12 Eier in Zeile | Nadeln, Oberseite | |
| *Cinara pinea* | Kiefer | einzelne Eier oder Zeilen zu 2 bis 5 | Innenseite der Nadeln | 14 bis 17 % |
| *Cinaria laricis* | Lärche | einzelne Eier<br>kleine Gruppen | Nadeln<br>Knospen, Rindenschuppen | |
| *Pterocomma salicis* | Weide | 5 bis 8 Eier und mehr | Knospenachseln<br>Rindenrissen und Astgabeln | 20 bis 55 % |
| *Symydobius oblongus* | Birke | 10 bis 20 Eier und mehr | Knospenachseln<br>Rindenrissen und Astgabeln | gering |
| *Lachnus roboris* | Eiche | 50 bis 2000 | freistehenden Zeigen | 52 bis 93 . . . 100 % |
| *Schizodryobius pallipes* | Buche | mehrere hundert Eier | Vertiefungen in der Rinde, Astgabeln, Wunden | bis 95 % |

Mit dem Schlüpfen warten die Stammütter, bis es draußen für ihre Art warm genug geworden ist. SCHEURER (1964) zählt die Tagesmitteltemperaturen von Beginn der Schneeglöckchenblüte an zusammen. Wenn die Summe 40 bis 50 Grad Celsius erreicht hat, dann schlüpft die Rotbraun bepuderte Fichtenrindenlaus *Cinara pilicornis*, bei 50 Grad Celsius die Stark bemehlte *Lachniella costata*. 55 bis 60 Grad Celsius braucht die Grüngescheckte *Cinara pruinosa* und 70 bis 80 Grad Celsius die Große schwarze Fichtenrindenlaus *Mecinaria piceae*.

Je wärmer die Tage nach dem Schlüpfen sind, desto schneller wachsen die Stammütter heran, desto schneller folgen die Tochtergenerationen.

Die ersten Tautrachten entstehen, wenn die Schildläuse erwachsen sind. Zur selben Zeit und gleich danach haben sich Blatt- und Rindensauger auf Laubbäumen zu Massen vermehrt und honigen. Unter den Nadelholz-Lachniden sind die Kiefernrindenläuse die ersten. Weil von den zahlreichen, im Herbst abgelegten Eiern über den Winter nur wenige verloren gegangen sind, beginnen sie das neue Jahr mit vielen Stammüttern. Sie schlüpfen schon im zeitigen Frühling und vermehren sich rasch, denn dort, wo die Kiefer heimisch ist, sind die nötigen Temperatursummen schnell erreicht.

Bis in den Mai hängt es hauptsächlich vom Wetter ab, wie die Lauskolonien gedeihen. Über ihr weiteres Schicksal aber entscheidet auch der Wirtsbaum.

Waldbäume bieten den Pflanzensaugern zweimal im Jahr günstige Lebensbedingungen, nämlich im Frühjahr zur Zeit der Maitriebe und gegen Herbst, wenn die Spättriebe, die Knospen für das nächste Jahr und die Früchte reifen. Dann führt der Siebröhrensaft so viele lösliche Eiweißbausteine, daß die Blattläuse rasch wachsen und sich zu Massen vermehren können (BONNEMAISON 1951, vgl. KÖNIG 1967).

Indessen nützen nicht alle Arten von Pflanzensaugern beide Möglichkeiten.

Erwachsene Schildläuse gibt es nur im Frühjahr. Ebenfalls nur in dieser Zeit finden wir die Rotbraun bepuderte Fichtenrindenlaus *Cinara pilicornis*. Andere Rindenläuse dagegen sind im Spätsommer besonders häufig, so die Buchenrindenlaus *Schizodryobius pallipes* und die Tannenrindenläuse *Buchneria pectinatae, Todolachnus abieticola* und *T. confinis*.

Die Hochsommermonate, in denen die Eiweißnahrung im Siebröhrensaft der Zweige knapp ist, übersteht jede Saugerart auf ihre Weise.

Einige überdauern als Ruheformen: Borstenläuse bilden Ruhelarven, aus denen erst im Spätsommer wieder saugende Insekten werden. Schildläuse legen Eier, aus denen erst im Spätjahr die Junglarven schlüpfen.

*Cinara pilicornis* lehnt jede aktive Beteiligung ab, wenn die Maitriebe verholzt sind, auf denen sie lebt. Sie legt Eier, die gleich den ganzen Rest des Jahres und den Winter in einem überdauern.

Viele Röhrenläuse siedeln auf krautige Pflanzen über. Manche Lachniden *Cinara pruinosa, Laricaria kochiana, Todolachnus abieticola* und *T. confinis)* wandern an die Wurzeln ihrer Wirtsbäume, andere an Wasserschosse und Schattentriebe.

Die Große schwarze Fichtenrindenlaus *Mecinaria piceae* und die Lärchenrindenlaus *Cinaria laricis* finden an starken Ästen und an Stämmen so viel Nahrung, daß sie gerade während der Hochsommermonate große Kolonien bilden und beachtliche Tautrachten erzeugen können.

Als Nahrungsspezialisten sind die Schnabelkerfe auf die Nährstoffe angewiesen, die ihnen ihre Wirtspflanzen liefern. Aber jeder Baum kann nur eine beschränkte Anzahl von ihnen ernähren.

Mäßig starke Kolonien versorgt er über lange Zeit, oft über Jahre nacheinander. Sehr viele Läuse aber überfordern ihren Wirt. Sie sind indessen keineswegs des Baumes Tod, denn die Läusegesellschaft richtet sich selber zugrunde, wenn sie mehr saugen will, als ihr der Baum geben mag.

Die meisten Erwachsenen verhungern oder verlaufen sich, wenn sie nach Johannistrieben oder Wasserschossen suchen, auf denen sie noch saugen könnten. Den Halbwüchsigen aber wachsen mit den letzten Häutungen vor lauter Hunger Flügel (Abb. 67) und tüchtige Augen. Sie verlassen auf dem Luftweg die ungastlich gewordene Stätte, und manche von ihnen finden vielleicht gleich nebenan, etliche hundert Meter oder auch ein paar Kilometer weit weg neue, noch unbesiedelte Wohnbäume.

Die Verluste während dieser Völkerwanderung sind groß. Aber dabei werden — oft nur von einem einzigen Baum aus — zahlreiche, verstreut liegende Stellen im Wald frisch besiedelt. In kurzer Zeit vermehren sich die Läuse auf den neu befallenen Bäumen zu Massen — aber auch hier wieder nur so lange, wie die Nahrung reicht.

Am neuen Wohnort wurden Kolonien der Braunen Birkenrindenzierlaus um so größer, je früher sie gegründet wurden. Aber je mehr Läuse im Sommer saugten, desto weniger Geschlechtstiere entstanden im Herbst. Wintereier fanden wir nur auf solchen Bäumen, die im Sommer nur schwach besiedelt waren oder erst spät befallen wurden (Müller, 1960).

Im Kiefernwald waren stark verlauste Bäume im nächsten Jahr meist lausfrei. Die Rindenläuse saßen dafür auf anderen Bäumen, die sich im Jahr vorher schonen konnten (Abb. 71). Offenbar können nur besonders kräftige Bäume den ganzen Frühling und den ganzen Sommer über Unmengen von Blattläusen ernähren und ihnen im Herbst dazu auch noch Kraftfutter zum Eierlegen bieten.

Aber die vielen Fichten im Fichtenwald, die Kiefern im Kiefernwald, die einzelnen jeder Holzart sorgen im Laufe des Jahres umschichtig für die Ernährung »ihrer« Honigtauerzeuger: einige jeder Art sind die Wirte für die Massenvermehrung im Frühjahr. Andere der selben Art lassen die Sommer- und Herbstgenerationen leben; etliche übernehmen die Läusegesellschaft als Wintereier in die nächste Saison. Viele beherbergen das ganze Jahr über nur ein paar oder gar keine Pflanzensauger.

Im nächsten Jahr werden die Rollen getauscht. Für den einzelnen Baum wechseln Perioden starken Befalls mit Schonzeiten ab. Wieviele Nährstoffe er an die Honigtauerzeuger abgeben kann, richtet sich nach seiner Konstitution; auch im Wald stehen kraft- und saftstrotzende Burschen neben unterdrückten Schwächlingen.

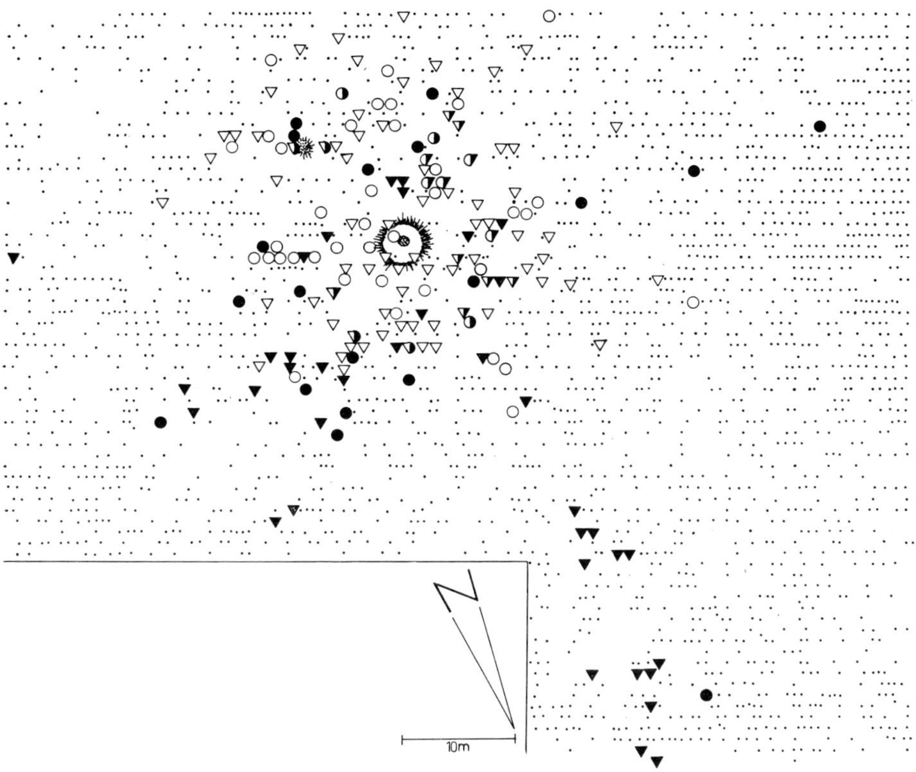


Abb. 71. Lachnidenkiefern im Sammelgebiet des Ameisenvolkes VI *(F. polyctena)*.
Schwarze Zeichen = 1954 besuchte Bäume,
weiße Zeichen = 1955 besuchte Bäume.
Kreise = starker Ameisenbesuch (10 und mehr je m Stammlänge),
Dreiecke = schwacher Ameisenbesuch (9 und weniger je m).
(Kammerforst Graben, Forstamt Bruchsal)

Der Wald als Ganzes bietet während der gesamten Trachtzeit Honigtau an; er tropft aber zu Anfang von anderen Bäumen als gegen Ende.

Während kleiner Trachten sind nur wenige Bäume stark verlaust, und viele bleiben als »Reservetruppe für den nächsten Einsatz« geschont. Während klotziger Trachten aber schaffen alle mit, und danach brauchen alle ein Jahr oder länger Ruhe. Im Tannenwald gibt es nach solcher Ruhezeit meist eine gewaltige Sommertracht. Beginnt sie spät, dann bringen die Lachniden auf den geschonten Bäumen so viele Wintereier hervor, daß die nächste Saison mit hohem Einsatz beginnt und deswegen frühe Tannentracht bringt. Aber dann folgt auf ein fettes Jahr ein mageres, unweigerlich auch dann, wenn das Honigen bis in den Herbst hinein anhält (RIHAR, 1958). Das ist gar nicht anders zu erwarten, denn die vielen Läuse haben im ganzen Wald so viel gesaugt, daß die wenigen übriggebliebenen Nährstoffe für die nächste Zeit eben nur für den eisernen Bestand ausreichen.

Monokulturen bringen deshalb so gute Waldhonigernten, weil sich dort die Lachniden — die ja immer nur auf der selben Holzart leben können — sicher, schnell und gründlich verbreiten können. Aber genauso sicher sind die tautrachtlosen Zeiten.

In Mischwäldern rechnen wir mit den Pflanzensaugern auf einigen Holzarten. Auf keiner ist das Honigtauangebot so konzentriert wie in den entsprechenden Reinbeständen. Aber wenn die eine versagt, bleibt immer noch die Hoffnung auf die anderen. Auch kleine Wäldchen, sogar Einzelbäume können viel bieten. Ein Imker in Stockach (Baden) erntet auf dem Heimatstand regelmäßig reinen Tannenhonig. Der stammt — grad über die Straße auf dem Friedhof — von zwei 35 m hohen Weißtannen, den einzigen Waldbäumen weit und breit.

## 6 Ameisen und Honigtauerzeuger

Als Futter für die Lebewesen des Waldes ist der Honigtau weit wichtiger, als meist angenommen wird. Mehr als 240 Insektenarten leben von Honigtau, zwei Drittel davon sind Nützlinge (Zoebelein 1956). Viele leben länger und legen mehr Eier, wenn sie mit Honigtau gefüttert wurden. Für einige Ameisenarten ist er ein wichtiger Bestandteil der Nahrung (Nixon 1951). Völker der nützlichen hügelbauenden Waldameisen (*Formica-rufa*-Gruppe, Lange 1958) sammeln jeden Sommer 20 bis mehrere hundert Kilogramm Honigtau ein (Oekland 1930, Wellenstein 1928, 1952, Müller 1960), ungefähr doppelt so viel wie erbeutete Insekten.

Starke Völker der Kahlrückigen roten Waldameise *Formica polyctena* Först. vernichten in ihrem Jagdbereich allerhand Waldungeziefer. Aber noch stärker beeinflussen die Ameisen die Populationsdichte der für sie lebensnotwendigen Pflanzensauger. Sie hegen an die 70 verschiedene Arten von Honigtauerzeugern (Wellenstein 1952), besonders intensiv aber jene, die wegen ihrer großen Produktion auch für die Bienenweide wichtig werden. Fast ausschließlich für die Ameisen liefern nur wenige Arten, so *Cinara pruinosa*, die Buchenrindenlaus *Schizodryobius pallipes* und die Große Eichenborkenlaus *Stomaphis quercus* (L.). Der Honigtau der Großen Fichtenquirlschildlaus *Physokermes piceae* kommt nur deswegen hauptsächlich den Ameisen zugute, weil sie honigt, wenn die Bienen mit reichhaltiger Blütentracht beschäftigt sind.

Unter dem Schutz der Ameisen (Abb. 72, 73) bringen auch einzelne Blattlaus-Stammütter fast unwahrscheinlich viele Nachkommen hervor. 60 bis 70 Waldameisen bewachten im April 1955 auf einer mannshohen Lärche eine einzige *Cinaria laricis*, die Stammutter einer Bevölkerung, die im Sommer Zweige und Stämmchen fast lückenlos bedeckte. Blattläuse scheiden dreimal so viel Honigtautropfen wie üblich aus, wenn Ameisen sie durch dauerndes Betrillern mit den Fühlern dazu veranlassen (Herzig 1937), und vielleicht nehmen sie dadurch entsprechend mehr Nahrungsstoffe auf.

Kolonien der Braunen Birkenrindenzierlaus *Symydobius* bleiben nur dann erhalten, wenn Ameisen dauernd den Honigtau absammeln. Ohne

Abb. 72. Waldameisen *(F. polyctena)* bewachen eben geschlüpfte Stammütter der Bunten Weidenröhrenlaus *Pterocomma salicis.* Links in einer Zweigwunde leere Eihüllen. (Hitzbüsch bei Steiningen, Forstamt Daun/Eifel)

Abb. 73. Ameisenwächter *(F. polyctena)* bei Eierlegerinnen (= letzte Generation) der Bunten Weidenröhrenlaus *Pterocomma salicis* — Anfang November. (Hitzbüsch bei Steiningen, Forstamt Daun/Eifel)

diese Hilfe ertrinken sie in ihren eigenen Ausscheidungen. In den Sommermonaten graben die Ameisen an den Wurzeln von Fichten und Tannen (WELLENSTEIN 1929, 1930), auch an Kiefern, Rotbuchen und Lärchen Kammern, in die wegen Nahrungsmangel abbaumende Lachniden einwandern oder von den Ameisen hineingetragen werden. In diesen Wurzellausställen sind die Läuse hervorragend vor Feinden und gegen Trockenheit geschützt.

Außerdem scheinen die Waldameisen Lachniden auch in ihren Nestern zu halten. In der Nähe von Wächtersbach (Hessen) und bei Krauchenwies (Südwürttemberg) wandern alljährlich im Mai Tausende von Grüngescheckten Rindenläusen *(Cinara pruinosa)* aus den Öffnungen der Ameisenburgen auf die benachbarten Fichten.

In der Umgebung von Ameisennestern, gleichgültig, ob sie alt und groß oder jung und noch klein sind, finden wir stets viel mehr — durchschnittlich 10- bis 20mal, sogar bis zu 100mal mehr — honigtauerzeugende Baumläuse als sonst im Wald (WELLENSTEIN 1929, WELLENSTEIN u. Mitarb. 1957, MÜLLER 1960). Sogar in ausgesprochen schlechten Lausjahren fanden wir in der Nähe von Ameisennestern viele Baumläuse, denn die Ameisenhege gleicht manches aus, was das Wetter geschadet hat. Wie viele Pflanzensauger der Wald in guten Jahren beherbergen mag, läßt sich nicht einmal schätzen.

Wir konnten jedoch berechnen, wieviel Honigtau Ameisenreviere bieten. Als Beispiel diene ein 130 Jahre alter Mischwald in der Südpfalz (Abb. 74). Mitte August 1955 waren im Sammelgebiet der Völker 19 und 20 dauernd fast eine halbe Million Ameisen unterwegs zum Lausbesuch (MÜLLER 1960).

Von 96 Kiefern, 69 Rotbuchen und 29 Eichen, Hainbuchen und Linden trugen die Ameisen in der Vegetationsperiode 1955 — in einem guten Honigtaujahr — 4800 Liter Honigtau in ihre Nester. Das entspricht etwa 20 Zentnersäcken voll Zucker.

Vergleichswerte für ameisenfreien, gleichartigen Wald fehlen. Aber für Fichtenwald schätzt ZWÖLFER (1949), daß dort auf dem Hektar jährlich bis zu 400 Liter Honigtau tropfen. Wenn man ausnahmsweise einmal Wald gleich Wald setzt, dann haben die Pfälzer Ameisen in ihrem Revier reichlich fünfmal so viel Honigtau *geerntet,* wie in einem ameisenfreien Wald überhaupt entstehen kann.

Was liegt näher, als zu versuchen, unsere Bienen im Ameisenwald auch fünfmal so viel ernten zu lassen als sonstwo im Busch! Es fragt sich nur, ob die Millionen von Ameisen, die einen solchen Wald richtig überschwemmen, für andere Honigtausammler überhaupt noch etwas übrig lassen (vgl. BUCHNER 1959).

Oft findet man auch unter stark belaufenen Bäumen kräftige Honigtauspritzer. In einem solchen Baum — einer 3 m hohen Kiefer neben einem *Formica-nigricans*-Nest — haben wir unter den Kolonien der *Cinara pinea* Glasplatten waagerecht aufgehängt. Alle zwei Stunden wurden die darauf abgetropften Honigtauspritzer, die Lachniden jeder Kontrollstelle und die bei ihnen sitzenden Ameisen gezählt.

Wieviel Honigtau die Lachniden erzeugen, mußte auf den Platten unter solchen Kolonien zu sehen sein, von denen Leimringe die Ameisen fern-

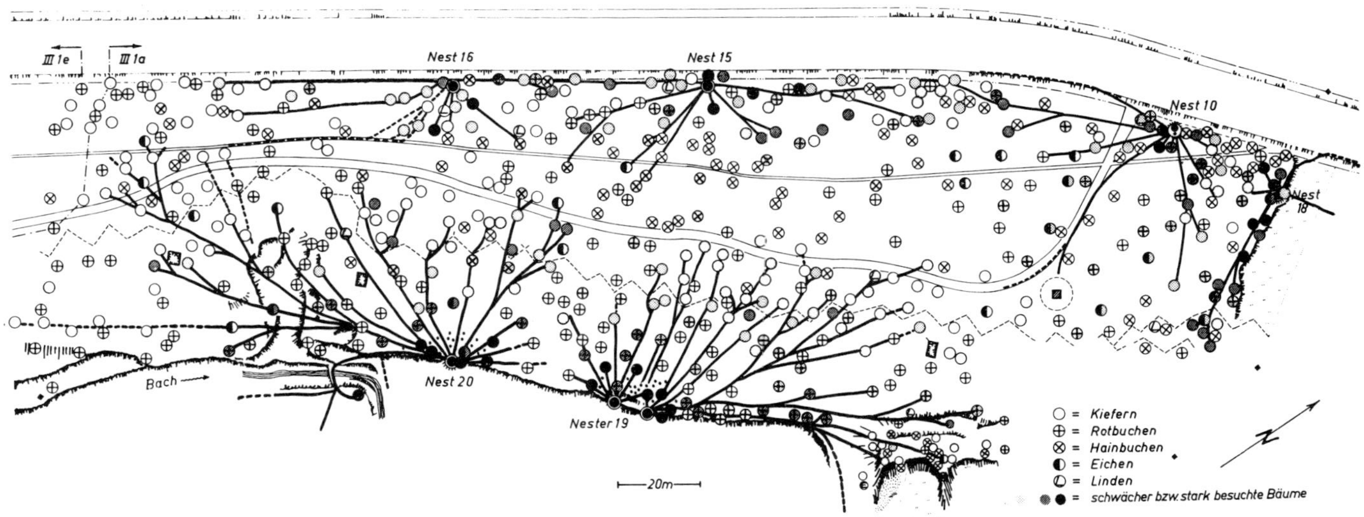


Abb. 74. Waldtrachtstation Römerstraße (Jockgrim/Pfalz, Forstamt Kandel-Süd). Teil einer Kolonie der *Formica polyctena;* dicke schwarze Linien = Ameisenstraßen. Viereck im gestrichelten Kreis südostwärts von Nest 10 = Waagstockhaus.

Lausbäume 1958.

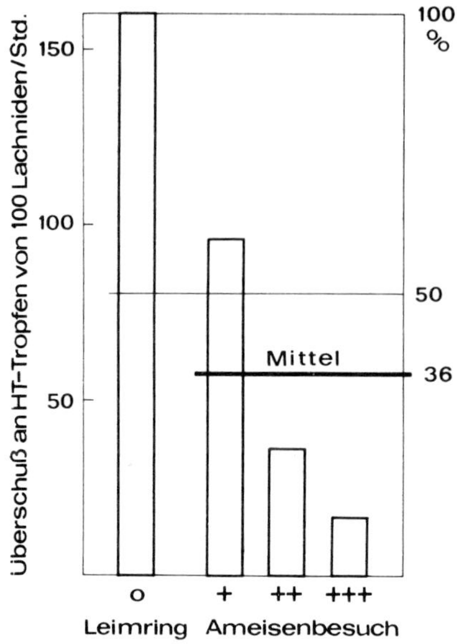


Abb. 75. Überschuß an Honigtautropfen bei verschieden starkem Ameisenbesuch. Kiefer mit *Cinara pinea* bei *Formica-nigricans*-Nest. (Wittental, ostwärts Freiburg/Brg.)

hielten (Abb. 75 erste Säule, 160 Tropfen je Stunde von 100 Lachniden). Weniger tropfte aus den von Ameisen besuchten Rindenlausherden; aber selbst viele Ameisen (+++) konnten nicht sämtlichen Honigtau aufnehmen. Von der Produktion der von Ameisen mehr oder weniger stark besuchten Lachnidenkolonien blieb im Durchschnitt noch ein gutes Drittel übrig.

Die von den Ameisen geschützten Rindenlauskolonien sind mindestens zehnmal stärker als sonst im Wald. In unserem Beispiel ist also die Menge des Honigtaus, den die Ameisen nicht nutzen, immer noch dreimal größer als die gesamte Produktion »normaler« Lachnidenbevölkerungen!

## B Nutzung der Tautrachten in Ameisenwäldern

Im Apennin und in Jugoslawien entstehen Massenvermehrungen von Baumläusen und damit große Tautrachten ohne Mithilfe von Ameisen, und auch in den Haupttrachtgebieten des Hochschwarzwaldes gibt es an den wenigsten Stellen große Ameisenkolonien.

Daß Waldameisen durch ihre Lachnidenhege den Honigertrag der Bienen steigern, hat erst 1940 Gontarski zufällig festgestellt. 1953 weist Kloft darauf hin, daß die Bienentracht in der Nähe von Waldameisen besondere Erfolgsaussichten hat. Die praktischen Möglichkeiten haben Wellenstein und Mitarbeiter seit 1956 in einem Gebiet geprüft, das durch die Orte Brückenau (Rhön), Korbach (Edersee), Daun (Eifel), Lörrach (Baden) und Kempten (Allgäu) umgrenzt ist (Kaeser, Müller, Wellenstein 1957; Wellenstein 1957 . . . . 1966).

»Die Ergebnisse wurden nach drei verschiedenen Trachtgebieten geordnet:

A. Wälder mit vielen großen Ameisenhaufen oder übergroßem Angebot von Blütenpflanzen

B. an Ameisen oder blühenden Bäumen und Sträuchern arme Wälder

C. waldferne Felder und Gärten.

Die Waldstände wurden als »Innenstände« bewertet, wenn mehr als 80 Prozent des Trachtgebietes bewaldet waren, jedoch als »Randstände«, wenn der Waldanteil geringer war.

Ameisenwälder bringen fast doppelt soviel wie die offene Landschaft und 1,4mal soviel wie ameisenarme Wälder (Tab. 7, 1. Zeile). Die nächsten Zeilen der Tabelle zeigen die Erträge in den einzelnen Jahren. Drei sehr guten Honigjahren (1957, 1959 und 1964) stehen zwei sehr schlechte (1958 und 1961) gegenüber; die übrigen vier können als normale Jahre gelten.

Betrachten wir nun den Mehrertrag der Waldstände gegenüber den Feld- und Gartenständen in guten (I), normalen (II) und schlechten (III) Jahren, so sehen wir:

*Der Honigertrag im Wald ist relativ um so größer, je schlechter das Jahr ist.* Und um so besser schneiden die ameisenreichen Wälder gegenüber den ameisenarmen ab.

Das ist leicht zu verstehen: Gute Trachtjahre sind durch warmes, überwiegend trockenes Wetter gekennzeichnet, das die Massenvermehrung der Pflanzensauger überall begünstigt. Auch in Feld und Garten fließt dann reichlich Honigtau. Die Unterschiede zwischen Wald- und Feldtracht sind deshalb in diesen Jahren geringer als in solchen mit feucht-kühler Witterung; unter deren entwicklungshemmendem Einfluß können sich die Lachniden nur in der Nähe kräftiger Ameisenvölker so stark vermehren, daß Überschüsse an Honigtau entstehen. Bei gutem Wetter fliegen auch die Feldbienen weit, um eine solche Tracht auszuschöpfen; bei schlechtem können sie das nicht.

*Gerade in nassen und kühlen Sommern sollten deshalb die Imker mit ihren Bienen in die Nähe von Ameisenkolonien wandern.*

In ameisenreichen Wäldern bringen die Waldrandstände durchschnittlich fast 3 kg Honig mehr als die Waldinnenstände. Auch in ameisenarmen Wäldern ist der Unterschied von fast 2 kg zugunsten der Randstände bemerkenswert.

*Die Imker sollen deshalb stets einen warmen, windstillen Platz für ihre Wandervölker suchen, der ihnen neben dem Honigtau auch eine ausreichende Pollentracht sichert.*

Den größten Erfolg verspricht *frühzeitiges Wandern. Man soll zum Ende der Löwenzahnblüte, spätestens aber zu Beginn des ersten Wiesenschnittes in die Wälder wandern.* Dann haben die Bienen den größten Teil der Feld- und Gartentracht abgeschöpft, während die Waldtracht noch bevorsteht. Das gilt vor allem für die Wanderung in Kiefernreviere, denn die Kiefernlachniden liefern ihren Honigtau schon im Mai und Juni, später nur in starken Ameisenkolonien.

Im gesamten Beobachtungsgebiet — das nach geographischer Lage, Boden, Klima und Aufbau der Wälder recht unterschiedliche Trachtgebiete umfaßt — war die Tendenz gleich: die ameisenreichen Wälder bringen bedeutend mehr Honigtau als die ameisenarmen und diese wiederum mehr als die Felder und Gärten (Abb. 76).

Es überrascht, daß mit den absoluten mittleren Erträgen nicht der berühmte Schwarzwald an erster Stelle steht, sondern die Fichtenwälder der westdeutschen Mittelgebirge (Abb. 76, Nr. 1 gegenüber Nr. 4).

Die Untersuchungen zeigen, daß kein Grund zu einer oft risikoreichen Fernwanderung zwingt. *Wandern in nahe, ameisenreiche Wälder bietet jedem Imker sichere Tautrachten.«*

(S. 177—178: Abb. 76 u. Tab. 7, Text auszugsweise aus WELLENSTEIN 1966).

Die Nahwanderung bringt dem Imker erhebliche Vorteile: er spart Zeit und Kosten und kann seine Völker besser bearbeiten.

Im Nahwandergebiet leisten Bienen mehr als fern der Heimat. Ein erfolgreicher Bienenzüchter hofft nicht auf Wunder von irgendwoher, sondern

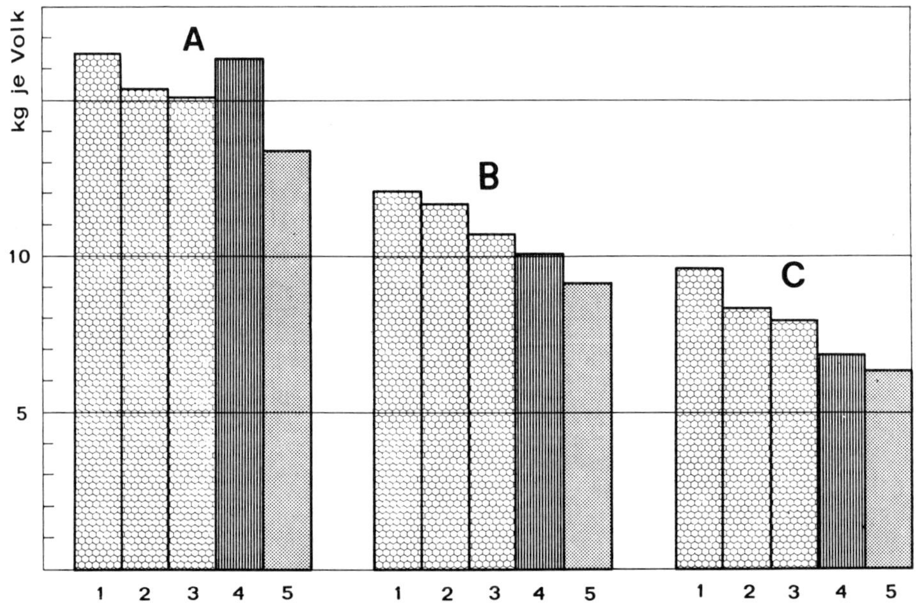


Abb. 76. Mittlere Honigerträge der Jahre 1957 bis 1965 in verschiedenen Gegenden Südwestdeutschlands, A in ameisenreichen Wäldern, B in ameisenarmen Wäldern, C in Feldern und Gärten.

Gegenden mit Fichtenwäldern: 1 Rhön, Kurhessen, Hunsrück, Eifel; 2 Allgäu; 3 Schwaben, Odenwald.

Gegenden mit Tannenwäldern: 4 Baar, Schwarzwald, Freiburg/Brg.

Gegenden mit Kiefernwäldern: 5 Rheinebene, Pfälzer Wald.

(Nach WELLENSTEIN 1966, verändert)

fördert und vermehrt von seinen Bienen diejenigen, die in der Heimatflur das Beste leisten, die mit den dort herrschenden Lebensbedingungen am besten auskommen. Auf gut deutsch: er züchtet eine leistungsfähige Lokalrasse.

Auch deswegen verspricht die von WELLENSTEIN angeregte *Nahwanderung in Ameisenwälder* gute Erfolge: Die einheimische Bienenrasse kann die Trachtmöglichkeiten der Heimatflur am besten ausnutzen — auch die Möglichkeiten der heimatlichen Waldtracht—, weil die Zuchtlinie nach diesem Können aufgebaut wurde.

Ich kenne viele Dauerstände am Waldrand, einige am Rand ameisenreicher Wälder.

Mit diesen Völkern wandern die Imker nur nach besonders schlechten Frühjahren (z. B. vom Bodensee auf den Heuberg, um die dort später einsetzende Löwenzahn- und Obsttracht »nachzuholen«) oder in besonders guten Sommern (in den Schwarzwald, um eine späte Tannentracht abzuernten).

**Tab. 7. Honigertrag auf Wald- und Feldtrachtständen in guten** (I), **normalen** (II) **und schlechten** (III) **Trachtjahren** (aus WELLENSTEIN 1966)

| | Jahr | Zahl der Stände | Zahl der Völker | Honigertrag im ameisenreichen Wald (Meßzahl) | Honigertrag im ameisenarmen Wald (Meßzahl) | Honigertrag in Feld und Garten (Meßzahl) | Honigertrag in Feld und Garten (absolut) |
|---|---|---|---|---|---|---|---|
| Mittel 1957–1965 | | 265 | 3653 | 195 | 136 | 100 | 8,0 kg |
| I | 1957 | 78 | 1185 | 175 | 127 | 100 | 10,6 kg |
| | 1959 | 238 | 2775 | 173 | 120 | 100 | 12,7 kg |
| | 1964 | 414 | 5822 | 178 | 135 | 100 | 13,7 kg |
| | Mittel | **243** | **3261** | **175** | **127** | **100** | **12,3 kg** |
| II | 1960 | 211 | 2952 | 166 | 134 | 100 | 8,5 kg |
| | 1962 | 309 | 4366 | 211 | 136 | 100 | 7,0 kg |
| | 1963 | 293 | 4002 | 230 | 154 | 100 | 5,9 kg |
| | 1965 | 441 | 6016 | 209 | 142 | 100 | 6,8 kg |
| | Mittel | **313** | **4334** | **207** | **142** | **100** | **7,0 kg** |
| III | 1958 | 175 | 2258 | 236 | 164 | 100 | 4,0 kg |
| | 1961 | 229 | 3502 | 271 | 139 | 100 | 3,0 kg |
| | Mittel | **202** | **2880** | **254** | **152** | **100** | **3,5 kg** |

# C Vorausschau und Erkunden von Tautrachten

## 1 Bedingungen und Vorausschau einer Tautracht

Eine gute Waldhonigernte ist an das Harmonieren vieler Faktoren gebunden.

Mit einem ertragreichen Waldjahr ist zu rechnen, wenn der Spätwinter nicht zu warm, der Frühling warm und trocken oder ohne langanhaltende Regenfälle und der Sommer heiß und trocken ist. (LEONHARDT 1940). Sommer mit langanhaltender Trockenheit und übernormaler Hitze (Dürre) bewirken jedoch eine geringe Bevölkerung der Kienläuse und sind schlechte Honigjahre (BRAUN 1938, auch REH 1933). GEINITZ meint dazu, BRAUNS Beobachtungen träfen nur für ausgesprochene Fichtengebiete zu. Offenbar sind die Beziehungen zwischen Wetterablauf und Waldtracht in den verschiedenen Trachtgebieten nicht gleich.

Der Massenwechsel der *Honigtauerzeuger* wird von den *Wirtsbäumen* gesteuert (s. Seite 169). Zweimal im Jahr führt der Baumsaft viele lösliche Eiweißbausteine, und deswegen können sich alle Blattläuse grundsätzlich zweimal im Jahr zu Massen vermehren. Ausbreitungsformen (geflügelte Jungfern) entstehen bei Nahrungsmangel, Überdauerungsformen (Wintereier), wenn die Nährstoffe bis zum Herbst ausreichen.

Für gewöhnlich beginnt eine gute Aphidentracht nach einem Jahr, in dem das Honigen erst spät einsetzte (RIHAR 1958). Auf »geschonten« Bäumen wachsen starke Herbst-Populationen heran, und aus deren zahlreichen Wintereiern schlüpfen im nächsten Jahr so viele Stammütter, daß die Massenvermehrung der Läuse selbst bei weniger gutem Wetter gesichert ist.

Kleine Tautrachten gibt es oft mehrere Jahre nacheinander. Eine Großtracht aber verbraucht so viele Nährstoffe, daß der Wald längere Zeit danach nicht honigen kann.

Das *Wetter* beeinflußt sowohl die Entwicklung der Honigtauerzeuger als auch die Bäume — beide aber durchaus nicht in gleicher Weise. Es wirkt auf die Feinde der Baumläuse, wie auch auf die Ameisen, die ihre Vermehrung fördern können.

Schließlich sind unsere *Bienen,* die den Honigtau einsammeln sollen, ebenfalls vom Wetter abhängig. Sie brauchen, um arbeiten zu können, heißtrockene Tage, die für andere Tiere oft schon ungünstig sind.

Nur in heiß-trockenen Sommern dürfen wir mit guten Waldhonigernten rechnen; denn wenn nasses und kühles Wetter die Bienen im Stock zurückhält, dann können sie auch die beste Waldtracht nicht nutzen. Beispiele dafür gibt es genug.

In all diesen Fällen wirkt das Wetter weniger auf die Entwicklung und Vermehrung der Baumläuse und damit auf die *Produktion* des Honigtaus, sondern vielmehr über die Bienen auf die *Ernte* an Honigtauhonig.

Offenbar ist es *unmöglich, auf lange Sicht die Güte einer Tautracht sicher vorauszusagen.* Wir können jedoch feststellen, ob eine Waldtracht grundsätzlich möglich ist. *Eine* Voraussetzung, und zwar die wichtigste, ist das

Vorhandensein von Baumläusen. Wer sie regelmäßig beobachtet, ihren Massenwechsel verfolgt, wer weiß, wie viele Honigtauerzeuger gerade gegenwärtig vorhanden sind, der kann häufig in Verbindung mit dem Wetterbericht eine kurzfristige Voraussage treffen.

## 2 Suche nach Lachniden und anderen Honigtauerzeugern

Wer auf einem Kontrollgang durch den Wald Baumläuse finden will, muß viel Erfahrung und noch mehr Glück haben, denn die Tiere sind unscheinbar gefärbt und fallen nur dann auf, wenn sie in größeren Kolonien an den Zweigen sitzen. Im allgemeinen können wir die Wintereier und die Läuse selbst nur an jungen Bäumen suchen. Dort aber ist der Massenwechsel durchaus nicht gleich wie auf alten Bäumen (MÜLLER 1956).

Hinweise auf Baumlaus-Standorte geben Rußtaupilze, die vom abgetropften Honigtau leben (Abb. 77). Noch nach Jahren sind die schwarzen Pilzrasen zu sehen. Sie lassen erkennen, wann Nadelbäume das letztemal gehonigt haben: Es gab so viele Jahre keinen Honigtau, wie viele Nadeljahrgänge frei von dem bekannten Belag sind. Als Anzeiger für gegenwärtig vorhandene Honigtauerzeuger eignet sich der Rußtau indessen meist nicht.

Honigtauspritzer auf Sträuchern und Kräutern zeigen Läuse auch in in den Baumkronen an. Wer danach die Güte der Tracht bestimmen will, darf nur die frischen Tropfen beachten. Besser aber zählt er diese auf Glasplatten aus, die einen Tag oder länger im Wald ausgelegt wurden.

Abb. 77. Rußtau auf Blättern unter einer Kolonie der Buchenrindenlaus *Schizodryobius pallipes*. (Obere Hardt Hockenheim, Forstamt Schwetzingen)

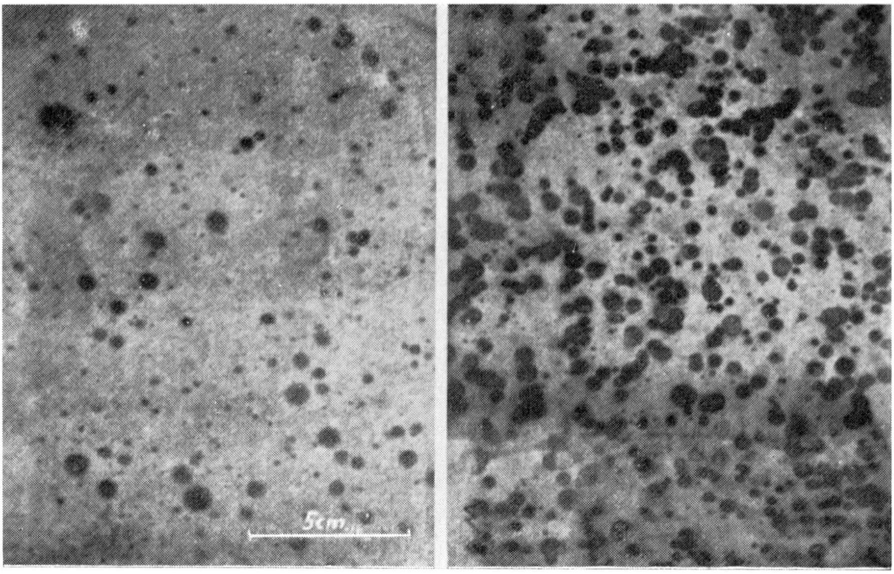


Abb. 78. Von Weißtannen abgetropfter Honigtau, auf Chromatographiepapier fixiert. Große Tropfen von *Todolachnus*, kleine von *Buchneria pectinatae*. Links: Tracht beginnt, rechts: Volltracht. (Welchental, ostwärts von Freiburg/Brg.)

Oft jedoch lecken Fliegen, Wespen und Ameisen den aufgetropften Honigtau ab, und die verbliebenen Reste sind kaum zu erkennen. Wir haben deshalb auf Papptafeln aufgezweckte, schreibheftgroße Stücke von Chromatographiepapier (Schleicher & Schüll 2045 aM) ausgelegt. Darauf erzeugten die Honigtauspritzer ihrem Volumen entsprechende mehr oder weniger große Flecke. Unverwechselbar mit Tautropfen stellen sie sich dar, wenn man die Papiere mit einem Reagens behandelt, mit dem die Chemiker Zucker nachweisen (Abb. 78).

Vor dem Auslegen taucht man die Bogen in eine Lösung von 17 g Phthalsäure und 10 ml Anilin in einem Liter 94prozentigem vergälltem Äthanol oder Brennspiritus, läßt sie abtropfen und trocknen. Die Honigtauspritzer erscheinen als gelbbraune Flecken, wenn man die eingesammelten Papiere ungefähr 10 Minuten lang auf 105 Grad Celsius erhitzt.

Wenn wir unsere Papiere stets unter zahlreichen Bäumen der selben Holzart stets gleiche Zeit lang auslegen, erfahren wir, wann die Honigtautracht einsetzt, wann sie zu- und wann sie abnimmt. Oft sind die Unterschiede in der Tropfendichte auf den ersten Blick ohne Auszählen zu erkennen (Abb. 78).

Leicht ist die Suche nach Baumläusen, wenn wir uns dabei von den Ameisen helfen lassen. Schon im zeitigen Frühjahr haben sie im engeren Bereich ihrer Nester die eben festgesaugten jungen Schildläuse, sämtliche Wintereier der Aphiden und die ersten Stammütter gefunden und bewachen sie (Abb. 79). An Büschen und tiefhängenden Zweigen sind die Wächterameisen

Abb. 79. Wächterameise *(F. polyctena)* bei Stammüttern der Ebereschenblattnestlaus *Prociphilus fraxini* an austreibender Blattknospe. (Hitzbüsch bei Steiningen, Forstamt Daun/Eifel)

mühelos und leichter zu finden als die Läuse selbst. Mit Hilfe der Ameisen können wir auch einzelne entdecken (Abb. 79). Wenn sie auch nicht auf den ersten Blick zu sehen sind, so doch nach einigem Suchen unter einer Rindenschuppe versteckt, in einer Hagelwunde oder im Nadelgewirr (Abb. 80). Auch einzeln stehende Lausbäume zeigen uns die Ameisen, wenn wir ihren Straßen nachgehen.

## 3 Tautracht-Erkundung mit Hilfe der Waldameisen

Schwache Ameisenvölker brauchen zu ihrer Zuckerversorgung nur wenige Lauskolonien und besuchen nicht alle verlausten Bäume. Deshalb finden wir auch unter nicht belaufenen Bäumen Honigtauspritzer. Starke Völker in großen Kolonien jedoch suchen sämtliche Honigtauerzeuger ihres Reviers auf. Auf verzweigten Straßensystemen sind dauernd Hunderttausende von Ameisen unterwegs zu den Lausbäumen (Abb. 74).

Aus der Zahl der Ameisen, die in einer bestimmten Zeiteinheit abbaumen, läßt sich errechnen, wieviel Honigtau einzelne Bäume liefern. Wellenstein (1929) zählt 6 Minuten, Zoebelein (1954, 1956) 3 Minuten lang die über einen Querstrich am Baum laufenden Ameisen. Die so ermittelte »Belaufstärke« ist jedoch sehr von der Temperatur abhängig, weil die Ameisen um so schneller laufen, je wärmer es ist (Wellenstein 1954). Von entscheidendem Nachteil ist, daß ein Beobachter an einem Arbeitstag höchstens 80 oder 160 Bäume kontrollieren kann.

An einem einzigen Tag aber untersucht er einige hundert Bäume, wenn er die Ameisen *auf einen Meter Stammlänge* zählt (Müller 1960).

Abb. 80. Suchbild: Wo sitzen die Lachniden?
Waldameisen *(F. polyctena)* bei Wacholderrindenläusen *Cupressobium juniperi* (Pfeile!). (Hitzbüsch bei Steiningen, Forstamt Daun/Eifel)

In regelmäßig zu überwachenden Ameisenkolonien lohnen einige Vorarbeiten, die später viel Zeit sparen. Sie sind alle ausführlich auf den Seiten 196 — 200 beschrieben.

Wir haben alle Beobachtungsgebiete so kartiert, daß jeder Baum aufgenommen ist (wie in Abb. 74), und alle Bäume fortlaufend numeriert. An jedem Stamm werden 1 und 2 Meter Höhe mit weißen Reißzwecken gekennzeichnet; an stärker belaufenen Bäumen unterteilen wir die Meßstrecke in zwei, drei oder vier Teile.

Wir zählen alle Ameisen auf der Meßstrecke, gleichgültig, ob sie nach oben oder nach unten laufen. Diese Werte sind gleichförmiger, als wenn nur die abbaumenden Ameisen gezählt werden. An schwach belaufenen Bäumen prüfen wir auch den Stamm über der Meßstrecke und gleichen aus, wenn hier ein Trupp von Ameisen läuft und dort nur eine oder keine. Ameisen im dichten Strom lassen sich leicht mit einem kleinen Handzählwerk zählen. Bei sehr dichtem Belauf zählen wir nur die Ameisen auf einem Teil der Meßstrecke und multiplizieren das Ergebnis entsprechend.

Der Beobachter kann so nahe an den Stamm herantreten, bis die Ameisen stehen bleiben. Nie aber dürfen sie auf der Straße zum Baum gestört oder am Stamm durch hastige Bewegungen erschreckt werden.

Die so ermittelte Belaufstärke ist weitgehend vom Wetter unabhängig. Zwischen 10 und 16 bis 17 Uhr gewonnene Werte sind gut vergleichbar. Das Verfahren erlaubt, rasch ganze Waldstücke zu prüfen und innerhalb kurzer Zeitspannen weit voneinander entfernt liegende Gebiete zu vergleichen. Wir können also mit Ameisenzählen eine erfassende und sorgfältige Trachterkundung betreiben!

Das gilt aber nur unter der Voraussetzung, daß wir wenigstens vorwiegend diejenigen Ameisen erfassen, die nach Honigtau ausziehen und ihn eintragen.

Von den Jagdameisen sind die Honigtausammlerinnen leicht am Verhalten zu unterscheiden: sie laufen immer auf der dem Nest oder der vorbeiführenden Straße zugekehrten Seite des Stammes in stetem, zügigem Strom und lassen sich nicht leicht stören. Die prall gefüllten Kröpfe der Abbaumenden treiben meist den Hinterleib so weit auf, daß zwischen den Hinterleibsringen das Licht durchschimmert.

Um zu prüfen, was heimkehrende Ameisen ins Nest tragen, untersuchten wir den Inhalt ihrer Kröpfe gleichzeitig auf Zuckerstoffe und Eiweiße (MÜLLER 1963).

»Vollgetankte« Ameisen schaffen im groben Mittel 5 $mm^3$ Kropfinhalt ins Nest [1] (vgl. WELLENSTEIN 1929 und ZOEBELEIN 1954). Fast alle Ameisen (93 Prozent im Mittel), die im ruhigen Strom abbaumten, brachten nur Zucker und keine Eiweiße, also reinen Honigtau nach Hause. Auch die meisten, nämlich drei von vieren, der ohne sichtbare Beute auf den Straßen heimkehrenden Ameisen trugen ausschließlich Zuckerlösung. Nur jede vierte brachte außerdem noch Eiweißbrei, und nur der Kropf jeder 16. enthielt viel davon.

Aus den Kröpfen der am Stamm streunenden Jagdameisen war meist nichts auszupressen. In den wenigen positiven Fällen waren Eiweißstoffe nachweisbar.

Die im ruhigen Strom am Stamm ziehenden Ameisen sind also überwiegend Honigtausammlerinnen. Ihre *Anzahl* muß daher der Honigtauernte entsprechen. Aus ihrem *Verhalten* ist oft zu sehen, wann die Tracht nachläßt. Sie laufen dann zögernd und unruhig und sind leicht zu stören. Reichlich honigende Bäume werden von auffallend großen Ameisen besucht, spärliche Trachtquellen und Bäume, auf denen die Tracht bald versiegt, dagegen von sehr kleinen.

---

[1] 200 000 Kropffüllungen ergeben 1 Liter!

## 4 Beobachtungsergebnisse aus einigen Tautracht-Stationen

In der Ameisenkolonie Römerstraße im Revier Jockgrim (Pfalz) haben wir seit 1954 Trachtstudien mit Hilfe der Waldameisen getrieben, die für die ganze nördliche Rheinebene nutzbar sind. So wie sich in Jockgrim im Gange der Jahreszeiten die Belaufstärke auf den verschiedenen Holzarten änderte, so wechselte die Populationsdichte der entsprechenden Lachniden, die wir auf kleinen Bäumen und tiefhängenden Ästen im Altholz in Jockgrim und in verschiedenen Revieren in Nordbaden auszählten.

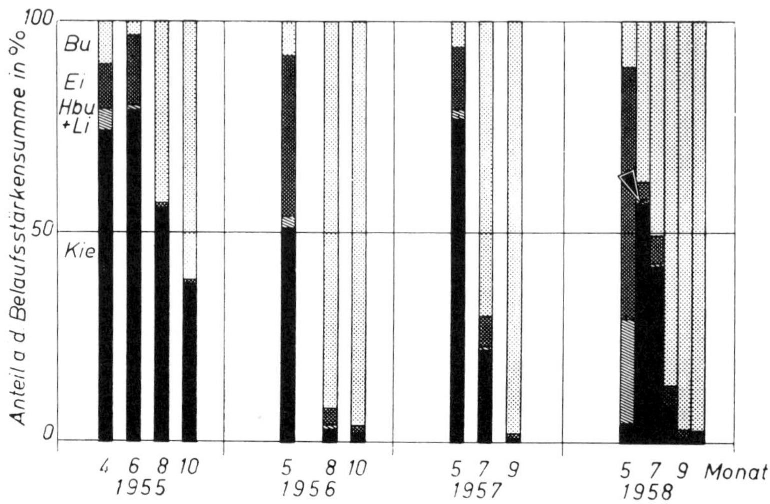


Abb. 81. Verteilung der Honigtau sammelnden Waldameisen auf verschiedene Holzarten.

Gesamtbelaufstärke (= Summe aller Ameisen auf je 1 m sämtlicher belaufener Stämme) gleich 100 % gesetzt.
(Waldtrachtstation Römerstraße, Nester 19 und 20 — Jockgrim/Pfalz, FA. Kandel-Süd)

Alljährlich lösten Kiefern- und Buchenrindenläuse *(Cinara pinea* und *Schizodryobius pallipes)* einander als hauptsächliche Honigtauproduzenten ab. Im Frühjahr sind die Kiefern stark verlaust. Im Sommer nimmt die Belaufstärke auf ihnen ab und steigt auf den Buchen an (Abb. 81). Im Herbst liefern die Buchen meist mehr als die Hälfte allen Honigtaus. Kurze Zeit im Frühjahr produzieren zwei Schildlausarten *(Eulecanium rufulum* und *Kermes quercus),* die Maskenlaus *Thelaxes dryophila* und die Rindenläuse *Lachnus roboris, Schizodryobius longirostris* und *Stomaphis quercus* auf Eiche, zwei Myzinen auf Hainbuche und die Lindenzierlaus *Eucallipterus tiliae.*

Die Stammütter der Kiefernrindenlaus schlüpften im Jahre 1958 besonders zeitig. Die meisten von ihnen kamen in den grausamen Spätfrösten dieses Jahres um, und bis in den Mai hinein gab es so gut wie keinen Kiefernhonigtau (Abb. 81). Ersatz fanden die Ameisen bei ihren »Auch-Lieferanten« auf Eiche und Hainbuche und erschlossen neue Sammelgebiete, in denen in den Jahren vorher kaum Ameisen zu finden waren. Die »Belaufstärkensumme« (= Summe aller Ameisen auf je 1 Meter aller belaufenen Bäume) war zwar fast halb so groß wie im Frühjahr des Lachnidenjahres 1955, auf die Kiefern aber liefen so wenige Ameisen wie noch nie.

Absichtlich wanderten wir unter diesen für die Waldtracht denkbar ungünstigen Bedingungen mit Versuchsbienenvölkern in den Ameisenrevieren der nordbadischen Kiefernwäldern auf. Die Stockwaagen zeigten bis Ende Mai 1958 nur Abnahme an. Bis zum Juni 1958 aber hatten die Ameisen aus den wenigen überlebenden Stammüttern der Kiefernrindenläuse starke Kolonien gezogen, wie aus dem kräftigen Baumbelauf zu erkennen war (Abb. 81 Pfeil!). Die in den Ameisenwäldern aufgestellten Bienenvölker nahmen an Gewicht beträchtlich zu.

Nach den Beobachtungen in der Ameisenkolonie war im Mai auf der Kiefer keine Tracht zu erwarten. Unsere Versuche zeigten, daß die Trachtdiagnose richtig war. Die Aufnahme des Baumbelaufes und die Bienenstockwaagen bewiesen im Juni, daß die Ameisen auch unter ungünstigen Vorbedingungen Lachnidenkolonien in solcher Stärke heranziehen können, daß deren Honigtauproduktion zu einer guten Waldtracht führt.

In Bräunlingen (Fichtenwald im Südschwarzwald, 750 m ü. NN.) wurde das Waagstock-Bienenvolk im Ameisenwald schwerer, als die Ameisen plötzlich zahlreiche, bisher nicht besuchte Fichten in größerer Entfernung vom Nest beliefen. Sie hatten die Nachkommen der geflügelten Lachniden gefunden, die sich von den Lausbäumen im Zentrum des Ameisenreviers aus verbreitet hatten. Vom Honigtau dieser Aussiedlergenerationen profitierten auch die Bienen. Bei Krauchenwies (Südwürttemberg, 650 m ü. NN.) zeigten die Ameisen das Nachlassen der Fichtentracht an. Die Belaufstärkensumme sank Ende Juli auf die Hälfte des Juniwertes, und die Waagstock-Bienenvölker nahmen nicht mehr zu.

Diese drei Beispiele mögen zeigen, daß man die Tautracht recht gut und sicher mit Hilfe der Ameisen erkunden kann.

## 5 Ameisenstandorte sind Tautracht-Standorte

Wer seine Bienen an mehreren Standorten aufstellt, weiß, daß die Ernteergebnisse an allen verschieden sind. Im Laufe vieler Versuchsjahre findet er diejenigen Plätze heraus, an denen er mit einer guten Ernte beinahe rechnen kann.

Jedes Lebewesen kann nur unter bestimmten, der Art angepaßten Standortbedingungen leben, und eine Massenvermehrung ist nur dort möglich, wo belebte und unbelebte Umwelt »passen«. Die Honigtauerzeuger können sich offenbar nur an solchen Standorten halten, an denen sich ungünstiges Wetter und Feinde nie extrem auswirken. Welche Eigentümlichkeiten derartige Wälder haben, weiß auch der erfahrene Wanderimker nicht in Einzelheiten anzugeben. Er läßt sich von seinem »Gefühl« leiten — und ob der Platz richtig war, das müssen die Schleuderergebnisse von Jahren zeigen.

Wirklich sichere Hinweise auf Tautracht-Standorte aber sind Nesterverbände hügelbauender Waldameisen. Auch bei den Ameisen schwanken — was oft übersehen wird — Zahl und Volksreichtum der bewohnten Nester von Jahr zu Jahr. Aber auch in ungünstigen (sowohl zu nassen, wie auch zu trockenen) Jahren hält sich inmitten des Ameisenreviers ein — mindestens verhältnismäßig — starker Bestand. »Günstige« und »ungünstige« Plätze wechseln, oft auf engem Raum, auch in künstlich mit Ameisen besiedelten Revieren.

Auf Plätzen, an denen sich natürliche wie künstlich angesiedelte Ameisenvölker dauernd halten können, herrschen offenbar für sie auch in schlechten Jahren noch erträgliche Lebensbedingungen. Unsere Waldameisen sind als Endverbraucher unbedingt auf ihre Lebensmittellieferanten angewiesen; für die Zuckerstoffe also auf die Baumläuse. Das Revier, in dem Ameisenkolonien schon seit Jahrzehnten wohnen, muß zwangsläufig für Honigtauerzeuger günstig sein, denn nur dort gelingt es den Ameisen, diese Massen an Blattläusen zu züchten, die ihren dauernd großen Zuckerbedarf decken können.

Bienen sind rasch auf stets wechselnde Trachtquellen auch in größerer Entfernung von ihren Wohnungen eingeflogen. Die Ameisen jedoch brauchen als ungeflügelte Insekten viel länger, um ihre Nahrung zu finden und einzutragen. Sie können daher auf die Dauer nur inmitten *permanenter* Tautrachtgebiete leben. Ameisenstandorte sind weder hauptsächlich an bestimmte Waldtypen gebunden, noch an geologische Formationen und Höhenlagen. Darüber, was ihnen gemeinsam ist, ist noch wenig bekannt. An 721 Nestern in drei weit voneinander entfernten, sehr verschiedenen Waldungen stellt WELLENSTEIN (1967) fest, daß hügelbauende Waldameisen Fichten- und Kiefernmischwälder und dort die wärmeren Süd- und Ostlagen bevorzugen. Doch gibt es viele scheinbar gleiche Standorte, an denen weder Ameisen siedeln oder je gesiedelt haben. Wünschelrutengänger und Pflanzensoziologen [1] meinen, daß Ameisen über Grundwasserseen siedeln. Wahrscheinlich sind dort in trockenen Jahren die Wirtsbäume saftstrotzender als auf Standorten daneben. An solchen Bäumen hätten die Lachniden, die nicht saugen können, sondern den Baumsaft in sich hineinlaufen lassen, bessere Lebensbedingungen. Daß die Wasserversorgung ein Faktor ist, der über den Insektenbefall von Waldbäumen entscheidet, ist bekannt (MERKER 1956).

Wir kennen nachweisbar über hundert Jahre alte Ameisenkolonien, die bis jetzt alle Kulturmaßnahmen überstanden haben. Ende der zwanziger Jahre fand WELLENSTEIN (1929) u. a. im Hitzbüsch bei Daun/Eifel Ameisennester von mehreren Metern Umfang und von beträchtlicher Höhe (Abb. 82), I . . . XII). In den Jahren 1947/48 wurde der Hitzbüsch zum größten Teil entwaldet (graue Flächen) und mittendurch die Trasse der Schnellstraße Koblenz — Trier angelegt. Schlimmer kann wohl kein Eingriff in das Gefüge eines Ameisenwaldes sein. Die meisten Ameisen verhungerten, und die Überlebenden gründeten neue Nester und ernährten sich zunächst dürftig

---

[1] Sehr oft wachsen neben Ameisenhaufen Holunderbüsche, Pflanzen also, die Sickerwasser anzeigen oder Grundwasser begleiten (OBERDORFER 1949, Nr. 2130—2132).

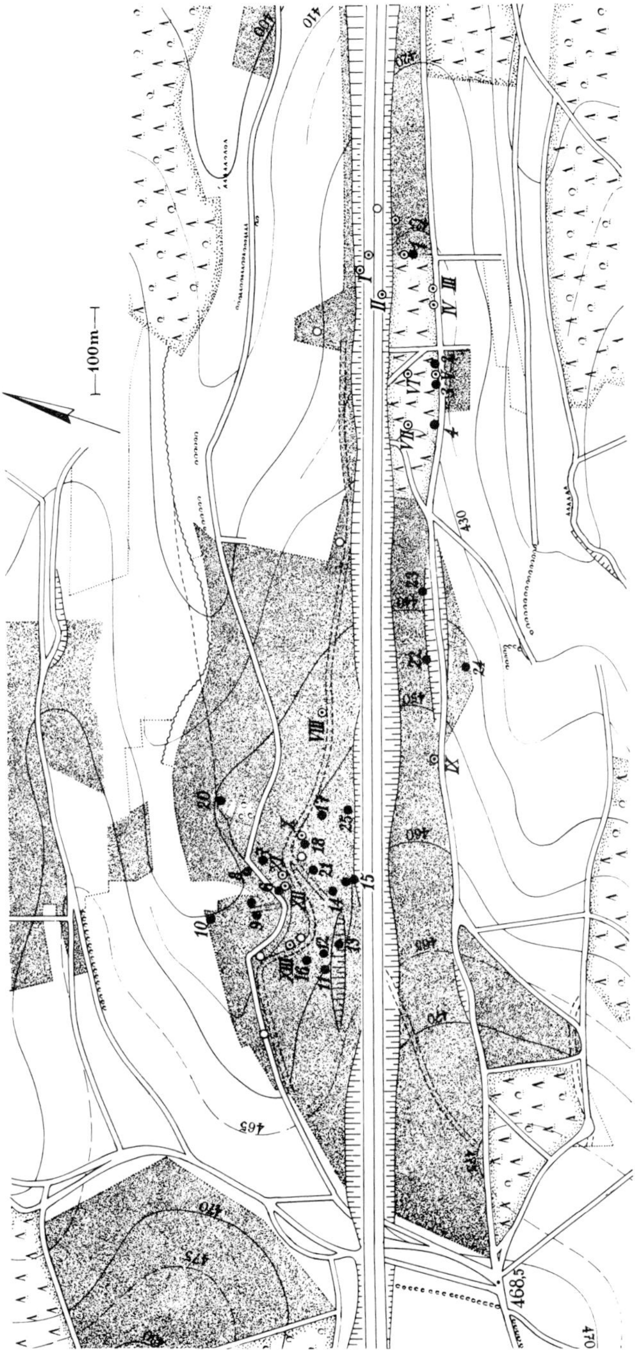


Abb. 82. Ameisenkolonie Hitzbüsch bei Steiningen, Forstamt Daun/Eifel. I . . . XIII und helle Punkte = Zustand 1929. Graue Flächen = Kahlschläge 1947/48; mitten durch die Karte ziehendes Band = Autoschnellstraße Koblenz — Trier (B 408) 1 . . . 25 und schwarze Punkte = Ameisennester 1957.

von den Ausscheidungen der Blattläuse auf den Kahlschlagpflanzen. Später wuchsen aus Anflug und Stockausschlägen allerhand Gehölze heran. Sie waren dauernd von Unmassen von Aphiden besiedelt, die an die Ameisen große Mengen von Honigtau abgaben. Insektennahrung gab es in der sonnigen Fläche genug. Die zunächst kleinen Nester wurden von Jahr zu Jahr größer. 1957 zählten wir 25 Stück (Abb. 82, schwarze Punkte 1 ... 25), und die Kolonie deckte sich fast genau mit der früheren Ansiedlung zur Zeit des alten Hochwaldes. Alle neuen Nester müssen Nachfolger der alten sein, weil durch die feuchten Wiesen, die den Hitzbüsch umrahmen, keine Ameisen von außerhalb zugewandert sein können.

Wir kennen Waldstücke, die ihre ameisenfreundlichen Eigenarten über viele Jahrzehnte behalten haben, obwohl der Wald seither zwei-, ja sogar dreimal geschlagen und dann wieder neu gepflanzt wurde.

Aus Hunderten von Einzelbeobachtungen dürfen wir schließen, daß Ameisenstandorte Plätze sind, die drei ganz verschiedenen Insektengruppen auf lange Sicht günstige Lebensbedingungen bieten:

1. Ameisen
2. vielen — zumindest einigen — Arten von Pflanzensaugern
3. wenigstens einigen Arten pflanzenfressender Schmetterlings- oder Blattwespenlarven, die den Ameisen als Eiweißfutter dienen.

Die Lebensbedingungen müssen mindestens oft so gut sein, daß sich alle drei Gruppen zu Massen vermehren können.

Es liegt nahe, zu hoffen, daß solche Bestände auch einer weiteren Insektengruppe grundsätzlich günstige Klima- und Standortbedingungen bieten — nämlich

4. unseren Bienen.

Eine Voraussetzung muß erfüllt sein, daß der Ameisenwald auch für die Bienen gut ist: es müssen dort dauernd viele Blütenpflanzen blühen.

Wälder, die diese Bedingungen erfüllen, gibt es genug. Wenn sich ein Imker, der nach der Blütentracht schaut, und ein Ameisenkundiger, der die großen Ameisenkolonien kennt, zusammentun, dann sind gute Waldwanderplätze, und vielleicht auch manche Dauerplätze sicher und leicht zu finden. Übrigens: Es hat wohl seinen Grund, daß das Ameisenrevier in Jockgrim in einem Forst liegt, der seit alter Zeit den Namen *Bienwald* trägt.

In Norddeutschland sind Tautrachten kaum bekannt. An Honigtauerzeugern fehlt es dort offenbar nicht, denn sonst gäbe es *nie* Waldhonigjahre. In den Jahren ohne Tautracht müssen wenigstens in den Ameisenkolonien große Mengen von Baumläusen vorkommen, denn die Ameisen in Norddeutschland sind auf allerhand Pflanzensauger genau so angewiesen wie die süddeutschen Ameisen.

Schließlich vermehren sich in Norddeutschland die Baumläuse wenigstens ab und zu so stark, daß der Wald in weiten Landstrichen honigt.

Da bleibt mit Interesse abzuwarten, was die Versuche von Ruppertshofen in der nächsten Zeit bringen. Dreierlei ist ihm gelungen:

Als erster hat er im großen Umfang einige Arten von Aphiden auf Eiche, Fichte, Lärche und Birke mit Erfolg künstlich angesiedelt. Diese Baumläuse vermehrten sich so stark, daß Bienen Honigtau einsammeln konnten.

Ruppertshofen verfütterte Sude von Eichenblättern und Fichtentriebspitzen und erreichte damit, daß die Bienen durch Duftlenkung Lausreviere aufsuchten und Honigtau einsammelten.

Alle Versuche wurden in Ameisenrevieren durchgeführt; wir können sagen, daß auch in Norddeutschland Ameisenstandorte bevorzugte Tautrachtgebiete sind.

## D Erkunden von Ameisenvorkommen

### 1 Suche nach den »richtigen« Ameisen

Als Wandergebiete kommen nur Wälder in Frage, in denen viele starke Ameisenvölker leben. Nur dort gibt es so viele Honigtauerzeuger, daß deren Bevölkerungsdruck ausreicht, auch solche Teile des Waldes zu besiedeln, die nicht im Einflußbereich der Ameisen stehen. Je größer diese Aussiedelungsflächen sind, desto größer sind für die Bienen die Sammelplätze, auf denen ihnen die Ameisen die Tracht nicht streitig machen (vgl. Buchner 1959).

Wer selber Ameisenkolonien finden will, der muß Förster, Jäger und Waldläufer fragen. Pressieren darf's nicht dabei. Bei einem gemütlichen Dämmerschoppen in der Dorfwirtschaft erfährt man mehr als durch viele schriftliche Umfragen.

In Gegenden, in denen Ameisen selten sind, werden meist kleine unbedeutende Vorkommen als beachtlich angesprochen. Anderseits verschweigen Jäger und Förster große Kolonien in wenig zugänglichen Gegenden, weil sie — mit Recht — befürchten, daß nicht nur die Ameisen, sondern auch Wald und Wild gestört werden, wenn viel unvernünftiges Volk aufwandert.

Auf jeden Fall müssen wir jeder Kunde nachgehen und Lokaltermin halten, bei dem wir feststellen, *welche Ameisenart* wir vorfinden und *wie stark die Kolonie* ist. Unter Kolonie verstehen wir einen Verband aus mehreren Nestern polygyner Waldameisen.

Niemals in großen Kolonien leben

alle Arten der kleinen Rasen-, Knoten-, Stachel- und Sandameisen
Blutrote Raubameisen *(Raptoformica sanguinea)* und die großen Roß- oder Holzameisen *(Camponotus spec.)*.

Große Kolonien bilden zuweilen

Behaartrückige Waldameise *Formica rufa* und die
Dunkle Waldameise *F. nigricans*.

In Kolonien der Größe, die wir brauchen, siedelt meist die

Kahlrückige Waldameise *F. polyctena.*

In Südwestdeutschland finden wir die *Formica*-Arten *rufa, nigricans* und *polyctena* im Flachland und im Mittelgebirge bis zu 800 m ü. NN. Als Gebirgsameisen in höheren Lagen bilden in Südwestdeutschland die *F. lugubris* und in Süddeutschland die *F. aquilonia* oft sehr große Kolonien.

Die Größe der Nester allein sagt nichts über die Stärke der darin wohnenden Ameisenvölker.

Abb. 83. Ameisenhaufen *(F. polyctena)* im Fichtenwald. (Ameisenkolonie Schachenwald bei Bräunlingen/Schwarzwald)

Hügel von beachtlicher *Höhe* findet man nur in Fichtenwäldern (Abb. 83). Normalerweise stockt die Fichte im feucht-kühlen (humiden) Klima. Dort ist die Wärme, vor allem die im Boden, Mangelware, und die Ameisen bauen deswegen ihre Nester zum guten Teil oberirdisch. Meist ist die Schattenseite der Ameisenburg vermodert oder zu Humus zerfallen und daher unbewohnt. Die Ameisen bauen, der Wärme entgegen, auf der Sonnenseite jedes Jahr einen neuen Teil dazu. Deswegen enthalten die Nester oft viel weniger Volk, als man nach der Größe annehmen sollte.

Im trocken-warmen (ariden) Klima, dem Naturvorkommen der Kiefer, ist die Feuchtigkeit knapp. In hellen Wäldern sind die Ameisenhaufen niedrig und erreichen selten einen Meter Höhe. Da liegt der Hauptteil des Nestes unter der Erde. Ein meterbreiter Sandring rings um den kleinen Hügel verrät von der Miniertätigkeit des Ameisenvolkes. Wer den Nesthügel aus der Nähe ansehen will, der versinkt oft bis über die Knöchel im Sandring, wenn er die Nestkammern darunter zusammentritt.

Größere Hügel bauen jüngere Völker und solche, die im dicht geschlossenen und daher kühleren Bestand wohnen. Sie brauchen mehr Wärmezufuhr von außen.

Auch im Fichtenwald finden wir flache Ameisennester, und zwar an warmen Waldrändern.

Die Nestform ist weder ein Art- noch ein Rassemerkmal. Die Ameisen bauen so, wie es Baumaterial und Klimabedingungen erfordern.

Am besten können wir die Stärke von Ameisenvölkern im Spätsommer einschätzen. Der Baumbelauf gibt uns Auskunft über die Außentätigkeit des Volkes. Die Gesamtbelaufstärke (= Summe aller Ameisen auf je 1 Meter aller belaufenen Stämme) im Spätsommer entspricht ungefähr der Honigtauernte im ganzen Jahr; eine Ameise steht für einen Liter.

Wie im Bienenvolk, läßt auch im Ameisenstaat Ende August die Bruttätigkeit nach. Ameisenvölker, die den Sommer über gute Tracht hatten, bereiten sich schon zeitig für den Winter vor: Sie bauen in tieferen Bodenschichten ihr Winternest. Wir finden dann rings um den Hügel frisch herausgeschafften Boden.

Wer die Stärke der Völker und Kolonien von Waldameisen begutachten will, braucht einige Erfahrung. Für den Neuling mag als Hinweis dienen: Er hat dann eine starke Ameisenkolonie gefunden, wenn er auf einer Fläche von einem oder von zwei Hektar ein Dutzend bewohnte Ameisenhaufen gezählt hat, die (im Fichtenwald) ein Meter hoch oder höher sind oder (im Kiefernwald) zwei oder mehr Meter Durchmesser haben, den Sandring mitgemessen.

Bei der Erkundung von Ameisenkolonien gibt es stets Überraschungen, manchmal sogar angenehme.

Einem kurzen mündlichen Hinweis zufolge lägen am Rand einer Waldstraße in der Nähe von Konstanz »ein paar Ameisenhaufen«. In 14 Tagen Arbeit hatten wir abseits der Straße, meist in schwer zugänglichen Waldteilen, über 500 Ameisennester gefunden und kartiert. Im Wald stocken fast alle Holzarten, die als Honigtaulieferanten in Frage kommen: Fichte, Kiefer, Eiche, Weide, Rotbuche, Hainbuche, Lärche und sogar Weißtanne (Höhenlage etwa 400 m ü. NN.!). In den umliegenden Gemarkungen blühen viele Obstbäume, und unmittelbar an den Ameisenwald grenzt eine etwa 15 ha große Wiese, die immer erst sehr spät geschnitten wird.

Imker, die 1963 an diesem Prachtplatz aufgewandert waren, hatten Pech, weil der Frühsommer völlig verregnet war. Sie zogen weiter in den Schwarzwald — und mußten dort füttern, anstatt zu ernten. Alle kamen nach 14 Tagen still und heimlich wieder zurück. In der Nähe des Ameisenwaldes stehen an der Grenze zwischen Feld und Wald einige Dauerstände. Was die Imker dort ernten, verraten sie nicht. Einer von ihnen, der regelmäßig die Baumläuse beobachtet, erhält beinahe in jedem Jahr eine Prämie für ausgezeichneten Honig.

Ganz nebenbei: Dieses Trachtgebiet ist von der Stadtgrenze nur ein paar Kilometer weit entfernt.

## 2 Tautrachten in künstlich mit Ameisen besiedelten Revieren

Weil die Ameisen (mit Hilfe ihrer Beziehungen zu den Pflanzensaugern) für ihre Ernährung selber sorgen können, meint mancher, sie könnten überall im Walde siedeln und sich auch über lange Zeiten ungünstiger Witterung als starke Völker im Walde halten.

In Wirklichkeit sind aber auch den Ameisen enge Grenzen gesetzt. Das Zusammenleben mit den Baumläusen deckt ja nur einen Teil ihres Nahrungshaushaltes, nämlich die Versorgung mit Kohlenhydraten. Genauso sehr wie auf die Zuckerfabrikanten (Waldbäume zusammen mit Pflanzensaugern) sind die Ameisen auf andere Insekten als Lieferanten für Fette und Eiweiße angewiesen, denn im Honigtau fehlen Fette, und die darin enthaltenen Eiweißbausteine reichen nicht aus.

Der Honigtau ist für das Ameisenvolk eine ebenso unvollständige Nahrung wie für die Bienen. Auch für den Bestand der Ameisenkolonie gilt das Gesetz des ununterbrochenen Futterstromes.

Künstliche Ameisenableger blieben nur dort erhalten, wo sie zu Forstschutzzwecken angesiedelt wurden: in Revieren, die auf Grund ihrer »Dispositionen zur Massenvermehrung schädlicher Raupen und Blattwespen« neigen. Diese schädlichen Raupen und Blattwespenlarven werden dort beinahe indirekt zu Nützlingen, weil sie als Jagdbeute den Ameisen solche Mengen von Eiweißstoffen geben, wie sie zur Aufzucht ihrer Brut brauchen. Aus den Ablegern entstanden in kurzer Zeit kräftige Ameisenvölker.

Bei Heidelberg förderte die Lachnidenzucht solcher Forstschutz-Ameisen sogar die Bienenweide: Vom Jahr der Ameisenansiedelung an ernteten in Sandhausen die nahe am Waldrand wohnenden Imker plötzlich bedeutend mehr Honig als ihre waldfernen Kollegen am anderen Ende des selben langgestreckten Dorfes.

In schädlingsfreien Wäldern, nur so für die Waldimkerei, können wir keine Ameisen ansiedeln. Wir haben nicht einmal genug Ameisen für dringende Forstschutzaufgaben.

In vielen Ameisenwäldern stehen im Sommer noch keine Wanderstände. Müssen wir dann mit viel Mühe und Aufwand noch neue Ameisenkolonien zur Verbesserung der Tautracht gründen? Es ist doch viel leichter, bisher noch ungenutzte Reviere aufzuspüren und die Bienenvölker einfach an den Tisch zu stellen, der seit Jahren auch für sie gedeckt ist.

Wenn der Wanderimker im Walde etwas unternehmen kann und soll, was seinen Bienen gut tut, dann das: dafür sorgen, daß die Blütentracht vermehrt wird; Ansäen, Anpflanzen, Pfropfen und Verpflanzen von allem, was blüht – und Nektar und Pollen bietet. Wir fordern die Förster auf, Weichhölzer, Wildobstbäume und Beersträucher stehen zu lassen, die Weißtanne zu begünstigen und zur Bodenverbesserung statt der Dauerlupine den Riesenhonigklee (Bokharaklee) zu bevorzugen.

Bienen und Blütenpflanzen sind eine Lebensgemeinschaft, in der eines ohne das andere nicht existieren kann. Auch und *gerade* in Tautrachtgebieten ist die Blütentracht die Existenzgrundlage des Bienenvolkes!

### 3 Ameisenatlas von Südwestdeutschland

Jahrelang haben Mitarbeiter der Forstämter, der Forstschutzstelle Südwest und des Freiburger Forstzoologischen Institutes Ameisenvorkommen in Baden-Württemberg und Rheinland-Pfalz erkundet und kartiert.

Aus Tausenden von Einzelmeldungen, aus Lokalterminen und Vermessungsarbeiten entsteht der Ameisenatlas für Südwestdeutschland. Dieses Kartenwerk soll im wahrsten Sinne des Wortes ein Wegweiser für die Waldwanderimkerei sein.

Der Ameisenatlas zeigt dem Wanderimker Waldplätze, die ihm Erfolg versprechen. Er zeigt Möglichkeiten, die in mühseliger Arbeit erkundet wurden. Es liegt an den Wanderimkern, diese Chancen zu nutzen.

Der Wanderimker »mit guter Nase« (um die ich ihn beneide!) wird einige dieser empfohlenen Reviere mit seinen Völkern aufsuchen und sie mit seinen Bienen prüfen. Sie sagen ihm dann auf jeden Fall, wann er wieder abziehen muß und ob der Platz gut ist.

Wann der Imker aber aufwandern muß, das können ihm nur die Ameisen verraten. Vielleicht genügt ihm der Hinweis aus dem kurzen, aber gekonnten Augenschein: »Jetzt laufen sie so recht auf die Fichten, und auf den Kiefern ist auch noch was los!« Ich halte viel von der guten Nase anderer, weil ich sie selber nicht habe. Aber von Angaben wie »gut, viel, mäßig, reichlich und spärlich« halte ich nichts, wenn ich statt dessen aufschreiben kann »25 Ameisen auf 1 Meter Stamm«. Dann weiß ich, das sind doppelt so viel wie deren 10; und wenn ich ungefähr 300 gezählt habe, dann sind es gut 10mal so viele wie 25. Das erfahrene Gespür des Praktikers und dazu die pingeligen Meß- und Zählmethoden des Wissenschaftlers bringen Beobachtungsdaten zusammen, mit denen beide etwas anfangen können.

## E Einrichten einer Beobachtungsstelle für Tautrachten

Eine gut eingerichtete und gut geführte Beobachtungsstelle liefert Daten, mit denen man rechnen kann.

Thermometer und Regenmesser sagen uns etwas über den Wetterablauf. Die Aufzeichnungen am Waagstock verraten, was das Bienenvolk tut, und die Belaufzahlen geben Auskunft, wie die Baumläuse leben und wie das Angebot auf dem Honigtaumarkt ausschaut.

Wägen, messen und zählen kann jeder Imker, und der Gebrauch einfacher Wettermeßgeräte ist den meisten vertraut. Demnach kann auch jeder eine Waldtrachtbeobachtungsstelle einrichten und betreuen. Beobachtungsergebnisse mit dem in Einklang zu bringen, was er an seinen Bienen sieht, muß man einem guten Naturkenner, wie er jeder Imker ist, nicht erst beibringen.

Eins zuvor: Wer irgendwo im oder am Wald Bienen aufstellen oder eine Beobachtungsfläche einrichten will, der verständige sich *vorher* mit dem Förster und mit dem Jagdpächter. Sie haben beide ein Recht darauf, zu erfahren, was in ihrem Revier geschieht. Sie werden immer einen Platz anweisen, der für die Bienen gut ist und weder Jagd noch Wild stört. Ein rechter Jäger ist auch Naturfreund, und gutes Einvernehmen ist mit ein paar freundlichen Worten schnell hergestellt. Ein Jäger, den der Wanderimker als Gleichgesinnten gewonnen hat, wird auf seinen Pirschgängen auch am Bienenstand und in der Beobachtungsfläche ab und zu nach dem Rechten sehen.

## 1 Methodik, Material und Geräte

Unsere Beobachtungsstellen (s. Seite 186 f) umfassen große Teile starker Ameisenkolonien und einige hundert Bäume. Brauchbare Daten gibt aber auch eine kleine Fläche mit etwa 100 Bäumen, wenn das Waldstück nach Alter und Anteil der Holzarten dem ganzen Ameisenwald gleicht. Eine Gruppe »seltener« Holzarten, z. B. einige Lärchen, ein paar alte Kiefern im Fichtenbestand oder Bäume eines Fichtenhorstes im Kiefernwald, nehmen wir in unsere Fläche mit auf, wenn sie auch im übrigen Wald vorkommen. In alten, parkähnlichen Wäldern können die Beobachtungsflächen mitten im Bestand liegen, in jüngeren Wäldern legen wir sie an einem Rand, gegen Felder oder gegen eine große Lichtung, an. Die 100 Bäume, die wir später regelmäßig beobachten wollen, sollen alle im Sammelbereich eines oder einiger Ameisennester stehen. Deshalb müssen wir die Ameisenkolonie wenigstens einen Sommer lang bei jeder passenden Gelegenheit besuchen. Wir kennzeichnen alle Bäume, an denen wir Ameisen sehen. In genau 2 Meter Höhe über dem Erdboden pinnen wir einen weiß überzogenen Reißnagel in den Stamm, und zwar dort, wo die Rinde vermutlich innerhalb der nächsten Jahre nicht abfällt. Die Reißnägel sollen alle auf das Nest schauen, zu dem die markierten Bäume gehören.

Im Herbst, wenn die Bienenvölker eingewintert sind und auf dem Bienenstand Ordnung geschafft ist, haben wir Zeit und Ruhe, die Beobachtungsstelle im Wald einzurichten.

An *Material und Geräten* brauchen wir

200 Reißnägel mit weiß überzogenen Köpfen (vermessingte rosten nach kurzer Zeit und sind dann auf der Rinde nur schwer zu erkennen),

eine Handvoll 40er Drahtstifte mit nicht zu breiten Köpfen,

einen Winkelspiegel oder ein Winkelprisma zum Abmessen rechter Winkel,

einige Bogen 5-mm-Karopapier, DIN A 4

einen Filzschreiber mit wasserunlöslicher Farbe,

100 Schilder aus weichem, etwa 1 mm dickem Aluminiumblech, etwa 25 x 25 mm groß. Mit Schlagzahlen prägen wir die Nummern 1 bis 100 ein.

Eine 20 m lange Meßleine stellen wir aus dünner Plastikwäscheleine her. An jedes Ende knoten wir eine Schlaufe, bei 5 und bei 15 m einen einfachen und bei 10 m einen dicken Knoten.

Als »Freilandschreibtisch« brauchen wir einen Feldbuchrahmen oder ein Sperrholzbrett von 25 x 33 cm Größe.

Zunächst stecken wir dort am Waldrand, wo wir im Sommer die meisten belaufenen Bäume gefunden haben, 100 m Länge ab. Auf einem Streifen parallel dazu sollen 60 bis 80 Bäume stehen (gleich, ob schon markiert oder nicht); 40 bis 20 weitere auf einem Streifen, der etwa senkrecht dazu waldwärts hinter einem starken Ameisennest liegt. Demnach hat die Fläche mit den 100 Beobachtungsbäumen die Gestalt eines L oder eines ⊥.

Dann nageln wir die Nummerntafeln am Stamm genau 1 m über dem Erdboden an, wobei wir den Drahtstift nur etwa 1 cm einschlagen, damit er nicht schon im nächsten Jahr einwächst. Bäume mit glatter Rinde numerieren wir in 1 m Höhe mit dem Filzschreiber. An die bisher unmarkierten Bäumen drücken wir auch den weißen Reißnagel in 2 m Höhe. Auch alle Nummerntafeln sollen auf die zuständigen Ameisennester schauen.

Nun stecken wir mit Hilfe der Meßleine und dem Winkelspiegel in der ganzen Fläche Quadrate von 5 m Seitenlänge ab. Die Eckpunkte markieren wir mit Ästen und einem Stück Zeitungspapier daran.

Dieses 5-m-Netz übertragen wir maßstabgerecht auf Karopapier. Im Maßstab 1:400 sind 5 m im Wald = $2^1/_2$ 5-mm-Kästchen auf der Karte; die Länge eines 5-mm-Kästchens entspricht 2 Metern. Die Standorte der Bäume im 5-m-Netz messen wir mit Meterschritten aus. Auf der Karte tragen wir die Baumstämme als Kreise von etwa 5 mm Durchmesser ein. (Abb. 84).

Für Kiefern benutzen wir kein weiteres Kennzeichen; Kringel mit Punkt bedeutet Fichte; halb ausgefüllter Kringel Eiche; Kringel mit aufrecht stehendem Kreuz Rotbuche; mit schrägem Kreuz Weißbuche; mit L Lärche; und Kringel mit senkrechtem Strich heißt Weißtanne. Neben die Symbole der Bäume schreiben wir ihre Nummern in der Beobachtungsfläche. Die Ameisennester messen wir ebenfalls in die Karte ein und bezeichnen sie mit *schrägen (kursiven)* Zahlen.

Eine Fläche von 100 x 75 m genügt für Wälder, die bis 60 und 80 Jahre alt sind. In wesentlich älteren (über 100 Jahre) und damit lichteren Beständen kartieren wir eine viermal so große Fläche, etwa 200 x 150 m, im Maßstab 1:800 oder 1:1000. Auch diese Flächen bringen wir dann auf einem DIN A 4-Bogen unter, denn dann entspricht 1 cm (= 2 Kästchen) 8 oder 10 Metern in der Natur.

Karten und sonstige Darstellungen größeren Formats sind unhandlich und bringen allerhand Ärger, weil sie nicht in unseren Feldbuchrahmen passen und in jedem Leitz-Ordner oben oder an der Seite herausschauen.

Zu Hause übertragen wir unsere Karte sauber auf Transparentpapier. Auf demselben Blatt schreiben wir auch die Baumnummern auf, getrennt nach Holzarten (Abb. 85) und lassen dabei unter jeder Reihe noch zwei oder drei Kästchen frei für Summen und Zwischen-Summen.

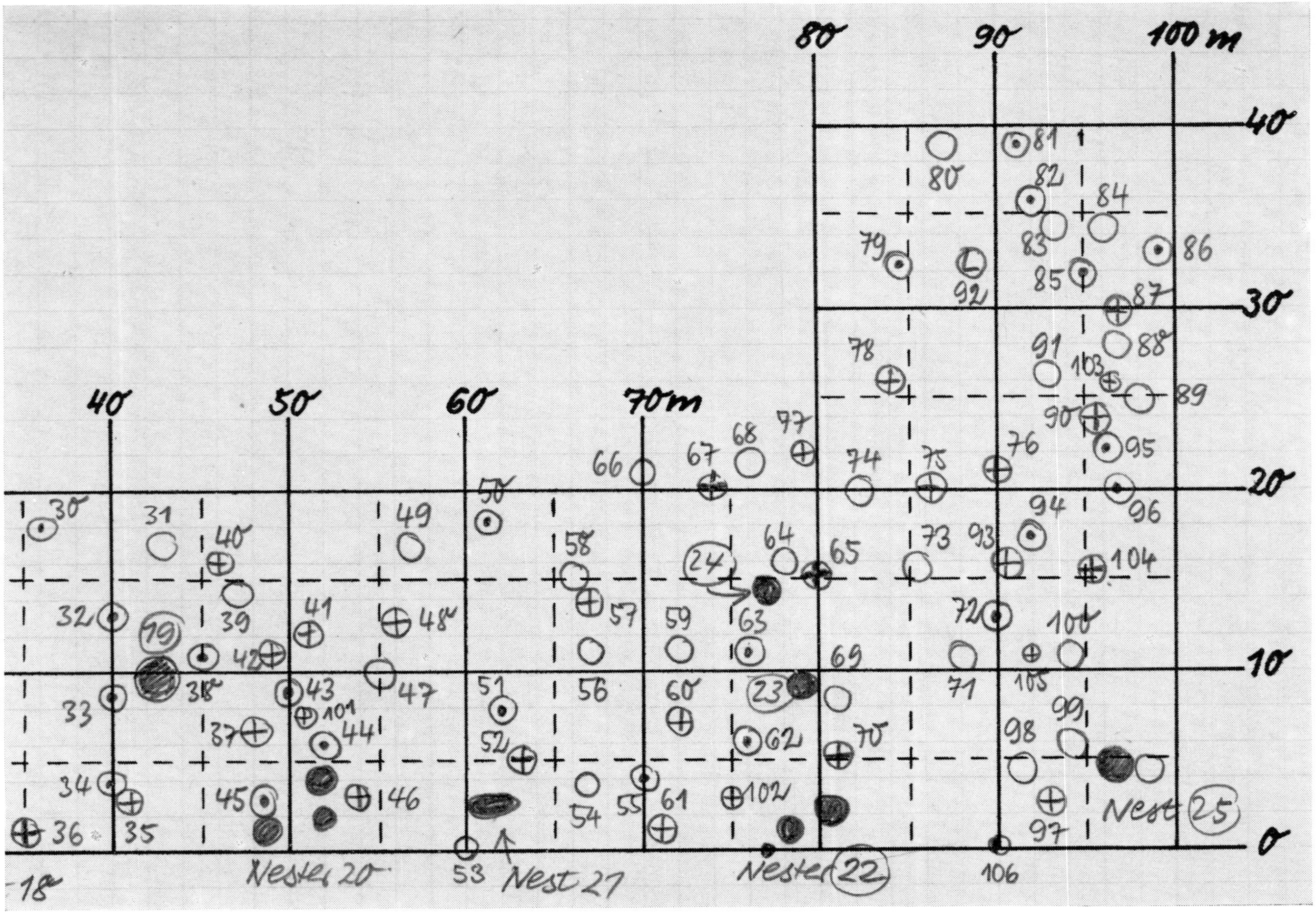

40
50
60
70m
80
90
100 m
0
10
20
30
40
Nester 20
Nest 27
Nester 22
Nest 25

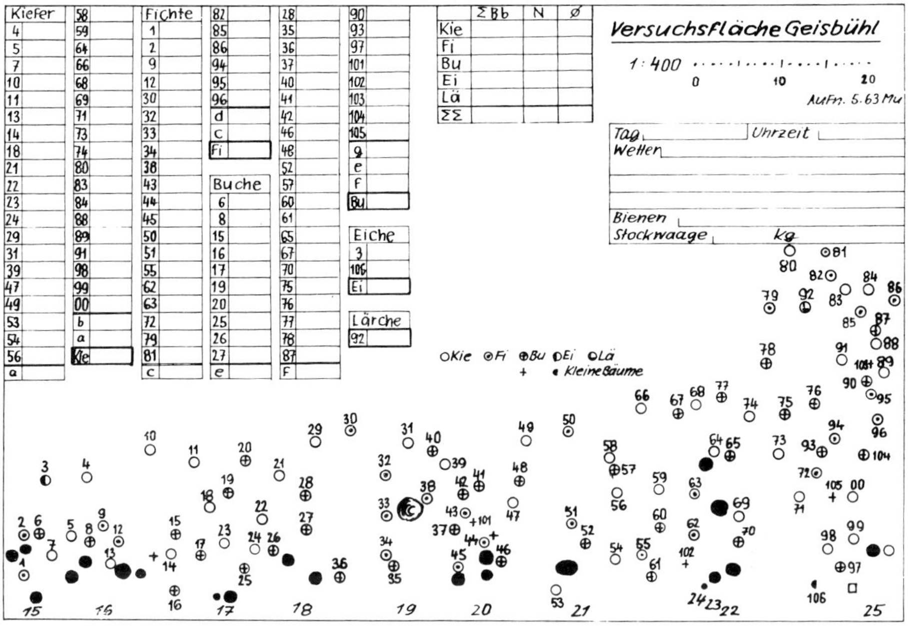


Abb. 85. Fertige Arbeitskarte der Tautrachtstation Geißbühl (auf etwa die Hälfte verkleinert).

Ameisennester mit schrägen Zahlen *15 ... 25* bezeichnet.

ΣBb = Gesamtbelaufstärke, Summe aller Ameisen auf je 1 m aller belaufenen Stämme jeder Holzart; N = Anzahl der besuchten Bäume jeder Holzart; Ø = durchschnittliche Belaufstärke (Ø = ΣBb : N); ΣΣ = Endsummen, Werte für die ganze Beobachtungsfläche

Das mit Mühe hergestellte Original lassen wir daheim. In den Wald nehmen wir nur Lichtpausen mit, für jede Aufnahme eine eigene.

Wir haben im Winter Zeit genug, genügend Kopien selber zu pausen oder pausen zu lassen. Dann legen wir noch einen Ordner an, in dem wir später alle Beobachtungsergebnisse sammeln. Festgeheftete Bücher, wie sie für Eintragungen auf dem Bienenstand gut sind, können wir im Freiland nicht benützen, weil wir oft bei Regen, Nebel oder Tau beobachten. Ein einziger Regentag verdirbt ein ganzes Protokollbuch. Werte aus einer aufgeweichten Lichtpause aber übertragen wir daheim auf ein trockenes Blatt, und dann ist der Schaden behoben.

Selbstverständlich berichtigen wir unsere Karte, wenn einzelne Bäume in der Fläche gefällt worden sind. Wir radieren das Baumsymbol auf der Karte weg und füllen das Kästchen am Rand schwarz aus. Wenn wir einen

---

Abb. 84. Vermessen der Tautrachtstation Geißbühl im Maßstab 1:400, Teil der Originalaufnahme in natürlicher Größe (Gemeindewald Reichenau, Kreis Konstanz)

neuen Baum dafür in unsere Beobachtungsreihe übernehmen, geben wir ihm eine Nummer, die bisher noch nicht dran war. So gibt es keine Verwechselung.

Eine gute Karte zu zeichenen, kostet Zeit. Aber die sparen wir später bei Beobachtungen vielmals ein. Mit einer guten Karte können wir auch mal jemand anderen in den Wald schicken. Der freundliche Helfer findet leicht, was er sehen soll und hilft später gerne wieder aus, weil es ihm Spaß gemacht hat, mit ordentlichem Material zu schaffen.

Nach einer guten Karte wissen wir auch, wie unsere Bäume heißen, wenn böse Buben nichts anderes zu tun wußten, als sorgfältig ein paar Dutzend unserer Nummernschilder zu »sammeln«. Mit ein wenig mehr Mühe als sonst können wir die Bäume richtig ansprechen, und bei der nächsten Kontrolle nageln wir die fehlenden Schilder an den richtigen Bäumen neu an. Mit dem Filzschreiber gezeichnete Zahlen erneuern wir, bevor sie unleserlich werden. Die Nägel der Nummernschilder ziehen wir alljährlich ein Stück aus der Rinde, ehe sie mit den Schildern einwachsen.

In der L- oder ⊥-förmigen Beobachtungsfläche erfassen wir Bereiche des Waldes, die ökologisch (= in der Beziehung der Lebewesen zu ihrer Umwelt) durchaus verschieden sind. Für Licht, Feuchtigkeit, Wärme und Luftbewegung messen wir am Waldrand stets andere Werte als im Inneren. Sie schwanken sowohl im Laufe eines Tages wie auch im Gang der Jahreszeiten am Waldrand krasser als im Waldinneren. Tiere und Pflanzen haben am Waldrand andere Nachbarn als im Waldinneren. Meist beobachten wir am Waldtrauf anderes als in der zweiten Baumreihe oder im Waldinneren. Die Beobachtungsdaten unserer Kontrollstelle sind also vielfältiger als an einem Platz irgendwo inmitten eines gleichförmigen Bestandes.

Meist beginnt die Entwicklung der Wirtsbäume und damit auch der Pflanzensauger am Waldrand früher als im Waldinneren. An den tief hängenden Zweigen der Traufbäume können wir aus der Nähe verfolgen, wie die Baumläuse wachsen und sich vermehren. Hier sehen wir die allerersten Stammütter und die ersten Töchter – als Zeichen dafür, daß die Vermehrung der Blattläuse beginnt. Wir finden hier die ersten Geflügelten und wissen, daß die Aphiden sich bald auch im Waldinneren verbreiten.

Was wir auf den Traufbaumzweigen sehen, dürfen wir nicht verallgemeinern. Oft sitzen in den Baumkronen ganz andere Läuse. Mit einem 30- oder 40fach vergrößernden Perspektiv (Teleskop) können wir vom Boden aus nachschauen, wie es da oben aussieht; ein 7- oder 10fach vergrößerndes Fernglas reicht dazu nicht aus.

Einfacher aber ist es, wir fragen unsere Ameisen. Wie das gemacht wird, steht auf den Seiten 183—187: An unseren 100 Kontrollstämmen zählen wir alle diejenigen Ameisen, die auf der Strecke zwischen der weißen Reißzwecke in 2 Meter Höhe und der Nummerntafel laufen.

Die besten Ergebnisse erhalten wir bei Wetter, das wir Menschen als »angenehm warm« empfinden. Wenn es sehr heiß ist, laufen die Ameisen unstet. Auf den Stämmen treiben sich allerhand Bummelanten herum, die mit wenig Honigtau heimkehren und unser Zählergebnis verfälschen. Bei kühlem, regnerischem Wetter sind nur solche Bäume belaufen, auf denen dauerhafte Lauskolonien viel Honigtau liefern. An den Stämmen ziehen bis an den Kragen vollgetankte Sammlerinnen schwerfällig nestwärts. Suchameisen, Jäger und Müßiggänger sind nicht unterwegs.

## 2 Eichen der Beobachtungsergebnisse

Das ganze Jahr über geben uns die Ameisen in der Kontrollstelle Auskunft über die Volksstärke der Baumläuse und verraten uns, welche Holzarten honigen.

Was aber unsere Bienen von dem Angebot halten, das die Ameisen anzeigen, das müssen wir sie selber fragen. Das heißt auf gut deutsch: in die Nähe einer jeden Beobachtungsfläche gehört ein Waagstock, oder besser 4 Völker auf Waagerahmen mit Einsteckwaage. Die brauchen wir mindestens so lange, bis wir unsere Station »geeicht« haben. Für diese ersten Jahre müssen wir sie schon zu einer Zeit in den Wald stellen, zu der jeder vernünftige Imker mit seinen Bienen noch zu Hause bleibt. Wählen wir jedoch einen Platz mit reichlicher Blütentracht, so ist dabei kein Risiko. Im Laufe der Zeit stellt sich heraus, welcher Ameisenbelauf »notwendig« ist, »damit« die Stockwaage den erfolgversprechenden Beginn der Tautracht anzeigt.

Wenn der Baumbelauf wieder nachgelassen hat, und »dementsprechend« die Waagstockvölker leichter werden, dann *müssen* die Bienen noch im Wald stehen bleiben, denn sie sollen uns in den nächsten Tagen und Wochen zeigen, ob unsere Ameisen eine bienenwürdige Tracht auf anderen Holzarten voraussagen oder anzeigen können. Führt der Vergleich von Ameisentätigkeit und Waagstockangaben über einige Jahre stets zu ähnlichen Ergebnissen, kann man vielleicht auf die Kontrolle mit den Waagstockvölkern verzichten und sich allein auf das verlassen, was die Ameisen anzeigen:

*Spätherbst*

Baumbelauf im Herbst kündet von Eierlegerinnen der Aphidenarten. Sind Bäume, die im Sommer nur schwach oder gar nicht besucht waren, von mehr als 20 Ameisen/m belaufen, dann können wir auf Wintereier hoffen und darauf, daß das neue Jahr als gutes Blattlausjahr beginnt.

*Zeitiger Frühling*

Baumbesuch von mehr als 10 Ameisen/m auf Bäumen, die noch im Herbst belaufen waren, zeigt an, daß zahlreiche Eier den Winter überstanden haben. Wenn die Stammütter schlüpfen, nimmt die Belaufstärke zu, die abbaumenden Ameisen sind jedoch genau so mager wie die aufbaumenden.

Erst wenn die Stammütter erwachsen und die ersten Töchter geboren sind, sieht man den Ameisen an, daß sie Honigtau im Kropf tragen.

*Frühling und Frühsommer*

Wenn die Ameisen im Frühling alle Hauptholzarten besuchen, kann man ein gutes Tautrachtjahr erhoffen.

Schildlaustracht kündet sich an, wenn auf Fichten mehr als 50 Ameisen/m laufen und die Abbaumenden auffallend dicke Kröpfe haben.

Spätfröste vernichten oft die Stammütter oder die ersten Tochtergenerationen der Aphidenarten. Dann sinkt der Baumbelauf plötzlich bis auf weniger als 3 Ameisen/m. Die Ameisen suchen dann in Gebieten, in denen sie in den Jahren vorher nicht waren, Pflanzensauger auf Gebüschen, Hainbuchen u. ä. Deren Honigtauangebot ist derart spärlich, daß für die Bienen nichts zu erwarten ist. Gerade in solchen Zeiten müssen wir sorgfältig weiterbeobachten, denn bei günstiger Wetterlage können sich die wenigen Überlebenden oder die nach dem Frost geschlüpften Baumläuse später immer noch zu Massen vermehren. Die Ameisen in der Beobachtungsfläche zeigen an, ob das der Fall ist. Nimmt der Baumbesuch auf einer Holzart innerhalb kurzer Zeit sprunghaft zu — bis auf weit über 100 Ameisen/m — dann wandere man mit den bereitgestellten Bienenvölkern schleunig in den Wald; es geht um wenige Tage.

*Sommer*

Die ersehnte Großtracht beginnt, wenn sich die Lachniden mit ihren Geflügelten über den ganzen Wald verbreiten. Unsere Ameisen zeigen das an, wenn sie weit von den Nestern entfernt stehende Bäume besuchen, die sie vorher gar nicht interessiert haben. Aber auch das Nachlassen der Tracht merken die Ameisen früher als der Imker, denn sie sammeln ihren Honigtau direkt an den »Zapfhähnen«. Für die Bienen gibt es noch so lange etwas zu holen, bis die letzten Tauspritzer von den Nadeln abgeschleckt sind.

Wenn der Baumbesuch in der Kontrollstelle nachläßt, rüste man sich zum Abrücken — und sehe sich vorsorglich nach einem anderen Platz um. Wenn die Ameisen nach ein paar Tagen Honigtau von einer anderen Holzart einsammeln, kann man am Platz bleiben, auch wenn die Stockwaage zunächst Gewichtsabnahme zeigt.

Tut sich aber für die Ameisen keine andere Tracht auf, dann ist auch für die Bienen nichts mehr zu erwarten.

Dann wandere man in einen anderen Waldtyp oder auf andere Höhenlage — dorthin, wo die Ameisen in einer anderen Beobachtungsfläche Tautracht anzeigen.

## 3 Tautracht-Beobachtungsdienst

Der Traum der Wanderimker ist ein Beobachtungsnetz und ein Meldedienst, wie ihn die Wetterämter haben.

Wer aber annähernd den Aufwand an Mühe, Zeit, Personal und Geld kennt, der für das Aufstellen einer einzigen Wetterkarte notwendig ist, der weiß, daß die Imker nie mehr erhoffen können als das, was sie rückwirkend als Monatsbericht im Imkerheft lesen können. Folglich müssen die Imker selbst für sich sorgen.

Die meisten Wanderimker kennen einander. Wenn sich drei oder vier aus verschiedenen Landesteilen zusammentun und jeder eine Tautracht-Station einrichtet, dann ist schon ein kleiner Beobachtungsdienst auf die Füße gestellt.

Für zwei Gebühreneinheiten im Selbstwählfernsprechen sind die Ergebnisse ausgetauscht, wenn sich die Imkerfreunde einen Code ausmachen, wie ihn die Binnenschiffahrt, die Banken oder die Marktberichter benutzen:

»Wetter trocken, anhaltend Hochdruck, morgens 7 Uhr 13 Grad, Tau. Fichte Belauf 670, gestiegen 160; Kiefer Belauf 6000, gefallen 600. Südrand auf Fichte erste Geflügelte; auf Kiefer dritte Generation schwach. Erster Wiesenschnitt beginnt. Waagstock 47,1, zugenommen 200.«

Jeder weiß mit solchen Nachrichten etwas anzufangen.

### 4 Intermezzo bei Regenwetter

Sogar bei langanhaltendem Regenwetter gibt es auf der Beobachtungsstelle viel zu sehen, also dann, wenn auf dem Bienenstand beim besten Willen nichts zu tun ist.

Ohne Ameisen sind die Pflanzensauger auch bei gutem Wetter nur schwer zu finden — mit Ameisen geht's gerade bei Regenwetter so einfach wie nur irgend was. Dann sitzen die Wächterameisen oft zu Dutzenden auch bei kleinen Lauskolonien, selbst wenn die Bäume und Zweige tropfnaß sind.

Irgendwann im Juli war eine Lachnidenexkursion angesetzt. Das Wetter war an dem Tag so schandmäßig, daß nur ein paar alte, unentwegte Imker erschienen. Die sagten dann übereinstimmend, sie hätten in all den Jahren ihrer waldimkerlichen Praxis noch nie so viele und so verschiedenartige Honigtauerzeuger gesehen, wie in dieser einen Stunde bei Regenwetter.

Der niedrigen Temperatur und der Nässe wegen sind die Insekten — die Pflanzensauger wie die Ameisen — träge. Da kann man die Zweige, auf denen sie sitzen, so drehen, wie man die ganze Gesellschaft am besten sieht, und stört nichts dabei.

Bei Regenwetter gelingen die besten Fotoaufnahmen, Makrofotos im Maßstab größer als 1:1.

Mit dem Vergrößerungsglas oder mit dem bloßen Auge kann man Ameisen und Läuse von nahem betrachten. Wer das bei warmem Sonnenwetter versucht, dem spritzen die Wächterameisen so viel Säure in die Augen, daß er's nie wieder tut!

## F Ausblick

Auf der Waldtracht-Station erfahren wir im Laufe der Jahre sehr viel über den Honigtau und sehen vieles an den Sauginsekten selber. Wir erfahren, wie die Ameisen das Honigtauangebot nützen. Wir wissen, welche Holzarten für die Ameisen honigen, wir sehen, wo die ersten Läuse erscheinen, und die Ameisen zeigen uns, wo die Wintereier abgelegt worden sind. Wir lernen mit der Zeit, den Wald in der wahren Bedeutung des Wortes mit Ameisensinnen nach Lachniden und anderen Honigtauerzeugern abzusuchen. Vielleicht aber — auch damit müssen wir rechnen — zeigen uns die Bienen, daß unsere Station für die Voraussage und das Beurteilen einer bienennutzbaren Waldtracht nicht taugt. Das ist zwar ein schmerzliches, aber immerhin ein Ergebnis sorgfältigen Beobachtens. Kein Imker wird wohl erwarten, daß man ihm narrensichere Patentrezepte offenbart. Wir müssen dann, um einige Erfahrungen reicher, eine neue Stelle einrichten, die den Erfolg hat, den wir erstreben:

Sichere und rasche Tautracht-Erkundung mit Hilfe der Waldameisen.

*Wer die Ameisen fragt, wann und wo der Wald honigt, dem sind Trachtquellen verraten, an denen auch unsere Bienen meist ernten können. Das haben sorgsame Versuche in vielen Jahren immer wieder gezeigt.*

»Gehe hin zur Biene und lerne von ihr« — das brauche ich keinem Imker besonders zu sagen. »Gehe hin zur Ameise und laß' dir zeigen, wo und wann deine Bienen sammeln können!« — das sage ich allen.

# Literaturverzeichnis


ALEFELD, F.: Die Bienenflora Deutschlands und der Schweiz. Neuwied 1862, 2. Aufl.

ALFONSUS, A.: Die Bienenweide, ihre Vermehrung und Ausnutzung. Stuttgart 1923.

ALTPETER, W.: Die Aufforstung des Haldengeländes der Röchling'schen Eisen- und Stahlwerke. Mitt. Dt. dendrol. Ges., Nr. 61, Jb. 1959/60.

— 10 Jahre Haldenaufforstung der Röchling'schen Eisen- und Stahlwerke, Bericht der Röchlingwerke anläßlich des »Tag des Baumes«. 10. Mai 1964.

ANONYM: Imkerfreund **17** (3), 74—82, 1962.

ARMBRUSTER, L.: Imkereibetriebsformen. Berlin 1936, S. 2 ff.

BAUER, F., und ZIMMERMANN, G.: Der Wald in Zahlen von A bis Z. München, Basel, Wien 1963.

Bayerische Landesanstalt: Die Tätigkeit der Bayerischen Landesanstalt im Jahre 1961.

BERNER, U.: Die volkswirtschaftliche Bedeutung der Deutschen Bienenzucht. Diss. Berlin 1916.

— Die Auswertung der Pollenanalyse. Arch. Bienenkde. **29**, 1952.

— Die alte Bienenzucht Ostdeutschlands. Marburg/Lahn 1954.

— Trachtverbesserung ob und wie? Arch. Bienenkde. **31**, 1. Halbjh., 1954, auch Sonderdruck Bücher d. Arch. Bienenkde. **9.**

— Der indirekte Nutzen der Bienen als Befruchter. Arch. Bienenkde. **35**, 1958.

— Lassen sich die Gefahren der Waldtracht beseitigen? Bienenpflege 4. 9, 1964.

Bessere Bienenweide. Verlag des Deutschen Imkerbundes, Nürnberg 1955.

BEUTLER, R., und WAHL, O.: Über das Honigen der Linde in Deutschland. Z. vergleich. Physiol. **23** (3), 1936.

— und SCHÖNTAG, A.: Über die Nektarabscheidung einiger Nutzpflanzen. Z. vergleich. Physiol. **28** (3), 1940.

BILLIG, F.: Bienenweide im Kolbitzer Lindenwald. Leipziger Bienenztg. 75. Jg., 220, 1961.

BLECKEN, B.: Der Bokharaklee. Lüneburg 1947.

BLÜMKE, S.: Beiträge zur Kenntnis der Robinie. Mitt. Dt. dendrol. Ges., Nr. 59, Jb. 1955/56.

BOERNER, F.: Blütengehölze für Garten und Park. 1964.

BOETIUS, J.: Über den Verlauf der Nektarabsonderung einiger Blütenpflanzen. Neue Beihefte zur Schweiz. Bienen-Ztg. **2** (17), 1948.

Böhmel, W., und Jancke, O.: Beitrag zur Embryonalentwicklung der Wintereier von Aphiden. Z. angew. Entomol. **29,** 636, 1942.

Bonnemaison, L.: Contribution à l'étude des facteurs provoquant l'apparition des formes ailées et sexuées chez les *Aphidinae*. Paris 1951, 380 S.

Borneck, R.: Die Bienenzucht in Frankreich. Dt. Bienenwirtsch. **14** (11), 1963.

Börner, C.: Die Blattläuse Mitteleuropas, *Europae centralis Aphides*. Naumburg/Saale. 484 S. Ausg. Thür. Bot. Ges. (Jena) und Biol. Zentralanst. Land- u. Forstwirtsch. (Naumburg) 1952.

Böttcher, F. K.: Nosema eine Mangelkrankheit? Bienenwelt H. 3, 1959.

Braun, R.: Die Honigtaufrage und die Honigtau liefernden Kienläuse *(Cinarini* CB.). Z. angew. Entomol. **24,** 461—510, 1938.

Bröker, W.: Neue Erkenntnisse über die Honigtaukrankheit der Bienen. Bienenzucht **19** (8), 1966.

Buchner, R.: Über das Verhalten von Bienen und Waldameisen an einem gemeinsamen Futterplatz. Z. Bienenforsch. **4,** 179—185, 1959.

Büsgen, M.: Der Honigtau, Biologische Studien an Pflanzen und Pflanzenläusen. Jenaische Z. Naturwiss. **25,** 339—428, 1891.

Demianowicz, A. und S.: Neue Grundlagen der Pollenanalyse. Vortrag gehalten auf dem 16. Internationalen Bienenzüchterkongreß in Wien. 1956.

Demianowicz Z.: Das Pollenproblem des Vergißmeinnichthonigs (polnisch), nach Referat im Arch. Bienenkde. **37,** 2. Halbjh., 80, 1960.

— Lecewicz, W., und Warakowska, Z.: Beitrag zur quantitativen Pollenanalyse der Buchweizenhonige. Z. Bienenforsch. **8** (5), 1966.

Deng, O.: Große illustrierte Bienenflora Mitteleuropas. 1. Teil: Die Sammelwerkzeuge der Biene, das Leben der Pflanzen, Entstehung des Honigs. o. J., 2. Aufl.

Duspiva, F.: Der Kohlenhydratumsatz im Verdauungstrakt der Rhynchoten, ein Beitrag zum Problem der stofflichen Wechselbeziehungen zwischen saugenden Insekten und ihren Wirtspflanzen. Mitt. Biol. Zentralanst. Berlin-Dahlem **75,** 82—89, 1953.

Ehlers, M.: Baum und Strauch in der Gestaltung der deutschen Landschaft. Berlin und Hamburg 1960.

Ehrhardt, P.: Untersuchungen zur Stoffwechselphysiologie von *Megoura vicicae* Buckt., einer phloemsaugenden Aphide. Z. vergleich. Physiol. **46,** S. 169—211, 1962.

Ellenberg, H.: Vegetation Mitteleuropas mit den Alpen. Einführung in die Phytologie von Heinrich Walter, Bd. IV, Teil 2. Stuttgart 1963.

Evenius, J.: Prüfung von Honigen aus der Bundesrepublik. Dt. Bienenwirtsch. **11,** 76, 1960.

Ewert, R.: Die Nektarien in ihrer Bedeutung für Bienenzucht und Landwirtschaft. Leipzig 1932.

Exkursionsführer für die Besichtigungsfahrt der Schutzgemeinschaft deutscher Wald. Hrsg. v. d. Saarbergwerken AG, Forstwirtschaft, 7. 6. 1965.

Fabricius, W.: Die ersten 100 Jahre fremdländischer Baumpflanzungen im Exotenwald zu Weinheim. Mitt. Dt. dendrol. Ges. Nr. 61, Jb. 1959/60.

— Wiederanbau von durch die Eiszeiten bei uns vernichteten Holzarten. Mitt. Dt. dendrol. Ges. Nr. 62, Jb. 1961/62.

FIRBAS, F.: Waldgeschichte Mitteleuropas. Jena 1949/52.

FOSSEL, A.: Lärchenhonig. Bienenvater **77** (6/7), 1956.
— Steirische Honige. Bienenvater **77,** 156, 1956.
— Die Bedeutung der Edelkastanie als Honigspenderin in der Steiermark. Bienenvater **79** (2), 1958.
— Die Tannentracht. Teil I u. II. Bienenvater **79** (6), (7/8), 1958.
— Waldtrachtbeobachtungen. Bienenvater **80,** 171, 1959.
— Nektar und Honigtau. Bienenvater **80,** (7/8), 1959.
— Die Fichtentracht. Bienenvater **81,** 204—229, 1960.
— Waldtrachtbeobachtungen an der Fichte. Bienenvater **81** (3), 1960.
— Erfahrungen aus der Trachtbeobachtungen. Bienenvater **83** (5), 1962.
— Ergebnisse und Fragen der Waldtrachtbeobachtung unter besonderer Berücksichtigung der Fichtenlecanien. Z. Bienenforsch. **6,** 57—61, 1962.
— Weitere Beobachtungen über die Lärchentracht. Bienenvater **84,** 195, 1963.
— Aus dem Leben der Europäischen Ahornblattlaus *Periphyllus villosus* HTG. Z. Bienenforsch **6,** 199—207, 1963.
— Die wichtigsten Honigtauerzeuger des Steirischen Ennstales. Mitt. Abt. Zool. u. Botanik am Landesmuseum »Joanneum« Graz. H. 16, 1—21, 1963.
— Die Beobachtung der Lachniden. Oberösterr. Imker **70,** 19—28, 1965.
— Erfahrungen aus dem Waldtrachtjahr 1964. Bienenvater **86** (4), 113—116, 1965.

GEINITZ, B.: Die Entstehung des Tannenhonigs. Arch. Bienenkde. **9,** 308, 1930.
— Honigtau, Bienenzucht und Forstwirtschaft. Verh. VII. Internat. Entomol.-Kongr. 1938 III, S. 1778—1791, 1939.
— Waldhonig (Nachlaßmanuskript aus dem Jahre 1948). Südwestdt. Imker **10,** 296—300, 1958.

GEISSLER, G., und STECHE, W.: Natürliche Trachten als Ursache für Vergiftungserscheinungen bei Bienen und Hummeln. Z. Bienenforsch. **6** (4), 1962.

GLEDITSCH: Betrachtung des Bienenstandes der Mark Brandenburg nebst einem Verzeichnis von Gewächsen, aus welchen die Bienen ihren Stoff zu Honig und Wachse einsammeln. Riga und Mitau 1769.

GOES, P.: Natur- und Landschaftsschutz in Baden-Württemberg. Stuttgart o. J.

GONTARSKI, H.: Beitrag zur Honigtaufrage. Z. angew. Entomol, **27,** 321—332, 1940.
— Giftige Bienenpflanzen. Natur und Volk **79,** 180, nach Referat im Arch. Bienenkde. **26,** 85, 1949.

GÖSSWALD, K.: Die Rote Waldameise im Dienste der Waldhygiene. 160 S., Lüneburg 1951.

HARNEY, W.: Das Fragezeichen um das Honigen der Linde. Südwestdt. Imker. **2,** 40, nach Bespr. Arch. Bienenkde. **27,** 111, 1950.

HASEL, K.: Beschränkungen von Land- und Forstwirtschaft in Landschaftsschutzgebieten und Naturparken. Allg. Forst- u. Jagd-Ztg. **136** (6), 125—134, 1965.

HASSELBACH, F., und SCHMIDT, K.: Ödlandnutzung für Aufforstung und Wildhege. Hamburg und Berlin 1959.

HERZIG, J.: Ameisen und Blattläuse. Ein Beitrag zur Ökologie aphidophiler Ameisen. Z. angew. Entomol. **24,** 367—435, 1938.

HESMER, H., und MEYER, J.: Waldkarten als Unterlage waldbaulicher Planung. Forstarchiv, 287 ff., 1939.

HICKMANN, H.: Winterharte Heidekräuter. Mitt. Dt. dendrol. Ges. Nr. 59, Jb. 1955/56.

HOFFMANN, I.: Trachtverhältnisse und Schwarmhäufigkeit in West-Berlin. Dt. Bienenwirtsch. **15** (6) 1964.

Imker ABC, hrsg. von R. JACOBY, Bad Segeberg 1964, 2. Aufl.

JIRLOW, R.: Pflugloser Getreidebau in Schweden. Ethnogr.-archäolog. Forschungen, Berlin 1957.

JORDAN, R.: Sind die Bienen Schädlinge des Weinbaues? Bienenvater **85** (1), Wien 1965.

KEGLER, M.: Die Großstadt wird Bienenweide-Territorium. Bienenzucht H. 4, 1964.

VON KIRCHNER, O.: Blumen und Insekten. Leipzig und Berlin 1911.

KLOFT, W.: Die Bedeutung einiger Pflanzenläuse in der Lebengemeinschaft des Waldes. Mitt. Biol. Zentralanst. Berlin-Dahlem **75**, 136—140, 1953.

— Weitere Napfschildläuse als Honigtauerzeuger. Dt. Bienenwirtsch. **10** (9), 1959.

— Wechselwirkungen zwischen pflanzensaugenden Insekten und den von ihnen besogenen Pflanzengeweben. Z. angew. Entomol. **45**, 337—381; **46**, 42—70, 1960.

— MAURIZIO, A., und KAESER, W.: Das Waldhonigbuch. Herkunft und Eigenschaften des Waldhonigs. München 1965, 218 S.

KNUTH, P.: Handbuch der Blütenbiologie. Leizig 1898.

KOCH, H. G.: Die Nektartracht und deren regionale Verteilung im Gebiet der DDR. Dt. Bienenwirtsch. **17** (2) 1966.

KÖNIG, E.: Die Beziehungen zwischen dem jahresperiodischen Gang des Wasser- und Zuckergehalts einiger Baumrinden und dem Schälen durch Rotwild. Diss. Freiburg. 1967.

KOTHE, H.: Über den Reutfeldbau im Simonswäldertal. Enthnogr.,archäolg. Forschungen, Berlin 1958.

LAMB, K. P.: Composition of the honeydew of the aphid *Brevicoryne brassicae* (L.) feeding on swedes *(Brassica napo-brassica* DC.). J. Ins Physiol. **3**, 1—13, 1959.

LANGE, R.: Die deutschen Arten der *Formica-rufa*-Gruppe. Zool. Anz. **161**, 238—243, 1958.

LEONHART, H.: Beiträge zur Kenntnis der Lachniden, der wichtigsten Honigtauerzeuger. Z. angew. Entomol. **27**, 208—272, 1940.

MANTEL, W.: Wald und Forst. rowohlts Deutsche Enzyklopädie.

MAURIZIO, A.: Bienenschäden während der Lindentracht. Schweiz. Bienen-Ztg. **9**, 376—380, 1943.

— Giftige Bienenpflanzen. Beihefte Schweiz. Bienen-Ztg. **1**, 430—440, 1945.

— Pollenanalytische Untersuchungen an Honig- und Pollenhöschen. Beihefte Schweiz. Bienen-Ztg. **2** (18), 1949.

— Untersuchungen über den Einfluß der Pollennahrung und Brutpflege auf die Lebensdauer und den physiologischen Zustand von Bienen. Schweiz. Bienen-Ztg. **73**, 58 ff., 1950.

— Pollenernährung und Lebensvorgänge bei der Honigbiene *(Apis mellifica).* Landw. Jahrbücher, Schweiz 68, 1954.

— Blüte, Nektar, Pollen, Honig. 2. Folge, Dt. Bienenwirtsch. **10** (7), 1959.

— Blüte, Nektar, Pollen, Honig. 7. Folge, Dt. Bienenwirtsch **10** (12), 1959.

— Woher stammen die im Honig enthaltenen pflanzlichen Bestandteile? Arch. Bienenkde. **29**, 1952.

— Das Pollenbild des Honigs einzelner Völker eines Standes. Dt. Bienenwirtsch. **13** (8), 1962.

MEDICUS, F. C.: Unächter Acacienbaum. Zeitschrift 1796—1803.

MERKER, E.: Die Abhängigkeit des biologischen Gleichgewichtes der großen Fichtenborkenkäfer vom Wasserhaushalt des Waldes. Waldhygiene **1** (6), 173—187, 1956.

Mischwald, dem gehört die Zukunft. Deutscher Heimatverlag, Bielefeld o. J., 3. Aufl.

MITSCHERLICH, G.: Zustand, Wachstum und Nutzung des Waldes im Wandel der Zeit. Freiburger Universitätsreden, Neue Folge H. 35, 1963.

MORGENTHALER, O.: Waldtrachtkrankheit und Schwarzsucht. Imkerfreund **15** (11), 1960.

MÜLLER, H.: Der Massenwechsel einiger Honigtau liefernden Baumläuse im Jahre 1954. Insectes Sociaux **3**, 75—91, 1956.

— Der Honigtau als Nahrung der hügelbauenden Waldameisen. Entomophaga **5** (1), 55—75, 1960.

— Vorausschau und Erkundung von Waldtrachten. IV. Kongr. U.I.E.I.S. Pavia 1961. Symposia Genetica et Biol. It. **11**, 85—103, 1963.

NIXON, G. E. J.: The association of ants with aphids and coccids. Commonwealth Inst. Ent., London 1951, 35 S.

NOTTBOHM und LUCIUS: Ist Melezitose für Bienen unverdaulich? Arch. Bienenkde. **10** (3/4), 1929.

OBERDORFER, E.: Pflanzensoziologische Exkursionsflora. Stuttgart 1949, 411 S.

— Pflanzensoziologische Exkursionsflora. Stuttgart 1963, 2. Aufl.

OECHSLER, G.: Die Honigtauproduktion der Lachniden im Sommer 1962. (Unveröff. Manuskript).

OEKLAND, F.: Wieviel »Blattlauszucker» verbraucht die rote Waldameise *(F. rufa)*? Biol. Zentralbl. **50**, 449, 1930.

PECH, J.: Adlerfarn als Trachtspender. Imkerfreund. **15** (12), 1960. Nach Arch. Bienenkunde. **37**, 75, 1960.

PERKIEWICZ: Beuten und Betriebsweisen. 19. Folge, Dt. Bienenwirtsch. **15** (6), 1964.

POPPE, K.: Die Bienenzucht in der Welt. 4. Folge: Die Bienenvölker auf der Welt. Dt. Bienenwirtsch. **12** (10), 1961.

— Die Bienenzucht in der Welt. 6. Folge: Honigernten und Honigpreis. Dt. Bienenwirtschaft **13** (1), 1962.

PREUSS, E.: Meine Bienenzuchtbetriebsweise. Potsdam 1900, S. 53.

PRITSCH, G.: Zum Problem der mikroskopischen Pollenanalyse des Bienenhonigs. Wiss. Z. der Humboldt-Univ. Berlin, Mathem.-naturwiss. Reihe, Jg. 6, Nr. 2, 1956/57.

— Untersuchungen über die Bienenweideverhältnisse verschiedener Standorte auf leichterem Boden. Arch. Geflügelzucht Kleintierkde. **7**, S. 184. Nach Referat im Arch. Bienenkde. **37** (5), 85, 1960.

PUHL, J.: Die Bienenzucht in Luxemburg. Dt. Bienenwirtsch. **14** (11), 1963.

RAWITSCHER, F.: Wohin stechen die Pflanzenläuse? Z. Bot. **26**, 145—168, 1933.

REH, L.: Witterung und Insekten. Anz. Schädlingskde., 1933.

RENIUS, W.: Der Zwischenfruchtbau. DLG-Verlag, Frankfurt/M. 1961.

von Rhein, W.: Die Duftlenkung der Bienen und ihre Bedeutung für die Landwirtschaft. Dt. Bienenwirtsch. **17** (5), 1966.

Rihar, J.: Über die Prognostizierung der Honigtautracht auf Koniferen (Vortr. Arbeitstagung über Honigtaufragen in Freiburg/Brsg.). Z. Bienenforsch. **4**, 129, 1958.

Rudloff, C. F., und Schanderl, H.: Die Befruchtungsbiologie der Obstgewächse. Grundlagen und Fortschritte im Garten- und Weinbau. H. 64, Stuttgart 1950, 3. Aufl.

Ruppertshofen, H.: Aufsätze in: Bienenzucht 1965, H. 9/11, Bienenzucht 1966, H. 1, 2, 3, 5, 6.

— Ohne Bienen geht es nicht! Nordwestdt. Imkerztg. **18** (12), 299—302, 1966.

Schels, J.: Über Zusammenhänge in der Waldtracht. Imkerfreund. **9**, 421—426, 1954.

— Über Trachterkundung in einem Nahwanderungsgebiet. Dt. Bienenwirtsch. **5**, 97, 125 u. 139, 1954.

— Beobachtungen an der Eichenlachnide *Lachnus roboris* im Jahre 1955. Z. Bienenforsch. **3**, 119—128, 1956.

— Von der Überwinterung der Honigtau-Erzeuger. Dt. Bienenwirtsch. **8**, 27, 1957.

— Über Honigtau erzeugende Pflanzensauger. Dt. Bienenwirtsch. **9**, 21, 1958.

-- Beobachtungen an *Cinara (Lachnus) pinicola* Kaltenbach *(Lachnus hyalinus* Koch). Z. Bienenforsch. **4**, 151—178, 1959.

-- Fragen und Ansichten über die Waldtracht. Imkerfreund. **15** (5), 143, 1960.

-- Beobachtungen an geflügelten weiblichen Formen einiger Blattläuse. Agrarbiologie (Moskau) Nr. 6, 920, 1960.

— Über unsere Honigtau-Erzeuger. Imkerfreund **17**, 262—271, 1962.

— Wie beobachte ich Honigtau-Erzeuger im Laufe des Jahres? Dt. Bienenwirtsch. **13**, 2, 72, 107, 155, 190, 200, 210, 224, 279, 300 u. 322, 1962.

— Schmälert der Winter 1962/63 die Waldtracht? Dt. Bienenwirtsch. **14**, 109, 1963.

— Was der praktische Imker von den Honigtau-Erzeugern und dem Waldhonig wissen muß. Dt. Bienenwirtsch. **15** 251—258, 1964.

— Eichenlachniden. Imkerfreund.**19** (3), 81, 1964.

— Von den Honigtau-Erzeugern der Tanne. Bienenpflege, 121—125, 1964.

Schenck, C. A.: Fremdländische Wald- und Parkbäume. 3. Bd., Berlin 1939.

Scheurer, S.: Der Einfluß der Umweltfaktoren auf die Lachniden und die Vorhersage eventueller Massenvermehrung der Baumläuse. Dt. Bienenwirtsch. **15** (10), 221—223, 1964.

— Untersuchungen zum Massenwechsel einiger Fichten bewohnender Lachnidenarten im Harz. Biol. Zbl. **83** (4), 427—467, 1964.

Schmutterer, H.: Die Ökologie der Cocciden *(Homoptera, Coccoidea)* Frankens. Z. angew. Entomol. **33**, 369—420, 544—584; **34**, 65—100, 1952.

— Beobachtungen über Honigtauerzeuger und Honigtautrachten im Frühsommer 1957 in Oberhessen. Z. Bienenforsch. Bd. IV, **4** (5), 1958.

— Zur Ökologie und wirtschaftlichen Bedeutung der *Physokermes*-Arten *(Homoptera Coccoidea)* an Fichte in Süddeutschland. Z. angew. Entomol. **56** (4), 300—325, 1965.

Schumann, H.: Neue Wochenpost Nr. 34, 16, 1966.

Späth-Buch: 1720—1930, Berlin-Baumschulenweg 1930.

Specht, G.: Landwirtsch. Jb. **88** (5), Berlin 1939.

Sprengel, C. K.: Über das entdeckte Geheimnis der Natur im Bau und in der Befruchtung der Blumen. Berlin 1793.

— Die Nützlichkeit der Bienen und die Notwendigkeit der Bienenzucht von einer neuen Seite dargestellt. Berlin 1811.

Statistisches Jahrbuch für die Bundesrepublik Deutschland 1965.

Steche, W.: Bienen und Birnen. Dt. Bienenwirtsch. **11** (4), 1960.

Vagt, W.: Die Entstehung von Bienenschäden durch Pflanzenschutzmaßnahmen und deren Verhütung in organisatorischer Sicht. Dt. Bienenwirtsch. **14** (7), 1963.

Vorwohl, G.: Das mikroskopische Bild der Pollenersatzmittel und des Sediments von Futterteigen. Z. Bienenforsch. **8** (7), 1966.

Wagner: Reicht unsere Bienenweide aus? Bienenwirtsch. Zbl. **66** (12), 1930.

Wahl, O.: Vergleichende Untersuchungen über den Nährwert von Pollen, Hefe, Sojamehl und Trockenmilch für die Honigbiene. Z. Bienenforsch. **6** (8), 1963.

— Die Nektarforschungen von Prof. Dr. Ruth Beutler († 1959). Dt. Bienenwirtsch. **15** (5), 1964.

— Besitzen höselnde Bienen einen Spürsinn für den Nährwert des Sammelguts? Z. Bienenforsch. **8** (7), 1966.

Walter, H.: Einführung in die Phytologie, Bd. 3: Grundlagen der Pflanzenverbreitung, 2. Teil, Arealkunde. Stuttgart 1954.

Wellenstein, G.: Beiträge zur Biologie der Roten Waldameise *(Formica rufa* L.) unter besonderer Berücksichtigung klimatischer und forstlicher Verhältnisse. Z. angew. Entomol. **14,** 1—68, 1929.

— Zur Trophobiose der Roten Waldameisen. Unveröffentl. Manuskript, 1929.

— Beiträge zur Systematik und Biologie der Rindenläuse *(Lachninae* C. B.). Z. Morphol. Ökol. Tiere. **17,** 737—767, 1930.

— Die Ernährungsbiologie der Roten Waldameise *(Formica rufa* L.). Z. Pflanzenkrankh. (Pflanzenpath.) Pflanzenschutz **59,** 430—451, 1952.

— Die Beeinflussung der forstlichen Arthropodenfauna durch Waldameisen. Z. angew. Entomol. **41,** 368, 1957.

— Die Trophobiose der Waldameisen und ihre bienenwirtschaftliche Bedeutung. 14. Verh. Ber. Dt. Ges. angew. Entomol. 1957, 109—114, 1958.

— Versuche zur Klärung der bienenwirtschaftlichen Bedeutung der kahlrückigen Roten Waldameise. Allg. Forstztg. **15,** 213—214, 1958.

— Die Waldameise. Ist es möglich, die Waldhonigernte der Bienen mit Hilfe der hügelbauenden Waldameisen zu steigern? Südwestdt. Imker, 136—137, 1958.

— Ein neuer Weg zur Steigerung der einheimischen Honigernte. Südwestdt. Imker, 334—336, 1959.

— Ergebnisse vierjähriger Untersuchungen über die Steigerung der Waldbienentracht. Z. angew. Entomol. **47,** 32—41, 1960.

— Honigtaubildende Forstinsekten und ihre wirtschaftliche Bedeutung. Forstwiss. im Dienste der Praxis. Vortr. Forstl. Hochschulwoche Freiburg 1961. BLV Verlagsges. München, Basel, Wien 1961. S. 184—199.

— Weitere Ergebnisse über die bienenwirtschaftliche Bedeutung der Waldameisen *(F.rufa*-Gruppe). Symposia Genetica et Biologica Italica **XII,** 60—73, 1963.

— Weitere Beiträge zur Waldtrachterkundung. Südwestdt. Imker **18** (9), 265—270, 1966.

— Zur Frage der Standortansprüche hügelbauender Waldameisen *(F. rufa*-Gruppe). Z. angew. Zool. **54** (1), 139—166, 1967.

— Kaeser, W. und Müller, H.: Kann die Waldhonigernte mit Hilfe der Roten Waldameise gesteigert werden? Z. Bienenforsch. **3,** 237—240, 1957.

Wellmann-Hübner-Ziegenbein: Feldfutterbau als Hauptfrucht. DLG-Verlag, Frankfurt/M. 1964.

WILHELMI, Th.: Das Dickenwachstum des Tulpenbaums *(Liriodendron tulipifera)* in Norddeutschland. Mitt. Dt. dendrol. Ges. Nr. 62, Jb. 1961/62.

WEINZIERL, H.: Kiesgrube und Landschaft. Hrsg. v. Bayer. Industrieverband Steine und Erden im Zusammenhang mit dem deutschen Naturschutzring, o. J.

ZANDER, E.: Beiträge zur Herkunftsbestimmung bei Honig. Band 1—4, 1935—1948; Bd. 1 Berlin 1935, Bd. 2 Leipzig 1937, Bd. 3 Leipzig 1941, Bd. 4 München 1948.

ZANDER, R., ENCKE, F. und BUCHHEIM, G.: Handwörterbuch der Pflanzennamen. Stuttgart 1964, 9. Aufl.

ZIEGLER, H. und ZIEGLER, J.: Die wasserlöslichen Vitamine in den Siebröhrensäften einiger Bäume. Flora **152,** 257, 1962.

ZOEBELEIN, G.: Versuche zur Feststellung des Honigtauertrages von Fichtenbeständen mit Hilfe von Waldameisen. Z. angew. Entomol. **36,** 358—362, 1954.

— Der Honigtau als Nahrung der Insekten. Z. angew. Entomol. **38,** 369—416; **39,** 129—167, 1956.

— Die Rolle des Waldhonigtaus im Nahrungshaushalt forstlich nützlicher Insekten. Forstwiss. Cbl. **76** (1), 24—34, 1957.

ZWÖLFER, W.: Der Wald als Honigtauspender. Allg. Forstz. **4,** 288—289, 1949.

— Die Waldbienenweide und ihre Nutzung als forstentomologisches Problem. Verh. Dt. Ges. angew. Entomol. auf der 12. Mitgliedervers.. Frankfurt 1952. S. 164—168, 1954.

# Bildquellenverzeichnis

Abb. 62, 63, 64 W. ALTPETER; Abb. 4, 5, 6, 7, 9, 15, 16, 17, 18, 20, 21, 26, 47, 48, 52, 61 R. BITSCHENE; Abb. 29, 30 S. BLÜMKE; Abb. 8, 10, 11, 33, 35, 36, 40, 41, 42, 43, 44, 45 F. BOERNER; Abb. 28 DR. ELMENDORF; Abb. 69 R. GAUSS; Abb. 66 G. OECHSLER; Abb. 27, 31, 32, 34, 37, 38, 39 W. SCHACHT; Abb. 76 nach G. WELLENSTEIN.

Folgende Abbildungen sind den im Verlag Eugen Ulmer, Stuttgart, erschienenen Werken entnommen:

Abb. 3, 12, 13, 14 aus H. ELLENBERG: Vegetation Mitteleuropas mit den Alpen, Einführung in die Phytologie von H. WALTER, Band IV, 2. Teil, 1963.

Abb. 19, 23, 51, 57, 58, 59, 60 aus F. ENCKE: Sommerblumen, 1961.

Abb. 22, 24, 25, 46, 49, 50, 53, 54, 55, 56 aus L. JELITTO und W. SCHACHT: Die Freiland-Schmuckstauden, Band 1, 1963.

Abb. 1, 2 aus H. WALTER: Einführung in die Phytologie, Band III, Grundlagen der Pflanzenverbreitung, 2. Teil, Arealkunde, 1954.

# Sachregister

* = Abbildung

Herbert Rosendorfer

# Briefe in die chinesische Vergangenheit

*Roman*

*Büchergilde Gutenberg*

MIX
Papier aus verantwortungsvollen Quellen
FSC® C014496

Lizenzausgabe für die Büchergilde Gutenberg,
Frankfurt am Main, Zürich, Wien
www.buechergilde.de


Einbandgestaltung: Katja Holst, Frankfurt am Main
Satz: Filmsatz Schröter, München
Druck und Bindung: GGP Media GmbH, Pößneck
Printed in Germany, 2012
ISBN 978-3-7632-6584-8

## *Vorbemerkung*

Die Datierung der Briefe des Mandarins Kao-tai an seinen Freund, den Mandarin Dji-gu, wurde aus dem altchinesischen in den europäischen Kalender umgerechnet.

Die Anrede und die Schluß- und Grußformeln wurden vereinfacht und nur sinngemäß übersetzt. Diese Formeln im altchinesischen Briefstil sind außerordentlich kompliziert und überladen. Dies wurde alles weggelassen. Kao-tai redet seinen Freund im Original mit dessen Männernamen an und unterschreibt selber mit seinem Gelehrtennamen, gelegentlich mit seinem Männernamen. Auch dies wurde auf die Familiennamen der Briefpartner vereinfacht.

*Erster Brief*

(Mittwoch, 10. Juli)

Treuer Freund Dji-gu.

Die Zukunft ist ein Abgrund. Ich würde die Reise nicht noch einmal machen. Nicht das schwärzeste Chaos ist mit dem zu vergleichen, was unserem bedauernswerten Menschengeschlecht bevorsteht. Wenn ich könnte, würde ich sofort zurückkehren. Ich fühle mich in eine Fremde von unbeschreiblicher Kälte hinausgeworfen. (Obwohl es auch hier Sommer ist.) Für heute nur soviel: ich bin, in Anbetracht der ungewöhnlichen Art meiner Reise, leidlich gut angekommen. Ich kann nur rasch diese Zeilen kritzeln und den Zettel an den Kontaktpunkt legen. Ich hoffe, Du findest ihn. In Liebe grüßt Dich Dein

Kao-tai

*Zweiter Brief*

(Samstag, 13. Juli)

Teurer Freund Dji-gu.

Die Zukunft ist ein Abgrund. Ich glaube, ich habe diesen Satz schon auf den Zettel geschrieben, den ich Dir vor drei Tagen an den Kontaktpunkt gelegt habe – hoffentlich hast Du ihn gefunden und machst Dir keine Sorgen um mich. Was ich hier erlebe, ist so vollständig anders als das, was Du kennst und was ich gewohnt bin, daß ich gar nicht weiß, womit ich meine Schilderung beginnen soll. Hier – ich müßte eigentlich nicht »hier« sagen, sondern »jetzt«. Aber dieses »jetzt« ist so unvorstellbar fremd, daß es mir schwerfällt, an die Identität dieses »Ortes« mit dem Ort zu glauben, an dem Du – durch genau tausend Jahre getrennt – lebst. Tausend Jahre, das weiß ich nun, sind ein Zeitraum, den der menschliche Verstand nicht fassen kann. Gewiß: Du kannst zählen – eins, zwei, drei ... bis tausend – und Dir dabei vorzustellen versuchen, es vergehe jedesmal ein Jahr dabei, Geschlechter, Kaiser, ganze Dynastien wechselten, die Sterne wanderten ... Aber ich sage Dir: tausend Jahre sind mehr als vergangene Zeit. Tausend Jahre sind ein so gewaltiger Berg von Zeit, daß selbst die kühnsten Vögel phantastischer Gedanken ihn nicht zu überfliegen vermögen.

Tausend Jahre sind nicht »jetzt« und »damals«. Tausend Jahre sind »hier« und »dort«. Ich werde beim »hier« bleiben.

Ich bin sehr glücklich, daß ich den Kontaktpunkt, an dem ich diesen Brief niederlegen werde, wiedergefunden habe. Es ist mir dank eines Mannes gelungen, der mir viel geholfen hat und noch hilft. Mehr von ihm berichte ich Dir demnächst. Anders als mit fremder Hilfe hätte ich den Kontaktpunkt nicht gefunden, denn unser K'ai-feng hat sich so vollständig geändert, daß ich meine, es müßte eine andere Stadt sein. Das hängt vielleicht damit zusammen, daß der Fluß seinen Lauf gewechselt hat; er fließt jetzt fast genau nach Norden. Die Stadt ist unvorstellbar groß geworden, und es ist nahezu unerträglich laut. Von keinem einzigen der Paläste, die uns für die Ewigkeit gebaut erscheinen, ist auch nur eine Spur noch vorhanden (soweit ich das bisher gesehen habe), von den einfachen Häusern ganz zu schweigen. Selbst die Hügel sind weg. Alles ist flach, dafür sind die Häuser aufgetürmt wie zackige Berge, und kaum ein Baum ragt über die Häuser hinaus. Du würdest nichts, aber auch gar nichts wiedererkennen. Wie das alles zugegangen ist, kann ich mir nicht vorstellen. Ich traue unseren barbarischen Enkeln – ich kann Dir sagen: ein würdeloser, verrohter Haufen – zu, daß sie die Hügel abgetragen haben. Selbst unser Himmel, scheint es mir, hat sich aus dem ständigen Dunst und Ruß in eine fernere Welt zurückgezogen. Es kommt mir fast vor, als wäre ich nicht nur zeitlich, sondern auch örtlich versetzt.

Ich sitze hier, während ich das schreibe, auf einem Stein. Der Lärm, der mich umtost, ist nicht übermäßig; ein, zwei Li* weiter ist er viel schlimmer. Nicht weit von dem Stein muß das kleine Sommerhaus sein, wo ich Dich vor tausend Jahren und drei Tagen zum Abschied umarmt habe. Es ist kein Staubkorn mehr davon vorhanden. Eine Reihe von häßlichen Häusern steht dort. Den anderen Stein habe ich nicht mehr gefunden, den wir im Park eingerammt haben in der Hoffnung, er werde tausend Jahre überdauern. Zum Glück bin ich nicht auf die Silberschiffchen** angewiesen, die wir in der Höhlung des Steins verborgen haben. Die fünfzig Silberschiffchen, die ich dabei habe, werden reichen. Außerdem habe ich ja als »eiserne Reserve« die fünf schönverzierten Goldbecher.

Ich wollte, ich könnte unverzüglich zurückkehren, aber ich muß ja den errechneten Zeitpunkt abwarten, und der wird erst in acht Monaten kommen. Eigener Fürwitz hat mich in diese unselige, laute Zukunft gebracht. Bete für meine gesunde Rückkehr. Grüße mir meine Shiao-shiao, die ich nächst Dir, mein Freund, am meisten liebe.

Kao-tai

* 1 Li = ca. 600 m.

** Silberschiffchen: altchinesisches Zahlungsmittel, schiffchen- oder schuhartiger, gestempelter Barren aus Silber von ca. 100–250 g Gewicht.

*Dritter Brief*

(Mittwoch, 17. Juli)

Geliebter Freund Dji-gu.

Ja, ich habe einen *Menschen* in diesem Abgrund, in diesem schwarzen Strudel von Zukunft gefunden. Ich muß gerecht gegen unsere Enkel sein: sogar *zwei* Menschen, und beim zweiten scheint es mir nicht ausgeschlossen, daß er mein Freund wird, obwohl ich – wie gerade Du weißt – äußerst geizig mit dieser Bezeichnung bin. Zwar brüllt auch Herr Shi-shmi (so heißt der zweite Mensch), aber ich habe das Gefühl, von ihm trennen mich nicht 100 000 Li wie von den anderen, sondern nur 99 999. Alle außer den zweien erscheinen mir nach wie vor wie bleiche Riesenkrebse ohne Ähnlichkeit mit Dir und mir und unseresgleichen. Freilich, auch Herr Shi-shmi ist weit davon entfernt, mich zu verstehen, aber er hilft mir *seine* ferne Welt zu begreifen.

Kennengelernt habe ich Herrn Shi-shmi auf ziemlich unwegsame und leider auch schmerzliche Weise. Du wirst daran sehen, was ich in den wenigen Tagen, die ich nun »unterwegs« bin, alles erlebt habe. Ich schreibe an Herrn Shi-shmis Tisch, in seinem Haus. Er selber ist nicht da. Der Kontaktpunkt ist zum Glück nicht weit vom Haus entfernt. Ich könnte ihn zur Not allein finden.

Wir haben vor meiner Abreise viel über mein, wie manchem scheinen könnte, nicht ungefährliches Unternehmen gesprochen. Du, geliebter Dji-gu, der Erfinder des mathematischen Zeitsprungs, bist der einzige, der von meiner Reise weiß. Wir haben viel gesprochen, und Du erinnerst Dich, daß ich den weisen Satz des großen Meng-tzu »Wer beobachten will, darf selber nicht beobachtet werden« als einen der wichtigsten Grundsätze für mein Vorhaben betrachtete. Ich habe deshalb, wie Du selber gesehen hast, eine denkbar unauffällige Kleidung für meine Reise gewählt, habe auf alle Rangabzeichen als Kwan der Klasse »A4«* verzichtet und sogar meine Amtskette als Präfekt der kaiserlichen Dichtergilde »Neunundzwanzig moosbewachsene Felswände« – die zu tragen ich eigentlich verpflichtet bin – zurückgelassen. Ich wollte nicht auffallen, wollte unbeobachtet beobachten. Aber die ganzen weisen Sprüche nicht nur des Meng-tzu, nein, des ganzen ›Li Chi‹ helfen in dieser verrückten Zukunft nichts. Meine, wie wir meinten, unauffällige Kleidung ist für hiesige Begriffe so außer jeder Gewohnheit, daß ich genausogut in Weiberkleidung oder als bunter Palasthund verkleidet angekommen sein könnte. Das Aufsehen wäre auch dann nicht größer gewesen.

Die Reise selber verlief ganz ohne Schwierigkeiten und war das Werk eines Augenblicks. Unsere vielen Experimente haben sich gelohnt. Nachdem ich Dich auf jener kleinen Brücke über den »Kanal der blauen Glocken« – die wir als den geeignetsten Punkt ausgesucht und errechnet hatten – umarmt, alles in Gang gesetzt hatte, was notwendig war, war es mir, als höbe mich eine unsichtbare Kraft in die Höhe, wobei ich gleichzeitig wie von einem Wirbelwind gedreht wurde. Ich sah noch Dein rotes Gewand leuchten, dann wurde es Nacht. Einen Augenblick danach saß ich, natürlich etwas benommen, auf ebender Brücke über den »Kanal der blauen Glocken«; aber es war alles anders. Kein einziges Gebäude, keine Mauer, kein Stein von dem, was ich eben noch gesehen hatte, war noch vorhanden. Ungeheurer Lärm überfiel mich. Ich saß am Boden neben meiner Reisetasche, die ich krampfhaft festhielt. Ich sah Bäume. Es war – es ist – Sommer wie vor tausend Jahren. Eine fremde Sonne schien über dieser Welt, die so sonderbar, so völlig unbegreiflich ist, daß ich zunächst gar nichts

* Altchinesische korrekte Bezeichnung dessen, was wir unter »Mandarin«, verstehen. Es gab in der Sung-Zeit, aus der Kao-tai stammt, zweimal neun Rangklassen; Kao-tai ist also hoher Beamter. »A4« ist cum grano salis vergleichbar mit einem Ministerialdirektor oder Staatssekretär.

wahrnahm. Ich saß da, hielt meine Reisetasche fest, und wenn ich gekonnt hätte, wäre ich sofort wieder zurückgekehrt. Aber Du weißt, das geht nicht. Mein erster Gedanke war: hat Shiao-shiao Sehnsucht nach mir? Ich werde warten müssen, bis ich sie wieder liebkosen kann. Sie wird warten müssen.

Die Brücke, auf der ich erwachte oder ankam, ist ganz anders als die Brücke, auf der ich Dich verließ. Sie spannt sich zwar immer noch über den »Kanal der blauen Glocken«, ist aber nicht mehr aus Holz, sondern aus Stein, allerdings aus sehr grob gehauenem, und offensichtlich ziemlich lieblos zusammengefügt. Alles »hier« ist lieblos gemacht. Ich dachte: zum Glück haben die nach tausend Jahren immer noch eine Brücke an derselben Stelle. Es hätte ja sein können, daß sie, nachdem die alte Holzbrücke verfault oder sonst zusammengebrochen war, die neue Brücke etwas weiter oben oder unten errichtet hätten. Dann wäre ich ins Wasser gefallen, was natürlich unangenehm, aber nicht gefährlich gewesen wäre, denn der »Kanal der blauen Glocken« ist längst nicht mehr so tief, wie Du ihn kennst, allerdings äußerst schmutzig. So ziemlich alles hier ist äußerst schmutzig. Schmutz und Lärm – das beherrscht das Leben hier. Schmutz und Lärm ist der Abgrund, in den unsere Zukunft mündet.

Auch die Hügel auf der westlichen Seite des Kanals haben sie inzwischen abgetragen, denn alles ist ganz flach, soweit man sehen kann. Aber das habe ich Dir im letzten Brief schon mitgeteilt.

Ich richtete mich auf – ganz benommen, sagte ich schon –, stellte meine Reisetasche ab und schaute mich um. Nach dem Plan für meine ersten Schritte in der Zukunft, den wir so herrlich ausgearbeitet haben (ich kann Dir gleich sagen: er hat sich als völlig undurchführbar erwiesen), sollte ich mich zunächst zu der Stelle begeben, wo Dein Gartenhaus steht, um den erwähnten Stein zu suchen, den wir neben dem Eingang in den Boden haben rammen lassen. Ich kam gar nicht so weit, denn von dort, wo damals – Dein »jetzt« – das Haus der Jagdaufseherswitwe des Mandarins Mawang stand, näherte sich, erschrick nicht, ein Riese. Er war ganz in komische graue Kleider gehüllt, die völlig unnatürlich waren – auch darauf werde ich später noch zurückkommen –, hatte eine enorm ungesunde bräunliche Gesichtsfarbe und, als allerauffallendstes, eine riesige, eine unvorstellbar große Nase; mir schien: seine Nase mache die Hälfte des Körpervolumens aus. Er blickte aber, wie mir schien, nicht unfreundlich. Er wollte über die Brücke gehen, blieb jedoch stehen, als er mich sah. Ich kann das Mienenspiel unserer Nachfahren noch nicht richtig deuten. (Sie sind uns so unähnlich, daß ich mich frage: sind sie es wirklich? Wirklich unsere Nachfahren?) Ich lerne auch erst, ihre Gesichter zu unterscheiden. Das ist sehr schwer, denn sie sehen alle gleich aus und haben alle gleich große Nasen. Daß jener Riese – oder jene Riesin, auch das Geschlecht ist kaum zu unterscheiden –, der erste Mensch, den ich nach meiner Reise von tausend Jahren sah, keine drohende Haltung einnahm, glaubte ich aber erkennen zu können. Vermutlich war er so erstaunt über meinen Anblick wie ich über seinen. Ich nahm meine Reisetasche in die Hand, ging auf ihn zu, verbeugte mich und fragte:

»Hoher Fremdling oder hohe Fremdlingin! Ich, der unwürdige und weniger als nichtsnutzige Kwan der vierthöchsten Rangklasse Kao-tai, Präfekt der kaiserlichen Dichtergilde ›Neunundzwanzig moosbewachsene Felswände‹, entbiete meine Hochachtung vor dir und deinen Ahnen.« Wer weiß, dachte ich, ob ich nicht selber unter diesen Ahnen bin. »Kannst du mir sagen, ob hinter jener Mauer einst das Gartenhaus meines Freundes, des erhabenen Mandarins Dji-gu, stand?«

Der Riese verstand aber offensichtlich nichts von meiner Rede. Er sagte etwas in einer mir völlig unverständlichen Sprache, das heißt: er brüllte mit so tiefer Stimme, daß es mich fast über das Brückengeländer warf, und ich hätte unverzüglich die Flucht ergriffen, wenn sich nicht inzwischen eine größere Anzahl weiterer Riesen angesammelt hätte, die mich alle anstarrten. Ich war ganz verzweifelt. Wenn ich gekonnt hätte, hätte ich mich sofort wieder in die Vergangenheit – in Deine und meine Gegenwart – verflüchtigt. Aber das geht ja nicht. Ich muß ausharren. Es ist auch gut so, denn das ist der Zweck meiner Reise. So umklammerte ich meine Reisetasche und wandte mich fragend an alle, ob nicht einer unter ihnen sei, der die Sprache der Menschen verstünde.

Es war keiner dabei.

Wenn man bedenkt, daß wir ohne Schwierigkeiten Bücher lesen können, die zweitausend Jahre alt sind, sich die Sprache bis auf uns von den ältesten Zeiten an nicht stark verändert hat, muß man sich wundern, daß sich die Sprache der Menschen in den nächsten tausend Jahren, die uns bevorstehen, so wandelt, daß ich mich mit keinem Wort mehr verständigen kann. Sollten das hier, diese Riesen mit ihrer brüllenden Sprache, gar keine Enkel von uns sein? Haben die Barbaren des Nordens es fertiggebracht, die Große Mauer zu überwinden? Haben sie unser Land überschwemmt, uns ausgerottet? Bewohnen sie nun unser Reich? Dagegen spricht, daß die Barbaren des Nordens ein zwar kräftiger und zäher, aber eher kleinerer Menschenschlag als wir sind. Nun – vielleicht gelingt es mir, auch da noch dahinterzukommen.

Inzwischen – aber auch davon später – habe ich ein paar Wörter der Zukunftssprache erlernt. Sie ist sehr schwer.

Die Großnasen und Riesen, die mich umringten – beruhige Dich: es sind keine Riesen; alle Leute »hier« sind größer, als wir es gewohnt sind –, schrien mit furchtbaren lauten und tiefen Stimmen durcheinander. Hättest du die Szene in einem Traum erlebt, hättest Du gemeint, in einen Haufen streitender Dämonen geraten zu sein. Offensichtlich redeten sie über mich. Da sie so brüllten – ich wußte zu dem Zeitpunkt noch nicht, daß die Leute hier immer brüllen –, fürchtete ich, es könnte im nächsten Augenblick eine Prügelei unter ihnen ausbrechen. Ich entwich deshalb in einem günstigen Moment und verließ die Brücke. Eine Straße ganz aus Stein zieht sich dort, wo Du jetzt, wenn Du diesen Brief bekommst, die äußeren Mauern der kaiserlichen Stallungen siehst, am Kanal entlang. Ich wollte die Straße überqueren, da passierte etwas ganz Schreckliches.

Übrigens – verzeih, daß ich von einem Gedanken zum anderen und wieder zurück springe, aber es ist wirklich schwer, meine Eindrücke in eine geordnete Reihe zu fassen, da zu viel auf einmal in diesen wenigen Tagen auf mich eingestürmt ist – gab es unter den Leuten auf der Brücke keine Prügelei. Sie prügeln sich selten, auch nicht solche niederen Standes. Es kann natürlich sein, daß sie sich in der Öffentlichkeit nicht prügeln und solche Tätigkeit in ihren Häusern betreiben. Ich kann mich noch viel zu wenig in der hiesigen Sprache ausdrücken, um Herrn Shi-shmi danach zu fragen. Sie prügeln sich nicht, aber sie brüllen. Sie brüllen immer, alle. Es hat nichts zu bedeuten. Freilich, man muß ihnen zugute halten, daß sie bei dem Lärm, der ständig hier herrscht, gar nicht in normaler Lautstärke reden können. Da würde sie niemand verstehen. Kannst Du Dir ein Leben vorstellen, lieber Freund Dji-gu, das darin besteht, ständig den Tag und Nacht herrschenden Lärm zu überschreien? Du kannst es Dir nicht vorstellen. Die Zukunft, lieber Freund Dji-gu, ist ein Abgrund. Aber ich lebe noch.

Der Zeitpunkt ist gekommen, um diesen Brief an den Kontaktpunkt zu legen. Ich schließe deshalb für heute. Es umarmt seinen geliebten Dji-gu

sein Freund Kao-tai

*Vierter Brief*

(Samstag, 20. Juli)

Sehr geliebter Freund.

Drei Tage sind vergangen, in denen – wie immer – Neues, Überraschendes, Fremdartiges und Unerklärliches auf mich eingestürzt ist, aber ich fahre in der Schilderung der Ereignisse fort, die unmittelbar auf meine Ankunft gefolgt sind.

Die erwähnte Straße, die ich überqueren wollte, ist eine Allee. Links und rechts des Pflasters zieht sich ein kümmerlicher, lieblos gehaltener Rasenstreifen hin. Die Steine sind ebenfalls sehr nachlässig in die Straße eingelassen, die dadurch ziemlich holprig ist. Wäre der Erhabene Sohn des Himmels nur ein einziges Mal über diese Straße gefahren, er hätte den Obersten Straßenbau-Mandarin unverzüglich köpfen lassen. In dem Rasenstreifen wachsen unschöne, ungepflegte Bäume.

Nichtsahnend schickte ich mich an, diese Allee zu überqueren, als sich ein unvorstellbares Heulen, Knirschen und Rattern näherte, für das in unserer Welt jeder Vergleich fehlt. Gleichzeitig raste mit der Geschwindigkeit eines Blitzes ein großes Tier – oder ein feuriger Dämon, schoß es mir durch den Sinn – auf mich zu, ja: schneller als jeder Blitz, so ungeheuer schnell, daß ich das Tier oder Ding gar nicht sehen konnte. Inzwischen weiß ich ungefähr, was für Dinge das sind – es sind keine Dämonen, jedoch mindestens so gefährlich wie für abergläubische Leute Dämonen –, aber damals war ich natürlich noch völlig unvorbereitet. Ich hatte die Straße schon zur Hälfte überquert, als mich – so meinte ich – das schnaubende Tier erblickte. Alles spielte sich im Bruchteil eines Augenblicks ab. Ich erkannte, daß der Dämon es nicht auf mich abgesehen hatte. Er gab vielmehr einen – wenn möglich – noch gräßlicheren Heulton von sich und versuchte auszuweichen. Auch ich wollte ausweichen und sprang mit ein paar Sätzen zur Brücke zurück. Wie ein in höchster Wut rasendes Wildschwein aber konnte das Tier (größer als zehn Wildschweine) seine Richtung nicht so schnell ändern. Noch immer heulend, dann einen Knall ausstoßend, den man nur erzeugen könnte, wenn man das gesamte kaiserliche Feuerwerksmagazin für das Neujahrsfest auf einmal anzündete, sprang der Dämon, schien es mir, auf einen Baum hinauf. Ich stürzte zu Boden und verlor die Besinnung.

Als ich wieder erwachte, hatte sich eine noch größere Menge von Großnasen, von denen wieder einer aussah wie der andere, versammelt. Mich hatte man zwar auf eine Holzbank gelegt, die zwischen den Bäumen stand, kümmerte sich aber fast nicht um mich. Alles stand um den Baum herum, auf den der schnelle Dämon »Zehn Wildschweine« hinaufgeklettert war. Nein: er war nicht hinaufgeklettert, sah ich, als ich mich ein wenig erhob, er hatte sich am Stamm festgebissen. Heute weiß ich: es war gar kein Dämon und auch kein drachengroßes Wildschwein. Es war ein Wagen aus Eisen. Herrn Shi-shmis Haus ist in der Nähe jener Brücke, und ich bin seitdem mehrmals an der Stelle vorbeigekommen. Der Baum, fürchte ich, wird eingehen.

Solche Wägen aus Eisen mit vier Rädern, die ganz ohne Pferde fahren und viel, viel schneller laufen als jemals ein Pferd, gibt es hier in überaus gefährlichen Mengen. In jedem Wagen sitzt in der Regel einer von den Großnasen, der an einem weiteren Rad im Inneren des Wagens dreht und damit recht und schlecht den Wagen lenkt. Sie fahren so schnell, daß sie, ehe Du Dich's versiehst, links verschwunden sind, noch ehe sie rechts auftauchen. Auf all den Steinstraßen hier kann kein Mensch gehen, so zahlreich sind diese Eisen-Wagen. Sie rasen kreuz und quer durcheinander, und ich frage mich, wie sie das machen, daß sie nicht dauernd zusammenstoßen. Wahrscheinlich haben sie ein Mittel, das sie voneinander wegmagnetisiert. Sperlinge fliegen ja auch in verwirrenden Scharen durcheinander um die Bäume, und noch nie habe ich gesehen, daß zwei Sperlinge mit den Köpfen aneinandergestoßen wären. So ähnlich stelle ich mir das mit den Eisen-Wagen vor. Aber auch das werde ich zu erkunden versuchen. Sie nennen die Eisen-Wagen übrigens: A-tao. Das ist eines der ersten Wörter der Lärm-Sprache, die ich gelernt habe.

Selbst wenn aber keines dieser A-tao in Sicht ist, wagt niemand, die Straßen zu betreten. Diese Teufelsdinger sind so schnell da, daß auch dem Behendesten keine Zeit bleibt, auf die Seite zu springen. Man hat deshalb auf beiden Seiten der Straßen etwas erhöhte eigene kleine Straßen angebracht, auf denen man einigermaßen sicher gehen kann. Auf diesen kleinen Geh-Straßen drängen sich dann auch die Leute und machen Lärm. Die Geh-Straßen sind im Gegensatz zu den Eisen-Wagen-Straßen sehr schmal. Ich schließe daraus, daß die Leute, die in den A-tao sitzen, die Stadt und wohl das ganze Land regieren und daß die Menschen, die gehen, nichts zu sagen haben.

Aber zurück zur Reihenfolge der damaligen Ereignisse am ersten Tag: – ich richtete mich auf. Als ich den Sachverhalt mit dem am Baum festgebissenen A-tao erkannt hatte, gewahrte ich eine Anzahl von anderen solchen A-tao-Wagen, die am Rand der Straße festgemacht waren. Ich wollte aufstehen und weggehen, denn ich erkannte sogleich, daß man womöglich mir Auffallendem, wenngleich Harmlosem, die Schuld daran zuschieben könnte, daß jener Eisen-Wagen – der nun dumm dastand und qualmte – mittels des Baumes seine Fahrt beendet und den Baum womöglich beschädigt hatte. Aber zwei Riesen in grünen, gleichartigen Kleidern, an die eine übermäßige Anzahl von silbernen Knöpfen genäht war, hatten mich, wie ich erkennen mußte, beobachtet und hielten mich sogleich fest. Ohne Zweifel handelte es sich um kaiserliche Schergen. Der Ton, in dem sie mit mir brüllten – ich verstand natürlich kein Wort –, war mir sogleich geläufig. Es war dies die erste Ähnlichkeit mit der mir vertrauten Welt, und es heimelte mich fast an, so unangenehm der Griff auch war, mit dem sie mich anfaßten.

Ich sagte zu den Schergen: »Ehrwürdige, überaus alte kaiserliche Schergen! Ich bin der nichtswürdige, ungewaschene, wenngleich harmlose Mandarin Kao-tai, Kwan der vierthöchsten Rangstufe, Ehemann zweier Nichten der erhabenen, alles überstrahlenden Majestät, der unlängst leider verblichenen Chiang-fu, vierter Lieblingsfrau des überaus glücklichen Herrschers, Sohn des Himmels, sowie Präfekt der Dichtergilde ›Neunundzwanzig moosbewachsene Felswände‹. Habe die von mir unverdiente Freundlichkeit sowie Gnade, mich unverzüglich loszulassen, andernfalls es sein könnte, daß der Freund meiner unsagbar unwerten Person, der höchst angesehene Polizei-Mandarin, dessen Vetter zu sein ich die mir in meiner moralischen Beflecktheit selber unerklärliche Ehre habe, der überaus mächtige Kwan Fa-kung, Euer sonnenstrahlengleicher Vorgesetzter, Euch leider recht ernst zu nehmende Schwierigkeiten machen könnte, die Eure nahezu unvergleichlich schönen, mit einer dem kaiserlichen Staatswald im Vorfrühling in Farbe ähnlichen Dienstmütze bekleideten Köpfe unter Umständen nicht überleben könnten.« In meiner Verwirrung hatte ich vergessen – so geht es mit der Gewohnheit, die oft die Oberhand behält, wenn die Gedanken aussetzen –, daß mein Vetter Fa-kung »hier« schon seit fast tausend Jahren tot ist und längst ein anderer Mandarin über die Schergen gebietet, ein Mandarin, dem vielleicht der Name Fa-kung nichts mehr sagt.

Aber die Schergen verstanden mich natürlich ohnehin nicht. Der eine brüllte dann noch etwas – ich schüttelte immerzu den Kopf, bis sie begriffen, daß eine Unterhaltung zwischen uns nicht möglich war.

Die grünen Schergen redeten eine Zeitlang miteinander. Ich glaube mich nicht zu irren, wenn ich in ihren ziemlich flachen, nichtssagenden Mienen Ratlosigkeit zu erblicken meinte. Sie führten mich dann recht unsanft zu einem A-tao-Wagen, der dort in der Nähe stand. Es mag sein, daß sie mich unabsichtlich unsanft führten, denn die Riesen-Schergen konnten es vielleicht gar nicht anders. Sie hatten Hände, groß wie Palmwedel und ungelenk wie Kistenbretter. Sie schoben mich in den Eisen-A-tao. Ich hatte schreckliche Angst. Meine Reisetasche preßte ich an mich.

Nun mußt Du, geliebter Dji-gu, verstehen, daß das alles, was hier Seite um Seite füllt, nur der Inhalt von vielleicht einer Viertelstunde war, wahrscheinlich von weniger als dem. Die fremden Eindrücke strömten an mir vorbei wie ein reißender Fluß, und das Tosen eilte über mich hinweg. Meine Erinnerung faßt nur wahllos einige Eindrücke auf. Es ist sicher, daß mir wichtige Zusammenhänge dieser ersten Zeit meines »Hier«-Seins entgingen. Aber wer sollte, wenn er auch noch so kühlen Geistes ist, in dieser Situation einen klaren, aufnahmefähigen Kopf bewahren?

Ich erkannte, daß es keinen Sinn hatte, sich gegen die Verhaftung zu wehren. Ich ermannte mich, ich hoffte, daß die kaiserliche Gerechtigkeit nicht auch so niedergegangen war wie offensichtlich die allgemeinen Sitten, denn dann, konnte ich mir sagen, habe ich nichts zu befürchten. Ich war ja schuldlos. Außerdem ist der Zweck meiner Reise das Beobachten. Daß die Reise ein Risiko war, wußten wir ja lang. Daß ich allerdings zuallererst als Verbrecher behandelt würde, damit hatte ich nicht gerechnet. Aber ich beschloß für mich: auch das gehört eben zu den Erfahrungen meiner Reise in die Zukunft.

Im A-tao-Wagen der Schergen, offenbar ein Dienstfahrzeug, war es fürchterlich eng, eng wie in einer primitiven Sänfte. Aber immerhin war eine gut gepolsterte Bank vorhanden. Einer der grünen Schergen setzte sich neben mich, der andere verfügte sich weiter vorn hin, dort, wo das innere Rad war. Es stank schrecklich in dem Wagen, und als er mit unnennbarem Tosen und Rattern zu fahren begann, verlor ich wieder das Bewußtsein. Ich bin seitdem schon ein paar Mal mit solchen A-tao gefahren. Man gewöhnt sich an alles. Die ungeheure Schnelligkeit macht mich zwar nicht mehr bewußtlos, aber mit geöffneten Augen kann ich immer noch nicht fahren. Wenn die Häuser und Bäume draußen mit im wahrsten Sinn des Wortes unmenschlicher Geschwindigkeit vorbeisausen, ist es, als raffelte eine große Feile an meinem Vermögen, Eindrücke aufzunehmen. Ich halte es nicht für ausgeschlossen, daß den »hiesigen« Leuten diese große Feile der Schnelligkeit alle ihre feineren Empfindungen weggeschliffen hat. Vielleicht sind sie deshalb so ungeschlacht.

Die beiden Schergen brachten mich in ein sehr großes, sehr dunkles Haus. Dort waren viele andere Schergen. Es gibt, scheint es, einige Dinge auf der Welt, die die Jahrtausende überdauern. Ich habe einmal, ich war damals in meinem zweiunddreißigsten Jahr und erst Kwan der Rangstufe A 7, als Angehöriger einer Hofkommission die Gefängnisse der Hafenstadt Hai-chou inspiziert. Das Charakteristische an den Gefängnissen erschien mir ein gewisser ranziger Geruch. Diesen Geruch stellte ich in dem Gebäude, in das ich gebracht wurde, wieder fest und erkannte es somit als Gefängnis. Gewisse Eigenschaften gewisser Dinge überdauern also die Jahrtausende. Es sind dies offenbar weder die besten Eigenschaften noch die besten Dinge.

In dem Gefängnis, das offenbar gleichzeitig die Befehlszentrale der Schergen ist, wurde ich einem Ober-Schergen vorgeführt. Vorher hatte mir ein Scherge meine Reisetasche weggenommen und sie durchsucht. Als ich durch die langen, finsteren, ranzig riechenden Gänge geführt wurde, trug ein Scherge meine Reisetasche; gewiß nicht aus Höflichkeit.

Dem Ober-Schergen gegenüber machte ich gar nicht mehr den Versuch einer Anrede. Ich schwieg und verbeugte mich nur immer ein wenig, wenn er etwas sagte. Er aber redete mich in der sehr lauten, harten und unmelodiösen Sprache unserer unglückseligen

Nachkommen an. Auf seinem Gesicht machte sich Ratlosigkeit bemerkbar. Ich mußte mich auf eine schmutzige Holzbank setzen. Die Reisetasche stellte man – als offenbar ungefährlich – neben mich hin. Unzählige Schergen kamen, scheinbar beiläufig, in den Raum, um mich anzustarren. Ich mußte, trotz meiner demütigenden Lage, lachen. Peinlich war es mir aber doch.

Nach einiger Zeit kam der Ober-Scherge mit einem zurück, der keine Schergen-Tracht trug. Dieser – ich glaube, es war ein Weib – versuchte ebenfalls, mit mir zu sprechen. Ich verstand zwar, daß sie einen Dolmetscher geholt hatten, allein, ich verstand auch die Sprache, in der der Weib-Dolmetscher redete, nicht. Ich merkte überhaupt keinen Unterschied zwischen dem Idiom, in dem sie mich vorher angeredet hatten, und dem, das der Dolmetscher sprach. Im Lauf der Zeit holten sie nacheinander wohl an die zehn Dolmetscher. Anfangs hatte ich die leise Hoffnung, daß einer dabei sein könnte, der unsere Sprache verstünde. Ich begrub diese Hoffnung bald – der Ober-Scherge, wie mir schien, auch.

Eine Zeitspanne für das alles kann ich nicht angeben. Aber es war, nachdem vier Dolmetscher vergeblich mit mir ihr Glück versucht hatten, da brachte mir – es war sicher freundlich gemeint – ein Unter-Scherge einen Teller aus gewalztem Eisen, in dem einige Dinge waren, die ich nach längerem Hinsehen für als eßbar gedacht zu erkennen meinte. Er drückte mir auch ein Gerät in die Hand – inzwischen habe ich solche Geräte kennengelernt, davon später –, das auch aus gewalztem Eisen war. Das Gerät heißt Gan-bal. Wohlweislich fassen sie hier ihre Speisen nicht mit den Händen an, sondern führen sie mit solchen Gan-bal-Geräten zum Mund. Ich hatte vor Aufregung und Schrecken nicht den geringsten Hunger, auch ekelte es mich vor dem hellgrauen, körnigen Brei (ganz entfernt unserem Reis ähnlich), auf dem einige schwärzliche Stücke lagen, die bei näherem Hinsehen als Fleisch kenntlich waren. Eine rote, dickflüssige Masse war darüber gegossen. Ich sagte mir: ich bin nicht in die Zukunft gereist, um mich zu ekeln, sondern um Erfahrungen zu sammeln und zu beobachten. Also aß ich von dem Brei. Er schmeckte hauptsächlich nach Salz und war sehr heiß. Inzwischen habe ich erfahren, daß »hier« – selbst unter gebildeten Leuten – die Sucht herrscht, fast alles brühheiß zu essen. Auch deswegen müssen sie Gan-bal verwenden. Bei normalem Essen mit den Händen, wie wir es gewohnt sind, würden sie sich die Finger verbrennen. – Das Fleisch schmeckte nach Leder.

Ich aß ein wenig, und dann, nachdem ich glaubte, für diesen Fall Erfahrung genug gesammelt zu haben, gab ich mit einer Achtel-Verbeugung – der Ober-Scherge steht ja zweifellos im Rang weit unter mir – den Teller aus gewalztem Eisen und den Gan-bal zurück. Als ich durch Gesten andeutete, daß ich Durst habe, brachte man mir ein Gefäß aus Glas mit einer ekelhaften weißen Flüssigkeit, von der ich jetzt weiß, daß es nichts anderes als Rindsmilch ist. Ja: Milch von Rindern. Mir wurde schlecht, als ich nur daran roch, und meinte im ersten Augenblick, man wolle mich vergiften. Kopfschüttelnd nahm der großnasige Scherge seine Rindsmilch wieder mit und brachte mir ein Gefäß mit einem sheng* Wasser, das ich trank. Das Wasser war gut.

Als der zehnte Dolmetscher kam, war mir, als ginge nach einer düsteren Sturmnacht die Sonne auf: dieser Dolmetscher trug ein Menschengesicht. Er war, obgleich immer noch größer als ich, nicht ganz so riesenhaft wie alle anderen hier. Aber meine Enttäuschung war groß: auch er konnte mich nicht verstehen. Ich glaube, er war ein Bewohner der Südlichen Inseln**. Sollten sich dort die Menschen nicht so sehr verändert haben wie in unserer unglücklichen Hauptstadt?

* 1 sheng = ca. 2 Liter.
** gemeint ist wohl Indonesien.

Oder wo bin ich? Vielleicht werde ich die Gelegenheit haben, es zu erforschen. Die Sprache aber ist bis zur Unverständlichkeit entartet. Auch die Schriftzeichen, die ich aufschrieb, konnte er nicht lesen.

Inzwischen war es Abend geworden. Man sperrte mich – ja, lieber, treuer Dji-gu – man sperrte Deinen Freund Kao-tai, Kwan der vierthöchsten Rangstufe und Präfekt der Dichtergilde »Neunundzwanzig moosbewachsene Felswände« in eine Gefängniszelle. Es regte mich schon nicht mehr auf. Vorher mußte ich einige wohl rituelle Zeremonien über mich ergehen lassen. Ich mußte meine Finger in schwarze Tusche tauchen und dann ein Papier berühren. Vermutlich Dämonen-Abwehr. Dann kam ich in einen Raum, in dem ein Scherge mit einem unverständlichen Gerät hantierte, das kleine Blitze von sich gab. Ich mußte mich auf einen bestimmten Hocker setzen, einmal geradeaus, einmal links, einmal rechts schauen. Jedesmal blitzte es im Kasten, es geschah mir aber nichts. Vielleicht handelte es sich um einen Reinigungszauber. Zur Vorsicht verbeugte ich mich vor dem Blitz-Kästchen dreimal mit einer Zwei-Drittel-Verbeugung. Wenn sie schon so abergläubisch sind, dachte ich mir, muß ich ihrem Aberglauben diese Ehre antun. In der Zelle war es sehr ungemütlich, auch kalt und schmutzig, und es roch ranzig. Dennoch legte ich mich auf eins der Holzbetten und deckte mich mit einer groben, braunen Decke zu. Ich schlief ein – nicht ohne vorher mit einem Seufzer an Dich, mein Freund, an meine geliebte, süße Shiao-shiao (die so oft mein Lager teilt) und an meine blauseidenen Kissen daheim zu denken und an die safranfarbene Decke, die meine Träume beschützt. So verbrachte ich die erste Nacht in dieser fernen Zeit im Gefängnis. Je nun – auch das ist eine Erfahrung. Möglicherweise war dies die schlimmste Demütigung, die mir auf dieser Reise zugedacht ist. Und dann ist es vielleicht gut, daß ich sie gleich am Anfang erfahren habe. Ich gebe die Hoffnung nicht auf, daß ich auch gute und nützliche Erfahrungen hier machen kann, obwohl ich manchmal verzweifle: in diesem Nebelloch an Zukunft. Nebelloch – ja: obwohl leidlich schönes Wetter herrscht, komme ich mir vor, als ginge ich durch grauen Nebel. Ob er sich jemals verzieht?

Nun habe ich den ganzen Vormittag geschrieben. Eben kommt Herr Shi-shmi zur Tür herein. Er bedeutet mir, ich solle mit ihm kommen. Wahrscheinlich werden wir gehen, um das einzunehmen, was sie hier unter einer Mahlzeit verstehen. Danach werde ich zum Kontaktpunkt gehen – es ist die rechte Zeit – und diesen Brief niederlegen und auf die Reise tausend Jahre zurück schicken. Vielleicht finde ich heute einen Brief von Dir vor.

Ich denke an unsere schöne Vergangenheit und an Dich, mein liebster Dji-gu.

Kao-tai

### *Fünfter Brief*

(Dienstag, 23. Juli)

Geliebter Freund Dji-gu.

Ich sitze wieder in einem Zimmer von Herrn Shi-shmis Haus, das kein eigentliches Haus ist, davon aber später. Drei Tage sind seit meinem letzten Brief vergangen. Vorerst werde ich bei Herrn Shi-shmi bleiben, den der Himmel segnen möge, er ist – obwohl er nicht so aussieht – ein Mensch. Ich verstehe mich von Tag zu Tag besser mit ihm. Er hat mir eins seiner Zimmer eingeräumt. In ihm fühle ich mich, obwohl es für unsere Begriffe so klein ist wie die Bude eines Bettlers, schon einigermaßen heimisch, vor allem deswegen, weil ich hier meine gewohnten Kleider trage, während ich draußen in einer dieser scheußlichen grauen Schlauch-Häute herumlaufen muß, die sie An-tsu nennen. Diese qualvolle An-tsu-

Kleidung besteht aus einer komplizierten Vielfalt von Einzelteilen. Einige weiße Schläuche trägt man darunter, zwei schwarze Schläuche an den Füßen, dann kommt eine graue Hose, dann eine dünne Jacke mit unzähligen Knöpfen. Diese Dünn-Jacke (sie heißt – ich habe das aber möglicherweise nicht richtig verstanden – »Hem-hem«) stopft man in die Hose hinein. Der an sich schon unbequeme Kragen dieser dünnen Hem-hem-Jacke wird noch dadurch eingeengt, daß ein Streifen Stoffes, dessen Funktion nicht ohne weiteres klar ist, darum gebunden wird. Der Stoff-Streifen muß auf bestimmte Länge vorn herunterhängen. Viele Männer tragen solche Stoff-Streifen, ja, ich muß gestehen: nur an so einem Stoff-Streifen erkenne ich – vorerst –, daß es sich um einen Mann handelt, mit dem ich es zu tun habe, denn Weiber tragen solche Stoff-Streifen nicht. Es gibt solche Stoff-Streifen in verschiedenen Farben. Der, den Herr Shi-shmi mir gegeben hat, ist rot. Er selber trägt einen blauen. Das Binden des Stoff-Streifens ist eine ungeheuer komplizierte Sache. Ich beherrsche es noch nicht; Herr Shi-shmi muß mir immer helfen. Da ich keinerlei Funktion der Stoff-Streifen erkennen kann, nehme ich an, daß es sich um Rangabzeichen handelt. Ich hoffe, daß der rote Stoff-Streifen einigermaßen meiner Würde als Mandarin der vierthöchsten Rangklasse und Präfekt der Dichtergilde »Neunundzwanzig moosbewachsene Felswände« entspricht. Bezeichnet etwa der blaue Streifen, den Herr Shi-shmi sich umbindet, einen niedrigen Rang? Es verwirrt mich, daß ich die Rangordnung nicht kenne und somit mein Verhalten nicht richtig bemessen kann. In der Kenntnis der hiesigen Sprache bin ich noch nicht so weit vorgedrungen, daß ich so etwas Kompliziertes fragen könnte. Ich glaube zwar nicht, daß Herr Shi-shmi einen höheren Rang einnimmt als ich, und meine Verbeugungen erwidert er immer exakt in gleicher Weise, ich wüßte es aber doch gern. Ich hoffe, daß er nicht allzu tief unter mir steht.

Aber, so denke ich mir, er hat mir soviel geholfen, ist mir so nützlich: ja, ohne ihn wüßte ich nicht, was anfangen, daß ich ihn, selbst wenn er ein Hofbeamter der 18. Rangklasse wäre und schon das siebte und letzte Mal bei der Dichterprüfung der Akademie durchgefallen, hochachten und lieben würde. In der Situation, in der ich bin, neigt man zu der Meinung, daß Rang und Dichterprüfung nicht das wichtigste Kriterium für die Bewertung des Menschen sind.

Aber ich bin mit der Beschreibung der Kleidung, des An-tsu noch längst nicht am Ende. Über Hose, Dünn-Jacke und Rangstreifen zieht man eine dickere Jacke an. Die Füße steckt man in kleine, verschnürte Kästchen aus entsetzlich hartem Leder, in denen man kaum gehen kann. Über dem Ganzen trägt man hie und da – wenn es am Abend kühler wird, und das ist hier selbst im Sommer der Fall – eine etwas längere, ebenfalls graue Jacke, die wohl einen Mantel vorstellen soll. Hat man das alles an, kommt man sich vor wie ein Wickelkind und kann sich kaum bewegen. Die Hände in unserer gewohnten Weise in die Ärmel zu stecken ist völlig ausgeschlossen. Die Leute stecken hier die Hände in die Taschen, die an der Kleidung an den überraschendsten Stellen in Vielzahl vorhanden sind. In noch größerer Zahl aber, in geradezu lächerlicher Menge finden sich Knöpfe am An-tsu. Eine Reihe kleiner Knöpfe befindet sich direkt am Geschlechtsteil. Ich nehme deshalb an, daß es sich hier um einen Fruchtbarkeitszauber handelt.

So laufe ich also draußen herum. Ich lasse es über mich ergehen, weil ich ja – der ich beobachten will – nicht ständig Gegenstand allseitigen Bestaunens sein mag. Ich falle auch in dem An-tsu noch genügend auf.

Bevor ich aber nun in der Schilderung der Erlebnisse meines ersten Tages hier fortfahre, habe ich Dir für Deinen liebenswürdigen, wenngleich kurzen Brief zu danken. Ich fand ihn wohlbehalten am Kontaktpunkt. Das angekündigte Silberschiffchen war allerdings nicht eingeschlossen. Nur unser spezielles Zeitwander-Papier vermag offenbar die tausend Jahre zu durcheilen. Laß also das mit dem Silberschiffchen in Zukunft … (merkwürdig: wenn ich so weit in die Vergangenheit zurück von »Zukunft« schreibe) … ich brauche es auch gar nicht. Ich habe erst eines der fünfzig, die ich bei mir habe, ausgegeben. Herr Shi-shmi hat es in hier gültige Währung umgetauscht. (Ich vertraue ihm da völlig.) Er hat dafür einen An-tsu und einen Haufen anderer Sachen für mich gekauft und angedeutet – wenn ich seine Gesten richtig verstehe –, daß noch viel Geld übriggeblieben ist. Was ich in absehbarer Zeit brauche, ist Zeitwander-Papier, denn meine Briefe an Dich sind doch ziemlich lang, und mein Vorrat geht zur Neige. Schicke mir also das nächste Mal ein Paket leeres Papier mit.

Im Übrigen freut es mich, daß meine herzige Shiao-shiao wohlauf ist. Daß sie Sehnsucht nach mir hat, schmeichelt mir. Ich habe auch Sehnsucht nach ihr. Ich hätte sie gern auf meine Zeit-Reise mitgenommen; aber es ist besser so. Die Welt »hier« wäre nichts für ihre empfindliche Seele. –

Aber nun fahre ich fort in meinem Bericht: ich wachte in meiner Gefängniszelle davon auf, daß ein mürrischer, aber nicht bösartiger Schließer die Tür öffnete und mir das Frühstück auf einem nahezu schon grotesk kunstlosen Tablett brachte. Nachdem ich ein wenig von einer dunkelbraunen Masse, die offenbar aus schlecht gebackenem und äußerst salzhaltigem Teig bestand, gegessen hatte (die beigegebene Flüssigkeit, die sehr heiß war und mehr als fremdartig roch, rührte ich zur Vorsicht nicht an), kam der Schließer wieder. Er winkte mit dem Schlüsselbund. Ich ordnete meine Kleider und folgte ihm. Er führte mich durch lange, lärmreiche und schmutzige Gänge, in denen der ranzige Geruch unsereinem längeren Aufenthalt unmöglich gemacht hätte. Den Leuten hier macht aber der Gestank nichts aus. Auch das wäre ein

Kapitel für einen eigenen Brief. Selbst Herr Shi-shmi hat offenbar von der Erfindung der Räucherstäbchen noch nie etwas gehört.

Man führte mich in ein etwas größeres Zimmer. Dort saß ein *Mensch*, ja, ein *Mensch*, obwohl auch er das Antlitz – wenn man so sagen kann – der hiesigen Riesenkrebse trug. Seine Augen waren anders als die der sonstigen Riesen. Ich vermutete sofort – und wohl richtig –, daß es sich bei ihm um einen höheren Mandarin und Richter handelte. Zunächst schien auch er ratlos über meine Erscheinung zu sein. Ich kann mir nicht helfen: wenn zu uns, ich meine in unsere Zeit, in die Regierungszeit unseres Glorwürdigen Und Gnädigen Kaisers Und Sohnes Des Himmels ein Mann aus – sagen wir – der Regierungszeit der Dynastie Shang* käme, so erschiene uns dieser Mensch nicht fremder und eigenartiger als ein Gast etwa aus den fernen westlichen Provinzen, wo sie ja auch eine etwas unterschiedliche Sprache und merkwürdige Sitten haben. Hier aber bin *ich* so fremd wie ein seltenes Tier – nein: wie ein eigenartiger Stein. Wir kennen die Kaiser und die Dichter unserer fernsten Vergangenheit. Die heute hier wissen von uns nichts. Mir scheint, sie kennen sie nicht nur nicht, sie *wissen* gar nicht, daß sie eine Vergangenheit haben. Ich begreife nicht, wie sich in den tausend Jahren so ein verheerender Spalt zwischen unseren Enkeln und uns, ihren Ahnen, auftun konnte. Aber vielleicht sind die Leute wirklich fremder Rasse – Eindringlinge, Eroberer, die unsere Nachkommen verdrängt haben und vernichtet. Oder sollten wir uns bei unseren Reisevorbereitungen verrechnet haben? Bin ich statt tausend Jahre zehntausend Jahre in die Zukunft gereist? Das würde manches erklären.

Ob die Leute ohne Vergangenheit glücklicher oder unglücklicher sind als wir, muß ich erst herausfinden. Freilich kann das Wissen um die Vergangenheit auch wie eine Last sein. Ich kann

* Dynastie Shang, auch Yin genannt: ca. 1700–1066 v. Chr.

nur nicht begreifen, daß es eine Rasse geben soll, die einfach in den Tag hineinlebt, ohne sich der Namen ihrer Ahnen bewußt zu sein.

Der Richter oder Hofbeamte, dem ich also vorgeführt wurde, versuchte auch, sich mit mir zu verständigen, natürlich vergeblich. Ich deutete ein paar Mal auf mich – unter einer Drei-Achtel-Verbeugung, ich schätzte den Hofbeamten auf einen Kwan höchstens vom Rang B3 – und sagte: »Kao-tai.« Ganz langsam und deutlich: »Kao-tai.« Er verstand, lächelte und schrieb meinen Namen auf ein Papier, das vor ihm lag. (Sie schreiben in gänzlich unverständlicher Schrift, lächerlicherweise in waagerechten Zeilen von links nach rechts.) Danach ließ er mich zu meiner grenzenlosen Enttäuschung wieder zurück in die Zelle führen. Bis dahin überwog in meinen Gefühlen trotz allem die Neugier. Als aber der Schließer die Zellentür auf ein neues hinter mir schloß, erfaßte mich die Verzweiflung. Wohl nie war ein Mensch so allein wie ich. Tausend Jahre weit aus meiner Welt hinausgestoßen, hilflos in einem Chaos von Unverstand. Würde ich je den Kontaktpunkt wiederfinden? Nein, sicher nicht ohne fremde Hilfe. Ich wußte nicht einmal, wie weit ich mit dem A-tao-Wagen verbracht wurde ... Wer sagte mir, daß es nicht tausend Li waren? Ich war ja bewußtlos auf der Fahrt. Der Kontaktpunkt, der einzige Zusammenhang mit meiner Zeit-Heimat, schien mir damals im Gefängnis für immer verloren. Gut, es sind noch acht Monate Zeit – aber wie soll ich selbst in acht Monaten jemals in diesem Chaos, von aller Hilfe abgeschnitten, in einer Lärmwelt von Riesenkrebsen und Großnasen, in einer Welt, die mich nicht versteht, jene kleine Brücke wiederfinden? Ich war verzweifelt. Ich sah mich schon – selbst wenn ich aus dem Gefängnis entlassen würde – durch diese unordentliche Welt irren und vergeblich die Brücke suchen ... und den Zeitpunkt der Rückkehr versäumen ... und ich wäre ausgestoßen in diese Nebelwelt, endgültig und unwiederbringlich abgeschnitten von meiner Heimat, und alle, Du, meine Kinder, meine geliebte Shiao-shiao

… tot seit tausend Jahren und – entschuldige – verwest und sogar ihr Andenken verweht.

Ich saß völlig verstört und wie auf einer geländerlosen Brücke über einem Abgrund in meiner Zelle und dachte an die Verse unseres großen Lin Tsung-yüan – den sie hier gewiß auch nicht mehr kennen:

»Wenn du nach Norden ziehst,
Frühling, wann kommst du nach Tsin?
Nimm meinen Traum dorthin.
Trag in den alten Garten
Den Traum, daß ich zu Hause bin.«

Aber was hält das Menschenherz nicht alles aus. Ich schlief zwei Stunden oder wohl auch drei, dann öffnete sich die Zellentür, und herein trat zu meiner Überraschung jener Richter und Mandarin, in dem ich halbwegs einen Menschen zu erkennen glaubte. Er hatte meinen Namen behalten und sagte: »Hel Kao-tai!« Die Vorsilbe »Hel« ist hier eine Anrede in höflicher Form. Ich machte deshalb wieder eine Drei-Achtel-Verbeugung und sagte: »O du gütiger, vom Himmel gesandter Hel-Richter und Mandarin, ich unwürdiger Staubwurm danke dir für deine freundliche Anrede. Der Himmel möge deine Ahnen segnen, unter denen möglicherweise ich selber bin.« Er verstand das natürlich nicht, ahnte aber vielleicht den Sinn meiner Rede und klopfte mir mit der Hand dreimal leicht auf die Schulter. Vermutlich war das eine Reinigungszeremonie. Ich verbeugte mich, und er deutete mit der Hand auf die offene Zellentür. Ich verstand, daß ich frei war.

Soweit der Brief für heute. Meine eigentlichen Abenteuer, das spüre ich, beginnen erst. Herr Shi-shmi steht neben mir, seit ich eben das Gedicht geschrieben habe, und wartet. Er weiß, daß ich heute wieder einen Brief zum Kontaktpunkt bringen will. Herr

Shi-shmi ist sehr rücksichtsvoll, und ich glaube, er ahnt von der Bewandtnis, die es mit mir hat.

Bis jetzt bin ich noch nie allein ausgegangen. Herr Shi-shmi hat mich stets begleitet, denn ich habe immer noch Angst vor den A-tao-Wagen, und dann sind es doch drei Li von hier zur Brücke. Aber verirren könnte ich mich nicht mehr. Um meine Rückkehr bange ich nicht.

Ich grüße Dich, überaus liebenswerter Dji-gu; und schreib mir bald einen etwas längeren Brief.

Kao-tai

## *Sechster Brief*

(Sonntag, 28. Juli)

Liebster Freund.

Ich bedaure überhaupt nicht mehr, daß ich diese Reise unternommen habe, obwohl ich mich nach wie vor nach den Gesprächen mit Dir in abendlicher Dämmerung in Deinem oder in meinem Park und nach den unbeschreiblichen Liebkosungen meiner einzigen Shiao-shiao sehne. Für Deinen sehr bündigen und in seiner Prägnanz äußerst kunstvoll zu nennenden Brief danke ich Dir von Herzen; dennoch hätte ich auch gern gewußt, ob meine schwangere Konkubine Fa-fo ihr Kind inzwischen bekommen hat, ob das schwarze Fohlen wieder gesund ist und ob meine Vierte Schwiegermutter Ta-chiang noch lebt, die am Tag vor meiner Abreise sterbenskrank geworden ist. Hat meine Hauptfrau noch ihr Furunkel? Auch schreibst Du nur sehr wenig von Shiao-shiao … aber immerhin weiß ich aus Deinem Brief, daß es ihr gutgeht.

Ich bedaure meine Zeit-Reise nicht mehr. Ich bin sogar fast geneigt – entgegen meinen trüben Gedanken in den ersten Tagen –

zu sagen: es ist herrlich. Ich genieße eine neue Jugend. Was ein junger Mensch im Lauf von zwanzig Jahren erlebt, nämlich das Entfalten der Welt vor ihm, eröffnet sich hier für mich in ungleich kürzerer Frist, und dazu noch bei wachem Verstand, der nichts als eine Selbstverständlichkeit hinnimmt. Ich schaue wie ein Kind und staune, aber ich *weiß*, daß ich staune. Es ist herrlich ... und das, obwohl es schon seit vorgestern regnet. Herr Shi-shmi und ich standen heute früh am Fenster und schauten hinaus. Herr Shi-shmi ist ganz trübsinnig. Er sagte: »Shai-we-ta«, was offenbar soviel wie »langandauernder Regen« bedeutet.

Für unsere dumpfen Enkel – mit Ausnahme von gebildeten und sensiblen Leuten wie Herrn Shi-shmi – ist das »Shai-we-ta« kaum bedrückend. Sie spannen ihre Schirme auf und rennen im Regen herum. Die A-tao-Wagen, in die es natürlich nicht hineinregnet, weil sie ja rundum aus Eisen sind, rasen wie immer und spritzen Wasserfontänen um sich, wenn sie durch eine Pfütze fahren. Niemand tut etwas dagegen – es sind wohl doch die Mächtigen, die sich in solchen A-tao fortbewegen. Der Schirm scheint die einzige unserer Errungenschaften zu sein, die auf unsere Enkel gekommen ist. An den Schirmen erkennt man mühelos Männer und Weiber auseinander, die Weiber tragen nämlich verschiedenfarbige Schirme, die Männer ausschließlich schwarze. Warum das so ist, weiß ich natürlich nicht, ebensowenig ob die Farben der Weiberschirme irgendwelche Rangstufen anzeigen. Trägt eine Frau oder Konkubine den Schirm in der Farbe des Stoff-Streifens (der, das habe ich inzwischen herausgebracht, »Kwei-te« heißt) des Mannes, dem sie gehört? Herr Shi-shmi hat selbstverständlich einen schwarzen Schirm, eine Frau hat er nicht.

Heute vormittags ging ich zum ersten Mal allein aus dem Haus. Herr Shi-shmi meinte (wir können uns jetzt schon recht gut verständigen), daß es an der Zeit sei, damit anzufangen. Er schickte mich in ein anderes Haus, in dem eine Person einen Laden betreibt.

(Ich glaube, es handelt sich bei ihr um ein Weib; da ich sie aber nicht mit Schirm gesehen habe, bin ich allerdings nicht sicher.) Wie immer mußte mir Herr Shi-shmi helfen, meinen An-tsu anzuziehen, denn ich verwechsle doch noch die Reihenfolge der einzelnen Bestandteile. Einmal, als ich versuchte, mich allein anzuziehen, zog ich das »Hem-hem« über der Mitteljacke und die schwarzen, dehnbaren Fußschläuche über den verschnürbaren Lederkästchen an. Als Herr Shi-shmi mich so sah, hielt er sich vor Lachen den Bauch. Nun, ich muß eben alles lernen wie ein Kind.

Ich zog also heute vormittags unter Herrn Shi-shmis Aufsicht meinen An-tsu an, nahm meinen Schirm, denn ich habe auch schon einen, schwarz, logischerweise, und verließ das Haus. Den Laden und das Haus, in dem er ist, kannte ich schon, denn wir kommen immer dort vorbei, wenn wir zum Kontaktpunkt gehen. Ich mußte nur eine einzige Stein-Straße überqueren. Ich wartete am Rand der Straße, spähte und lauschte, bis ich sicher war, daß wirklich keins der verfluchten A-tao käme, dann rannte ich los. So kam ich glücklich drüben an, ging in den Laden und sagte mein Sprüchlein, das Herr Shi-shmi mir eingetrichtert hatte. Auf chinesisch bedeutete das Sprüchlein: »Einen halben sheng Öl, bitte.« (»Li-ti« heißt ein halber sheng). Die Formulierung ist doch außerordentlich knapp (fast wie Deine Briefe) und unhöflich. Du und ich hätten natürlich in dem Laden gesagt: »Würdest du, unvergleichliche Ladenbesitzerin, Sonne des Stadtviertels, die Güte haben, einen halben sheng deines honigduftenden Öls mir unwürdigem Zwerg herabzureichen, sofern du nicht eine andere, bessere Verwendung dafür hast, und das Maß deiner Güte vollmachen, indem du diese bescheidene, schmutzige Münze dafür entgegennimmst, die natürlich nicht das entfernteste Äquivalent für deine unbezahlbare Ware ist, zumal ein so gänzlich unbedeutender Mann wie ich es wagt, diese kühne Bitte zu äußern.« Aber so einen Satz in der hiesigen Sprache hätte ich natürlich nicht behalten.

Ich brachte den mir eingetrichterten Satz recht gut heraus, die Person, die den Laden betreibt, gab mir auch tatsächlich einen halben sheng Öl, und ich legte die Münzen, die mir Herr Shi-shmi mitgegeben hatte, auf den Ladentisch. Ich war sehr stolz. Die Person im Laden starrte mich zwar an wie einen fremdartigen Käfer, aber das bin ich ja inzwischen gewohnt. Sie brüllte mir auch irgend etwas zu, was ich nicht verstand: wahrscheinlich einen Gruß. Ich verbeugte mich zu einem Siebtel. Als ich wieder heraustrat, kam die Person mit bis zur Ladentür und brüllte wieder etwas. Ich spannte meinen Schirm auf, deutete mit den Augen nach oben und sagte: »Shai-we-ta!« Es war ein glänzender Erfolg. Sie nickte und lachte. Offenbar hatte sie mich vollkommen verstanden.

Ich machte mich auf den Heimweg. Ich war sehr stolz auf meine Leistung und bewegte mich völlig frei und sicher unter all den Leuten auf der Fußgängerseitenstraße, fast als wäre ich einer von ihnen. Da plötzlich stieß ich einen Schrei aus und ließ fast meine Ölflasche fallen, denn ich sah das wohl absonderlichste Phänomen, das ich hier bisher zu Gesicht bekommen habe. Ich konnte es Herrn Shi-shmi nicht beschreiben – so komplizierte Dinge kann ich noch nicht ausdrücken –, weshalb ich nicht weiß, wie es heißt. Es scheint eine seltene, aber dennoch für die Leute hier nicht furchteinflößende Erscheinung zu sein. Es handelte sich um eine Person auf einem zweirädrigen Wagen. Die Räder waren aber nicht nebeneinander wie an einem Karren, sondern hintereinander angebracht. Auf dem hinteren Rad saß der Lenker, dennoch drehte es sich. Wie das genau war, konnte ich nicht erkennen. Nach menschlichem Ermessen hätte dieser Wagen oder Karren unverzüglich umfallen müssen, allein: er fiel nicht nur nicht um, er fuhr sogar, obwohl die Person auf dem Rad – ich bin geneigt, sie für einen Artisten zu halten – keineswegs stillsaß, sondern gefährlich strampelte. Der zweirädrige Wagen fuhr zwar längst nicht so schnell wie ein A-tao, aber schneller, als ein Mensch laufen kann.

Ich schaute dem artistischen Gefährt lange nach. Dann kehrte ich in Herrn Shi-shmis Haus zurück. Er wartete unter der Tür, war also doch etwas besorgt um meine glückliche Rückkehr.

Aber nun fahre ich fort, Dir die weiteren Abenteuer meines zweiten Tages hier in dieser fremden Welt zu schildern.

Der freundliche und menschliche Mandarin und Richter ließ mich nicht nur frei, er nahm mich sogar mit zunächst zu seinem A-tao-Wagen, nachdem er dafür gesorgt hatte, daß ich meine Reisetasche wieder bekam. (Ich schaute sofort darin nach: sowohl der Zeit-Kompaß als auch die Silberschiffchen und das Zeit-Reise-Papier waren noch vollzählig. Ehrlich scheinen die Schergen also immerhin zu sein.) Wir fuhren – ich wurde wiederum zeitweise bewußtlos – zu dem Haus des Richters. Ich halte es nicht für ausgeschlossen, daß er, der ja immerhin im Rahmen der hier herrschenden Barbarei ein gebildeter Mensch ist, etwas von meinem Rang ahnte. Ich war kein Gefangener mehr, das war klar zu erkennen, ich war sein Gast. Wenn Du aber nun glaubst, das Haus des Richters sei im Entferntesten so wie die Häuser unserer hochstehenden Mandarine, so irrst du. Nehmen wir an, dieser freundliche Richter habe etwa den Rang meines Vetter-Sohnes Ch'ang-wang, der noch am Anfang seiner Laufbahn steht und erst Mandarin des Ranges A9 ist. Ch'ang-wang hat, wenn ich mich recht erinnere, eine Hauptfrau, drei Nebenfrauen, sechs Konkubinen und vielleicht 20 oder 30 Diener und einen hübschen, wenngleich bescheidenen Palast. Dieser Mandarin hier hat eine einzige Frau, keine Konkubine, und von Dienern habe ich weit und breit nichts gesehen. (Herr Shi-shmi hat, wie schon erwähnt, weder Frau noch Konkubine. Sehr merkwürdig. Dabei ist er weder Bettler noch Mönch, noch Säufer.) Das Haus des Richters war zwar aus Stein, aber sehr häßlich. Nun gut: es mag sein, daß sich mit aller Kultur auch die Anschauung davon gewandelt hat, was bei einem Haus schön ist. Daß sich die Anschauung darüber, was klein ist, gewandelt hat, glaube ich kaum. Man möchte meinen, daß die Riesen hier größere Wohnungen haben entsprechend ihrer Körpergröße. Mitnichten. Sie haben Löcher. Das Haus des Richters ist alles in allem etwa halb so groß wie der hintere Gartenpavillon, den ich immer schon einmal vergrößern lassen möchte, weil sich meine Scharlachzeisige so beengt fühlen. Aber was half das: ich mußte froh sein, überhaupt eine Behausung zu finden. Ich blieb zwei Tage beim Richter.

Den ersten kurzen Brief, die paar Zeilen ganz am Anfang nach meiner »Ankunft« schrieb ich auf jener Brücke, noch bevor ich den ersten Riesen sah und meine Abenteuer begannen, legte ihn gleich auf den Kontaktpunkt. Nun wollte ich Dir endlich einen ausführlichen Brief schreiben. Es erhob sich die Frage, wie ich den Kontaktpunkt, jene Brücke über den »Kanal der blauen Glocken«, wiederfinden könnte. Es war mir klar, daß nur der Richter mich dorthin bringen konnte, wobei ich wohl oder übel in Kauf nehmen mußte, wieder in einem A-tao transportiert zu werden. Aber wie das dem Richter beibringen? Ich verstand ja noch kein Wort in der hiesigen Sprache zu reden. Also führte ich dem Richter so gut ich konnte, die Pantomime »Zwei Schergen nehmen den höchstehrwürdigen Mandarin Kao-tai fest« vor. Ich deutete gestisch an: »A-tao springt an einer Brücke gegen einen Baum.« Ich schwang mich glockengleich am Türstock hin und her, deutete auf den blauen Schirm der Richter-Gattin, legte mich dann auf den Boden und kräuselte, wenn man so sagen kann, meine Glieder. Sei es, daß ich keine Begabung für die Pantomime habe, sei es, daß der Kanal jetzt anders heißt, der Richter verstand nichts. Erst als ich nochmals ganz langsam und deutlich die ersten beiden Pantomimen wiederholte, dämmerte ihm etwas. Wir stiegen in sein A-tao, und an meiner freudigen Miene beim Wiedererkennen des Kanals und der Brücke erkannte der Richter, was ich gewollt hatte.

Als ich mich auf jenen Stein setzte, das Zeitwander-Papier aus der Reisetasche zog und begann, Dir zu schreiben, war der Richter natürlich höchst neugierig zu sehen, was ich hier zu tun hatte. Er strich dauernd um mich herum und schaute mir völlig unhöflich zu. Die Sitten sind grob hier, sagte ich schon. Aber da er ja nicht lesen konnte, was ich schrieb, war es mir gleichgültig. Bevor ich dann aber den abgeschlossenen Brief auf den Kontaktpunkt legte, wo er – was für den Richter unverständlich und vielleicht furchterregend gewesen wäre – wie von Zauberhand weggenommen verschwinden würde, bat ich ihn mit Gesten, weiter weg zu gehen. Er verstand diesmal schneller und hatte Geschmack genug, meiner Bitte zu entsprechen. Sonst ist Geschmack und Zurückhaltung unter diesem Volk von Min-chen (so heißt jetzt unsere Hauptstadt) recht rar. Herr Shi-shmi, den ich von Tag zu Tag mehr schätze, zählt zu den Ausnahmen.

Herr Shi-shmi ist ein Freund des Richters. Er kam an jenem dritten Tag abends zum Richter und nahm mich mit zu sich. Offenbar war es zwischen den Freunden abgemacht worden, daß ich fortan bei Herrn Shi-shmi wohnen sollte. Alles in allem gesehen, ein großer Glücksfall für mich.

Herr Shi-shmi hat, ich schrieb es schon, weder Frau noch Konkubine, hat keinen Diener und kein eigenes Haus für sich. Er bewohnt mit unzähligen anderen Leuten ein schwindelerregend hohes Haus, das in einzelne über- und nebeneinandergelegene Klein-Häuser gegliedert ist. Ständiger Lärm durchtost das Haus. Die einzelnen Wohnungen sind über eine stets verschmutzte Zentraltreppe zu erreichen oder durch einen eigenartigen, senkrecht fahrenden kleinen Wagen, der auf magische Befehle gehorcht. (Ich kann den Wagen – er wird Li-lit genannt – noch nicht bedienen. Herr Shi-shmi kann es.) Herrn Shi-shmis Wohnung hat nicht mehr als sechs Räume, drei davon sehr, sehr eng. In einem … aber davon später. Es verbindet sich mit diesem Raum ein Herrn Shi-shmi im Zusammenhang mit mir offenbar peinliches Erlebnis. Einen der größeren Räume stellte Herr Shi-shmi mir zur Verfügung. Durch ein ganz mit Glas versehenes Fenster kann man auf die Stein-Straße hinausschauen. Man sieht aber nur andere solche Häuser, höhere und niedrigere und auf einige Bäume. Ich schaue nicht oft hinaus, denn es wird mir schwindlig. Ein weiterer, gar nicht groß genug zu nennender Glücksfall war es, daß Herrn Shishmis Haus nur vielleicht zweieinhalb Li vom Kontaktpunkt auf der Brücke entfernt ist. Bald werde ich ohne Hilfe Herrn Shishmis dorthin und wieder zurück gelangen können. Vielleicht versuche ich es schon das nächste Mal.

Es regnet immer noch. »Shai-we-ta«. Es grüßt Dich Dein treuer und ergebener ferner Freund

Kao-tai

Ich denke mit zärtlicher Sehnsucht an meine Shiao-shiao.

## *Siebter Brief*

(Mittwoch, 31. Juli)

Geliebter Dji-gu.

Dein Brief, Deine endlich etwas längere Nachricht, hat mir als Gruß aus meiner fernen Zeit-Heimat unendlich wohlgetan. Deine geliebten Zeilen, überhaupt die vertrauten Schriftzeichen haben mir unsäglich das Herz gewärmt, obwohl ich mich hier von Tag zu Tag, ja von Stunde zu Stunde vertrauter, fast schon heimisch fühle. Daß die zweite Nebenfrau, dieses dumme Krokodil, sich ständig mit den Konkubinen herumstreitet, muß Dich nicht weiter bekümmern. Das macht sie immer. Wenn sie zu fragen anfangen sollten, wo ich bin, sage ihnen, das gehe sie nichts an. Daß das Fohlen immer noch nicht gesund ist, macht mir Sorgen. Man soll eventuell den Tierarzt Ma-kang aus T'ai-yüan holen. Er gilt als der beste. Kosten sollen keine Rolle spielen. – Das Paket Zeit-Reise-Papier ist wohlbehalten mitgekommen. Die Hauptfrau soll das Furunkel mit Haselnußöl behandeln. Daß meine Vierte Schwiegermutter noch lebt, erfreut mich geziemend.

Herr Shi-shmi, dessen Güte ich gar nicht genug preisen kann und den hier in dieser chaotischen Welt angetroffen zu haben ein gar nicht hoch genug einzuschätzender Glücksfall war, bemüht sich nun schon seit mehr als einer Woche, mir regelrechten und auch regelmäßigen Sprachunterricht zu erteilen. Obwohl es für mich und für mein ferneres Leben nach meiner – hoffe ich – glücklichen Rückkehr in meine Zeit-Heimat völlig müßig, um nicht zu sagen unsinnig ist, die barbarische Sprache einer fernen Zukunft zu beherrschen, leuchtet mir natürlich ein, daß die Sprache zu erlernen in meiner augenblicklichen Situation das allerwichtigste ist, um zu sehen und zu erkennen, was hier vorgeht, um nicht bloß wie ein dummer, stummer und fauler Fisch hier herumzuschwimmen, die hiesige Welt mit blöden Augen zu betrachten und um nichts als um das Überleben zu bangen. Zwei Stunden täglich sind angesetzt für die Sprachstudien, eine vormittags, eine abends. Herr Shi-shmi gibt sich unendliche Mühe und beweist unzerreißbare Geduld. Es tröstet mich, daß aber auch er Gewinn davon hat, denn er lernt bei der Gelegenheit zwangsläufig auch unsere Sprache; der Unterricht ist nämlich gegenseitig.

Er begann mit ganz einfachen Begriffen. Das war am Abend des Tages, an dem ich Dir den dritten Brief schrieb. Durch Gesten bedeutete er mir, ich solle mich in dem größten Zimmer der Wohnung hinsetzen. (Ich nehme an, es ist sein Arbeitszimmer. Ich sehe ihn ab und zu an einem Holztisch sitzen und Zeilen von links nach rechts schreiben.) Ich erkannte sogleich den Zweck: Herr Shi-shmi ging ein paar Mal auf und ab, zeigte auf sich und sagte: *»ich gehe«*. Dann hieß er mich gehen und sagte: *»du gehst«*. Ich wiederholte jeweils die Wörter und sagte ihm unsere entsprechenden Begriffe, die er wiederholte. Dann faßte er mich am Arm, wir machten ein paar Schritte, und er sagte: »*wir gehen*«; danach zeigte er aus dem Fenster – ich hielt mich fest und überwand mein Schwindelgefühl – und zeigte auf einen Passanten: »*er geht*« und so weiter. So tasteten wir uns, von ganz einfachen Dingen ausgehend, immer weiter vor. Ich brauche Dir das im einzelnen nicht zu schildern. Herr Shi-shmi zeigt auf verschiedene Gegenstände und benennt sie. Ich wiederhole die Wörter. Ich schreibe sie, so gut es geht, in unseren Schriftzeichen nieder und memoriere sie auch zwischen den Lektionen. Auch die hiesige Schrift bringt mir Herr Shi-shmi bei (ich ihm die unsere). Es ist alles sehr schwer, denn ich erkenne, daß das System der hiesigen Sprache ganz grundlegend verschieden ist von dem der unseren. Ich kann mir nicht vorstellen, daß diese Sprache von unserer abstammt. Wahrscheinlich haben doch fremdstämmige Völker im Lauf der tausend Jahre, die ich übersprungen habe, unser Reich überschwemmt und unsere Enkel verdrängt. Oder haben wir uns zwar nicht zeitlich, aber örtlich verrechnet? Wenn die Fortschritte in der Sprache so rasch weitergehen wie bisher, werde ich Herrn Shi-shmi bald danach fragen können. Einfachere abstrakte Begriffe beherrsche ich auch schon: »hell« und »dunkel«, »kalt« und »warm« und so fort. Es ist klar, daß der Sprachunterricht desto einfacher und gewinnbringender wird, je mehr er fortschreitet.

Die gleichen Fortschritte macht Herr Shi-shmi, für den unsere Sprache natürlich auch ein völlig fremdes System bedeutet. Aber auch er gibt sich Mühe und ist sehr interessiert. Er hat auch mehr davon, denn während ich – zurückgekehrt – nichts werde mit der fremden Sprache anfangen können, wird er imstande sein, die Bücher zu lesen, die wir hinterlassen, sofern sie die Zeiten überdauern und eins davon durch Zufall in seine Hände gelangen sollte.

Gestern fragte mich Herr Shi-shmi, ob ich wohl sehr alt sei. Ich bejahte. Er lächelte und sagte, daß er das aufgrund des Silberschiffchens angenommen habe, das ich ihm ganz am Anfang gegeben habe. Es sei tausend Jahre alt. Ich schrieb schon: er ahnt um die Sache.

Zu »hell« und »dunkel« ist viel zu sagen. Auch hier ist es schwer, nicht an Zauberei zu glauben. Sie haben hier keine Kerzen. Wenn es dunkel wird, erhellen sich die Räume mittels mir vorerst noch gänzlich unverständlicher Vorgänge. Man drückt auf einen kleinen weißen Knopf, der irgendwo an der Wand eingelassen ist, und im gleichen Augenblick springt ein helles Licht an – nicht am Knopf, sondern irgendwo anders im Raum. Das Licht ist heller als hundert Kerzen. Nicht nur der kluge Herr Shi-shmi kann das und der Richter, *alle* können das: die Schergen im Gefängnis, die Person, die im Laden Öl verkauft, die anderen Leute, die hier im Haus wohnen. Sogar ich kann es schon. Nach einigem Sträuben habe ich es vor Tagen einmal versucht – es ging, und es war völlig ungefährlich. Also kann es keine Zauberei sein, abgesehen davon, daß es keine Zauberei gibt, weil für alle Erscheinungen natürliche Erklärungen zu finden sind, wie schon der ehrwürdige Chuang-tzu festgestellt hat. Das Licht geht von unterschiedlich geformten Lampions aus, die zum Teil aus Glas, zum Teil aus Papier, und auch aus Stoff oder sogar aus Holz sind. Selbst auf den Straßen sind solche Glaslampions auf hohen Stangen – zu Hunderten. Die Leute hier wissen daher überhaupt nicht, was wirkliche Dunkelheit ist, so wenig sie wissen, was Stille bedeutet. Die Lampions löscht man aus, indem man wieder auf den Knopf drückt. Es gibt auch kleine Lampions, bei denen der Knopf nicht in der Wand eingelassen ist, sondern in einer Schnur, die vom Lampion weghängt. So einer steht neben meinem Bett. Manchmal fühle ich mich schon wie ein Hiesiger: ich lege mich abends zum Schlafen, decke mich zu, dann ziehe ich den Knopf meines Bett-Lampions, und schon ist es dunkel – das heißt: eben leider nicht ganz dunkel. Die Straßen-Lampions, die die ganze Nacht brennen, leuchten durch das gewaltige Glasfenster, auch dann, wenn der Vorhang zugezogen ist. Anfangs konnte ich nur schlecht schlafen; aber nun habe ich mich daran gewöhnt.

Es ist schon ein Glück, daß wir Gebildeten in einem aufgeklärten Zeitalter leben. Ein primitiver Mensch unserer Zeit auf die Reise geschickt, oder ein Mensch noch früherer Jahrhunderte, fühlte sich hier in dieser fernen Zukunft von lauter Dämonen umgeben, und alles erschiene ihm wie Zauberei. Aber – das wissen wir ja längst, selbst wenn wir es aus gewissen religiösen und politischen Gründen nicht laut sagen – es gibt weit weniger Dämonen, als das Volk denkt, und das meiste, was wie Zauberei wirkt, hat, wie gesagt, natürliche Ursachen. Mir scheint, die Leute, die im Lauf dieser tausend Jahre gelebt haben, haben diese natürlichen Ursachen systematisch erforscht und sich zunutze gemacht. Das wäre eine beachtliche Leistung, aufgrund derer man den Barbaren manches nachsehen müßte – auch den Lärm und den Schmutz? Ich weiß es noch nicht.

Daß sie dennoch und immer noch an Dämonen glauben – sozusagen an andere, tiefer hinter den Dingen zurückgezogene Dämonen –, ist mir auch klar. Selbst Herr Shi-shmi glaubt an sie. Er bringt ständig kleine Brandopfer dar. Die Brandopfer bestehen aus kleinen weißen Röllchen, die er in den Mund steckt und – erschrick nicht – anzündet ... wie ein Feuerschlucker. Aber die Röllchen brennen nicht, sie glimmen nur, rauchen und stinken ziemlich. Trotz scharfer Beobachtung konnte ich keinen Sinn in diesen verglimmenden Röllchen erkennen. (»Tschai-ga-ga-lai« heißen die Röllchen – vielleicht auch der entsprechende Dämon.) Es muß also eine kultische Handlung sein. Herr Shi-shmi beweist übrigens eine halsbrecherische und schon geradezu asketische Fertigkeit im Darbringen dieser Brandopfer. Bis das Röllchen nahe an seinen

Mund herangekommen ist, behält er es im Mund, erst wenn es so klein ist wie mein kleinstes Fingerglied, hört er damit auf. Dann scheint auch der Zauber, an den er ziemlich fest glaubt, verflogen zu sein, denn den Rest des Röllchens wirft er achtlos weg. Etwa alle halbe Stunden – habe ich beobachtet – bringt Herr Shi-shmi so ein Rauchopfer dar. Nie vergißt er es. Er führt stets ein Päckchen mit solchen Röllchen mit sich, und in der Wohnung bewahrt er einen größeren Vorrat auf.

Ich fragte ihn, warum er diese Brandopfer darbringe. Er wurde sichtlich verlegen. Offenbar schämt er sich seines Aberglaubens. Er lachte zwar, aber die Frage war ihm doch ziemlich peinlich. »Ich weiß es selber nicht«, sagte er, »ich kann es mir leider nicht abgewöhnen.« Er bot mir an, auch so ein Brandopfer darzubringen. Als aufgeklärter Mensch lehnte ich das natürlich ab. »Es ist auch besser«, sagte Herr Shi-shmi. Zu manchen Zeiten – genaue Abstände habe ich noch nicht beobachtet – bringt Herr Shi-shmi größere Rauchopfer dar. Die Röllchen sind dann dicker und länger, sind nicht weiß, sondern braun, glimmen bis zu einer halben Stunde und sind eher wohlriechend. Ob das ein stärkeres Brandopfer an den »Tschai-ga-ga-lai«-Dämon darstellt oder das Opfer an einen anderen, für mächtiger gehaltenen Dämon, habe ich noch nicht herausgefunden.

Herrn Shi-shmis Aberglaube scheint weit verbreitet zu sein, denn ich sehe oft Leute auf der Zentraltreppe und sogar auf der Straße, die selbst im Gehen solche Brandopfer darbringen. Mehrfach habe ich auch schon am Straßenrand – sehr kunstlos gefertigt – riesige Köpfe abgebildet gesehen: einer mit bräunlichem Gesicht, der drohend seine weißen Zähne bleckt und so ein Brandröllchen in der Hand oder im Mund hält, alles in sehr starken Farben und die Köpfe oder Figuren oft so groß, daß sie das ganze Bild bis zum Rand ausfüllen. Ich gehe sicher nicht fehl in der Annahme, daß es sich hierbei um die Andachtsstätten dieser Dämonen handelt. Anfangs habe ich vor jeder dieser Tafeln eine Drei-Achtel-Verbeugung gemacht, nicht, weil ich die Dämonen ernst nähme oder mich vor ihren drohenden Zähnen fürchtete, sondern weil ich als höflicher Mensch den fremden Kult etwas ehren wollte. Aber da ich nie einen der hiesigen Riesen vor so einer Dämonentafel eine Andacht verrichten habe sehen, lasse ich die Verbeugung jetzt wieder. Ich will ihre Dämonen nicht mehr ehren als die Leute hier selber.

Auf ein peinliches Kapitel muß ich doch auch noch zu sprechen kommen. Wir – Du, liebster Dji-gu, und ich – sind so gute alte Freunde, daß ich auch diese vielleicht an sich unziemlichen Dinge Dir gegenüber nicht zu verschweigen brauche. Du ahnst, wovon ich schreiben werde – aber letzten Endes dient meine Exkursion in diese ferne Zeit einem wenngleich geheimen wissenschaftlichen Zweck, und um der Wissenschaft, überhaupt der Erkenntnis schlechthin zu dienen, darf man nichts verschweigen. Es gibt gewisse Funktionen unseres hinfälligen und mitnichten vollkommenen Körpers, die, im tatsächlichen und übertragenen Sinn, anrüchig sind. Ich brauche nicht mehr zu sagen. Im Gefängnis war ein Kübel vorhanden, dessen Zweck war klar. Einige Tage lang plagte mich – wohl hervorgerufen durch die Aufregung – eine Verstopfung, mein altes Leiden. Ich bedurfte keiner Gelegenheiten, mich zu erleichtern. Kleinere diesbezügliche Anlässe befriedigte ich bei Gängen zum Kontaktpunkt oder ähnlichem. Als sich hier in der geruhsamen Wohnung bei Herrn Shi-shmi mein Darm wieder auf seine Aufgabe besann, stellte sich mir aber das Problem – und zwar, muß ich zugeben, auf sozusagen äußerst dringende Weise …

Nie hatte ich Herrn Shi-shmi beobachten können, wie und wo er dieses Problem löste*. Als es sich mir stellte, war ich allein zu

* Wörtlich benutzt – Kao-tai hier den chinesischen Euthemismus: »– die Kleider wechseln«.

Hause. Ich war verzweifelt und lief – durch immer dringenderen Anlaß gepeinigt – durch die Wohnung. Ich fand keinen Kübel, der mir zweckentsprechend schien. So kam ich zwangsläufig zu dem Schluß, daß die Leute hier diese anrüchige Sache außerhalb der Wohnung erledigten. Ich lief auf die Zentraltreppe. Ich hatte natürlich nicht mehr die Muße, mir den An-tsu anzuziehen. Die Dame (als solche kenne ich sie, weil ich sie schon mehrmals mit einem roten Schirm gesehen habe), die irgendwelche Befehlsfunktionen ausübt, der vielleicht sogar das ganze Haus gehört, denn ich sehe sie öfters mit beschwörenden, wohl rituellen Gesten kniend auf der Zentraltreppe, gleichzeitig salbt sie sie mit einem Lappen, desgleichen schreit sie deutlich lauter als alle anderen Bewohner, und die Kinder fürchten sie – diese hochmögende und vielleicht sogar hochstehende Dame befand sich wieder einmal auf der Treppe. Sie schaute mich, da ich mein normales Gewand und nicht den An-tsu anhatte, befremdet an. Um sozusagen meine Normalität zu demonstrieren, hatte ich, wenn ich schon meinen An-tsu nicht trug, wenigstens noch meinen Schirm ergriffen. Ich floh vor der Dame die Zentraltreppe hinauf. Ganz oben wohnt, wie ich wußte, niemand mehr. In einer Ecke spannte ich meinen Schirm auf und setzte mich dahinter.

So handelte ich fürderhin regelmäßig. Ich glaubte es in der Ordnung. Herr Shi-shmi wunderte sich zwar sichtlich, als er mich ab und zu mit dem Schirm – auch wenn es nicht regnete – aus der Wohnung verschwinden sah, aber unsere gegenseitige Verständigungsmöglichkeit war zu der Zeit noch nicht so weit gediehen, daß ich ihn – oder er mich – über einen solchen Gegenstand, den man sittsamerweise nicht mit einem groben Wort benennt, sondern umschreibt, aufklären konnte.

Eines Tages aber tauchte dort oben, während ich gerade hinter meinem Schirm saß, jene Dame auf.

Sie erhob sehr laute Klage.

Sie rannte zu Herrn Shi-shmi hinunter und stimmte auch vor ihm eine laute und sehr lange Klage an. Ich muß Herrn Shi-shmi wiederum aufs innigste loben. Er verteidigte mich. Während die Dame einen Gesang anstimmte, der dem Gebrüll von Tigern und Leoparden glich, dem Donner ähnlich, der die Erde zerreißt, während sie nach oben zeigte und Herrn Shi-shmi mit sich zerren wollte, winkte mir Herr Shi-shmi – der allen Grund gehabt hätte, mir zu grollen – und deutete mir an, daß ich hinter ihm vorbei in die Wohnung zurückschlüpfen sollte. Die Dame, blind von ihrem eigenen Donner, sah das gar nicht. Herr Shi-shmi übergab sodann der Dame einen kleinen grünen Brief, worauf sie etwas weniger laut, dafür aber rascher klagte. Erst nach einem weiteren solchen Brief verstummte ihre Klage, und die Dame verzog sich nach oben. Herr Shi-shmi schloß die Tür. Ich muß gestehen, daß ich schuldbewußt war wie ein Schüler, der etwas falsch gemacht hat und nicht weiß, was. Aber Herr Shi-shmi – wie wärmte mir das mein Herz – lächelte. Er führte mich in das kleinste Zimmer seiner Wohnung (dessen Zweck mir bis dahin unklar gewesen war) und zeigte mir eine Art in Porzellan gefaßter Quelle. Er ging in die Küche, holte eine Handvoll Schalen des Apfels, den er kurz vorher gegessen hatte, und warf sie in die Quelle. Dann zog er an einer dünnen Kette – ich erschrak: ein gewaltiges Rauschen ertönte, und ein starker Wasserstrom riß die Schalen mit sich.

Nun – so weiß ich also, wie man sich dessen, was zu Zeiten den Leib beschwert, entledigt. Was ich noch nicht weiß, ist: *wohin* fließt diese Quelle? Sie fließt nach unten, das ist klar. Ich habe alles genau untersucht … nach menschlichem Ermessen müßte das Wasser und alles das, was es mit sich spült, in die Wohnung unter uns fließen. Bald werde ich soweit sein, Herrn Shi-shmi danach zu fragen. So sind also die Gebäude dieser Leute hier von den erhabensten bis zu den niedrigsten Dingen seltsam und befremdlich. Wie immer: nur wenn man sich ihnen fügt, wird man in die Lage kommen, ihre Bedeutung oder ihr Geheimnis zu entschlüsseln.

Der betreffenden Dame gehe ich aber immer noch nach Möglichkeit aus dem Weg. Zum Glück erkenne ich sie, kann sie von den anderen Leuten unterscheiden, denn sie ist so dick, daß sie die Arme flossenartig abstehend tragen muß. Sie heißt Kmei-was-wai.

Es ist höchste Zeit, zum Kontaktpunkt zu gehen. Ich gehe heute das erste Mal allein dorthin. Ich habe nicht mehr die geringste Angst davor. So schließe ich also diesen Brief, und es grüßt Dich

Dein Kao-tai

### *Achter Brief*

(Samstag, 3. August)

Teurer, alter Freund Dji-gu.

Drei Tage sind vergangen. Jeden Tag war ich am Kontaktpunkt – ich gehe jetzt immer alleine hin, es ist schon fast selbstverständlich –, einen Brief von Dir habe ich nicht vorgefunden. Du wirst mit Geschäften befaßt sein, möglicherweise quält Dich Deine leidige Gicht, dennoch bedaure ich es aufs äußerste, daß ich keine Nachrichten über den Stand der Dinge zu Hause habe. Ich hoffe, daß dieser kleine Vermerk Deine grenzenlose Güte nicht zu sehr bewegt, so daß Du mir womöglich einen Brief schreibst, ohne eigentlich dazu in der Laune zu sein. Aber wenn Du in die Laune kommen solltest zu schreiben, unterdrücke diese bitte nicht, sondern denke daran, daß Dein treuer Freund nach Nachrichten lechzt, vor allem wie es seiner kleinen, geliebten Shiao-shiao geht, und ob sie ihr süßes Näschen kräuselt – sofern man so sagen kann –, wenn Du ihr meine Grüße ausrichtest. Sie kann ja leider nicht schreiben, aber vielleicht drückt sie mir eines ihrer zarten

Zehchen in die Tinte und dann aufs Papier – dann hätte ich auch einen Gruß von ihr.

Mir, liebster Freund, geht es gut. Ich bewege mich, wie Du schon daran siehst, daß ich von Herrn Shi-shmis Wohnung allein zum Kontaktpunkt gehe, völlig frei in dieser Welt, die mir zunehmend eher töricht als fremd erscheint. Gelegentlich unternehme ich sogar einen Spaziergang. So bin ich neulich den »Kanal der blauen Glocken« entlanggegangen bis zum Palast des erhabenen, wenngleich verewigten Wang von Min-chen und auf der anderen Seite des Kanals zurück. Es war ein herrlicher, warmer Sommertag. Unzählige Leute waren unterwegs. Zum Teil schoben sie ihre – oft sehr lauten – Kinder in kleinen Karren vor sich her. Auf dem Kanal schwammen viele Wasservögel – darunter einige mir bekannte, zum Beispiel weiße Schwäne und Purpurenten. Sie kamen mir vor wie ein Gruß aus meiner fernen Zeit-Heimat.

Mit dem erhabenen, wenngleich verewigten Wang von Minchen scheint es Schwierigkeiten gegeben zu haben. Ganz habe ich Herrn Shi-shmis diesbezügliche Erklärung nicht verstanden. Der letzte Wang, der in dem Palast residierte, hieß Lu-wing und war der dritte dieses Namens. Merkwürdigerweise hat – oder hatte – man nicht mehr unsere Übung, für jeden Herrscher einen eigenen Namen zu erfinden. Zwei andere Wang hießen Ma-ksi-mai-lan. Der dritte Lu-wing scheint, wenn ich Herrn Shi-shmi richtig verstanden habe, verjagt worden zu sein. Von wem? Das ist mir unklar. Der dritte und letzte Lu-wing (Herr Shi-shmi zeigte mir ein Bild) war unglaublich dick. Herr Shi-shmi erzählte mir eine Anekdote: der Wang Lu-wing sei so dick gewesen, daß er allein nicht auf ein Pferd habe steigen können. Es habe hinter dem Palast ein verschwiegenes Gestell gegeben, eine Art Seilwinde, mit deren Hilfe man den dicken Wang auf sein Pferd heben konnte. Einmal hätte sich, während der Wang, an seinem Seil hängend, in den Sattel herniederschwebte, das Pferd gedreht, so daß der Wang verkehrt herum auf das Pferd zu sitzen gekommen sei. Der Wang habe zwar gejammert, aber die verschlafenen (oder bösartigen) Diener hätten es nicht gemerkt, und so sei der Wang oder vielmehr: das Pferd mit dem hilflosen, dicken Wang verkehrt herum im Sattel durch das Tor getrabt, und alle Welt hätte gelacht.

Ob das dann der Grund für die Absetzung war? Ob es einen neuen Wang gibt, ob eine neue Dynastie die Dynastie der Lu-wing und Ma-ksi-mai-lan abgelöst hat, habe ich nicht verstanden. Herr Shi-shmi – der übrigens, das hat er mir bei dieser Gelegenheit gesagt, außer Shi-shmi auch noch Ma-ksi-mai-lan heißt – hat ausweichend geantwortet: ja und nein.

Jedenfalls scheint mir bemerkenswert, mit welcher Respektlosigkeit selbst ein so gebildeter Mann wie Shi-shmi von einem Wang redet, und sei er auch ein abgesetzter und vertriebener. Auch die Tatsache, daß einer wagt, den Namen eines noch dazu verstorbenen Wang anzunehmen, zeigt, wie wenig Achtung man dem Herrscher entgegenbringt. Ich kann und kann mir einfach nicht vorstellen, daß das unsere Enkel sind, die heute hier leben. Es steckt da noch etwas anderes dahinter. – Der zweite Lu-wing war nach einer ebenfalls äußerst respektlosen Äußerung von Herrn Shi-shmi verrückt und ertränkte sich selber in einem See.

Ob über dem Wang noch ein Kaiser regiert und wo dieser residiert, konnte ich noch nicht erfahren. Aber ich werde alles zur gegebenen Zeit, wenn ich gut genug die hiesige Sprache verstehe – erfragen können.

Eigentlich aber will ich Dir heute vom Geld erzählen. Das ist eine merkwürdige Angelegenheit und so fremdartig wie das Sich-in-eine-porzellangefaßte-Zimmer-Quelle-Erleichtern. Die Leute hier haben zwar Münzen, aber die sind nichts wert. Die Münzen sind auch nur aus Silber von sehr schlechter Legierung oder aus Kupfer oder Eisen. Das eigentliche Zahlungsmittel sind Zettel. Du erinnerst dich an die zwei – wie ich meinte – grünen Briefe, die

Herr Shi-shmi jener Dame gab, die sich über mich beklagte. Das waren keine Briefe, sondern das war Geld, Geld in Papierform, so wie man es auch bei uns vor einiger Zeit in den Jahren der »Fünf Dynastien« erfolglos einzuführen versucht hat. Es gibt grüne, braune und blaue Scheine. Das Geld heißt – es ist fast unaussprechlich – Ma-l'-ch'. Woher Herr Shi-shmi seine Ma-l'-ch'-Scheine hat, weiß ich nicht. Er hat immer wieder neue. Selber macht er sie nicht, hat er gesagt.

Die erste genaue Bekanntschaft mit diesen eigenartigen Ma-l'-ch'-Scheinen machte ich gestern. Wir fuhren unendlich weit, wir: das heißt Herr Shi-shmi und ich. Du mußt wissen, daß es hier außer den A-tao-Wagen auch noch eine Art fahrender Häuser aus Eisen gibt. Das Gefährliche an diesen fahrenden Eisen-Häusern (Ta-mam nennt sie Herr Shi-shmi, sie werden aber auch noch mit anderen Namen bezeichnet, die ich mir nicht merken konnte) ist nicht wie bei den A-tao-Wagen die höllische Geschwindigkeit, sondern das Betreten und Verlassen. Die fahrenden Eisen-Häuser Ta-mam haben Fenster, die man nicht öffnen kann, und Türen, die sich durch geheimnisvolle Mechanismen von selber öffnen und schließen. Ein weniger aufgeklärter Mensch als ich könnte wiederum an nichts anderes als an Zauberei denken. Nun ist es aber offenbar so, daß die Leute, denen diese Ta-mam-Häuser gehören, den Mechanismus nicht richtig beherrschen. Die Türen schließen sich oder öffnen sich, wie die Türen wollen, habe ich den Eindruck, nicht wie die Gäste des Hauses wollen. Außerdem geht alles schwindelerregend rasch. Es gibt bestimmte Punkte an den Straßen, da ist – wenn ich Herrn Shi-shmi richtig verstanden habe – zu vermuten, daß so ein Ta-mam daherkommt und anhält. Wir warteten. Es regnete wie üblich seit Tagen. Nach einiger Zeit kam tatsächlich so ein Ungetüm herangewackelt. Herr Shi-shmi ergriff mich, stieß mich die kleine Treppe hinauf. Ich war erschrocken vom Dunst und der feuchten, schlechten

Luft, die mir entgegenschlug, und drängte instinktiv wieder zurück, aber Herr Shi-shmi schrie »Ho-la …« und stieß mich wieder nach vorn. Ich fiel in das Haus, schon schloß sich das Tor. Die Leute im Haus lachten. Das Tor zwickte Herrn Shi-shmi ein. Ich war außer mir vor Angst um sein Leben, aber er überstand es ganz gut. Im ersten Augenblick meinte ich, das Tor würde ihn zerquetschen.

Das Innere des Ta-mam-Eisenhauses ist karg und schmutzig. Es gibt keine Zimmer. Das ganze Haus besteht nur aus einem Raum, in dem an den Wänden Bänke angebracht sind. Ich fragte Herrn Shi-shmi, wer der Hausherr des Ta-mam sei, damit ich ihn begrüßen könne, aber Herr Shi-shmi erklärte, daß das nicht nötig sei. Er erklärte mir dann die Zusammenhänge im Lauf der Fahrt. Das Ta-mam ist gar kein Haus, sondern eine Art öffentliche Kutsche und gehört dem regierenden Mandarin von Min-chen, der in seiner sonnengleich überströmenden Güte die Kutschen der Bevölkerung freigegeben hat.

Es war finster in dem Ta-mam. Dichtgedrängt standen die Leute herum, schwitzten und rochen nach Regen. Ab und zu hielt das Eisenhaus, wobei alle Bewohner und Gäste durcheinandergeschüttelt wurden. Es ist wie bei einem ständigen Erdbeben. Die Sache scheint mir nicht ganz sorgfältig durchdacht. Immer, wenn der Ta-mam hielt, wälzten sich Massen von Leuten hinaus und andere gleichzeitig herein. Keiner grüßt oder verbeugt sich. Die Höflichkeit, sah ich wieder einmal, ist gänzlich abgekommen. Ich bin ganz, nun, schon fast ganz sicher, daß diese ruhelos ständig herumschweifenden, in A-tao-Wagen rasenden, im Ta-mam-Eisenhaus hin- und herfahrenden Großnasen *nicht* unsere Enkel sind. Warum sie ständig unterwegs sind, ist restlos unklar. Ich kann keinen Grund erkennen. Ich vermute, die Großnasen kennen ihn selber nicht.

Siehe, lieber Dji-gu – auch Du bist ab und zu unterwegs: Du

verläßt an einem Tag Deinen Palast und begibst Dich in die Bibliothek, um eine Schriftrolle des göttlichen Meng-tzu zu betrachten; am anderen Tag läßt Du Dich zur kaiserlichen Audienz tragen; drei Tage später vielleicht begibst Du Dich mit dem ältesten Deiner Söhne zum Tempel oder dergleichen. Es mag sein, daß Du ab und zu sogar außerhalb Deines Parks einen Spaziergang machst. Gut – das ist das Leben eines Mandarins. Einfache Leute sind naturgemäß öfters unterwegs. Die Weiber müssen zum Markt, um einzukaufen, der Farbenreiber muß zu seinen Kunden, um seinen Lack abzuliefern, und so fort. Aber hier rennen ständig alle ununterbrochen, selbst wenn es finster ist, kreuz und quer durcheinander, ohne sichtbaren Sinn und Zweck, nur, kann ich nicht anders vermuten, um des Durcheinanderrennens willen. Nur in den spätesten Nachtstunden, habe ich bemerkt, wird es etwas ruhiger. Wäre man etwas weniger aufgeklärt, als wir es sind, würde man an Besessenheit und dämonische Getriebenheit denken.

Um sich das Durcheinanderrennen zu erleichtern – oder: um sich die Möglichkeit zu schaffen, noch mehr durcheinanderzurennen –, haben sie ihre fahrenden Eisen-Ta-mam-Häuser erfunden, die sich zwar nicht so schnell bewegen wie A-tao-Wagen, aber immer noch viel schneller als ein Mensch laufen kann.

Nach einiger Zeit gelang es Herrn Shi-shmi, zwei Plätze auf einer Bank zu erobern, und wir setzten uns. Da ich nun mehrfach schon mit einem schnellen A-tao-Wagen gefahren bin, überhaupt die rasende Umtriebigkeit des ganzen Lebens hier (jetzt) zur Genüge beobachtet habe, wird mir in einem Ta-mam-Wagen-Haus nicht mehr schlecht. Ich lehnte mich also, nachdem ich mit Herrn Shi-shmi endlich Platz auf der Bank gefunden hatte, ungeachtet des Lärms und des Gestanks zurück, wollte meine Hände in die Ärmel stecken, merkte wieder einmal, daß das bei der hiesigen unsinnigen Kleidung nicht geht, legte also die Hände auf die Knie und schaute zu einem der großen Fenster hinaus, an denen eine

Stadt von – es ist nicht anders zu sagen, teuerster Dji-gu – unvorstellbarem Ausmaß vorüberzog.

Ich war der Meinung, daß die Gegend um den Palast des ehemaligen Wang und die Straßen und Häuser entlang dem »Kanal der blauen Glocken«, wo Herr Shi-shmi wohnt, der Kern der Stadt Min-chen sei. Weit gefehlt. Das ist ein weit draußen liegender Außenbezirk. Je weiter wir uns dem eigentlichen Kern von Min-chen näherten, desto höher wurden die Häuser. Alle Häuser sind aus Stein, die Straßen auch. Bäume gibt es kaum. Wie Felsen und Schluchten drohen die Massen dieser gigantischen Häuser, ganz mit blinkenden Glasfassaden übersät, rasende A-tao-Wagen schäumen durch die Straßen, die fahrenden Ta-mam-Eisenhäuser, von denen im Kern der Stadt – als wären die dämonengroßen Steinhäuser noch nicht genug – eine ganze Menge vorhanden sind, rattern kreuz und quer, und man wundert sich nur, daß das alles unbeschadet aneinander vorbeifindet. Ein Pfeifen, Klirren und Heulen von unbeschreiblicher Stärke verwirrt jede normale Sinneswahrnehmung. Es schien mir, als stürze alles in einem Gewitter aus Stein und Eisen über mir zusammen. Es war das finstere Chaos.

Nur die Tatsache, daß mein Freund, Herr Shi-shmi, völlig gelassen und unbeteiligt dasaß und nicht nur gleichgültig, sondern sogar gelangweilt in dieses graue und schwarze Inferno hinausblickte, beruhigte mich.

Du weißt, teurer Dji-gu, daß unsere Erhabene Kaiserstadt die größte Stadt des Reiches ist. Wenn ich Dir sage, daß wir den Durchmesser dieser unserer Stadt im Fahren mit dem Ta-mam-Wagen-Haus vielleicht siebenmal zurückgelegt haben und dann erst in die Mitte von Min-chen gelangt sind – nach allen anderen Richtungen geht es in ähnlicher Weise weiter, hat mir Herr Shi-shmi gesagt –, so wirst Du es nicht glauben, Du wirst nicht fassen können, daß es eine Stadt von solcher Größe gibt, aber es ist so. Unsere gewaltige Erhabene Kaiserstadt ist wie ein verträumtes, idyllisches Nest in sanfter Gegend gegen diese über alle Maßen gigantische … Stadt kann man nicht mehr sagen: übereinandergeschichtete Zusammenballung von ungeheuren großen Städten, eine Stadt aus Städten, eine tosende Kugel aus Stein und Eisen.

Es geht kein Glanz von dieser Stadt aus. Wir meinen immer, daß eine große Stadt Glanz ausstrahlt, daß diejenigen, die in einer großen Stadt wohnen, in K'ai-feng, in Hang-chou, in Fu-tschou oder in Kuang-chou, etwas vom Glanz der großen Stadt aufnehmen und widerstrahlen, daß der Glanz und der Ruhm des Überaus Gnädigen und Himmlischen Herrschers durch eine große Stadt gemehrt wird und wiederum der kaiserliche Glanz auf die Stadt und ihre Menschen zurückfällt … nichts von alldem wird in der Zukunft sein. Je größer die Städte werden, desto schmutziger und grauer werden sie offenbar. Ich habe den Eindruck, daß die Leute hier ganz einfach den Überblick über ihre Städte-Stadt verloren haben, daß sie ihnen buchstäblich über den Kopf gewachsen ist. Dreck und Lärm haben den Leuten hier längst die Zügel aus der Hand genommen. Dreck und Lärm sind stärker als sie. Ich frage mich, ob es überhaupt noch so etwas wie eine Stadtverwaltung gibt. Wenn ja, so ist ihr die Führung wohl längst entglitten und jener Stadt-Mandarin sitzt wahrscheinlich nur in seinem Harem oder züchtet Hunde. Vielleicht ist das aber auch der Grund, warum es keinen Wang mehr gibt? Habe ich Herrn Shishmi falsch verstanden? Ist der Wang Lu-wing, der dritte des Namens, nicht abgesetzt worden, sondern hat er freiwillig dieses Inferno verlassen und hat sich in eine ruhigere Gegend zurückgezogen? Diese unregierbar gewordene Stein- und Eisenhölle sich selbst und ihrem endlichen Kollaps, der notwendig irgendwann folgen muß, überlassend? Oder gibt es gar keine ruhigere Gegend mehr? Sind die früher unterschiedlichsten Städte des Reiches zu einem einzigen Stadt-Geflecht, das das ganze Reich überzieht, zusammengewachsen? Eine beängstigende Vorstellung. Ich bin wieder froh, daß ich in absehbarer Zeit in unsere menschlichere Gegenwart zurückkehren werde. Die Zukunft ist doch ein Abgrund.

In gewissen Lehren der Mohisten ist gesagt, das Weltende komme durch allmähliches Näherrücken des Himmels, und eines Tages werden die Sterne so nahe sein, daß sie auf der Erde schleifen und durch Funkenschlagen alles entzünden. Eine andere Lehre – die auf den Ch'ia Chou zurückgeht – besagt, daß die Welt zwar ewig sei, die Menschen aber immer durchsichtiger werden und sich endlich in Luft auflösen, worauf die Ameisen die Herrschaft über die Erde übernehmen ... dann gibt es die Theorie, daß die Sonne ins Meer fällt, wenn die Zeit gekommen ist, das Meer zu kochen anfängt, die Erde gar kocht und die lebenden Kreaturen röstet mit Ausnahme des Salamanders ... und dann die Meinung des verewigten Lin Pu-tzu, den noch mein Großvater gekannt hat. Lin Pu-tzu hat errechnet, daß die Sterne das blaue Himmelsgestein ankratzen, dessen feiner Staub zur Erde fällt und eines Tages alles erstickt ... nichts von alldem, teurer Dji-gu: Stein und Eisen, die sich selbständig machen und die Erde überwölben, bis sie sich in ihrer eigenen Umarmung, die Lärm und Dreck zeugt, ersticken, werden das Ende der Welt sein. Soweit sehe ich jetzt klar. Ich nehme an, daß das – von »jetzt« an gesehen – nicht mehr lang auf sich warten läßt. Wir in unserer Zeit-Heimat haben aber immerhin noch tausend Jahre Zeit.

Aber zurück zu meinem Ausflug mit Herrn Shi-shmi; dieser mein achter Brief ist ohnedies schon ein ganzes Bündel von Blättern.

Dort, wo nach Herrn Shi-shmis Erklärung das eigentliche Zentrum dieser gigantischen, fernen Stadt ist, verließen wir das eiserne fahrende Haus. Der Lärm der Großnasen war hier, wenn möglich, noch grauenvoller. Es dampfte aus Löchern in der Erde.

Wir überquerten einige Straßen und traten in einen ganz mit Glas nach außen hin abgegrenzten Laden. Vorher hatte ich Herrn Shi-shmi auf seine Bitte hin das zweite von den fünfzig Silberschiffchen aus meiner Reisekasse gegeben. Herr Shi-shmi erklärte mir auf der Fahrt einiges, was mit seinem Vorhaben zusammenhing, aber ich verstand es nicht ganz, einesteils wegen des Lärms, den das Rattern des Eisen-Hauses verursachte, und wegen des dröhnenden Gebrülls der anderen Gäste in diesem Haus, andernteils weil der Vorgang, den ich beobachten sollte, so kompliziert war.

Als wir den Laden betraten, hielt ich ihn für eine Wechselstube. Ich schüttle ja schon längst nicht mehr den Kopf darüber, wie unsinnig sich die Großnasen hier benehmen. Die Kaufleute stellen ihre Waren ins Fenster. Es grenzt ans Schamlose. Sie stellen sie so ins Fenster, daß sie jeder, buchstäblich jeder, der vorbeigeht, sehen kann. Sie zeigen förmlich mit dem Finger auf die Waren, mit denen sie handeln. Gut – ich gewöhne mir das Kopfschütteln ab. Es mag ja noch angehen, wenn ein Metzger rohe Fleischstücke sozusagen auf die Straße legt oder ein Schneider seine Stoffe vor aller Augen ausbreitet – aber daß der Inhaber einer Wechselstube sein Geld ins Fenster legt, kann nur der Schwachsinn erklären, in den die Leute hier im Laufe der dreißig Generationen, die sie von uns trennen, verfallen sind. Dabei war es aber gar keine Wechselstube, soviel ich erkennen konnte. Ganz habe ich das immer noch nicht verstanden. Herr Shi-shmi verhandelte kurz mit einem langnasigen Mann, der nicht nur keinen Zopf, sondern überhaupt keine Haare mehr hatte, dann zog Herr Shi-shmi mein Silberschiffchen hervor und zeigte es dem Langnasigen. Der fiel fast hintenüber, schlug die Hände über dem Kopf zusammen und stieß tiefgrunzende Laute aus. Natürlich, bei Licht betrachtet, lieber Dji-gu: er hatte ein ganz neues, überhaupt nicht abgegriffenes Silberschiffchen mit kaiserlichem Stempel vor Augen, das für ihn tausend Jahre alt war. Selbstverständlich ist solches hier rar. Aber ich traute meinem Blick nicht, als Herr Shi-shmi das Silberschiffchen hergab und dafür zwei braune und acht blaue Geldscheine bekam, die er gleich an mich weitergab. Bei den Großnasen ist die Unsitte des Papiergelds (das sich bei uns, wir wissen es, nicht bewährt hat) nicht nur eingerissen, nicht nur weit verbreitet, sondern fast ausschließlich die Art und Weise des Zahlungsverkehrs. Münzen gibt es so gut wie gar nicht und nur für kleine Werte. Das habe ich Dir schon geschrieben. Die hiesigen Geldscheine sind aus sehr grobem Papier und unbegrenzt gültig. Entweder ist das Vertrauen der Großnasen zu ihrem Finanzminister so groß, daß es schon an Schwachsinn grenzt, oder aber der Ruß und Schmutz dieser Welt kommt eben davon, daß kein Mensch bereit ist, ihn gegen Lohn in Papier zu beseitigen. Auf den Scheinen sind bildliche Darstellungen. Zunächst habe ich gemeint, daß die dargestellten Köpfe die des Finanzministers und der Finanz-Mandarine seien. Das ist aber nicht so. Wohlweislich, nehme ich an, lassen sich die Herren nicht auf den Scheinen abbilden. Sonst könnte sie ja jeder auf der Straße erkennen! Übrigens – und das habe ich bei Herrn Shi-shmi gesehen – kann jeder selber Papiergeld machen. Da hat einmal Herr Shi-shmi, als er den An-tsu für mich kaufte, doch ein Blatt aus der Tasche gezogen und ein paar Schriftzüge auf ein Blatt gesetzt – und der Verkäufer hat es genommen wie Geld. Das ist absolut üblich – wie da eine Volkswirtschaft funktionieren soll, ist mir schleierhaft. Wahrscheinlich funktioniert sie auch nicht, wie man überall sieht.

Ich gab Herrn Shi-shmi die Geldscheine wieder, er sagte aber: nein, sie gehörten mir, und steckte sie mir wiederum zu. Ich wollte ausprobieren, ob man mit den Scheinen tatsächlich etwas kaufen kann. Herr Shi-shmi lachte. Wir gingen neuerlich über ein paar Straßen, und ich blieb wie gebannt vor einem großen Fenster eines überaus gigantischen Ladens, eines Ladenhauses stehen, und ich sah im Fenster einen völlig rätselhaften Gegenstand, auf den ich mir überhaupt keinen Reim machen konnte. *Diesen* Gegenstand, bedeutete ich Herrn Shi-shmi, wollte ich gegen einige dieser Zettel zu erwerben versuchen.

Herr Shi-shmi hielt sich den Bauch vor Lachen. Es war ein gutmütiges Lachen. Er lachte mich nicht aus, er lachte über meinen – in seinen Augen krausen Einfall, gerade *diesen* Gegenstand zu kaufen. Herr Shi-shmi machte mehrere – von Lachen unterbrochene – Anläufe, um mir den Zweck dieses Gegenstandes zu erklären. Ich verstand es nicht. So blieb ihm, da ich hartnäckig auf meinem einmal gefaßten Entschluß beharrte, nichts anderes übrig, als mit mir den großen Laden, das Ladenhaus, zu betreten.

Es herrschte ein unbeschreibliches Gewühl in dem Laden. Massen von Großnasen wälzten sich rücksichtslos und ohne Beobachtung auch nur der geringsten Höflichkeitsformen durch die Gänge hin und her. Als die große Wassernot herrschte, Du erinnerst Dich: in dem Jahr, als der Vizekanzler Yang-ch'i starb und das Volk, das in den Häusern am Fluß gewohnt hatte, in die höher gelegenen Teile der Stadt drängte, um sich zu retten, und als gleichzeitig – aber wem sage ich das: Du warst damals Erster Feuerwehr-Mandarin – in der oberen Stadt der verheerende Brand ausbrach und die Leute aus der oberen Stadt in die Stadtteile am Fluß zu gelangen versuchten, und dort, wo sich die Ströme der Unglücklichen in den Straßen trafen, ein nie vorher und auch nie nachher gesehenes oder in den Annalen verzeichnetes Gedränge herrschte, wo alles und jedes sich gegenseitig niederstieß und beiseite drängte, nie seither hat die Welt eine vergleichbar tosende Menschenmenge gesehen wie in jenem Ladenhaus zu Min-chen, in das ich durch eigenen Fürwitz geraten bin. Dabei – bedenke, Freund Dji-gu – waren damals im Jahr des Todes des Vizekanzlers Yang-ch'i bei dem Feuer- und Wasserunglück und dem nachfolgenden großen Gedränge die Drängenden von menschlichem Ausmaß, während es sich bei den hier Drängenden um riesenwüchsige Großnasen gehandelt hat, die den ganzen Raum, so riesig er war, mit dem Dröhnen ihrer ordinär tiefen Stimmen erfüllten. Ich wähnte mich – kurz gesagt – in der Hölle. Dennoch beharrte ich auf meinem Plan, weil ich mir sagte: schließlich diene ich und dient meine Reise der Wissenschaft; der Forscher darf, wenn es um die Erkenntnis geht, nicht davor zurückschrecken, seinen Fuß auch in die Hölle zu setzen.

Nicht zu vergessen ist natürlich, daß ich einen kühnen Führer bei mir hatte, den treuen und aufopfernden Herrn Shi-shmi, der sich vor mich stellte, mich an der Hand nahm und furchtlos das Gewühl der entgegenkommenden Großnasen zerteilte, bis wir jene Abteilung des Ladenhauses erreichten, in dem der von mir gewünschte Gegenstand zu kaufen war.

Shao-bo heißt der Gegenstand, ist zum Teil von blauer, zum Teil von gelber Farbe und ziemlich groß. Das Material ist mir unklar: elastisch und rauh. Der Shao-bo-Gegenstand hat zwei verschiedene Erscheinungsformen. Die eine Erscheinungsform entspricht der eines vielfach zusammengenähten riesigen Mantels oder Zeltes. Mittels einer offenbar sinnvoll konstruierten Pumpe blies der Verkäufer Luft in den Shao-bo-Gegenstand, so daß er sich in die andere Erscheinungsform blähte. Er erhielt dadurch die Form eines ringförmigen Wulstes. Ob ich wirklich diesen Shao-bo-Gegenstand erwerben wolle? fragte Herr Shi-shmi lachend. Nein, eigentlich wollte ich längst nichts mehr als aus dieser Bedrängnis hinaus. Aber ich hätte es als unhöflich empfunden, dem Shao-bo-Verkäufer gegenüber – auch wenn der nichts Besseres ist als ein Kaufmann –, nachdem er den Shao-bo eigens für mich aufgeblasen, den endgültigen Kauf abzulehnen. Also reichte ich einige meiner Scheine hin, und tatsächlich: der Wicht von einem Kaufmann nahm sie mit einer ganzen und zusätzlich einer weiteren (ich beobachtete es genau) Sieben-Achtel-Verbeugung entgegen.

Eigentlich hätte ihm, dem Pfeffersack, daraufhin sofort der Kopf abgeschlagen gehört, denn der Rangabstand von mir zu ihm erfordert mindestens einen vollkommenen Kotau und zwei Drei-Viertel-Verbeugungen, wenn ich zu seinen Gunsten unterstelle, daß ihm, dem Shao-bo-Verkäufer, das ganze Ladenhaus gehört. Wenn er nur ein Knecht des eigentlichen Eigentümers gewesen sein sollte, hätte er das Papiergeld vom Boden aufheben müssen ... nun ja. Ich bin nicht hier, um meinem Rang Geltung zu verschaffen. Ich bin hier, um unsere Zukunft zu studieren.

Mit entsetzlichem Pfeifen entwich, nachdem der Verkäufer einen kleinen Stöpsel aus dem Shao-bo-Gegenstand gezogen hatte, die Luft. Das Shao-bo wurde faltig. Der Verkäufer wickelte es zusammen und packte es in Papier ein.

Aus der Tatsache, daß ich Dir, geliebtester Dji-gu, diesen Brief schreibe, siehst Du zwangsläufig, daß ich wohlbehalten nach Hause gekommen bin mitsamt meinem Shao-bo. Woran nicht ich, wohl aber der fürsorgliche Herr Shi-shmi gedacht hat: auch so eine sinnvolle Pumpe wurde beigepackt. Ich lernte sie bedienen. Man bedient sie mit dem Fuß. Jetzt steht das Shao-bo neben dem Bett in seiner vollen blauen und gelben Größe und füllt fast das ganze Zimmer aus. Wozu das Shao-bo taugt, konnte mir Herr Shi-shmi nicht erklären. Er werde es mir dereinst zeigen, hat er mir bedeutet. Ein kultischer Gegenstand scheint es nicht zu sein.

Mein Brief ist lang geworden. Es ist Zeit, daß ich zum Kontaktpunkt eile. Wenn ich die Gabe hätte zu malen, würde ich eine Skizze des Shao-bo beilegen. Aber dazu hatte ich, wie Du weißt, nie Talent. Vielleicht illustriert statt dessen dieses Phänomen das folgende Gedicht, das mir bei Betrachtung des Shao-bo eingefallen ist:

*Bei Betrachtung des blau-gelben Shao-bo*

Blau-gelbes Shao-bo.
Die heiße Sommerluft füllt dich.
Welch anderer Atem füllt mich
sonst im Monat August.
Die Zukunft weiß nichts vom
Aprikosenhügel.

Es grüßt Dich

Dein ferner Kao-tai

*Neunter Brief*

(Montag, 12. August)

Teurer, ferner Dji-gu.

Heute steht der Mond auf dem abnehmenden Viertel wie an dem Tag, als ich hierherkam. Es sind viele Tage vergangen, seit ich Dir das letzte Mal geschrieben habe. Ich hoffe, Du warst nicht besorgt. Es geht mir – den Umständen entsprechend – gut. Der ewige Regen hat aufgehört. Was aber ein richtiger Sommer ist, scheinen die Großnasen hier nicht zu wissen, obwohl sie sich, sobald die Sonne zwei Tage lang geschienen hat, in größter Schamlosigkeit nackt vor aller Augen in die Wiesen legen. Aber davon später.

Schon wieder weiß ich nicht, wie und wo ich anfangen soll. *Zu* viel ist neu, *zu* viel ist fremd, immer noch, und da müßte der Mond noch oft wechseln, bis es anders würde für mich.

Du wirst sagen – wenn Du meinen langen Brief, den achten, gelesen hast (ein längerer Brief als Deine ganzen Briefe bisher zusammengenommen) –, daß das mit dem Papiergeld ja gar nicht so neu ist.

Richtig. Unsere Väter erinnern sich daran, daß unter der unseligen Herrschaft der »Fünf Dynastien« auch schon der Unfug des Papiergeldes grassiert hat. Der Erhabene Sohn Des Himmels T'aitzu, der Gründer der Dynastie Sung – sie möge ewig herrschen –, der Hochmögende Vater unseres gegenwärtigen Kaisers hat bei seinem Regierungsantritt unter anderem auch mit dem Papiergeld aufgeräumt.

Das veranlaßt mich zu einigen Überlegungen: wird es gut sein, wenn wir die Erkenntnisse, die ich von meiner Zeit-Reise mitbringe und die – zum wichtigsten Teil – ich diesen Briefen an Dich anvertraue, veröffentlichen und den Leuten *unserer* Tage zugänglich machen?

Wird der Finanz-Mandarin, den ich ohnedies für einen meineidigen Hanswursten halte, dieser sechszehige Kwan Tai-fang, nicht sofort aus meinen Berichten ableiten: noch in ferner Zukunft wird das Papiergeld im Zahlungsverkehr eine entscheidende Rolle spielen? – und vom Erhabenen, der – in aller Ehrfurcht gesagt – viel von der Aufzucht von Pekinesen, noch mehr vom wonnigen Beglücken von Damen, aber so gut wie nichts von Finanzsachen versteht, sofort verlangen, daß das Papiergeld bei uns wieder eingeführt wird? Und in wenigen Jahren – laß zwei Ernten schlecht ausfallen – haben wir die schönste Inflation?

Ob es nicht besser ist, wir behalten, so schwer es uns fallen sollte, unsere Erkenntnisse für uns? Nun wirst Du vielleicht einwenden, daß wir verpflichtet sind, wenigstens unseren Erhabenen Kaiser von meinem Ausflug zu unterrichten, ihm ein Bulletin mit den – Seinem eher schlichten literarischen Verständnis angemessen – gedrängten und aufs Wesentliche beschränkten Zusammenfassungen meiner Reiseberichte hinaufzureichen. Aber selbst da habe ich Bedenken. Wie ich eben geschrieben habe: »die Sung-Dynastie … sie möge ewig herrschen …«, hat mein Pinsel gestockt, aber ich habe es doch niedergeschrieben mit dem Vorbehalt, später – nämlich hier – ein Wort dazu zu sagen. Mitnichten wird die Äußerst Verdienstvolle Sung-Dynastie ewig herrschen. Hier in der Zukunft von nur tausend Jahren – »nur« gemessen an der Ewigkeit – ist überhaupt keine Rede mehr von der Sung-Dynastie, und selbst einem so gebildeten Mann wie Herrn Shi-shmi, der selber ein Lehrer ist, wie er mir gesagt hat, haben die Namen unserer Kaiser nicht das mindeste bedeutet. Es scheint hier überhaupt keinen Kaiser mehr zu geben, von der Dynastie Sung ganz zu schweigen. Sollen wir das in ein Bulletin schreiben, das wir dem Himmels-Sohn hinaufreichen? Wenn wir es übergehen, wird es das erste sein, was uns der Äußerst Würdige fragt. Und dann? Die Antwort kostet jeden von uns einen Kopf, und wir haben jeder nur einen.

Ich neige also dazu, meine ganze Reise überhaupt zu verschweigen. Es scheint in der Ordnung, daß die Menschen von ihrer Zukunft nichts wissen.

Aber ebendiese Frage nach der Zukunft unserer Ruhmreichen Dynastie Sung hat mich auf einige erregende Probleme gebracht, deren Lösung möglicherweise einzelne der Ungereimtheiten klären kann, die mir hier ständig begegnen. Herr Shi-shmi hat den Namen der letzten hier regierenden Dynastie mit Wi-wel-ba angegeben, deren letzter Herrscher jener schon mehrfach erwähnte überaus dicke Wang Lu-wing, der dritte dieses Namens, gewesen ist. Von einer Dynastie Sung war Herrn Shi-shmi nichts bekannt. Dabei kamen wir auf die Geographie zu sprechen, und ich mußte erstaunt feststellen, daß Herr Shi-shmi das Große Meer nicht im Osten, sondern im Westen weiß. Wie das? Sollte das Meer gewandert sein? Ich gebe unser Gespräch in vereinfachter Form wieder:

Er: Aber nein, liebster Kao-tai, das Meer liegt im Westen, weit im Westen.

Ich: Aber wohin, teuerster Shi-shmi, fließt dann der Fluß? Ins Gebirge etwa? Fließt das Wasser jetzt aufwärts?

Er: (lachend) Nach Osten fließt der große Fluß, der heißt To-nao. Der fließt freilich ins Meer, aber nur in ein sehr kleines Meer. Der Fluß I-sal, an dessen Gestaden Min-chen liegt, fließt seinerseits nach einigen Umwegen in den To-nao. Aber das Große Meer liegt im Westen, wo die Sonne untergeht. Glaube es mir, gelehrter und ehrfurchtgebietender Kao-tai, ich habe die Länder selber bereist.

Ich: Hm.

Hier wurde mein schon längst gehegter Verdacht zur Sicherheit. Das war vor vielleicht zehn Tagen, mag sein, es war an jenem Tag, als ich mit Herrn Shi-shmi in der Stadt war und den Shao-bo-Gegenstand kaufte. Einige Tage später machte ich in der Wohnung von Herrn Shi-shmi eine aufregende Entdeckung. Ich habe von Herrn Shi-shmi die Erlaubnis, mich aller Gegenstände in seinem Haus zu bedienen. Er habe, sagte er, keine Geheimnisse vor mir. Nicht so sehr aus persönlicher Neugier, aber aus Gründen des Erkenntnisdranges mache ich Gebrauch davon. Dazu muß ich vorausschicken, daß die Großnasen die Kunst der Buchdruckerei noch kennen. Sie bedrucken mit ihrer eigenartigen Schrift das Papier beidseitig, es handelt sich aber um unglaublich dickes und grobes Papier. Die Bücher bekommen dadurch ein Gewicht wie Blei, zumal sie sie noch in schwere Deckel binden.

In manchem dieser Bücher, die ich natürlich noch nicht richtig lesen kann, sind Bilder, weshalb ich oft und gern Herrn Shishmis Bücher – er hat wohl an die tausend – aus dem Regal nehme und anschaue, wenn es mir langweilig und Herr Shi-shmi nicht da ist. Die Bilder befinden sich aber nicht, wie es sich gehört, über dem Text, sondern sind über den Text hin verstreut. Eines der Bücher ist das ›Buch der beiden bösen Knaben‹, hat sehr viele Bilder, und die Knaben heißen Ma'ch und Mo-lix und stehlen einer Witwe die Hühner. Herr Shi-shmi findet es lustig, ich halte den Inhalt vom moralischen Standpunkt her für verwerflich. Aber anhand dieses Buches – ich weiß nicht, warum Herr Shi-shmi gerade das ausgesucht hat – lerne ich die hiesige Schrift lesen. Es ist in Versen geschrieben, die aber ganz anderen als für unsere Verse geltenden Gesetzen gehorchen. Einige der Verse kann ich schon lesen. Der Anfang lautet etwa:

»Der Edle klagt darüber,
Daß man nicht umhin kann
Vielfach böse Beispiele zu vernehmen,
Etwa von den Untaten der beiden Knaben
Die Ma'ch und Mo-lix hießen,
Die anstatt den weisen Lehren der Alten zu folgen
Sich über ebenjene Erhabenen lustig machten …«

Der Verfasser dieses Gedichtes von den beiden unartigen Knaben heißt Wi-wem-bu, aber ich will Dir von einem ganz anderen Buch berichten. Du ahnst nicht, was für eins. Als es mir in die Hände fiel – und es fiel mir buchstäblich in die Hände, denn es rutschte aus der Reihe, als ich das Buch daneben herauszog, und fiel herunter, ich konnte es grad noch auffangen – als es mir in die Hände fiel, war es mir, als umhüllte mich wärmend wie die Sonne nach einer Woche Regen das Gefühl, daheim zu sein. Stell dir vor: auf dem Buch, das ich beinahe in – wenngleich ungewollter – Ehrfurchtlosigkeit zu Boden geworfen hatte, leuchteten mir – ja: leuchteten mir entgegen, obwohl sie in Schwarz gedruckt waren, die anheimelnden Zeichen unserer geliebten Schrift. Zwei Zeichen, und es waren nicht geringere als die Zeichen für das göttliche ›I Ching‹. Du liest recht: unser erhabenes ›Buch der Wandlungen‹. Es war eine Übersetzung in die hiesige Sprache. Auf dem Umschlag waren quasi als Dekoration unsere Schriftzeichen dargestellt. So ist die Welt hier doch noch nicht verloren? So verbindet die Großnasen doch noch ein wenngleich dünnes und schleißiges Band mit uns, mit unserer Welt und dem, was wir für richtig halten?

Ich zeigte, so bald ich hörte, daß er heimkam, das Buch Herrn Shi-shmi. Ja, ich bekenne: ich war so aufgeregt, daß ich ihm entgegenrannte und ihm, der noch nicht einmal seinen durchnäßten Mantel und seine kleinen Fuß-Lederkästchen (Shu-he), die auch ganz durchweicht waren, ausziehen und wechseln konnte, das Buch entgegenhielt. Er lächelte, zog den Mantel aus und legte seinen Schirm weg. Dann führte er mich – ich hielt das göttliche ›I Ching‹ immer noch fest in der Hand – in sein Arbeitszimmer, das auch unser gemeinsames Wohnzimmer ist, brachte eines seiner kleinen Brandopfer dar und sagte: er wundere sich nicht, daß mir das bekannt sei. Er habe die ganze Zeit gar nicht daran gedacht, daß er unter seinen vielen Büchern auch dieses besitze, sonst hätte er es mir schon viel früher gezeigt.

Das Gespräch – zum Glück ist mein Verständnis seiner Sprache schon so gut, daß ich selbst komplizierten Ausführungen folgen kann; er, Herr Shi-shmi, hingegen hat es aufgegeben, unsere Sprache durch mich zu lernen, es sei ihm zu schwer, sagt er, vielleicht steht es ihm auch nicht dafür ... ich kann es verstehen, denn er wird nie in unsere Welt kommen, und was soll er dann mit der Kenntnis unserer Sprache – das Gespräch, das sich anschloß, zog sich bis weit nach Mitternacht hin. Wir aßen nichts, wir tranken nichts; nur unzählige Brandopfer brachte Herr Shi-shmi dar, zuletzt sogar einige große braune, die er sonst nur an Feiertagen verwendet. (Ich spreche weiterhin von Brandopfern. Inzwischen weiß ich jedoch, daß es keine kultische Handlung ist, sondern eine Art gewohnheitsmäßigen Rauch-Trinkens, eine weitverbreitete Angewohnheit der Großnasen, die nicht gerade zur Verbesserung der

Luft beiträgt. Aber die Bezeichnung Brandopfer scheint mir passend zu sein, da die Großnasen an dieser Gewohnheit offenbar wie an heiligen Zeremonien hängen. Ich muß allerdings gestehen, daß ich selbst schon an den Brandopfern Gefallen finde, allerdings nur an den wohlriechenden braunen.) Den Gang des Gespräches wiederzugeben ist unmöglich. Es würde ein Buch füllen. Vorausschicken muß ich, daß ich nun nicht mehr umhin konnte, Herrn Shi-shmi, der ja bisher nichts von meiner Herkunft wußte, in meine Zeit-Reise einzuweihen. Er sagte, daß er derlei für unmöglich halten würde, wenn ich nicht leibhaftig vor ihm säße und Beweise – nämlich etwa meine für ihn und seine Welt uralten Silberschiffchen – vorzeigen könnte. Seine Philosophie, sagte er, die keine allgemeingültige Lehre sei, sondern seine private Ansicht von der Welt, die er sich im Lauf seines Lebens erworben habe, seine Philosophie erlaube es ihm, *alles* für möglich zu halten. Er umarmte mich und sagte, daß ich doch wohl sehr einsam hier sei und daß die Welt, seine Welt, mir kalt und herzlos erscheinen müsse. Ob ich nicht das Gefühl habe, daß diese seine Welt alles tue, um mich, den uralten Mandarin Kao-tai, als unpassenden Fremdkörper wieder auszustoßen? Ja, sagte ich, dieses Gefühl hätte ich. Er umarmte mich nochmals und sagte, daß er froh sei, mir wenigstens in seiner Wohnung eine sichere Zuflucht bieten zu können. Nun umarmte ich ihn, dankte ihm und sagte, daß er sich keine übertriebenen Sorgen machen solle. Einer wie ich, dessen Denken fest in den Bahnen der Lehren unseres Unendlich Erhabenen K'ung-fu-tzu gefügt sei, der sei Herr seiner Gefühle, und meine Neugierde, mein Streben nach Erkenntnis, übersteige meine Angst.

Er schaute mich lange an, nachdem er mir noch mehrmals seine unumschränkte Hilfsbereitschaft versichert hatte, und sagte: ich solle nicht böse sein, die Eröffnung meiner Herkunft müsse er erst verdauen, vorerst sehe er mich ein wenig an wie ein Gespenst.

Ich lachte, verbeugte mich zweimal (wie sonst nur vor einem Vizekanzler oder einer kaiserlichen Konkubine) und sagte: das sei ganz klar, denn umgekehrt sei für mich seine ganze Welt gespenstisch. Aber das eigentliche, für mich wesentliche Ergebnis des Gesprächs: ich bin, und somit bestätigt sich meine schon mehrfach geäußerte Vermutung vollends, gar nicht in unserer Kaiserstadt K'ai-feng, nicht einmal im Reich der Mitte. Min-chen ist nicht und war nie im Reich der Mitte, es liegt ganz woanders. Ich stehe gar nicht auf dem Boden, auf dem Du stehst, teurer Dji-gu. Zeit *und* Raum sind durcheinandergewirbelt. Ich lebe in einem anderen Teil der Welt. Ja, Du liest richtig: in einem anderen Teil der Welt. Unsere Heimat ist für Herrn Shi-shmi und seine Landsleute und Zeitgenossen nicht nur längst vergangen, sondern auch weit weg. Sie nennen unser Land, das Erhabene Reich der Mitte: Chi-na. Woher die Bezeichnung kommt, ist mir noch unklar, auch ob es das Reich der Mitte noch gibt. Ich sagte Herrn Shi-shmi, ob wir nicht miteinander hinreisen wollten. Er lachte und sagte, daß das wohl viel zu weit weg sei, auch gäbe es da unüberwindbare Schwierigkeiten. Ich fragte, wie dann *sein* Land, dieses Reich, dessen Hauptstadt Min-chen sei, heiße? Es heißt Ba Yan, sagte er, und sei längst nicht so groß und auch nicht so alt wie das Erhabene Reich der Mitte.

Was werde ich nicht noch alles erfahren in dieser fremden Welt, mein über alles geliebter Dji-gu? Aber, wie gesagt, mein Drang nach Erkenntnis ist größer als Furcht und Angst. Ich habe Herrn Shi-shmi übrigens auch von Dir erzählt. Er bittet mich, Dich zu grüßen, vor allem aber grüßt Dich Dein

doppelt ferner Kao-tai

## *Zehnter Brief*

(Montag, 19. August)

Teurer Dji-gu.

Es hat mir, aufs Ganze gesehen, nicht mehr viel ausgemacht, nun auch zu wissen, daß ich nicht nur um tausend Jahre, sondern auch viele tausend Li von meiner Heimat entfernt bin (wieviel tausend Li es sind, hat Herr Shi-shmi ausgerechnet; ich habe die Zahl aber leider vergessen – was sind schon Zahlen), nur eins bedrückt mich doch: die Ferne von Shiao-shiao, der grünäugigen. Willst Du mich damit trösten, wenn Du schreibst, du sähest sie nur traurig auf dem Sofa in der Kammer mit dem Holunderblütenvorhang sitzen, und sie täte nichts, außer daß sie unverwandt zum Fenster hinaussähe – nur ab und zu, schreibst Du, ginge eine Bewegung durch ihren unvergleichlich schönen Körper, dann nämlich, wenn sich draußen ein Vogel auf einen Ast setzt? Soll es mich trösten zu wissen, daß sie traurig ist? Ja, doch – ich bin so egoistisch, daß es mich tröstet. Schreibe mir viel von ihr, sage ihr, daß ich sie liebe, wie nur ein Mann in meinen Jahren lieben kann: nicht mit kopflosem Leichtsinn, sondern mit Wissen um die Schönheit. Wissende Liebe – die kann man nur zu einem Wesen wie Shiao-shiao empfinden – bei fast allen meinen Frauen und Konkubinen war es Lust und Brunst (bestenfalls); nein, die wahre Liebe von bewußter Würde ist nur einem Wesen wie Shiao-shiao gegenüber möglich. Schreibe mir, daß sie traurig ist, ja, sie soll traurig sein, sie soll nach mir weinen, denn auch das gehört zur Liebe. Abgesehen davon ist mir klar, daß sie, wenn sie so in Trauer auf das Sofa hingeschmiegt ist und ihre schimmernden Gliedmaßen in unvergleichlicher Anmut arrangiert, daß sie dann trotz aller Trauer sehr wohl weiß, wie schön sie ist.

Alles übrige soll seinen Gang gehen. Daß meinen ehrenwerten Herrn Ersten Schwiegervater Kuang-ma endlich der Schlag getroffen hat, den alten Geizkragen, hat mich mit angemessener Anteilnahme erfüllt. Richte das bitte meiner Frau Kuang-ching aus, und auch, daß es mir leid täte, bei den Trauer-Zeremonien nicht anwesend sein zu können: ich könne unmöglich meine äußerst wichtige Reise unterbrechen. Wenn das Haselnußöl bisher nicht angeschlagen hat, soll meine Hauptfrau Fett von frisch geschlachteten Ferkeln auftragen – möglichst heiß.

Nein, es hat mir keinen Schlag versetzt, zu wissen, daß ich nicht im Reich der Mitte bin, sondern in einem Land weit weg davon, das Ba Yan heißt, und von dessen Existenz Du und ich keine Ahnung hätten, wenn wir nicht auf den fürwitzigen Gedanken meiner Zeit-Reise gekommen wären. Im Gegenteil: seit zwischen dem überaus teuren Herrn Shi-shmi (dem ich Deine Grüße – unbekannterweise – ausgerichtet habe) und mir alles klar ist, wir unsere Standorte kennen, ist es für mich viel leichter, Erkenntnisse zu gewinnen. Auch kann mir Herr Shi-shmi, da er sich vorstellen kann, was ich alles nicht verstehe, manches viel besser erklären. Zunächst geht es um Grundsätzliches. (Wir sitzen nun jeden Abend. Ich bringe auch »Brandopfer«, allerdings nur die braunen, größeren. Die anderen, kleinen weißen stinken für meinen Begriff.) Ich frage Herrn Shi-shmi jeden Abend so lang, bis er lachend sagt: nun hätte ich ihm die Seele aus dem Leib gefragt. Meine Fortschritte im Verstehen der hiesigen Sprache rasen vorwärts, beflügelt von meiner Neugierde.

Herr Shi-shmi – er sagt, das sei eine allgemeine Annahme – glaubt, daß die Erde eine Kugel sei, und Länder und Meere seien auf der Kugeloberfläche nebeneinander angeordnet. Unser Reich der Mitte, das er Chi-na nennt, befinde sich auf der einen Kugelhälfte, das Land Ba Yan und viele andere Länder (er hat Namen von verwirrender Fülle genannt) auf der anderen. Meinen Einwand, daß doch dann die Menschen von der Kugel rutschen würden, wenn es so wäre, ließ er nicht gelten. In der Mitte dieser Kugel befinde sich eine natürliche Anziehungsmasse, die die Menschen und Tiere, Pflanzen und Steine und überhaupt alles wie mit unsichtbaren Fäden festhält. Er argumentiert: alles, was wir nicht festhalten, fällt zu Boden. In die Luft hinauf fällt nichts – der Rauch, ja, den ich aus meinem köstlichen braunen Brandopfer blase (ich habe spezielle Brandopfer, sie sind sehr teuer, aber dank meiner Silberschiffchen kann ich sie mir leisten; meine speziellen Brandopfer, Herr Shi-shmi besorgt sie mir in der Stadt, heißen Da-wing-do), der Rauch steigt hinauf, ja, aber es ist mir klar: das ist nur ein scheinbares »Hinauffallen«. Bald setzen sich auch die Partikel, aus denen der Rauch besteht, herunten überall wieder ab. So ist es mit allem, was hinaufsteigt: mit den Vögeln, den Wolken, den Drachen. Also ist die Argumentation von Herrn Shi-shmi nicht von der Hand zu weisen.

Meinen weiteren Einwand, daß man – die Kugelform der Erde unterstellt – das doch wahrnehmen müsse und daß dem Augenschein nach doch offensichtlich die Erde flach sei, hat Herr Shi-shmi auch entkräftet. Das sei nur so, sagte er, weil die Erde eine so große Kugel respektive der Mensch so klein sei. Ich solle mir vorstellen, wie sich eine Laus auf einem sehr großen Kürbis (Kürbisse gibt es noch; auch Läuse) vorkomme. Sie meine, sie krieche geradeaus, und in Wirklichkeit krieche sie im Kreis um die Kugel herum. Vielleicht meine auch die Laus, sagte Herr Shi-shmi, der Kürbis sei flach. Auch das ist nicht ganz von der Hand zu weisen, wobei man noch dazu bedenken müsse, sagte Herr Shi-shmi, daß im Verhältnis zum Kürbis die Laus vieltausendmal größer sei als der Mensch im Verhältnis zur Kugelerde. Außerdem, argumentierte Herr Shi-shmi, könne man unter gewissen Umständen die Kugelgestalt sogar wahrnehmen, nämlich am Meer. Wenn eine Laus, so erklärte er es mir, auf dem Kürbis einer zweiten Laus begegnet, die von der anderen Seite der Kugel ihr entgegenkriecht, so müsse es der ersten Laus wohl vorkommen, als tauche die zweite Laus über dem Horizont auf. Genauso sei es doch mit den Schiffen am Meer, und das, lieber Dji-gu, ist wahr, wie ich selber oft genug gesehen habe, als ich vor Jahren meinen Erhabenen Schwager, den Admiral Tu Fei-chung, zur Inspektion der kaiserlichen Flotte in die Hafenstädte begleitete.

Eigens für mich brachte Herr Shi-shmi eine Kugelwelt im Kleinen mit, sehr bunt. Man kann die Kugel hinstellen und drehen. Es handelt sich um eine der Kugelgestalt angeschmiegte Landkarte. Es war erregend. Herr Shi-shmi zeigte mir Deine und meine Heimat, das Reich der Mitte – das natürlich gar nicht in der Mitte ist, denn wo soll eine kugelige Fläche eine Mitte haben –, und er zeigte mir seine Heimat Ba Yan. Ein winziger Punkt bezeichnet die Stelle, wo die Erhabene Kaiserstadt K'ai-feng liegt. Ein ebenso winziger Punkt zeigt die Lage der Stadt Min-chen an.

Wie aber kam ich nach Min-chen? Auch dafür hat Herr Shi-shmi eine Erklärung. Nicht nur das Kugel-Erde-Modell ist drehbar, auch die wirkliche Erdkugel drehe sich beständig um sich selber, sagt er. Auch diese Bewegung sei zu groß, als daß man sie bemerke. Wenn ein Baum wächst, sagt er, so bemerkt man das Wachsen, das ja eine Bewegung sei, auch nicht. Es sei noch komplizierter, aber ich solle mir das einmal so vorstellen. Gleichzeitig drehe sich aber die Erde um die Sonne, die viel größer sei, als man meine, denn sie sei nur so weit weg. In einem Tag drehe sich die Erde um sich selber, in einem Jahr drehe sich die Erde um die Sonne. Sehr verwirrend. Ich fragte, ob das alles auch die private Philosophie von ihm, Herrn Shi-shmi, sei, die er sich im Lauf der Jahre erarbeitet habe? Nein, sagte er, das sei hier und jetzt die allgemeine Ansicht von der Gestalt der Welt, und die Ansicht sei durch viele Tatsachen gesichert.

Ich erwarte nicht, daß Du das alles auf diese paar Zeilen hin glaubst oder gar verstehst. Mir geht es nicht anders. Dieses gigantische und unfreundliche Weltbild ist mir zu fremd. Ich sehe lieber unsere Heimat als gefestigtes, sich nicht drehendes Reich der Mitte, und ich beabsichtige es auch nach meiner Rückkehr so zu halten; aber davon sage ich natürlich Herrn Shi-shmi nichts, da es ihn kränken könnte.

Aber nun zu der Erklärung, wie ich von K'ai-feng nach Minchen komme: wir hätten, meint Herr Shi-shmi, bei unseren Berechnungen diese Drehung der Kugelwelt und das Kreisen um die Sonne nicht berücksichtigt, weil wir ja nichts davon wußten, und in den tausend Jahren, die ich dank unseres vorzüglichen Zeit-Kompasses in einem Augenblick zurückgelegt habe, hat sich – während ich sozusagen *für mich* diesen einen Augenblick, *für die Kugelerde* tausend Jahre außerhalb der Zeit war – die Erde tausendmal um die Sonne gedreht und 365 000mal um sich selber. So hat sich mein Ankunftsort verschoben. Es ist nicht zu leugnen, daß das doch irgendwie einzusehen ist. Aber ich bin auch sofort erschrocken: was ist dann mit meiner Rückkehr? Herr Shi-shmi beruhigte mich. Meine Rückkehr, sagte er – und das leuchtet unmittelbar ein –, vollzieht sich als genau umgekehrt laufender Vorgang wie meine Reise hierher, und unser Irrtum korrigiert sich so rückwärts spulend von selber. »Es kommen ja auch«, sagte er, »Ihre Briefe an Ihren fernen Zeitfreund exakt an.« Das ist tatsächlich, wie wir sehen, richtig. Trotzdem komme ich mir durch all das noch mehr wie ein Zeit-Seiltänzer vor. Manchmal habe ich schlechte Träume. Sie sind wirr und bedrückend. Mehrmals träumte ich schon, daß ich irrtümlich statt zurück in meine Zeit-Heimat noch weiter in die Zukunft gereist bin. Diese Blätter sind zwar nicht da, um so müßiges Zeug wie Träume aufzuschreiben, aber ich spinne den Gedanken des Traumes fort: wenn schon die Zukunft, die ich hier erlebe, ein Abgrund an Perversion ist, was für unmenschliches Chaos bringen dann die nachfolgenden tausend Jahre?

Denn eines, teurer Dji-gu, ist mir klargeworden, was wir beide nicht gewußt haben und was uns allen unvorstellbar ist: die Welt wandelt sich. Sie nennen es hier Fort-Schritt. Schon ein sehr entlarvendes Wort – ich habe es Dir wörtlich übersetzt. Fort-Schritt – der Schritt, der fort führt. Man möchte meinen, das sei etwas Bedauerliches, wenn man aus der gewohnten, bewährten, vielleicht geliebten Umgebung fortschreitet. Aber nein: sie – die Großnasen hier – finden ihren Fort-Schritt wünschenswert und sogar tugendhaft.

Du verstehst das alles nicht, das ist mir klar. Du kannst es nicht verstehen. Sieh: eine Ameise bleibt eine Ameise und ein Elefant bleibt ein Elefant. Wir kennen Ameisendarstellungen aus der Zeit, sagen wir, aus der Zeit der unvordenklichen Shang-Dynastie, wir kennen die Ameisen, die – dem Himmel sei's geklagt – überall in unseren Häusern herumkrabbeln, und ich kenne Ameisen, die hier in der Welt der Großnasen leben. (Es gibt sie noch, die Ameisen, wenige, wo sollen sie auch ihre Häufchen bauen in dieser Steinwüste, aber es gibt sie noch. Im Park der ehemaligen Wu von Ba Yan habe ich sie gesehen.) Ameise ist Ameise geblieben. Das gleiche gilt von Elefanten, gilt vom Pferd. Ein Baum ist ein Baum. Gut – die Hunde sehen hier ganz anders aus als unsere Pekinesen, aber Hunde sind in meinen Augen ohnedies nur gut zum Braten. (Übrigens: hier ißt man keine Hunde, dafür sonst alles mögliche, zum Beispiel groteskerweise Ochsen. Aber davon ein anderes Mal. Nur soviel: als erstes werde ich mir nach meiner Rückkehr eine Pekinesen-Leber zubereiten lassen. Das geht mir hier ab.)

Die Natur ändert sich also nicht oder zumindest nur sehr langsam. Der Mensch ändert sich auch nicht, und wir – ich meine Dich und mich, lebend unter der Glorreichen Sung-Dynastie, die der Himmel in seinen Schutz nehmen möge, wir können die Schriften des Göttlichen Meisters K'ung-fu-tzu lesen, obwohl er eineinhalbtausend Jahre vor unserer Zeit gelebt hat, und wenn ich meine Zeit-Reise rückwärts unternommen hätte, und ich hätte den Göttlichen auf seinem Philosophenhügel besucht, und er hätte mich

Regenwurm für eine Ansprache unverdientermaßen für würdig erachtet – ich hätte seine Worte verstanden.

Nicht so hier. Es gibt auch Weise, die hier in Min-chen gelebt und gelehrt haben oder in der Nähe. Sie haben geschrieben und weise Lehren hinterlassen. Einer, der speziell in Min-chen ein angesehener Meister war, hatte den uns fast vertraut klingenden Namen She-ling. Die Vertrautheit des Namens ist nur scheinbar und Zufall. Meister She-ling stammte nicht aus dem Reich der Mitte. Diesen She-ling-tzu, der – nach hiesiger Rechnung – vor hundertfünfzig Jahren gelebt hat, kann man, Herr Shi-shmi sagt es, schon nur noch mit Mühe lesen! Das hänge aber damit zusammen, sagt Herr Shi-shmi, daß She-ling-tzu so ungeheuer krause Gedankengänge zu Papier gebracht habe, daß schon der Verdacht geäußert wurde, She-ling-tzu habe gelegentlich seine eigene Philosophie nicht verstanden. Gut; ich kann das natürlich nicht beurteilen. Ein anderer Meister, hat Herr Shi-shmi erzählt, hat vor zwei Jahrhunderten gelebt: Kan-tzu. Den verstünden nur noch Spezialisten. Vor dreihundert Jahren habe ein höchst schätzenswürdiger Meister gelebt und gelehrt, der Lei-mi-tzu genannt worden sei. Der sei auch für Spezialisten fast nur in Übersetzungen lesbar, und so weiter und so fort. Ob es vor eineinhalbtausend Jahren hier auch Meister gegeben habe, die gedacht und gelehrt hätten? fragte ich Herrn Shi-shmi. O ja, sagte er, zum Beispiel den Meister Ao-gao-tin, dem – ähnlich wie unserem K'ung-fu-tzu – von einem Teil der Bevölkerung gewisse göttliche Ehren erwiesen werden. ›Vom Zustand des Göttlichen‹ oder ›Vom himmlischen Kaiserreich‹ (grob übersetzt) heißt sein Hauptwerk. Aber dessen Sprache ist ausgestorben, und eigentlich gäbe es kaum jemanden, der derlei noch lese.

Du siehst: sie schreiten fort. Wohin schreiten sie? Ich habe den Verdacht, sie wissen es nicht. Jedenfalls, scheint es mir, sie schreiten fort von sich selber.

Sicher wissen auch wir, daß die Zeit nicht stehenbleibt. Kinder werden geboren, werden erwachsen, wir werden alt, sterben, Generationen machen neuen Generationen Platz. Kaiser folgt auf Kaiser, Dynastien folgen aufeinander. Ein Haus stürzt ein, ein neues wird gebaut. Der Baum im Garten wächst. Der Vogel, der darin singt, ist zwar vielleicht ein anderer als der vom vorigen Jahr, aber er singt in gleicher Weise, so wie sich die Wellen des ewigen (ewigen? daran zweifle ich jetzt allerdings) Huang-ho immer in gleicher Weise kräuseln. Es sind verschiedene Wellen, es ist der Gesang verschiedener Vögel, und doch bleibt alles im Wesentlichen gleich. Wenn man sich das Fließen des Huang-ho als einen Kreislauf denkt, mündet auch alle Verschiedenheit in die Beständigkeit: die Wellen kräuseln sich hinab zum Meer, dort verdunsten sie, steigen hinauf und werden zu Wolken, aus denen der Regen herabrinnt und die moosbehangenen Felsen von Kang-su benetzt, aus denen wiederum die Quellen springen, die den Huang-ho speisen. Ein ewiger, unverrückbarer Kreislauf, selbst wenn man in Rechnung stellt, daß ab und zu selbst der Huang-ho seinen Lauf ändert.

Ein ewiger Kreislauf. Wir sind der Meinung, daß das auch für den Menschen und sein Staatswesen gilt. Die Menschen der nächsten Generation *sind* zwar nicht gleich denen der vorigen, aber ähnlich, nicht viel anders wie die Wellen des ewigen Huang-ho. Ein Haus stürzt ein, ein neues wird gebaut. Mag sein, der Hausherr läßt ein Fenster mehr einbauen oder weniger – im Grunde genommen ist es ein Haus, wie es eben ein Haus ist. Die Kaiser regieren, die Weisen denken (manchmal denkt auch ein Kaiser). Was soll sich da ändern? Meinen wir. Ab und zu gibt es eine Revolution, ja, gut. Der Weizen oder das Kupfer werden teurer oder billiger, einmal gibt es einen schwachsinnigen Finanz-Mandarin, der versucht, das Papiergeld einzuführen … es kommt wieder ab. Einige Jahre lang tragen die Damen des Hofes (und alle anderen machen es nach) nur pfirsichfarbene Haarschleifen, und dann plötzlich wieder gelten pfirsichfarbene Haarschleifen als abstoßend, und alle tragen zwetschgenfarbene. Aber auch die kommen wieder ab. Das alles sind Details. Hatten wir je das Bedürfnis, ja überhaupt ein Vorstellungsvermögen davon, daß sich im Wesentlichen etwas ändern könnte?

Die Großnasen hier schon. Sie kennen, obwohl ihr Weltbild kugelförmig ist und sie ihre Erde kreisbewegt sehen, keinen Kreislauf, sie kennen nur die dümmliche gerade Linie. Ich habe das Gefühl: für sie verläuft der Lebensweg des Menschengeschlechts in einem schnurstrackigen Weg, und sie sind nur damit beschäftigt, davor zu zittern, wo dieser Weg hinführt. Die denkenden unter den Großnasen lassen sich in zwei Gruppen einteilen: die einen behaupten, der Weg führe in eine goldene, paradiesische Zukunft (die, so sagt mir Herr Shi-shmi, führen ihre Lehre auf einen Meister Ma-'ch zurück, die Namensgleichheit oder Ähnlichkeit mit dem unartigen Knaben Ma'ch aus jenem Gedicht ist rein zufällig, obwohl, meine ich, entlarvend; sowie auf dessen Schüler Jing-il und Le-ning); die anderen sehen den Weg geradeaus in den Abgrund führen (ihre Lehre geht, sagt Shi-shmi, auf zwei Meister namens Sho Peng-kao und Ni-tzu zurück). Du darfst raten, wem ich recht gebe. Aber das nur nebenbei.

Die Großnasen kennen keinen Kreislauf. Die Großnasen glauben verbissen daran, daß alles sich ständig ändern muß, und selbst die Vernünftigeren sind nicht von der Meinung abzubringen, daß, wenn etwas sich ändert, es auch besser wird. Hat die Welt schon so einen Aberglauben gesehen? Dabei bräuchte man nur die unverwüstlichen Gesetze der göttlichen Mathematik anzuwenden. Wenn Du eine Münze in die Höhe wirfst, steht die Chance 1:1, mit welcher Seite sie nach oben zu liegen kommt, wenn sie herunterfällt. Wenn ich – sei es im Privatleben, sei es im Staatswesen – etwas ändere, steht die Chance 1:1, ob das Neue besser oder schlechter ist als das Gewesene. Das, meint man doch, leuchtet dem Dümmsten ein. Nicht so den Großnasen. Sie sind davon nicht abzubringen, daß das Neue immer zwangsläufig besser ist als das Alte.

Fort-Schritt ... sie schreiten fort, sie schreiten fort von allem. Sie schreiten fort von sich selber. Warum? frage ich mich. Wohl nur, weil es ihnen nicht gefällt, bei sich selber zu sein. Und warum gefällt ihnen das nicht? Wohl weil sie sich – und das nun wieder mit Recht – als widerwärtig empfinden. Aber was für ein Unsinn, von sich fortzuschreiten. Sie ändern ja nur ihre Umgebung, nicht sich selber. Und das scheint mir der Kernpunkt zu sein: die Großnasen sind weder in der Lage noch willens, sich selber zu vervollkommnen (und das, obwohl sie, wie ich gesehen habe, das Erhabene ›I Ching‹ kennen!), sie experimentieren lieber mit ihrer Welt herum. Herr Shi-shmi – obwohl selber nicht frei von solchem Aberglauben – hat mir zugestimmt, als ich ihm diese meine Gedanken dargelegt habe.

Also werden die Großnasen weiter fortschreiten, und nur mit Grausen kann man daran denken, wohin sie es in weiteren tausend Jahren gebracht haben werden. Meine Alpträume davon sind wahrscheinlich geschmeichelt. Ich halte es nicht für ausgeschlossen, daß sie es letzten Endes fertigbringen – noch ehe weitere tausend Jahre vergehen –, ihre Kugelwelt zu Staub zu zerblasen. Sie sind dümmer als Affen, die zum Teil ja auch große Nasen haben. Ich schließe jetzt diesen Brief. Ich muß zum Kontaktpunkt. Die Stunde, wo ich den Brief auf seine Zeit-Reise zu Dir schicken kann, rückt näher.

Ich grüße Dich, ferner Freund, küsse meine geliebte Shiaoshiao. Heute abend sind wir – Herr Shi-shmi und ich – zum Abendessen bei einer Herrn Shi-shmi nahestehenden Dame eingeladen.

Ich umarme Dich brüderlich.

Dein Kao-tai

## *Elfter Brief*

(Dienstag, 20. August)

Mein lieber Dji-gu.

Du wunderst Dich wahrscheinlich, daß ich Dir heute schon wieder einen Brief schreibe. Ich hoffe, Du gehst nicht erst in ein paar Tagen zum Kontaktpunkt, weil Du nicht so schnell einen Brief von mir erwartest, so daß dieser Brief womöglich längere Zeit im Regen liegenbleibt – aber es muß ja bei Euch nicht auch regnen wie hier. Aber Du hast mir versprochen, jeden Tag am Kontaktpunkt vorbeizuspazieren, und ich hoffe sehr, Du hältst dieses Versprechen ein – besser als Dein Versprechen, mir mindestens jeden fünften Tag zu schreiben. Ich bin jetzt fast vierzig Tage in dieser fernen Welt und habe erst vier Briefe von Dir. Es soll kein Vorwurf sein. Ich weiß, daß Deine Amtsgeschäfte Dich stark in Anspruch nehmen, zumal Du die unbezahlbare Freundlichkeit hast, auch noch die Bürde *meines* Amtes, die Präfektur der kaiserlichen Dichtergilde »Neunundzwanzig moosbewachsene Felswände«, für die Zeit meiner Abwesenheit mitzutragen. Ich weiß ganz gut, wie undiszipliniert die Hochehrwürdigen Bekränzten Dichter der »Neunundzwanzig moosbewachsenen Felswände« sind, und daß man sie manchmal, um einen Ausdruck des Herrn Shi-shmi zu gebrauchen, den ich im Wortsinn übersetze – ungespitzt in den Erdboden rammen möchte. Haben sie inzwischen endlich ihr fehlendes neunundzwanzigstes Mitglied hinzugewählt, oder konnten sich die krummgeschwänzten Teufel von Dichtern immer noch nicht einigen? – Schreibe mir dennoch bitte, so oft es geht. Und schreibe mir immer, was meine süße Shiao-shiao macht.

Der Grund, warum ich Dir heute schon wieder schreibe, ist meine Sorge, ob es nicht zu unvermuteten Komplikationen zwischen Herrn Shi-shmi und mir kommt. Zwar bin ich so weit, daß ich mich hier in dieser Welt einigermaßen selbständig bewegen könnte, dennoch täte mir ein Zerwürfnis leid, denn ich hege, wie Du nach allen meinen bisherigen Ausführungen über ihn erkennst, wirkliche freundschaftliche Gefühle für ihn, die fast an meine Gefühle für Dich, teurer Dji-gu, heranreichen, und zweitens wäre es schade um die Erkenntnisse, die ein in dieser Welt der Dummheit so seltener Mann von Verstand, wie Herr Shi-shmi es ist, mir vermitteln kann.

Das Ganze hängt mit dem Besuch zusammen, von dem ich Dir gestern geschrieben habe.

Bis jetzt habe ich, wie Du aus meinen Briefen weißt, fast ausschließlich mit Herrn Shi-shmi gesprochen. Ab und zu (in letzter Zeit häufiger) bin ich einkaufen gegangen, habe mich mit den Großnasen in den Läden unterhalten – ich will ja auch deren Lebensgewohnheiten und Meinungen kennenlernen –, gelegentlich wechsele ich sogar ein Wort mit der hochmögenden Dame Kmei-was-wai im Stiegenhaus, die offenbar den peinlichen Vorfall mit meiner unangebrachten Darmentleerung verziehen oder sogar vergessen hat. Ich bin auch immer sehr höflich zu ihr, wenn ich sie sehe, und ich sehe sie oft, denn sie steht in ihrem geblümten Kleid, auf einen Besen gestützt, der offenbar das Zeichen ihres Amtes ist (eine praktische Bedeutung hat der Besen nicht, denn ich habe sie nie kehren sehen), fast immer auf einem der Vorplätze der Zentraltreppe. »O hohe Blume des Hauses«, grüße ich sie – so gut kann ich schon die Sprache der By yan-Großnasen, »o wohlduftende Begonie mit dem Mond-Antlitz, der nichtswürdige Wurm Kao-tai grüßt dich ehrfürchtig und wünscht dir einen honiggetränkten Sommermorgen«, oder so ähnlich, was man eben so sagt. Zunächst war sie immer eher kühl auf meine Anrede hin, aber seit ich ihr – auf eine Empfehlung von Herrn Shi-shmi – einen blauen Papier-Geld-Brief mit einer Drittel-Verbeugung überreicht habe, ist sie die Freundlichkeit selber.

Aber alle diese Unterhaltungen sind natürlich nur ephemerer

Natur. Für meine eigentlichen Fragen war ich auf Herrn Shi-shmi angewiesen, der aber schon vor einiger Zeit gesagt hat: langsam müsse er daran denken, mich mit anderen Leuten bekanntzumachen, damit sich mein Gesichtskreis erweitere. Die Einladung, jene Dame zu besuchen, von der ich gestern kurz geschrieben habe, war die erste solche Gelegenheit.

Die Dame heißt Frau Pao-leng und wohnt in einem entfernten Stadtteil. Wir – Herr Shi-shmi und ich – mieteten (das gibt es, wie man bei uns, wenn man nicht selber eine hat, eine Sänfte mit Träger mieten kann) einen A-tao-Wagen und fuhren gegen Abend hin. Wir fuhren eine halbe Stunde. Die Dame wohnt in einem Haus ähnlich dem von Herrn Shi-shmi. Ihre Wohnung ist aber größer als die unsere. (Ich sage: die »unsere« und erlaube mir damit, Herr Shi-shmi ist sicher einverstanden, die seine hier der Einfachheit halber so zu nennen.)

Nun ist das alles auch sehr kompliziert und Dir auf den ersten Anhieb wohl nicht ganz verständlich. Die Weiber der Großnasen werden ganz anders behandelt, als es unsere althergebrachte Gewohnheit ist, auch ganz anders, als es der Lehre des Himmlisch-Erhabenen K'ung-fu-tzu entspricht. Die Weiber bewegen sich, so komisch das klingt, im Haus, auf der Straße, in aller Öffentlichkeit und überhaupt immer geradeso wie Männer. Unter anderem deswegen ist es mir anfangs schwergefallen, Männer und Weiber zu unterscheiden. Aber inzwischen habe ich es gelernt. (Auch ohne Regenschirme.) Erstens rasieren sich nicht alle Männer vollständig, wie es Herr Shi-shmi tut. Viele tragen Bärte, ähnlich unserer Sitte. Aber auch an denjenigen, die sich vollständig rasieren, kann man bei genauerem Hinsehen den rasierten Bartwuchs erkennen, denn die ganze Rasse der Großnasen zeichnet sich durch starke Behaarung aus. (Nur haben sie unverhältnismäßig oft eine Glatze, was wohl daran liegt, daß viele ohne Kopfbedeckung herumlaufen. Bei dem ständigen regnerischen Klima hier führt das dazu, so sehe ich das, daß ihnen die Haare verfaulen. Es macht ihnen aber nichts aus.) Die Weiber aber erkenne ich erstens an dem fehlenden Bartwuchs und zweitens daran, daß sie ihre Brüste vor sich herrecken. Im Gegensatz zu unseren Frauen und unserem Schönheitsideal haben die Weiber hier wahre Berge von Brüsten, und sie sehen darauf, daß sie sich wohlgerundet und deutlich zweigeteilt unter der Kleidung abzeichnen. Auch die Dame Pao-leng hat ziemlich große Brüste und trug ein mit einem weithinleuchtenden Wellenmuster verziertes buntes Kleid ohne Ärmel, und als sie sich einmal bückte neben mir, konnte ich durch das Ärmelloch ihre vollständigen Brüste beobachten, die so groß sind wie die meiner sechs Nebenfrauen zusammen. Gut – man kann sich an derlei gewöhnen, und wenn man sich gewöhnt hat, kann man es sogar schön finden. Die Brüste der Dame Pao-leng sind wohlgerundet und von zarter Goldfarbe. Das wellenverzierte Kleid war sehr dünn. Wenn sie zwischen dem Licht und mir stand, konnte ich ihren ganzen Körper erkennen, dennoch ist sie, wie mir Herr Shi-shmi versichert, mitnichten etwa eine Kurtisane, sondern von vornehmem Stande und angesehen.

Frau Pao-leng hat, sagt Herr Shi-shmi, keinen Mann. Eine Frau in der hiesigen Welt braucht keinen Mann, um angesehen zu sein, obwohl, sagt Herr Shi-shmi, es doch auch wiederum so ist, daß Frauen danach trachten, von angesehenen Männern geheiratet zu werden, denn das hebt letzten Endes ihre Reputation. Grundsätzlich ist es dabei so, daß jeder Mann und auch jede Frau mehrfach verheiratet sein kann, aber nicht gleichzeitig, sondern hintereinander. Äußerst unpraktisch. Was seltsam ist: im Gegensatz zu unserer Sitte können hier auch Weiber mehrfach verheiratet sein. Die Dame Pao-leng war zweimal verheiratet und hat sich unlängst von ihrem zweiten Mann getrennt. Die Scheidung der Ehe spricht ein Richter aus. Herr Shi-shmi sagt, er werde mir das eines Tages erklären, oder besser noch, sein Freund, jener Richter, den ich am zweiten Tag kennengelernt habe, werde mir diese juristischen Dinge erklären. Er selber, Shi-shmi, verstehe davon zuwenig.

Nun lebt Frau Pao-leng alleine. Wer beschläft sie? Sie ist jung und – vielleicht sogar für unsere Begriffe – schön. Irgendwie müssen doch die Säfte in ihrem Körper befriedigt werden? Das ist mir noch unklar. Offizielle Konkubinen gibt es übrigens nicht, sagt Herr Shi-shmi. Das ist schon merkwürdig, und solches Sittendurcheinander entzieht sich meinem Einfühlungsvermögen. Einerseits legen sich Männer und Weiber, wie ich selber an einem der wenigen sonnigen Tage gesehen habe, vollkommen nackt vor aller Augen in die Wiesen am Fluß und scheuen sich nicht davor, sogar ins Wasser zu steigen; ich sage Dir: die Männer lassen ihr Geschlecht in aller Freiheit baumeln, die Weiber recken ihre zum Teil fast bergartigen Brüste in die Luft und liegen oft so unbekümmert da, daß man das kleine Tälchen der Lust erkennen kann – und andrerseits ist es, sagt Herr Shi-shmi, undenkbar, daß ein Mann sich offiziell eine Konkubine hält. Wenn er eine hat, sagt Herr Shi-shmi, so hält er es geheim.

Herr Shi-shmi übrigens war nie verheiratet. Ob er sich eine geheime Konkubine hält oder mehrere, weiß ich nicht. Ich will ihn danach nicht fragen. Vielleicht sagt er es mir eines Tages von selber – oder aber … und nun komme ich zu dem Punkt, der mich befürchten läßt, daß es eine Verstimmung zwischen ihm und mir geben könnte … oder aber jene Dame Pao-leng ist seine Konkubine.

Frau Pao-leng hatte ein Abendessen für uns vorbereitet. Sie begrüßte uns freundlich. Herr Shi-shmi hatte sie vorher unterrichtet, wer ich sei, das heißt – meine wahre Herkunft verschweigt er natürlich –, er hat zu ihr gesagt, ich sei ein Besuch aus Chi-na, treibe hier Studien (was ja stimmt) und wohne bei ihm (was auch stimmt). Später kam dann noch ein Herr, dessen Namen ich nicht behalten habe, weil er zu kompliziert ist.

Die Dame kochte das Essen selber. Dieser Vorgang ist hier gar nicht so unerhört. Die Großnäsinnen, hat Herr Shi-shmi gesagt, kochen alle das Essen selber. Nur ganz, ganz wenige hätten einen Koch oder eine Köchin. Das ist seltsam. Das fast gänzliche Fehlen von Dienstboten in dieser Welt ist mir (und ich habe Dir das ja schon in einem früheren Brief geschrieben) gleich zu Anfang aufgefallen. Wie kommt das, daß es keine Dienstboten gibt, wo so viele Leute auf der Straße herumlaufen? Dreimal – was sage ich – zehnmal so viel wie in der dichtestbesiedelten unserer Städte? Ich kann mir das nur so erklären: im Laufe der zwanghaften Sucht zu Veränderungen sind alle Dienstboten zu Herren aufgestiegen. Aber was macht einen Herrn aus, wenn nicht die Gewalt über Domestiken? Über Köche, Diener, Läufer, Zofen, Knechte, Lakaien? Ist ein Herr ohne Diener überhaupt ein Herr? Wenn *alle* Herren sein wollen, so täuschen sie sich. Sie sind allesamt nicht aus Dienern Herren geworden, sondern Diener geblieben, nur ohne Herren.

Auch Herr Shi-shmi übrigens hat keinen Diener.

Die Dame Pao-leng trug auch alles selber auf. Das Essen in dieser Welt ist eine eigene Betrachtung wert. Hundefleisch gilt als ungenießbar, ja abstoßend. Dafür essen die Großnasen Kühe und Ochsen, und sie trinken die Milch von Kühen, mir wird ganz schlecht, wenn ich zuschaue, und essen Derivate aus dieser Milch, die in feste Form umgewandelt wird. Die Derivate heißen Bu-ta und Kai-'ße. Bu-ta ist gelb und schmeckt nach gar nichts (sie schmieren das Bu-ta auf Fladen); Kai-'ße ist auch gelb und riecht stark nach ungewaschenen Füßen. Das schlimmste aber, was sie aus der Kuhmilch gewinnen, ist eine wackelnde, weißliche Masse, die stark nach dem Grundprodukt stinkt und Yo-kou heißt. Herr Shi-shmi ißt das zum Frühstück, hat auch mir schon davon angeboten. Er sagt, es sei stark gesund. Ich kann mir nicht vorstellen, daß etwas gesund sein kann, wovon es einem normalen Menschen wie mir den Magen umdreht.

Übrigens ekelt es die Großnasen offensichtlich selber vor ihren Speisen. Davon habe ich Dir ganz zu Anfang schon berichtet, im Zusammenhang mit dem Eß-Instrument Gan-bal, das ein Stab ist, der vorn in vier Spitzen ausläuft. Damit spießen sie die einzelnen Fleischhäppchen auf, die sie mit kleinen Tischsäbeln vom Stück abschneiden. Außerdem gibt es ein Instrument, das sich vorn zu einem Schüsselchen verbreitert. Damit schlabbern sie unter anderem ihren Yo-kou. Die Speisen mit den Händen zu berühren gilt als peinlich und äußerst unfein.

Herrn Shi-shmi habe ich so weit gebracht, daß er mir nur noch kocht, was ich gewohnt bin: Fleisch vom Schwein, Huhn, Ente, Fisch. Das alles gibt es auch hier, aber die Vorliebe der Großnasen gilt kulinarisch dem Rindvieh. Sollte das der Grund für ihre dumpfe Verrohung sein? – Ich nehme an, Herr Shi-shmi hat die Dame Pao-leng von meinen Essensgewohnheiten unterrichtet, denn ich halte das Menü kaum für einen Zufall: es gab zunächst fein geschnittenen Lachs mit Zitrone. Zum Glück kalt; ansonsten ziehen es die Großnasen vor, ihr Essen glühendheiß zu verzehren. Die Geschmacksorgane verschließen sich vor der Hitze sofort. Kein Mensch kann so feinere Nuancen unterscheiden. Aber der Lachs war kalt. Dann kam Salat, dann ein Stück Schwein, aber in Scheiben flach auf den Teller gelegt. Reis kennt man zwar auch, aber er ist nur entfernt dem unseren ähnlich; die Hauptbeilagespeise ist eine uns völlig unbekannte Wurzel, eine gelbliche Knolle, die, sagt Herr Shi-shmi, aus einem Land kommt, von dem meine Zeitgenossen keine Ahnung hatten, weil nie einer hingekommen ist.

Allerdings – zu meinem Erstaunen – hat sich eine der Errungenschaften unserer Küche nicht nur über die Jahrhunderte erhalten, sondern ist auch aus unserem »fernen« Reich der Mitte (oder Chi-na, wie es die Großnasen nennen) bis hierher nach Min-chen gedrungen: die Nudel. Herr Shi-shmi zeigte mir den Weg unserer

Nudel auf seinem Kugel-Welt-Modell: ein Reisender – dessen Reise ungleich mühsamer war als meine – aus einer etwas südlich Min-chen gelegenen Stadt namens Weng-de-di fuhr siebenhundert Jahre vor der Zeit des Herrn Shi-shmi in das Reich der Mitte und wird somit dreihundert Jahre nach unserer Zeit bei uns ankommen. Er hieß – oder wird heißen – Ma-ho-po-lo und wird die Gunst des dermaligen Himmlischen Erhabenen erringen und sogar Gouverneur der Provinz Süd-Chiang werden. Eines Tages wird ihn aber das Heimweh ergreifen, und er wird nach Weng-de-di zurückreisen und unter anderem die Kenntnisse mitnehmen, wie man Nudeln macht. Diese Kunst wird sich von Weng-de-di aus ausbreiten; auch sonst, sagt Herr Shi-shmi, ist Weng-de-di eine bedeutende Stadt. So verdanke ich also dem zu unserer Zeit noch ungeborenen Herrn Ma-ho-po-lo, daß ich bei Frau Pao-leng Nudeln zu essen bekam, die freilich viel dicker und plumper als unsere Nudeln sind. Übrigens – aber sag das nicht weiter – wird der Kaiser, bei dem Ma-ho-po-lo hoch in Gunst steigen wird, schon nicht mehr aus der Dynastie der Sung stammen.

Am Ende der Mahlzeit servierte die schöne, in das weithinleuchtende und durchschimmernde Wellenkleid gehüllte Dame Pao-leng eine Süßspeise. Die Großnasen nämlich, mußt du wissen, unterscheiden streng nach süßen und sauren Speisen. Sie mischen kaum. Süßes mögen sie, kommt mir vor, lieber, denn das gibt es immer am Schluß der Mahlzeiten.

Was Frau Pao-leng servierte, war sicher gut gemeint, aber für mich ungenießbar. Zwar die anderen, Herr Shi-shmi und der andere, dessen Name so kompliziert ist, konnten sich nicht genug tun vor »Ah« und »Oh« und fielen über den stark dunkelbraunen, flaumig-festen Brei her. Ich versuchte von meinem eingetauchten Finger und stellte sofort fest: der Brei enthielt Rindsmilch. Ich machte eineinhalb Verbeugungen vor Frau Pao-leng und verzichtete auf die Speise.

Übrigens gilt – wie so vieles, was wir als natürlich empfinden – das Eintauchen des Fingers in das Essen, um zu kosten, als unfein. Ebenso wird es als nachgerade unanständig empfunden, nach dem Essen als Zeichen, daß es einem geschmeckt hat, zu rülpsen oder einen Wind fahren zu lassen. Andrerseits scheut sich eine schöne und, wie sich später herausstellte, auch äußerst gebildete Dame wie Frau Pao-leng nicht, ein durchschimmerndes Kleid zu tragen, das überall zu kurz ist und auch zu eng und bei jeder Bewegung irgendwelche Körperteile zur Schau stellt, was bei uns einer hartgesottenen Kurtisane die Schamblässe ins Gesicht treiben würde. Als wir uns später an den niedrigen Tisch seitlich des Eßtisches setzten, schlug sie wie ein Mann die Beine übereinander, und da sah ich, wenn mich nicht alles täuscht, sogar ihr Juwelchen. Verzeih, daß ich von solchen Dingen schreibe. Aber ich bin jetzt immerhin so lang unterwegs, daß der Mond das zweite Mal gewechselt hat, und ich habe seitdem, wie du ja ohne weiteres denken kannst, keine Frau auch nur aus der Nähe gesehen, geschweige denn berührt. Das ist äußerst ungesund in meinem Alter. Außer der Schärfe meiner Augen hat noch nichts an meinen Kräften nachgelassen.

Das ist bei den Großnasen übrigens nicht anders, sogar, wie nicht anders zu erwarten, schlimmer. Die Großnasen sehen allesamt schlecht, oft schon die Kinder. Um das auszugleichen, haben sie Gestelle aus Eisen erfunden, die sie an den Ohren einhängen – lach nicht, das nehmen die hier als völlig selbstverständlich – und mit deren Hilfe sie geschliffene Glasscheibchen vor den Augen balancieren. Einmal bei einem meiner Spaziergänge durch den Park des ehemaligen Wu habe ich extra nur *darauf* geachtet: gut ein Drittel aller Großnasen hat so ein Glasscheibengestell. Es hält vor den Augen nur durch ihre großen Nasen. Ich frage mich: hat die Natur also den Leuten hier ihre großen Nasen gegeben, um ihre Schlechtsichtigkeit indirekt auszugleichen?

Auch Herr Shi-shmi trägt so ein Scheibchengestell und selbst Frau Pao-leng; aber sonst ist sie, wie gesagt, sehr schön. Ich habe sie lang angeschaut. Sie hat die ganze Zeit ihr Scheibchengestell nicht abgenommen. Ich habe überlegt: nimmt sie ihr Scheibchengestell ab, wenn einer sie beschläft? Gefragt habe ich selbstverständlich nicht. Man muß sich oft in dieser verrückten Welt hüten, nach Dingen zu fragen, die einem völlig natürlich erscheinen.

Aber da ich vorhin vom Essen geschrieben habe, fragst du vielleicht auch nach dem Trinken. Fast bin ich versucht, zu antworten: in nichts unterscheidet sich die Welt der Großnasen von unserer Welt so sehr wie in den Trinkgewohnheiten. Während wir uns mit Wasser und Thee und – sofern man das als Getränk im engeren Sinn bezeichnen kann – mit Reiswein begnügen, gibt es hier unzählige, äußerst verschiedene Getränke. Zunächst: Wasser zu trinken, vermeidet man. Es gilt als Zeugnis der Armut, obwohl das Wasser ganz hervorragend und klar ist, und obwohl in jedem Haus und in jeder Wohnung, ja fast in jedem Zimmer eine äußerst leicht zu handhabende Quelle ist (gar nicht zu reden von jener Porzellanquelle, mit deren Hilfe sie hinwegspülen, was der Körper von sich gibt). Ich trinke – zu Hause, also, was ich hier unter zu Hause verstehe: Herrn Shi-shmis Wohnung – immer Wasser, wenn ich Durst habe. Jetzt hat sich Herr Shi-shmi daran gewöhnt, aber anfangs hat er mich ständig mit großen Augen angeschaut und den Kopf darüber geschüttelt, wie man nur Wasser trinken kann.

Thee gibt es, aber sie verhunzen ihn natürlich. Sie versetzen ihn mit allem möglichen, gelegentlich sogar mit Rindsmilch. Herr Shi-shmi hat mir Theeblätter mitgebracht und mir gestattet, den Thee nach meiner Art zu kochen. Der schmeckt aber ihm nicht. Immer und überall trinken die Großnasen Rindsmilch. Mir scheint das ein Laster der Großnasen zu sein und unausrottbar. Ich kann mir nicht vorstellen, daß das gesund ist; ich kann mir aber sehr wohl vorstellen, daß die Brutalität dieser Großnasen, die sich in ihren unaussprechlichen Manieren, in ihren verkehrten Sitten und nicht zuletzt in ihren ordinär tiefen und lauten Stimmen äußert, auf dem weitverbreiteten Mißbrauch der Rindsmilch zum Trinken beruht. Vielleicht ist auch ihre Schlechtsichtigkeit darauf zurückzuführen. Du mußt dir das ausmalen: was aus dem ädrigen, schwammigen Euter der Kuh herauskommt, was ein so auf und auf schmutziges Tier produziert, führt man an die Lippen und schluckt es sogar hinunter. Schon wie ich das hinschreibe, wird mir schlecht.

Ein weiteres Getränk ist dunkelbraun, fast schwarz und heißt: Ka-fei. Es wird wie Thee heiß getrunken, stark gesüßt und schmeckt recht anständig, ist auch anregend, sofern es nicht wieder – was die meisten Großnasen tun – durch Hineinschütten von Rindsmilch verunreinigt wird. Daneben gibt es eine endlose Reihe von Getränken, die aus Obst gewonnen werden. Sie lassen sich in zwei Gruppen einteilen: berauschende und nicht berauschende. Zu den berauschenden gehören die zwei Lieblingsgetränke der Großnasen (neben der Rindsmilch): Wein aus Trauben – der nicht schlecht schmeckt, es gibt dunkleren roten und helleren gelblich-grünen – und ein ganz abscheuliches Getränk, das schäumt und vor allem der Volksbelustigung dient. Es sei, sagt Herr Shi-shmi, besonders hier in Ba Yan verbreitet, werde bei allen Gelegenheiten, aber mit besonderer Vorliebe in speziellen Gärten getrunken, auch sehr oft in eigens verfaßten Hymnen besungen. Das Getränk hat zwei Namen, je nach dem Gefäß, aus dem es getrunken wird: Ma-'ßa oder Hal-bal. Ab und zu trinkt Herr Shi-shmi abends einen Hal-bal. Ich habe es versucht; es schmeckt mir nicht. Zu meinem Erstaunen ist es nicht üblich, in den Traubenwein oder in Ma-'ßa und Hal-bal Rindsmilch zu schütten.

Ein sehr rätselhaftes Getränk kommt, sagt Herr Shi-shmi, aus demselben fernen und zu unserer Zeit noch unbekannten Land, aus dem jene gelblich-mehligen Wurzelknollen kommen, die als Beilage verzehrt werden. Das Getränk heißt: Ko-kao-la-koa oder so ähnlich. Es ist auch dunkelbraun, wird aber kalt getrunken. Herr Shi-shmi sagt, daß der Hersteller dieses Ko-kao-la-koa-Getränks die Zusammensetzung geheimhält und daß bis jetzt auch noch kein Mensch darauf gekommen ist, woraus es besteht. (Rindsmilch enthält es jedenfalls nicht, habe ich festgestellt.) Vor einigen Jahren, sagt Herr Shi-shmi, habe einer in einem Buch geschrieben, Ko-kao-la-koa bestehe aus toten, getrockneten und zerriebenen Hunden. Daraufhin habe ich es nochmals versucht, aber es schmeckt mir trotzdem nicht.

Zum Essen bei der Dame Pao-leng habe ich Traubenwein getrunken. Es gibt ihn übrigens auch in schäumender Form. Dann nennt man ihn Mo-te Shang-dong. Daran könnte ich mich recht gut gewöhnen. Aber man muß vorsichtig sein; man trinkt ihn wie Wasser, und er steigt in den Kopf. Frau Pao-leng öffnete nach dem Essen hintereinander zwei Flaschen Mo-te Shang-dong, und damit komme ich auf meine Besorgnis zurück, von der ich am Anfang geschrieben habe. Ich bin mir nicht sicher: zugegebenermaßen habe ich von dem köstlichen Mo-te Shang-dong mehr getrunken, als daß ich noch völlig nüchtern gewesen wäre, auch mag ich in Rechnung stellen, daß Frau Pao-leng das erste schöne weibliche Wesen war, das ich, seit der Mond zweimal gewechselt hat, aus der Nähe gesehen, auch kann es sein, daß die gewissen, seit dieser Zeit unbefriedigten Körpersäfte in mir – ein höchst natürlicher Vorgang – meine Sinne dahingehend beeinflußt haben, daß sie Dinge schärfer wahrgenommen haben, die sonst dezenter zu betrachten sind. Tatsache aber ist, daß die Dame Pao-leng ein Kleid trug, das schon mehrfach erwähnte weithinleuchtende Wellenkleid, das, obwohl den Körper bedeckend, in äußerst spannender Weise mehr enthüllte, als verbarg. Tatsache ist weiter, daß die Dame Pao-leng – nun: es war ein sehr warmer, fast heißer Sommerabend, der erste seit tagelangem Regen – kein Unterkleid trug und unter dem Kleid, wie ich mit wenig Anstrengung meiner Augen beobachten konnte, völlig nackt war.

Ist es auf den Mo-te Shang-dong oder auf meine unbefriedigten Körpersäfte zurückzuführen, daß ich außerdem meinte: Frau Pao-leng habe meine genaue Beobachtung ihres Körpers, die ihr unmöglich entgangen sein kann, nicht nur nicht mit Ablehnung, sondern mit Wohlwollen erwidert? Sie hat sich ein paar Mal so hingesetzt, daß ich die Gelegenheit hatte, meine Beobachtungen – im wahrsten Sinne des Wortes – bequemer zu vertiefen. Einige Male schaute sie zu mir her, während des Gespräches, und – als habe sie erraten, was ich dachte – nahm ihr Augen-Scheiben-Gestell ab ... um mir zu zeigen, was sie damit macht, während man sie beschläft? Ich gestehe, daß ich in der Nacht schlecht geschlafen habe. Ich bin – gegen meine Gewohnheit – mehrmals aufgewacht und war in Schweiß gebadet, und im halben Schlaf und im dämmrigen Wachen torkelte vor meinen Augen das bunte Wellenkleid hin und her und alles, was es verbarg oder eben nicht verbarg.

Aber da war natürlich auch noch der andere Herr, dessen Name zu lang war, als daß ich ihn mir gemerkt hätte, und Herr Shi-shmi. Ich kann nicht annehmen, daß Herrn Shi-shmi und dem anderen Mann das Kleid der Dame, und was es durchscheinen ließ, entgangen sein könnte. Ich muß sogar befürchten, daß Herr Shi-shmi einige meiner – nun ja wohl naheliegenden – Gedanken erraten hat. Bereut er es, daß er mich zu der Dame mitgenommen hat? Hat er eine mönchischere Gesinnung von mir erwartet? Da wäre er entweder töricht, oder er hätte die Dame Pao-leng vorher nie richtig beobachtet. Bei einer Frau vom Zuschnitt der Dame Pao-leng – gerade weil sie alles andere als eine Kurtisane ist – mönchische Gesinnung zu bewahren ist nur möglich, wenn man Eunuche oder achtzig Jahre alt ist; und selbst da zweifle ich. Bei der

Rückfahrt, die wir wieder in einem gemieteten A-tao zurücklegten, sprach Herr Shi-shmi kein Wort mit mir. Gut – es mag sein, ich sehe das alles zu problematisch. Vielleicht war Herr Shi-shmi auch nur müde und hatte ebenfalls zuviel Mo-te Shang-dong getrunken. Heute früh ist er fortgegangen, ohne daß ich ihn gesehen hätte. Aber das tut er öfter.

Übrigens war noch etwas bei Frau Pao-leng: sie hat eine Katze. Diese ist ein edles Tier und ähnelt unseren Katzen. Sie war so zutraulich zu mir und schnurrte im Lauf des Abends gewiß vier- oder fünfmal auf meinem Schoß. Ich brauche dir nicht zu sagen, wie sehr ich dabei an meine ferne Shiao-shiao gedacht habe.

Aber was soll ich tun? Ich gestehe, daß mir der Gedanke unangenehm wäre (nur unangenehm?), Frau Pao-leng gestern das letzte Mal gesehen zu haben. Andrerseits bin ich nicht in diese ferne Welt gefahren, um erotische Abenteuer zu erleben, sondern um Erkenntnisse zu sammeln. Nun – ich werde sehen, wie es ist, wenn heute abend Herr Shi-shmi wieder nach Hause kommt: ich werde aus seinem Verhalten ablesen können, ob ich ihn gekränkt habe, und wenn ja, ob er wieder versöhnt ist. Davon wird alles abhängen. Letzten Endes ist er mir wichtiger als ein Weib, selbst wenn sie ein Wellenkleid trägt.

Du, mein Freund, bist mir am allerwichtigsten, womit Dich grüßt Dein ferner

Kao-tai

*Zwölfter Brief*

(Montag, 26. August)

Geliebter Dji-gu.

Seit ich weiß, daß ich nicht im Reich der Mitte, sondern durch fehlerhafte Berechnung in einem fernen Land angekommen bin, ist mir vieles klarer. Selbst die Großnasen und Lautbrüller brächten es nie fertig, die Hügel um unsere Erhabene Kaiserstadt vollständig abzutragen und das ganze Land einzuebnen. Herr Shi-shmi, mit dem ich nun schon fast so flüssig rede wie in unserer Sprache (auch im Lesen habe ich ungeheure Fortschritte gemacht), war nie im Reich der Mitte, das er Chi-na (andere sagen Shi-na) nennt, und weiß nicht, wie es heute dort aussieht. Er hat aber Berichte davon. Jeden Tag erscheint eine Zeitung, die Herr Shi-shmi ins Haus gebracht bekommt. In der Zeitung, die vor ein paar Tagen gekommen ist, war ein Bericht über die heutigen Zustände im Reich der Mitte. Es waren auch (sehr gut gestaltete) Bilder dabei. Ich habe danach nicht viel Hoffnung, daß dort in Chi-na die Sachen anders stehen als hier. Nur haben immerhin – unsere dortigen Urenkel wenigstens keine so großen Nasen. Das nicht. Auch die Hügel um die Erhabene Hauptstadt K'ai-feng, die heute durch das nördliche Pei-ching abgelöst ist, seien, meint Herr Shi-shmi, wohl nicht abgetragen und die Wasser des Huang-ho flössen immer noch so wie vor tausend Jahren nach Osten.

Dorthin zu fahren, sagt Herr Shi-shmi, sei aus politischen Gründen unmöglich, abgesehen davon, daß die Reise sehr lang und außerordentlich kostspielig ist. Aber dieser Punkt wäre nicht entscheidend. Im Vertrauen gesagt: Herr Shi-shmi verfügt über keine Reichtümer, und sein Einkommen – er bezieht es von einer Akademie, die nur entfernt unserer kaiserlichen Dichterakademie »Neunundzwanzig moosbewachsene Felswände« ähnelt – erreicht im Jahre knapp den Erlös, den ich für fünf meiner Silberschiffchen erzielen kann. Herr Shi-shmi lebt nicht schlecht, aber eine Reise nach Chi-na könnte er sich nicht ohne weiteres leisten. Mit aller gebotenen Rücksicht, um ihm nicht das Gefühl zu geben, ich hielte mich wegen meiner fünfzig Silberschiffchen für bedeutender, als er ist – wobei ich, unter uns gesagt, in unserer Rangordnung ziemlich weit über ihm stünde –, habe ich ihn gebeten auszurechnen, wieviel Geld in hiesiger Währung wir für die restlichen 48 Silberschiffchen erzielen könnten. Es ergab einen horrenden Betrag, der leicht ausreichte, die Kosten einer Reise nach Chi-na zu decken, und ich könnte sogar Herrn Shi-shmi dazu einladen und seine Kosten mit übernehmen. Nach gebotener Höflichkeits-Ziererei sagte Herr Shi-shmi endlich, daß er unter den gegebenen Umständen bereit sei, mein Angebot anzunehmen, da er sich ja andrerseits damit revanchieren könne, daß er mich weiter in seiner Wohnung beherberge.

Vorsichtig tastete ich seine Reaktion auf einen weiteren Vorschlag ab: ob man auch Frau Pao-leng einladen könne, mitzufahren. (Das Geld reicht auch dafür ohne weiteres.) Herr Shi-shmi verzog keine Miene. Er sagte, man müsse dazu die Dame Pao-leng selber fragen. Aber was er wirklich dachte, habe ich natürlich an seinem Gesicht nicht ablesen können.

Das alles jedoch sind untergeordnete Probleme, denn das schwierigste ist die politische Situation und die Tatsache, daß man von hier aus nicht ohne weiteres in das Land der Mitte reisen kann, wenn man will.

Es wird für Dich sehr schwierig sein, das zu verstehen. Viele Abende habe ich Herrn Shi-shmi zugehört. Er ist ja Historiker (habe ich Dir das schon geschrieben? Es sind inzwischen so viele und so lange Briefe – an Seiten wohl zehnmal soviel wie Du mir geschrieben hast, Geliebtester –, daß ich nicht mehr im einzelnen weiß, was ich Dir schon berichtet habe und was nicht), Herr Shi-shmi ist Historiker und hat mir das alles erklärt, wie es zu dieser ungünstigen politischen Situation gekommen ist. Ich werde versuchen, einigermaßen bündig zusammenzufassen, was Herr Shi-shmi – sehr kontinuierlich und aus einem vollen Wissen schöpfend – an den vielen Abenden erzählt hat.

Es ist wieder einmal so, daß ich kaum weiß, wo ich anfangen soll. Ich beginne mit der Zeitrechnung der Großnasen. Vor etwa tausend Jahren unserer Zeit (und damit vor knapp zweitausend Jahren der hiesigen), also etwa gegen Ende der Dynastie Frühere Han und – wenn ich richtig rechne – kurz vor der Regierungszeit des Usurpators Wang Mang, wurde der Prophet geboren, an den die Großnasen glauben. Mit der Geburt dieses Propheten beginnt ihre Zeitrechnung. Auch über den Propheten – der in gewisser Weise unserem Erhabenen auf dem Aprikosenhügel ähnlich ist – hat mir Herr Shi-shmi viel erzählt, aber das will ich dir später in einem eigenen Brief mitteilen.

Etwa um die Zeit der Geburt dieses Propheten – den die Großnasen zumeist als Gott verehren – regierte in einer großen Stadt weit südlich von Min-chen, jenseits der Berge, ein Kaiser, den Herr Shi-shmi als Gründer des fast bis auf seine Zeit geltenden Staatssystems betrachtet und hoch schätzt. Der Kaiser hieß Hao-go-shu und die Stadt hieß Lom. Die Stadt gibt es immer noch und sie heißt immer noch Lom, bei ihren eigentlichen Bewohnern aber Lo-ma. Ein hohes Gebirge – im Grunde genommen eine dreifache Kette von Gebirgen – trennt das Land Ba Yan von dem Land, in dem die Stadt Lom liegt, und jenes Land liegt auch am Meer. Dort ist es wärmer als hier, und es regnet nicht so oft. (Die Wetterbesserung an jenem Tag, als wir Frau Pao-leng besuchten, die ihr auch gestattete, das unvergleichliche bunte Wellenkleid zu tragen, durch das ihr nicht minder unvergleichlicher Körper zu sehen war, war nur vorübergehend. Herr Shi-shmi nennt solche Schönwettereinbrüche Tsi-wi-shen-cho. Seit vier Tagen regnet es schon wieder. Der Wind biegt die Äste der Kastanien vor dem

Haus. Die Vögel schweigen. Shai-we-ta.) Ich fragte Herrn Shi-shmi, warum dann um alles in der Welt die Großnasen (ich gebrauche diesen Ausdruck Herrn Shi-shmi gegenüber natürlich nicht) hier in diesen Landstrichen des Shai-we-tas siedeln und nicht dort im Land der Stadt Lom?

Ja, das sei einmal das Problem gewesen, das das Reich des Kaisers Hao-go-shu von Lom oder vielmehr von dessen Nachfolgern erschüttert habe. Aber dazu mußte er – und muß auch ich jetzt – weiter ausholen. Die Bedeutung des Kaisers Hao-go-shu liege darin, daß er das erste dauerhafte Reich geschaffen habe. Vor ihm habe es zwar auch verschiedene größere Reiche gegeben, aber die seien alle nur von begrenzter Ausdehnung oder von kurzer Dauer gewesen. Es war wohl insgesamt so, wie die Zustände bei uns vor dem Kaiser Shi-huang-ti oder noch früher waren: es gab eine Reihe von Staatswesen, mehr oder weniger bedeutend, die, alle um den Kern einer großen Stadt ausgerichtet, miteinander konkurrierten, gelegentlich harmonierten, aber meist um die Vormacht rivalisierten. Die Stadt Lom, ursprünglich unbedeutend, stieg dank der Tüchtigkeit und sittlichen Kraft ihrer Bewohner langsam zu beherrschender Stellung auf, verleibte sich nach und nach erst die benachbarten und dann die ferner gelegenen Städte ein, und als endlich Hao-go-shu an die Macht kam, vereinigte er das ganze damalige Land der Großnasen zu *einem* Reich, dem Reich von Lom. Die Bedeutung des Kaisers Hao-go-shu – die Erforschung von dessen Leben und Wirken scheint mir das Spezialgebiet von Herrn Shi-shmi zu sein – lag nicht so sehr in seiner Eigenschaft als Feldherr, Held und Heerführer, sondern als Friedensfürst. Persönlich sei er eher ein nüchterner und trockener Mensch gewesen, weshalb sich die Historiker nicht so gern ihm zuwenden, sagt Herr Shi-shmi, denn die Ordnungsstiftung sei weniger sensationell als die Taten von Leuten, die alles durcheinanderbringen. (Genau wie bei uns.) Kaiser Hao-go-shu also hat das Reich geeint, die Verwaltung geordnet, gerechte Gesetze erlassen, das Geld- und Handelswesen geregelt, die Räuber und Piraten ausgerottet – ganz ähnlich unserem Shi-huang-ti – und eine befestigte Grenze gegen die nördlichen Barbaren errichtet – auch wie Shi-huang-ti.

Das alles war, wie gesagt, um die Zeit, als bei uns der Usurpator Wang Mang die Dynastie Frühere Han stürzte. So bestanden also damals und danach noch lange Zeit zwei Reiche, das unsere, das Erhabene Reich der Mitte, und das Reich der Großnasen von Lom, und keines hatte eine Ahnung von der Existenz des anderen und sollte noch für viele Jahrhunderte keine Ahnung haben. Was aber, fragte ich, lag zwischen den beiden Reichen? Herr Shi-shmi meinte: dazwischen lagen Berge und Meere, damals wenig besiedelt, unwegsame Gelände, bevölkert von wenig gebildeten Stämmen, eigentlich: nichts.

Nun gut; aber wie ging es weiter? Der Kaiser Hao-go-shu begründete so etwas wie eine Dynastie, die, sagt Herr Shi-shmi, wenn man den Begriff Dynastie nicht zu eng versteht, bis fast in seine, Herrn Shi-shmis Zeit, reicht. Das Kennzeichen, das Staatssymbol quasi dieses von Hao-go-shu gegründeten Reiches sei einerseits der Adler gewesen (der später als Adler mit zwei Köpfen dargestellt wurde), andrerseits die festgefügte Ansicht, daß die Macht des Kaisers diesem von der Gnade des Himmels verliehen worden sei. Das sei – auf den Kern zurückgeführt – die Säule der Macht gewesen. Noch Herrn Shi-shmis Vater ist unter der Herrschaft des letzten Kaisers aus dieser Tradition geboren, Herr Shi-shmi selber nicht mehr. Übrigens spricht Herr Shi-shmi, wofür ich wenig Verständnis habe, von diesem letzten Kaiser sehr ehrfurchtslos. Der Kaiser hieß Wi-li, und Herr Shi-shmi nennt ihn: den Kaiser mit dem Kopf aus Holz. Seiner Dummheit sei es, sagt Herr Shi-shmi, letzten Endes zuzuschreiben, daß das Reich untergegangen sei – aber, fügte er hinzu, gerechterweise müsse man sagen, daß die Zeit für den Untergang des Reiches einfach reif gewesen sei. Auch ein weiser Herrscher hätte den Untergang nicht mehr als vielleicht um eine Generation hinausschieben können.

Aber zurück zu dem eigentlichen und ursprünglichen Reich des Kaisers Hao-go-shu, das in der Form, wie es gegründet wurde, an die fünfhundert Jahre bestand, obwohl sich bereits nach dreihundert Jahren – also etwa in der Zeit, als bei uns die Dynastie Östliche Chin regierte – zwei Kaiser in die Macht teilten, ein östlicher und ein westlicher. Jeder nahm für sich in Anspruch, der wahre Kaiser zu sein; nicht viel anders als bei uns.

Um die Zeit aber, als sich das Reich von Lom teilte – und damit kommt eine für mein Gefühl ungesunde Bewegung in die Geschichte der Großnasen, die bis heute nicht ausgeklungen ist –, rückten von Norden her, von den Regenländern, Völkerschaften heran, völlig fremd den Leuten von Lom, weißhäutig und fahlhaarig, die, was man ihnen nicht verdenken kann, auch Anteil am Leben in den sonnigen Ländern haben wollten. Ich will die Einzelheiten jetzt hier nicht aufführen, die ich im Übrigen auch gar nicht im Kopf behalten habe bei der Fülle von Fakten, die mir Herr Shi-shmi erklärt hat. (Er nahm auch Landkarten, genealogische Tabellen und bildliche Darstellungen zu Hilfe. Unter anderem zeigte er mir ein sekundäres Bild jenes Kaisers Hao-go-shu, also das Bild eines Bildes, besser gesagt: das Bild einer Statue. Schon Kaiser Hao-go-shu hatte ganz deutlich eine Großnase.) Ich übergehe also die Details. Es gab, als die nördlichen Bleichhäute anrückten, ein großes Durcheinander. Das westliche Reich ging unter, das östliche verkümmerte und fiel später dem Ansturm einer Volkshorde zum Opfer, die, so sagt Herr Shi-shmi, uns geläufig sein müßte, denn sie sei verwandt mit den barbarischen Stämmen im Nordwesten, die uns ja auch zu Zeiten beschwerlich fallen. Das Westreich von Lom richteten die nördlichen Bleichhäute etwa um die Mitte der Regierungszeit der Dynastie T'ang (genauer: etwa als unser Kaiser Hsüa-tsung die Regierung antrat) in veränderter

Form wieder auf. Ihre Fürsten unterstanden zwar dem Namen nach dem Kaiser, machten sich aber zunehmend selbständig und grenzten ihre Herrschaften gegeneinander ab. So entstand ein mächtiges Reich hier, nördlich des Dreifachen Gebirges, ein anderes weiter im Westen, eins auf einer Insel im westlichen Meer, mehrere Reiche im Norden und so fort. In der Sprache und in der Sitte entfernten sie sich immer weiter voneinander, eine eigentliche einheitliche Geschichte gibt es nicht, wenn auch die Staatsidee des großen Hao-go-shu aufgesplittert und sozusagen vervielfacht weiterlebte und -wirkte.

Ich habe lange darüber nachgedacht, wie ich den Unterschied der Geschichte unseres Reiches gegenüber dem der hiesigen Weltgegenden erfassen soll. Du mußt es Dir vielleicht so vorstellen: die Geschichte unseres Erhabenen Reiches der Mitte ist den Geschicken einer großen, weitverzweigten Familie vergleichbar, deren Mitglieder sich zwar oft und mit Ausdauer in den Haaren liegen, aber dennoch *ein* großes, offenes Haus bewohnen, die gleiche Sprache sprechen und nie vergessen – sei es auch mit Erbitterung –, daß sie zu *einer* Familie gehören. Die Geschichte der hiesigen Welt gleicht dem Leben in einer Herberge: in jedem Zimmer lebt ein Gast für sich, alles ist eine durch Zufall zusammengewürfelte Gesellschaft, keiner weiß vom anderen, woher er kommt, keiner versteht den anderen, und jeder sucht nur seinen Vorteil.

Daß die Großnasen bei solcher Entwicklung ihrer Geschichte – die, daran zweifle ich nicht, in ihrem Charakter angelegt ist – kulturell auf keinen grünen Zweig kommen können, scheint mir auf der Hand zu liegen. Ob dann ihre ständige Sucht zur Veränderung Ursache oder Wirkung dieser Entwicklung ist, vermag ich nicht zu sagen. Keinen Zweifel hege ich darüber, daß der barbarische Zustand ihrer heutigen Kultur aber auf diese kleinlich nach innen gerichtete Politik zurückzuführen ist, die sie offenbar bis auf den heutigen Tag betreiben.

Aber wie ging es weiter? Vor etwa fünfhundert Jahren – also: fünfhundert Jahre nach unserer Zeit und fünfhundert Jahre vor der Zeit, in der ich hier lebe – kam wieder Bewegung in die Geschichte der Großnasen. Ein eigensinniger Mann aus einem der südlichen Königreiche segelte nach Westen und entdeckte, daß es außer dem Reich der Mitte und den hiesigen Ländern der Großnasen noch eine riesige Landmasse gab, von der bis dahin kein Mensch eine Ahnung gehabt hatte. Jene Landmasse, die sich durch mehrere Ozeane von Norden nach Süden erstreckt, nannte man Am-mei-ka, und die wenigen Einwohner hatten die Großnasen binnen kurzer Zeit ausgerottet. Wie sich die Großnasen, sagt Herr Shi-shmi, dort zuzeiten aufgeführt hätten, erfülle ihn heute noch mit tiefster Beschämung. Herr Shi-shmi las mir zeitgenössische Berichte vor, in denen das, was die Großnasen beschönigend Kolonisation nennen, geschildert ist. Ich sage Dir: es spottet jeder Beschreibung. Wir, die Angehörigen des Volkes der Mitte, sind gewiß auch keine Tugendstandbilder, und wenn man so liest, was die alten Kaiser und Heerführer mit den jenseits der Großen Mauer wohnenden Stämmen gemacht haben, überläuft einen auch die Gänsehaut. Aber das alles ist nichts im Vergleich zum Verhalten der Großnasen den Urbewohnern von Am-mei-ka gegenüber. Wenn es eine Gerechtigkeit des Himmels gibt, kann das den Großnasen kein Glück bringen; und – scheint mir – es hat ihnen auch kein Glück gebracht.

Nachdem die Einwohner von Am-mei-ka beseitigt waren, siedelten dort Ableger der hiesigen Großnasen. Das Land oder die Luft dort scheint ungeheuer fruchttreibend zu sein, denn die Großnasen vermehrten sich in Am-mei-ka wie die Kaninchen, und heute gibt es, sagt Herr Shi-shmi, heute, nach nur fünfhundert Jahren, in Am-mei-ka insgesamt mehr Großnasen als hier in ihren Stammländern. Herr Shi-shmi hatte schon mehrfach Gelegenheit, dorthin nach Am-mei-ka zu fahren und sich die Sache anzusehen. Er sagt: durch die größere Weite des Landes dort und die nahezu unbegrenzten Möglichkeiten zur Entfaltung hätten sich die typisch großnasischen Charakterzüge in Am-mei-ka besonders stark herausentwickelt, namentlich die Sucht, von sich selber fortzuschreiten. Wenn ich schon von der Größe, dem Lärm und dem Gestank in Min-chen erschrecke, so sei das noch gar nichts gegen Größe, Lärm und Gestank der Städte in Am-mei-ka. Es gäbe dort Häuser, die seien so hoch, daß sie mit Recht »Ich kratze die Wolke« heißen. Solche Häuser stünden in unvorstellbar beängstigenden Knäueln zusammengedrängt. In den Schluchten dazwischen tose der Lärm Tag und Nacht. Das Leben – sofern man das Leben nennen könne – brodle sozusagen Schicht auf Schicht aufeinander, und wer verdammt sei, unten zu leben, sähe den Himmel nie, und wer oben lebe, sähe auch nur einen dunstigen Schatten des Himmels. Solche versteinerten Riesenschlangen-Knäuel von Städten gäbe es unzählige. Sie seien heute den Regierenden schon aus der Hand geglitten und es herrsche nur noch Brutalität und Terror. Ich solle froh sein, sagt Herr Shi-shmi, daß ich nur in Min-chen auf diese Welt gekommen sei und nicht in einer dieser Städte in Am-mei-ka.

Selbstverständlich ist die Entwicklung dieses Reiches jenseits des Meeres nicht ohne Einfluß auf die hiesige Geschichte geblieben. Lang, sagt Herr Shi-shmi, habe man hier in den engen Zimmern der Konkursmasse des alten Reiches Lom das Land Am-mei-ka nur als koloniales Anhängsel betrachtet und dessen aufstrebende Macht nicht ernst genommen. Vor etwa siebzig Jahren aber sei hier in der »Alten Welt« (wie Herr Shi-shmi die Heimat der Großnasen nennt) wieder einmal ein Krieg entstanden, den unter anderem jener Kaiser Wi-li mit dem hölzernen Kopf vom Zaun gebrochen habe. Worum es denn in jenem Krieg ging? fragte ich. Das wisse eigentlich kein Mensch, sowenig, wie man wisse, warum Kinder oder Weiber untereinander stritten. Um nichts, eigentlich.

Aber Tausende von Tausenden von Tausenden Toten habe es gegeben. Die einzelnen Staaten und Königreiche hätten sich darin überboten, Vernichtungsmaschinen zu erfinden, die immer grausamer wurden. Es habe dann solche Maschinen gegeben, die in der Lage gewesen seien, hundert oder gar tausend gegnerische Soldaten auf einen Schlag zu Pulver zu verbrennen. Der Krieg habe vier Jahre gedauert, und danach habe kaum noch einer der Großnasen, sofern er den Krieg überhaupt überlebt hat, mehr als ein Bein, einen Arm und ein Auge besessen. Danach sei ein zweiter Krieg gekommen, den ein Pseudokaiser angezettelt habe, der ein solches Scheusal gewesen sei, daß – sagt Herr Shi-shmi – er ihm das Schlimmste antun wolle, was einem Historiker zur Verfügung steht: er weigere sich, sich seinen Namen zu merken. Diesen zweiten Krieg hat Herr Shi-shmi als Kind noch miterlebt. Er hat viele grausame Einzelheiten erzählt, die ich hier nicht berichten will. Du kennst Kriege, lieber Dji-gu, ich kenne sie. Sie sind in den tausend Jahren nicht anders geworden, und ihr Grund ist hier kein anderer als bei uns: das Überhandnehmen der Dummen oder das Überhandnehmen der Dummheit bei den Mächtigen.

Die eine Partei in diesen beiden Kriegen hat, als sie in die Klemme kam und als das Kriegsglück drohte, sich zu ihren Ungunsten zu wenden, den Obersten Fürsten von Am-mei-ka zu Hilfe gerufen. Es ist immer dasselbe: sofort sind die Leute von Am-mei-ka gekommen (mit Schiffen über das große Meer), haben mit frischen Truppen den Krieg entschieden – und sind geblieben. Das kennen wir alles auch …

Das heißt – sagt Herr Shi-shmi – geblieben in dem Sinn, daß die seinerzeitigen Kolonisten in die »Alte Welt« zurückgewandert seien, seien sie nicht. Sie hätten nur ihre Abgesandten, Bevollmächtigten und Kaufleute zurückgelassen, hätten ihrerseits die »Alte Welt« kolonisiert, und jetzt – sozusagen ehe man's sich versehen habe – sei die »Alte Welt« nichts mehr als ein Anhängsel des mächtigen Am-mei-ka. Das sei – sagt Herr Shi-shmi – jedem Denkenden in Ba Yan und jedem anderen Land ohne weiteres klar ... nur gebe man die Abhängigkeit ungern zu, und man räche sich für die Abhängigkeit, indem man sich in der »Alten Welt« für etwas Besseres dünke und viel auf die Tradition halte.

Es ist nicht anders als das Verhalten eines verarmten Adelsgeschlechtes einem Neureichen gegenüber, dem es seine Töchter verheiraten muß, um nicht zu verhungern. Ins Gesicht hinein wird mit dem Neureichen geredet wie mit seinesgleichen, aber wenn man unter sich ist, bricht der alte Dünkel hervor. Und der Neureiche ist kindisch genug, sich vom verstaubten Ruhm, der nichts anderes mehr ist als eine hohle Nuß, blenden zu lassen.

Aber das alles sei, sagt Herr Shi-shmi, nur die eine Seite. Es gibt noch eine andere, denn die Welt ist geteilt: die Kugelerde ist wie ein Apfel mitten auseinandergeschnitten, nur nicht so klar wie bei einem Apfel. Das andere Reich, das östlich der »Alten Welt« liegt – durch kein Meer getrennt –, ist zwar ziemlich alt, älter als Am-mei-ka, aber auch erst in den letzten beiden Generationen zur Macht gekommen. Das sei ein äußerst komplizierter Vorgang gewesen, und im westlichen Reich Am-mei-ka schlage man sich fortwährend ans Hirn, wie man Fehler über Fehler machen konnte und den Aufstieg des Reiches der Lu-sen im Osten nicht unterbunden habe. Vor dreißig Jahren wäre es noch möglich gewesen, heute nicht mehr. Es sei also so: die beiden Reiche, das von Am-mei-ka und das der Lu-sen stehen sich, bis an die Zähne bewaffnet, feindlich gegenüber. Lieber heute als morgen würde jedes über das andere herfallen, aber keiner wagt es, weil keiner die wirkliche Stärke des anderen genau abzuschätzen vermag. So stehen die beiden Riesen da, fletschen die Zähne, treten einander ab und zu – nicht zu fest – gegen das Schienbein und sind vor allem damit beschäftigt, sich ja nicht umzudrehen, weil sonst der andere die Gelegenheit ergreifen würde, dem Gegner eins über den Schädel zu ziehen. Dabei wäre eins über den Schädel ziehen harmlos. Die Großnasen haben weit gefährlichere Waffen. Pfeil und Bogen sind durch weithin reichende Feuer-Peitschen ersetzt, die in der Lage sind, selbst entfernte Leute mit Bleiklümpchen zu durchlöchern. Die Feuerpeitschen – zum Teil dann auf gepanzerte A-tao-Wagen montiert – sind zu Elefantengröße angewachsen, die mit einem einzigen Schlag ganze Häuserzeilen auf große Entfernung hin zermalmen können. Ich habe dies alles – dem Himmel sei Dank – nicht erlebt und nicht gesehen, aber Herr Shi-shmi hat mir Abbildungen in einem illustrierten Buch aus dem letzten Krieg gezeigt und die schaurigen Einzelheiten erklärt. Dabei sind die Waffen, die in jenem Krieg verwendet wurden, heute nur noch als Spielzeug zu gebrauchen, sozusagen.

Aber gegen Ende dieses letzten Krieges, das ist von hier aus gesehen etwa vierzig Jahre her, ist man auf etwas ganz Scheußliches draufgekommen. Wieder einmal muß ich, um Dir dies zu erklären, weiter ausholen. Denke Dir: man teilt einen dünnen Holzstab. Dann wirft man die eine Hälfte fort. So hat man einen Holzstab halb so lang wie ursprünglich. Nun teilt man den halben Holzstab und erhält, logischerweise, einen Holzstab von einem Viertel der ursprünglichen Länge. Dann teilt man ihn wieder und nochmals und abermals und so fort, und der Holzstab wird immer kleiner und kleiner. In Gedanken kannst Du das unendlich fortspinnen, aber in Wirklichkeit kommt einmal ein Punkt, da kann man den inzwischen auf das Zehntausendstel eines Läuseohrs geschrumpften Holzstab nur noch einmal teilen – und dabei gibt es einen fürchterlichen Knall. Warum? Da gibt es Theorien, die die Großnasen in dicken Büchern beschrieben haben. Herr Shi-shmi, der kein Fachmann ist, hat mir das, was ich Dir nur verkürzt und sehr stark vereinfacht wiedergebe, zu erklären versucht. Sofern ich die Erklärungen behalte, kann ich sie Dir nach meiner Rückkehr in der Geborgenheit unserer Zeit-Heimat an ein paar Sommerabenden wiedergeben. Für heute begnüge Dich bitte mit der Mitteilung, daß das so ist.

Wozu taugt es aber nun, ein Holz (oder einen Stein oder einen Kübel Wasser) so lange zu teilen, bis es knallt? Nach unserer, nach Deiner, nach meiner Meinung zu gar nichts. Nicht so in den Augen der Großnasen. Sie sind sofort auf die Idee gekommen, daß man mit Hilfe des Knalls, der entsteht, wenn man das Zehntausendstel eines Läuseohrs teilt, eine Bombe konstruieren kann, die von unvorstellbarer Fürchterlichkeit ist. Und solche Bomben sind geworfen worden, wahrscheinlich letzten Endes aus Neugier, was da passiert. Die Neugier hat Tausende von Menschen auf einen Schlag das Leben gekostet, zwei Städte wurden ausradiert. Es gab nicht einmal Leichen, nur gestaltlose Aschenberge. Auch davon hat mir Herr Shi-shmi Bilder gezeigt.

Nun möchte man meinen, daß die Großnasen von weiterer Neugier in dieser Richtung abgeschreckt worden wären – weit gefehlt. Sie haben die Teilungs- oder Spaltungsbombe noch verfeinert. Heute könnten sie ganze Länder mit einem Schlag auslöschen und die Meere aufs Land schütten. Nur ausprobiert haben sie es nicht – *noch* nicht.

Mit solchen Knüppeln in den Händen also fletschen sich die Generäle der beiden mächtigen Reiche zu, *solche* Zähne zeigen sie sich. Da die Vernunft noch nie die erste Tugend war, die einem einfällt, wenn man ans Militär denkt, kannst Du ermessen, auf welchem dünnen Seil über einem Abgrund die hiesige Welt balanciert.

Ich hieb – ganz unhöflich, aber es war ja nicht gegen ihn gerichtet – mit der flachen Hand auf den Tisch und sagte zu Herrn Shi-shmi: ja ist es denn nicht möglich, den Generälen diese schrecklichen Waffen zu entwinden? Stehen denn nicht die Denkenden auf und schreien: jetzt ist aber Schluß … Ja, sagte Herr Shi-shmi, nein – das ginge nur, wenn beide, die Generäle von Am-mei-ka und die Generäle der Lu-sen die Knüppel gleichzeitig wegwürfen. Aber jeder sagt: du zuerst. Und jeder sagt: haha, und sobald ich ihn weggeworfen habe, haust du mir, statt wie vereinbart deinen Knüppel wegzuwerfen, den Schädel ein. Nein – wirf *du* zuerst den Knüppel weg – haha, sagt der andere …

Seit Jahren, sagt Herr Shi-shmi, tagt eine Konferenz von Ministern und Generälen beider Länder, die diesen Dialog ununterbrochen fortspinnen. Aber immerhin, fügte Herr Shi-shmi hinzu, schlagen sie nicht zu, solange sie sich unterhalten.

Du fragst natürlich jetzt schon längst: und das Ewige, machtvolle Reich der Mitte? Wo bleibt das in dem politischen Weltsystem von tausend Jahren nach uns? Nur Geduld. Um es Dir, teurer Dji-gu, verständlich zu machen, muß ich wiederum weit ausholen.

Daß sich die ganze vorhandene Gewalt zwei Reiche teilen, die sich – solange die Stärke auf Messers Schneide steht – scheinbar friedlich gegenüberstehen, aber nur darauf warten, daß sich ein Vorteil zu den jeweils eigenen Gunsten ergibt, um dann sofort über den Rivalen herzufallen, kennen wir aus unserer eigenen Geschichte. Du, der Du in der Wissenschaft von der Tiefe der Jahre besser bewandert bist als ich, könntest wahrscheinlich fünf solcher Epochen als Beispiele heranziehen.

Was neu hier ist: nicht zwei verschiedene um den Vorrang kämpfende Dynastien, nicht zwei verschiedene Religionen verkörpern sich in den Reichen Am-mei-ka und Lu-sen, sondern zwei verschiedene Anschauungen von der irdischen Seligkeit der Bürger, was – soweit ich es beurteilen kann – in den Augen der Regierenden unmittelbar damit zusammenhängt, auf welche Weise die Staatskassen am besten zu füllen sind. Die eine – die Staatstheorie des Reiches Am-mei-ka – besagt, daß man jeden tun und lassen soll, was er will, selbst den Dümmsten. Die Geschäftstüchtigen werden sich durchsetzen, so wie das stärkste Ferkel den besten

Platz an der Zitze erkämpft. Die Regierung beobachtet die ganze Sache, wartet, bis sich die Stärksten hervorgetan haben, und lobt und ehrt sodann diese. Diese Tüchtigen fühlen sich erhoben und vom Staat geschützt und zahlen zwar unwillig, aber doch in der Einsicht, daß sie dem allen ihre Stellung zu verdanken haben, die Steuern.

Als mir Herr Shi-shmi diese Staatstheorie erklärte, wandte ich ein: wie kann es dann anders sein, als daß dieses Reich ein Staat von Krämern und Pfeffersäcken wird? Geben da nicht die Kaufleute den Ton an? So ist es, sagte Herr Shi-shmi. Die Kaufleute, sagte Herr Shi-shmi, geben im Reich Am-mei-ka den Ton an, und ihr Ansehen ist größer als das aller Mandarine und Philosophen. Kann das gutgehen? Herr Shi-shmi zuckte mit den Schultern.

Die andere – die Staatstheorie des Reiches Lu-sen – geht davon aus (wo ihr, meine ich, wohl beizupflichten ist), daß die Bevölkerung, namentlich die in niederem Stand lebende, zu beschränkt ist, um zu erkennen, was ihr dienlich ist und was nicht. Daher regelt dort der Staat alles und jedes bis ins kleinste, und keiner darf tun, was er will. Das bringt natürlich mit sich, daß ein ungeheurer Verwaltungsapparat aufgebaut werden muß, denn was normalerweise von allein geschieht, wenn man die Leute tun läßt, was sie wollen, muß jetzt verordnet werden. Sie haben, sozusagen, ein Ministerium, das bestimmt, daß die Flüsse abwärts fließen. Auch da hatte ich einen Einwand: besteht dann dort nicht die Hälfte der Bevölkerung aus Beamten, die aufpassen, was die andere Hälfte tut? So ist es, sagte Herr Shi-shmi. Und die Steuern, fragte ich, die die Überwachten zahlen, decken gerade die Gehälter der Beamten? Ungefähr, sagte Herr Shi-shmi, obwohl die Regierung der Lusen dem Vernehmen nach doch noch einen gewissen Überschuß herausarbeitet. Vielleicht haben sie inzwischen ihr System verbessert, und es kommen auf drei Arbeiter nur zwei Beamte. Trotzdem sind sie bis heute, gemessen am Wohlstand des Reiches von Am-mei-ka, auf keinen grünen Zweig gekommen. Zumal, warf ich ein, die Korruption dort blühen dürfte, wo alles von Beamten geregelt wird? So ist es, sagte Herr Shi-shmi.

Weder in dem einen noch in dem anderen Reich gibt es eine regierende Dynastie, auch keinen Kaiser, jedenfalls keinen, der als Sohn des Himmels gälte oder sonstwie seine Macht auf die Gnade des Himmels zurückführte. Die Kaiser und die Könige sind abgeschafft, sagt Herr Shi-shmi, und man hat sie durch eine Art Ober-Mandarine ersetzt, die als Menschen gelten und keinen Anspruch auf göttliche Verehrung haben. Die Würde dieser Ober- oder Chef-Mandarine ist nicht erblich. Das scheint den Großnasen sehr wichtig zu sein. Es sei kaum jemals vorgekommen in den vielen Jahren, in denen das System jetzt gilt, daß der Sohn eines Ober-Mandarins auch Ober-Mandarin geworden ist. Man hütet sich davor. Ich nehme an: die Großnasen haben Angst, daß sich daraus eine Dynastie von Ober-Mandarinen bilden könnte und daß es dann doch wieder einen Kaiser gäbe. Die heimliche Sehnsucht der Großnasen nach einem wirklichen Kaiser von göttlicher Herkunft scheint groß zu sein, wenn sie so ängstlich die Erblichkeit des Ober-Mandarinamtes umgehen. Ich kann es verstehen. Eine Welt ohne Regierung aus himmlischer Gnade? Kein Mensch bei uns könnte sich das vorstellen. Ich gehe auch nicht davon ab, daß unser Regierungssystem das natürlichere und für die Menschen angemessenere und wahrscheinlich auch das billigere ist.

Der Ober-Mandarin von Am-mei-ka wird von den Bewohnern des Reiches gewählt, und zwar alle vier Jahre. Jeder bekommt einen Zettel und schreibt den Namen dessen darauf, den er für würdig hält, Ober-Mandarin zu werden. Hat so etwas die Welt schon gehört? Gut – meine Dichtergilde »Neunundzwanzig moosbewachsene Felswände« wählt auch den Ober-Dichter aus ihrer Mitte, und auch sie schreiben auf Zettel die Namen … aber das sind *neunundzwanzig* Mitglieder. In Am-mei-ka gibt es tausendmaltausendmaltausend Bewohner, wohl dreißigmal mehr als im Reich der Mitte zu unserer Zeit leben. Wieviel Leute kennt einer? Die Familie, die Freunde, die Kollegen – alles in allem, wenn es hochkommt, zweihundert. Da kann doch niemand beurteilen, wer unter tausendmaltausendmaltausend der Würdigste ist? Wählt da nicht jeder nur sich selber (wie es das vorletzte Mal bei meiner Dichtergilde war)?

Ja und nein, sagte auf diesen Einwand Herr Shi-shmi. Es wird da nämlich eine Vorauswahl getroffen. Ich solle mir das so vorstellen: die Kaufleute, die einflußreichsten Sippen dort im Land Am-mei-ka, haben ein Interesse daran, daß einer der ihren oder zumindest ein Freund ihres Standes zum Ober-Mandarin gewählt wird. Sie schicken also Boten im Land umher, die den Namen dessen herumschreien, den die Kaufleute gewählt wissen wollen, und die dessen Bild überall hinkleben.

Warum wählen dann nicht gleich nur die Kaufleute den Ober-Mandarin? Warum fragt man dann überhaupt die anderen, unbedeutenden Leute? fragte ich.

Weil, sagte Herr Shi-shmi, die Kaufleute unter sich nie einig sind. Sie haben naturgemäß verschiedene Interessen und daher verschiedene Kandidaten. Das leuchtet mir, sagte ich, ein, es ist so wie bei uns: die Kohlenhändler ziehen es vor, daß die Leute nur wenig Kleider und dünne tragen, damit der Kohleabsatz floriert, während die Wollhändler den Kohlenhändlern schlechte Geschäfte wünschen, damit die Leute dicke Kleider tragen …

So etwa ist es, sagte Herr Shi-shmi, und daher suchen die Boten im Land zu schreien, so laut es geht, und die anderen Boten zu überschreien, und noch größere Bilder ihrer Kandidaten an die Wände zu kleben, möglichst noch über die Bilder der Gegner, grob gesprochen …

Und wer die größten Bilder anklebt, fragte ich, dessen Kandidat wird gewählt? Abgesehen von gewissen Unwägbarkeiten, sagte Herr Shi-shmi, die immer noch eintreten können, könnte der Vorgang so dargestellt werden.

Kann denn bei diesem System, fragte ich, ein vernünftiger Kandidat bis zum Amt des Ober-Mandarins durchdringen? In Ausnahmefällen ja, sagte Herr Shi-shmi, aber in der Regel bringt dieses System – das sie (übersetze ich:) Volksherrschaft nennen – mit sich, daß nur Kandidaten erfolgreich sind, die zwei Voraussetzungen mitbringen: sie müssen von ihrer eigenen Bedeutung überzeugt sein, und sie dürfen keinen eindeutigen Standpunkt haben. Denn ohne das eine, sagte Herr Shi-shmi, ohne die Überzeugung von der eigenen Bedeutung und Wichtigkeit hält es kein Mensch aus, so andauernd vom Wert seiner Person zu schreien, und ohne das andere, das Fehlen des Standpunktes, eckt er notgedrungen bei der Mehrheit an.

Das leuchtet mir sofort ein, sagte ich, aber folgt daraus nicht, daß die Ober-Mandarine Hohlköpfe sind und lügen? Denn nur ein Hohlkopf kann andauernd von der eigenen Bedeutung überzeugt sein. Einer, der denkt, zweifelt doch, zuallererst an sich selber? Und wer keinen Standpunkt hat, der muß doch wohl ununterbrochen lügen, ob er will oder nicht?

Sie sprechen, sagte Herr Shi-shmi, ein hartes Urteil über die Ober-Mandarine; aber es läßt sich nicht von der Hand weisen, daß das Urteil stimmt.

Übrigens werden nicht nur die Ober-Mandarine, sondern alle Kanzler, Mandarine, Gouverneure und so fort in dieser Weise gewählt, und nicht nur in Am-mei-ka, sondern in allen Ländern, die dieses System von dort übernommen haben, also in der halben Welt; auch in Ba Yan.

Wie aber ist es in der anderen Hälfte? Dort ist es einfacher, sagte Herr Shi-shmi. Dort setzt nach dem Tod des regierenden Ober-Mandarins im Ober-Mandarinspalast ein Kampf bis aufs

Messer ein. Ein Mandarin bringt den anderen um, stößt ihn die Treppen hinunter, wirft ihn zum Fenster hinaus – bildlich gesprochen –, und der stärkste bleibt übrig. Der tritt dann auf den Balkon, und das Volk jubelt ihm zu.

Dieses System, sagte ich, ist mir geläufig.

Ja, sagte Herr Shi-shmi, das denke ich mir. Nur: auch dieses System legt Wert darauf, fast größeren sogar als das andere, eine Volksherrschaft genannt zu werden. Deswegen wird der eigentliche Vorgang der Machtergreifung im Land der Lu-sen ängstlich geheimgehalten und geleugnet.

Ja, sagte ich und zitierte ein Wort des alten Weisen vom Aprikosenhügel: »Regieren ist lügen.«

Nun gibt es, damit ich in der Sache weiterfahre und nicht ferner abschweife, sowohl Vasallenstaaten des einen wie auch des anderen Reiches, und wo die beiden Einflußsphären aufeinanderstoßen, haben sie eine Mauer ähnlich unserer Großen Mauer gebaut, nur, sagt Herr Shi-shmi, nicht so schön. Es sind aber da auch Reiche, kleinere und größere, die sich keinem der beiden Systeme angeschlossen haben. In den meisten Fällen, sagt Herr Shi-shmi, müsse man allerdings sagen: die *versuchen* sich keinem System anzuschließen, sondern einen eigenen und unabhängigen Weg zu gehen. Fast nie gelingt das. Entweder gehören die betreffenden Staaten insgeheim und ihrer eigenen Theorie widersprechend doch zu dem einen oder anderen Staatssystem, oder sie schwanken, je nach ihrem Vorteil, von einem zum anderen, oder sie sind restlos unbedeutend. Einzig, und das hat mich selbstverständlich mit Freude erfüllt, unser Ehrwürdiges Reich der Mitte – das auch längst keinen Kaiser mehr hat, sondern einen Ober-Mandarin – gehört zu keinem der beiden Systeme und ist so, sagt selbst Herr Shi-shmi, nach vielen Jahren von Erniedrigung und Chaos wieder zu einem Reich der Mitte geworden. Es sei dort heute so, daß der Ober-Mandarin nach Art der Lu-sen bestimmt wird, nämlich durch Köpfen des Vorgängers, aber dennoch sind sich das Reich der Mitte und die verderblichen Lu-sen feindlich gesinnt, und das sähe das Reich Am-mei-ka naturgemäß mit äußerstem Wohlwollen, um nicht zu sagen Schadenfreude.

So ungefähr, etwas vergröbert, aber nichtsdestoweniger wahr, sagt Herr Shi-shmi, stellt sich das Bild der Welt heute dar.

Das Reich der Mitte, so zwischen die feindlichen Blöcke Am-mei-ka und Lu-sen gezwängt, müsse darauf achten (zu seiner eigenen Sicherheit), daß niemand erfährt, was dort wirklich getan, gedacht und geplant wird. Ein sehr vernünftiger Standpunkt. Darum lassen die heute herrschenden Mandarine – unsere wirklichen Enkel, keine Großnasen – niemanden ins Land, der ihnen nicht ganz geheuer ist, und ich, das müsse ich ja wohl einräumen, wäre ihnen alles andere als geheuer. So ist es also ausgeschlossen, daß ich ins heutige Reich der Mitte fahre. Es würde mich auch schmerzen, sagte Herr Shi-shmi, zu sehen, wie dort das Andenken des großen K'ung-fu-tzu mit Füßen getreten wird. Wird denn wirklich die Lehre des Weisen vom Aprikosenhügel heute dort verachtet?

Ja, sagte Herr Shi-shmi. Ich hüllte mein Gesicht in meinen Ärmel. Unsere Nachfahren sind zwar keine Großnasen geworden, aber klüger auch nicht.

So bleibe ich also hier; hier in Min-chen. Es hat den Vorteil, daß ich in der Nähe von Frau Pao-leng bin. Ich habe bei Herrn Shi-shmi vorsichtig vorgefühlt, wie er von einem weiteren Besuch bei der Dame denkt. Er hat ausweichend geantwortet. Ich will nicht stärker in ihn dringen, ihn nicht drängen. Es wird sich ergeben, wenn es sein soll. Wenn es eine Möglichkeit gäbe, ohne Herrn Shi-shmi zu kränken, würde ich ganz gern hier ausziehen und mir irgendwo in dieser Stadt eine eigene Wohnung mieten. Ich beherrsche die Sprache der Leute von Min-chen inzwischen so weit und bin so mit ihren Sitten vertraut, daß ich gut auf eigenen Füßen stehen könnte, und ich meine, daß ich das, was ich bei und von Herrn Shi-shmi lernen konnte – ich bin ihm ewig dankbar dafür –, gelernt habe und daß ich Neues nur erfahre, wenn ich die Umgebung wechsle.

Aber auch das wird sich ergeben, wenn es sein soll. Der Brief ist lang geworden. Es ist aber auch ein wichtiger Brief.

Es grüßt Dich

Dein Kao-tai

Mandarin und Präfekt der kaiserlichen Dichtergilde »Neunundzwanzig moosbewachsene Felswände«

## *Dreizehnter Brief*

(Dienstag, 3. September)

Liebster Dji-gu.

Wieder hat der Mond gewechselt. Es beginnt Herbst zu werden. Wenn ich am Morgen am Kanal entlang spaziere (dem Kanal, den ich anfangs für den »Kanal der blauen Glocken« hielt), ziehen leichte Schleier von Nebel auf. Manchmal ist es still, das Wasser plätschert, eine Mandarinente schwimmt im Kreis, und ich meine für Augenblicke, ich sei daheim.

Herr Shi-shmi hat mir eine wenig erfreuliche Bitte unterbreitet. Lange Gespräche sind vorausgegangen, die sich weit von den Gegenständen entfernten, die wir bisher besprochen hatten und die sich im Bereiche grundsätzlicher und philosophischer Natur erhoben. Herr Shi-shmi ist in großer Sorge um die Welt, um *seine* Welt. Um *unsere* Welt brauchen *wir* nicht Angst zu haben. Meine Reise hat gezeigt, da ich ja sonst über das Ende der Zeit hinausgeschossen wäre (was der Himmel gütigst verhindert hat; das war übrigens die einzige Sorge, die ich während der kurzen Fahrt hatte), daß wir eine Zukunft von noch mindestens tausend Jahren vor uns haben, wenngleich sie ein Abgrund ist. Herr Shi-shmi befürchtet, daß *seiner* Welt keine tausend Jahre mehr bevorstehen. Er zweifelt an hundert Jahren. Manchmal, sagt er, neige er zu der Ansicht, daß seine Welt keine zwanzig Jahre mehr bestehen werde.

Ich meinerseits zweifele nicht daran, nach allem, was ich sehe, daß Herrn Shi-shmis Sorgen nicht von der Hand zu weisen sind und nicht einer Überfunktion schwarzen Saftes in seinem Körper entspringen. Herrn Shi-shmis Sorgen sind berechtigt. Die Großnasen sind dabei, ihre Welt – die leider auch die Welt unserer Enkel ist – zugrunde zu richten. Kein Mensch kann annehmen, daß das die Großnasen absichtlich tun. Sie treiben einem Abgrund zu und sehen es nicht. Die Jungen wollen es nicht wahrhaben und verschließen krampfhaft die Augen. Unter den Alten macht sich die Haltung breit zu hoffen, daß sie das schreckliche Ende nicht mehr erleben werden. Zurückzuführen ist die ganze Misere darauf, daß die Regierenden zu selbstsüchtig sind und im Grunde genommen nicht so sehr am Wohl ihres Vaterlandes interessiert sind als daran, selber möglichst lang an der Regierung zu bleiben. Wenn ein Ober-Mandarin nicht mehr gewählt wird, dann gilt das als Schande. Die Ober-Mandarine, Mandarine, Kanzler und Minister sind damit beschäftigt, sich mit beiden Händen an ihren Amtsstühlen festzukrallen. Da haben sie natürlich keine Hand frei für das Staatsschiff, das sie steuern sollten – allenfalls gelegentlich macht einer eine Hand frei … aber nur, um sie einem geheimen Geldgeber gegenüber aufzuhalten.

Eine im Ganzen durch und durch unedle Haltung. Vom vornehmen Wu-wei* haben die Großnasen noch nie etwas gehört. Es

* Wu-wei: die altchinesische Tugend der Zurückhaltung; wörtlich: Nicht-Eingreifen. Der Begriff geht auf Lao-tzu zurück. Er entspricht etwa dem aequus animus der römischen stoischen Philosophie.

ist mir auch klar, woher das kommt: von der nahezu krampfhaften Sucht der Großnasen, alles und jedes zu jeder Zeit zu verändern, und daß sie *neu* mit *gut* verwechseln. *Neu* kann *gut* sein, muß aber nicht. Wem sage ich das … Dir, dem besten Kenner des ›Tao-te-ching‹ im ganzen Reich der Mitte. Die Großnasen sind ständig damit befaßt, Veränderungen vorzunehmen. Sie nennen es, habe ich Dir schon geschrieben, Fort-Schreiten. So ist es nur folgerichtig, daß bei ihnen einer, der sich zum Zwecke der Betrachtung, der Kontemplation, der Selbstvervollkommnung vom öffentlichen Leben zurückzieht, als *Versager*, als *Verlierer* gilt. Eine ungeheuer dumme und gefährliche Haltung. So wagt kein Minister, Ober-Mandarin oder Kanzler, freiwillig sein Amt zur Verfügung zu stellen, weil nachher alle mit Fingern auf ihn weisen würden.

Auch, sagt Herr Shi-shmi, ist das Beharren im Amt eine Frage der Einkünfte.

Es kommt eben alles davon, daß die Großnasen zuwenig die Lehren des Erhabenen vom Aprikosenhügel und des ›Tao-te-ching‹ lesen. Dadurch sind die Herrschenden hier inkompetent für die Seele geworden. Ich würde sagen: sie verdienen nichts anderes als den Untergang ihrer Welt, wenn ich nicht befürchten müßte, daß sie damit auch unser geliebtes Reich der Mitte mit ins Chaos rissen. Herr Shi-shmi sagt, wenn ich ihm das darlege: er stimme mir zu, es gäbe schon viele, die alarmiert wären, aber insgesamt seien der Vernünftigen zuwenig. Wenn es soweit sei, daß die Herrschenden oder gar die Masse der Dummen die Gefahr erkennen, sei es wahrscheinlich zu spät.

Das Hauptproblem sei, daß es zu viele Großnasen gibt. Sie haben sich in den letzten Jahrhunderten vermehrt, daß ihre Häuser und Städte geborsten sind. Es gibt nun viel zu viele, und für die meisten ist keine vernünftige Beschäftigung da. So sitzen sie in riesigen Werkstätten und fertigen Dinge an, die eigentlich niemand braucht, und der Staat zahlt das Defizit der Werkstätten, dennoch geht es damit abwärts, denn das Zeug, das sie herstellen, wird immer weniger brauchbar und wird nur weggeworfen, daher bekommt der Staat aber weniger Steuern, weil die Riesen-Werkstätten keinen rechten Profit mehr machen, und es reicht das Geld des Staates hinten und vorne nicht, um alle zu unterstützen, die danach schreien, und die Regierenden fürchten, daß die Leute, wenn sie einmal gar nichts mehr zu tun haben und nichts zu essen, aus Untätigkeit auf dumme Gedanken kommen und ihnen – den Regierenden – hinterrücks die Stühle anzünden, an denen sie sich so krampfhaft festhalten – es ist alles unglaublich kompliziert und für den einzelnen nicht mehr zu durchschauen. Es ist ein Dickicht – ein Dickicht von Großnasen, weil es eben zu viele sind. Ich erlebe es jeden Tag, wenn ich auf die Straße gehe.

Hier in Ba Yan, sagt Herr Shi-shmi, sei die Versorgungslage noch gut. Anderwärts, in ärmeren Staaten, sei schon der Hunger ausgebrochen. Es sei jedoch nur eine Frage der Zeit, wann der Hunger auch hierher übergreife. Was tun die Großnasen? Was tun die Regierenden? Sie tun nichts anderes als die doppelte Ration zu fressen, solang sie sie noch kriegen. Hungern, sagen sie sich, können wir morgen auch noch. Sie schreiten von sich selber fort, sie schreiten fort von ihrer Seele. Sie haben das ›I Ching‹ und das ›Tao-te-ching‹ nicht gelesen.

Ein anderes Problem ist der Schmutz. Ich glaube, es war in einem meiner ersten Briefe, daß ich dir geschrieben habe: der Lärm fiel mir als erstes auf hier und der Schmutz. Es ist ein grundsätzlich anderer Schmutz als unserer. Wenn der Wind durch *unsere* Straßen weht, die nicht aus Stein sind, wirbelt er Staub auf. Wenn ein starker Wind oder gar ein Sturm aufkommt, dringt der Staub in die Häuser. Wenn ein Bote vom Land kommt, trägt er an seinen Sandalen Lehmklumpen auf sauber gebürstete Fußmatten. Viele Menschen waschen sich nicht, und auch an Schweinen klebt Dreck, wenn sie sich im Mist suhlen. Aber das alles ist, wenn ich so sagen darf, sauberer Schmutz. Die Unsauberkeit hier besteht aus öligem und fettigem Ruß, der alles überzieht und sogar die Luft duchsetzt. Die Großnasen merken das gar nicht, nicht einmal Herr Shi-shmi, aber *ich* merke es, der aus einer reinen Luft kommt. Der Regen ist rußig. Wahrscheinlich ist durch diese alles überziehende und durchsetzende Unsauberkeit das Wetter so schlecht. In letzter Zeit, sagt Herr Shi-shmi, sei beobachtet worden, daß über breite Strecken die Nadelbäume eingehen. Sie verkümmern, lassen die Äste hängen und die Nadeln fallen und sterben ab. Man erhebt ein großes Geschrei, aber man tut nichts. Es ist bereits abzusehen, wann der ganze Wald verschwunden sein wird. Die Flüsse sind so rußig, daß es schon kaum noch Fische gibt. Nur die Großnasen – durch die ihnen schon in die Wiege gelegte Affinität zum Ruß – baden unbeschadet in den Flüssen. Überall vergraben sie Gift, das sie aus lauter Sucht, sich irgendwie zu beschäftigen, in ihren Groß-Werkstätten – der Teufel weiß, warum – herstellen. Das Gift findet aber natürlich seinen Weg aus dem Erdboden und steigt durch die Wurzeln der Pflanzen wieder nach oben. Was tun die Regierenden? Sie erfinden Gesetze, die es verbieten, Nachrichten darüber zu verbreiten.

Nur eine grundlegende Umkehr aller könnte diese Entwicklung aufhalten. Aber dazu fehlt die Einsicht, und vor allem ist die Sucht des Fort-Schreitens nicht auszurotten. Also wird es kommen, wie es kommen muß. Es sei ohnedies zu spät, meint Herr Shi-shmi. Und ich kehre, dem Himmel sei Dank, in einem halben Jahr wieder in meine Zeit-Heimat zurück; solang, hoffe ich, wird diese vergiftete Welt wohl halten. Herr Shi-shmi seufzte: er wollte, sagte er, er könne mit mir reisen. Aber das geht ja nicht. Abgesehen davon – aber das sage ich ihm natürlich nicht – würde ich, wenn ich könnte, lieber Frau Pao-leng mitnehmen.

Aber gestern abends hat mir Herr Shi-shmi einen anderen Vorschlag gemacht: ob ich ihm nicht meinen Mechanismus für ein paar Tage leihen könnte. Er wolle, wenn es ginge, nicht tausend Jahre, aber ein paar Jahrzehnte in *seine* Zukunft reisen. Er wisse, sagte er, daß das eine Zumutung sei, er habe auch lange gezögert, ehe er diese Bitte an mich gerichtet habe, aber es sei ihm doch sehr wichtig.

Du kannst dir denken, daß dieser Vorschlag nicht mein Entzücken auslöste. Andrerseits bin ich Herrn Shi-shmi wie niemandem in dieser Welt zu Dank verpflichtet und kann ihm die Bitte nicht rundweg abschlagen. Theoretisch wäre es ja möglich, daß ich ihm eine kleine Zeit-Reise ermögliche. Aber was ist, wenn er den Mechanismus in seiner Zukunft beschädigt? Wenn er nicht mehr zurückkehrt? Dann stehe ich da und muß hier in dieser vergifteten Welt voll Albernheit bleiben und mein Leben fristen und gerate auf meine alten Tage dann noch in den Strudel ihres Untergangs. Nein, nein – ich habe gesagt: ich wolle es mir überlegen, es sei sehr kompliziert, ihm seine Bitte zu erfüllen. Er hat genickt. Vielleicht vergißt er die Sache.

So grüße ich Dich für heute. Streichle meine schnurrende Shiao-shiao und lebe wohl. Schreibe mir wieder einmal einen Brief.

Ich bin Dein Kao-tai

## *Vierzehnter Brief*

(Dienstag, 10. September)

Teurer Dji-gu.

Heute habe ich mit Dame Pao-leng gesprochen, ohne bei ihr gewesen zu sein. Du staunst? Ja, das geht. Sie haben da ein Gerät, ein kleines Kästchen mit Löchern, in die man die Finger stecken kann, und man dreht in einer bestimmten Weise, und schon hört man aus einem Ding, das entfernt einer verwachsenen Rübe ähnlich sieht, die Stimme dessen, den man hören will. Die Sache klingt zauberhaft und wunderbar, ist aber im Grunde genommen weniger kompliziert als unsere Berechnungen, mit deren Hilfe ich in die Zukunft gefahren bin. Du muß Dir das so vorstellen, daß unter der Erde Schnüre aus Kupfer ausgelegt sind, wie mir das Herr Shi-shmi erklärt hat, und mittels unsichtbarer Kraftstöße wird die Stimme eines anderen, jedes beliebigen, sofern er nur so ein Gerät mit Rübe hat (Te-lei-fong heißt es) übertragen. Diese Schnüre aus Kupfer verbinden jedes Haus mit jedem, selbst in andere Länder. Auch nach Chi-na? fragte ich. Ja, sagte Herr Shi-shmi, auch nach Chi-na … aber ich kann ja Deine Stimme nicht hören über die Rübe und die Schnüre aus Kupfer, weil Du ja – verzeih – für die hiesige Welt schon fast tausend Jahre tot bist. So habe ich durch dieses rübenartige Gerät auch nicht die süße Stimme meiner geliebten Shiao-shiao gehört (denn man kann jedwede Stimme damit übertragen, auch Geräusche), sondern nur – oder, um gerecht zu sein: immerhin – die Stimme der Katze von Frau Pao-leng, die im Hintergrund maunzte, als ihre Herrin mit mir zu sprechen die von mir unverdiente Herablassung hatte.

»Hier spreche ich«, sagte ich, »Ihr nichtswürdiger Diener und Knecht Kao-tai, der schmutzige Mandarin, nicht mehr wert, als mit Füßen von Ihrer erhabenen Schwelle vertrieben zu werden.« Ich machte zwei Verbeugungen und eine halbe, obwohl sie das durch das Te-lei-fong gar nicht sehen konnte.

Sie lachte und sagte: »Ach, wie geht es Ihnen. Sind Sie noch im Lande?«

Ich machte eine weitere Verbeugung und sagte: »Jawohl, ich habe nach wie vor die Ehre, unter einem Himmel mit Ihrer erlauchten Gegenwart, Dame Pao-leng nebst ehrwürdiger Katze, zu weilen, und schätze mich glücklich, den Honigwohllaut Ihrer Stimme durch das Gerät Te-lei-fong zu hören. Erlauben Sie Ihrem

Knecht die Frage an Sie zu richten, ob Sie im Augenblick das weithinleuchtende bunte Wellenkleid zu tragen belieben?«

Sie lachte wieder und sagte: »Nein. Ich bin im Moment ganz schlampig angezogen und bin ganz mit Erde bedeckt, weil ich Blumentöpfe umgepflanzt habe.«

»Und darf ich mir die äußerst anmaßende Frage erlauben, obwohl einer derart niedrig stehenden Person wie mir das Recht dazu nicht im Entferntesten zusteht, ob sich Ihre Katze wohlbefindet?«

»Komm, Meister Mi*«, sagte die Dame Pao-leng – Meister Mi heißt die Katze –, »komm und sag Onkel Kao-tai, wie es dir geht.«

Die Katze maunzte aber da gerade nicht. Frau Pao-leng erwähnte aber, daß die Katze schnurre, ob ich es höre? Ich hörte es nicht, sagte aber doch, daß ich es höre, um die Dame nicht zu kränken. Ich bemerkte dann, daß das Wetter im Augenblick annehmbar sei. Frau Pao-leng sagte, daß sie meine neue Vorliebe für das Getränk Mo-te Shang-dong bemerkt habe. Falls ich wieder einmal Lust hätte, einen Becher Mo-te Shang-dong zu mir zu nehmen, sollte ich sie doch besuchen. Ich verabschiedete mich mit verschiedenen ehrerbietigen Äußerungen sowie Verbeugungen (obwohl sie die, wie gesagt, gar nicht sehen konnte), und sie fragte danach: wann ich denn käme?

Du kannst Dir vorstellen, wie erstaunt ich über die Frage war. Das heißt: Du wirst erstaunt sein, denn ich, der ich nun schon einigermaßen mit den krummen Sitten dieser merkwürdigen Welt vertraut bin, war nicht so sehr erstaunt als zum Nachdenken veranlaßt. Die Großnasen sind nie dort, wo man sie vermutet. Gut: auch unsereiner, Du und ich, sind ab und zu verreist (wie ich im Augenblick), aber das weiß dann jeder und – wenn man nicht

* -tzu bedeutet im Chinesischen soviel wie »Meister«: K'ung-tzu = Meister K'ung; Lao-tzu = Meister Lao; Mi-tzu = Meister Mi.

grade auf der Reise stirbt – irgendwann kommt man wieder und ist dann da. Ganz anders hier. Die Großnasen sind ständig unterwegs. Das sehe ich an Herrn Shi-shmi. Der ist einmal hier, einmal dort, fährt mit dem rollenden Eisenhaus kreuz und quer durch die Stadt. Von den vierundzwanzig Stunden des Tages ist er – mit Ausnahme der Nacht, wo er schläft – keine vier Stunden in seiner Wohnung. Er geht seinem Beruf nach, sagte er auf meine diesbezügliche Frage. Sein Beruf ist der eines Lehrers und Bibliothekars in der Großen Gelehrtenschule von Min-chen. Er ist also nie in seiner Wohnung anzutreffen. Keiner unter den Großnasen ist in seiner Wohnung anzutreffen. Sie sind ständig unterwegs, laufen hin und her oder fahren mit ihren A-tao-Wagen oder den rollenden Eisenhäusern, sind ununterbrochen in Bewegung. Das hängt vielleicht mit dem Mißbrauch von Rindsmilch zusammen oder aber mit ihrer Philosophie (oder besser: ihrem Aberglauben) vom Fort-Schreiten. Wenn man jemanden besuchen will, kann man nicht einfach in dessen Wohnung gehen, wo er, möchten wir nach unseren Gewohnheiten annehmen, anzutreffen wäre (es sei denn, wie gesagt, er wäre verreist oder bei einer Audienz beim Kanzler, aber wie oft kommt das schon vor); wenn man da einfach hinginge, wäre es nur durch Zufall, daß man ihn antrifft. Nein: man muß einen äußerst genauen Zeitpunkt vereinbaren, weswegen sie ebendiesen Mechanismus mit den Kupfer-Schnüren und der Rübe eingerichtet haben.

Deshalb haben auch die Großnasen winzig kleine Zeit-Anzeiger, die sie an Bändern am linken Handgelenk tragen. Es gibt aber auch solche Zeit-Anzeiger in größerer Ausfertigung, die wie Standbilder an Straßenecken stehen oder wie Bilder in den Wohnungen an den Wänden hängen. Ständig hantieren sie an diesen Zeit-Anzeigern herum, verstellen sie, drehen daran, damit sie ja die ganz genaue Zeit anzeigen.

Sonnenaufgang, Sonnenuntergang, Mittagsstunde und so fort

sind ihnen viel zu ungenaue Anhaltspunkte. Die Zeiteinteilung ist äußerst verfeinert. Die Großnasen kennen wie wir das Jahr, den Monat und den Tag, aber dazwischen haben sie noch eine Unterteilung, die Wo-'che heißt und ungefähr dem Mondviertel entspricht. Den Tag wiederum teilen sie nicht nur in Stunden ein, sondern darüber hinaus in Sechzigstel-Teile der Stunden (Mi-nu-teng) und sogar in Sechzigstel-Teile der Mi-nu-teng, dieser winzige Zeitraum – vielleicht der Flügelschlag eines Sperlings – heißt: Se-kung-dang. Das alles zeigen die kleinen und großen Zeit-Anzeiger an. Herr Shi-shmi hat mir einen geschenkt, den ich nun auch um das linke Handgelenk trage, und er hat mich auch gelehrt, die Zeit abzulesen.

Wenn ich also jemanden besuchen will, oder jemand besucht mich, so muß ich zur Rübe greifen, in den Löchern drehen und mit dem Betreffenden vereinbaren: am soundsovielten Tag der Wo-'che (jeder Tag hat eine reihum wiederkehrende Bezeichnung), wenn der Zeit-Anzeiger die soundsovielte Stunde und soundsovielte Mi-nu-teng anzeigt. (So weit, daß sie den soundsovielten Sperlingsflügelschlag heranziehen, treiben sie – muß man gerechterweise sagen – ihren Unfug nicht.)

Es ist ein altes Gesetz, daß unterteilte Dinge kleiner sind als das Ganze. Das ungeteilte Ganze ist größer als die Summe der Teile. Zumindest gilt das, habe ich hier gelernt, in hohem Maß von der Zeit. Geteilte Zeit vergeht rasch. Die Großnasen haben ihre Zeit erbarmungslos zerhackt, und die Zeit rächt sich damit, daß sie entflieht, so schnell sie kann. Und darüber wundern sich die Großnasen ständig. Ständig jammern sie, daß ihnen – um einen Ausdruck jenes Herrn an dem Abend bei der Dame Pao-leng zu gebrauchen, dessen Namen ich mir nicht gemerkt habe – »die Zeit in den Händen wie Wasser zerrinnt«. Ist denn noch keiner von ihnen draufgekommen, darüber nachzudenken? Es ist doch nicht schwer, den Zusammenhang zu erkennen. Mir ist schon mehrfach aufgefallen, daß man hier die Floskel: »... der ist einer, der immer Zeit hat« als Schimpfwort gebraucht. Daß den Großnasen dabei nicht sogar selber etwas auffällt? Aber Denken ist nicht die Stärke der Großnasen ... dazu »haben sie keine Zeit«.

Herr Shi-shmi, dem ich diese Überlegungen mitgeteilt habe, hat sehr nachdenklich reagiert. Er hielte es nicht für ausgeschlossen, daß ich recht hätte. (Natürlich habe ich recht!) »Warum«, fragte ich ihn, »ziehen Sie dann nicht die Konsequenzen aus dieser Erkenntnis?« Einer allein, sagte er, könne sich nicht gegen die allgemeine Zeitzerstückelung stemmen. Das würde die Ansichten der andern nicht ändern und ihm selber nur schaden. Gut, vielleicht ist das richtig. Mag er tun, was er will. Ich bin nicht gekommen, um diese Welt hier zu ändern, sondern um sie zu erforschen und um Erkenntnisse für *unsere* Welt zu gewinnen.

So habe ich also mit Frau Pao-leng vereinbart, daß ich am dritten Tag der nächstfolgenden Wo-'che (das ist: ein Tag vor dem Septemberneumond), wenn der Zeit-Anzeiger die fünfzehnte Stunde sowie dreißig Mi-nu-teng anzeigt, zu ihr komme.

Herr Shi-shmi weiß davon. Mein Mißverständnis ist ausgeräumt, denn es war ich, der die Beziehung zwischen Herrn Shishmi und Frau Pao-leng mißverstanden hatte. Herr Shi-shmi hat kein Interesse an Frau Pao-leng, das den Besuch anderer Männer bei ihr verböte. Ich habe ihn eines Tages ganz offen gefragt, und er hat gesagt, daß es gut sei, wenn ich so offen frage, denn auch ihm täte es leid, wenn so ein Mißverständnis oder gar Eifersucht zwischen uns stände. Er sei, sagte Herr Shi-shmi, mit Frau Pao-leng lediglich befreundet. Ansprüche an ihren Körper stelle er nicht. Er fügte hinzu, und es war ein warnender Ton in seiner Stimme nicht zu verkennen, daß Frau Pao-leng im Ruf stehe, für Männer nicht ungefährlich zu sein. Es handle sich bei ihr zwar, wie ich selber gesehen hätte, um keine Kurtisane, die aus ihrem Geschlecht einen Beruf mache, aber sie führe, wie Herr Shi-shmi es formulierte,

»ein lockeres Leben«, was nur durch den weiteren Umstand, daß sie in allen Künsten sowie in der Literatur und in der Philosophie bewandert sei, nicht sofort ins Auge falle. Am meisten bewandert sei die Dame Pao-leng, wie er mehrfach gehört habe, in allen Arten und Formen der Liebe, aber – wie gesagt – Geld nehme sie dafür nicht. Die Dame Pao-leng, sagte Herr Shi-shmi, sei zweimal verheiratet gewesen. Jetzt lebe sie allein und nehme sich die Freiheit, sich von den Männern beschlafen zu lassen, in die sie verliebt sei.

Das alles war natürlich interessant für mich zu hören, wenngleich ich – was ich selbstverständlich nicht äußerte – dem warnenden Ton Herrn Shi-shmis nicht ganz traute.

Einer der »Freunde« der Dame sei unlängst eine Zeitlang ein stadtbekannter Lyriker gewesen. Der Lyriker habe sogar einige Gedichte auf die Dame Pao-leng verfaßt. Nach einigem Suchen fand Herr Shi-shmi das Buch mit den Gedichten und gab es mir zu lesen. Ich verstand die Gedichte nicht. Herr Shi-shmi sagte, er verstehe sie auch nicht. Das Buch habe er nicht absichtlich erworben, er habe es von der Dame Pao-leng geschenkt bekommen. Er vermute, sagte Herr Shi-shmi, daß sich das Buch mit diesen Gedichten eher schlecht verkauft habe (das kennen wir ja auch von den Produktionen mancher Ehrwürdigen Mitglieder der kaiserlichen Dichtergilde »Neunundzwanzig moosbewachsene Felswände«) und daß der Lyriker der Dame einen größeren Posten davon überlassen habe. Wenn ich die Dame nochmals besuche, sagte Herr Shi-shmi, würde ich sicher auch so ein Buch geschenkt bekommen.

Auch eine Methode, seine Gedichte unter die Leute zu bringen. Vielleicht schlage ich sie der Ehrwürdigen Dichtergilde vor, wenn ich wieder zurückkomme.

Alles in allem schien mir die Äußerung Herrn Shi-shmis (und der warnende Ton) verdächtig. Hat er selber auch schon Gedichte auf die Dame Pao-leng gemacht? – und hat sie die Gedichte nicht entgegengenommen? Ich halte es ganz anders aber auch für möglich, daß sich Herr Shi-shmi in fast mönchischer Weise des Geschlechtslebens enthält, denn ich habe nie, in den ganzen zwei Monaten, seit ich hier bin, auch nur eine Spur eines weiblichen Wesens in seinem Leben entdeckt; solche Menschen – so sehr ich Herrn Shi-shmi im Übrigen schätze – neigen dazu, den anderen das zu mißgönnen, was sie selber nicht belustigt.

Auch das ist merkwürdig in dieser Welt. Ob das gut für die Sitten ist? Ich weiß es nicht. Bei uns sind die Frauen entweder Ehefrauen oder Konkubinen oder Mütter oder Töchter; oder aber sie sind Zofen und Dienerinnen. Kannst du dir vorstellen, mit einer Frau befreundet zu sein? So wie Du mit mir befreundet bist? Hier ist es anders. Die Weiber maßen sich an, zu reden und zu denken wie Männer, und die Männer – was für ihre Verweichlichung spricht – lassen sie nicht nur gewähren, sondern akzeptieren es sogar. (Ich werde mit solchen Gedankengängen in meinem Gespräch mit Frau Pao-leng nächste Wo-'che natürlich tunlichst hinterm Berg halten.)

Ich werde auch alleine zu Frau Pao-leng fahren, ohne Herrn Shi-shmi. Auch das habe ich ihm gesagt. Er hält es für richtig, erstens, weil er an dem fraglichen Tag wieder einmal »keine Zeit« hat, und zweitens, weil auch er meint, daß es gut sei, wenn ich lernte, mich in der Stadt selbständig zu bewegen. Ich habe dann diese Gelegenheit benutzt – um ihm zu eröffnen, daß ich – sofern er das nicht als Kränkung auffassen würde – seine Wohnung verlassen und eine eigene Wohnung für den Rest meines Aufenthalts suchen wolle, denn, so meine ich, und sagte es ihm auch, ich will ja einen möglichst umfassenden Überblick über diese Welt gewinnen, und hier – immer in der bequemen Obhut von Herrn Shishmi – wäre ich doch auf ihn, auf seine Gewohnheiten und Ansichten festgelegt. Nein, sagte er, er fasse das nicht als Kränkung auf, er verstehe das sehr gut und halte es auch für richtig. Er selber würde es nicht anders machen. Und unserer Freundschaft brauche das ja keinen Abbruch zu tun. Außerdem träfe es sich sogar ganz gut, denn seine verwitwete Mutter käme demnächst – wie jedes Jahr – für einige Wo-'cheng zu Besuch (die Dame Mutter Shi-shmi wohnt in einer anderen Stadt im Norden), und da könne sie dann in dem Zimmer wohnen, das ich jetzt innehabe; obwohl, fügte er gleich hinzu und ergriff meine Hand: auch wenn ich mich anders besänne und doch bei ihm bleiben wolle, ginge das auch, denn dann würde er seiner Mutter sein Schlafgemach einräumen und selber auf einem Diwan im Wohnzimmer schlafen.

Ich sagte: wir werden alles überlegen; aber im Herzen bin ich entschlossen, mich etwas selbständiger zu machen. So sind also meine Tage hier in diesem Haus gezählt. Aber vorerst richten sich meine Gedanken auf den bevorstehenden Besuch bei Dame Pao-leng, und diese Gedanken sind durchwegs angenehm.

Dennoch habe ich meine süße Shiao-shiao nicht vergessen, und meine Zärtlichkeit der Seele gegen sie ist groß wie immer. Schreibe mir von ihr. Was sich im Übrigen in meiner Familie ereignet hat, kannst Du Dir zu schreiben sparen. Dann kannst Du Deine Briefe noch knapper halten. Ich erfahre früh genug bei meiner Rückkehr, ob meine Schwiegermütter noch dicker geworden sind und ob eine Konkubine die Krätze zwischen den Zehen hat. Wenn das Furunkel bei meiner Hauptfrau nicht vergehen will, dann soll es eben bleiben.

Ich umarme Dich, lieber ferner Freund,

und bin Dein Kao-tai

PS: Leider hat Herr Shi-shmi die Sache mit dem Ausleihen unseres Zeit-Kompasses doch nicht vergessen. Noch heute früh hat er wieder davon zu reden angefangen.

*Fünfzehnter Brief*

(Dienstag, 17. September)

Über alles teurer Freund Dji-gu.

Ich danke Dir für Deine beiden Briefe – was für eine Überraschung für mich, und so lange Briefe –, die kurz hintereinander angekommen sind. Ich freue mich über den lieblichen Pfotenabdruck meiner sonnigen Shiao-shiao. Daß mein Lieblingshengst »Weißer Traum vom zunehmenden Mondviertel« eine Stute des Vizekanzlers decken soll, ist mir nicht recht. Der Vizekanzler ist ein bornierter Dummkopf und außerdem Buddhist. Er versteht von Pferden gar nichts, und ich möchte nicht, daß der kostbare Same meines edlen »Weißen Traums vom zunehmenden Mondviertel« im ungepflegten Stall des Vizekanzlers vergeudet wird. Bitte verhindere es. Falls er Dir gekränkt scheinen sollte, biete ihm in meinem Namen an, daß sein Sohn – wenn ich mich recht erinnere, heißt er Tuan-po und ist nicht ganz so dumm wie sein Vater – eine meiner Töchter heiratet. Es sind ja drei oder vier mannbare herangewachsen. Wenn ich zurückkomme, werde ich alles regeln. Sag ihm das.

Ich freue mich, daß Du mit so großem Interesse und sogar Neugier alle meine Abenteuer hier verfolgst, und ich werde auch fernerhin nicht müde werden, Dir alles haarklein zu schildern.

Gestern abend war für mich eine Stunde neuer Offenbarung. Die Stunden – genauer gesagt: es waren zwei Stunden und eine halbe – zeigten mir, daß es in dieser fernen Welt nicht nur Lärm, sondern auch Musik gibt. Wie nicht anders zu erwarten, war mir die Musik zunächst äußerst fremd, aber ich habe schon bald begonnen, in ihren Kern einzudringen.

Herr Shi-shmi – der kein Musiker von Beruf ist, aber die Musik liebt – hat mich auf den Abend vorbereitet. An bestimmten Tagen kommen Leute zu ihm, drei Freunde, die sich reihum in den jeweiligen Wohnungen treffen, um zu musizieren. Daß ich diese

Musik bis jetzt nicht kennengelernt habe, hatte seinen Grund darin, daß die vier Freunde im Sommer in ihren Gewohnheiten eine Pause einlegen, weil man da zu verreisen pflegt. Auch Herr Shi-shmi, sagte er, pflegt den Sommer woanders, meist jenseits der großen Drei Gebirgszüge am Meer zu verbringen. Dieses Jahr habe er es meinetwegen unterlassen. Ich war beschämt, als er mir das erzählte. Er schnitt aber meine Einwendungen ab, indem er sagte, daß der Umgang mit mir ihm mehr Erkenntnisse verschafft und mehr Gewinn beschert hätte als eine Reise und daß ihn die Gespräche mit mir hundertfach für die versäumte Reise dieses Jahres entschädigt hätten. Dennoch dankte ich ihm mit vielen Worten und einer Ein- und Zwei-Drittel-Verbeugung. Aber nun, im September, kämen er und seine drei Freunde wieder regelmäßig zusammen, um zu musizieren. Selbstverständlich nahm ich seine Einladung an, der Musikdarbietung beizuwohnen.

Die Musik wird hier – jedenfalls von Herrn Shi-shmi und seinen Freunden – sehr ernst genommen. Es wird *nur* Musik gemacht und dabei weder getanzt noch gesungen. (Es gibt aber auch, versichert mir Herr Shi-shmi, gesungene Musik.) Die Musik zu viert, sagt Herr Shi-shmi, gelte unter Kennern als die Krönung dieser Kunst. Sie erfülle keinen Zweck und sei, wenn überhaupt, nur ein Ritual ihrer selbst.

Jeder von den vieren – den drei anderen wurde ich als Gast aus dem fernen Chi-na vorgestellt; sie fragten nicht weiter und redeten auch nicht viel – jeder spielte nur *ein* Instrument: zwei davon (darunter auch Herr Shi-shmi) spielten ein Instrument aus Holz, das unserer Er Hu ähnlich ist, nur flacher, mit geschlossenem Boden und kürzerem Hals. Ich ließ mir alles erklären: das Instrument heißt Kei-geh oder Wi-lo-ling und klingt etwas höher und heller als das Instrument, das ein ziemlich dicker, bärtiger Mann (er wurde Te-cho genannt) spielte. Jenes Instrument hat auch die Form der Kei-geh, ist aber etwas, kaum merklich größer und heißt

Wa-tsche oder Wi-lo-la. Dazu kam – vom Sohn des Herrn Te-cho gespielt, einem noch bartlosen Jüngling – eine Art größere Kei-geh, das tiefer klingende, sogenannte Cheng-lo. Kei-geh und Wa-tsche werden beim Spielen unters Kinn und gegen die linke Schulter geklemmt; das Cheng-lo wird zwischen den Knien gehalten. Alle Instrumente werden mit einem Bogen gestrichen, wie bei unserer Er Hu, nur nicht an den Saiten von unten her, sondern von oben. Den Bogen halten sie in der rechten Hand, mit der linken bestimmen sie die Tonhöhe durch Verkürzen der Saite – wie eben bei der Er Hu.

Auch das hat mir Herr Shi-shmi gezeigt: es gibt eine eigene Schrift für Musik, die aus einem Gewirr von Punkten besteht und für mich selbstverständlich völlig unentzifferbar ist. Dennoch sei sie sehr sinnvoll, sagt Herr Shi-shmi, und wenn ich wolle, könne ich die Schrift sicher auch lernen. Aber vorerst beschränke ich mich aufs Zuhören.

Sie setzten sich dann im Kreis mit dem Blick zueinander (ich hielt mich abseits im großen Sessel in der Ecke, um so wenig wie möglich zu stören), vor sich hatten sie kleine, eiserne Gestelle, auf denen die Blätter mit der Musikschrift ruhten, und dann begannen sie ungeniert, ihre Instrumente zu stimmen, was fürchterlich klang. Ich meinte zunächst, das sei schon die eigentliche Musik, aber dann erklärte mir Herr Shi-shmi – der wohl mein verzerrtes Gesicht gesehen hatte – lachend den wahren Sachverhalt.

Die Musik erinnert am ehesten an jene Art unserer Musik, die der unvergleichliche Su Ch'i-po aus den westlichen Ländern mitgebracht hat: sie besteht aus sieben Haupt- und fünf Nebentönen, und die Harmonie und Reinheit der Töne ist sehr stark erhebend. Am besten gefiel mir ein aus verschiedenen, teils rasch, teils langsam gespielten Sätzen bestehendes Werk des Meisters We-to-feng, der – sagt Herr Shi-shmi – vor etwa zweihundert Jahren gelebt hat. Von Meister We-to-feng sind viele unterschiedliche Werke überliefert; allein für die Art der Musik der Himmlischen Vierheit (so etwa wäre die Bezeichnung in unserem Sinn zu übersetzen) hat Meister We-to-feng siebzehn Werke geschrieben. Die Werke insgesamt sind numeriert, und das, welches gestern abends gespielt wurde, trägt die Nummer »132«. Es beruht auf dem Grundton »A« – wie mir Herr Shi-shmi sagte –, der etwa unserem »Yü« entspricht.

Es versteht sich von selbst, daß sich diese mir in jeder Hinsicht ungewohnte Musik mir nicht vom ersten Ton an erschloß. Ich saß also da in meinem Sessel in der Ecke; es war Abend. Alle Lampen hatten sie um sich versammelt, ich saß im Dunkeln, was mir aber recht war. Ich muß gestehen: ich habe in dieser kalten und lauten Welt so wenig Schönes und so viel Dummes, Albernes und Unsinniges vorgefunden, daß ich in meinem Innersten, wenn ich ganz ehrlich in mich hineinhorchte, eher geneigt war, auch die Musik dieser Welt häßlich zu finden. Die Musik des Meisters We-to-feng hatte in mir keinen fruchtbaren Boden zum Aufsprießen ihrer Blüten zu erwarten.

Der Herr, der die eine Wi-lo-ling spielte – Herr Shi-shmi sagte mir später, daß dieser Herr ein hervorragender Meister auf seinem Instrument und daß sein Beruf die Musik sei; er sei als der Anführer der kleinen Gruppe zu betrachten; er spiele »die erste Wi-loling« –, dieser Herr, dessen Name zu lang und klanglos ist, als daß ich ihn mir merken konnte, gab, als alle mit – ich muß zugeben – erhabenem Ernst ihr Instrument unters Kinn beziehungsweise zwischen die Knie geklemmt und den Bogen angesetzt hatten –, mit dem Kopf durch ein kurzes Nicken das Zeichen zum Anfang. Das Cheng-lo begann mit getragenen, tiefen Tönen, und nach und nach fielen die anderen Instrumente ein und führten die Melodie in die Höhe. Es war eine sehr einfache Melodie und sehr leise. Dann folgte ein rascher gespielter, teilweise lauterer Teil, der aber immer wieder durch getragene, verhaltene Abschnitte unterbrochen wurde.

Obwohl schon bei den sanften ersten Tönen mein Vorurteil gegen die Musik der Großnasen hinzuschwinden begann – oder, um es ganz ehrlich zu sagen: obwohl diese sanften ersten Töne des großen Meisters We-to-feng es mir unmöglich machten, weiter an meinem Vorurteil festzuhalten, erschien mir doch die Musik zunächst wie unvollständig, wie willkürlich durchlöchert, auch unfaßbar ungenau und natürlich verwirrend. Aber noch im Lauf dieses ersten – nach unseren Begriffen sehr kurzen – Satzes, ergriff mich doch der Zauber der einen oder anderen Passage, bald schon erkannte ich die Wiederkehr einer Melodie, und als der Satz mit einer leise beginnenden, raunenden, dann wie ein gläserner Frühlingswind flirrenden Passage endete, war ich für die Musik des großen Meisters We-to-feng und damit möglicherweise überhaupt für die Musik der Großnasen gewonnen.

Es folgte dann ein Satz in durchgehend rascher Bewegung, mehrmals durch eine sehr süße, hohe Melodie unterbrochen, die nicht anders denn als Gesang eines Zaubervogels in einem Kristallwald bezeichnet werden kann. Mit diesem Zaubergesang endete der sehr kurze Satz. Dann folgte ein weiterer, etwas längerer Satz, von dem mir Herr Shi-shmi später sagte, daß da niemand von mir sofortiges Verständnis erwarten könne. Der Satz hieße: ›Heilige Danksagung eines Genesenden an die Gottheit‹ und sei vielleicht das Kostbarste, was je ein Meister der Musik der Großnasen geschrieben habe. Er sei so zu betrachten wie gewisse verschlüsselte Kapitel einer heiligen Schrift, deren Sinn erst mit langer und ehrfürchtiger Betrachtung, der man wohl sein ganzes Leben widmen müsse, zu begreifen sei. Er selber, Shi-shmi, habe diesen Satz mit seinen Freunden mehrere Dutzend Mal gespielt, auch habe er ihn von anderen gespielt vielfach angehört: er glaube, sich damit dem Kern des Sinnes dieser unfaßbaren Musik einigermaßen genähert zu haben; daß er ihn ganz erfaßt habe, wage er nicht zu behaupten. Es ehre mich daher sehr, daß ich beim allerersten Hören dieses speziellen Satzes schon eine ferne Ahnung vom Geheimnis der »Himmlischen Vierheit« empfunden hätte.

Der Satz ist wie die Besteigung eines Berges im Nebel: ein mühsamer Aufstieg, der im Aufbrechen der Nebel auf der Höhe gipfelt; ein edler, leiser Gesang – durch keinen Text profaniert – führt an die Empfindung vom hellen, sanften Himmel heran, und in ergriffener Kontemplation, wie leise bewegtes Laub, klingt der Satz aus.

Es folgte dann wieder ein kräftiger, die Erde berührender Satz, der – wie mir Herr Shi-shmi anhand einer Zeichnung erklärte, die er anfertigte (denn ich verstehe ja die Musik-Schrift noch nicht) – eigentlich aus zwei ineinander übergehenden Sätzen besteht, die mir wie ein Menschenleben erschienen, das durch alle Höhen und Tiefen des Geschickes und durch den Wandel der Jahreszeiten torkelt. Der Satz – und damit das ganze Stück – endete mit kräftigen, lauten Schlägen, wie das Zuschlagen von Türen, wenn der Krieger hinausstürmt aus seinem Haus zum Kampf.

Ich war wie erschlagen. Es war eine Offenbarung, wie ich sie noch nie in meinem Leben erfahren und wie ich sie am wenigsten hier in dieser Welt erwartet habe. Ich zog mich in mein Zimmer zurück, und erst, als die drei Freunde des Herrn Shi-shmi wieder gegangen waren, ging ich hinüber, und ohne Zweifel bemerkte Herr Shi-shmi meine Ergriffenheit und freute sich darüber. Wir sprachen lang über die Musik, und ich fragte viel. Herr Shi-shmi erzählte, daß der große Meister We-to-feng dieses Stück – mit mehreren anderen für die gleiche Besetzung – am Ende seines Lebens, quasi als Vermächtnis seiner Kunst für die Nachwelt verfaßt habe, als ihn das für einen Musiker wohl schrecklichste Schicksal: nämlich taub zu werden, ereilt habe. Ja, sagte Herr Shi-shmi, so viele unmusikalische Dummköpfe haben ein vorzügliches Gehör, und ausgerechnet der gewaltige We-to-feng mußte ertauben. Es sei ihm so verwehrt gewesen, jemals seine eigene

Musik der Himmlischen Vierheit – und alles andere, was er in seinen späteren Jahren schuf – zu hören. Er hörte es aber mit seinem »inneren Ohr«, wie Herr Shi-shmi sich ausdrückte, und vielleicht erkläre sich daraus die schwebende Losgelöstheit von der irdischen Last. So sei diese Himmlische Vierheit nicht nur Musik, sondern förmlich der frei schwingende Geist der Musik in seiner ganzen Reinheit. Ich stimmte zu.

Es gäbe nun aber auch, sagte Herr Shi-shmi, noch andere gewaltige Meister, die durchaus neben Meister We-to-feng gestellt werden könnten. Das sei zwar immer alles Ansichtssache, und wenn er mir das sage, so sei das seine persönliche Meinung, die sich allerdings mit der vieler anderer Musikfreunde decke. So habe es etwa hundert Jahre vor We-to-feng einen erhabenen Meister namens Yo-yang' Se-wa-tang' Wa'ch (ein sehr langer Name) gegeben, dessen Musik äußerst schätzenswert sei. Dieser Meister Yo-yang' sei im Alter blind geworden (sonst sind Musiker in der Regel nicht blind*) und habe am Ende seines Lebens seinem Schwiegersohn eine Musik in die Feder diktiert, die vielleicht überhaupt der bis jetzt unausgelotete innerste Kern aller Musik sei. Sie heiße ›Die Kunst der dahinfliehenden Notenwerte‹, und man wisse gar nicht recht, mit welchen Instrumenten sie zu spielen sei. Diese Musik bestehe eigentlich bereits aus unirdischen Sphärenklängen und sei eine Art in der Seele tönende Mathematik. Dann habe etwa zur Zeit des Meisters We-to-feng, aber etwas früher als er, ein großer Meister gelebt, der Mo-tsa geheißen habe. Er sei sehr jung gestorben und habe dennoch eine Fülle von Werken hinterlassen, die oft deshalb mißverstanden würden, weil sich dort eine Welt von Dämonen hinter einer gefälligen Fassade verberge. Das gleiche gelte für einen späteren Meister, ebenfalls früh verstorben, der sich als Schüler des Meisters We-to-feng verstanden habe und

* Im alten China waren alle Musiker blind.

Fa-shu-we hieß. Vom Meister Fa-shu-we gäbe es ein Musikstück für »Himmlische Fünfheit« mit der Bezeichnung ›Die Forelle‹, das er, Herr Shi-shmi, besonders liebe. Später dann habe ein großer Meister gelebt, von dem man sagen könne, er habe in gewisser Weise vollendet, was We-to-feng begonnen habe. Dieser Meister, der einen langen Bart hatte (Herr Shi-shmi zeigte mir ein Bild), sei von grimmigem Ernst gewesen; seine Musik sei Musik einer Spätzeit. Ein Stück von ihm für die Besetzung »Himmlische Vierheit« hätten er und seine Freunde vor, das nächste Mal zu spielen. Diese Musik sei herb und bitter und wie eine Erinnerung an eine schönere Welt. Yo-yan' Wa-mas hieß dieser Meister, sei aus einer Stadt im Norden gekommen und sei – meine *er*, sagte Herr Shi-shmi – der letzte der großen und erhabenen Meister gewesen.

»Gibt es heute keine Musiker mehr?« fragte ich. »Doch«, sagte er, »aber das ist alles Ansichtssache.« Er schätze zwar manches, was neuere Meister verfaßt haben, manches sei hübsch, manchem müßte man mit großem Respekt vor den Bemühungen der neueren Meister entgegentreten, aber den wahren Gipfel habe, meine er, seit dem Meister Yo-yan' Wa-mas keiner mehr erklommen. So endete unser Gespräch. Ich legte mich in mein Bett und dachte an den Meister We-to-feng, der, von seinem unmenschlichen Schicksal geschlagen, die Musik der Heiligen, Himmlischen Vierheit aus seinem reinen, inneren Ohr heraus schuf. Ich weinte.

Das nächste Mal, bat ich Herrn Shi-shmi, möchte ich unbedingt wieder zuhören. Er versprach es mir. Er freue sich, sagte er. So hat auch diese Welt ihr Gutes. Eine Insel des Geistes in Lärm und Gestank.

Ich schlief in Beseligung. Noch jetzt umwehen mich die Töne des Meisters We-to-feng, die ich nie vergessen werde.

Und so grüße ich Dich, teurer Dji-gu. Ich wollte, Du könntest auch diese Töne hören.

Dein Kao-tai

*Sechzehnter Brief*

(Samstag, 28. September)

Mein Freund Dji-gu.

Soviel Freude mir Herr Shi-shmi bereitet hat, weil ich durch ihn und seine Freunde die Gelegenheit hatte, die Musik seiner Welt und insbesondere den erhabenen und unvergleichlichen Meister We-to-feng kennenzulernen, soviel Kummer macht er mir dadurch, daß er die Sache mit dem Ausleihen des Zeit-Kompasses nicht vergißt. Er kommt immer wieder drauf zu sprechen. Ich kann ihm die Bitte nicht gut rundweg abschlagen, da er mir doch so viel Gutes getan hat, namentlich zu Anfang meines Aufenthaltes hier. Inzwischen kann ich mich ja nahezu selbständig bewegen, tue es auch und brauche seine Hilfe fast nicht mehr. Ohne Zweifel merkt er an meinen Ausflüchten, daß ich alles andere als glücklich bin über seine Bitte. Sonst sehr rücksichtsvoll und feinfühlig, übersieht oder übergeht er mein Zögern. Heute früh, bei unserem ausgiebigen Frühstück, hat er schon wieder damit angefangen. Dazu ist zu sagen, daß nicht jeder Tag so ein Frühstückstag ist. Es gibt einen gewissen Turnus, in dem zwei Tage wiederkehren, an denen die Großnasen nicht arbeiten. Das hängt mit der Zeiteinteilung zusammen, die sie Wo-'cheng nennen. Ich habe dir schon davon geschrieben. Heute und morgen sind solche Tage. Herr Shi-shmi verläßt da oft seine Wohnung gar nicht. Am ersten dieser Tage sind bis Mittag wenigstens die Läden der Kaufleute geöffnet. Am zweiten Tag – den sie »Tag des himmlischen Gebieters« nennen oder »Tag der Sonne« – ruht jeder sichtbare Geschäftsverkehr. Das heißt aber nicht, daß die Großnasen an diesem Tag der Ruhe pflegen und endlich in sich gehen und nachdenken; nein: sie laufen und fahren just an diesen Tagen, wenn möglich, noch aufgeregter herum und führen ihre Kinder und sehr viele Hunde in die Parks. Die Hunde sind oft sehr fett, werden aber nicht gegessen; aber das habe ich Dir, glaube ich, schon berichtet.

An solchen Tagen also, wenn sich Herr Shi-shmi nicht so früh von seinem Lager erhebt wie sonst, bereitet er ein fast zeremoniöses Frühstück. Gelegentlich trinken wir da sogar schon ein Glas Mo-te Shang-dong oder zwei. Wir lieben beide diese ausgedehnte Frühstückszeit und die zwanglosen Gespräche dabei. Aber heute hat er wieder damit angefangen, daß ich ihm doch meinen Zeit-Kompaß und meine Tasche leihen soll.

Ich verbeugte mich zu Zwei Dritteln vor ihm und sagte: »Allerhöchstwürdiger Freund sowie Meister der historischen Wissenschaften Shi-shmi-tzu, mächtiger Gebieter über eine unabsehbare Schar gelehriger und folgsamer Schüler, die an der ohne Zweifel überaus bedeutenden Gelehrten-Akademie von Min-chen zu deinen nicht genug zu preisenden Füßen sitzen sowie deine bedeutungsschweren Worte von den wohlgeformten Lippen saugen, Herr dieser köstlichen Wohnung und nicht zuletzt überaus edler Gastgeber und unschätzbarer und geliebter Freund, erlaube mir, daß ich unwürdiger und außerdem höhere Zusammenhänge zu erfassen unfähiger Schmutz-Wurm einige Bedenken vorbringe, die natürlich deinen erhabenen und unanfechtbaren Argumenten gegenüber ohne jede Hoffnung unterlegen sind.« Ich führte alles an, was wir – Du, liebster Dji-gu, und ich – seinerzeit selber an Einwänden gegen unseren Plan geprüft haben: was ist, wenn er über das Zeit-Ende hinausschießt, sei es durch einen Berechnungsfehler, sei es, daß der Lauf der Welt eher zu Ende ist, als wir meinen? Dann kommt man womöglich irgendwo an, wo nichts mehr ist. Oder man löst sich, ehe man sich's versieht, in Dampf auf. So was ist schnell passiert. Aber Herr Shi-shmi meinte, er sei so neugierig auf eine Zeit-Reise, daß er das Risiko in Kauf nehme. Ja, sagte ich: schon gut, aber ich? Wie stehe ich dann da ohne meine Reisetasche? Bin für den Rest meines Lebens hierher verbannt und verzehre mich vor Sehnsucht nach meiner Shiao-shiao und überhaupt meiner Heimat-Welt. Auf die Dauer gesehen wäre mir die Dame Pao-leng da auch kein Trost.

Das gleiche Problem wäre gegeben, wenn dem Zeit-Kompaß (unter seinen groben Großnasen-Händen, das dachte ich mir dazu, sagte es aber nicht) etwas zustoße.

Ja, sagte er: das alles sehe er ein. Aber er wolle versprechen, wie auf seinen Augapfel auf den Kompaß aufzupassen. Außerdem wolle er gar nicht tausend Jahre weiter in die Zukunft reisen, sondern nur zwanzig. Wenn meine tausendjährige Reise so glatt vor sich gegangen sei, werde doch auch wohl bei einer bloß fünfzigjährigen (womit er zwanglos seine Bitte innerhalb von zwei Sätzen um dreißig Jahre hinaufschraubte) nichts passieren. Seinen flehentlichen Bitten war endlich meine Ablehnung nicht mehr gewachsen. Ich wand mich hin und her und versprach zuletzt, es mir bis heute abend zu überlegen … aber: ich werde wohl nicht umhin können, seiner Bitte zu willfahren. Nie mehr – außer nach meiner endgültigen Rückkehr – werde ich so erleichtert sein wie dann, wenn er wieder da sein wird.

Ich weiß, mein Geliebtester, daß dieser Brief kürzer ist, als Du vielleicht inzwischen gewohnt bist (obwohl immer noch länger als Deine Briefe, die Du aber mit so ausgesucht schöner Schrift schreibst, viel zu schön für Mitteilungen an einen so unwürdigen Freund wie mich), aber ich muß mich eilen. Ich gebe zu: ich bin in diesem Punkt schon von der Hast der Großnasen angesteckt. Aber was will ich machen? Ein einzelner kann sich nicht gegen den rasenden Strom von Geröll stemmen, in dem das Leben in dieser Welt zu Tal stürzt. Ich bin in Eile: ich muß diesen Brief zum Kontaktpunkt bringen; dann begebe ich mich in eines der fahrenden Eisenhäuser und fahre damit zu Frau Pao-leng, die mich erwartet.

Die Zeit meines Aufenthaltes in dem Haus von Herrn Shi-shmi neigt sich ihrem Ende zu. In den nächsten Tagen kommt die Ehrwürdige Mutter Witwe Shi-shmi. Ich werde in ein öffentliches Gästehaus ziehen, wie sie hier in der Stadt vielfach Fremden gegen Bezahlung zur Verfügung stehen. Frau Pao-leng hat mir versprochen, ein mir angemessenes, bequemes und in der Nähe ihrer Wohnung befindliches auszusuchen. Wir werden heute – unter anderem – darüber sprechen. So eile ich denn, grüße Dich aber auf das innigste und bin

Dein ferner Freund Kao-tai

### *Siebzehnter Brief*

(Donnerstag, 3. Oktober)

Liebster Dji-gu.

Heute haben wir den dritten Vollmond, seit ich auf diese ferne Welt meinen Fuß gesetzt. Die Tage werden kürzer, die Nächte sind schon merklich kühler, aber das Wetter dieses Herbstes ist sonst überraschend schön und mild.

Für Deine in letzter Zeit so überraschend häufigen Briefe danke ich Dir, auch für Deine herzliche Anteilnahme an meiner Bekanntschaft mit der Dame Pao-leng, die sich in so vielen freundschaftlichen Fragen äußert. Daß der Vizekanzler den Vorschlag einer Heirat zwischen seinem trotz seines Schielens die Erde überstrahlenden Sohn mit einer meiner lehmverkrusteten, abscheulichen Töchter, nach deren Hand sich andere, gleichrangige Väter die Finger abschlecken würden, abgelehnt hat und weiterhin auf seinem Vorschlag hinsichtlich meines kostbaren Deckhengstes beharrt, finde ich – um einen Ausdruck der Großnasen zu gebrauchen – »einen dicken Hund«. Wenn man etwas »einen dicken Hund« findet, meint man in der Sprache der Großnasen: es sei eine dreiste Ungehörigkeit. Was denkt sich der Kerl? Was ist schon ein Vizekanzler? Ich muß schließlich an die Versorgung meiner Töchter denken. Sie werden auch nicht jünger. Geh hin zu ihm, ich bitte Dich, und sage ihm, daß er Dir eine Liste seiner Stuten nebst genauem Stammbaum geben soll. Schreibe mir dann aus der Liste diejenigen Stuten ab (auch den Stammbaum, versteht sich), die Deiner Meinung nach für meinen köstlichen »Weißen Traum vom zunehmenden Mondviertel« in Frage kämen. Dann werden wir weitersehen. Aber bedeute ihm gleich – ich meine dem Vizekanzler –, daß ich nur bereit bin, ihm den Hengst zum Decken der Stute zu überlassen, wenn sein Sohn mindestens *eine* meiner Töchter heiratet. Nein, sage ihm: mindestens zwei. Auf eine herunterhandeln lassen können wir uns immer noch. –

Ich wohne nun, seit vorgestern, in einem öffentlichen Gästehaus. Hong-tel heißen diese Häuser und sind nicht gleichzeitig Bordell; jedenfalls habe ich noch nichts davon gemerkt. Ich schreibe diesen Brief schon in der Großen Halle dieses Hong-tel, das den Namen »Hong-tel von den vier Jahreszeiten« trägt. Frau Pao-leng hat alles für mich geregelt. Sie hat mir auch eines dieser seltsamen viereckigen Lederetuis geliehen – die Ko-feng heißen –, ohne die die Großnasen nie zu verreisen pflegen. Sie hat gesagt: in diesem Etui kann ich meine Großnasenkleidung befördern und überhaupt alle Sachen, die sich inzwischen als mein Eigentum hier angesammelt haben. Außerdem, sagt sie, sei es nicht gut, wenn einer ohne Ko-feng in so ein vornehmes Gästehaus wie dieses Hong-tel kommt. Der Beschließer könne meinen, man sei eine unbedeutende Person, wenn man ohne Ko-feng eintrifft. Der Rang werde an Anzahl und Größe der Ko-feng gemessen. Frau Pao-leng hat mich mit ihrem A-tao-Wagen bei Herrn Shi-shmi abgeholt, obwohl sie, wie sie sagt, unvorstellbar viel zu tun hat – frage mich nicht: was? Ich weiß es nicht. Außer dem Etui, in das sie meine Sachen packte, brachte sie noch weitere drei gefüllte Ko-feng mit, damit ich als Inhaber von vier Ko-feng mit gebührendem Respekt im Hong-tel behandelt werde. Ich muß nun zwar ziemlich weit fahren, um zum Kontaktpunkt für unsere Briefe zu gelangen, aber dafür wohnt Frau Pao-leng in einem Haus, das hier ganz in der Nähe liegt. Wenn ich nicht zu kleine Schritte mache, brauche ich fünfhundert. –

Der Abschied von Herrn Shi-shmi war sehr herzlich. Wir beschlossen, daß durch meinen Umzug unsere Verbindung keineswegs abreißen würde. Für einen der nächsten Tage verabredeten wir uns, damit er mich in eine Gerichtsverhandlung führen könne. Das private Leben der Großnasen habe ich ja nun schon kennengelernt; es ist Zeit, daß ich mich dem Studium des öffentlichen Lebens zuwende. Außerdem werde ich regelmäßig die Musikabende von Herrn Shi-shmi und seinen drei Musik-Freunden besuchen. (Vor drei Tagen habe ich – mit womöglich noch tieferer Erregung – den zweiten dieser Abende erlebt.) So wird der Kontakt mit Herrn Shi-shmi nicht abbrechen. Auf die Sache mit dem Ausleihen des Kompasses sind wir damals abends dann noch zu sprechen gekommen. Ich habe Dir ja geschrieben: ich war entschlossen, dem Drängen Herrn Shi-shmis nachzugeben. So habe ich es dann auch gesagt. Herr Shi-shmi hat mir sehr stark gedankt. Am liebsten wäre er gleich losgefahren, aber es tauchte die Schwierigkeit auf, an die er nicht gedacht hatte, daß ja seine Frau Witwe-Mutter Shi-shmi zu Besuch zu erwarten war. Eine Abwesenheit des Sohnes in dieser Zeit wäre unschicklich. Also verschob Herr Shi-shmi die Zeit-Reise schweren Herzens bis auf die Zeit nach dem Ende des Besuches seiner Mutter. Daß ich über diesen Aufschub erleichtert war, brauche ich dir nicht zu schreiben. Vielleicht vergeht ihm bis dorthin die Lust doch noch. Den Kompaß habe ich hier im Hong-tel bei mir.

Als mich Frau Pao-leng abholte, schaute Herr Shi-shmi ziemlich verwirrt – unbeschadet der Herzlichkeit unseres Abschiedes –, denn er ist sich natürlich nicht im Klaren darüber, welcher Art die

Beziehungen sind, die sich zwischen der Dame und mir entwickelt haben. Da ich zwar in seinem Gesicht einen Teil seiner Gedanken lesen kann, er die meinen bei mir aber nicht (das hat er oft gesagt), war er ganz unschlüssig. Frau Pao-leng aber benahm sich, wie es ihre Art ist, freundlich und ungezwungen. Und was geht das auch letzten Endes Herrn Shi-shmi an, auch wenn er mein Freund ist und ich ihm viel verdanke.

Ja: ich kann in den Gesichtern der Großnasen einen Teil, sogar einen großen Teil ihrer Gedanken lesen, sie können das umgekehrt bei mir nicht. Warum? Herr Shi-shmi, mit dem ich in aller Offenheit auch darüber gesprochen habe, sagt: er habe früher schon mehrere Angehörige unseres Volkes kennengelernt, also heute lebende Ur-Enkel von uns, die, wie er sagt, äußerlich meiner Erscheinung doch sehr ähnlich seien. Auch bei denen sei ihm immer schwergefallen, im Gesicht zu lesen. Bekanntermaßen, fuhr er fort, ginge es allen Großnasen so, und sie empfänden unser normales Alltagsgesicht als lächelnde, um nicht zu sagen grinsende Maske und damit als tückisch, weil sich unfreundliche Reaktionen nicht vorher durch Veränderungen des Mienenspiels ankündigten.

Ich erkläre mir das so: die Großnasen haben ganz grobe Gesichtszüge. Sie haben ebendiese großen Nasen, haben hervorquellende runde Augen, wulstige Lippen, ein hervortretendes Kinn und riesige Zähne. So ein Ungetüm an Gesicht im Zaum zu halten, vermag auch die stärkste Seele nicht. Jede Seelenregung setzt sich somit ins Gesicht fort, und da das Gesicht grob ist, spiegelt sich selbst die edelste Regung (die unedlen um so mehr) in verzerrter, vergröberter Weise in den Zügen. Wenn sie froh sind, fletschen die Großnasen die Zähne, verziehen den Mund nach oben – wenn sie böse sind, fletschen sie auch die Zähne, verziehen aber den Mund nach unten oder schieben die Unterlippe vor. Häufig werden sie erschreckend rot dabei. Das sind einfache Beispiele. Für den Unkundigen sieht alles bedrohlich aus, wie Du Dir vorstellen kannst, und ich brauchte meine Zeit, um die Unterschiede zu lernen. Heute finde ich es nicht mehr bedrohlich; es oft komisch zu finden, kann ich nicht verhindern. Nicht einmal bei Frau Pao-leng.

Herr Shi-shmi trug also – er ließ es sich nicht nehmen – das Lederetui Ko-feng, in dem meine Sachen verpackt waren, hinunter. Ich trug meine Tasche. Ich verabschiedete mich mit einer Drei-Viertel-Verbeugung und einigen schmeichelhaften Redewendungen von Frau Witwe-Mutter Shi-shmi, die dabei die Zähne fletschte, und bevor Frau Pao-leng und ich in den kleinen A-tao-Wagen stiegen, umarmte ich Herrn Shi-shmi und dankte ihm in einer längeren Rede für die unzähligen Wohltaten, die er mir erwiesen hat.

Im blauen A-tao-Wagen von Frau Pao-leng war es – wir hatten ja vier dicke Ko-feng dabei und meine Reisetasche – sehr eng, wir kamen aber gut vorwärts, und sie wühlte sich mit ihrem A-tao-Wagen höchst geschickt durch das Chaos auf den Straßen, so daß wir schon nach kurzer Zeit im Hong-tel ankamen. Dort riß ein Diener das Türchen des A-tao-Wagens auf und – was ich sogleich in seinem groben Gesicht lesen konnte – wunderte sich, daß zwei Personen nebst vier Ko-feng und einer Reisetasche in dem winzigen Gefährt Platz hatten.

Es ergab sich sogleich eine peinliche Schwierigkeit. Um sie zu erklären, muß ich weiter ausholen und Dich daran erinnern, daß ich schon vor einiger Zeit die Verehrung der Großnasen für das Papier erwähnt habe, die so weit geht, daß man diese Welt, ohne ihr unrecht zu tun, als Papier-Kultur bezeichnen kann, was schon daraus erhellt, daß sie mit Papier zahlen. Jede Großnase muß ein bestimmtes, nur ihr gehöriges, sie persönlich betreffendes kleines Papier-Büchlein haben und, wenn es geht, mit sich führen, in dem alle möglichen Angaben über den Inhaber vermerkt sind (zum

Beispiel: wann ihn seine Mutter geboren hat und wo, was doch bei uns keinen Menschen interessieren würde, auch, wie groß er ist usw.); auch ein kleines Bild ist eingeheftet. Diese Papier-Büchlein sind ungeheuer wichtig, so wichtig, daß sie quasi die Hälfte der Person bilden. Verstehe: die Großnasen bestehen aus zwei Hälften; die eine Hälfte ist der lebendige Mensch aus Fleisch und Blut, die andere Hälfte das Papier-Büchlein. Die eine Hälfte ist ohne die andere nichts. Ich sagte zu Frau Pao-leng, daß ich versuchen werde, nach dem Muster ihres Papier-Büchleins eins für mich anzufertigen, das dürfte doch nicht schwer sein. Nein, sagte sie. Solche Papier-Büchlein stelle nur ein bestimmtes Amt aus. Ein nachgemachtes würde sofort erkannt, und ich würde dann für einen Räuber oder Mörder, mindestens für einen Tagdieb angesehen werden. Gut, sagte ich, dann gehen wir eben auf das betreffende Amt, und ich kaufe so ein Papier-Büchlein. Aber auch das geht nicht, denn dazu braucht man wiederum andere »Papiere«, über die ich natürlich auch nicht verfüge, und so fort. Das sei alles äußerst kompliziert. Sie werde zwar versuchen, mir ein solches Papier-Büchlein zu verschaffen, das brauche aber seine Zeit. Sie müsse da – unter geeigneten Ausflüchten – gewisse Freunde einschalten (unter anderem den mit dem unaussprechlichen Namen, der an jenem ersten Abend mit Herrn Shi-shmi und mir bei ihr war) und so fort.

Ich wurde im Hong-tel sogleich mit der Schwierigkeit, kein solches Papier-Büchlein zu besitzen, konfrontiert, denn der Ober-Beschließer des Hong-tels, ein ganz dicker Großnasen-Mann ohne Haare, der sich äußerst gravitätisch gebärdete, verlangte als erstes die Vorlage meines Papier-Büchleins. Frau Pao-leng redete mit sehr vielen und raschen Worten mit dem Ober-Beschließer. Ich verstand nicht alles, nur so viel, daß sie behauptete, ich hätte durch eine Verkettung unglücklicher Umstände mein Papier-Büchlein verloren. Zum Glück kannte Frau Pao-leng den Vorgesetzten des Ober-Beschließers, der dann geholt wurde. Auch mit dem Vorgesetzten redete Frau Pao-leng, verbürgte sich dafür, daß ich ein vollständiger Mensch auch ohne Papier-Büchlein sei, und die Tatsache, daß ich den Gegenwert von zwei Silberschiffchen (große braune Papier-Zettel) als Vorauszahlung für meine Aufenthaltskosten hinlegte, tat ihr übriges, und so begnügten sich der Vorgesetzte und der Ober-Beschließer damit, daß ich unter ein für mich unverständliches kleines Schriftstück in gedruckten Lettern in der Schrift der Großnasen (das habe ich länger schon gelernt) den Namen »Kao-tai« malte.

Das Hong-tel »Von den vier Jahreszeiten« ist groß und glänzend und könnte ohne weiteres – im Stil der Bauwerke der Großnasen – für einen Palast eines Kanzlers gehalten werden. Es liegen dicke Teppiche aus, und alles ist hell erleuchtet. Eine Vielzahl von Sälen, Fluren und Treppen verwirrt den Besucher, und überall stehen Diener herum, die einem behilflich sind. Alle erwarten aber auch sofortiges Trinkgeld. Ich solle nicht zuviel geben, sagte mir Frau Pao-leng. Das leuchtet mir ein, denn es ist wie bei uns: der wirklich vornehme Mensch gibt ein kleines Trinkgeld. Nur Hochstapler werfen damit um sich.

Es gibt in dem Hong-tel zwar viele Treppen und Stiegen, aber die Großnasen sind zu faul, sie zu benutzen. Es sind daher spezielle Mechanismen eingebaut, die einem das ersparen. Diese Mechanismen bestehen aus winzigen Zimmern (in denen merkwürdigerweise immer einige Spiegel an der Wand hängen), die wie jene Eisenhäuser auf der Straße fahren, aber nicht horizontal, sondern vertikal. In so ein Gefährt stiegen wir ein. Ein Diener schleppte die Ko-feng. Wir fuhren in das zweite Stockwerk. Dort schloß der Diener eine Tür auf, stellte die Ko-feng ab und streckte die Hand aus. Ich gab ihm ein Trinkgeld, und der Diener verschwand. Frau Paoleng entkleidete sich unverzüglich und sagte, wir müßten das (im Übrigen: sehr prächtige und weiche) Lager einweihen. Sie legte auch ihr Augen-Gestell ab, und ich genoß die wie immer außerordentlichen Freuden der Liebe, die Frau Pao-leng zu bieten nicht müde wird. Sie entzückte mich diesmal mit der Variante »Sommerwind«, und ich befürchtete, daß sie das Kissen – das ja dem Inhaber des Hong-tel gehört und nicht mir – zerbeißen würde.

Danach ließ ich durch einen Diener eine Flasche Mo-te Shangdong kommen. Dame Pao-leng verbarg, während der Diener die Flasche ins Zimmer brachte, ihren Goldleib hinter dem Vorhang.

Mein Zimmer ist sehr groß, viel größer als das, das ich in der Wohnung von Herrn Shi-shmi bewohnt habe. Das Zimmer hat mehrere große Fenster, die auf die Straße hinausgehen, sowie einige Nebenräume. Die Straße ist weit belebter als diejenige, in der Herrn Shi-shmis Wohnung liegt. Wenn ich den schweren Vorhang beiseite schiebe und an die Scheiben aus Glas trete, kann ich das Treiben der Großnasen beobachten. Viele A-tao-Wagen fahren hin und her, auch der vorgezeichnete Eisenweg der rollenden Häuser verläuft durch diese Straße, so daß sich auch diese Eisen-Häuser noch durch das Gewirr zwängen. Dazwischen laufen die Großnasen kreuz und quer durcheinander, und es ist absolut kein Sinn in ihrer Unrast zu erblicken, so oft ich auch dieses Chaos betrachte, und ich stehe oft bei beiseite geschobenem Vorhang am Fenster und beobachte. Manchmal, wenn es Abend wird, und Frau Pao-leng hat keine Zeit, und Herr Shi-shmi ist ja auch nicht mehr immer um mich, fühle ich Heimweh in dem großen Hong-tel. Der Mond wird noch oft wechseln, bis ich heimkehren kann. Vergiß nicht, zum Vizekanzler zu gehen.

Es grüßt Dich Dein ferner Freund

Kao-tai

*Achtzehnter Brief*

(Sonntag, 13. Oktober)

Lieber Dji-gu.

Ich habe in einem meiner letzten Briefe geschrieben, daß nun die Zeit für mich gekommen ist, nach dem privaten Leben der Großnasen das öffentliche Leben, und namentlich das ihres Staates zu erforschen. Nicht zuletzt deshalb habe ich die Wohnung von Herrn Shi-shmi verlassen und bin hierher ins Hong-tel gezogen. Ich habe schon einige interessante Bekanntschaften gemacht, aber davon später. Heute will ich Dir von den öffentlichen Lustbarkeiten der Großnasen berichten.

Längst schon habe ich erkannt, daß sowohl Herr Shi-shmi wie auch Frau Pao-leng nicht als Maßstab für die Beurteilung der gängigen, allgemeinen Großnasen betrachtet werden können. Frau Pao-leng ist eine Frau von gehobener Bildung, und Herrn Shi-shmi würden wir ohne weiteres – ungeachtet gewisser verquerer Ansichten – als Philosophen betrachten; außerdem ist er in der Kunst der Musik bewandert. Herr Shi-shmi und Frau Pao-leng ragen aus der Masse der Großnasen heraus.

Nun wälzt sich aber also da die grobgesichtige Masse der grauen Leute durch die Straßen und blickt freudlos. Ich sagte Dir schon: es ist leicht, in ihren Gesichtern zu lesen. Fast auf allen Gesichtern ist Mißgunst zu finden. Ob das von der Rindsmilch kommt, die sie ständig trinken? Oder macht sie ihr gehetztes Leben, ihr ständiges Fort-Schreiten, unzufrieden? Und vielleicht wissen sie das gar nicht?

Ich habe nicht angenommen, daß es öffentliche Lustbarkeiten für die Großnasen gibt; aber es gibt sie doch. Ich sage Dir: sie sind schrecklicher als der Mißmut. Es ist schon länger her, es war noch, bevor ich Dir den letzten Brief geschrieben habe, da hat mich Herr Shi-shmi zu einer solchen öffentlichen Lustbarkeit mitgenommen. Es sei dies, sagte er, einer der Höhepunkte des Jahres und dauere knapp einen halben Mond. »Das Fest des Herbstmondes« heißt es und spielt sich auf einer gigantischen Wiese etwas abseits vom Zentrum der Stadt ab. Es ist nahezu unbeschreiblich. Ich glaube, daß ich mich nie so geekelt habe wie dort. Dennoch bin ich einige Stunden geblieben. Schon von weitem leuchtete der Himmel über den Häusern, als ob eine Feuersbrunst ausgebrochen sei. Tosender Lärm hüllt einen ein, je näher man kommt. Obwohl ich mich sonst doch schon recht frei hier bewege, klammerte ich mich an den Arm von Herrn Shi-shmi. Aus Tausenden von Schellen, Trommeln und Rasseln quoll ein unversiegender Strom von kreischendem Lärm. Es soll Musik sein. Man kann sich nur schreiend unterhalten. Was würde Euer Meister We-to-feng zu diesem Lärm sagen? schrie ich. Er war ja taub, schrie Herr Shi-shmi zurück. Das kann ich jetzt verstehen! schrie ich.

Zunächst erkannte ich gar nichts. Als sich meine Augen an das Blenden und Blitzen gewöhnten, das zahllose grelle Lampen verbreiteten, sah ich riesige Räder sich drehen, Schaukeln flogen, überall saßen Großnasen und ließen sich furchtlos oder, besser gesagt, selbstmörderisch durch die Luft schleudern. Überall stank es, denn zu der Lustbarkeit gehört es offenbar, daß sie ihre Notdurft verrichten, wo immer sie der Drang überkommt, und da ein Hauptteil der Lustbarkeit darin besteht, daß sie Ma-'ßa und Halbal in ungeheuren Mengen trinken, müssen sie auch sehr viel von sich geben.

Ich weigerte mich natürlich, mich auf so ein Rad schnallen oder an so eine fliegende Kette hängen zu lassen. Aber ich folgte dann, nachdem ich – immer noch an den Arm meines Freundes geklammert – einen Rundgang von vielleicht einer Stunde gemacht hatte, Herrn Shi-shmi in eine der Haupt-Trink-Stätten. Das sind unvorstellbar riesige Zelte, in denen es vor Menschendampf wie in einem Stall riecht. Eine Gruppe von Musikern spielte auf sehr dicken Trompeten auf einem Podium in der Mitte äußerst kräftige Musik, die mit der des Meisters We-to-feng nicht das geringste zu tun hat. Die meisten Leute sind grün gekleidet und tragen stark lächerliche Hüte. Unvorstellbar dicke Dienerinnen, die – wie mir Herr Shi-shmi sagte – eigens darin ausgebildet sind, zehn, zwölf und noch mehr Ma-'ßa-Krüge gleichzeitig zu schleppen, stampfen von Tisch zu Tisch und verteilen die Krüge. Die Großnasen, oft mit merkwürdigen Insignien geschmückt, mit Papierblumen bekränzt oder mit Haarbüscheln am Hut, schlagen sich auf die Schenkel und schreien ohne ersichtlichen Grund. Sie öffnen den Mund weit und schütten das Ma-'ßa-Getränk, kaum daß ihnen die Dienerin den Krug gebracht hat, in den Schlund. In regelmäßigen Abständen spielt die ohnedies alles übertönende Musik noch lauter ein sehr kurzes, offenbar äußerst beliebtes Lied, dessen Sinn mir nicht ganz klar war. Es lautete: Wan-tswa-xu-fa …, worauf auf einer gewaltigen Trommel drei mächtige Schläge erdröhnen. Das ist das Zeichen, daß jeder seinen Ma-'ßa-Krug ergreift und soviel in sich hineingießt, wie ihm möglich ist. Danach entlädt sich ein Brüllen, und alle schreien nach den Dienerinnen, damit neues Ma-'ßa gebracht wird. In riesigen Fässern wird es von draußen herangerollt, und dämonische Berserker in Lederschürzen mit Händen wie Schaufeln stechen die Fässer an bestimmten Stellen an, aus denen sich dann die Flüssigkeit in die Krüge ergießt.

Es bleibt natürlich nicht aus, daß die sehr bald berauschten Großnasen entweder untereinander oder mit den Krug-Dienerinnen zu streiten anfangen. Das artet oft blitzartig in eine Schlägerei aus, und dann kommt so ein Dämon mit Schaufelhänden, ergreift den zappelnden Unruhestifter und schleudert ihn aus dem Zelt hinaus. Das ist stets von mehr oder weniger freudigen Zurufen begleitet, und unmittelbar danach spielt die Musik wieder das beliebte: Wan-tswa-xu-fa … und alle singen mit ihren tiefen Stimmen mit.

Das geht fast bis gegen Mitternacht so, dann werden die Lichter gelöscht und keine Fässer mehr hereingerollt. Die zu der Zeit längst besoffenen Großnasen schlagen – sofern sie nicht schon unter den Tischen liegen – mit den Krügen auf die Tische, weil sie weiteres Ma-'ßa wollen. Sie kriegen aber keines mehr. Die Stadtverwaltung ist immerhin so weise, daß sie, aus Angst wohl, daß die Großnasen sonst die ganze Stadt zertrümmern würden, nur begrenzten Ma-'ßa-Ausschank zuläßt. Auch die Musiker packen ihre Instrumente ein. Nur noch das Grölen und Rülpsen der Trinker ist zu hören. Endlich kriechen sie nach Hause.

Auch wir gingen vorsichtig, um nicht in Kot oder Erbrochenes zu treten, und ich war wie betäubt. Vierzehn Tage halten die Großnasen das durch. Dabei vergessen sie oder vertreiben mit Gewalt und zwanghaft ihren Mißmut. Viele werfen, sofern sie noch in der Lage dazu sind, ihre Hüte in die Luft und stoßen dabei kurze, gellende Rufe aus. Viele steigen dann in ihre A-tao-Wagen und fahren gegen Bäume, was die anderen besonders komisch finden. Das ist die Lustbarkeit der Großnasen. Ich habe Herrn Shi-shmi gefragt: ob das denn *ihm* wirklich gefalle? Nein, hat er gesagt, aber er sei mit mir hergegangen, weil er meine, ich müsse das auch sehen. Damit hat er freilich recht.

Eine andere Lustbarkeit öffentlicher Art, hat mir Herr Shi-shmi gesagt, finde im Winter statt. Im Gegensatz zum »Fest des Herbstmondes«, dem man sich dadurch entziehen kann, indem man nicht hingeht, sei das Winterfest umfassend, und dem könne keiner entgehen. Ich werde es zwangsläufig erleben, sagte Herr Shi-shmi. Näheres äußerte er nicht.

Jetzt, wo ich dieses schreibe, ist das »Fest des Herbstmondes« schon vorbei. Es geht so schnell, wie es gekommen ist. Die Großnasen brechen die Ma-'ßa-Zelte und Lustbuden ab und transportieren die Trümmer irgendwohin. Zurück bleibt eine Wiese voll Dreck. Was sie mit dem Dreck tun, weiß ich nicht. Wahrscheinlich verlassen sie sich darauf, da es ohnedies fast immer regnet, daß der Regen im Lauf des Jahres bis zum nächsten »Fest des Herbstmondes« alles wegschwemmt. Der Dreck auf den Straßen übrigens wird meiner Beobachtung nach dadurch beseitigt, daß die Großnasen mit ihren A-Tao-Wagen drüberfahren. Dadurch wird der Dreck zerkleinert, zerdrückt, pulverisiert und endlich vom Wind weggeweht. Daher der ständige ölige Ruß in der Luft, an den die Großnasen aber gewöhnt sind. Ich wunderte mich immer schon die ganze Zeit, daß die Tiere und Pflanzen das aushalten. Über dieses Problem habe ich viel nachgedacht, bin aber bis vorgestern zu keiner Lösung gekommen. Vorgestern aber habe ich in der Halle dieses Hong-tels hier einen hochinteressanten Mann kennengelernt. Du mußt Dir das so vorstellen: die Halle des Hong-tel, eigentlich eine Vielzahl von ineinandergehenden, mit Teppichen ausgelegten, zum Teil durch kurze Treppen oder Balustraden voneinander getrennte, sehr prächtige Hallen, steht allen Gästen des Hong-tel zur Verfügung. Es stehen kleine Tische herum und sehr bequeme Sessel. Diener laufen hin und her und befragen einen nach seinen Wünschen. Ich sitze gern da, denn es gibt immer etwas zu beobachten, und da viele andere Leute (übrigens auch Frauen) hier sitzen, kommt man leicht ins Gespräch.

Vorgestern ging ich in die Halle hinunter und sah an einem Tisch einen Herrn sitzen, der mir nicht zur primitiven Art der Großnasen zu gehören schien. Er war riesig, wie fast alle Großnasen, und hatte einen gewaltigen runden Bart von schwarzer Farbe. Er las in einem Buch. Kein anderer kleiner Tisch war frei, also trat ich zu ihm, machte eine Drittel-Verbeugung und sagte: »Erlaubt der Ehrwürdig-bärtige Mandarin in seiner selbst von fernen Urenkeln noch zu preisenden Gutmütigkeit sowie Langmut, daß ein nichtsnutziger Angehöriger eines fernen, zwergenwüchsigen Volkes die Luft um den herrlichen Tisch hier verschmutzt und sich hersetzt?«

Der Bärtige blickte kurz auf, schaute verdutzt, fletschte aber dann die Zähne und sagte: »Aber bitte.« Er sagte nur das: »Aber bitte.« Höflichkeitsformeln sind unter Großnasen nicht üblich. Ich weiß das längst; ich weiß auch, daß meine höflichen Anreden – obwohl ich sie ohnedies, wie Du an der eben wiedergegebenen siehst, schon auf ein nahezu beleidigendes Maß verkürze – von den Großnasen oft mißdeutet und schlecht gewürdigt werden. Dennoch kann ich mir die Höflichkeit nicht abgewöhnen, bin auch nicht gewillt, es zu tun. Ich bin außerstande, die durch meine Erziehung und die ewigen – na ja … »ewigen« – Grundsätze des Konfuzianismus in mir eingeprägten Seelenzüge zu verleugnen. Daß sie die Welt hier nicht ändern werden, ist natürlich klar. Aber ich fühle mich wohler dabei. Das habe ich auch Frau Pao-leng gesagt, die mich gebeten hat, wenigstens während des Liebesaktes auf höfliche Reden und lobende Erwähnungen ihrer verschiedenen Körperstellen zu verzichten.

»Aber bitte«, sagte also der Bärtige, und ich setzte mich unter nochmaliger Verbeugung. Als der Diener kam, bestellte ich für mich ein Getränk, das ich hier im Hong-tel schätzengelernt habe: ein starkes rotes Wasser, das Kang-pa-li heißt. Der Bärtige las zunächst weiter, aber als ich aus meinem kleinen Lederetui (dem Abschiedsgeschenk von Herrn Shi-shmi) eines jener wohlriechenden Brandopfer meiner bevorzugten Sorte Da-wing-do in den Mund steckte und anzündete, schaute er von seinem Buch auf und schnupperte wohlgefällig. Ich bot ihm eine Da-wing-do aus meinem Etui an. Er nahm sie und dankte, und so kamen wir ins Gespräch. Später tranken wir noch eine Flasche Mo-te Shang-dong.

Der Herr – er wohnt immer noch hier im Hong-tel, ich sehe ihn oft – ist ein Meister der Waldpflege, stammt aus einer nördlichen Stadt, wo er an einer Gelehrten-Akademie unterrichtet, und hält sich in Min-chen zu Studienzwecken auf. Seinen eigentlichen Namen, sagte er, könne ich sicher nicht aussprechen und noch weniger mir merken. Er nannte mir deshalb seinen Intimnamen. Die Großnasen haben nämlich immer mindestens zwei Namen: einen öffentlichen und einen, manchmal zwei, mit dem sie im familiären Kreis angeredet werden. Der öffentliche Name des Herrn Shi-shmi ist eben »Shi-shmi«, der familiäre Name Ma-ksi-mai-lan; so nennen ihn etwa seine Musik-Freunde; seine Frau Witwe-Mutter aber nennt ihn »Ping-tsi«. Herrn Shi-shmis Frau Witwe-Mutter heißt mit öffentlichem Namen auch Shi-shmi, mit familiärem Intimnamen Yo-cha-na, Herr Shi-shmi aber nannte sie Ma-'ma. Frau Pao-leng heißt mit Intimnamen Ak'-ga-ta. Über weitere Intimnamen verfügt sie nicht. Ich nenne sie aber: »Frühlingsmandelbäumchen in der Morgensonne«. Aber dies nur nebenbei.

Der bärtige Herr also sagte: ich solle ihn der Einfachheit halber mit seinem Intimnamen anreden, und der laute Yü-len.

Ich sprach mit Meister Yü-len – denn er hat wohl den Anspruch auf diese Anrede – über den Ruß in der Luft.

Das sei allerdings ein Problem, sagte Yü-len-tzu, ein Problem, das die Großnasen lange Zeit nicht erkannt hätten. Meine Frage, sagte er, ob die Tiere und Bäume denn den beständigen Ruß in der Luft vertragen könnten, könne er mir nur hinsichtlich der Bäume beantworten, denn von Tieren verstehe er nichts, von Bäumen aber schon, und da müsse er die eindeutige Antwort geben: nein. Die Bäume vertragen es nicht, oder besser gesagt: nicht mehr. Und was passiert? fragte ich. Ganz einfach, sagte Meister Yü-len, die Bäume verkümmern, werden fahl und welk, lassen die Zweige hängen, sterben ab und fallen um; erst die Nadelbäume (bei denen sei es jetzt soweit) und später die Laubbäume. Wenn ich mit ihm an bestimmte Stellen ins Land hinausfahren würde, sagte er, könnte er mir die räudigen Stellen im Wald zeigen, die in den letzten Jahren immer mehr um sich gegriffen hätten. Es würde nicht mehr lang dauern, dann würden nicht die räudigen Stellen als Inseln oder Lichtungen im Wald auffallen, in wenigen Jahren würden die noch heilen Stellen wie Büschel im Chaos der Rußkrätze stehen, bis endlich alles an Bäumen verschwunden sei.

Ich müsse mir das so vorstellen, daß jahrzehnte-, ja fast jahrhundertelang die Großnasen in ihrem Wahn vom Fort-Schreiten allen Unrat gedankenlos über den Wald und überhaupt über die Natur ausgegossen haben. »Die Bäume können nicht schreien und um Hilfe rufen«, sagte Yü-len-tzu. »Vergeblich wedeln sie stumm mit ihren Blättern. Gnadenlos wurden sie geschunden. Tapfer haben sie versucht zu widerstehen. Jetzt ist der Moment gekommen, in dem ihre Kraft erlahmt ist. In wenigen Jahren wird es wahrscheinlich keinen Wald mehr geben.«

»Ja«, sagte ich, »was wird denn da unternommen?«

»Im Grunde genommen: nichts«, sagte Meister Yü-len. »Ich und meinesgleichen schreien zwar – stellvertretend für die Bäume, sozusagen –, aber die Schmutzerzeuger sind stärker, und die Minister sind deren Freunde.«

»So«, sagte ich, »aha. Ich verstehe. Die Minister sind korrupt?«

»Ja«, sagte Meister Yü-len.

»Habe ich es mir doch gedacht«, sagte ich. – So hat sich die Welt also in dem Punkt nicht geändert, habe ich in Gedanken für mich hinzugefügt. Die Minister sind korrupt. Das alte Lied. Offenbar hält sich das Schlechte über die Jahrhunderte hinweg. Den Brand eines Hauses überleben die Wanzen.

»Ja, ja«, sagte Meister Yü-len. »Es gibt nur eine Hoffnung für den Wald: die Minister gehen gern auf die Jagd. Fast alle Minister gehen gern auf die Jagd.« (Aha: auch das ist nicht anders geworden.) »Es gilt als fein, vornehm und als Privileg, auf die Jagd zu gehen. Wenn es eines Tages soweit ist«, sagte Yü-len-tzu und hob die Hand, »daß der Wald auch dort verkommt, wo die Minister zur Jagd gehen, und daß es keine Rehe und Hirsche mehr gibt, die sie erlegen können, dann kann es sein, daß die Minister ein Interesse daran bekommen, den Wald zu retten. Aber dann ist es womöglich zu spät.«

Ich faßte große Zuneigung zu Yü-len-tzu.

»Ich weiß«, sagte ich, »daß es keinen Kaiser mehr gibt und auch keinen Wu, der den korrupten Ministern auf die Finger klopfen oder ab und zu einen köpfen lassen könnte ...« Meister Yü-len lachte.

»Ich kann Ihnen sagen«, fügte ich hinzu, »es wirkt oft Wunder, wenn ein korrupter Minister geköpft wird. Es ändert die Welt nicht, aber ein paar Jahre lang sind die Minister weniger korrupt.«

»Sie reden«, sagte er, »als kämen Sie aus einer anderen Welt.« Ich antwortete nichts. Ich will möglichst wenigen meine wahre Herkunft verraten. Herr Shi-shmi weiß sie, auch Frau Pao-leng; darauf will ich es vorerst beschränken. Auch kenne ich Herrn Yülen-tzu noch nicht lange genug, um mir ein wirklich abschließendes Bild von ihm machen zu können.

»Nein«, sagte er dann, »einen Kaiser gibt es nicht mehr, der den korrupten Ministern auf die Finger klopfen würde, und der letzte Minister, der geköpft wurde ... das ist lang her. Hundertfünfzig Jahre.«

»Zu lang«, sagte ich.

»Außerdem war der letzte Kaiser selber ein arroganter Dümmling.«

»Wi-li mit dem Holzkopf«, sagte ich.

»Ach, Sie kennen die Geschichte«, sage er. »*Jetzt* haben wir ein politisches System, das postuliert, daß das Volk der Kaiser ist.«

»Dann scheint mir«, wandte ich ein, »dieses politische System selbst schlecht zu sein?«

»Das kann man nicht sagen«, sagte Herr Yü-len ernst, »das System ist gut, nur die Menschen sind schlecht.«

»Die Weisen lehren«, sagte ich, »also ich meine: unsere alten Weisen lehren, daß nur jenes politische System wirklich gut ist, das den schlechten Menschen voraussetzt.«

»Den schlechten oder den dummen?«

»Was das politische System angeht«, sagte ich, »lehren unsere Weisen, ist dumm soviel wie schlecht. Aber solche Weisheit ist für diese Ihre Welt wohl zu alt. Sie schätzen nur die neue Weisheit.«

Verzeih, mein treuer Dji-gu, hier wurde ich unterbrochen. Ab und zu schreibe ich einige Seiten dieser Briefe oben in meinen Gemächern, ab und zu aber auch unten in der großen Halle des Hong-tel. Was Du eben gelesen hast, habe ich unten in der Halle geschrieben. Herr Yü-len ist gekommen, hat mir über die Schulter geschaut – er ist von unbekümmertem Wesen, man muß sich daran gewöhnen – und hat sich an den schönen, ihm natürlich völlig fremden Schriftzeichen erfreut. Ich sagte, was ja stimmt, ich schriebe einem fernen Landsmann. Er sagte: er lade mich ein, heute abend ein öffentliches Speisehaus mit Tanz zu besuchen. Da ich es für richtig halte, auch dies kennenzulernen, habe ich mich verbeugt und seine Einladung angenommen. So unterbreche ich also diesen Brief. Ich verschließe ihn und werde ihn erst morgen zum Kontaktpunkt bringen. Vielleicht ist dann auch ein Brief von Dir da. Yü-len-tzu wartet schon unten. Ich grüße Dich

Dein Freund Kao-tai

*Neunzehnter Brief*

(Montag, 14. Oktober)

Lieber Freund Dji-gu.

Ich weiß nicht recht, ob ich das, was ich gestern erlebt habe, dem privaten oder dem öffentlichen Leben der Großnasen zurechnen soll. Ich sitze wieder in der Großen Halle des Hong-tel, und es ist Vormittag. Meister Yü-len war vorhin herunten. Wir haben zusammen gefrühstückt. Danach ist er wieder in sein Zimmer hinaufgegangen, um sich von der Zofe eine kalte Kopf-Kompresse machen zu lassen. Er war nicht unfreundlich, wohl aber wortkarg. Eigentlich hätte er jetzt zu einem Vortrag gehen sollen, den ein Fachkollege von ihm hält, ein anderer Meister der Waldbau-Kunst. Er versage sich das diesmal, hat Herr Yü-len gesagt, und man dürfe ihn keineswegs vor Ablauf von vier Stunden wecken. Ich versicherte ihm mein tiefempfundenes Mitgefühl und sagte, daß auch ich nicht so ganz aufrecht um meine Seele herum angeordnet sei, wie es sein soll.

Dennoch schreibe ich Dir diesen Brief und werde ihn dann zusammen mit dem von gestern zum Kontaktpunkt bringen.

Wir begaben uns also gestern von hier, vom Hong-tel aus zu einem öffentlichen Speisehaus, das nicht sehr weit entfernt liegt. Ich sei sein Gast, sagte Meister Yü-len, und er habe eine große Überraschung für mich. Der Abend war mild und schön. Wir gingen zu Fuß durch die Stadt und redeten dieses und jenes. Die von Yü-len-tzu versprochene Überraschung gelang vollkommen, war allerdings von der etwas derben Art, die das ganze Wesen Meister Yü-lens ausmacht und die ich als ungehobelt (selbst gemessen an der generellen Grobheit der Großnasen) empfinden könnte, wenn ich nicht die aufrichtige und herzliche Einstellung Meister Yü-lens zu mir vorher gekannt hätte. Auch ging alles nur knapp an einer äußerst peinlichen Situation vorbei; aber das konnte

Meister Yü-len ja nicht ahnen, da er nicht weiß, woher ich wirklich komme.

Schon beim Betreten des öffentlichen Speisehauses stutzte ich: standen da nicht neben Anschriften in der Sprache der Großnasen *unsere* Schriftzeichen? Ja – lies und staune: da stand in dieser fernen Welt und Zukunft in den uns geläufigen Schriftzeichen »Großes Haus«. Die Schriftzeichen waren nicht anders, als wir sie zu schreiben gewohnt sind. Yü-len-tzu lächelte verschmitzt, als er meine Verblüffung bemerkte. Er zog mich hinein. Was sage ich Dir: liefen da nicht ein paar Leute herum, die – obzwar in der Art der Großnasen gekleidet – unbestritten die Gesichtszüge und Merkmale von Menschen aus dem Reich der Mitte trugen? Ich wußte nicht, was ich davon halten sollte, und obwohl ich einen gewissen Anflug von Vertrautheit empfand, war mein erster Gedanke: zu fliehen. Ich fühlte mich entdeckt. Aber ich sagte mir: schließlich ist das, was ich tue, meine Reise hierher, so ungewöhnlich sie auch sein mag, kein Verbrechen und braucht die Entdeckung nicht zu scheuen, auch wenn sie mir unangenehm wäre.

Einer der Diener stürzte diensteifrig zu uns her (es waren wenig Leute in dem Speisehaus) und erkannte in mir selbstverständlich sofort einen – vermeintlichen – Landsmann. Nun gut: Landsmann bin ich ja, nur kein Zeitgenosse. Er redete mich an, aber ich verstand wenig. Das war wiederum ein Glück: er stammte aus dem exotischen Kuang-chou* und redete wohl das dortige Kauderwelsch. Ich erklärte das Herrn Yü-len. Er sagte verstehend: aha.

Diese Gefahr war umgangen (auch die anderen Diener, alles Verwandte des ersten, stammten, wie sich ergab, aus Kuang-chou), und wir setzten uns.

Das Lokal sollte wohl ein Haus aus dem Reich der Mitte imitieren, und als Imitation war es gar nicht so schlecht, wenn auch

* Kuang-chou = Kanton.

manche Schriftzeichen, die an den Wänden als Dekoration gemalt waren, hellen Unsinn ergaben. An einer Wand stand: »Ein Kaninchen aus Kung-te frißt keine Maikäfer« und an der anderen: »Bilsenkraut mit Reiswein und Frau altes Schiff«. Ich konnte es mir nicht versagen, den Diener – in der Sprache der Großnasen, denn er verstand mich so wenig wie ich ihn – nach dem Sinn dieser Sprüche zu fragen. Der Diener wurde verlegen und sagte entschuldigend: ein großnäsiger Kalligraph hätte die Zeilen, ohne ihre Bedeutung zu erkennen, aus einem Buch abgemalt. Noch niemand habe sich daran gestoßen, und wenn eine Großnase danach frage, erlaube er sich zu erklären, es handle sich um Aussprüche des weisen K'ung-fu-tzu. Eine Frechheit, wofür ich dem Diener eigentlich die Schüssel mit Reis über den Kopf hätte stülpen sollen. Ich unterließ es mit Rücksicht auf Herrn Yü-len-tzu, der die Sache in seiner munteren Art eher lustig fand.

Die Ausstattung des Speiselokals war so, mußt Du Dir vorstellen, als habe man sie mit einer fernen Ahnung vom Schatten unserer glorreichen Zeit eingerichtet. Einige Schnitzereien an den Balustraden erinnerten etwas an unseren Stil, und ein paar Vasen, die herumstanden, hätten für vergröberte Abbilder von Produkten unserer Zeit gelten können, wenn man nicht genau hinsah. Meine Hoffnung, daß es gebratenen Hund gab, erfüllte sich indessen nicht. Ich aß Huhn. Auch dessen Zubereitung erinnerte mich entfernt – wie die des Reises – an unsere Küche; wohltuend und sehr erleichternd für mich war, daß alles unter Vermeidung von Rindsmilch und deren Derivaten zubereitet war. Das immerhin scheint die Küche unserer Enkel noch nicht verdorben zu haben. Mo-te Shang-dong gab es auch. Trotz allem war ich doch erleichtert, als wir dieses merkwürdige »Große Haus« wieder verließen.

Wir betraten die Straße. Ich habe Dir schon von der Einteilung der Monde in Wo-'cheng erzählt und von der wiederkehrenden Bedeutung einzelner Tage in diesen Zyklen. Gestern war einer der

Tage – der »Tag der Sonne«, an dem alle Läden geschlossen sind und die Großnasen sinnlos durch die Parks rennen. Gegen Abend verliert sich das Gerenne, und die Stadt wird fast still. Sofern es den edlen Ausdruck nicht beleidigt, könnte man sagen, etwas wie ein Schatten von Poesie wehe dann in der Stadt. Man hört Brunnen plätschern, aber dann ist es wieder so, daß die wenigen herumfahrenden A-tao-Wagen, weil einzeln Lärm machend, besonders stören.

So ein Abend war gestern. Als Meister Yü-len und ich die Straße betraten, war es schon dunkel. Das macht in der Stadt gar nichts, denn erstens haben die Großnasen die automatisch-magnetische Beleuchtung der Straßen, die ich schon mehrfach erwähnt habe. Zweitens haben die Großnasen-Kaufleute die Angewohnheit, die Fenster ihrer Läden in schamloser Weise zu beleuchten, um auf ihre Waren hinzuweisen, selbst dann, wenn die Läden selber geschlossen sind und man gar nichts kaufen kann. Ich kann das immer noch nicht verstehen: diese so würdelos nach außen gekehrte Darbietung des eigenen Verdienstes, also der Waren. Wenn mir nicht schon durch meine konfuzianische Erziehung der Abscheu vor allen Kaufleuten eingepflanzt wäre: spätestens hier hätte ich ihn erworben.

»Tja –«, das ist kein Wort aus der Sprache des Reiches der Mitte, obwohl es so klingt. »Tja –«, sagte Herr Yü-len-tzu, und das bedeutet ungefähr: ich wüßte gern, was ich jetzt wollte. »Tja – wo gehen wir hin?« Er blickte von seiner gewaltigen Höhe die Straße hinauf und hinab und wendete seinen mächtigen runden Bart in alle Himmelsrichtungen. Ich schlug vor, Frau Pao-leng einen Besuch zu machen, und erklärte, daß ich inzwischen die unverdiente Ehre gehabt hätte, für Frau Pao-leng ein weißseidenes, äußerst spinnwebdünnes Hosen-Kleid erwerben zu dürfen, mit leicht-goldenen Ornamenten, das ihren Körper bei geeigneter Beleuchtung in höchst vorteilhafter Weise durchschimmern läßt, mehr noch als das bunt-weithinleuchtende Wellenkleid. Ich stellte in Aussicht, daß auf meine Bitte hin die Dame Pao-leng ohne Zweifel dieses bewundernswürdige Hosen-Kleid anziehen würde, schilderte auch die himmlischen Vergnügen beim Anblick ihres Leibes; auch erzählte ich von der Katze Meister Mi.

»Ach was«, sagte Herr Yü-len-tzu, »da können wir immer noch hingehen. Erst stülpen wir uns noch dort drüben einen unter die Weste.« Das ist einer der Lieblingsausdrücke von Meister Yü-len. Er bedeutet soviel wie: er beabsichtigt, einen erfrischenden Trunk zu sich zu nehmen.

So gingen wir also quer über einen großen Platz und in ein anderes Speisehaus, das sehr groß war und ungefähr so roch wie das große Zelt auf dem »Fest des Herbstmondes«. Meister Yü-len wollte unbedingt, daß ich ein Hal-bal trinken solle, aber ich lehnte mit einer Viertel-Verbeugung ab. So trank er allein Hal-bal, und zwar in rascher Folge drei Krüge hintereinander. Ich weiß nicht, wie die Großnasen das machen. Unsereinem würde es den Leib zerreißen, wenn wir solche Mengen Flüssigkeit in uns hineingössen. Ihm schmeckte es. Der Schaum des Hal-bal-Getränkes blieb in seinem Bart hängen, und er wischte ihn sich mit fröhlichen Gesten ab. Ich trank einen Becher Traubenwein. Das heißt: ich duldete es, daß der Diener einen solchen Becher vor mich hinstellte. Ich nippte auch daran, aber ich trank ihn nicht aus. Es war bitter. Ich hatte das Gefühl, die Finger- und Zehennägel zögen sich in den Körper zurück. Im Lokal war es sehr laut. Eine musikalische Gruppe spielte stark. Auch sangen einige Leute, aber nicht schön. Um den Geruch, der hier vorherrschte, etwas von uns fernzuhalten, zündeten wir uns je eine Da-wing-do an. Als wir sie zu Ende geraucht hatten, verließen wir dieses Speisehaus.

Im Lokal war Herr Yü-len-tzu wieder auf die Probleme der Waldbau-Kunst, sein Fachgebiet, zu sprechen gekommen. Es sei alles nicht so einfach, seufzte er, und ob wir in Chi-na diese

Schwierigkeiten nicht auch hätten? Er hält mich natürlich für einen Reisenden aus dem heutigen Reich der Mitte. Wie auch anders. Er hat schon ein paar Mal in seiner unbekümmerten Art gefragt, was ich denn so treibe, und warum und wie lang ich mich in Min-chen aufhalte. Ich habe ausweichend geantwortet. Mehrmals hat er auch nach dem Stand der Waldbau-Kunst im Reich der Mitte gefragt. Es interessiere ihn sehr stark. Er sei schon einmal dorthin eingeladen gewesen, aber aus verschiedenen Gründen habe er nicht fahren können, was ihm sehr leid tue. Ich konnte ihm über den Stand der Waldbau-Kunst im heutigen Reich der Mitte leider naturgemäß keine Auskunft geben und antwortete wieder ausweichend. Das wird mir langsam peinlich und erschwert mir die Fragen an ihn.

Im zweiten Lokal, das wir aufsuchten, fing er wieder damit an. »Woher kommen Sie?« fragte er. »Aus Chi-na«, sagte ich. »Ja«, sagte er, »ich meine aber, aus welcher Stadt?« Ich antwortete – vielleicht etwas unbedacht, um der Wahrheit so nahe wie möglich zu bleiben –: »Aus K'ai-feng.« Er nahm ein kleines Papierbüchlein aus der Tasche und schlug etwas nach, dann sagte er: »Kennen Sie einen Meister der Waldbau-Kunst, der an der Gelehrten-Akademie in Pei-ching lehrt und Chiang Chiao-yü heißt? Er gilt als der beste Waldbau-Experte in Chi-na und hat mich seinerzeit eingeladen.« Natürlich kenne ich den fernen Enkel Chiang Chiao-yü nicht, der tausend Jahre nach mir geboren ist. (Zu Pei-ching, das die Großnasen Peking nennen, ist zu sagen, daß es hier – jetzt – wieder wie ehedem vor unserer Zeit dem Reich der Mitte einverleibt ist; wenigstens *ein* erfreulicher Zukunftsaspekt. Es ist heute die Hauptstadt des Reiches.)* Ich sagte: »O ja. Persönlich hatte ich zwar noch nicht die Ehre, aber sein unvorstellbarer und wohlver-

* Unter der Sung-Dynastie, in deren Zeit Kao-tai lebte, ging Peking an die nördlichen Barbaren verloren. Der Kaiserhof wurde weiter südlich in die Stadt K'ai-feng in der heutigen Provinz Ho-nan verlegt.

dienter Ruhm ist selbstverständlich auch bis zu meinen schmutzverkrusteten Ohren gedrungen.«

Du und ich und jeder bei uns würde aus so einer Antwort unschwer die Bedeutung entnehmen: ich habe keine Ahnung, wer der Mann ist. Nicht so die Großnasen. Sie nehmen alles wörtlich. Man kann nicht vorsichtig genug sein. Meister Yü-len jubelte, schlug mir mit seinen überaus mächtigen Händen auf die Schulter und schrie: »Das trifft sich ja großartig. Dann werden wir ihn morgen *an-rufen.*«

Unter Anrufung versteht man hier keine kultische Handlung, sondern den Vorgang, daß man zu dem Dir schon geschilderten Rüben-Gerät Te-lei-fong greift und mit einem fernen Menschen zu sprechen versucht.

»Herrn Chiang Chiao-yü an-rufen?« rief ich erstaunt aus. »Nach Peking? Geht denn das?«

»Warum denn nicht?« sagte Meister Yü-len. »Es dauert vielleicht ein bißchen länger, bis die Verbindung zustande kommt, aber gehen tut es selbstverständlich. Haben Sie denn, seit Sie hier sind, noch nie nach Peking, nach Hause te-lei-fongniert?«

Ich faßte mich rasch. »Ah ja«, sagte ich, »wo sind meine Gedanken. Selbstverständlich habe ich schon zu Hause angerufen.«

»Eben«, sagte er. »Dann können wir ja auch den Herrn Chiang Chiao-yü anrufen.«

»Aber ich kenne ja den Mann, dessen welterstaunende Fachkenntnisse ich im Übrigen nicht anzweifle, gar nicht!«

»Macht nichts, macht nichts«, sagte er, »er ist ein Kollege von mir, und Sie brauchen ihm nur meinen Namen zu sagen, dann weiß er schon Bescheid.«

»Gut«, sagte ich, »morgen.« Ich hoffte, daß er die Angelegenheit vielleicht bis morgen vergessen würde.

Wir verließen also das zweite öffentliche Speise- (oder vielmehr: Hal-bal-)Haus. Es war schon spät, und ich hoffte, daß wir unsere Schritte zu unserem Hong-tel hin richten würden. Das taten wir auch zunächst, aber dann faßte mich Herr Yü-len-tzu sanft am Arm, beugte sich zu mir herunter und sagte, während sein harter, runder Bart meine Backe kitzelte: »Und jetzt gehen wir ins ›Paradies‹!«

Es handelte sich dabei um ein weiteres öffentliches Lokal, das sich gänzlich unangemessenerweise mit dieser Bezeichnung schmückt.

Das Lokal war stark dunkel, und wir betraten es durch einen schweren rotsamtenen Vorhang, den ein schwarzgekleideter Diener beflissen zur Seite schob. Viele zerbrechlich wirkende goldene Stühlchen standen dort an wackligen Tischen, und es roch nach einer Mischung von Kampfer und Zitrone. Offenbar wird dieses Lokal wenig frequentiert, und ich sagte sogleich zu Herrn Yü-len-tzu: »Ich glaube mich berechtigt, in Unbescheidenheit und gleichzeitig Unwissenheit darauf aufmerksam machen zu müssen, daß wir die einzigen Gäste zu sein scheinen; und wie ich, obgleich sonst alles andere als scharfsinnig, die Diener solcher Etablissements kenne, und vor allem die Wirte, werden sie nicht zögern, auf uns den nicht getätigten Umsatz umzuwälzen.«

Herr Yü-len-tzu sagte, das sei ihm »ein mit gehacktem Fleisch gefüllter Rindsdarm« (das ist ein Großnasenausdruck und bedeutet: es ist völlig gleichgültig), denn er habe gestern das unerwartet hohe Honorar für einen Vortrag bekommen, und das sei er fest entschlossen, heute mit mir zu verjubeln.

Es waren aber, in der Finsternis im ersten Augenblick nicht zu bemerken, doch noch andere Gäste da, allerdings sehr wenig; höchstens zehn, alles Männer. Sie saßen in samtgeschmückten Höhlen und schauten vor sich hin. Träge saßen einige Damen auf einer Bank in einer Ecke, die sichtlich nicht zu den Gästen zählten, sondern das waren, wofür man sie sofort hält, selbst wenn man fremd in dieser Welt ist. Als die Damen uns kommen sahen, stand eine auf, räkelte sich und schickte sich an, sich zu uns zu bewegen. Der Diener fragte: »Wünschen die Herren Gesellschaft?« Meister Yü-len winkte ab und sagte: »Später vielleicht«, worauf sich der Diener der Dame zuwendete, ihr einen Wink gab und sie sich schmollend wieder hinsetzte.

Auch hier spielte eine Gruppe von Musikern. Ich zählte drei. Sie spielten dankenswerterweise nicht laut, aber auch sichtlich lustlos. Der Diener führte uns in eine der Samthöhlen, und Meister Yü-len bestellte eine Flasche Mo-te Shang-dong.

Plötzlich wurde es noch dunkler. Die Musik hörte zu spielen auf. Ein großer Samtvorhang wurde beiseite gezogen, und ein Kerl, der aussah wie ein Frosch, begrüßte uns – das heißt: alle Gäste, die da halb-versteckt in den Höhlen saßen – ziemlich unterwürfig und kündigte eine, soviel ich verstand, akrobatische Darbietung an. Sogleich begann die Musik wieder zu spielen, eine Dame in einem silbernen Kleid betrat die Bühne und hob zu singen an, obwohl sie es nicht konnte. Nach einiger Zeit legte sie ein Kleidungsstück nach dem anderen ab (ohne im Singen nachzulassen) und warf die Kleidungsstücke durch die Luft zu uns her in die Höhlen. Alle Kleidungsstücke waren silbrig, wir durften sie aber nicht behalten; der Diener sammelte sie nachher wieder ein. Die Dame sang auch noch weiter, als sie schon ganz nackt war; da hielt sie eine große silberne Rose vor ihr dreieckiges Gärtchen. Als ihr Lied, dessen Text ich nicht verstand, zu Ende war, warf sie auch die Rose in die Luft und entfernte sich hüpfend.

Herr Yü-len-tzu und auch die anderen Gäste schlugen vor Freude die Hände ineinander. Ich fragte Herrn Yü-len-tzu, ob ihm das wirklich gefallen habe. Er sagte: es geht.

Unterbrochen von Pausen, folgten dann noch mehrere solche Darbietungen. Kaum eine war wirklich akrobatischer Natur. Immer waren es Damen, die sich – teils singend, teils stumm – entkleideten. Eine war sehr dick und wurde von einem Hund ihrer Kleider entledigt. Auch der Hund war sehr dick. (Ich verstehe natürlich, daß man so einen Hund nicht schlachtet und ißt, weil es offensichtlich redliche Mühe kostet, den Hund so abzurichten, daß er die Dame entkleidet.) Die Dame quiekte jedesmal, wenn der Hund ihr mit dem Maul ein Kleidungsstück fortnahm und damit hinauslief. Der Hund selber blieb stumm. Als sie ganz nackt war, legte sich die Dame auf ein Sofa und nahm den Hund zwischen die Beine. Sie begann zu stöhnen. Als ich lachte, sagte ein Herr aus der Neben-Höhle: Pst!

Eine Darbietung, die einzige, die die Bezeichnung akrobatisch verdiente, bestand darin, daß ein Mann in einem sehr stark pomeranzenfarbenen Höschen einen Finger in eine Flasche steckte, die am Boden stand, und, nur auf diesem Finger balancierend, die Füße in die Luft streckte. Mit großer Mühe entkleidete er mit der freien Hand drei Damen, die ihn umtanzten.

Eine andere Dame, die bereits völlig nackt die Bühne betrat, schluckte kleine weiße Bälle und gab sie auf unaussprechliche Weise wieder von sich, ohne Zweifel ein Taschenspieler-Trick. Eine weitere entkleidete sich, während sie unter beständigen Verrenkungen ein Tablett mit fünf Gläsern auf der flachen Hand trug. Eins der Gläser fiel ihr herunter, und in eine Scherbe setzte sich die nachfolgende Entkleidungsdame, worauf sie am Hintern blutete und zornig ihre Darbietung unterbrach. Ich nehme nicht an, obwohl mir das weitaus am besten gefiel, daß das zum eigentlichen Programm gehörte.

Zu dieser Zeit bemerkte ich, daß Herr Yü-len-tzu immer wieder in die Neben-Höhle hinüberlugte. Er fixierte den Herrn, der mir »Pst!« zugerufen hatte, stieß mich dann an und sagte leise: »Sehen Sie – das ist einer der mächtigsten Minister. Er heißt Herr Ch'i, der dämonische Südbarbar, und gilt als meineidig.«*

* Wen Kao-tai mit Herrn Ch'i meint, ist nicht ganz klar. Die Silben Ch'i-Man-man, die Kao-tai im Original gebraucht, können verschiedenes bedeuten; die gängigste Bedeutung ist »Fremdstämmiger, Nicht-Chinese, Barbar aus dem Süden«.

Ich verplapperte mich und sagte: »Das kennen wir auch. Auch wir haben meineidige Minister ...« Ich dachte, wie Du Dir denken kannst, an den Mandarin Ting-wei, der durch die Lieferung von Streitwagen an die nördlichen Generäle sein Vermögen gemacht hat.

»Ja, ja –«, sagte Herr Yü-len-tzu, »man hört davon.« Offensichtlich bezog er meine Äußerung auf das heutige Reich der Mitte, wo das also immer noch so zu sein scheint.

Der meineidige Minister Ch'i, dämonischer Südbarbar, ist für den Ruß in der Luft zuständig, erklärte mir Herr Yü-len-tzu, allerdings erst seit kurzer Zeit. Der vorhergehende Minister habe Herr Mu geheißen, sei zwar nicht meineidig gewesen – jedenfalls sei nichts davon bekannt geworden, fügte er hinzu, insoweit müsse man das Urteil bei jedem Minister einschränken –, aber eine höchst unbedeutende Person.

»Und was«, fragte ich, »gedenkt der verehrungswürdige, wenngleich meineidige Minister gegen den Ruß in der Luft zu unternehmen?«

»Er hat eine geharnischte Verordnung erlassen«, sagte Meister Yü-len. An seinem Gesicht bemerkte ich, daß er das nicht ernst meinte.

»Eine Verordnung gegen den Ruß in der Luft? Hält sich der Ruß daran?«

Meister Yü-len lachte. »Eine gute Frage«, sagte er dann. »Der Ruß hält sich nicht daran, vor allem aber die Leute, die den Ruß erzeugen, halten sich nicht daran.«

Ich prallte zurück: »Es gibt Leute, die Ruß erzeugen und in die Luft hinausblasen? Absichtlich? Kann man denen nicht das Handwerk legen?«

»Sie fragen«, sagte Herr Yü-len-tzu, »als kämen Sie von hinter dem Mond!« Ich tat so, als überhörte ich diese für mich so verfängliche Äußerung. »Was heißt: absichtlich – ja, mehr oder minder absichtlich. Aber das Problem haben Sie doch auch in Chi-na, wenn auch wahrscheinlich nicht in dem Ausmaß wie bei uns.« Es war mir klar, daß ich, wollte ich weitere Kenntnisse aus dem speziellen Wissensschatz des Meisters Yü-len erwerben, irgendeine Erklärung für meine völlige Unwissenheit finden mußte. Das einfachste wäre natürlich gewesen, daß ich ihm meine Herkunft offengelegt hätte. Ich scheute davor zurück – tue es auch jetzt noch –, denn: er würde sie mir nicht glauben. Er ist anders als Frau Paoleng und Herr Shi-shmi, denen ich mich anvertrauen konnte. Nicht, daß Meister Yü-len nicht vertrauenswürdig wäre, aber er ist von der Art der Leute, die nur glauben, was sie mit Händen greifen können. Gut, ich könnte ihn überzeugen, indem ich ihm den Kompaß zeigte und ihn einmal zum Kontaktpunkt mitnähme und Zeuge sein ließe, wie die Kontaktkapsel mit dem Brief verschwindet. Er würde mir dann glauben; aber so, wie ich ihn einschätze, würde er das auch sofort an die große Glocke hängen (ein Großnasen-Ausdruck, der soviel bedeutet wie: etwas überall herumerzählen) und dabei noch meinen, er erweise mir einen Dienst.

Ich behauptete also – in wohlgesetzter Rede und mit vielen höflichen und schmeichelhaften Anreden – ein Philosoph zu sein und Erforscher der Gedanken des himmlischen K'ung-fu-tzu. (Der Weise vom Aprikosenhügel war ihm bekannt.) Ich behauptete weiter, daß ich die letzten Jahre ausschließlich mit Betrachtungen philosophischer Art und zurückgezogenen Studien der alten Schriften zugebracht hätte. Was in der Welt vorgegangen sei, hätte ich nicht registriert. Ich sei praktisch ein Eremit gewesen.

Herr Yü-len-tzu schaute mich zweifelnd an, fragte aber nicht weiter. »Gehen Sie also davon aus«, sagte ich, »daß ich hinter dem Mond gelebt habe.«

»Dann weiß ich gar nicht, wo ich anfangen soll, Ihnen das alles zu erklären«, sagte Meister Yü-len, »wo waren wir stehengeblieben?«

»Sie machten mir das übergroße Vergnügen zu erwähnen, daß es Leute gibt, die mehr oder weniger absichtlich Ruß in die Luft blasen.«

Was er dann sagte, kann ich in unserer Sprache gar nicht wiedergeben. Es sind da Wörter gefallen, die nicht übersetzbar sind, für die es nicht einmal ein Äquivalent in unserer Sprache gibt, weil uns – dem Himmel sei Dank – der Gegenstand zu dem Begriff fehlt. »Ab-cha'se« und »Sse-we-so« und »Fa-wiq« – das einzige, was ich Dir ungefähr übersetzen kann, ist der Begriff Essig-Regen. Ich war sehr erstaunt, als mir Herr Yü-len-tzu sagte, daß es hier Essig-Regen gäbe. Ich habe zwar, sagte ich, viele verschmutzte und ungesunde Dinge wahrgenommen in dieser Welt, aber daß es Essig regnen würde, habe ich noch nicht festgestellt, obwohl es mich nach dem Stand der Dinge hier nicht wundern würde.

Ja, doch – sagte er. Es regnet Essig, aber die Menschen merken es nicht. Es ist sozusagen sehr stark verwässerter Essig, der den Menschen nicht auffällt, aber den Bäumen schadet. Der Essig-Regen sei schuld an dem Verdorren der Bäume, namentlich der Nadelbäume, von dem er mir neulich berichtet habe. Wenn ich wollte, könne er mir – ganz in der Nähe hier von Min-chen – Wälder zeigen, die gar keine Wälder mehr seien, sondern nur noch Skelette von Wäldern. Dürre Strünke erhöben sich dort nur noch und etwas Unkraut am Boden. Eine Strafe des Himmels buchstäblich, denn von dort käme ja der Essig-Regen. Bald würde es überall so aussehen, wo früher Wald gewesen sei. Aber natürlich sei das keine Strafe des Himmels, vielmehr habe der Mensch, dieses Ungeziefer, selber den Essig-Regen hervorgerufen. Und er – Herr Yü-len-tzu schüttelte die Faust hinüber zu der Samthöhle, in der immer noch der meineidige Herr Minister Ch'i Man-man saß, der aber vom Faustschütteln nichts sah, weil er gebannt einer Dame zuschaute, die eben mit dem Schnabel eines Papageien koitierte – und *er* gibt eine Verordnung heraus!

Wie gesagt, ich kann das alles überhaupt nicht in unsere Sprache übersetzen. Was ist eine Fa-wiq? Ich weiß es nicht. Offenbar gibt es Dinge in dieser Welt, die ich überhaupt noch nicht zu Gesicht bekommen habe. Vielleicht sind das die eigentlich wichtigen Dinge!

Nur soviel kann ich sinngemäß wiedergeben – so auch etwa hat mir Meister Yü-len die Dinge in seiner etwas derben und vordergründigen, aber auch bildhaft-faßbaren Art zu umschreiben versucht: wie der menschliche Körper überflüssige und störende Säfte und Gase und Kot von sich gibt, die alle miteinander ja auch stinken, so gibt die Gesellschaft insgesamt auch giftige Gase, Säfte und Gestänke von sich. Im Gegensatz zum einzelnen Menschen, der für das Abladen des Unrats eher die Abgeschlossenheit aufsucht, tut es die allgemeine (also die großnäsige, füge ich hier hinzu) Gesellschaft in aller Öffentlichkeit und völlig schamlos.

»Es ist so«, sagte Herr Yü-len-tzu, »als ob Sie – verzeihen Sie den Ausdruck – jahrelang in Ihr Wohnzimmer scheißen würden, und dann wundern Sie sich, daß es stinkt und unbewohnbar wird. Genau in dieser Situation befindet sich unsere Gesellschaft heute.«

»Ist es schon zu spät, um etwas dagegen zu tun?« fragte ich vorsichtig.

»Manchmal befürchte ich das«, sagte er.

Wir verließen das Damen-Entkleidungs-Etablissement, nachdem Herr Yü-len-tzu eine nicht unbeträchtliche Summe bezahlt hatte. Es war schon spät, lang nach Mitternacht. Wir gingen schweigend und nachdenklich zu unserem Hong-tel. Es begann zu tröpfeln. Ich hielt meine Hand flach ausgestreckt und betrachtete die Tropfen auf meinem Handrücken.

»Ja, ja –«, sagte Meister Yü-len.

»Essig?« fragte ich.

»Früher«, sagte Herr Yü-len-tzu, »war ich Optimist und befürchtete nur ab und zu, daß es schon zu spät ist. Heute? Heute gibt es nur noch seltene Momente, wo ich das *nicht* befürchte.« In der Halle des Hong-tels verabschiedeten wir uns.

Habe ich nicht schon genug von dieser Welt gesehen? Weiß ich nicht schon, daß sie verrottet und verkommen ist, ihrem unweigerlichen Untergang entgegengeht? Wenn ich auch vieles noch nicht gesehen habe, könnte ich eigentlich zurückkommen … natürlich nicht ohne Frau Pao-leng noch einen Besuch gemacht zu haben. Sie und der alte Meister We-to-feng sind Lichtblicke. Aber was helfen Lichtblicke, wenn man an einen Abgrund gedrängt wird. So fühle ich mich. Ich wollte, ich könnte fliehen, aber der Kompaß, den wir konstruiert haben, verbietet es. Ich muß warten, bis der berechnete Kontaktzeitpunkt wiederkommt, und das dauert ja leider noch lang.

Ich werde mir die Zeit bis dahin hier so angenehm wie möglich machen. In drei Tagen besuche ich wieder Herrn Shi-shmi. Die Himmlische Vierheit spielt dann bei ihm. Darauf freue ich mich. Morgen aber geht Frau Pao-leng mit mir zu einem Mann, der jene kleinen Augen-Gestelle herstellt. Er soll mir eins anmessen, meint sie, damit ich besser lesen kann und nicht immer die Blätter beim Lesen und Schreiben so weit weg halten muß.

Ich umarme Dich, mein liebster, treuester Freund. Ich freue mich auf die Rückkehr

und bin Dein Kao-tai

*Zwanzigster Brief*

(Sonntag, 20. Oktober)

Teurer Freund Dji-gu.

Es ist nun endgültig Herbst geworden. Die Blätter verfärben sich. Heute haben wir den ersten Herbst-Neumond. Kein Mensch bei den Großnasen kümmert sich um so etwas. Als ich es der Dame Pao-leng sagte, antwortete sie nur: »Ach so?« Die Großnasen haben nicht nur den Zusammenhang mit den Dingen verloren, sie haben sogar den Sinn für die Notwendigkeit des Zusammenhanges verloren, daher empfinden sie ihre Unordnung nicht als Unordnung.

Da könnte man sich fragen – wenn man nach Art der Großnasen dächte, die alles immer hin und her wenden, so wie sie auch ständig hin und her rennen –: ist es dann nicht eben gut, wenn sie schon in Unordnung leben, daß sie diese Unordnung wenigstens nicht als solche empfinden? Ist nicht Unordnung, die man nicht als solche empfindet, Ordnung?

Eine Großnase – sofern sie überhaupt so weit denkt – würde nicht anstehen, diese Fragen zu bejahen. Das kommt aber daher, daß sie den Zusammenhang mit den Dingen verloren haben und daß sie die Kenntnis der Zusammenhänge durch die Bedeutung ihrer Person, die sie für groß halten, ersetzen. Wir, liebster Freund, aber wem sage ich das, haben dank der Lehren des weisen K'ung-fu-tzu und seiner Schüler eine festgefügte Kenntnis vom runden Himmel und der viereckigen Erde, vom Dunklen und vom Lichten, von den fünf Himmelsrichtungen, den vier Jahreszeiten und den fünf Getreidearten. Unsere Welt ist untadelig in ihrem Aufbau, wie ein ordentliches Gebälk gezimmert, und alles stimmt, wenn wir uns an die Gegebenheiten halten. Und wenn wir wissen wollen, was die Wahrheit ist, brauchen wir uns nur in das unsterbliche ›Lun Yü‹ vertiefen oder in das ›Li Chi‹.

Ohne jeden Zweifel ist auch unsere Welt nicht immer in Ordnung gewesen. Das wissen wir, die Angehörigen unserer Generation, nur zu gut, da wir alt genug sind, um die entsetzlichen und abstoßenden Greuel der Kriege in der Zeit der Fünf Dynastien erlebt zu haben, von denen uns erst der leider viel zu früh verewigte Erhabene Begründer unserer Dynastie befreit hat. Aber worauf waren diese Greuel, diese Bürgerkriege, zurückzuführen? Auf Unordnung. Darauf, daß die alten Riten und Bräuche nicht mehr eingehalten wurden, daß man die Belehrung des Volkes nicht mehr für wichtig hielt, daß der jüngere Bruder nicht mehr dem älteren diente, daß Kindesehrfurcht weitgehend verlorenging und daß die Fürsten nicht mehr die Würdigsten zu Kanzlern, Großschreibern, Geheimschreibern und Mandarinen erhoben haben, sondern diejenigen, die am lautesten schrien. Daß der alberne Buddhismus an der Unordnung mit schuld war, daran hast Du so wenig Zweifel wie ich.

Aber ich will hier nicht über die dumme und törichte und vor allem primitive Lehre dieses Buddha reden, die unser Volk leider seit fünfhundert Jahren vergiftet und offenbar nicht auszurotten ist.

Es war ganz klar, unter diesen Umständen, daß, wenn der Mechanismus, der zwischen Himmel und Erde besteht, vernachlässigt wird, das nicht ohne Folgen bleiben würde. Die Flüsse traten über die Ufer, das Getreide wuchs nicht, das Nephritszepter wurde trüb, die Skorpione bissen die kleinen Kinder, und zum Schluß kamen die Bürgerkriege der Fünf Dynastien. Es war aber auch ganz klar, daß dieser Mechanismus zwischen Himmel und Erde nur wiederhergestellt zu werden brauchte, damit wieder Ordnung eintrat.

Die Großnasen erkennen diesen Mechanismus nicht mehr. Sie empfinden dumpf die Unordnung, sind von Unrast befallen – ich sehe das zu genau bei Frau Pao-leng –, weigern sich aber, feste

Maßstäbe anzuerkennen. Sie meinen immer, die Dinge müßten sich nach ihnen richten, und haben jeden Sinn dafür verloren, daß sie sich nach den Dingen richten müßten.

Es gibt bei ihnen eine ganze Wissenschaft, die behauptet, die menschliche Seele erforscht zu haben. Diese Wissenschaft ist so lächerlich wie der Buddhismus, mit dem sie übrigens einige Verwandtschaft zeigt. Aber diese angebliche Wissenschaft ist typisch für die Großnasen. Statt die Zusammenhänge von Himmel und Erde zu beachten und sich danach zu richten, was erforderlich ist, horchen sie in ihre jämmerlichen Seelen hinein und versuchen zu ergründen, welche Würmer sich darin krümmen. Und alles Unglück führen sie nicht auf die Unordnung zurück, die durch den Verlust der Kenntnis vom Zusammenhang der Dinge entsteht, sondern auf irgendwelche komischen Dinge, die ihrer Seele in der Kindheit oder gar im Mutterleib zugestoßen sein sollen, oder daß sie mit dem falschen Hirsebrei ernährt oder zu heiß oder zu kalt gebadet worden sind.

Wenn die Großnasen ihre Seele erforscht haben, dann empfinden sie sich als krank – selbstverständlich, lächerlich, wie auch anders. Wenn man sich lang genug von einem Arzt untersuchen läßt, wird man krank. Wenn die Großnasen ihre Seele als krank empfinden, werden sie unzufrieden und unstet. Wenn sie unzufrieden und unstet sind, essen sie kleine weiße oder rosarote oder gelbe Pillen (die Farbe richtet sich *nicht*, wie ich anfangs angenommen habe, nach der Jahreszeit, sie ist vielmehr willkürlich), und davon bekommen sie Magenkrämpfe. Ich beobachte das – leider – auch bei Frau Pao-leng. Sie hat lieber Magenkrämpfe, als daß sie sich bemühen wollte, den Zusammenhang der Dinge zu erkennen. Ich habe ihr empfohlen, das ehrwürdige Buch ›Li Chi‹ zu lesen – denn auch dieses Buch gibt es in einer Übersetzung in die Sprache der Großnasen! Ich war in einem der riesigen Bücher-Läden und habe mich – vorsichtig, ich war darauf gefaßt, ausgelacht zu werden – danach erkundigt. Es war eine Dame da, die die Bücher an die Kunden verteilte. Die fragte ich, und tatsächlich brachte sie nicht nur das ›Li Chi‹, sondern auch das ›Lun Yü‹ und das ›I Ching‹, auch das ›Tao-te-ching‹, alles in die Sprache der Großnasen übersetzt. Ich kaufte das ›Li Chi‹. Ich lese inzwischen so gut die Sprache der Großnasen, daß ich ganz gut ermessen konnte, ob die Übersetzung den Sinn dieses ehrwürdigen Werkes richtig wiedergibt. Es war der Fall. Daher schenkte ich das Buch der Dame Pao-leng mit einer Verbeugung und bat sie, es zu lesen. Bis jetzt hat sie es nicht gelesen. Sie sagt: sie habe im Augenblick keine Zeit dazu. In Wirklichkeit, vermute ich, ist es so, daß sie sich vor der Erkenntnis fürchtet und lieber die kleinen Pillen schluckt.

Auf die ganze Sache mit der angeblichen Wissenschaft von der Seele bin ich durch Frau Pao-leng gekommen. Eines Tages, das ist schon länger her, sagte sie zu mir, daß eine Freundin von ihr mich kennenlernen wolle. Da ich nichts dagegen habe, im Gegenteil, da ich drauf aus bin, soviel Erfahrung wie möglich zu sammeln, willigte ich ein; nicht ahnend, worauf ich mich da einließ. Vor wenigen Tagen, kurz nachdem ich den letzten Brief geschrieben hatte, sagte mir Frau Pao-leng, daß wir beide, sie und ich, bei jener Freundin abends zum Essen eingeladen seien.

Nun darfst Du aus allem, was ich eben von Frau Pao-leng geschrieben habe und was vielleicht wie Tadel klingt, nicht auf gewandelte Gefühle meinerseits gegenüber der Dame schließen oder daß ich sie nunmehr bei näherer Kenntnis als verrücktes Huhn betrachte. Nein: ich bin ihr nach wie vor äußerst gewogen, auch die Freuden der Liebe, die sie spendet, sind für mich ein Quell der Erquickung. Was ich an ihr auszusetzen habe, ist nicht *ihr* Gebrechen, sondern das allgemeine Gebrechen der Großnasen, der Umgebung, in der sie lebt und der sie sich natürlich nicht entziehen kann; es sei denn, sie läse endlich das ›Li Chi‹. Nach wie vor ist Frau Pao-leng rührend um mich besorgt, nennt mich ihren »Kleinen Chinesen« und tut viel, um meine Tage angenehm zu machen. So hat sie sich, zum Beispiel, nunmehr ein rostbraunes Netzkleid gekauft … aber davon wollte ich nicht schreiben. Sie ist fürsorglich und hat ihrer Freundin gleich mitgeteilt, daß diese ja nichts kochen solle, in dem Rindsmilch enthalten ist, und daß in genügender Menge Mo-te Shang-dong kühlgestellt werden solle. Gegen Abend also stiegen wir in den kleinen A-tao-Wagen von Frau Pao-leng und fuhren durch viele Straßen bis in einen Vorort hinaus, wo es Bäume gibt. Dazwischen stehen aber auch große Häuser, zum Teil so große, wie im Innern der Stadt. In einem dieser Häuser wohnt die Freundin. Sie heißt Frau Da-ch'ma und ist nicht viel größer als ich.

Frau Da-ch'ma ist zwar verheiratet, erfuhr ich, aber ihr Mann lebt zur Zeit irgendwo in der Ferne und gibt ihr seine Befehle nur mittels des Te-lei-fong. Kinder hat Frau Da-ch'ma nicht. Das ist auch so eine Sache. Ich habe mich danach erkundigt. Du weißt, daß ich nicht dazu neige, mich in Intimitäten zu verbreiten, aber da dies zur Welt der Großnasen gehört, werde ich es doch schreiben. Nachdem ich nun schon seit einiger Zeit mit meiner schönen Freundin, der Dame Pao-leng, der Liebe pflege, und da ich mich dabei noch nie zurückgehalten habe, die ganze Kraft meiner Männlichkeit ihrem Schoß zu spenden, habe ich mir meine Gedanken darüber gemacht, wie es denn sein wird, wenn – das wäre, meiner Berechnung nach, nicht lang nach meiner Abreise – Frau Pao-leng ein Kind zur Welt bringt. Wenn es ein Sohn ist, habe ich mir gedacht, soll man ihn Kao-leng nennen.

Eines Tages habe ich mit Frau Pao-leng dann auch darüber gesprochen, denn ich wollte ihr anbieten, für die Erziehung des Sohnes meine eiserne Reserve, die Goldbecher, zurückzulassen. Sie lachte aber und sagte: ich solle mir keine Sorgen machen. Wieso Sorgen? fragte ich. Kinder bereiten doch nur Sorgen, wenn sie die Erziehung nicht richtig aufnehmen und die Ordnung nicht anerkennen. Wieso sollte ein Sohn eine Sorge sein? Ich habe zwar – in ferner Vergangenheit, aus der Sicht der Großnasen – vier Söhne von meiner Hauptfrau und acht von Konkubinen, außerdem etwa dreißig Töchter, dennoch freue ich mich über jedes Kind, namentlich über einen Sohn. Ein wenig merkwürdig dabei wäre natürlich schon, daß dieses Kind aus einem Samen gezeugt wird, der sozusagen tausend Jahre alt ist, also die geprägte Ordnung der Generationen heillos durcheinanderbringt. Aber wenn der Himmel nicht einstürzt bei der ganzen Unordnung, die ich in der Welt der Großnasen sehe, stürzt er auch wegen dieses eigenartigen Kindes nicht ein, denke ich mir.

Nein, nein, sagte Frau Pao-leng, sie bekäme kein Kind. Ob sie unfruchtbar sei? fragte ich. Nein, sagte sie. Sie nehme da auch eine Pille.

Ja – so ist das. Nicht nur gegen ihre Seelenkrämpfe nehmen die Großnasen Pillen, sondern auch, um keine Kinder zu bekommen. Ich habe mir dann natürlich die Kind-Verhinderungs-Pille zeigen lassen. Sie ist sehr klein und weiß und wird nicht an jener Stelle von der Dame eingenommen, die Du vielleicht in dem Zusammenhang vermutest, sondern mit dem Mund.

Da nun unbestreitbar das Kindergebären für das Weib eine gewisse Unannehmlichkeit bedeutet, wie ich mir habe sagen lassen, könnte man denken, daß, da es die Großnäsinnen mit dieser kleinen Pille so leicht verhindern können, überhaupt kein Weib mehr ein Kind zur Welt bringt. Das ist aber offensichtlich nicht so, denn ich sehe ja Kinder herumlaufen. Auch darüber befragte ich Frau Pao-leng. Es sei so, antwortete sie mir, daß sich das Problem verlagert habe, in zweifacher Hinsicht. Die Höherstehenden, mit Verstand ausgestatteten Frauen, aber auch die pfiffigen, die sich ihre Unabhängigkeit bewahren wollen (eine Vorstellung, die wir nur schwer begreifen können), oder aber auch Konkubinen und die Entkleidungskünstlerinnen sowie Tänzerinnen und dergleichen bekommen keine Kinder oder nur ganz, ganz wenige, und die eher aus Irrtum, weil sie einmal vergessen haben, die kleine weiße Pille zu nehmen. Mehr Kinder bekämen die Weiber der niedrigeren Volksschichten. Es gäbe natürlich Ausnahmen, so kenne sie, sagte sie, einen überaus gebildeten Mann mit einer sehr klugen Frau, und die hätten viele Kinder, sieben, glaube sie, oder neun. Sie habe ihn nie gefragt, aber sie nehme an, daß der betreffende Mann, ein hoher Gelehrter mit unsterblichen Verdiensten um die Musik, einfach sehr gerne *Vater* sei. Das gäbe es, aber die Regel sei das nicht. Im Übrigen habe die Sache auch religiöse Hintergründe – das erklärte sie mir auch, aber hier würde das jetzt zu weit führen.

Überhaupt, fuhr Frau Pao-leng fort, sei es aber schon so, daß hier in Ba Yan und in den angrenzenden Ländern immer weniger Kinder zur Welt kämen, denn hier sei die Bevölkerung reich und es gäbe das magnetische Licht aus Drähten und vielfache Unterhaltung für das Volk. Wo es das nicht gäbe – Frau Pao-leng bezeichnete die betreffenden Gegenden mit dem nicht auf den ersten Blick einleuchtenden Namen »die dritte Welt« –, kämen viele Kinder zur Welt, viel zu viele, so viele, daß schon fast kein Platz mehr da sei, und vor allem nichts zu essen, dort in den Gegenden.

»Gehört das Reich der Mitte, Chi-na, wie du es nennst, auch zu den Gegenden, die du als die dritte Welt bezeichnest?« fragte ich.

»Ja und nein«, sagte sie. Das sei schwierig.

»Gut«, sagte ich. »Warum aber, wenn dort in jenen Gegenden sich die Leute schon so vermehrt haben, daß sie sich gegenseitig auf den Füßen stehen (groß genug sind ja ihre Füße, das sagte ich aber nicht, dachte es nur, denn Frau Pao-leng hat, unter uns gesagt, für unsere Begriffe viel zu große Füße) und wenn sie dort schon anfangen, einander aufzuessen, was einen gewissen Ausgleich zur unerwünschten Vermehrung bilden würde, aber doch letzten Endes auch keine Lösung ist, warum aber reisen die Leute von dort nicht zu euch hierher, wo ihr noch genug Platz und auch genug zu essen habt?«

»Aus dem einfachen Grund«, sagte Frau Pao-leng, »weil die Leute das dort nicht wissen.«

»Und ihr bindet es ihnen auch nicht auf die Nase?« fragte ich.

»So ist es«, sagte sie.

Aber es wird wohl nicht ganz so sein. Ich werde versuchen, der Sache noch auf den Grund zu gehen. Vielleicht frage ich Herrn Yü-len-tzu danach.

Jedenfalls hat auch Frau Da-ch'ma keine Kinder. Sie gehört also zu den gebildeten Damen, die sich ihre Unabhängigkeit bewahren wollen, was immer das bei einem Weib auch sein mag. Sie empfing uns sehr freundlich. Das Essen war passabel. Der Mo-te Shang-dong war richtig gekühlt. Wir sprachen angeregt, und ich fühlte mich wohl, wenngleich einige kleine Statuen, ein Teppich und verschiedene andere Dinge, die herumstanden, mich unbehaglich an buddhistische Symbole erinnerten.

Einige Zeit nach dem Essen schlug Frau Da-ch'ma vor, wir sollten doch in den Schwitzkeller gehen. Ich verstand nicht recht, was damit gemeint war, aber Frau Pao-leng war sogleich einverstanden, sagte mir, bevor sie es mir lange erkläre, solle ich einfach mitgehen, dann würde ich schon sehen, wie das sei. Sie finde es erfrischend und belebend.

Ich will das jetzt nicht alles im einzelnen schildern. Zusammenfassend ist zu sagen, daß diese Schwitzkeller, die die Bezeichnung Sao-na tragen, erst in jüngerer Zeit aufgetreten sind. Wer sie erfunden hat, und was in einem Hirn vorgeht, das solches gebiert, ist mir ein Rätsel. Insgesamt hängt es mit der offenbar unstillbaren Sucht der Großnasen zusammen, sich naß zu machen. Auch davon werde ich Dir noch gelegentlich berichten. – Ich habe länger schon den Verdacht, daß die Großnasen einen merkwürdigen Hang haben, sich zu benetzen. Seit diese Erscheinung aufgetreten ist, wurden in vielen Häusern solche Schwitzkeller errichtet. (Auch im Hong-tel ist einer, habe ich inzwischen erfahren; aber ich gehe natürlich nicht hin.) Der Raum ist eng, mit Holz ausgeschlagen und so heiß, daß es einem den Atem verschlägt. Man bespritzt sich auch mit Wasser, obwohl man ohnedies schwitzt wie ein ängstliches Ferkel, man schlägt mit kleinen Reisigruten einander auf den Rücken und ab und zu, das ist das Allerunangenehmste, muß man in kaltes Wasser steigen. Seit die Glühende Säule als Folterinstrument abgeschafft ist, gibt es wohl nichts Vergleichbares.

Interessant war, und insofern verdanke ich diesem eigenartigen Martyrium neue Erkenntnis, daß sich die beiden Damen ohne jede Scheu vor mir vollkommen der Kleider entledigten. Ich meine: auch Frau Da-ch'ma ohne jede Scheu. Obgleich ich mich heftig sträubte, mußte auch ich es tun. Frau Pao-leng zischte mir zu, daß ich mich nicht so zieren solle. In einem Sao-na-Schwitzkeller sei dies so üblich, und wenn ich – wie ich zuletzt noch inständig bat – meine Hose anbehalten wolle, würde die Gastgeberin das als äußerst unhöflich empfinden.

So saßen wir also da: Frau Pao-leng, Frau Da-ch'ma und ich. Wir schwitzten. Nach einiger Zeit wagte ich, meinen Blick auf die Gastgeberin zu wenden. Sie war schlank, fast wie ein Knabe, braun gebrannt am ganzen Körper wie ein Sklave nach der Feldarbeit und verfügte über einen Busen von gebirgsartigen Ausmaßen. Es ist mir dies schon bei den Entkleidungstänzerinnen in jenem Lokal aufgefallen, das ich mit Meister Yü-len besucht habe, und ich muß in dem Zusammenhang das Bild revidieren, das ich von Frau Pao-leng anfangs gezeichnet habe.

Ich muß weiter ausholen, um Dir das verständlich zu machen: anfangs, das schrieb ich Dir, konnte ich hier in dieser Welt die Leute nicht unterscheiden, sowenig, wie wir in einem Knäuel feuchter Lurche, die in einer Felshöhle sitzen, die einzelnen Lurche voneinander unterscheiden können. (Daß ich diese abstoßende Parallele wähle, ist kein Zufall, wie Du Dir denken kannst, wenn Du meine Briefe aufmerksam gelesen hast – woran ich nicht zweifle.) Mit der Zeit lernte ich, die Gesichter der Großnasen zu unterscheiden, ich konnte aber lang nicht erkennen – es sei denn, es war ein Bart vorhanden, was aber nicht sehr häufig der Fall ist, ob es sich um eine männliche oder weibliche Großnase handelt. Die Großnäsinnen haben alle riesige Füße (für unsere Begriffe), und die Füße unterscheiden sich nicht von Männerfüßen. Lang war ich der für uns naheliegenden Ansicht, daß alle Großnasen, die mir auf der Straße begegneten, männlichen Geschlechts seien. Eine Frau hat nach unseren Sitten außerhalb des Hauses nichts zu suchen. Ich übertrug die Meinung, daß diese Sitte auch hier gelten würde, auf meine Beobachtung. Wie Du inzwischen weißt, stimmt das aber nicht. Dann war ich eine Zeitlang der Meinung, daß man männliche und weibliche Großnasen an der Farbe der Schirme auseinanderhalten könne. Das stimmt, wie ich erforscht habe, nur in begrenztem Maß, und dieses Unterscheidungsmerkmal ist natürlich nur brauchbar, wenn es regnet, denn die Großnasen kennen nur den Regen-, nicht aber den Sonnenschirm. Zwar regnet es oft, aber doch nicht immer.

Später dann fielen mir die enormen Brüste der Großnäsinnen auf. Alte Weiber und Ammen haben bei uns auch große Brüste, aber das betrachten wir als abwegige Erscheinung. Selten hat eine Großnäsin einen nach unseren Begriffen normalen Busen. Ihre Kleidung ist auch so, daß die Brüste hervorspringen und betont sind. Die ersten Brüste, die ich unverhüllt sah – seitlich durch das weithinschimmernde Wellenkleid –, waren die von Frau Pao-leng. So mußt Du es als natürlich betrachten, daß mir diese Brüste, obwohl, muß man sagen, schön geformt und von der Farbe junger Pfirsiche, als enorm groß vorkamen. Inzwischen hatte ich nun Gelegenheit, die im Sommer unbekleidet auf Wiesen liegenden Großnasen zu beobachten, des weiteren konnte ich in dem erwähnten Lokal mit Herrn Yü-len-tzu die Entkleidungskünstlerinnen erforschen, und jetzt ergab sich die Möglichkeit, die Brüste der Dame Da-ch'ma aus der Nähe zu betrachten. Es ist also folgendes zusammenfassend zu sagen: obwohl die Großnäsinnen es nach Möglichkeit vermeiden, Kinder zur Welt zu bringen, und wenn, dann nicht säugen (das weiß ich aus einem Gespräch mit Meister Yü-len, das wir angesichts eines besonders auffallenden Busens einer der Entkleidungskünstlerinnen führten), haben sie enorm entwickelte Brüste, und den Mädchen werden die Füße nicht bandagiert. Nach *unseren* Begriffen hat Frau Pao-leng riesige Brüste und große Füße. Nach *hiesigen* Begriffen ist der Busen eher klein, und das gleiche gilt von den Füßen.

Der Ehrwürdige Weise vom Aprikosenhügel sagt: der Edle, wenn er in die Fremde kommt, versucht nicht, dort seine Sitten einzuführen, sondern richtet sich, wenn er es mit seinem Gewissen vereinbaren kann, nach den Sitten, die dort herrschen. So richte ich mich also nach den Sitten der Großnasen in diesem Punkt und halte große Brüste für schön. Es hat dies, kann ich Dir sagen, auch seine angenehmen Seiten. Mich weiter in diesbezüglichen Intimitäten auszubreiten ist nicht meine Art, und ich lasse es also dabei bewenden. –

Nachdem die beiden Damen ihrer Meinung nach genug geschwitzt hatten, kleideten wir uns an und gingen wieder hinauf in die Wohnung von Frau Da-ch'ma. Mein armer Leib hatte soviel Flüssigkeit verloren, daß er sich wie Dörrobst anfühlte, und ich trank, glaube ich, eine Flasche Mo-te Shang-dong fast in einem Zug aus.

Im Lauf des weiteren Gesprächs kam dann die Rede darauf, daß Frau Da-ch'ma jene bewußte Seelen-Wissenschaft betrieb. Frau Pao-leng, meine Freundin, hatte Frau Da-ch'ma nur gesagt, daß ich »Chinese« und auf einem Studienaufenthalt hier in Min-chen begriffen sei. Das schien Frau Da-ch'ma brennend zu interessieren. Sie begann, vom Unterschied der – wie sie sagte – »fernöstlichen« Seele und der »westlichen« (also ihrer und der anderen Großnasen) Seele zu reden. Dabei stellte ich fest, daß sie von den Lehren des K'ung-fu-tzu keine Ahnung hatte und die »fernöstliche Seele« mit dem Aberglauben des Buddhismus gleichsetzte. Ich hielt es nicht für angebracht, die Dame zu belehren, außerdem, muß ich gestehen, tat der Mo-te Shang-dong eine gewisse Wirkung und versetzte mich in eine wohlige Wolke von Wu-wei. Ich nickte immer nur und sagte: Ja, ja.

Als wir uns verabschiedeten, dankte mir Frau Da-ch'ma für das interessante Gespräch (obwohl ich nichts als »ja, ja« gesagt hatte) und sagte, daß ihre Seelen-Wissenschaft durch die Kenntnis meiner hochinteressanten Seele enormen Zuwachs gewonnen habe. Ich verbeugte mich und sagte: ich sei dankbar für das großartige Essen, das sie an einen so unwürdigen Zwerg wie mich vergeudet habe, für das hervorragende Schwitzen sowie für den freundlichen Anblick ihres so über die Maßen umfangreichen Busens, der mich an die Formen des heiligen Berges T'ai-shan erinnert habe und den ich als kostbaren Schatz in immerwährender Erinnerung behalten würde.

Das hätte ich offenbar nicht sagen sollen, denn Frau Da-ch'ma stutzte etwas und trat einen Schritt zurück. Danach, als wir heimfuhren, sagte mir Frau Pao-leng, daß es ausgesprochen ungehörig sei, die Brüste einer Dame so unverhohlen zu erwähnen. Das sehe ich wieder nicht ein: wenn sie sie schon so freigebig herzeigen? Aber verstehe das, wer will. Ich beobachte und registriere. »Der Wissende«, sagt der große K'ung-fu-tzu im vierten Buch der ›Lun Yü‹, »ist noch nicht so weit wie der Forschende; der Forschende ist noch nicht so weit wie der teilnahmslos Erkennende.«

Sollte ein Zusammenhang zwischen den Großbusen der Großnäsinnen und ihrer Vorliebe für Rindsmilch bestehen? Wer weiß.

Einige Tage später richtete mir Frau Pao-leng Grüße von Frau

Da-ch'ma aus. Ich fragte, ob die Dame mir meine ungewollte Ungehörigkeit verziehen habe? Ja, sagte Frau Pao-leng, denn die Dame habe nachgedacht und in ihren Büchern von der Seelen-Wissenschaft nachgelesen. Mein Kompliment über den Busen sei darauf zurückzuführen, daß mir wahrscheinlich in zarter Jugend meine Amme die Brüste beim Stillen zu früh entzogen habe. – Was die nicht alles weiß, dachte ich mir. – Und außerdem solle sie mir ausrichten, sagte Frau Pao-leng, daß Frau Da-ch'ma meine Seele so interessant finde, daß sie bereit sei, sie ohne finanzielle Kosten für mich zu untersuchen. Ich solle bald kommen. Das werde ich, denke ich, natürlich bleiben lassen.

So grüße ich Dich also mit zärtlichen Empfindungen für Dich, meinen Freund,

Dein alter Kao-tai

## *Einundzwanzigster Brief*

(Montag, 28. Oktober)

Mein überaus lieber Freund.

Ich danke Dir für Deinen schönen und erfreulichen Brief. Daß Du Dir die Mühe gemacht hast, die ganzen zweiundneunzig Gedichte auf das Zeit-Reise-Papier zu kopieren, rührt mich, aber es wäre nicht notwendig gewesen. Außerdem ist das Zeit-Reise-Papier kostbar, und es ist wünschenswert, daß Du es für wichtigere Mitteilungen aufsparst, als es die Kopien der Gedichte der Ehrwürdigen Mitglieder der kaiserlichen Dichtergilde »Neunundzwanzig moosbewachsene Felswände« sind. Zweiundneunzig Gedichte! Davon allein neunzehn von Herrn Kuang Wei-fo! Dabei habe ich vor meiner Abreise verfügt, daß für den herbstlichen Poesiewettbewerb höchstens zwei pro Ehrwürdigem Mitglied eingereicht werden dürfen. Was sich dieser Kuang Wei-fo dabei nur denkt? Neunzehn Gedichte! Und alle so lang. Das soll ich alles lesen … Dieser Kuang Wei-fo ist schon einer der penetrantesten Lyriker, der mir je untergekommen ist. Wenn der nicht immer vorn dran ist und immer überall dabei, wird er unausstehlich. Dafür hat, wie ich sehe, der faule Ku Kua-sheng wieder einmal überhaupt kein Gedicht eingereicht. Wahrscheinlich ist er nicht fertig geworden. Das hat immerhin den Vorteil, daß ich das Geseiere nicht lesen muß, aber eine grobe Ungehörigkeit ist es doch. Was habe ich nur verbrochen, daß mich der Himmelssohn mit der ehrenvollen Aufgabe der Präfektur dieser Hochehrwürdigen Dichtergilde betraut hat? Lieber würde ich die kaiserliche Pekinesenzucht beaufsichtigen oder die Düngung der Staatsfelder. Ich werde Dir zu gegebener Zeit meine Entscheidung über den Preis für das beste Gedicht mitteilen. Es hat ja noch gute Weile.

Daß der Vizekanzler endlich in der Heiratssache seines Sohnes mit meiner Tochter einlenkt, freut mich. Es soll alles tunlichst beschleunigt werden. Wenn ich nächstes Jahr, wie ich hoffe: gesund und wohlbehalten, zurückkehre, möchte ich, daß der erste Enkel gefälligst schon unterwegs ist. Sage ihm das in gebührender Zartheit. Andernfalls bin ich so unhöflich, ihn zu meinen Großen Ahnenopfern nächstes Jahr nicht mehr einzuladen, oder ich setze ihn auf einen ganz schlechten Platz. Welche Tochter hast Du ausgewählt? Der Name Kao-fa sagt mir nicht viel. Ist es die mit den großen Ohren? Die hat sie von ihrer Mutter. In meiner Familie hat nie einer so große Ohren gehabt.

Gedichte aber bitte, schicke mir keine mehr. Wenn der faule Ku Kua-sheng doch noch eins abliefern sollte, so schicke es ihm mit dem Vermerk zurück, daß die Einlieferungsfrist abgelaufen ist. Zweiundneunzig Gedichte! Mein ewiger Himmel. Es gibt zu viele Leute, die Gedichte schreiben. Ich sage Dir: neulich habe ich wieder einmal mit Herrn Shi-shmi ein längeres, sehr angenehmes

Gespräch gehabt. Aus der Sicht der Großnasen hier auf unsere Zeit hat man den Eindruck, daß wir nichts Besseres zu tun hatten als Hekatomben von Gedichten zu verfassen. So stehen wir in den Augen der Nachwelt da!

Daß ich mit Herrn Shi-shmi dieses längere Gespräch hatte, es ist schon ein paar Tage her, hatte aber natürlich einen anderen Grund. Er holte mich hier im Hong-tel zu früher Stunde ab, denn er führte mich zu einer Gerichtsverhandlung, damit ich die Rechtspflege in diesem Staat kennenlerne, die ja schließlich ein wichtiger Bestandteil des öffentlichen Lebens ist.

Wir frühstückten zunächst hier im Hong-tel zusammen, dann marschierten wir los. Das Gerichtsgebäude ist nicht weit entfernt. Dabei handelt es sich nicht um jenes Gebäude, in dem ich gezwungenermaßen die erste Nacht meines hiesigen Aufenthaltes zubringen mußte. Jenes ist das Polizeigericht, dieses, in das wir heute gingen, ist das Große Stadtgericht von Min-chen.

Jener Richter, der ein Freund von Herrn Shi-shmi ist, derjenige, der mich ganz zu Anfang an ihn verwiesen hat, ist nur am Polizeigericht beschäftigt, er hat uns aber freundlicherweise einem Kollegen von ihm am Großen Stadtgericht empfohlen, und bei diesem Richter – er heißt Me-lon – meldeten wir uns. Wir wurden von dem Ehrfurchtgebietenden Herrn Richter Me-lon sehr freundlich empfangen, aber sonst war der Eindruck, den ich mitnahm, niederschmetternd. Ich kenne nun inzwischen die hiesigen Sitten zu gut, um ein wahrhaft imponierendes Gebäude mit geschmackvoll bemalten Säulen zu erwarten. Aber dann war ich doch entsetzt. Das Gebäude ist zwar groß, strahlt aber keinerlei Mächtigkeit und nichts aus, was Ordnung und Zucht widergespiegelt hätte, wo doch Ordnung und Zucht die Dinge sind, die ein Gericht wiederherstellen soll, wenn sie in Verfall geraten sind.

Zunächst fiel mir auf, daß unten in dem Gerichtsgebäude Kaufläden eingerichtet sind. Ja! – Du hörst recht: Kaufläden. Und während in den Stockwerken drüber das Maß der himmlischen Gerechtigkeit zurechtgerückt werden soll, verkaufen unten die Krämer in aller Seelenruhe Hosen, Kissen, Blumen, lederne Fuß-Futterale oder Musikteller. (Über diese Musikteller muß ich Dir auch noch berichten; dies aber ein anderes Mal.)

Das Zimmer, in dem Herr Richter Me-lon residiert, ist mehr als kärglich. Es riecht komisch, und die Möbel sind abgeschabt. Das Zimmer ist klein wie ein Hundezwinger, und trotzdem sitzen dort drinnen zwei Richter, die nicht anders können als so sich gegenseitig auf die großen Füße zu treten. Offenbar genießen Richter in dieser Welt weder bei der Bevölkerung noch bei der Obrigkeit – deren Ordnungsorgane sie ja nun eigentlich sind – Hochachtung. Das bestätigte mir mit Wehmut auch sogleich Herr Me-lon, der darauf verwies, daß die Kaufläden unten viel größer und viel schöner eingerichtet seien als die Zimmer der Richter.

Herr Me-lon hat innerhalb des Großen Stadtgerichts von Minchen eine spezielle Aufgabe. Ganz zu Anfang schrieb ich Dir, daß es an ein Wunder grenze, wenn die chaotisch hin- und herflitzenden A-tao-Wagen und die fahrenden eisernen Häuser und alles, was sich so durch die steinernen Straßen dieser unübersichtlichen Stadt wälzt, nicht ständig durcheinandergeraten. So groß ist, wie ich nun erfahre, das Wunder nicht. Die A-tao-Wagen stoßen sehr wohl zusammen, und nicht zu selten. Dabei werden sie zerbeult, und die Fahrer stoßen sich die Schädel an. Es kommt vor, daß die A-tao-Wagen dabei völlig unbrauchbar werden und daß sich die Fahrer von dem Zusammenstoß nicht mehr erholen und für sie der endgültige Bong* eintritt. Sofern aber die Fahrer überleben, streiten sie nachher darüber, wer schuld an dem Zusammenstoß ist, das heißt: wer die Wiederherstellung des anderen A-tao-Wagens zahlen muß.

* Euphemistischer Ausdruck für Tod.

Für diese Streitigkeiten sind am Großen Stadtgericht sechs Richter zuständig, die ununterbrochen nur damit beschäftigt sind. Herr Me-lon ist einer von ihnen. Nachdem mir also Herr Me-lon in seinem Zimmer dies und jenes erklärt hatte – der andere Richter, der auch in dem Zimmer seinen Stuhl und Tisch hat, war nicht da –, stand er auf und sagte, jetzt müsse er sich fertig machen und anfangen. Er band sich einen speziellen weißen Halsschmuck um, eine Art weißer Schleife, wie sie zur T'ang-Zeit Weiber im Haar getragen haben, und einen weiten schwarzen Mantel.

Es ist immer wieder das gleiche: obwohl ich inzwischen die hier herrschende Unordnung und den Niedergang der Sitten kenne, erwartete ich, daß ein Rest Ehrfurcht vor dem Altertum sich auch in der Welt der Großnasen bewahrt habe. Ich bin noch nicht gefestigt genug. Ich lasse mich immer wieder enttäuschen. Vielleicht ist es überhaupt unmöglich für jemanden wie mich, der seine Wurzeln in einer so weit entfernten Zeit hat, die andauernde Enttäuschung zu verlernen. Der Saal, in dem die Gerichtsverhandlung stattfinden sollte – Herr Me-lon zeigte Herrn Shi-shmi den Weg, und wir gingen voraus einen engen, finsteren Gang hinunter –, der Saal war eigentlich kein Saal, sondern ein etwas größeres Zimmer. Der kleinste Nebensaal im Hong-tel »Zu den vier Jahreszeiten« ist ein Palast gegen dieses Zimmer. Von Würde und Pracht keine Spur. Furchteinflößende Zeichen fehlen völlig. Wir nahmen auf einer Bank ganz hinten Platz, die quietschte, wie um meine Seelenstimmung beim Anblick dieser Würdelosigkeit wiederzugeben. Eine Menge von Leuten stand herum, schwätzte laut in ihren ordinären, tiefen Stimmen – auch Weiber! –, las in Papierblättern und raschelte damit. Ich versuchte zu ergründen, was die Würdelosigkeit des Raumes ausmachte. Die Bank, die quietschte? Die abgewetzten Stühle vorn? (Einer der Stühle war in seine Teile zerfallen und lag unbeachtet am Rand.) Die leicht rußigen Wände? Die achtlos schwätzenden Großnasen, die sich benahmen wie auf dem Markt? Ja, das alles auch, aber vor allem, und das wurde mir in dieser Zeit klar, wo ich mit Herrn Shi-shmi auf jener Bank saß, vor allem: daß der Raum so niedrig war. Die Großnasen, obwohl sie so riesenwüchsig sind im allgemeinen (selbst die Frauen; Dame Pao-leng zum Beispiel ist gut einen Kopf größer als ich), leben und wirken mit Vorliebe in ganz niedrigen Räumen. Grad, daß sie noch aufrecht stehen können. Warum ist das so? Das hat mir noch keiner sagen können. Unsere Tempel sind hoch, die Säle der Paläste haben einen Plafond wie der Himmel, selbst in Privathäusern sehen wir darauf, daß die Decke hoch ist und uns nicht bedrückt. Die Großnasen können in ihren Räumen fast nicht aufrecht stehen. Als mir das hier so klargeworden war, habe ich Herrn Shi-shmi darauf angesprochen. Er hat mich groß angeschaut und im ersten Moment meine Frage offensichtlich gar nicht verstanden. Dann hat er gesagt: wieso? Man braucht ja über den Köpfen nicht viel Raum, das wäre ja Verschwendung. So kann man bei gleichbleibender Höhe der Gebäude mehr Stockwerke unterbringen. Und das sagt ein Herr Shi-shmi, der mit Recht in seiner Welt als Weiser gilt!

Ich sagte es nicht, aber ich dachte mir: die Großnasen halten ihre Räume so niedrig, weil sie eine panische Angst vor der Würde haben. Raumverschwendung über dem Kopf bedeutet Würde. Warum haben sie Angst vor der Würde? Weil Würde notwendigerweise dem einzelnen – dem Edlen, dem Weisen, dem Richter – zukommt, und das gönnen sie einem einzelnen nicht. Lieber verzichten sie überhaupt auf Würde. So regiert hier die Mißgunst der Niedrigen, und das nennen sie »Herrschaft des Volkes«. Dabei wissen manche Großnasen sehr wohl, zum Beispiel Herr Shi-shmi und Meister Yü-len, daß nur die Würde Ordnung verbürgt. Aber sie wagen nicht, das laut zu sagen.

Mitten in den schnatternden Haufen kam der Richter, Herr Me-lon, herein. Eine Dame, die, wie sich später herausstellte, eine

Art Bütteldienste versah, und es dann doch fertigbrachte, von den schnatternden Großnasen etwas respektiert zu werden, schrie: »Bitte aufstehen, das Gericht!« Natürlich erhob ich mich sofort, auch alle anderen, soweit sie vorher saßen, erhoben sich, aber wenn Du nun erwartest, daß sich alle, wie es sich gehört, zu Boden warfen und auf den Zeitpunkt warteten, wo der Richter sich herabließ, ihnen zu gestatten, wieder ihr Antlitz zu erheben, gehst Du fehl. Keiner warf sich zu Boden. Der Boden war auch ziemlich schmutzig, denn draußen regnete es, und alle hatten Lehm an den Füßen. Ich fragte Herrn Shi-shmi leise – nachdem wir uns auf ein Zeichen des Richters wieder gesetzt hatten –, wer die Leute alle hier seien? Es waren berufsmäßige Fürsprecher. Es ist nämlich so hierzulande, daß kaum jemand selbst zu Gericht geht. Es gibt eine spezielle Kaste von berufsmäßigen Fürsprechern, die die eigentliche Partei vor Gericht vertreten. Warum gehen die, die es in Wirklichkeit betrifft, nicht zu Gericht? Beileibe nicht aus Angst, sondern weil sie die Gerechtigkeit nicht verstehen. Ich habe nachher, nach der Verhandlung, als der Ehrfurchtgebietende Herr Me-lon seinen Talar wieder ausgezogen und auch den weißen Halsschmuck wieder abgelegt hatte, lang mit ihm in einem Speise-Gästehaus in der Nähe des Gerichtsgebäudes gesprochen (ich hatte mir ein Herz genommen und kühn den Richter zum Essen dort eingeladen; er hat es angenommen) und habe ihn viel gefragt.

Ja, sagte er, es gäbe wohl schon noch so etwas wie eine Gerechtigkeit im Reich der Großnasen, allein diese Gerechtigkeit sei sozusagen tranchiert, aufgeschnitten und in zahllosen Splittern in einer schon unübersehbar großen Zahl (selbst für ihn und seine Kollegen unübersehbar großen Zahl) von niedergeschriebenen Gesetzen versteckt. Es sei eine Spezialwissenschaft geworden, die Gerechtigkeit zu erkennen. Der einfache Mann verstehe das überhaupt nicht mehr, weshalb es eben die berufsmäßigen Fürsprecher gäbe.

Wer läßt diese niedergeschriebenen Gesetze festsetzen? fragte ich. Der Staat, sagte Herr Me-lon.

Hast Du Worte, teurer Freund Dji-gu? Es ist also hier so, daß nicht die althergebrachte Gerechtigkeit, die feststeht, sofern man die Ordnung von Himmel und Erde beachtet, daß nicht diese althergebrachte Gerechtigkeit dem Staat und seinen Dienern diktiert, was sie gerechterweise zu tun haben, sondern daß der Staat und seine Diener – die sich aber als Herren über den Staat fühlen, wie jener meineidige Minister Ch'i – Dämonischer Südbarbar, den ich in dem nächtlichen Speise- und Trinkhaus mit den Entkleidungskünstlerinnen angetroffen habe –, daß dieser Staat festsetzt, was gerecht sein soll und was nicht. Daß da keine Ordnung im öffentlichen Leben eintritt, ist mir völlig klar.

Aber zurück zur Gerichtsverhandlung. Alle setzten sich, der Richter auch. Neben ihm saß eine junge Dame mit mürrischem Gesicht. Wer das sei? fragte ich. Das sei eine untergeordnete Gehilfin des Richters, die sehr schnell schreiben könne und das Wichtigste von dem aufzuschreiben versuche, was der Richter und die Fürsprecher sagen.

Ich verstand natürlich das Allerwenigste von dem, was verhandelt wurde. Mehrfach mußte der Richter die wartenden Fürsprecher ermahnen, ruhig zu sein. Ich bewunderte die Geduld des Richters in diesem Zusammenhang. Offenbar muß die Langmut die Haupttugend der Richter hierzulande sein.

Es wurden in rascher Folge viele Fälle abgehandelt. Manchmal schimpfte der Richter, daß das, was der Fürsprecher vortrug, der bare Unsinn sei. Das ist auch einer der Nachteile dieses Systems: in so einem Fall hebt der Fürsprecher die Hände, legt den Kopf schief und sagt, er wisse selber, daß das Unsinn sei, sein Auftraggeber habe ihn aber so instruiert. Da sei eben nichts zu wollen.

In einem Fall wurde etwas länger verhandelt. Da war – das muß schon länger her sein, muß sich im letzten oder womöglich vorletzten Winter abgespielt haben – ein A-tao-Wagen im Schnee ausgerutscht und nicht mit einem anderen A-tao-Wagen, sondern mit dem Eck eines Hauses zusammengestoßen. Der Fürsprecher des A-tao-Wagen-Fahrers argumentierte verbissen, soweit ich das verstehen konnte, daß an diesem Zusammenstoß nicht der A-tao-Wagen, sondern das Haus schuld sei. Wiederum mit unerschöpflichem Langmut versuchte der Richter diesem Fürsprecher einzureden, daß er Unsinn von sich gäbe. Aber der Fürsprecher verbiß sich zusehends in seine Argumentation, bekam einen roten Kopf und begann förmlich zu bellen. Ich hielt den Atem an. Der Richter saß immer noch da und hörte in Geduld zu. Endlich sprang der rotköpfig gewordene Fürsprecher auf und schrie: er lehne den hier anwesenden Richter ab, er wolle einen anderen. Ich erwartete es in Wahrheit nicht, aber einen Augenblick lang dachte ich doch, daß der Richter die Hand ausstrecken, nach drei oder vier starken Bütteln rufen und den frech antwortenden Fürsprecher unverzüglich köpfen lassen würde.

Aber nichts von dem geschah. Zwar gab es ein wenig Geraune im Saal. Ein paar andere Fürsprecher versuchten, den rotköpfigen zu beruhigen; vor allem sagten sie: er solle nicht so lang reden, weil sie endlich auch drankommen wollten. So beruhigte sich nach einiger Zeit alles wieder, und die Verhandlungen gingen weiter. Nach vielleicht einer Stunde war der Gestank so groß im Saal, daß sich der Richter gezwungen sah, eine Pause zu machen. Auch wir, Herr Shi-shmi und ich, gingen hinaus. Draußen sagte der Richter, Herr Me-lon, zu uns, wir sollten doch mit ihm eine kleine Erfrischung einnehmen gehen. Der Richter zog seinen schwarzen Talar aus, den weißen Halsschmuck behielt er an. Wir gingen wieder durch lange Gänge, dann kamen wir in einen Raum, der scherzhaft »Kleine Stube der Meineide« genannt wird (oder, wenn man es anders übersetzen will: »Stube der kleinen Meineide«) und wo uns ohrenbetäubender Lärm entgegenschlug. Dort saßen an einem Tisch alle die Fürsprecher, die sich vorher so fürchterlich gestritten hatten, und erzählten sich kurze, schelmische Anekdoten, wie sie hier beliebt, für mich aber unverständlich sind. Auch einige Richter saßen hier. Herr Richter Me-lon stellte uns vor, und wir setzten uns. Ich hielt mich bescheiden in einer Ecke. Der Lärm war kaum zu überbieten, weil alle – wie bei den Großnasen häufig – gleichzeitig sprachen. Die »kleine Erfrischung« der Richter und Fürsprecher bestand aus einem ungeheuer gewaltigen tulpenförmigen Glas von Hal-bal, von dem einige, ließ ich mir sagen, schon mehrere getrunken hatten, ohne umzufallen. Ich fragte ganz leise Herrn Me-lon, ob es möglich sei, ein halbes Fläschchen Mo-te Shang-dong zu bekommen. Es war aber nicht möglich. So trank ich Thee.

Mir wurden zwar die Namen einiger der Fürsprecher und Richter genannt, aber ich konnte sie mir natürlich unmöglich merken. Einer hatte einen sehr runden Kopf und ganz kurze Haare – wie Igel-Stacheln – und ist besonders geschätzt wegen eines unerschöpflichen Schatzes von schelmischen Kurz-Anekdoten, die er in seinem Gedächtnis herumträgt. Er erzählte mir einige davon. Ich verstand keine, sagte aber, daß ich sie in unverwelklicher Erinnerung behalten werde. Er zeigte sich dann äußerst interessiert an der Küche des Reiches der Mitte und erwähnte, daß er selber gern koche, namentlich nach unserer Art. Ja, das gibt es. Einen Mann, der nicht Koch ist und doch den Herd bedient. Ich mußte ihn enttäuschen, weil ich keinerlei Auskunft und Rezepte mitteilen konnte. Ich weiß nur, ob mir die Sachen schmecken, nicht, wie man sie zubereitet.

Ein anderer, ein ziemlich umfangreicher Herr, der ein Richter war, handelte nebenher mit Fischen und kleinen eigenartigen Schreibgeräten; ein sehr langer Fürsprecher, der einen Bart nach Art der Ziegen hatte, handelte am Tisch mit Büchern. Ich wagte nicht, nach den näheren Umständen mich zu erkundigen. Alles verwirrte mich. Ein anderer Fürsprecher war ungeheuer dick und groß und erschien in einem Helm wie die Krieger der Han-Zeit … ich erschrak und wollte entfliehen, aber es zeigte sich dann, daß der betreffende Fürsprecher völlig harmlos war und keine kriegerische Absicht hatte.

Ein weiterer Fürsprecher – dessen Namen ich mir als Wi-li-we-wa gemerkt habe – war eher von meiner Größe, was mich angenehm berührte. Es traf sich, daß ich neben ihm saß. Nach einiger Zeit fragte er mich etwas, aber ich verstand seine Sprache nicht. Der erwähnte ziegenbärtige Fürsprecher, der nebenher mit Büchern handelt, lachte laut, als er sah, daß ich den Herrn Wi-li-we-wa nicht verstand, und sagte, das sei ohne weiteres einleuchtend, denn Herr Wi-li-we-wa stamme aus etwas westlich gelegenen Gegenden, dort seien die Leute sehr sparsam und die Zunge sei ihnen verkehrt herum angewachsen. Herr Wi-li-we-wa schaute nur sehr ruhig zu dem ziegenbärtigen Herrn auf und sagte – nun um Verständlichkeit bemüht –: »Noch ein Wort, und ich schütte dir den Inhalt dieses Glases über deinen Kopf.« Wieder wollte ich fliehen, da wandte sich aber Herr Wi-li-we-wa wieder an mich und wiederholte seine Frage deutlicher: ob es bei uns im Reich der Mitte bei Gericht auch so lustig zugehe? »Nein«, antwortete ich und verbeugte mich zu einem Drittel, »aber ich werde nicht verfehlen, von den vergnüglichen Sitten in der schönen Stadt Min-chen bei mir zu Hause zu berichten, und ich zweifle nicht, daß sie auf meine Schilderung hin allsogleich nachgeahmt werden.«

Da erhob er sein Glas und stieß einen Laut aus, der so ähnlich wie »Plo-sh-cht« klang und – das kannte ich schon – soviel bedeutet wie: er trinke, damit es mir wohl ergehe. Ich verbeugte mich wieder, trank etwas von meinem Thee und sagte: »Plo-sh-cht, auch ich erlaube mir diesen Thee in der Hoffnung zu schlürfen, daß dem überaus verdienstvollen Herrn Wi-li-we-wa sowie seinen schätzenswerten und verehrungswürdigen Ahnen Ruhm und Ansehen fortwährend ersprießen mögen.«

Ich war froh, als wir endlich den Raum wieder verließen. Im zweiten Teil der Verhandlung wurde es ruhiger. Es kamen nicht mehr so viele Fürsprecher, und es wurde auch nicht mehr so viel geschrien.

Dicke Bündel von Papier wurden hin- und hergetragen. Ab und zu blätterte der Richter in einem solchen Bündel. Hin und wieder reichte ein Fürsprecher – ohne Verbeugung – ein Stück Papier dem Richter hinauf. Ich fragte Herrn Shi-shmi, ob das Ergebenheitsadressen an den Richter wären. Nein, sagte er, in den hinaufgereichten Papieren stelle der Fürsprecher seine Ansicht der Sache dar. Gelegentlich schleuderte der Richter auch ein Papier zu den Fürsprechern herab, das die aber mit nur wenig äußerer Ehrerbietung entgegennahmen.

So ging die Verhandlung zu Ende. Als kein Fürsprecher mehr im Zimmer war, entließ der Richter seine mißmutig schreibende Gehilfin und auch die Schergin. Dann lud ich, wie gesagt, ihn und Herrn Shi-shmi ein, mit mir zu essen.

Da fragte ich ihn dann vieles. Zum Beispiel: ob er denn das alles lesen müsse, was die Fürsprecher ihm da hinaufgereicht hätten. Nein, sagte er, denn wenn er das alles lesen würde, würde er im Lauf von nur vier Tagen wahnsinnig.

Wie er dann die Gerechtigkeit finde? fragte ich ihn. Die Gerechtigkeit zu finden, sagte Herr Me-lon nach einigem Nachdenken, sei heutzutage gar nicht mehr möglich. Es gäbe ein Rechtssprichwort, ein ungeschriebenes, die seien aber ohnedies die wichtigeren, und dieses Rechtssprichwort laute: wenn du zu einem Richter gehst, bekommst du keine Gerechtigkeit, du mußt froh sein, wenn du einen Urteilsspruch bekommst. Es sei schwer, sagte Richter Me-lon mit einem tiefen Seufzer, in einer Welt, die so in Unordnung geraten sei, noch der Gerechtigkeit zu dienen.

Mir schien Herr Richter Me-lon ein Mann von tiefen Einsichten zu sein, und ich hoffe, ihm wieder zu begegnen, um weiteres fragen zu können. So verabschiedeten wir uns, und so endete dieser merkwürdige Besuch, der mir tiefen Einblick in alles gewährte, was dieser Staatsordnung an Würde fehlt.

Ich grüße Dich aus der fernen Zeit und bin doch Dein naher Freund

Kao-tai

*Zweiundzwanzigster Brief*

(Montag, 4. November)

Teurer Freund Dji-gu.

Deine Briefe erfreuen mein Herz in dieser regnerischen Welt. Ich kann sie übrigens inzwischen wirklich besser lesen und brauche sie, um scharf zu sehen, nicht mit weitgestreckten Armen vor mir zu halten, seit ich das kleine Augen-Gestell besitze, das mir Frau Pao-leng hat machen lassen. Nach den Gedichten fragst Du? Ich bin noch nicht dazugekommen, sie anzuschauen. Das Ergebnis des Wettbewerbs wird ja ohnedies nicht vor dem ersten Winterneumond verkündet. Die Ehrwürdigen »Neunundzwanzig moosbewachsenen Felswände« sollen sich gedulden. Außerdem sind die Gedichte wahrscheinlich ungefähr so wie die Gedichte vom letzten Jahr, und die waren wie die vom vorletzten. Es gibt zu viele Leute, die Gedichte schreiben. Das sagt auch Herr Me-lon, den ich inzwischen schon zweimal getroffen habe und der, obwohl er von Beruf Richter ist, von Literatur etwas versteht. Er meint natürlich: *Hier*, in dieser Welt, in Min-chen gibt es zu viele Leute, die Gedichte schreiben. Offenbar gibt es immer und überall zu viele Leute, die Gedichte schreiben. Ein fixer Punkt in der Weltgeschichte.

Herr Yü-len-tzu, nach dem Du in Deinem Brief fragst, ist abgereist, schon lang. Er mußte nach Hause. Seine Geschäfte riefen ihn. Aber er kommt wieder, spätestens im nächsten Monat. Wir wollen uns dann gleich, um unser Wiedersehen zu feiern, die Entkleidungstänzerinnen in dem Trink- und Speisehaus »Paradies« anschauen. Bis dahin sind neue Künstlerinnen da und haben neue Tänze einstudiert. Was meinst Du in Deinem Brief: die Sache mit den kleinen weißen Kugeln –? Ich verstehe die Stelle nicht.

Ja, es ist schon eine Zauberwelt, wenn auch eine regnerische zumeist. Ich manipuliere hier in Min-chen in dem Hong-tel »Zu den vier Jahreszeiten« an einem Te-lei-fong, und schon läutet im fernen Pei-ching eben ein solcher Apparat am Tisch eines fernen Enkels von uns. Meister Yü-len hat wirklich damals darauf bestanden, daß ich diesen Versuch unternehme: vor der Benützung des Te-lei-fong habe ich keine Angst, wohl aber hatte ich Angst, ob ich die Sprache, die der ferne Enkel spricht, überhaupt verstehe, und daß mich die Rührung überkommt. Aber zum Glück, muß ich sagen – obwohl mich die Sache schon auch interessiert hätte –, war der ferne Enkel in Pei-ching nicht da, und das Glöckchen seines Te-lei-fongs läutete ganz vergeblich. Herr Yü-len-tzu war sehr enttäuscht, aber es war nichts zu machen. Das war am Tag vor seiner Abreise. Am Abend leerten wir noch bei der Dame Pao-leng einige Flaschen Mo-te Shang-dong. Das weithinleuchtende Wellenkleid ist der kalten Jahreszeit nicht mehr angemessen. Frau Pao-leng trug ein rotes Kleid, das um ihren unvergleichlichen Körper sanfte Falten warf. Meister Yü-len war sehr angetan von Frau Pao-leng. Als die Rede auf dies und das kam, sprachen wir auch von meinen Abenteuern im Schwitzkeller. Herr Yü-len-tzu ist ein großer Schwitzer – sagte er – und hat gleich geäußert, daß er unbedingt mit Frau Pao-leng einmal den Schwitzkeller besuchen will.

Das werde ich zu verhindern wissen. Aber sonst freue ich mich darauf, wenn er wiederkommt.

Heute ist Vollmond. Ich weiß es nur, weil ich nachrechne.* Sehen kann man den Mond nicht. Der Himmel ist voll von schweren Wolken. Es regnet, und es ist kalt. Ich denke an den Mond, wenn ich auch die Mondriten – das muß ich zugeben – nicht vollziehe. Ich habe, seit ich hier bin, vier Neumonde vergehen lassen, ohne ein Neumondopfer darzubringen. Wie sollte ich es auch tun? Es würde auf unüberwindliche Schwierigkeiten stoßen. Wie hätte ich bei Herrn Shi-shmi auf die Stufen der Osttreppe treten sollen, wenn sein Haus nur eine einzige Treppe hat, und die geht nach Westen? Herr Shi-shmi hätte zwar Verständnis für den Vollzug der Zeremonie gehabt, hätte mir sogar assistiert, wenn ich ihn darum gebeten hätte, aber das dumme Gelächter der anderen Hausbewohner wäre nicht auszudenken gewesen. Außerdem: wer sind meine Ahnen, wenn ich hier in einer fernen Zeit-Welt lebe? Bin ich selber mein Ahn, da ich doch eigentlich schon tausend Jahre tot bin? Ist es statthaft, daß ich mir gewissermaßen selber opfere? Verständlicherweise wird man weder im ›Lun Yü‹ noch im ›Chia Yü‹, im Erhabenen ›I Ching‹ nicht und nicht im ›Frühling und Herbst des Lü Pu-wei‹ eine Antwort darauf finden. Der Aprikosenhügel schweigt zu dieser Frage, vom Alten Meister auf dem Schwarzen Ochsen, den ich ohnedies nicht so sehr schätze, gar nicht zu reden.

Ich habe mir beim Antritt meiner Reise zwar vorgenommen, für meine Person die Riten und Sitten meiner Welt einzuhalten, komme, was da wolle, aber ich habe nicht eingerechnet, wie sehr sie sich in den tausend Jahren (und den zehntausend Meilen, von denen ich damals keine Ahnung hatte) verändern würden. So habe ich mich schon nach wenigen Tagen für die Zeit meines Aufenthaltes im Land der Großnasen von den Riten dispensiert. Ich berufe mich dabei auf den Ehrwürdigen Meister K'ung, der im-

* Kao-tai hat sich verrechnet. Vollmond war bereits am 28. Oktober.

mer wieder sagt, daß man sich in der Fremde nach den dortigen Gegebenheiten richten soll und daß es töricht ist, dem Fremden die eigenen Sitten und Gebräuche aufdrängen zu wollen. Und im Abschnitt ›Yü Li‹ des ›Li Chi‹ heißt es: wenn man in ein fremdes Haus kommt, erkundigt man sich nach den Ausdrücken, die dort vermieden werden. Zwar sagt der Weise vom Aprikosenhügel auch, daß der Edle durch stilles, aber bestimmtes Vorbild wirken soll … aber sag selber, teurer Dji-gu, was könnte ich allein in dieser Welt von Unordnung bewirken, selbst wenn meine Tugenden zehnmal so stark wären, wie sie sind? Herr Shi-shmi besitzt eine Übersetzung des ›I Ching‹, ob er sie gelesen hat, weiß ich nicht. Frau Pao-leng habe ich, wie Du weißt, eine Übersetzung des ›Li Chi‹ geschenkt. Sie wird sie später lesen … sagt sie. Was kann ich mehr tun? »Die Sitte will, daß man von den Menschen gesucht wird, nicht, daß man die Menschen sucht; die Sitte will, daß andere zu uns kommen, um zu lernen, nicht, daß man andere aufsucht, um sie zu lehren.« Auch das steht im ›Li Chi‹.

So lebe ich hier, ohne die Riten zu beachten, ohne die ehrwürdigen Sitten zu befolgen, wie ein Barbar, wenngleich ich versuche, meine innere Tugend zu bewahren. »Wenn es solche Menschen gibt – unter den Großnasen, füge ich hinzu –, die an mir Freude haben, so ist es mir recht. Wenn niemand sich an mir freut, so freue ich mich wenigstens an mir selbst.« (Wie es im Buch ›Tsung-tzu‹ heißt.)

Mit Frau Pao-leng über die Sitten zu sprechen ist fast ohne Sinn. Nicht, daß sie etwa keine tugendhafte Frau wäre – in gewisser Hinsicht –, sondern weil sie ganz im Streben nach ihrer Zufriedenheit lebt, was natürlich, wie ich schon erwähnt habe, zu Unzuträglichkeiten führt. Wenn man den Zusammenhang mit den Dingen verliert, wenn man, anstatt die ewige Ordnung von Himmel und Erde zu erforschen und zu beachten, versucht, diesem Mechanismus den eigenen Willen aufzuzwingen, dann wird man zwangsläufig unzufrieden. Aber gut – dafür ist sie eine Frau und sehr schön. Meister Yü-len ist ganz ungeeignet für solche Gespräche. Er ist zwar ein Experte auf dem Gebiet der Waldbau-Kunst und hat viele tiefe Gedanken, was den hiesigen Staat und seine Ordnung betrifft, aber für die alten Riten hat er gar kein Verständnis. Er kenne nur *einen* Ritus, sagte er, und der sei, daß es ihm gutgehe. Einzig Herr Shi-shmi (und vielleicht Herr Richter Me-lon, aber den kenne ich noch nicht gut genug) ist geeignet für derartige Fragen. Vor wenigen Tagen war ich wieder bei Herrn Shi-shmi, weil die Musik der Heiligen Vierheit bei ihm stattfand. Ich kann mich nicht satt hören daran. Sie spielten zwei Werke des göttlichen Meisters Mo-tsa. Herr Shi-shmi versprach mir, mich demnächst in eine öffentliche musikalische Unterhaltung mitzunehmen, wo ich die Musik eines Orchesters kennenlernen soll. Übrigens kam er – leider, ich hatte gehofft, er hätte es nun doch vergessen – wieder auf das Ausleihen meines Zeit-Reise-Kompasses zu sprechen. Sobald seine Frau Witwe-Mutter wieder abgereist sei, wolle er die Zeit-Reise unternehmen. Seine Frau Witwe-Mutter solle nichts davon erfahren, weil sie sich sonst nur ängstige. Nachdem die anderen drei Musikfreunde gegangen waren, saßen Herr Shi-shmi und ich noch lang bei einigen Da-wing-do-Brandopfern beisammen. Die Rede kam auf die Religion.

Wir kamen darauf, weil ich eine Beobachtung anmerkte, die ich schon ganz zu Anfang gemacht habe: einerseits scheuen sich die Großnasen, das Essen mit den Händen anzulangen, und grausen sich vor allem und jedem, andrerseits betasten sie sich andauernd gegenseitig. Die Begrüßung (selbst zwischen Männern und Frauen, sogar zwischen Höhergestellten und Niedergestellten) findet so statt, daß man die Hand des anderen ergreift und knetet und walkt und den ganzen Arm schüttelt. Häufig schlägt einem jemand auf die Schulter, und das unangenehmste ist, wenn einer einem – was nicht selten vorkommt – das Gesicht mit seinem Mund befeuchtet. Bei uns, sagte ich, ist es so, daß sogar Eheleute voneinander nichts aus der Hand entgegennehmen. Das sei Höflichkeit. Wenn einer dem anderen etwas geben will, dann legt er es in einen Korb, und der andere nimmt den Korb. Ist kein Korb da, dann legt er es auf eine Matte. Erst wenn sie über siebzig sind, sagte ich, bewahren Eheleute ihre Kleider nicht mehr in getrennten Truhen auf.

Die Sitten seien eben anders, sagte Herr Shi-shmi. So kamen wir ins Gespräch darüber. Ich will hier dieses Gespräch nicht im einzelnen schildern, fasse aber die Gedanken zusammen, die ich daraus entnahm.

Die Großnasen haben nicht nur andere Sitten, sie haben überhaupt keine Sitten. Ich meine damit nicht, daß sie sittenlos im Sinne von: zügellos und ohne Moral sind (das ist wieder eine andere Frage); ich meine das in dem Sinn, daß fast keine festgefügten Sitten, Riten und Gebräuche vorhanden sind. Nur in ganz unwichtigen Dingen sind noch spärliche Reste von Sitten und Riten vorhanden. Was sie im einzelnen bedeuten, ist mir unklar. In den wenigen Tagen, in denen ich die Ehrwürdige Frau Witwe-Mutter Shi-shmi beobachten und befragen konnte, habe ich das erfahren. So gilt es als unglückbringend, wenn man unter einer Leiter durchgeht, eine Schere offen liegenläßt, den Hut auf den Tisch oder die Schuhe aufs Bett legt. Der dreizehnte Tag des Großnasenmonats (unabhängig von der Mondphase) gilt als unheilvoll, im gemäßigten Sinn der fünfte Tag der Wo-'che. Wenn dieser fünfte Tag zufällig mit dem dreizehnten Monatstag zusammentrifft, gehen manche Großnasen nicht aus dem Haus. Wenn einer niest, sagen die anderen »Zum Wohl!«, warum, hat mir kein Mensch sagen können, und auf Ahnengräber legen sie Blumen, sonst nichts. Dabei ist es so, daß sie diese Blumenopfer fast nur den Eltern darbringen, denn die Gräber der Großeltern sind ihnen unbekannt, und von den Urgroßeltern wissen sie kaum noch die Namen.

Das sind also – mag sein, einige habe ich nicht beobachtet – im Wesentlichen die Riten, auf die diese Welt ihre Ordnung stützt. Es ist klar, daß eine weitreichende Ordnung, Kindesliebe, Ehrfurcht, Wissenschaft, Unbestechlichkeit der Minister und Wohlstand sich nicht aufrechterhalten lassen, wenn nichts anderes geschieht, als daß keine Schere offen hingelegt wird. Übrigens halten sich gar nicht alle daran: bei Frau Pao-leng habe ich einmal eine Schere offen liegen sehen. Ich habe sie ernstlich darauf aufmerksam gemacht. Da hat sie gelacht und gesagt: ja, ja – das kenne sie von ihrer Mutter. Offenbar ist es also so, daß sich nur noch die alten Leute an diese ohnedies schon dürftigen Riten halten, während sie unter den jüngeren in Verfall zu geraten drohen.

Daß A-tao-Wagen an Kreuzwegen anhalten, wenn eine dort aufgestellte Leuchte rotes Licht zeigt, und erst weiterfahren, wenn das rote durch grünes Licht ersetzt wird, ist keine Sitte, sondern ein willkürlich eingeführtes Gesetz. Dies hat mir Herr Richter Me-lon erklärt. Überhaupt sind Riten und Sitten in dem Maß in Verfall gekommen, wie diese willkürlichen Gesetze, von denen es wahrhaft unzählige gibt, überhandgenommen haben. So sind Sitte und Gesetz getrennt, das heißt: das Gesetz ist losgelöst von jeder Moralvorstellung. Da das Gesetz zu übertreten für Großnasen nicht als unmoralisch gilt, muß der Staat zu Strafen greifen. Belehrungen fruchten nichts mehr. Moralvorstellungen gibt es zwar schon noch, die sind aber religiöser Natur und sind für das öffentliche Leben unverbindlich. Moral und Religion haben nur noch poetischen Wert. Man kann sich an ihnen erfreuen, wenn man will, aber das Leben regeln sie nicht mehr.

Daß so ein Staat in Unordnung gerät und daß hier die Vernunft ein Faktor von nur noch dekorativer Bedeutung ist, leuchtet mir ohne weiteres ein.

Die Religion ist übrigens merkwürdig. Sie hat starke Züge von Aberglauben und ähnelt in gewisser Weise dem Buddhismus. Die

Großnasen glauben, daß einmal (sie fixieren es genau: ungefähr um die Zeit, als die Östliche die Westliche Han-Dynastie abgelöst hat) ein Gott auf die Erde gekommen sei. Dieser Gott habe dreiunddreißig Jahre auf der Erde gelebt, habe gelehrt und einen Moralkodex hinterlassen und sei dann von den Menschen hingerichtet worden. Eine groteske Vorstellung. Der Gott sei dann wieder auferstanden und in den Himmel aufgefahren, wo er sich in drei Götter aufgefächert habe. Auch seine Mutter habe er mitgenommen, dafür auf Erden einen Stellvertreter in Form eines Oberpriesters zurückgelassen. Es mag sein, daß ich diese Mythologie ungenau wiedergebe, denn zum einen habe ich sie nicht klar verstanden, zum andern sind mehrere Spielarten davon im Umlauf, die sich zum Teil heftig befehden oder zumindest befehdet haben.

Ich habe nach der Lehre dieses Gottes gefragt. Die Lehre ist aller Ehren wert. Die Lehre besagt nichts anderes als jenes große Wort des K'ung-fu-tzu im XV. Buch des ›Lun Yü‹, wo es heißt: »Tzu Kung fragte und sprach: ›Gibt es Ein Wort, nach dem man das ganze Leben hindurch wandeln kann?‹ Der Meister antwortete: ›Die Nächstenliebe. Das du selbst nicht wünschest, tu nicht den anderen.‹«

Von »hier« aus gerechnet, liegt die Han-Zeit fast zweitausend Jahre zurück. Es sind also fast zweitausend Jahre her, seit dieser Gott seine Lehre verkündet hat. Es scheint sich in der Moralvorstellung der Großnasen seitdem nichts geändert zu haben, denn ihre religiöse Lehre von der Nächstenliebe appelliert nicht an die Vernunft und an die Menschlichkeit, sondern allein an ein hartes System von Lohn und Strafe, das auch der Kernpunkt dieser religiösen Lehre ist.

Wie die Buddhisten – und darin sehe ich die Ähnlichkeit – haben die Großnasen einen heillosen Horror davor zu denken, daß ihr bißchen Seele einmal nicht mehr sein könnte. Sie nehmen sich so wichtig, daß sie es als Katastrophe empfänden, wenn ihre Seele nach dem Tod nicht weiterleben würde. Komischerweise empfinden sie es nicht als schrecklich, daß ihre Seele vor ihrer Geburt wohl nicht gelebt hat. Sie nennen ihre Seele »ewig«. Ewig heißt aber, ohne Anfang und ohne Ende. Wie kann etwas ewig sein, wenn es einen Anfang hat? (Dieser Gedanke sei, sagt Herr Shishmi, allerdings der großnäsischen Philosophie nicht fremd. Es habe – ungefähr zur Zeit des Meisters We-to-feng einen Weisen gegeben, der Sho Peng-kao geheißen habe. Der habe diesen Gedanken schon geäußert, sei aber nicht so recht durchgedrungen damit.) Mit Hilfe dieses kindischen Schreckens, der für meine Begriffe viel von Dämonenangst und Geisterfurcht in sich trägt, baut die Religion der Großnasen ihr System von Lohn und Strafe auf. Denn nicht um ein vollkommener Mensch zu werden, nicht um mit sich selber ins reine zu kommen, nicht um die Gesellschaft der Menschen im Gleichgewicht zu halten, soll man das Gebot der Nächstenliebe befolgen, sondern – wie es heißt – um »Schätze im Jenseits« anzusammeln. Im Grunde genommen appelliert diese Religion also an den Geiz. Wer hier auf dieser Welt, heißt es, die Lehre der Religion befolgt, dessen Seele fliegt nach dem Tod in den Himmel, wo ein sorgenfreies Leben in Gegenwart des Gottes für alle Ewigkeit bevorsteht. Es wird also vorausgesetzt, daß die Seele jedenfalls ihre Erinnerung an das irdische Leben bewahrt. Sonst dürfte sie ja nicht belohnt werden. Umgekehrt: wer die Gebote der Nächstenliebe nicht befolgt, kommt nach dem Tod in eine gräßliche Unterwelt, wo es permanent brennt.

Kann ein gütiger Gott, dem Nächstenliebe am Herzen liegt, so unmenschlich sein? Überhaupt: kann ein Gott auf solche juristischen Voraussetzungen das ewige Heil oder Unheil seiner Kinder, nämlich der Menschen, aufbauen? Denn als Kinder Gottes bezeichnet die Religion der Großnasen die Menschen ausdrücklich. Zwar ist auch viel von Gnade die Rede. Aber auch diese Gnade

Gottes ist keine wirkliche Gnade, denn sie wird nur dem zuteil, der sie – in den Augen der Lehre – wirklich verdient. Diese Gnade ist also wieder nichts als versteckter Lohn. Die Großnasen haben eine Krämergesinnung ihrem Gott gegenüber. Das ist, meine ich, eine verheerende Folge der abergläubischen Personifizierung ihres Gottes, zu der sie sich versteigen. Sie stellen ihn sogar auf Bildern dar. Er ist ein würdiger alter Mann mit langem, grauem Bart. Seine Züge sind die Züge der Großnasen. Wenn das stimmen sollte, so wären wir, die wir ganz anders aussehen, von vornherein benachteiligt. Das soll ein gnadenreicher Gott sein? Wirkliche Gnade ist die, die dem zuteil wird, der sie nicht verdient. Der Gott der Großnasen, wenn er wirklich gnädig wäre, müßte den zu sich aufnehmen, der ihm flucht.

Aber ich vermute, daß das alles gar nicht die wirkliche Lehre dieses Gottes war, der auf die Erde gekommen ist. Ein Gott ist so fern und groß, daß er sich menschlichen Begriffen gar nicht offenbaren, geschweige denn, sich selber in ein Gerüst von juristischen Vorschriften begeben kann, das man dann mit menschlichem Witz auslegt und interpretiert. Ich habe mich erkundigt: von jenem Gott, der vielleicht aber nur ein verehrungswürdiger Weiser war mit unfaßbar tiefen Einsichten in göttliches Wesen, von jenem Ye-su, wie sie ihn nennen, gibt es keine einzige Zeile von seiner eigenen Hand. Alles, was von ihm überliefert ist, stammt von Jüngern seiner Jünger. Es ist enthalten in vier Heiligen Büchern, von denen aber auch nur spätere Abschriften erhalten sind. (Es ist das gleiche, wie mit unserem Meister K'ung-fu-tzu, um ehrlich zu sein.) Herr Shi-shmi hat mir diese Heiligen Bücher gegeben. Sie sind nicht sehr umfangreich, und ich habe sie mit großer Anteilnahme in einer einzigen Nacht gelesen. An *keiner* Stelle bezeichnet sich der Verehrungswürdige Ye-su, dem höchste Achtung zu zollen ich nicht anstehe, als *Gott.* Er bezeichnet sich als *Menschen-Sohn* und läßt keinen Zweifel, daß alle Menschen Kinder Gottes sind. Ich vermute, daß die Lehre stark korrumpiert ist. Ich nehme an, daß der achtunggebietende Menschen-Sohn Ye-su die Menschlichkeit um ihrer selbst willen gelehrt hat und daß seine Jünger ihn nur nicht verstanden und die krämerische Vorstellung von Lohn und Strafe hinzugefügt haben, weil sie es nicht besser begriffen.

Aber auch dieser Gedanke, sagte Herr Shi-shmi, sei nicht neu. In den zweitausend Jahren, die seitdem vergangen sind, hat die Lehre manche Wandlung durchgemacht und zahllose Interpretationen erfahren, die nicht nur zu gelehrten Auseinandersetzungen, sondern zu Streit und Krieg geführt haben. Herr Shi-shmi erzählte mir von einigen dieser Interpretationen. Eine machte mich stutzig: sie geht auf einen weisen Meister zurück, der Ge-go aus Na-tsia heißt (und zur Zeit unserer Östlichen Chin-Dynastie gelebt hat). Die Lehre besagt, grob gesprochen, daß Gott zu unbegreiflich und zu unfaßbar ist, als daß man über ihn nachdenken könnte. Man *darf* überhaupt nicht über ihn nachdenken. Jedes Nachdenken über Gott ist Blasphemie.

Selbstverständlich hat sich auch diese Lehre des großen Ge-go aus Na-tsia nicht durchgesetzt in einer Welt, die alles Neue zunächst immer einmal als besser als das Alte betrachtet, ihren Sinn im Fort-Schreiten sieht und ständig von sich fortschreitet. Wie heißt es im Buch IX des unsterblichen ›Lun Yü‹? »Der Meister seufzte hinsichtlich des Yin Yü: ›Ach, ich habe ihn immer fortschreiten sehen, ich habe ihn nie stillstehen sehen.‹«

Als mir Herr Shi-shmi das alles erzählte, als ich das las und mit meinen Freunden darüber redete, dämmerte mir eine eigenartige Verbindung dieser Welt hier mit meiner Heimat. Dämmert Dir nicht auch etwas? Bei uns im Reich der Mitte lebt eine abgekapselte Sekte von Leuten, die an einen Gott im fernen Westen glauben. Das sind Anhänger der Lehre jenes Ye-su. Sie sind durch religiöse Verfolgungen mehrfach versprengt und zuletzt, ganz weit weg von ihresgleichen, bei uns seßhaft geworden. Sie nennen sich die Leute von der Leuchtenden Lehre (Ching-chiao). Ich werde versuchen, nach meiner Rückkehr mit ihnen in Verbindung zu kommen. Bisher habe ich sie nicht beachtet.*

Das also ist meine zugestanden kursorische Zusammenfassung über den Stand der Religion der Großnasen. Ich möchte nicht rechten. Niemand weiß, was die Wahrheit ist. Ist es besser, durch Nachdenken (das leicht zum Spekulieren führen kann) das Wesen des Himmels zu ergründen zu trachten? Ist selbst ein Irrweg lehrreich? Oder sollen wir es dabei bewenden lassen, *gute Menschen* zu sein? Ich weiß es nicht. Ich halte es mit dem lapidaren Wort des Meisters vom Aprikosenhügel: »Man beschäftigt sich nicht mit der Prophezeiung, das ist es.«

Und so grüße ich Dich nach diesem langen Brief, der vielleicht der wichtigste von allen ist bisher,

als Dein ferner Freund Kao-tai

## *Dreiundzwanzigster Brief*

(Montag, 11. November)

Teurer Dji-gu!

Je mehr ich aus dem Privatleben heraustrete, desto größer wird die Gefahr, daß meine Herkunft entdeckt wird. Das ist nur natürlich. Solang ich bei Herrn Shi-shmi gewohnt habe und sozusagen in seiner Obhut war, war ich sicher. Jetzt lebe ich hier in dem Hongtel, in dem die Leute ein- und ausfliegen wie in einem Taubenschlag. Zwei gibt es, die um die Bewandtnis wissen, die es mit mir

* Kao-tai irrt nicht. In der Tat sind im 4. und 5. Jahrhundert Nestorianer über Persien und Indien nach China gelangt, wo sie unangefochten ihrem Glauben leben konnten.

hat: Frau Pao-leng und Herr Shi-shmi. Herr Shi-shmi nimmt meine Zeit-Reise und die Tatsache, daß ich in seiner Welt nur »Zeit-Gast« bin, sehr ernst, und er weiß, was es heißt und wie wichtig es ist, ein Geheimnis zu hüten. Er wäre ein Edler im Sinn der Lehren des K'ung-fu-tzu, wenn er in unserer Welt lebte. Frau Pao-leng wäre auch ein Edler, wenn sie ein Mann wäre. Das ist – abgesehen vom Lob ihrer Schönheit – das Beste, was man von einer Frau sagen kann. Aber ich bin mir nicht sicher, ob sie die Offenbarung meiner Herkunft wirklich glaubt. Sie fragt nie. Meinte sie vielleicht, daß ich mit meiner Geschichte, die in ihren Ohren natürlich absurd und unglaublich klingen muß, ein anderes, zwar glaubwürdigeres, aber anrüchiges Geschick verbergen will? Ich lasse es dabei bewenden.

Warum habe ich Angst vor der Entdeckung meiner wahren Herkunft, da ich ja mit meiner Zeit-Reise wohl nichts Verbotenes getan habe? Man würde mich als Gespenst ansehen. Das wäre mir unangenehm. Man würde mir nicht glauben. Das müßte mir noch unangenehmer sein, denn ich wäre versucht, den Beweis anzutreten, was ich ja könnte. Dann aber gälte ich als Weltwunder und könnte nicht mehr beobachten, denn ich wäre sogleich das Ziel vieler fremder Beobachtungen. Nein, es ist besser, es ist sogar unabdingbar, daß ich sozusagen aus dem Verborgenen spähe und selber ganz unauffällig bleibe, wie schwer das für mich auch ist, da ich selbst in der Kleidung der Großnasen so wenig in die Erscheinungen dieser Welt passe.

Meister Yü-len ist zurückgekehrt. Er wohnt jetzt in einem anderen Zimmer, aber immer noch hier im Hong-tel. Er fragt viel und ist deshalb eine Gefahr. Mich ihm rückhaltlos zu offenbaren, wie ich es bei Herrn Shi-shmi und Frau Pao-leng getan habe, halte ich nicht für gut. Ich muß eben sehen, daß ich immer geeignete Antworten auf seine verfänglichen Fragen finde. Wieder ist er auf das Gespräch mittels Te-lei-fong zu jenem Waldbau-Experten in

Peking zurückgekommen, und zwar mit der ihm eigenen Hartnäckigkeit. Der eine vergebliche Versuch damals hat ihn nicht entmutigt. Herr Yü-len-tzu hat die Dame, die das Haupt-Te-lei-fong im Hong-tel bedient, fast verrückt gemacht. Sie mußte andauernd versuchen, so eine Te-lei-fong-Verbindung mit Peking zustande zu bringen. Oft ist es nicht gelungen. Oft wurde eine hergestellte Verbindung wieder unterbrochen. (So ganz ausgefeilt scheint das System doch nicht zu sein, zumindest nicht auf die große Entfernung.) Aber endlich meldete sich, ganz leise und kaum hörbar, der entfernte Waldbau-Experte. Zum Glück wußte ich ja kaum, was ich mit ihm reden sollte. Ich richtete ihm nach einigen einleitenden Höflichkeiten die Grüße von Herrn Yü-len aus. Der Herr aus Peking, unser Ur-Enkel, hat viel von unserer Höflichkeit verlernt. Erstens hat er mich für einen Sinkiang-Chinesen gehalten, der einen seiner Meinung nach unverständlichen Dialekt spricht, und zweitens hat er sich so gut wie gar nicht nach meinem Befinden und danach erkundigt, ob meine Eltern noch am Leben sind. Er ließ Herrn Yü-len grüßen. Das war dann alles. Aber Herr Yü-len-tzu freute sich, und ich hoffe, daß damit dieser kritische Punkt erledigt ist.

Eine andere Sache ist aber keineswegs erledigt: sie fängt vielmehr erst an. Sie dreht mir fast den Magen um vor Angst, andrerseits erweckt sie ganz ungeheuer meine Neugier.

Das war gestern: ich komme nichtsahnend in die Halle des Hong-tel hinunter, wo ich mich mit Herrn Yü-len-tzu zu einem Fläschchen Mo-te Shang-dong verabredet hatte. Sitzt er also da – und wer sitzt neben ihm? Eine leibhaftige Dame aus dem Reich der Mitte. Ich prallte zurück, aber es war zu spät, um mich wieder zurückzuziehen, denn man hatte mich schon bemerkt. Ich war so verblüfft, daß ich jede Höflichkeit vergaß, was aber – nachträglich besehen – wieder günstig war. Eine leibhaftige Dame aus dem Reich der Mitte, allerdings, wie ja auch ich, nach Art der Großnasen gekleidet, das Haar nach der Art der Großnäsinnen geschnitten, ohne bandagierte Füße, mit unverschleiertem Gesicht – aber unverkennbar eine Dame aus dem Reich der Mitte. Meister Yü-len sprang auf und präsentierte mir die Dame mit einer Miene, aus der zu erkennen war, daß er meinte, ich müsse angesichts der Dame vor Freude bersten.

Nun – ich faßte mich bald. Zu Hilfe kam mir der Umstand, daß die Dame aus der Fu-kien vorgelagerten Insel* stammte, die heute von Leuten unseres Volkes bevölkert wird, aber ein unabhängiger Staat ist. Sie sprach einen schauderhaften Dialekt; aber wir konnten uns doch ganz gut verständigen. Ihr Name war »Kleine Frau« Chung. »Kleine Frau« ist bei den Großnasen die Bezeichnung einesteils für ein unverheiratetes weibliches Wesen, andrerseits für eine Aufwärterin in einem Speisehaus, gleichgültig, ob sie verheiratet ist oder nicht. Als ich einmal mit Herrn Yü-len-tzu in einem jener schönen Gärten war, wo die Leute von Min-chen bei gutem Wetter unter ausladenden Kastanien sitzen und Hal-bal oder Ma-'ßa trinken, bediente uns eine Dame, die ein Gesäß hatte wie zwei Pferdeärsche, Hände so groß, daß sie fünfzehn Ma-'ßa-Krüge auf einmal schleppen konnte, und mindestens vier Köpfe größer war als ich. Ein Turm von Fett. Dennoch rief sie Herr Yü-len-tzu: »Kleine Frau!« Das war im Herbst, an einem der letzten warmen Tage. An einem Tisch, etwas entfernt von uns, saß ein Herr, der mir sogleich auffiel. Herr Yü-len-tzu sagte leise: das sei einer der bekanntesten Poeten von Min-chen. Er heiße Si-gi und dichte – wenn ich das recht verstanden habe, was Herr Yü-len-tzu mir da erzählte – nur im Sommer. Sehr vernünftig ist das. Ich wollte, meine »Neunundzwanzig moosbewachsenen Felswände« würden auch nur im Sommer dichten. Aber die dichten tagaus, tagein, daß sich die Balken biegen, ob die Sonne brennt oder ob es hagelt.

* Kao-tai meint das ihm nur ungenau geläufige Formosa (Taiwan).

Herr Dichter Si-gi ist schon ein älterer Herr. Seine Haut ist wie von Leder. Ich hätte ihn aufs erste Ansehen für einen Hirten gehalten. Meister Yü-len sagte mir leise: normalerweise sitze Herr Sigi mit einer ganzen Anzahl von Freunden dort und halte förmlich hof. Es sei eine große Ehre, dort an jenen Tisch eingeladen zu werden, und die Ehre sei schwerer zu erlangen als die Einladung zum Abendtisch des Ober-Mandarins von Ba Yan. Selten sitze Herr Si-gi allein da.

Obwohl Meister Yü-len sehr leise sprach, wurde Herr Poet Sigi aufmerksam und schaute zu uns herüber. Er zog seine Stirn in staunenswert viele Falten und sagte in der etwas derb-kargen Art der Leute von Min-chen: »Redet ihr womöglich von mir?« Ich erhob mich, machte eine Zwei-Drittel-Verbeugung und sagte: »Ich habe in der Tat die nicht zu verzeihende Ungehörigkeit begangen, mit meiner mißtönenden Krächzstimme über die unnahbare Erhabenheit Ihrer verehrungswürdigen Person zu sprechen. Aber ich habe eben erst erfahren, daß ich das unverdiente, einem im Osten aufziehenden Regenbogen vergleichbare Glück habe, in der Gegenwart des bedeutendsten Poeten der gewaltigen Stadt Min-chen zu atmen. Was auch immer ich unnützer Zwerg in Zukunft verbrechen werde, so wird mein unwertes Leben doch überglänzt von dem Verdienst, einige Augenblicke lang vom selben Sonnenstrahl beschienen worden zu sein wie der Fürst aller Poeten von Min-chen und Ba Yan sowie der ganzen Welt.«

»Ah – gehts weiter«, sagte der Dichter, »setzts euch her zu mir, auf daß wir ein kleines Gespräch führen.«

Ich wollte mich höflich weigern und erst drei weitere Aufforderungen abwarten. Aber Herr Yü-len-tzu raffte sehr rasch seine Sachen zusammen und rückte hinüber zu Herrn Dichter Si-gi, wohl in der Absicht, die schwerer als eine Einladung zum Obermandarin zu erlangende Ehre, an jenem Tisch zu sitzen, sich nicht entgehen zu lassen. So rückte ich also auch zu Herrn Si-gi hin, nicht ohne mich zweimal in verschiedenen höflichen Formulierungen dafür zu entschuldigen, daß ich die makellose Erscheinung des großen Dichters mit meiner Gegenwart beflecke.

»Ah – gehen Sie doch weiter«, sagte der Dichter in vollendeter Bescheidenheit und Höflichkeit, die manchen unserer Herren von den »Neunundzwanzig moosbewachsenen Felswänden« zieren würde, »ich bin doch nichts anderes als ein einfacher Schreiber, und ich kritzle halt so hin, was mir in den Sinn kommt.«

Ich entgegnete, daß ich, obzwar mein Blick eher die liliengleich erhabenen Verse des Herrn Si-gi beschmutzen würde, demnächst mir von meinem Freund die so erhabenen wie unvergleichlichen Werke beschaffen lassen und mich in ihnen bis an mein Lebensende vertiefen würde.

»Ah – gehen Sie doch weiter«, sagte der edle Si-gi. Dazu ist zu sagen, daß diese Floskel »– gehen Sie doch weiter ...« in der Umgangssprache von Min-chen keineswegs eine Aufforderung ist, sich zu entfernen. Die Floskel bedeutet: »Machen Sie sich keine unnötigen Gedanken darüber –« oder »Sie dürfen das nicht so wichtig nehmen –«.

»Sie sind von Chi-na herübergekommen?« fragte er dann. Er schnitt, während er sprach, eine jener rübenartigen, weißen Früchte in hauchfeine Scheiben, wie sie hierorts gern zum Hal-bal genossen werden. La-di heißen die Früchte. Herr Si-gi, nachdem er die La-di-Frucht sorgsam geschnitten, streute ein wenig Salz zwischen je zwei Scheiben und stellte sie wieder zur ursprünglichen Rübe zusammen. »Der La-di muß weinen, sagt man bei uns«, belehrte mich Herr Si-gi in seiner herablassenden Güte. Er meinte damit, daß das Salz die Feuchtigkeit aus der Rübe ziehen müsse.

»So, so«, sagte er, »dann sind Sie also von Chi-na. Kennen Sie den Konfuzius?« Damit meinte er den Meister K'ung. Ich war verwirrt und meinte im ersten Augenblick – unsinnigerweise –, er spiele auf meine entfernte zeitliche Herkunft an. Daher sagte ich unwillkürlich: »Nicht persönlich.«

Da lachte Herr Si-gi aus vollem Hals und wiederholte ein paar Mal, daß ich ihm gefalle. Herr Yü-len-tzu, obwohl nicht vom Meister Si-gi angeredet, sonnte sich in der Gnade, die sich über mich ergoß. Es stellte sich heraus, daß Herr Si-gi schon dies und jenes von K'ung-fu-tzu gehört hatte. Ich erzählte ihm von der himmlischen Lehre des Weisen vom Aprikosenhügel. Herr Si-gi war sehr interessiert und fragte immer weiter. Ich erzählte ihm vom Meister Meng, von der Verachtung, die dieser Meister für den Krieg und das Militär hatte, was Herrn Si-gi sehr gut gefiel, und vom Cheng-ming,* was er auch überaus beifällig aufnahm. »Die Richtigstellung der Begriffe«, sagte er, »daran hapert es bei uns. Haben Sie das auch schon bemerkt?« Ich erlaubte mir zu bejahen. »Das Irrenhaus«, sagte er, »nennt man heute ›Nerven-Heil-Anstalt‹, statt ›lahm‹ sagt man ›gehbehindert‹, statt ›Lehrling‹ ›Auszubildender‹ ... lauter verlogene Begriffe. Und wissen Sie, woher das kommt? Weil wir ein verlogenes Zeitalter haben. Daher kommt das. Die Richtigstellung der Begriffe ...« Er nickte mit dem Kopf. »Wie heißt das bei Ihnen?« – »Cheng-ming«, sagte ich. »Cheng-ming«, memorierte er ein paar Mal. »Cheng-ming ... das muß ich mir merken. War schon ein Hund, Ihr Konfuzius.«

Erschrick nicht, das ist weit davon entfernt, eine Beleidigung zu sein. In Verbindung mit dem Wort »schon« besagt »Hund« in der Sprache von Min-chen: für diesen habe ich die allergrößte Wertschätzung sowie Bewunderung.

Wir redeten lang. Sehr stark pflichtete er dem bei, was ich von den Theorien Hsün-k'uangs erzählte, daß nämlich der Mensch formbar, aber an sich schlecht sei. Auch da nickte Herr Si-gi. »Richtig, richtig«, sagte er, »schlecht *und* dumm.«

* Cheng-ming: »Richtigstellung der Begriffe«, ein Kernpunkt der konfuzianischen Lehre.

Dann zitierte er, während er zu den Blättern der Kastanie hinaufsah, durch die die Nachmittagssonne schimmerte, ein Gedicht seines verstorbenen Lieblingsdichters und Lehrers. (Den Namen dieses Lehrers habe ich mir von Herrn Si-gi aufschreiben lassen. Er läßt sich in unseren Schriftzeichen nur annähernd mit Che* wiedergeben.) Das Gedicht lautet:

»Ja, Mensch, mache einen Plan
Und empfinde dich als Himmelsleuchte
Und mache weitere Pläne.
Sie gehen alle nicht.«

Es kamen dann nach und nach mehrere Freunde von Herrn Si-gi, die mir nur zum Teil gefielen. Ich veranlaßte Herrn Yü-len-tzu, daß er aufstand, ich verbeugte mich, versicherte Herrn Si-gi meiner Ehrfurcht vor ihm und seinen Werken und zog mich zurück. Laut rief mir der Dichter nach: »Ich bin Konfuzianer! Im Ernst!« Übrigens hatte er mir, nachdem die Rübe »geweint« hatte, mehrere Scheiben davon, auf sein Messer aufgespießt, gereicht. Sie stießen mir noch auf, als wir schon wieder längst im Hong-tel waren. Aber sonst beeindruckte mich die Begegnung mit Herrn Si-gi-tzu, dem Meister, der nur im Sommer dichtet, außerordentlich.

Aber wie komme ich auf den Meister Si-gi? Ja, richtig: über die gewaltig große »Kleine Frau« in jenem Kastaniengarten, und daß es hier diese merkwürdige Bezeichnung gibt, die auch »die kleine Frau« Chung führte, der ich so unvermittelt in der Halle des Hong-tel gegenübersaß.

Ich schrieb Dir schon mehrfach, lieber Dji-gu, daß eine der auffallendsten Erscheinungen in dieser Welt die Stellung und Haltung der Frau ist, daß sie sich wie ein Mann bewegt und daß so gut wie

* Che = das Verbum *brechen*, aber auch ein verbreiteter Familienname.

kein Unterordnungsverhältnis der Frau unter dem Mann besteht. Daß die Dinge in den tausend Jahren diese Entwicklung nehmen konnten, ist für mich vielleicht das unfaßbarste. Ich habe mit Frau Pao-leng darüber sehr ernstlich geredet, und wir haben viele Gedanken hin- und hergewendet. Diese Entwicklung nur als Verfall der Sitten und der Ordnung der Familienbande anzusehen, wird der Sache nicht gerecht. Frau Pao-leng sagt: ich solle doch versuchen, die Duldsamkeit, die ja auch ein Kernpunkt der Lehre des Erhabenen K'ung-fu-tzu ist, wie etwa auf Barbaren und Kaufleute auch auf Frauen anzuwenden. Nirgends am Himmel stehe, sagte sie, daß eine Frau nicht auch ein Chun-tzu* sein könnte. Ein Argument, dem schwer zu widersprechen ist.

Wie Frau Pao-leng – sie ist, wie ich inzwischen herausgefunden habe, Lehrerin – übt auch Kleine Frau Chung einen Beruf aus: sie ist Fliegende Servier-Zofe.

Du wirst fragen: was ist das, eine Fliegende Servier-Zofe? Um Dir das zu erklären, muß ich wieder einmal weiter ausholen. Diese Welt der Großnasen ist so unendlich fremd unserer Welt, daß es fast unmöglich ist, Dir, der Du sie nur aus meinen Briefen kennst, auch nur den Grad der Fremdheit klarzustellen. Es sind nicht nur die Dinge hier, die anders sind, es ist die Fremdartigkeit der Begriffe und der Denkvorgänge. Die Entsprechungen zwischen unserer vertrauten und dieser Welt sind so gering, daß mir oft, wenn ich etwas schildern soll, die Anknüpfungspunkte fehlen. Es ist so, als ob ich einer blinden Schildkröte das Erscheinungsbild eines Kamels erklären wollte. Beide, Schildkröte und Kamel, haben vier Beine, einen Kopf und einen stummeligen Schwanz, das ist schon alles an Übereinstimmung, und selbst Beine, Kopf und

* Chun-tzu: ein in der konfuzianischen Lehre oft wiederkehrender Zentralbegriff, wird meist mit »der Edle« übersetzt. Genauer trifft der englische Begriff »Gentleman«.

Schwanz sind ganz verschieden an Schildkröte und Kamel und haben kaum Ähnlichkeit.

Ich habe Dir bis jetzt in meinen Briefen Phänomene geschildert, die mir aufgefallen sind, habe sie zu erklären versucht, zu analysieren, so gut ich sie selber verstanden habe. Aber das ist alles noch längst nicht das Bild dieser Welt im Gesamten. Es gibt Erscheinungen, Verhaltensweisen, Fremdartigkeiten, die das ganze Leben prägen, die mir natürlich längst aufgefallen sind, die ich mir erklären konnte oder nicht, von denen ich aber dennoch bisher nicht gesprochen habe. Warum? Weil ich nicht alles gleichzeitig schildern kann. Ich bin, so mußt Du Dir das vorstellen, vor einen riesigen gewebten Wandteppich gestellt mit Tausenden von Figuren und Gegenständen. Der Blick erfaßt zwar – oberflächlich – rasch und vieles auf einmal, aber die Schilderung hinkt nach.

So habe ich noch nie etwas von den künstlichen Fliegenden Drachen erzählt. Ich sah den ersten aus der Nähe, als ich mit Frau Pao-leng in ihrem A-tao-Wagen einen Ausflug in die Umgebung machte (übrigens: an einen recht idyllischen See, an dem ein Ort mit dem anheimelnden Namen Tu-ching liegt). Wir machten damals, es war noch im Sommer, eine kleine Rundreise, besuchten sogar mehrere Seen im Süden von Min-chen und kehrten auf einer der großen Stein-Straßen, die nur dem Verkehr für A-tao-Wagen vorbehalten sind, in die Stadt zurück. Kurz bevor wir wieder in die Randbezirke der Stadt einfuhren (Tore gibt es nicht mehr; die Stellen sind dadurch bezeichnet, daß die radialen A-tao-Straßen in die tangentialen einmünden, wodurch, habe ich mir sagen lassen, ein ständiger Knäuel von A-tao-Wagen entsteht), sah ich in geringer Höhe den grauen Eisendrachen über uns hinwegfliegen. Er flog ruhig und majestätisch, den Kopf weit vorgereckt, die Flügel ausgebreitet, glitt eigentlich mehr, wirkte deshalb nicht drohend, weil er unsren kleinen A-tao-Wagen da unten überhaupt nicht beachtete, glitt dahin, sichtlich im Begriff, sich sogleich niederzulassen, und verschwand hinter den nächsten höheren Häusern.

Hätte ich dieses Erlebnis ganz am Anfang meines Aufenthaltes gehabt, wäre ich zu Tode erschrocken. So aber, nachdem ich den fliegenden grauen oder silber-grauen Drachen erst nach vielen Erfahrungen mit den Phänomenen dieser Welt beobachtet habe, ergriff mich keine Furcht. Frau Pao-leng erklärte mir auch sogleich das Phänomen. Ganz in der Nähe, sagte sie, sei ein sehr großes Feld, das dafür eingerichtet sei, daß die fliegenden Eisendrachen landen und auch auffliegen könnten. Einige Tage später besuchten wir dann auch dieses Feld, und da sah ich diese Drachen stehen. Es gibt unzählige davon. Sie fliegen kreuz und quer durch die Lüfte in viele Gegenden und überwinden mit Leichtigkeit große Strecken. Es gibt sogar welche, die bis ins Reich der Mitte und wieder zurück fliegen. Sie brauchen dafür nicht mehr als vielleicht zwanzig Stunden.

Die grauen Eisendrachen sind natürlich keine Drachen. Es sind Maschinen. So wie es hier eiserne Häuser gibt, die Passagiere durch die Stein-Straßen befördern, so gibt es mit Flügeln ausgestattete eiserne Häuser, die durch die Luft fliegen. Ich habe, wie wir da auf dem großen Drachenfeld waren, solche Maschinen landen und auffliegen sehen. Der Lärm, der dabei entsteht, ist unvorstellbar und übertönt sogar den ganzen Tumult, den die Großnasen ohnehin den ganzen Tag über machen. Es ist ein gegen die Erde dröhnendes Donnern, daß man meint, die Erde würde bersten. Aber die Erde hält es aus. Es ist erstaunlich, was die Erde alles aushält (noch!).

Ein einziger solcher silbergrauer Drache kann hundert und noch mehr Passagiere befördern. Frau Pao-leng hat sich erboten, mir die Berechtigung zu so einer fliegenden Drachenfahrt zu kaufen. Sie sei, sagt sie, oft schon mit so einer Drachen-Maschine geflogen, es sei ganz ungefährlich. Sie erbot sich mitzufahren. Ich gestehe, daß mich das schon ein wenig reizt, aber andrerseits sagt der Große Weise vom Aprikosenhügel, daß es zur Pietät gehört, den von den Eltern ererbten Leib nicht leichtfertig in Gefahr zu bringen. So habe ich gesagt, ich wolle es mir überlegen; vielleicht später. Es ist dann nicht mehr die Rede darauf gekommen.

Nun ist es aber natürlich so, daß die Passagiere dieser silbergrauen Drachen-Maschinen, da sie oft viele Stunden lang unterwegs sind, bedient und verpflegt werden müssen. Man kann ja, wenn man so durch die Luft fliegt, nicht ohne weiteres aussteigen und Rast machen. Also haben sie da alles mögliche zum Essen und zum Trinken dabei, und es ist fast wie in einem Speisehaus auf der Erde, daß Zofen und Dienerinnen die Passagiere betreuen. Das ist eine eigene Zunft, und Kleine Frau Chung ist eine solche Fliegende Servier-Zofe. Das ist ihr Beruf.

Schon um zu verhindern, daß sie mich ausfragt, habe *ich* sehr viel gefragt. Sie erzählte, daß sie fast ständig mit so einem Fliegenden Eisen-Drachen unterwegs sei. Es sei für sie schon gar nichts Besonderes mehr. Unangenehm sei nur, wenn der Drache in der Luft Sprünge mache, was ab und an vorkomme. Dann müsse man sich sehr stark festhalten, und viele Passagiere begännen, sich zu erbrechen. Die Spuren davon wegzuwischen gehöre leider auch zu den Aufgaben der Fliegenden Servier-Zofe. Im Übrigen fliege sie aber so mit den Drachen von Stadt zu Stadt. Manchmal ruhe der Drache für zwei Tage oder drei, dann schaue sie sich die betreffende Stadt an. Jeden Monat einmal etwa sei sie so für einige Tage in Min-chen.

Herr Yü-len-tzu, Kleine Frau Chung und ich verbrachten den Abend miteinander. Sie fragte nichts mehr. Die Leute – und nicht nur die Großnasen – reden alle lieber von sich, als daß sie anderen zuhören. Das ist ein Schutz für mich. Wir speisten in einem sehr feinen, ganz mit Holz ausgekleideten Speisehaus, das ziemlich ruhig war und »Der Schwarze Wald« hieß. Herr Yü-len-tzu war dort gut bekannt. Er ließ den Küchenchef zu sich bitten, der weißgekleidet zu uns trat, und bat ihn, für mich etwas zuzubereiten, in dem keine Rindsmilch enthalten ist. Ich wagte den Küchenchef zu fragen, ob etwa mit einem gedünsteten Hund zu rechnen sei; aber das mußte der Küchenchef bedauernd verneinen. Im Übrigen war das Essen hervorragend – mir ließ man Reh servieren – und die Getränke vorzüglich erquickend. Wir tranken nicht Mo-te Shang-dong, sondern ein Getränk, das in der gleichen Art perlend hergestellt wird, Do-pe-nong heißt und, wie mir Herr Yü-len-tzu sagte, unter Kennern noch höher geschätzt wird als Mo-te Shang-dong; es ist auch dreimal so teuer. Danach besuchten wir eine kleine unterirdische Trinkstube, in der laute Musik, rötliche Beleuchtung und Rauchqualm herrschte. Es war ähnlich wie in jenem Etablissement »Das Paradies«, nur daß keine Entkleidungskünstlerinnen auftraten. Das Publikum führte – woran ich mich natürlich nicht beteiligte – selber Tänze vor. Auch Herr Yü-len-tzu bot mit Kleine Frau Chung einen solchen Reigen dar. Die Regeln durchschaute ich nicht. Für unsere Begriffe wirken diese Großnasentänze ziemlich primitiv. Eigentlich tun sie nichts, als daß sie sich paarweise betasten und etwas hüpfen. Als Herr Yü-len-tzu fragte, ob ich nicht auch einmal Kleine Frau Chung zu einem Tanz führen wolle, verbeugte ich mich entschuldigend und sagte, ich erlaube mir abzulehnen, da ich diese Tanzkunst nicht beherrsche.

Später dann gingen wir ins Hong-tel. Meister Yü-len war ziemlich müde geworden und zog sich zurück. Kleine Frau Chung begleitete mich noch in mein Zimmer. Dort tranken wir eine weitere Flasche Do-pe-nong (ich erfuhr, daß auch dieses Getränk im Hong-tel vorrätig ist), und dann gestattete Kleine Frau Chung, daß ich sie beschlief. Auch sie entkleidete sich dazu nach der Sitte der Großnasen völlig. Sie hat zwar unbandagierte, also große Füße, aber einen anheimelnd kleinen Busen. Die Form ihres Haarwäldchens erinnerte mich an meine Konkubine Feng-ma, und ich bekam wieder einmal Heimweh. Kleine Frau Chung schlief nachher ein. Ich lag noch lang wach und vergoß eine Träne in Gedanken an mein Haus in K'ai-feng, an Dich, an Feng-ma und an meine süße kleine Shiao-shiao. Aber es mag sein, daß das nur eine weiche Seelenstimmung aufgrund des vielleicht etwas zu reichlich genossenen Do-pe-nong war. Danach schlief ich gut und ruhig.

Und so grüße ich Dich, lieber ferner Freund, und bin

Dein alter Kao-tai

## *Vierundzwanzigster Brief*

(Montag, 18. November)

Mein lieber Dji-gu.

Bitte sei nicht ungeduldig. Du brauchst es mir auch nicht in jedem Brief zu schreiben. Ich merke es mir und denke daran. Wenn es mir irgend möglich ist, werde ich versuchen, jener Entkleidungskünstlerin den Trick mit den kleinen weißen Bällen zu entlocken. Ich war noch nicht wieder in dem Etablissement »Das Paradies«. Ich kann Dir nur soviel sagen, daß sich die betreffende Künstlerin restlos nackend entkleidet hat, sodann hat sie sich mit etwas ausgestellten Beinen hingestellt, hat mit drei weißen Bällen, die etwa so groß waren wie kleine Hühnereier, jongliert (wenig kunstvoll), hat dann einen Ball nach dem anderen geschluckt – oder hat jedenfalls so getan, ist dann etwas gehopst, und an einer Stelle weiter unten, die für anderes gedacht ist, sind die Bälle nacheinander wieder herausgekommen – scheinbar, natürlich. Die Künstlerin hat dazu kleine, spitze Schreie ausgestoßen. Genau hat man es nicht gesehen, wie die Bälle herausgekommen sind, kannst Du Dir doch denken. Wahrscheinlich hat die Entkleidungskünstlerin die Bälle in ihren Händen verborgen. Woanders kann sie sie kaum verborgen haben, weil sie nichts angehabt hat. Oder doch: sie hat, wenn ich mich recht erinnere, ein breites, weißes Halsband angehabt, das mit glitzernden (wahrscheinlich wertlosen) Steinen bestickt war. Aber das hatte wohl mit dem Trick nichts weiter zu tun. Aber wenn es Dich beruhigt: ich werde, sollte die Dame noch im Etablissement »Das Paradies« auftreten, versuchen, mit ihr zu sprechen, und ihr gegen ein Geldgeschenk den Trick entlocken.

Vielleicht interessiert Dich jedoch auch das, was mir vor wenigen Tagen Meister Yü-len gezeigt hat. Es war am Tag, nachdem ich mich am Abend vorher bei einem der Freunde von Herrn Shishmi an der Musik der Heiligen Vierheit wieder einmal ergötzt hatte. Ich erwähne das nur, weil die beiden Eindrücke so unvorstellbar weit voneinander entfernt waren: die Heilige Vierheit von Herrn Shi-shmi und seinen Freunden und das, was mir Herr Yü-len-tzu gezeigt hat. Dazwischen liegt abgestuft die zerrissene Welt der Großnasen.

Herr Yü-len-tzu mietete einen A-tao-Wagen, und wir fuhren in eine Gegend der Stadt, wo ich noch nie war. Daß das Wetter scheußlich war – es schneite, vermischt mit Regen –, verstärkte den trostlosen Eindruck der Stein-Straßen und der schmutzigen Häuser. Diese Häuser sind überaus hoch und unregelmäßig gebaut. Sie sind gar nicht aus Stein, wie es aufs erste Hinsehen erscheint, sondern *gegossen.* Herr Yü-len-tzu hat mir das erklärt: aus zerriebenen Steinen, Wasser und anderen Ingredienzien wird ein Brei gemacht, der, wenn er trocknet, sehr hart wird. Aus Holz werden Formen gezimmert. Der Brei wird in die Formen gegossen. Man wartet ein wenig, bis er getrocknet ist, dann schlägt man die Form weg, und das Haus steht da. Wie bei uns Glocken gegossen werden. Die Architekten der Großnasen haben es in dieser schnellen Art des Häusergießens zu großer Fertigkeit und Schnelligkeit gebracht. Wir fuhren also an einer Reihe von solchen Guß-Häusern vorbei. Es ist ein ganzes, einheitlich auf einmal gegossenes Stadtviertel. Tausende von Leuten wohnen darin. Von weither, sagt Herr Yü-len-tzu, kommen lernbegierige Architekten, um dieses gegossene Stadtviertel zu sehen. Es gilt als besonders schön und gelungen. Ich kann das nicht finden.

In der Nähe davon steht ein Turm, der – ob Du es glaubst oder nicht – fast ein halbes Li hoch ist. Keines der uns geläufigen Gebäude, nicht die höchsten Tempel, sind annähernd so hoch. Wenn man am Fuß steht und die Spitze sehen will, muß man den Kopf ganz in den Nacken legen. Der Turm ist ebenfalls ganz schmucklos und hat keinen ersichtlichen Zweck; jedenfalls konnte mir Herr Yü-len-tzu keinen nennen. Man kann mit einer Art senkrecht laufenden A-tao-Wagen hinauffahren, aber ich habe das abgelehnt. Herr Yü-len sagte zwar, man habe von oben einen ganz außerordentlichen Blick in die Weite, aber ich meine, daß die Welt der Großnasen aus der Perspektive der Vögel nicht schöner aussieht als von der Erdbodenhöhe aus betrachtet. Auch der Turm ist ganz aus dem Stein-Brei gegossen.

Nahebei befindet sich ein mir völlig rätselhaftes Gebäude, wenn man überhaupt so sagen kann, auf das selbst der sonst so aufgeklärte Herr Yü-len-tzu so stolz war, als habe er es selber gegossen. Dieses Gebäude ist so gut wie ohne Dach, ist nur teilweise von einem schmutzfarbenen Ding überdeckt, das ganz entfernt wie ein riesiges Zelt aussieht. Das Gebäude ist eigentlich nur ein unvorstellbar großes Oval, das von außen der Mitte zu absinkt in Stufen auf denen unzählige Stühle angebracht sind, die alle in eine Richtung zur Mitte hin ausgerichtet sind. Fast hunderttausend Leute können in diesem Riesenoval gleichzeitig sitzen. (Den Lärm und den Gestank kann ich mir lebhaft vorstellen!) In der Mitte befindet sich ein großes, aber auf die Entfernung klein wirkendes Rasenstück. Herr Yü-len-tzu schien sich zu wundern, daß ich von diesem Bauwerk noch nie etwas gehört hatte. Er sprach von seiner Meinung nach offenbar weltbewegenden Ereignissen, die in diesem ovalen Haus stattgefunden haben und in regelmäßigen Abständen stattfinden. Er redete in mir vollkommen unklaren Ausdrücken. Ich glaubte ihn so zu verstehen, daß es sich um irgendwelche Massen-Rituale handelt, möglicherweise um öffentliche Hinrichtungen.

Auch dieses Riesen-Oval ist gegossen. An sich ist dieses Steingießen natürlich eine gute Sache. Aber wie so oft verleiten Erleichterungen schwieriger Tätigkeiten dazu, daß allerhand Unfug angestellt wird. So pervertieren die besten Errungenschaften, und es wäre letzten Endes besser, man ließe es beim Althergebrachten bewenden. Wenn die Großnasen ihre Häuser aus gestampftem Lehm und gebrannten Ziegeln mühsam errichten müßten, würden sie es sich schwer überlegen, ob sie sinnlose Gebäude wie den halb-Li-hohen Turm und das große Oval bauen wollten!

Wir fuhren weiter. Unser eigentliches Ziel war eine Groß-Werkstätte, sozusagen eine Schmiede gigantischen Ausmaßes. In einem meiner früheren Briefe habe ich Dir ja angedeutet, daß Meister Yü-len beabsichtige, mit mir einmal dergleichen zu besuchen. Fawiq nennt man diese Schmieden, Du erinnerst Dich, daß ich Dir den Ausdruck schon genannt habe. Meister Yü-len kennt den Verwalter dieser Schmiede oder Groß-Werkstätte, der in der Rangordnung der Großnasen eine hohe Stellung einnimmt und mehr Einfluß hat (wahrscheinlich durch Bestechung, so wie ich das sehe) als mancher Mandarin und Minister. Du darfst Dir diese Schmiede nicht wie eine Schmiede in unserer Zeit vorstellen. Sie besteht nicht aus einem Haus oder gar einem Raum, sie ist vielmehr eine Ansammlung von zahlreichen Häusern (alle gegossen, versteht sich), die verstreut auf einem unübersichtlichen Areal stehen, eine ganze Stadt, umgeben von einer Mauer. Einige Häuser haben unvorstellbar hohe Schornsteine, fast so hoch wie jener Turm. Die stoßen schwarzen, gelben und weißen Rauch aus;

der Gestank ist unvorstellbar. Wie die Großnasen das auf die Dauer aushalten, ist mir rätselhaft. Übrigens – das nebenbei – büßen die Großnasen ihren Geruchssinn ein. Das ist mir vielfach schon aufgefallen. Sie können nur ganz grobe Gerüche voneinander unterscheiden. Feinere Gerüche nehmen sie überhaupt nicht wahr. Das ist wohl auf den immerwährenden Gestank zurückzuführen, der ihre Nasen von Kind auf verdirbt. Am Tor der Mauer wurden wir von einem Abgesandten des Erhabenen Schmiede-Verwalters empfangen und an einigen Gebäuden vorbei in ein Haus geführt, in dem weniger Lärm ist. Auf dem Weg kamen wir an anderen Häusern vorbei: da hatte ich den ersten Eindruck von dem Dröhnen der tausend Hämmer, das durch die Mauern schon nach außen drang. Das weniger lärmgeplagte Haus war der Amtssitz des Erhabenen Schmiede-Verwalters. Der empfing uns sehr freundlich. Er begrüßte Herrn Yü-len-tzu mit Herzlichkeit. Ich machte eine halbe Verbeugung. Dann wurde uns ein Glas Mo-te Shang-dong serviert. Der Erhabene Schmiede-Verwalter roch gut. Er gebot über verschiedene sehr schöne Damen, die in einer Flucht von Zimmern an allerlei unverständlichen Geräten hantierten. Nach einigen belanglosen Floskeln erwähnte Herr Yü-len-tzu, daß wir gekommen seien, weil ich – ein Gast aus einem fernen Land – die Schmiede zu sehen wünsche. Der Erhabene Schmiede-Verwalter erklärte, daß er sehr geschmeichelt sei darüber, drückte auf einen Knopf, worauf es pfiff und der Abgesandte von vorhin wieder erschien. Der führte uns dann durch die Schmiede. Obwohl wir nur – was mir vollauf genügte – einen Teil der Häuser und unermeßlich großen (und unermeßlich schmutzigen) Hallen besichtigten, dauerte das über zwei Stunden.

Ich habe nicht vor und bin auch außerstande, diese Hallen und Säle in der Reihenfolge, wie wir sie gesehen haben, zu schildern, zumal mir die Zusammenhänge und Arbeitsvorgänge nicht klar sind. Der Abgesandte erklärte zwar dieses und jenes, aber selbst Herr Yü-len-tzu gestand mir danach, daß er nicht alles verstanden habe. Das sei nur für einen Experten möglich.

*Was* in dieser Schmiede geschmiedet wird, ist überhaupt nicht zu erkennen. Aus einem weiteren Gespräch nachher mit dem Erhabenen Schmiede-Verwalter erfuhr ich, daß alles irgendwie mit der Herstellung von A-tao-Wagen zu tun hat. Eine Schelle aus Messing, wie sie bei uns an den Geschirren der Pferde hängt, wird in *einem* Arbeitsgang hergestellt. Du siehst den Gießer, siehst die Form, siehst, wie der Gießer das flüssige Metall in die Form gießt, siehst, wie der Dampf aufsteigt, und hörst, wie es zischt, wenn der Gießer die Form ins Wasser hält; siehst danach die Schelle. Das ist ein einfacher Vorgang. Wenn ein Meister das Schloß einer Armbrust herstellt, ist das, meinen wir, schon ein ungeheuer komplizierter Vorgang: wie die kleinen Teile gehämmert und geformt und ineinandergepaßt werden. Aber auch hier siehst Du noch das Ausgangsmaterial, den Vorgang und das Produkt. Nicht so hier in dieser Schmiede. Ein fertiger A-tao-Wagen oder gar einer jener fliegenden Eisen-Drachen verhält sich an Kompliziertheit der Herstellung zu einem Armbrustschloß wie das Armbrustschloß zur Pferdegeschirr-Schelle. Wissen denn die Leute, fragte ich den Abgesandten, wissen denn die Leute, die da arbeiten, was sie herstellen? Nach einigem Zögern verneinte der Abgesandte. Ich hatte mir das schon gedacht.

In langen Reihen stehen Geräte von ungeahnter Größe, aus höchst komplizierten Teilen zusammengesetzt, behängt mit Drähten. Alles ist wirr und verwirrend. Überall liegen Scherben und Metallteile herum. Alles ist voll rußigem Öl. Die Leute, die diese Geräte – es sind diese Geräte nichts anderes als ins Dämonische gewachsenes Handwerkszeug – nicht bedienen, sondern eher bändigen, sind in der Farbe kaum noch von ihrem Gerät zu unterscheiden. Aus großer Höhe fallen dröhnend Gewichte herunter.

Dampf zischt aus engen Röhren. Blitze zucken. Helles, weißes Feuer sprüht auf. Wie von Geisterhand bewegen sich hoch oben Geräte vom Gewicht eines ganzen Hauses hin und her. Alles bedeckt Ruß und Schmutz. Der Abgesandte bewegte sich – unterwürfig begrüßt von den Handwerkern – sehr vorsichtig, um seinen schönen An-tsu nicht zu beflecken.

»Und diese Leute«, fragte ich, »arbeiten hier tagaus, tagein?«

»Ja«, sagte der Abgesandte und machte ein erstauntes Gesicht über meine Frage.

»Tagaus, tagein?« wiederholte ich.

»Acht Stunden am Tag«, sagte der Abgesandte, »aber zwei Tage in der Wo-'che (jener Sieben-Tage-Zyklus der Großnasen) sind frei, dazu drei oder vier ganze Wo-'chen im Jahr.«

»Das ganze Leben?« fragte ich.

»Na ja«, sagte der Abgesandte, »schon das ganze Leben. Hier oder in einer anderen Schmiede. Aber sie bekommen auch viel Geld dafür. Viel zuwenig zwar nach ihrer Meinung, aber viel zuviel nach Meinung des Erhabenen Schmiede-Verwalters.«

Ich fragte noch viel und bekam viele Antworten. Aber der Kopf dröhnte mir nach den zwei Stunden. Danach sprachen wir noch eine Stunde mit dem Erhabenen Schmiede-Verwalter. Ich fragte ihn, ob ihm die Schmiede gehöre. Er lachte, und sagte: so eine Schmiede sei viel zu groß, als daß sie nur einem einzelnen allein gehören könne. Wem sie dann gehöre? fragte ich. Das könne man gar nicht beantworten, sagte er. In seinem Gesicht war zu lesen, daß er meine Frage für dumm hielt.

Wir verabschiedeten uns. Es war inzwischen später Nachmittag geworden. Es regnete noch immer, mit Schnee vermischt. Es war dunkel. Die Arbeit in der Schmiede hörte auf. Die Leute, die gearbeitet hatten, strömten aus dem Tor. Gegenüber befand sich ein großes, freies Feld, auf dem eine unübersehbare große Menge von A-tao-Wagen stand. *Jeder* Schmiede-Sklave schlich, müde, wie er war, zu einem der A-tao-Wagen und fuhr weg. Jeder hat einen solchen Wagen, sagte Herr Yü-len-tzu. Es gab ein unglaubliches Gewühl. Zwei rumpelten aneinander und beschimpften sich dann. Das gibt, dachte ich mir, einen Prozeß bei Herrn Richter Me-lon.

Da sehen also diese Leute nichts als den Ruß und Schmutz den ganzen Tag, abends fahren sie im Gewühl mit ihren A-tao-Wagen zwischen anderen A-tao-Wagen, dann verkriechen sie sich in ihren Häusern aus gegossenem Stein, in denen sie ihre großnäsigen Frauen erwarten, trinken Rindsmilch oder Hal-bal … kann man sich ein freudloseres Leben denken? Es ist nicht zu verwundern, daß ihnen der Sinn für die Schönheit und das Bewußtsein vom Zusammenhang der Dinge geschwunden ist. Ich bin weit davon entfernt, der Lehre des alten Mo-ti anzuhängen, der behauptet, jeder könne sich ernähren, wenn er sein eigenes Gärtlein bebaue und im Übrigen die allgemeine Liebe übe. Das geht nicht, wie auch wir längst wissen, aber hier – was ich hier gesehen habe in dieser Schmiede, das kann nur zum Chaos des Geistes führen. Dabei ist diese Schmiede, die ich heute besichtigt habe, sagt mir Meister Yü-len, eher eine kleine. Selbst in Min-chen gäbe es solche, die sich zu der verhalten, wie diese zu einem Betrieb, wie wir ihn kennen. Und die größte Schmiede in Min-chen ist klein gegen Schmieden in einem gewissen Gebiet weiter nördlich, wo ganze Landstriche praktisch eine einzige Schmiede sind, oder gar jene, die in jenem Land Am-mei-ka aufgebaut sind, wo sich ganze Schmiedestädte in ewigem Rauch und Qualm aneinanderreihen. Es habe Zeiten gegeben, sagte Meister Yü-len, da habe man diese Schmieden als Triumph des Fortschreitens bejubelt. Inzwischen, sagte er, bekäme man Zweifel. Er fürchte aber, fuhr er fort, daß diese Zweifel zu spät kämen.

Bald, so habe ich das Gefühl, habe ich alles gesehen, was diese unordentliche Welt zu bieten hat. Ich werde zurückkehren. Lang dauert es nicht mehr. Was bringe ich mit? Nicht viel, höchstens die Erkenntnis, daß es sich nicht lohnt, die Zukunft zu kennen.

Die poetischen Ergüsse der »Neunundzwanzig bemoosten Felswände« habe ich noch nicht gelesen. Bitte, verschone mich mit Drängeln in dieser Hinsicht, und lasse auch Du Dich von den Dichtern nicht drängeln. Ich habe hier so viel zu tun, daß ich nicht dazu komme, so eine Hekatombe von Gedichten zu lesen. Wenn Du wüßtest, was für Mühe es macht, es so einzurichten, daß sich Dame Pao-leng und Kleine Frau Chung nicht begegnen. Grüße die Dichter, sie sollen sich noch gedulden. Grüße aber vor allem meine Shiao-shiao: ich kehre bald zurück

Dein Kao-tai

*Fünfundzwanzigster Brief*

(Dienstag, 26. November)

Geliebter Dji-gu, alter Freund.

Vorweg also endlich, damit Ruhe eintritt: ich habe die Gedichte gelesen. Ich fahre tausend Jahre durch die Zeit und sitze hier im Zimmer eines Hong-tel in einer chaotischen Zukunft an einem feuchten und regnerischen Novembernachmittag, ich werde mir nasse Füße holen jetzt dann, wenn ich zum Kontaktpunkt eile, um diesen Brief zu hinterlegen, und alles nur, um achtzig oder wieviel überflüssige Gedichte der Verehrungswürdigen Mitglieder der kaiserlichen Dichtergilde »Neunundzwanzig moosbewachsene Felswände« zu lesen. Aber ich habe sie gelesen. Das Gedicht ›Hat die Zeit ein Gewicht‹ vom jungen Lo To-san ist das am wenigsten schlechte. Der Gedanke, daß ein Mann versucht, erst das Wasser, dann die Luft, dann das Licht und endlich die Zeit auf einer hauchfeinen Waage zu wiegen, ist sehr hübsch, und die Moral des

Gedichts, daß die Zeit am schwersten auf uns lastet, rührt mich in meiner jetzigen Situation besonders an. Also soll Lo To-san den Preis bekommen. Verkünde das bitte in der Dichtergilde. Die Verleihung erfolgt, wenn ich zurück bin.

Ich werde mir übrigens einen kleinen literarischen Scherz erlauben. In einem der Läden, die Bücher verkaufen, habe ich eine Sammlung von Gedichten aus dem Reich der Mitte gefunden in Übersetzung in die Sprache der Menschen von Min-chen. Es enthält Gedichte von den verschiedenen Poeten unseres Volkes. Mit tiefer Befriedigung habe ich festgestellt, daß kein einziger von den aufgeblasenen Hohlköpfen der »Neunundzwanzig moosbewachsenen Felswände« dabei ist, nicht einmal der noch relativ geistreiche Lo To-san. Fast alle Gedichte, soweit sie zu oder vor unserer Zeit geschrieben sind, waren mir geläufig. Die Sammlung enthält übrigens – ich habe mich sofort erhoben, wie ich das festgestellt habe, und nieder zur Erde geworfen – das Dir ohne Zweifel auch bekannte Gedicht ›Ein zarter Nebelhauch schwebt überm Land ...‹ aus der Feder der Erhabenen Majestät, des Himmelssohnes. Die Sammlung beginnt im Übrigen mit Gedichten anonymer Poeten aus der Chou-Zeit und führt hin bis zu Gedichten von Dichtern, die jetzt – in der Großnasenzeit – im Reich der Mitte leben.

Aus der Sammlung entnehme ich, daß vierundzwanzig Jahre nach meiner Rückkehr ein Kind zur Welt kommen wird, das unter dem Namen Ou-yang Hsiu Dichterruhm erlangt. Ou-yang Hsiu wird im Alter von fünfundsechzig Jahren sterben und ein Gedicht mit der Anfangszeile: »Tief, tief die Höfe, tief wie das Verlangen. / Wie tief? – Dunstschleier an den Weidenbäumen –« schreiben. Ich übersetze das Gedicht zurück in unsere Sprache. Die Geburt des Ou-yang Hsiu werden wir – ob wir sie bemerken oder nicht, ich kenne die Familie nicht – vielleicht erleben, seinen Tod nicht mehr. Ich werde das Gedicht in meiner Schrift kalligraphieren und in meinen Papieren hinterlassen. Vielleicht findet es dereinst Ou-yang Hsiu … und dann kann er sich die Sache zweifellos nicht erklären. –

Vor wenigen Tagen war ich mit Herrn Shi-shmi – Frau Pao-leng war auch dabei – in einer öffentlichen musikalischen Darbietung. Sie ähnelte in keiner Weise unseren öffentlichen Konzerten, hatte aber unverkennbare Züge eines Rituals.

Man kleidet sich festlich. In einem großen, hell erleuchteten Saal versammeln sich die Musikliebhaber und setzen sich auf festgenagelte Stühle. Es werden Hefte verteilt, in denen sich Bemerkungen über die Musik befinden, die gespielt werden soll. Die Musiker sitzen – durchwegs schwarz gekleidet – auf einer erhöhten Bühne an der Stirnseite des Saales. Aus dem Heft entnahm ich, daß zwei Stücke gespielt werden sollten, zwei »Himmlische Zusammenklänge«. Es ist hier ja so, daß die Musikstücke nicht nach der Art, nach der Gelegenheit, bei der sie erklingen müssen und dergleichen geordnet werden, sondern nach dem Meister, der sie verfaßt hat. Komischerweise weiß man auch von so gut wie jedem Stück, welcher Meister es verfaßt hat. Das hängt wahrscheinlich damit zusammen, daß immer nur ganz neue Musik gespielt wird, so daß der Name des Autors noch nicht in Vergessenheit geraten ist. Ich habe Dir schon geschrieben: der von mir so geschätzte Meister We-to-feng (ich werde seine Musik vermissen, wenn ich nach Hause zurückgekehrt sein werde) hat vor weniger als zweihundert Jahren gelebt. Das ist schon fast die älteste Musik, die gespielt wird. Selten erklingt ein Werk, das älter als dreihundert Jahre ist. Das erste Stück »Himmlischer Zusammenklang« stammte von jenem Meister Shu-we, von dem ich schon das Stück ›Überirdische Fünfheit, die Forelle‹ kenne, das zweite Stück von einem jüngst verstorbenen Meister namens Sho-ta-ko-wi.

Wir setzten uns also. Das Orchester war sehr zahlreich. Ich schätzte: sechzig Musiker. Viele Wi-lo-ling-Spieler, auch viele Watsche- und Cheng-lo-Spieler, aber auch Flötisten, Trompeter und ein Trommler. Das Orchester wird geleitet von einem Musik-Meister, sagte mir Herr Shi-shmi, der jedoch vorerst noch nicht sichtbar war und erst nach einiger Zeit die Bühne betrat. Ein unbeschreiblicher Lärm überraschte mich wieder einmal. Ich war der Meinung, ich sei längst an die Lärmfreude der Großnasen gewöhnt, aber es gelingt ihnen immer wieder, mich mit Lärmbekundungen zu unerwarteter Zeit zu überraschen. Während der Musik-Meister – er hieß Hai-ting, stammt aber nicht aus dem Reich der Mitte – die Bühne und dort wiederum ein kleines Podest betrat, klatschten die Großnasen wie wild in ihre Hände. Da auch Frau Pao-leng und Herr Shi-shmi so klatschten, tat ich es ebenfalls. Es gilt das als Ovation. Meister Hai-ting verbeugte sich artig, dann drehte er ganz unhöflich dem Publikum den Rücken zu und drohte den Musikern mit einem Stock. Sie ließen es sich ohne weiteres gesagt sein und begannen zu spielen. Offenbar sind die Musiker so undiszipliniert, daß der Musikmeister die ganze Zeit über, und manchmal sogar sehr wild fuchtelnd, mit dem Stock drohen mußte, damit sie nicht zu spielen aufhörten. Nach dem ersten Stück (das aus zwei Teilen bestand) trat eine Pause ein, in der wir – und alle anderen auch – in ziemlichem Gewühl im Vorraum des Saales auf- und abgingen. Wir tranken aber auch ein Gläschen Mo-te Shang-dong; das wird dort an einer Theke verkauft. Das Stück, das nach der Pause gespielt wurde, bestand aus vier Teilen. Danach wurde wieder geklatscht. Die Musiker standen auf, Meister Hai-ting verbeugte sich mehrmals, dann gingen alle nach Hause.

Die Musik, die Herr Shi-shmi in kleinem Kreis seiner Freunde spielt, gefällt mir besser. Die Orchester-Musik klingt mir zu großnäsisch, das heißt: vor allem zu laut. Das gilt namentlich für das Stück nach der Pause. Der jüngst-verstorbene Meister Sho-ta-kowi hat, sagt Herr Shi-shmi, über ein Dutzend solcher »Himmlischer Zusammenklänge« geschrieben. Was ich hörte, war Nummer fünf. Es klang für meine Begriffe sehr kriegerisch, nur der dritte Teil war verhaltener und getragener. Das Stück vor der Pause – auch Meister Shu-we hat, obwohl er im Alter von nur einunddreißig Jahren verstorben ist, mehrere »Himmlische Zusammenklänge« verfaßt – war angenehmer. Es handelte sich dabei um den achten seiner »Himmlischen Zusammenklänge«, den er unvollendet hinterlassen hat, weswegen von den eigentlich vorgeschriebenen vier Teilen zwei fehlen.

Ich möchte versuchen, diesem Stück gerecht zu werden, obwohl es für mich schwer ist, schwerer als bei der intimen Musik der »Göttlichen Vierheit«, denn hier verwirrte mich die Vielzahl der gleichzeitig erklingenden Töne, gespielt von den verschiedensten Instrumenten. Herr Shi-shmi schätzt das Werk außerordentlich. Ich vermag die Harmonien in dieser Wirrnis der Töne nicht zu erkennen, obwohl ich nicht zweifle, daß ich es lernen würde. Es wird wohl das einzige sein, worum es mir leid tut, wenn ich diese Welt wieder verlasse: daß ich diese Harmonien zu erkennen nicht werde erlernen können. Es bleibt nicht die Zeit.

Dieser »Himmlische Zusammenklang« Nummer acht vom Meister Shu-we besteht aus einem etwas bewegteren und einem recht langsamen Teil. Daß die Töne im Herzen der Menschen entstehen, wie es im ›Yüeh Chi‹ des ›Li Chi‹ heißt, ist namentlich im langsamen Teil dieses Werkes offenbar. An einigen Stellen verspürte ich eine innige Vereinigung mit dem Geist des Meisters Shu-we, der lang nach mir geboren werden wird und doch vor mir gestorben ist. Ein Geheimnis ist in seinen Tönen, ganz anders als in den Tönen des in anderer Weise unvergleichlichen We-to-feng. Meister We-to-feng muß man *achten* – Meister Shu-we kann man lieben. Hätte ich das alles vorher gewußt, hätte ich vielleicht meinen Zeit-Reise-Kompaß so eingestellt, daß ich in die Welt Meister Shu-wes gekommen wäre. Vielleicht wäre ich ihm begegnet. Vielleicht hätte er auch mich geliebt. Dem Meister We-to-feng wäre ich aber, so grenzenlos ich ihn bewundere, eher aus dem Weg gegangen.

Aber ich wende mich von der Musik wieder ab; vielleicht interessiert Dich das auch gar nicht so sehr, denn Du fragst nie danach, was ich empfinde, Du fragst danach, wie diese Welt und deren Staatswesen beschaffen sind. Und damit hast Du auch recht, denn das ist der Zweck meiner Reise. Anders wäre sie vor der Lehre unseres großen Meisters K'ung nicht zu verantworten.

Ich gestehe, daß ich manchmal, namentlich, wenn ich Musik höre, vergesse, daß ich ein Mandarin des Volkes der Mitte bin. Aber ich erwache dann schon wieder aus der Welt der Töne, und ich weiß, daß – mögen sie auch einen We-to-feng und einen Shu-we haben – die Großnasen über keinen K'ung-fu-tzu verfügen.

So leb wohl, mein Freund, grüße mir den Lo To-san. Sein Gedicht ist wirklich nicht schlecht. Vielleicht ist es nur deshalb nicht in jene Sammlung aufgenommen, weil es in den tausend Jahren dazwischen verlorengegangen ist. (Das kannst Du ihm natürlich nicht ausrichten.) An Deine weißen Bällchen denke ich.

Ich umarme Dich und bin und bleibe

Dein Kao-tai

## *Sechsundzwanzigster Brief*

(Mittwoch, 4. Dezember)

Teurer Dji-gu.

Bevor Meister Yü-len abgereist ist – für mich endgültig abgereist, denn er kommt erst wieder im nächsten Jahr nach Min-chen, zu einer Zeit, wo ich nicht mehr hiersein werde –, hatten wir in der Halle des Hong-tel noch ein langes und großes Gespräch. Obwohl er mich in zweifelhafte Etablissements geschleppt hat, obwohl er von sprunghafter Lustigkeit und oft unkontrollierter Laune ist, obwohl er, wenn er ein Glas zuviel getrunken hat, dazu neigt, stark dumme Sprüche von sich zu geben, ist er ein Mann von tiefen Einsichten. Das muß ich und darf ich jetzt sagen, da ich für immer von ihm Abschied genommen habe. Er freilich glaubt, daß wir uns wiedersehen, und freut sich darauf; es schmerzt mich, ihn enttäuschen zu müssen. Er ist zwar nur ein Gelehrter der Waldbau-Kunst, aber er macht sich viele und ohne Zweifel richtige Gedanken über den Zustand der Welt, in der er lebt, die Welt der Großnasen.

Die Welt der Großnasen – das ist nicht nur das Fazit unseres Gespräches, das selbstverständlich an meine Eindrücke an jenem Tag in der großen Schmiede anschloß, sondern auch das Fazit meiner bisherigen Beobachtungen – die Welt der Großnasen ist dem Untergang geweiht. Das politische System ist verworren und gibt der Selbstsucht der Politiker Vorschub. Das gesellschaftliche System ist in Unordnung, weil jede natürliche Autorität fehlt. Die Familie als Einrichtung gibt es fast nicht mehr. Die Religion ist ein Aberglaube. Allein der Handel ist es letzten Endes, der hier den Gang der Dinge bestimmt.

Herr Yü-len-tzu hat mir folgendes Gleichnis erzählt: er stammt aus bäuerlichem Geschlecht. Sein Vater hatte einen Bauernhof in der Ebene, die sich nördlich von Ba Yan bis zum Meer erstreckt. Eines Tages, als eine gute Ernte verkauft war, beschloß der verewigte Vater Yü-len, anstelle der alten Bettgestelle und Schränke neue anzuschaffen. Das geschah auch, allein die alten Bettgestelle und Schränke stammten noch aus der Zeit von Herrn Yü-len-tzus Vaters Großeltern und waren überdies mit wertvollen Schnitzereien verziert. (Unsereiner hätte diese Wohn-Geräte weiter benutzt; nicht so die Großnasen, die müssen immer etwas Neues haben. Aber dieses Phänomen, das ich oft genug erwähnt habe in meinen Briefen, gehört nicht zu dieser Geschichte.) Aus Pietät also, was immerhin doch ein schöner Zug ist, wurden diese Bettgestelle und Schränke nicht zerhackt und verheizt, sondern in einem unbenutzten Zimmer oben im Haus aufbewahrt. Dort drangen die Holzwürmer in die Gestelle und Schränke. Die Umstände wollten es, sagte Herr Yü-len-tzu, daß die Temperatur und die Feuchtigkeit dieses Zimmers, das fortan so gut wie nie jemand betrat, vorzüglich günstig für Holzwürmer waren. Sie vermehrten sich, und da sie an Bettgestellen und Schränken einen ungeheuren Vorrat an Nahrung vorfanden, wurden sie größer und fetter und damit fortpflanzungsfreudiger als gängige Holzwürmer. Sie vermehrten sich immer mehr und mehr und immer schneller, wurden mit ihrer Vermehrung immer noch größer und fetter, und je größer und fetter, desto gieriger, und fraßen die gesamten Bettgestelle und Schränke auf, bis alles zu Staub zerfiel und nichts mehr da war – und da verreckten die ganzen großen und fetten Holzwürmer auf einen Schlag. – Genau in dieser Situation, kurz vor dem Zusammenbruch des Systems, befinden sich die Großnasen.

Der Handel, sagte ich, bestimmt in der Welt der Großnasen letzten Endes den Gang der Dinge. Ihr Handel – und damit das Geldsystem, damit wieder die Steuern, damit das Staatswesen, damit das Zusammenleben der Großnasen – floriert nur, wenn ständig Neues hervorgebracht wird, ob man es wirklich braucht oder nicht. Wörtlich sagte Herr Yü-len-tzu: das wirtschaftliche System funktioniert nur so lange, als jeder Arbeiter einen größeren A-tao-Wagen hat, als er es sich eigentlich leisten kann. Die Großnasen leben auf Kredit auf die Zukunft. Sie werden die Zukunft aufgebraucht haben, ehe sie kommt.

Habe ich gesagt, daß die Religion der Großnasen ein Aberglauben ist? Wenn ich das gesagt habe, so war das doch nicht ganz gerecht. Ihre Religion wäre edel, wenn sie sie befolgten. Es ist so ähnlich wie mit dem Taoismus. Die Lehren des Lao-tzu wären schön und gut, wenn der Mensch so beschaffen wäre, daß er sie befolgen könnte. Der etwas weniger edle Konfuzianismus ist in der Praxis edler, weil er befolgt werden kann. Die Religion der Großnasen ist edel, aber sie befolgen nur ihre äußeren Gebote, und auch die nur oberflächlich. So ist die Religion kein Aberglaube, aber die Großnasen handhaben ihn wie einen solchen. Die Glaubenslehren, denen sie wirklich anhängen, sind die West-Lehre und die Ost-Lehre, von denen ich Dir schon geschrieben habe. West und Ost ist nicht in unserem Sinn zu verstehen, denn der Antagonismus der West- und der Ostlehre kennt bezeichnenderweise keine Mitte.

Die West-Lehre besagt, daß durch Reichtum Glück entsteht. Sie besagt, daß jeder verpflichtet ist, so glücklich zu sein wie möglich. Die West-Lehre stellt den Profit an die höchste Stelle der Errungenschaften und unterwirft ihn – theoretisch – allein gewissen Korrelaten der Moral. Diese Moralkorrelate können religiös-abergläubischer oder aber allgemein-ethischer Natur sein. Die Unterwerfung ist aber theoretisch. Sobald der Profit auf dem Spiel steht, werden entweder die Moralkorrelate so zurechtgerückt, daß sie nicht stören – oder noch einfacher – schlichtweg nicht beachtet. Zum Beispiel weiß man – sagt Meister Yü-len, der ja ein eigentlicher Fachmann auf dem Gebiet ist –, daß die Rauchschwaden, der Qualm, die giftigen Dämpfe, die jene Schmieden (von denen die von mir besuchte eher klein ist) seit Jahren und Jahrzehnten, ja seit einem Jahrhundert ausstoßen, daß die giftigen Essenzen, die bei ihrem Betrieb entstehen und in die Flüsse geschüttet werden, jenen Essig-Regen erzeugen, der die Wälder zerfrißt. Man weiß das und kann die Schuldigen benennen. Aber wenn die Schmieden nicht ihren Giftqualm ausstoßen dürfen, können sie nicht weiterbetrieben werden; wenn sie nicht weiterbetrieben werden können, geht der allgemeine Profit (nicht nur der des Erhabenen Schmiede-Verwalters und der geheimnisvollen Eigentümer der Schmiede, sondern vor allem auch der der Arbeiter) zurück; wenn der

Profit zurückgeht, verlieren sie – meinen sie – das Glück. Also wird das Moralkorrelat in dem Fall so zurechtgerückt, daß man schlichtweg so gut wie nicht davon redet. Der Minister Ch'i = Dämonischer Südbarbar stellt sich hin und sagt: es sei alles nicht so schlimm; und wer wagt, ihm zu widersprechen, wird bestraft oder zumindest geächtet.

Ein spezieller Punkt dabei ist, daß alle Minister, sagt Herr Yü-len-tzu, zu den geheimnisvollen Eigentümern der Schmieden gehören. Die Folgen sind leicht auszumalen.

Nun möchte man meinen, daß es im Volk einen Aufstand gibt, wenn man ihm die Luft zusehends verpestet. Weit gefehlt. Die Arbeiter der Schmieden sind in großen, in riesigen Zünften zusammengeschlossen. Diese Zünfte (sie heißen »Einmal geben«, was aber ein Hohn ist, denn sie müßten »Zehntausendmal nehmen« heißen* haben aber nichts anderes im Sinn als die Profitvermehrung ihrer Mitglieder, haben also im Grunde genommen die gleichen Ziele wie die geheimnisvollen Eigentümer und der meineidige Ober-Mandarin, wenn sie es auch nicht zugeben. Dazu kommt, sagt Herr Yü-len-tzu, daß die höchst einflußreichen und wohlhabenden Mandarine dieser I-gei-Zünfte selber wiederum zu den geheimnisvollen Eigentümern der Großen Schmieden gehören, ja, daß die Zünfte als solche einzelne Schmieden betreiben … Das ist, kurz skizziert, die West-Lehre von der Tugend des Profits.

Die Ost-Lehre ist anders, aber nicht besser. Die Ost-Lehre besagt – das dürfte eine der größten Dummheiten sein, die mir je untergekommen ist –, daß die Geschichte einer unverrückbaren Gesetzmäßigkeit unterworfen ist. Dabei weiß jeder, der unverblendet die menschliche Geschichte betrachtet, daß sie zwar schon gewissen Gesetzlichkeiten unterliegt, im Wesentlichen aber das

* »Einmal geben« lautet auf chinesisch: I-gei (ausgesprochen i-ge).

Produkt des Zufalls ist. Sie ist wie ein Strom, der dem Gesetz unterliegt, daß er zu Tal fließen muß. Wie er aber fließt, und ob er um diesen Felsen rechts herum und an jenem Felsen links herum strömt oder umgekehrt, hängt oft von einem Kiesel ab, der zufällig dem ersten Tropfen des Flusses im Wege gelegen ist.

Aber die Ost-Lehre geht von einer Gesetzmäßigkeit der Geschichte aus, und ihr Stifter hat sich sogar erkühnt, diese Gesetzmäßigkeit zu errechnen. Es erinnert mich das an die Torheiten der Astrologie.

Die Ost-Lehre geht weiter davon aus, daß das Volk dumm ist – ein an sich nicht falscher Gedanke – und daß es zu seinem Glück geführt werden muß. Das Glück, sagt diese Lehre, liegt in ferner Zukunft. Was es ist und worin es besteht, kann keiner der Ost-Lehrer sagen. Einer davon hat zwar verkündet, dieses allgemeine Glück sei, daß keiner mehr hungern und keiner mehr frieren müsse. Wenn das alles ist? Ich danke.

Nur sträubt sich das dumme Volk – das aber gar nicht immer so dumm ist – gegen das Gängeln zu einem fernen, unbekannten Glück. Deshalb müssen die Ost-Lehrer die Staatsgewalt übermächtig ausbauen, und so steht in den Ländern der Ost-Lehre schon neben jedem, der zum Glück zwangsweise geführt werden soll, einer, der ihn mit vorgehaltenem Säbel führt. Aber das habe ich auch schon erwähnt. Unsere Enkel im heutigen Reich der Mitte gehören – ich lobe den Himmel, daß es erst in tausend Jahren sein wird – zu den Anhängern der Ost-Lehre.

Das merkwürdigste an der Ost-Lehre ist aber das, daß gerade sie, die so etwas Irrationales und allenfalls Poetisches wie ein irdisches Paradies verspricht, sich für eine rationalistische und materialistische Weltanschauung hält.

Wie nicht anders zu erwarten, stehen sich West-Lehre und Ost-Lehre feindlich gegenüber – nicht nur im Geist streitend, wie zwei philosophische Schulen, was ja fruchtbar sein könnte, sondern ganz real: ihre Soldaten fletschen sich, bis an die Zähne bewaffnet, an. Es ist nur deshalb bisher noch zu keinem offenen Konflikt gekommen, sagt Herr Yü-len-tzu, weil sich keiner der beiden ganz sicher ist, daß er siegen wird. Ab und zu bricht ein Konflikt irgendwo am Rand aus, und da gelingt es manchmal dem einen, dem anderen ans Schienbein zu treten. Mehr wagen sie nicht. Gleichgewicht des Schreckens nennt Meister Yü-len das. Daß das keine Grundlage für eine geordnete Welt ist, in der gedeihliches Leben sprießt, ist klar. Aber auch das habe ich in anderem Zusammenhang schon erwähnt.

Die West-Lehre hat einen gewissen Vorteil: das Glück mit dem eigenen Profit gleichzusetzen leuchtet dem einzelnen eher ein, als das Glück in der Ferne zwangsweise zu suchen. Die Ost-Lehre hat den Vorteil, daß sie leichter zu handhaben ist. Überleben wird keine, sagt nicht Herr Yü-len-tzu, das sage ich. Alle sitzen wie die Holzwürmer in den schon fast aufgefressenen Bettgestellen und Schränken.

Auch mit Herrn Me-lon, dem Richter, habe ich über dieses Problem gesprochen. Er sagt: ich solle doch ein Buch veröffentlichen, in dem ich das alles niederlege und den Großnasen zu wissen gebe. Nur ein Außenstehender könne in der heutigen Situation den verblendeten Großnasen, gleichgültig, ob sie der West- oder der Ost-Lehre anhängen, die Augen öffnen. (Herr Richter Me-lon ahnt nicht, wie *sehr* »außen« ich stehe.) Er gab mir ein Buch, das Buch eines großnäsischen Autors, das vor knapp dreihundert Jahren geschrieben wurde. Ich habe das Buch gelesen, und es hat mich außerordentlich merkwürdig berührt. Der Autor war ein aristokratischer Herr aus einem von hier aus gesehen westlichen Land und hieß Mo-te-kwjö. Der Autor tut in dem Buch so, als sei er ein Prinz aus einem fernen Land, und beschreibt die Zustände im damaligen Reich der Großnasen aus einer scharfen, kritischen Distanz. Das ferne Land, aus dem der Prinz angeblich kam, lag auch im Osten. Du kannst Dir denken, wie betroffen ich war, als ich das las. Ich konnte Herrn Me-lon, als ich ihm das Buch zurückgab, den ganzen Umfang meiner Betroffenheit gar nicht sagen – begreiflicherweise. Ich fragte ihn daher nur: hat dieses Buch des Ehrwürdigen Mo-te-kwjö irgendeine Wirkung gezeigt? Herr Me-lon meinte: ja, mußte aber einräumen, daß diese Wirkung gering war.

Also werde ich nicht meine Zeit damit vergeuden, für die Großnasen ein Buch zu schreiben, und ich halte mich an den Weisen vom Aprikosenhügel: »Der Meister sprach: Seltsame Lehren anzugreifen ist verderblich.«

Ich grüße Dich und bin wie immer

Dein ferner Freund Kao-tai

## *Siebenundzwanzigster Brief*

(Sonntag, 8. Dezember)

Mein lieber Dji-gu.

Das Jahr der Großnasen neigt sich dem Ende zu, so wie auch mein Aufenthalt in ihrer Welt. Es schneit und es ist kalt. Frau Pao-leng und Kleine Frau Chung sind sich in die Haare geraten. Ich verstehe auch das nicht. Wahrscheinlich hängt das damit zusammen, daß die Frauen in dieser Welt zu leben gelernt haben wie Männer. Da wollen sie offenbar die Zuneigung eines Mannes ausschließlich für sich alleine haben. Ein Gedanke, der mir zutiefst fremd ist. Außerdem halte ich das für schädlich und dem gedeihlichen Zusammenleben für abträglich. Habe ich nicht von beiden, sowohl von Frau Pao-leng wie auch von Kleiner Frau Chung, die Freuden der Liebe mit gleicher Anteilnahme und gleicher Dankbarkeit entgegengenommen? Habe ich nicht jeder von ihnen – jeweils zu ihrer

Zeit – von meiner männlichen Kraft gleichermaßen und vorbehaltlos gespendet?

Herr Yü-len-tzu, der leider abgereiste Freund, der von den beiden Damen wußte, hat mich gewarnt. Er hat gesagt, daß sich die Frauen nunmehr das Recht der Eifersucht angeeignet hätten. Was ist schon Eifersucht? Nichts anderes als eine Form des Neides. Das ist auch so eine Merkwürdigkeit in der Welt der Großnasen: der Neid gilt als verwerflich, es sei denn, er tritt in der Form der Eifersucht auf. Es gibt, sagte Herr Yü-len-tzu, eine weitverzweigte Eifersuchts-Literatur; ja, man kann sagen, so gut wie die ganze Literatur der Großnasen handele von nichts anderem als von der Eifersucht.

Ich habe Herrn Yü-len-tzus Warnung ernst genommen und versucht, so gut es ging, die beiden Damen voneinander fernzuhalten, und habe keiner von der anderen erzählt. Es ging deshalb ganz gut, weil ja Kleine Frau Chung nur immer für zwei oder drei Tage in Min-chen ist und Frau Pao-leng oft keine Zeit hat und mit allen möglichen Dingen beschäftigt ist, um die ich mich nicht kümmere.

Aber vorgestern trat die verhängnisvolle Konstellation ein, daß mich Kleine Frau Chung überraschend besuchen wollte, als ich mich gerade mit Dame Pao-leng vergnügte. Ich sagte nur immer: still, still – es ist spät in der Nacht, und womöglich schlafen die Nachbarn schon. Ich will Dir die unschöne Szene im einzelnen nicht schildern. Bäche von Tränen waren das wenigste. Ich hörte vorwurfsvolle Worte, und zum Schluß rannten beide fort. Das heißt: sie wollten beide fortrennen, fürchteten aber, dieselbe Stiege benützen zu müssen. So wartet jede, bis die andere endlich gehe, und gleichzeitig beschimpften sie mich; die eine in der Sprache der Leute von Min-chen, die andere in unserer Sprache. Erst als ich meinerseits Miene machte, mein Zimmer zu verlassen, stürzten beide mit der Drohung, daß ich keine jemals wiedersehen würde, hinaus.

Ich schloß hinter ihnen ab und öffnete eine Flasche Mo-te Shang-dong. Es ist schade, teurer Dji-gu, daß ich Dir keine Kostprobe dieses Getränks mitbringen kann, wenn ich zurückkehre. Ich darf ja meine Zeit-Reise-Tasche nicht übermäßig belasten, sonst bleibe ich womöglich unterwegs für immer stecken. Schade. Der Mo-te Shang-dong würde Dir schmecken.

Küsse mir meine treue und so gar nicht eifersüchtige Shiao-shiao. Tröste sie und sage ihr: ich kehre bald zurück. Sie versteht es, ich zweifle nicht.

Ich bin immer Dein Kao-tai

## *Achtundzwanzigster Brief*

(Donnerstag, 12. Dezember)

Teurer Dji-gu.

Heute haben wir hier den letzten Herbstneumond. Wie immer verschwenden die Großnasen keinen Gedanken daran. (Übrigens sind – oder muß ich besser sagen: waren? – auch Kleiner Frau Chung die alten Riten völlig fremd; sie lebt nach der Sitte der Großnasen.) Dafür aber herrscht jetzt in der Stadt mehr Betriebsamkeit als gewöhnlich. Für die Großnasen gilt dieser Monat als Besonderheit, denn sie glauben, daß jener Gott, den sie verehren, an einem bestimmten Tag am Ende dieses Monats – kurz vor ihrem Neujahrsfest – geboren worden sei. Herr Shi-shmi, bei dem ich wieder zu Besuch war, weil vor einigen Tagen dort die Himmlische Vierheit musizierte, erklärte es mir: die Zeit vor dem Fest, an dem die Erinnerung an die Geburt ihres Gottes gefeiert wird, heißt »Ankunft« und dient zur Sammlung der Gedanken, wird auch gern von allerlei Leuten in der Fern-Blick-Maschine »die stille Zeit« genannt. Es ist ein Hohn, denn nie im ganzen Jahr bisher war ein solcher Tumult auf der Straße wie eben jetzt. (Da fällt mir auf: habe ich Dir von der Fern-Blick-Maschine geschrieben? Ich glaube nicht. Ich verliere etwas den Überblick darüber, wovon ich Dir schon erzählt habe und wovon nicht. Die Fern-Blick-Maschine ist einer der wichtigsten Gegenstände der Großnasen. Es ist eine grobe Unterlassung, wenn ich sie bisher nicht erwähnt habe. Ich werde das nachholen.)

Es ist üblich, sagte mir Herr Shi-shmi, daß man anläßlich des Gottes-Geburtsfestes, das auch »die Heilige Nacht« genannt wird, seinen Verwandten oder Freunden etwas schenkt. Es ist nicht nur üblich, es ist förmlich ein Zwang. Der Sohn schenkt den Eltern, die Eltern den Kindern, die Schwester dem Bruder, Onkel, Tante, aber auch Schwägern und Cousinen, selbst Nachbarn, Kollegen und Geschäftsfreunden wird geschenkt, die Untergebenen schenken dem Vorgesetzten, alle beschenken einander, ob sie einander leiden können oder nicht. Herr Shi-shmi stöhnt schon bei dem Gedanken, daß er ja rechtzeitig alle Geschenke beisammen hat. Seit Anfang des Monats sind die Großnasen in einem einzigen Rennen begriffen und jagen nach den unsäglichsten Dingen, die sie verschenken könnten. Die Kaufleute reiben sich natürlich die Hände. Wenn alle ihre Geschenke behalten würden, sagt Herr Shi-shmi, gäbe es das ganze Gewürge nicht, und es hätte noch den Vorteil, daß man weiß, was man hat, denn in der Regel bekommt man unnötige, überflüssige und unschöne Dinge geschenkt, die man nicht wegwerfen darf, weil sonst der Schenkende beleidigt wäre, und auch nur unter Aufbietung größter Vorsicht und in gebührendem Abstand von einigen Jahren weiterschenken darf. Die Geschenke werden auf den Schlag am Abend des 24. Tages dieses Monats ausgetauscht. Das Schlimmste, was einem passieren kann, ist, daß man von jemandem etwas geschenkt bekommt, dem man seinerseits – entweder man hat es für unnötig befunden oder gar vergessen – nichts geschenkt hat. Da die Geschenke auf einen

Schlag ausgetauscht werden, ist dieser Fehler irreparabel, und der betreffende vergeßliche oder nachlässige Beschenkte muß ein Jahr lang den Kopf einziehen und darf sich bei dem anderen nicht blicken lassen.

So zermartern sich die Großnasen die Köpfe, daß sie ja keinen noch so entfernten Stief-Onkel vergessen, und ich sehe Männer wie Weiber wie von Dämonen gepeitscht durch die schneenassen und eisverkrusteten Straßen hecheln, mit großen und kleinen Paketen bis über den Kopf beladen, die sie aus den Läden – wo sie sich hoch verschulden – nach Hause schleppen, um sie dort zu horten, und am 24. Tag gegenseitig austauschen. Oft rutschen sie aus auf dem Eis. Ich beobachte das gern aus meinem Fenster des Hong-tel, das auf eine Straße hinausgeht, in der viele Läden sind. Es reißt ihnen die Beine in die Luft, die Pakete fliegen den anderen um die Köpfe. Manche Pakete rollen auf die Fahrbahn, wo die A-tao-Wagen darüberrollen. Achtlos steigen die anderen gehetzten Großnasen über die Gestürzten hinweg, die verzweifelt versuchen, ihre Pakete wieder einzusammeln.

Das nennen die Großnasen »die stille Zeit«. So feiern sie die Ankunft ihres Gottes. Der wird eine Freude haben. Ich fürchte übrigens, daß auch ich, obwohl so denkbar fern stehend, in den Strudel des Geschenkaustausches hineingezogen werde. Wenn ich einige Andeutungen von Herrn Shi-shmi richtig verstanden habe, so bereitet er meuchlings ein Geschenk für mich vor. Und so werde auch ich nicht umhin können, ihm etwas zu schenken.

Aber das alles war nicht das, was ich mir für diesen Brief zu berichten vorgenommen habe. Nicht nur in den Straßen, an den Wänden der Häuser und in den Fenstern der Läden sind strahlende Sterne und alle möglichen anderen Symbole (Tannenzweige, in merkwürdigen Wiegen liegende Kinder, immer paarweise je ein Ochse und ein Esel), die die Großnasen mit ihrem Erinnerungsfest verbinden, aufgehängt und ausgestellt. Vor allem in der Fern-Blick-Maschine wird dauernd von der kommenden »Heiligen Nacht« geredet, die dabei nicht ungern als »Fest des Friedens« apostrophiert wird. Ich habe mich erkundigt: in der Tat herrscht Frieden vom 24. Tag des Monats mittags bis zum 27. Tag des Monats in der Früh. Aber nur deswegen, weil das Feiertage und alle Läden und Behörden geschlossen sind und in den Schmieden nicht gearbeitet wird. Die Leute sind damit beschäftigt, ihre Geschenke auszupacken, zu betrachten und sich über deren Nutzlosigkeit zu ärgern. Tatsächlich ruhen auch die Prozesse vor Gericht in der Zeit, aber nur, weil die Richter nicht in ihr Amt gehen. Ob auch eventuelle Kriege ruhen? habe ich Herrn Shi-shmi gefragt. Nein, hat er gesagt, es habe noch nie einen Feldherrn gegeben, der wegen dieses »Festes des Friedens« einen Feldzug unterbrochen habe. Im letzten Krieg, der noch nicht so lange her ist, und den Herr Shi-shmi als Kind erlebt hat, habe man widersinnigerweise sogar von den »Kriegs-Festen des Friedens« gesprochen. Verstehe die Großnasen, wer will. Die Verwirrung der Begriffe ist bei ihnen unausrottbar.

In den Tagen des »Festes des Friedens« fallen die häufigsten Selbstmorde vor, Familienväter erschlagen ihre Frauen (oder gelegentlich umgekehrt), Kinder werden ausgesetzt, und Greise verhungern. Das komme daher, meint Herr Shi-shmi, daß die Wohnungen zu klein sind. Die Leute ertragen es nicht, in den kleinen und niedrigen Wohnungen drei Tage lang so eng aneinandergepreßt zu leben. Sie ertragen es nicht, daher gibt es häufig Streit. Er selber, Herr Shi-shmi, könne sich nicht erinnern, daß in seiner väterlichen Familie jemals im Jahr so gestritten worden sei wie immer in den Tagen des »Festes des Friedens«. Einmal sei sein Vater für einige Zeit davongelaufen, weil seine Mutter ihm eine gebratene Gans an den Kopf geworfen habe, nachdem der Vater viele Stunden lang über nichts geredet habe, als daß jene Gans zu scharf gebraten sei.

Es ist üblich, wahrscheinlich aus Langeweile, an den Tagen des »Festes des Friedens« sehr viel zu essen. Bevorzugt werden »Fest des Friedens«-Gänse und »Fest des Friedens«-Karpfen. Ich sehe sie jetzt schon in den Fenstern der Läden angeboten. Getrunken wird wahrscheinlich auch nicht wenig, und wenn sich die Großnasen nicht streiten, denke ich mir, tun sie das, was sie überhaupt am liebsten tun: lieber als essen und trinken, lieber als schlafen, lieber als geschlechtlich zu verkehren – sie betrachten die Fern-Blick-Maschine. In jedem Haus, in jeder Wohnung, fast in jedem Zimmer (in meinem Hong-tel-Zimmer auch), stehen solche Fern-Blick-Maschinen. Sie sind sehr teuer und oft kaputt. Dennoch verzichtet eine Großnase lieber auf ihren A-tao-Wagen, lieber verzichtet sie auf anständige Mahlzeiten, lieber verzichtet sie auf ein Schlafgestell und einen Herd, als daß sie auf ihre Fern-Blick-Maschine verzichtet. Auch die ärmste Großnase hat so eine Maschine, und sie würde lieber Weib und Kind verpfänden, ja selbst die Seele wäre ihr feil, sie liefe bei Kälte nackt auf der Straße, sofern sie nur ihre Fern-Blick-Maschine behalten kann.

(Die Leute, die ich im Sommer vor allen Blicken nackt auf den Wiesen des Parks habe liegen sehen, sind allerdings nicht Leute, die ihr letztes Hab und Gut geopfert haben, um sich ihrer Fern-Blick-Maschine nicht entäußern zu müssen. So wörtlich ist das nicht zu verstehen. Jene Leute lagen nackt dort aus Schamlosigkeit und weil es angeblich gesund ist.)

Die Fern-Blick-Maschine ist ein mäßig großer Schrein, der vorn so etwas wie ein Fenster hat. Irgendwo gibt es ein Gremium, das in der Lage ist, Bilder, die leben, durch die Luft zu schleudern. Die Bilder werden von dem Mechanismus in der Fern-Blick-Maschine aufgefangen und wiedergegeben, sofern man auf einen Knopf drückt und die Maschine nicht gerade kaputt ist. Es ist keine Zauberei, wenngleich es aufs erste Hinsehen so wirkt. Der Mechanismus ist nicht komplizierter als unsere Zeit-Reise-

Berechnung. Ich habe ihn mir von Herrn Yü-len-tzu erklären lassen, aber ich nehme an, daß Dich das im einzelnen nicht interessiert.

Du sitzt also vor der Fern-Blick-Maschine und schaust wie durch ein Fenster anderen Leuten zu. (Diese anderen Leute können allerdings Dich, der Du davorsitzt, nicht sehen. Ich habe mir das zu meiner Beruhigung versichern lassen.) Das meiste, was Du durch dieses Fern-Blick-Fenster siehst, ist überflüssig. Obwohl: ich muß zugeben, daß es mich anfangs fasziniert hat. Stelle Dir vor, Du hättest die Möglichkeit, anderen Leuten unbeobachtet ins Zimmer zu schauen – aber mit der Zeit wird es langweilig. Was passiert schon bei anderen Leuten? Nichts, was Du Dir nicht ohnedies denken kannst. Sie essen, sie trinken, sie lieben und sie verprügeln einander, sie reiten auf Pferden oder fahren in A-tao-Wagen … alles ganz langweilig, nichts, was man nicht ohnedies kennt.

Wenig ansprechend ist es, wenn einer durchs Fern-Blick-Fenster singt. Dieser Gesang hat meist mit der edlen Musik des Meisters We-to-feng und der anderen Meister nichts zu tun. Komisch ist es allerdings, und das unterhält mich ab und zu, wie die Herren und Damen, die in der Fern-Blick-Maschine singen, das Gesicht verziehen. Sehr häufig wird im Fern-Blick-Fenster aber gezeigt, welche Gegenstände man demnächst in den Läden kaufen soll. Man ist aber, habe ich mich erkundigt, nicht verpflichtet, sich danach zu richten.

Zu bestimmten Zeiten erscheint im Fern-Blick-Fenster eine Großnase, die liest von gelben Blättern ab, welche Katastrophen in den letzten Stunden in der Welt vorgefallen sind, und regelmäßig kommt danach einer, der erklärt, daß das Wetter schlechter wird. Aber das alles ist nicht das Schlimmste in der Fern-Blick-Maschine. Ich habe mir die Zusammenhänge mehrfach erklären lassen, denn dieses Fernblicken ist einer der wichtigsten Faktoren im Leben der Großnasen. Die lebenden, bunten Bilder, die einem da vorgegaukelt werden, sind so natürlich, daß man sie – und ich habe es anfangs getan und bin erschrocken – für *wahr* hält, das heißt: für wirklich. Das sind sie aber nicht alle. Zwar ist die Großnase, die kommt und von einem gelben Blatt abliest, daß ein Schiff gesunken ist, oder die Großnase, die verkündet, daß es morgen mehr regnen wird als heute, *wirklich*. Auch die Großnase, die das von sich gibt, was sie als Gesang versteht, ist wirklich, nicht aber sind es die Großnasen, die nachher kommen und zwei Stunden lang aufeinander losreden, einander beschimpfen und umbringen. *Die* sind unwirklich, das heißt: die tun nur so. Das ist ein – manchmal, muß ich zugeben – sehr geschickt gestelltes Schauspiel. Ich (obwohl, oder vielleicht: gerade weil von so fern kommend) durchschaue das, nicht aber die Mehrzahl der dumpfen Großnasen, die in ihre Fern-Blick-Maschine glotzt und alles für bare Münze nimmt, was sie sieht. So nimmt die Mehrzahl der Großnasen die Realität nicht mehr wahr und ersetzt die Wahrnehmung durch das, was sie aus der Fern-Blick-Maschine erfährt.

Und es sitzt, habe ich mir sagen lassen, die Mehrzahl der Großnasen jede freie Minute, sofern sie eben nicht mit ihrer Arbeit beschäftigt ist, vor der Fern-Blick-Maschine.

Ich halte das für nur folgerichtig. Nachdem sie den Sinn ihres Lebens und ihrer Geschichte darin erblicken, ständig von sich fortzuschreiten, ist es klar, daß sie auch nichts lieber tun, als von sich fortzublicken. –

In einem meiner letzten Briefe habe ich versprochen, von den Musik-Tellern zu erzählen. Das Phänomen gehört zur Sucht der Großnasen, alles zu vervielfältigen, die im Grunde genommen auch das Fern-Blicken bewirkt, denn wie es sich dort um die unendliche Vervielfältigung eines – und sei es noch so unerfreulichen – Bildes handelt, handelt es sich hier beim Musik-Teller um die Vervielfältigung eines Musikstückes. Du mußt Dir einen sehr flachen, dünnen, schwarzen Teller vorstellen, den legst Du vorsichtig in eine eigens dafür bestimmte Maschine (die nicht schwer zu bedienen ist), drückst auf einige Knöpfe – das Drücken von Knöpfen hat bei den Großnasen mehr Bedeutung als die Fortpflanzung –, und schon ertönt aus der Maschine die schönste Musik, nicht schneller und nicht langsamer, als wenn sie von Musikern gespielt würde, wenn die sich im Raum befänden. So komisch das ist und so symptomatisch für die Welt der Großnasen, so hat es doch ein Gutes, denn Du bist ohne weiteres in der Lage, jede Musik zu spielen, die Du Dir wünschst, ohne ein Orchester bezahlen zu müssen. Ich habe mir so einen Apparat gekauft (gesehen habe ich den ersten bei Herrn Shi-shmi), nachdem ich neulich in der öffentlichen Musikdarbietung war, und habe ihn hier in meinem Hong-tel-Zimmer aufgestellt. Ich höre die beiden Musikstücke, die damals gespielt wurden, sehr oft und versuche in ihren Sinn einzudringen. Auch die Stücke von We-to-feng höre ich gern.

Vor einigen Tagen war ich in einer Musikdarbietung ganz anderer Art. Auch da hat Herr Shi-shmi mich mitgenommen. Er hat mich im Hong-tel abgeholt und gesagt, es werde eine große Überraschung für mich.

Wir gingen in ein großes Haus, dessen Front mit hohen Säulen geschmückt war. Viele Großnasen gingen drinnen herum. Das Haus war ganz anders als das Hong-tel. Ich hatte den Eindruck eines Tempels, und als ich das Herrn Shi-shmi sagte, lachte er und erwiderte, daß das Haus mitunter tatsächlich: »Tempel der Göttinnen der Kunst« genannt würde. Wir spazierten ein wenig auf Gängen und Stiegen herum, dann ertönte ein schriller, metallischer Ton, und wir begaben uns in den, wie ich da bemerkte, eigentlichen Kern des Hauses. Der nun wieder erinnerte mich eher an den Saal, in dem die große öffentliche Musikdarbietung stattgefunden hatte, und in der Tat saßen weiter unten (diesmal ziemlich verdeckt) verschiedene Musiker und stimmten mit unschönen Tönen ihre Instrumente. Hunderte von Stühlen standen unten, weitere Stühle standen auf – wenn ich richtig gezählt habe – fünf oder sechs Reihen Balkonen, die sich nicht wie bei sonstigen Häusern außen, sondern *innen* um die Wände herumzogen. Mehr oder weniger eilig nahmen nun die Leute Platz. Alle schauten – so waren die Stühle angeordnet – in eine Richtung. Wir saßen auf dem ersten Balkon, von unten gezählt.

Das Licht wurde schwächer, dann erlosch es ganz. Die Leute klatschten wieder in die Hände. Als ich Herrn Shi-shmi um eine Erklärung bat, lächelte er und sagte, ich würde gleich sehen. Aber ich sah zunächst gar nichts. Die Musiker spielten ein kurzes Musikstück, das mir nicht sehr viel sagte – sie spielten es bei fast vollkommener Dunkelheit. Dann aber geschah es, daß ein riesiger Vorhang, dem ich vorher gar keine Beachtung geschenkt hatte, sich hob und einen weiteren, hell erleuchteten Raum freigab, in dem nach und nach … ich weiß es nicht, wie ich das sagen soll: verschiedene Bilder aufgebaut waren. Kurzum: es war eine Tanz- und Gesangsdarbietung, wurde von lebendigen Leuten (Weibern und Männern) unternommen, die, wie ich erfuhr, eigens zu diesem Beruf ausgebildet und dafür bezahlt werden. Es sind Schauspieler, und die Darbietung hatte entfernte Ähnlichkeit mit einer Theaterdarstellung, wie wir sie kennen.

Sie hatte weder rituellen noch allegorischen Charakter, sondern sozusagen illustrierenden. Es ist nicht so wie bei uns, wo die Sänger und Tänzer in Tönen, Mienen und Gesten andeuten, was dann jeder versteht und weiß – es ist alles ganz direkt und soll die Illusion wirklichen Lebens erwecken. Das ist sehr komisch, denn die Leute in dem hell erleuchteten Raum tun so, als ob sie nicht sähen, daß da tausend Großnasen im Dunkeln sitzen und zuschauen. Wenn einer dort drin sagt: es leuchtet der Mond, dann taucht tatsächlich der Mond auf, und alles ist in fahles Licht getaucht, daß man im ersten Augenblick meinte, man sähe durch ein großes Fenster in eine andere Gegend; wenn einer sagt: er gehe jetzt in ein Haus, dann steht die Imitation eines Hauses da. Dazwischen allerdings singen sie unvermittelt, manchmal allein, manchmal im Chor, immer vom Orchester begleitet.

Das Ganze sollte, aber das habe ich erst verstanden, als Herr Shi-shmi es mir erklärte, eine natürlich dargestellte Ballade sein. Es hängt wohl damit zusammen, daß ich den Text der Lieder kaum verstand: der Sinn der Ballade war mir verschlossen. Offenbar ging es darum, daß eine Frau in ein fernes Land kam und dort einen hochgestellten Herrn heiratete, den sie dann wieder verließ (oder er sie). Dazwischen wurden auch Späße gemacht, über die die Großnasen ganz laut lachten; dennoch taten die Leute vorn weiterhin so, als ob sie es nicht bemerkten.

Nach etwa zwei Stunden schloß sich der Vorhang wieder, und die Leute klatschten in die Hände. Es wurde hell im Haus, und nun begab sich das Merkwürdigste: die Frau und der hochgestellte Herr und alle von vorhin schlüpften durch den Vorhang nach vorn, und nun gaben sie unverhohlen zu erkennen, daß sie sehr wohl wußten, was da an Großnasen saß und die ganze Zeit zugeschaut hatte. Sie verbeugten sich mehrfach.

Die Kleider, die diese Leute trugen, waren ganz anders, als die übliche Bekleidung der Großnasen. Ich wunderte mich, daß mir noch nie so einer auf der Straße begegnet war, aber Herr Shi-shmi lachte und sagte: das sei nur Verkleidung. Jetzt gingen die Damen und Herren nach hinten in einen anderen Teil des Hauses, legten die bunten Gewänder ab, zögen alltägliche Kleider an und gingen nach Hause.

Das taten auch wir – das heißt: erst begaben wir uns noch in ein öffentliches Speisehaus, um zu essen. Herr Shi-shmi fragte mich, und ich merkte schon an seinem Gesicht und seiner Stimme, daß er einen Hintergedanken hegte: wie es mir gefallen habe? Nun ja, sagte ich, es sei interessant gewesen. Ob mir nichts aufgefallen sei?

Vieles, sagte ich, sei mir aufgefallen ... Nein, meinte er, ob mir nichts *Spezielles* aufgefallen sei? Ob mir nichts *bekannt* vorgekommen sei? Nein, sagte ich.

Herr Shi-shmi lachte. Auch von dieser vorgeführten Ballade kennt man den Verfasser. Er hat Le-ha geheißen und ist vor etwa vierzig Jahren gestorben. Die Ballade hatte den Titel ›Ballade, die sich in dem Land abspielt, wo man lächelt‹. Damit ist das Reich der Mitte gemeint! Nun lachte ich. Ich hatte das Ganze für sehr entschieden großnäsisch gehalten, und dabei sollte es eine Geschichte vorstellen, die bei *uns*, im Reich der Mitte handelt! *So* stellen sich die Großnasen das Leben bei uns vor! Man sieht, daß sie und besonders dieser Le-ha keine Ahnung davon haben, wie es bei uns aussieht. Ich lachte und lachte. Ich bat Herrn Shi-shmi, daß wir morgen sofort wieder in dieses Tempel-Haus gehen sollten, um die Darbietung nochmals zu sehen. Erst jetzt, wo ich das alles wüßte, könnte ich mich richtig freuen. Aber das geht nicht: denn es gibt viele Balladen, und nicht jeden Abend wird die vom ›Land, in dem man lächelt‹ vorgestellt. (Die anderen Balladen spielen übrigens nicht alle im Reich der Mitte.) Herr Shi-shmi schaute in einem kleinen Büchlein nach und stellte fest, daß diese Ballade erst wieder im nächsten Monat dargeboten wird. Da gehe ich unbedingt hin. Aber solange muß ich mich gedulden.

So ziehen die Tage. Es schneit immer noch. Ich habe mir einen dicken, blauen Mantel nach Art der Großnasen gekauft. Wenn Du mich sehen könntest! Manchmal komme ich mir selber komisch vor. In dem Etablissement »Das Paradies« war ich inzwischen nochmals. Die Entkleidungskünstlerin mit den weißen Bällen tritt nicht mehr auf. Es tut mir leid, daß ich Dir nicht dienen kann. Sie ist fort und tritt in einer anderen, fernen Stadt auf. Du wirst hoffentlich nicht erwarten, bei aller freundschaftlichen Liebe zu Dir, daß ich ihr nachreise.

Grüße mir den Dichter Lo To-san. Sage ihm, daß der Nachruhm nicht ewig währt, auch wenn er in diesem Jahr den Dichter-Preis bekommen hat. Aber sage ihm nicht, woher ich das weiß.

Ich grüße Dich und umarme Dich

Dein alter Freund Kao-tai in der Ferne

*Neunundzwanzigster Brief*

(Montag, 23. Dezember)

Teurer Freund Dji-gu.

Das hast Du falsch verstanden: wenn man verschiedene Musikstücke spielen will oder besser gesagt, spielen lassen will, braucht man entsprechend viele Musik-Teller. Auf einem Musik-Teller ist immer nur ein bestimmtes Musikstück, das heißt: entweder ein längeres oder mehrere kürzere. Insofern ist das Musik-Teller-Gerät nicht eigentlich ein Instrument. In einem Instrument sind immer alle Musikstücke schweigend enthalten, und wenn ein Spieler es schlägt oder rührt, so tritt das Musikstück, das der Spieler wünscht, aus dem Instrument tönend hervor. Das kann man mit dem Musik-Teller-Gerät nicht machen. Man könnte auch sagen: in einem Instrument sind die Seelen aller Musikstücke enthalten, und der geschickte Spieler kann nach Belieben je eine dieser Seelen hervorheben und für einige Dauer in den Körper der Töne kleiden. Auf dem Musik-Teller-Gerät kann immer nur das Musikstück gespielt werden, das der schwarze Musik-Teller zu spielen gestattet. Insofern ist das Musik-Teller-Gerät seelenlos oder besser gesagt: erlaubt nur die Beschwörung von Schatten von Seelen. Dennoch halte ich das Gerät für nützlich, weil man – durch Hören, so oft man will – in den Kern und den Sinn des Musikstückes eindringen kann.

Aber wie immer, so, wie ich es schon beim Häusergießen geschildert habe, führt die Erleichterung zur Perversion. Da den Großnasen das Hören von Musik so leicht gemacht wird, hören sie die albernsten Musikstücke, auch pausenlos. Jede Erleichterung des Lebens führt dazu, scheint es mir, daß nur die Zahl der unnützen Dinge und Betätigungen zunimmt. Gerechterweise muß man sagen: das ist nicht erst bei den Großnasen so. Wenn Du es recht bedenkst: ist es bei uns anders? Du mußt antworten: nein. Seit der Wagen mit Rädern erfunden wurde und seit man Pferde züchtet, fahren die Leute überall in der Gegend herum, auch wenn sie nicht müssen. Wieviel unnötige Reisen wurden seitdem unternommen? Unzählige. Was haben die Leute dort getan, wo sie hingefahren sind? Nichts anderes, als was sie daheim getan hätten. Das soll nicht gegen das Reisen an sich gerichtet sein (obwohl ja schon der alte Weise Meister vom Aprikosenhügel gewisse Einwendungen gegen das Reisen an sich vorgebracht hat), das Reisen kann auch gut und sinnvoll sein. Meine Reise hierher halte ich – selbst wenn meine vielen Erkenntnisse zwischen Dir und mir verborgen bleiben sollen – für gut und nützlich. Aber durch die genannte Erleichterung des Reisens ist der Sinn und die Kunst des Reisens weitgehend verlorengegangen. Die Leute reisen nicht mehr, die Leute fahren nur noch hin und her.

Es ist natürlich überflüssig zu sagen, daß das in noch höherem Maß für die Großnasen gilt, denen es durch ihre A-tao noch viel einfacher gemacht wird als durch Pferd und Wagen, achtlos durch die Welt zu fahren. Aber insofern ist hier ein Punkt, wo ich sagen muß: vielleicht ist unsere Welt nicht ganz unschuldig an dem, was sich hier – also: in der Zukunft – an unsinnigen Dingen abspielt. Wie viel haben unsere großen Philosophen der Vergangenheit über die Entstehung der Kultur nachgedacht, ob der Mensch von Natur aus gut ist, wie Meng-tzu behauptet, oder schlecht, wie Hsün-tzu postuliert, ob die alten, weisen Könige die Kultur eingeführt haben oder ob sie wie eine Flechte auf einem Stein von allein entstanden ist. Die Fragen werden wir nie beantworten können, es sei denn, ich entschließe mich eines Tages, mittels meines Zeit-Reise-Kompasses rückwärts zweitausend oder dreitausend Jahre in die Vergangenheit bis auf die Zeit der Kaiser Yao oder Shun zu fahren. Aber ich glaube, daß ich, wenn ich im Frühjahr zurückkehre, genug vom Zeit-Reisen habe. Außerdem – wer weiß, ob ich da nicht noch mehr enttäuscht sein werde und womöglich feststellen muß, daß Yao und Shun – ihr Ehrwürdiges Andenken dauere zehntausend Generationen – nichts anderes als ungehobelte Klötze waren. Aber das wollte ich nicht sagen – ich meine: wieviel haben unsere Weisen vom Großen K'ung-fu-tzu bis zum spitzfindigen Kung Sun-ling darüber nachgedacht und sind zu keinem einheitlichen Ergebnis gelangt. Aber es sei dem, wie ihm wolle, klar scheint mir zu sein, daß von dem Augenblick an, wo die erste Flechte der Kultur sich am Stein der Menschheit gezeigt hat, der weitere Prozeß unaufhaltsam war. Warum läßt sich dieser Prozeß nicht rückwärts rollen? Das weiß niemand. Vielleicht ist es schlichtweg so, wie es eben so ist, daß die Flüsse abwärts fließen, vom Berg zum Meer und nicht umgekehrt. Es ist eben so, und kein Mensch kennt den Grund. Übrigens wissen es die Großnasen auch nicht; ich habe mich bei Herrn Yü-len-tzu erkundigt. Er sagt: man wisse in seiner Welt viel, und verstieg sich zu der Behauptung: mehr als in allen früheren Welten und Zeiten, aber was das für eine Kraft sei, die bewirke, daß ein Stein auf die Erde falle, das habe noch keiner ergründen können.

So scheint der einmal begonnene Prozeß, der die Menschheit (wobei ich nicht nur das Volk im Reich der Mitte meine) vom unproblematischen Urzustand bis zur Herrschaft des reinen Unsinns führt – der hier bei den Großnasen schon fast erreicht ist –, unaufhaltsam und unabwendbar. Vielleicht ist es so, daß der Mensch zwar von Natur aus nicht böse und schlecht ist, wie Hsüntzu meint, aber ein Hang zur Ausbreitung der Dummheit in ihm wohnt, der bewirkt, daß er Unfug hervorbringt, wie der Baum Blätter treibt.

Das alles ist dunkel, und je mehr ich darüber nachdenke, desto dunkler erscheint es mir. Ob das menschliche Leben auf dieser Kugel-Welt überhaupt einen Sinn hat? Herr Me-lon, der Richter, mit dem ich gern über solche Dinge spreche, sagt, daß man sich zunehmend scheut, darüber nachzudenken. Die Großnasen erforschen alles mögliche und denken über ungeahnte Dinge nach, und für alles und jedes gibt es staatlich geprüfte Spezialisten. Aber sie hüten sich, über das Detail hinauszugehen. Die Großnasen-Welt ist eine Welt der Details. –

Dies hier ist wieder ein kurzer Brief. Viel werde ich Dir ohnedies nicht mehr schreiben. Ich kehre bald zurück, und dann kann ich Dir alles erzählen, das ist besser und anschaulicher. Ich freue mich schon darauf, wenn wir an vielen schönen Nachmittagen im Park Deines Hauses oder meines Hauses sitzen, in bequemer Kleidung, von einem feinen kalten Hund, mit Essigfleischmus gefüllt, naschen, und ich Dir dann von dieser kuriosen Welt berichte. Und meine sanfte Shiao-shiao liegt auf meinem Schoß. So schließe ich diesen kurzen Brief. Bitte, warte in der nächsten Zeit nicht auf den nächsten. Der wird zehn oder sogar fünfzehn Tage auf sich warten lassen. Ich verreise (!) mit Frau Pao-leng. Wir fahren mit ihrem A-tao-Wagen ins Gebirge, obwohl Winter ist. Das ist weit, weit weg vom Kontaktpunkt. Schreibe mir bitte auch Du keine Briefe, die ja in der Zeit nur am Kontaktpunkt ungeschützt herumliegen und womöglich gestohlen würden.

Wegen des Tricks mit den weißen Bällen kann ich Dir wirklich nicht mehr helfen. Ich empfehle Dir: erkläre einem Taschenspieler – im Vorort – da gibt es einen Meister dieser Kunst –, was Du wünschest. Du kannst es gern als Deine Erfindung ausgeben. Dann führe ihm eine Deiner Konkubinen zu, die Dir geeignet dazu erscheint. Der Taschenspieler soll über den Trick nachdenken und ihn neuerdings (eigentlich: *alter*-dings) erfinden. Wenn er gewissenhaft nachdenkt, und wenn ein Honorar von Deiner Seite winkt, wird er zu einem Ergebnis kommen. Den Trick soll er dann der Konkubine beibringen. Wenn wir im Frühling im Park sitzen, vom Hund naschen und die Glöckchen im Wind klingeln hören, wenn ich Dir dann genug erzählt habe für den Nachmittag, mag dann die Konkubine kommen, sich entkleiden und uns den Trick mit den Bällchen vorführen, um uns damit zu zerstreuen. Das empfehle ich Dir.

Im Übrigen bin ich unverbrüchlich

Dein treuer Kao-tai

## *Dreißigster Brief*

(Donnerstag, 9. Januar)

Mein lieber Freund Dji-gu.

Nun bin ich also zurück in Min-chen und sitze wieder in meinem Zimmer im Hong-tel. Draußen liegt viel Schnee, und es ist sehr unfreundlich. Der Ober-Beschließer hat mich unlängst – unter Wahrung aller Formen und Höflichkeit, soweit das einer Großnase möglich ist – gefragt, wie lange ich das Hong-tel noch mit meiner Gegenwart zu beglücken gedenke. Ich sagte ihm, daß ich kurz nach dem letzten Wintervollmond abreisen werde. (Ich sagte nicht: kurz nach dem letzten Wintervollmond, das hätte er nicht verstanden, weil keine Großnase registriert, ob Vollmond ist oder nicht oder wann der nächste kommen wird. Ich sagte es ihm unter Bezug auf den hiesigen Kalender, den handzuhaben ich längst gelernt habe.) Warum der Ober-Beschließer das wissen wollte? Das wird Dir auch unverständlich sein. Es bedeutete nicht – was wir sofort denken würden –, daß ich im Hong-tel »Die vier Jahreszeiten« nicht mehr als Gast willkommen wäre. Nein – der Ober-Beschließer weiß genau, daß ich über viel Geld verfüge, daß ich ein ruhiger Gast bin, der sich selten über die Untugenden des Personals beschwert, der es hinnimmt, wenn andere Gäste in betrunkenem Zustand laute Reden von sich geben, der sehr viel vom Mo-te Shang-dong konsumiert, kurzum, ein Gast, mit dem Profit zu machen ist. Der Ober-Beschließer hat auch mehrmals versichert, daß ich bleiben (und zahlen, das hat er aber nur gedacht) könne, solang ich wolle. Warum will er dann wissen, wann ich abreise? *Damit er in sein Buch eintragen kann, wann er über meine Zimmer anderweitig zu verfügen vermag.* Die Großnasen machen ständig Pläne, bohren ständig in die Zukunft hinein, können sich nicht genugtun, darüber nachzudenken, ob und wann sie über dies oder jenes »anderweitig verfügen« können. Sie können nicht sehen und darauf warten, was kommt. Das hängt auch mit der Sucht zusammen, von sich fortzuschreiten. Sie leben mehr in der Zukunft als in der Gegenwart, und sie versäumen darüber ihre Gegenwart. Dann jammern sie darüber – wie jener Dichter, den der Poet Si-gi, der nur im Sommer dichtet, zitiert hat –, daß die Pläne, die sie machen, nicht gehen, daß alles anders eintrifft als erwartet. Sie verstehen nicht, daß dieses Problem nicht existiert, wenn man nicht über die Zukunft nachdenkt. Der Frühling kommt, ob man ihn plant oder nicht. Hier in Min-chen kommt er spät, hat der Ober-Beschließer bei jener Gelegenheit gesagt. Er fürchtet, hat er gesagt, daß der Schnee und die Kälte bleiben, bis ich abreise.

Trotz dieser unerfreulichen Witterung – nein: ich hätte es vorher nicht geglaubt, ich habe erst dort die Erfahrung gemacht: gerade wegen dieser ungünstigen Witterung – sind wir, also Frau Pao-leng und ich, ins Gebirge gefahren. Das Gebirge, in dem noch mehr Schnee liegt als hier, wie man sich denken kann, liegt südlich von Min-chen. Wir erreichten es in zwei Stunden Fahrt mit dem A-tao-Wagen. Mit Pferd und Wagen hätte man, nach meiner

Berechnung, etwa zwei Tage gebraucht. Wir fuhren in einen Ort, der Ki-tsi-bü heißt und sehr scheußlich ist. Er besteht praktisch nur aus Hong-tel-Häusern. Eine Einwohnerschaft gibt es, nach meiner Feststellung, so gut wie gar nicht. Es gibt nur Gäste. Die Gäste kleiden sich in eigenartige, bunte Anzüge, drängeln sich durch die Straßen jenes kleinen Ortes und schreien immer sehr laut. Sie setzen ihr Gesicht der winterlichen Sonne aus und sind daher stark rot. Es war mir zunächst unklar, was die Großnasen (dort wäre der Ausdruck *Rotnasen* besser angebracht) wohl in Ki-tsi-bü tun und warum sie ein so starkes Bedürfnis haben, ausgerechnet zur unwirtlichsten Jahreszeit, wo jeder vernünftige Mensch das Gebirge meidet, dorthin zu fahren.

Die Antwort ist nicht leicht. Kannst Du Dich daran erinnern, was ich Dir von Frau Pao-lengs Freundin Da-ch'ma schrieb und dem Schwitzkeller? Kannst Du Dich an meinen Bericht von dem rätselhaften Gegenstand Shao-bo erinnern? Das hängt alles zusammen, und dies alles hängt wiederum zusammen mit einer eigenartigen und charakteristischen Verhaltensweise der Großnasen: sie lieben es, naß zu werden. Gut: auch wir waschen uns, und der Edle und Gebildete hält darauf, daß er reinlich ist und wohl riecht. Das ist aber gar nichts im Vergleich zu jener Verhaltensweise, die – für meine Augen – schon eine Sucht ist. Wie immer bei einem Aberglauben wird das für die Gebildeten mit einer angeblich rationalen Erklärung umhüllt: man sagt, es sei gesund. Ich bezweifle das.

So benetzen sich die Großnasen beim Waschen eher weniger als wir. – Herr Yü-len-tzu sagt, daß er einmal gelesen habe, zwei Drittel der Großnasen wüschen sich überhaupt nicht. Ich glaube das gern, wenn ich nach dem Geruch urteile, der einer empfindlichen Nase entgegenschlägt, nachdem man ihre Häuser betreten hat. Dafür springen sie zur warmen Jahreszeit in alle Gewässer, ob stehende oder fließende, und schwimmen darin hin und her. Ist es kälter, besuchen sie eigens dafür angelegte kleine künstliche Seen, die angewärmt und überdacht sind. Oder aber sie setzen sich in einem Schwitzkeller nackend der Hitze aus, bis sie naß vor Schweiß sind. Wenn im Sommer einer nicht direkt in das Wasser will, bläst er sein Shao-bo auf, das eine Art kleines Schiff aus speziellem Stoff ist, und rudert damit auf dem Wasser herum. Bei jedem Wetter kannst Du Großnasen sehen, die in eigenartiger Bewegung durch Parks laufen, ein unwürdiger Anblick. Auch diese Leute wollen schwitzen. Es gibt rötliche Felder mit Netzen, auf denen schlagen Großnasen wie stumpfsinnig kleine weiße Bälle hin und her (etwas größer als jene der bewußten Dame; Du weißt schon), oder auf einem Feld rasen zwei Dutzend Leute einem größeren Ball nach und versuchen, sich gegenseitig zu treten. Auch sie schwitzen. Oder, wenn sie älter sind und zu keinen schweißtreibenden Anstrengungen mehr in der Lage, fahren sie in bestimmte Orte, wo Wassergräben ausgehoben sind. Dort krempeln sie ihre Hosen auf und stampfen im Wasser im Kreis umher. Im Fern-Blick-Gerät wurde das einmal gezeigt. Es war das Komischste, was ich je gesehen habe, mit Ausnahme vielleicht der Tanz- und Gesangsdarbietung ›Das Land, wo immer gelächelt wird‹.

Und im Winter also, wenn alles Wasser zu kalt oder sogar gefroren ist, wälzen sie sich im Schnee, um naß zu werden. Ja – es ist nicht zu glauben: sie fahren eigens mit dem A-tao-Wagen zwei Stunden, bis sie in eine Gegend mit abschüssigem Terrain kommen. Dort lassen sie sich mit schwebenden A-tao-Wagen auf die Gipfel der Berge tragen, werfen sich in den Schnee und rollen herunter. Damit es nicht zu gefährlich ist und damit sie nicht zu rasch rollen, schnallen sie sich längliche Bretter an die Füße und nehmen zwei Stöcke in die Hände. Die spreizen sie, wenn die Gefahr droht, daß das Wälzen zu schnell wird. Dennoch brechen sich die Großnasen, wie nicht anders zu denken, bei dieser Gelegenheit oftmals die Gliedmaßen oder den Hals, wenn sie einen felsigen Abhang herunterfallen, gegen einen Baum oder gegen eine andere sich wälzende Großnase prallen. Eine solche Verwundung gilt nicht als schimpflich, sondern im Gegenteil.

Frau Pao-leng verleitete mich dazu, das Schneewälzen zu lernen. Schon im Sommer und im Herbst hat sie mich immer dazu bewegen wollen, mit ihr im See herumzuschwimmen. Das habe ich immer abgelehnt. Aber jetzt, dort in Ki-tsi-bü ... ich konnte nicht gut ablehnen; nicht, weil ich ihr geglaubt hätte, daß mir das Schneewälzen, so sagte sie, große Freude bereiten würde, sondern weil ich, ehrlich gesagt, ein schlechtes Gewissen wegen der Sache mit Kleiner Frau Chung hatte. So gab ich nach. Frau Pao-leng meldete mich bei einem Meister der Schneewälz-Kunst an. Ich bekam einen der komischen An-tsu, die etwa so aussehen wie die Kleider, in die die Völker der nördlichen Steppe ihre Kleinkinder hüllen, und ich bekam auch längliche Bretter (sie heißen bezeichnenderweise: Leichnam*) und Stöcke. Ich näherte mich dem mir angekündigten Meister der Schneewälz-Kunst mit Ehrfurcht, stellte aber dann mit Erstaunen fest, daß es sich bei ihm um einen ganz jungen Lümmel von rüden Manieren handelte. Er hatte langes, fettiges Haar und roch aus dem Mund. Er schrie fürchterlich, und wir – das heißt: ich und vielleicht zehn andere Schneewälzungs-Lernbegierige – mußten uns weiter oben an einem Abhang aufstellen. Ich wollte es besonders gut machen, warf mich hin und rollte auch sehr schön den Abhang hinunter direkt bis zum Meister, den ich allerdings dabei leider umwarf. Da ihn eines meiner länglichen Bretter am Kopf berührte, wurde er ungehalten und, wenn möglich, noch unhöflicher als vorher. Ich verlor meine Fassung nicht, stand auf, verbeugte mich, so gut es mit den Brettern an den Füßen ging und sagte: »Sie sehen, Ehrwürdiger Meister des

* Leichnam: chinesisch Shi.

Schneewälzens, mich als einen des verfeinerten sprachlichen Ausdrucks unkundigen, verächtlichen Bösewicht außerstande, mein Bedauern über eine möglicherweise stattgehabte Verletzung Ihres bewundernswürdig schönen Hauptes auszudrücken.« Er hielt sich den Kopf und schrie noch lauter. Ich verstand nicht, was er schrie. Er wedelte mit den Armen. Als ich Miene machte, den Abhang nochmals zu erklimmen, überschlug sich seine Stimme, und ich verstand wohl recht, wenn ich aus seinen unartikulierten Lauten zu entnehmen vermeinte, daß er mit großem Bedauern darauf verzichte, mich weiter in die Geheimnisse seiner Kunst einzuführen.

So verließ ich den Platz. Da ich nicht imstande war, ohne Hilfe den komplizierten Mechanismus zu lösen, der die sperrigen Bretter mit meinen Füßen verband, mußte ich so, wie ich war, durch den Ort ins Hong-tel stapfen. Ich hörte viele böse Worte von anderen Passanten. Als ich im Begriff war, eine Straße zu überqueren, fuhr ein unachtsamer A-tao-Wagen knapp vor meinen Füßen über die Bretter. Da sie somit kürzer geworden waren, erleichterte sich mir von da ab das Gehen etwas. Im Hong-tel entfernte mir ein Diener das Shi von den Füßen. Ich war naßgeschwitzt und legte mich ins Bett. Insofern – als ich wenigstens im Schweiß gebadet war – hatte sich der Zweck aber erfüllt.

Frau Pao-leng wälzte sich gern im Schnee. Sie oblag dem jeden Tag. Ihr Körper war mit unschönen blassen Flecken übersät.

Wir blieben mehr als zehn Tage in Ki-tsi-bü. Nachdem mich der Schneewälz-Meister von der weiteren Unterweisung ausgeschlossen hatte, zog ich mich in die Halle des Hong-tel zurück, wo ich tagsüber fast allein war, und las in verschiedenen Büchern. Ab und zu versuchte ich mich mit einem der Diener zu unterhalten, aber das war so gut wie unmöglich. Ki-tsi-bü liegt im Land Tilong, und die Sprache der Leute von Ti-long ist fast unverständlich. Es ist eine Art mit Sprechen verbundenen Rülpsens. Auch scheint mir die Intelligenz nicht diejenige Eigenschaft zu sein, die die Leute von Ti-long an allererster Stelle auszeichnet. Als wir wieder fortfuhren, war ich froh. Ich schlug Frau Pao-leng vor, daß wir mit ihrem A-tao-Wagen, selbst wenn wir statt zwei zwanzig Stunden unterwegs sein sollten, irgendwohin fahren, wo kein Schnee liegt. Aber leider hatte sie dazu keine Zeit. Sie ist nämlich, wie ich inzwischen weiß, eine Lehrerin. Sie lehrt Kinder und junge Leute (merkwürdigerweise auch Knaben) die rechte Handhabung der Sprache. Sie mußte wieder zurück, um weitere Unterweisungen vorzunehmen. Erst in etwa drei Monaten ist sie wieder für einen längeren zusammenhängenden Zeitraum ihrer Pflichten entbunden. Aber da bin ich längst nicht mehr in dieser Welt.

Ja – das ist auch so eine Sache. Du fragst in Deinem Brief, den ich bei meiner Rückkehr am Kontaktpunkt vorgefunden habe, wie es gekommen sei, daß ich trotz des Zerwürfnisses mit Frau Pao-leng diese Reise unternähme. Ich will es Dir beantworten.

Nachdem sich damals die beiden Damen entfernt hatten, war ich zunächst erleichtert. Am nächsten Tag aber bedauerte ich, daß ich meine Zerstreuungen verloren hatte. Ich ließ also einen Strauß von großen Blumen binden, kaufte ein Armband aus Perlen sowie einen Ring aus glitzernden Steinen, die bei den Großnasen als besonders kostbar gelten (der Ring allein kostete den Gegenwert von zwei Silberschiffchen), und schickte einen Lakaien des Hong-tel mit dem allen zu Frau Pao-leng. Ein paar Tage später ging ich selber zu ihr und wollte unter der Tür zu einer wohlgefügten Rede ansetzen, die ich vorher sogar schriftlich entworfen hatte, sie aber ließ mich gar nicht zu Wort kommen, umschlang mich mit den Armen, drückte ihren Mund auf den meinen und befeuchtete meine Lippen mit ihrer Zunge (was unter Großnasen zwischen Mann und Frau als besonderes Liebeszeichen gilt) und hauchte mehrfach, daß ich ihr »lieber kleiner Mann aus Chi-na« sei.

Sie sagte: sie sei sehr böse und ihr Herz sei voll von Trauer erfüllt gewesen. (Ich verstehe das zwar nicht: habe ich wegen Kleiner Frau Chung Frau Pao-leng auch nur ein einziges Mal weniger oder auch nur weniger zärtlich beglückt? Und verwechselt habe ich sie auch nie. Begreife das, wer mag. Ich habe mich aber natürlich gehütet, das zu äußern.) Sie lehnte die Geschenke ab, weil, so sagte sie, man solche Wunden der Seele nicht mit so eitlen Dingen heilen könne. Dann schaute sie aber den Ring näher an und nahm ihn und das Armband endlich doch. Die Blumen hatte sie schon vorher in eine Vase gestellt.

Kleine Frau Chung habe ich inzwischen nicht mehr gesehen. Falls sie demnächst mit ihrem Eisernen Drachen wieder in Minchen landen sollte, kriegt sie auch einen Ring und ein Armband und Blumen. Ich werde in Zukunft die gebotene Sorgfalt walten lassen.

Der Aufenthalt in Ki-tsi-bü hatte für mich üble Nachwirkungen: ich wurde krank. Das hatte aber wiederum den Vorteil, daß ich mit der Heilkunst der Großnasen in Berührung kam, von der ich ja bisher nichts erfahren habe. Schon am Abend, als ich aus Ki-tsi-bü zurückkam, fieberte ich und klapperte mit den Zähnen. Ich blieb im Bett und rief den Kammerdiener des Hong-tels, damit er einen Arzt rufe. Der Arzt kam dann – er hieß Do-qto – und befühlte unwirsch meinen Puls. Er stellte eine Frage, die ich nicht verstand. Sie lautete: »*Kasse* oder *privat?*« – »Kao-tai«, sagte ich, »ich stamme aus dem fernen Reich der Mitte, und ich schätze mich glücklich, daß ich durch diese wahrscheinlich völlig unbedeutende Krankheit in die Lage versetzt werde, Ihre die Mittagssonne überstrahlende Heilkunst in Anspruch nehmen zu dürfen …« Er unterbrach mich müde und brummte nur wieder: »Das ist mir mit Hackfleisch gefüllter Rindsdarm, woher Sie sind, ich will wissen: *Kasse* oder *privat?*«

Ich war mir im Klaren darüber, daß diese Frage auf einen Ritus abzielt, der vor der Behandlung geklärt werden mußte, und daß der Arzt nicht bereit war, vor dieser Klärung in die Behandlung einzutreten. Wie sollte ich mir helfen? Mir schmerzten der Kopf und die Augen, und ich war völlig geschwächt, und dann kommt er mit seinen Ritualen.

»Was wäre einer Hohen Leuchte der medizinischen Wissenschaft lieber? Und was ist der Unterschied zwischen *Kasse* und *privat?*«

»Sie leben scheint's hinterm Mond –« (wie oft habe ich diese Redewendung schon gehört?) »– *Kasse* ist eben *Kasse* und *privat* ist *privat.* Natürlich ist mir *privat* lieber. Bei *Kasse* kriegen Sie ein *Ap-si-ling* –« (das ist offenbar ein Medikament) »– bei *privat* untersuche ich Sie wirklich.«

»Privat«, hauchte ich.

»Warum nicht gleich«, sagte er. Dann schaute er mir in den Hals, klopfte gegen meine Knie, horchte mit einem Gerät aus Eisen an meiner Brust und sagte: »Kli-pe.« Er schrieb etwas auf einen Zettel, reichte ihn mir, klappte seine Tasche zu und stand auf.

»Sie gehen?« fragte ich.

»Natürlich«, sagte er, »was sonst?«

»Sie bleiben nicht bei mir, bis ich gesund bin?«

Da begann er so dröhnend zu lachen, daß ich fürchtete, das Haus stürze ein. Mir wurde schwarz vor den Augen, und als ich wieder etwas klarer sah, war der Arzt weg. Was auf dem Zettel stand, den ich immer noch in der Hand hielt, konnte ich nicht lesen. Eine Beschwörungsformel? Ich weiß es nicht. Ich legte ihn unters Kopfkissen und ließ mir durch den Diener ein heißes Getränk aus ausgepreßten Zitronen bringen. Nach zwei Tagen war ich wieder gesund.

Ich ziehe die Lehre daraus: auch hier ist es besser, wenn man nicht krank wird. Und: in medizinischer Hinsicht werden die Menschen in zwei Kategorien eingeteilt: *Kasse*-Menschen und *privat*-Menschen. Es scheint günstiger zu sein, zu letzteren zu gehören. –

Morgen gehen Herr Shi-shmi und ich wieder in die öffentliche Tanz- und Gesangsaufführung ›Das Land, in dem man immer lächelt‹. Herr Shi-shmi wollte mich bewegen, in eine andere Tanz- und Gesangsaufführung zu gehen, aber ich will zu gerne nochmals jene sehen, selbst wenn ich vor Lachen Krämpfe kriegen sollte.

So grüße ich Dich, lieber Dji-gu, und bin Dein ferner, treuer, trotz des Lachens trauriger Freund

Kao-tai

## *Einunddreißigster Brief*

(Mittwoch, 15. Januar)

Lieber Dji-gu, alter Freund.

In der Zeit, in der ich in dem abscheulichen Ki-tsi-bü war, habe ich selbstverständlich die musikalischen Abende von Herrn Shi-shmi nicht besuchen können. Sie sind in der Zeit, wie mir mein Freund berichtet hat, auch zum Teil ausgefallen. Der Herr, der das Instrument Wa-tsche, und sein Sohn, der das Cheng-lo spielt, sind ebenfalls – der Sitte der Großnasen entsprechend – für einige Tage ins verschneite Gebirge gefahren, um sich im Schnee zu wälzen. Es ist mir zwar unverständlich, daß sich ein gebildeter Mann wie Herr Te-cho, der die Wa-tsche streicht, und sein hochbegabter junger Herr Sohn so einer lächerlichen Sitte wie der des Schneewälzens hingibt; aber es ist eben so, daß selbst Gebildete sich nicht vom Netz der Gebräuche freimachen können. Wenn Gebräuche einmal festgefahren sind, vermögen sie die Vorstellungswelt so zu beeinflussen, daß man sie als unabdingbar hinnimmt. Die Vorstellung vermag dann nicht mehr über sie hinauszudringen. Das ist bei uns nicht anders. Auch wir glauben, ohne Frühjahrs- und Herbstopfer die Welt in Unordnung zu bringen, obwohl wir spätestens seit dem großen Chuang-tzu wissen, daß das alles keinerlei Bedeutung hat. Aber es ist eben so: der Mensch kann nur in einem Geflecht von Sitten, in einem Gefüge von Gebräuchen leben, wenn er sich nicht kalt und einsam gelassen fühlen soll; selbst wenn er die Sitten und Gebräuche gar nicht oder gar nicht immer befolgt. Das ist sehr seltsam. Es erinnert mich an den Geruch, den die Schafe ausströmen und ohne den die Herde nicht zusammenhält.

Den Ritus des Schneewälzens allerdings befolgen viele Großnasen … Schneenasen hätte ich jetzt fast geschrieben. Auch Herr Shi-shmi frönt ihm. Nur Frau Witwe-Mutter Shi-shmi ist daheimgeblieben, das heißt: in der Wohnung von Herrn Shi-shmi. Sehr bald wird sie abreisen. Dann will sich Herr Shi-shmi meinen Zeit-Kompaß ausleihen. Ich seufze. Es wird nicht mehr zu umgehen sein, daß ich ihn ihm leihe.

Ausnahmsweise hat die musikalische Vereinigung der Freunde diesmal, das erste Mal nach dem allgemeinen Schneewälzen, nicht am vierten, sondern am dritten Tag der großnäsischen Acht-Tage-Einteilung stattgefunden. Die Himmlische Vierheit wurde diesmal durch eine Dame, die Frau Lo-ho-wen hieß, ergänzt. Die Dame spielte kein gestrichenes Instrument, sondern pfiff. Sie bediente sich dazu eines Rohres ungefähr in der Art eines Kuan (Schalmei). Der Ton war sehr süß klingend und schmeichelte den Ohren. Das Fünf-Instrumente-Stück stammte aus der Erfindung des Meisters, den ich Dir schon einmal erwähnt habe, des jung verstorbenen Mo-tsa. Ich will jetzt nicht in hymnische Worte ausbrechen, weil ich auch damit die Musik, die über alle Maßen herrlich ist, nicht beschreiben kann. In dem Musikstück der Fünfheit von Meister Mo-tsa ordnet sich die Himmlische Vierheit in begleitender Weise dem Kuan unter, das von düsteren Tiefen bis in blaue Höhen den menschlichen Lebenskreis zu durchschreiten scheint. Wenn man eine großartige neue Welt kennenlernt, so wie ich an jenem Abend vor nun schon wieder vielen Monaten die Welt der Musik der Großnasen, so ist der erste Eindruck der gewaltigste. Wenn man, wie ich mir schmeicheln kann, es getan zu haben, weiter eindringt, dann wird die Sache zwar interessanter, man wird kenntnisreicher und sieht die Dinge von verschiedenen Seiten, aber der sozusagen unschuldige Eindruck von der Gewalt des Anfangs ist dahin. Ich wollte, ich dürfte noch einmal im Leben jene Himmlische Vierheit von Meister We-to-feng *zum ersten Mal* hören. Aber das ist einem für immer verwehrt. Das göttliche Fünf-Stück von Meister Mo-tsa hat mich erreicht, als ich schon in die Kenntnis der großnäsischen Musik eingedrungen war, und das ist gut so, denn entweder – ich wüßte es jetzt im Nachhinein nicht zu sagen – hätte ich es nicht sogleich verstanden, so verstanden, wie ich das Stück von Meister We-to-feng immerhin verstanden habe, oder aber ich wäre vor Ergriffenheit gestorben. Wie gesagt: ich möchte keine hymnischen Worte aneinanderreihen. Nur soviel sei gesagt, daß dieser Meister Mo-tsa wohl der göttlichste aller Meister ist, die ihren Fuß je auf die Erde gesetzt haben. Ich scheue mich nicht, den Ausdruck »göttlich« zu gebrauchen, den ich sonst vermeide. Und die Ordnung der Töne, die er in seinem Fünf-Stück vorgenommen hat, werde ich im Gedächtnis mitnehmen in unsere Welt, und ich verhehle nicht, daß die Erinnerung daran mich stets beglücken wird.

Nach dem Musizieren saßen wir, wie üblich, noch ein wenig beisammen und sprachen über dies und jenes. Vorgestern abend ergab es sich, daß ich neben dem Herrn Te-cho zu sitzen und mit ihm ins Gespräch kam. Er ist zwar von umfangreicher Gestalt, sein Geist aber ist wendig. Das Gespräch wanderte hin und her, und wir kamen auf die Kunst der Malerei zu sprechen. Herr Te-cho merkte, daß ich von der Malerei seiner Welt noch kaum eine Ahnung hatte, und lud mich mit freundlichen Worten ein, mir am nächsten Tag – das war also gestern – einiges davon zu zeigen, denn er habe, sagte er, an dem Tag gerade Zeit.

Ich dachte zunächst, daß er mich in seinen Palast führen würde und daß er vielleicht über eine Sammlung von Kunstwerken verfügt. Das war aber nicht so. Weder hat Herr Te-cho einen Palast noch eine Sammlung von Kunstwerken. Wir gingen in ein großes, ja riesiges Gebäude, das öffentlich zugänglich ist und in dem der Staat eine Vielfalt von Gemälden, Standbildern und anderen Kunstgegenständen für jedermann zur Besichtigung darbietet. Ich halte das für keine schlechte Einrichtung, und man müßte sich ernsthaft überlegen, ob man so etwas in geeignet abgeänderter Form nicht bei uns einführt, denn der Wert für die Bildung des Volkes könnte bedeutend sein. Aber wie immer bei den Großnasen hat das einen Haken: hier ist es der, daß die Großnasen so gut wie keinen Gebrauch von dieser Einrichtung machen. Das sagte mir Herr Te-cho, und ich sah es auch, denn wir beide waren fast allein in dem Gebäude. Herr Te-cho sagte, daß es in der Stadt Min-chen mehrere Kunst-Gebäude gibt, größere und kleinere. Die Menschen von Min-chen gingen aber nicht hinein, denn der Besuch sei freiwillig und keinem Gesetz und keiner Sitte unterworfen. Die Leute von Min-chen gingen nur anderswo, in anderen Städten, in die entsprechenden Kunst-Gebäude, wenn sie aus irgendeinem Grund in einer anderen Stadt seien, während die Leute aus anderen Städten, wenn sie hier in Min-chen weilten, die Kunst-Gebäude hier besuchten. Sehr merkwürdig.

Wiederum will ich mich (und Dich) nicht damit aufhalten, daß ich den Gang durch das Kunst-Gebäude und die Welt, die sich mir dabei erschloß, Schritt für Schritt schildere. Ich fasse das zusammen, was mir als Eindruck verblieb.

Es ist nicht zu leugnen, daß die Großnasen eine gewisse, vielleicht sogar beachtliche Tradition an bildender Kunst besitzen. Es ist allerdings kein Vergleich mit dem Eindruck, den mir ihre Musik gemacht hat. Ihre Bilder sind grob, sehr bunt und zeichnen sich dadurch aus, daß sie nahezu zwanghaft immer bis zum letzten Zipfelchen des Blattes ausgemalt sind. Ich glaube, das sehr genau erkannt zu haben: es ist nicht Geiz um den nicht ausgenutzten Raum, es ist die Sucht, alles zu erfassen. Sie wollen unbedingt immer alles erfassen. Insofern ist die Malerei ein wahrer Spiegel ihres Lebens. Auch wir, zumindest die Gebildeten unter uns, wollen erfassen – vielleicht sogar *alles* erfassen, obwohl bei uns jeder weiß, daß das nicht geht. Daran glauben die Großnasen nicht. Sie unterliegen dem Aberglauben, daß man eines Tages alles erfaßt haben könnte. »Alles?« habe ich Herrn Yü-len-tzu gefragt. »Was ist alles?« Er wurde verlegen. Ich argumentierte, daß es alles so wenig gäbe wie nichts. Er führte mir dann einige mathematische Begriffe vor, die recht eindrucksvoll waren, aber mir nur zeigten, wie sehr diese von den Großnasen als so exakt betrachtete Wissenschaft in die Nähe der Spekulation geraten ist. Ihre Weltschau kommt mir vor wie die eines Menschen auf einem Balken, der mit einem Ende über den Abgrund hinausragt. Solang der Balken hinten schwerer ist als der Mensch vorn, ist der Balken sicherer Grund. Es kann sogar sein, daß der Mensch, wenn er kühn ist, ein paar Schritte weiter hinaus tut. Aber einmal wird ein Schritt zu weit sein, und der Balken nebst Mensch stürzt hinunter. Die Mathematiker betrachten sich als kühn. Sie tun Schritte hinaus. Sie werden eines Tages in den Abgrund der Spekulation stürzen, und dann wird ihre Mathematik unversehens wieder Aberglaube.

Auch wir, habe ich gesagt, wollen erfassen – nicht alles, aber das Faßbare. Aber wir wissen, daß das Faßbare nicht durch Ausmalen bis zum Rand erfaßbar ist. Wir wissen, daß viele Dinge (in der Malerei und auch sonst) nur dadurch faßbar sind, indem man sie unbeachtet läßt, nicht darstellt, umgeht. Die Großnasen können nicht um*gehen.* Wenn man alle vorhandenen Töne in einem fort gleichzeitig spielt, so ergibt das kein Lied, obwohl die Töne des

Liedes in den gespielten Tönen enthalten sind. Aber so sind die Großnasen: sie spielen alle Töne und postulieren, ein Lied gehört zu haben.

Dabei ist nicht zu leugnen, daß gewisse Bilder mir schon einen sehr großen Eindruck gemacht haben. Sadistischerweise können sie sich nicht genug damit tun, die Martern ihres Gottes darzustellen. Es ist sehr auffällig. In hundert Variationen wird gezeigt, wie er an Holzbalken genagelt wird oder angenagelt dort hängt. (Überhaupt sind Unglücksfälle und Katastrophen, Kriegsgetümmel, Erdbeben, Ungewitter und alles Unschöne bevorzugte Gegenstände für die großnäsischen Maler.) Das muß man ohne Diskussion voraussetzen. Da war dann ein Gemälde (sie malen übrigens meist auf Holz oder fest gespannte Leinwand mit fetthaltigen Farben) von einem Meister Ti-tsi-tsa, ein sehr großes Gemälde, das stellte dar, wie jener bedauernswürdige Gott von Henkersknechten mit einer Spottkrone aus Dornen gekrönt wird. Abgesehen vom unerfreulichen Gegenstand, beeindruckte mich dieses Bild, weil mir dieser Meister Ti-tsi-tsa (und später noch einer, dessen Namen für mich unaussprechlich ist) erfaßt zu haben schien, daß das Unfaßbare nur durch Weglassen dargestellt werden kann. Ich saß lange vor dem Gemälde und betrachtete es. Neunundneunzig Jahre alt ist Meister Ti-tsi-tsa geworden. (Er hat vor etwa vierhundert Jahren gelebt.) Dieses Bild mit der Spottkrone hat er in seinen letzten Lebensjahren gemalt. Wahrscheinlich hat er so lang gebraucht, um diesen einfachen Grundsatz zu erfassen. Aber immerhin ist das bemerkenswert, und ich meine aus dem Gemälde zu lesen, daß er sich darum in der Welt der Großnasen fremd vorkam.

Das gleiche gilt von dem anderen Maler, der zwar auch nicht ungern Katastrophen darstellte, daneben meist ausgesprochen unschöne Menschen, namentlich sich selber, aber eine eigenartige Weise erfunden hat, wie er trotz Ausmalen der Bilder bis zum

Rand das zwanghafte Alles-erfassen-Müssen umgehen konnte: er tauchte die dargestellten Szenen in Dunkelheit. Es herrscht auf seinen Bildern immer grauenvolle Nacht, und die Menschen schauen daraus hervor wie erschreckte Gespenster. Dieser Meister hat vor dreihundert Jahren in einem nördlichen Land gelebt, und ich bin sicher, daß er sich vor dieser Welt der Großnasen gefürchtet hat.

Ein weiterer, äußerst beliebter Gegenstand der großnäsischen Malerei sind nackte Menschen. Herr Te-cho, der mir das alles zeigte und zu erklären versuchte, sagte, daß das »die alten Götter« seien. Ganz verstanden habe ich es nicht. Es scheint so gewesen zu sein, daß die Großnasen früher, vor vielen hundert oder gar tausend Jahren an nackte Götter geglaubt haben. Der – im Übrigen auch immer fast nackte – an den Balken genagelte Gott hat dann etwa zu Beginn unserer Östlichen Han-Zeit jene alten Götter vertrieben. Die Gemälde der nackten alten Götter stammen aber ausnahmslos aus späterer Zeit; wie das zu erklären ist, weiß ich nicht. Es sind vielfach, ja sogar mit Vorliebe, nackte *Göttinnen* dargestellt. Die Erscheinungen sind durchwegs sehr erfreulich, und die eine oder andere dieser Göttinnen hat mich an Frau Pao-leng erinnert, die mich ja auch ab und zu mit ihrem diesbezüglichen Anblick erfreut. Selten sieht man Blumen dargestellt. Wenn, dann in absichtlich unaufgeräumter Anordnung.

Trotz allem war ich natürlich Herrn Te-cho sehr dankbar für dieses Erlebnis und alle Erklärungen. Wir aßen, nachdem wir das Kunst-Gebäude verlassen hatten, in einem öffentlichen Speisehaus, und danach verabschiedete ich mich mit einer und einer halben Verbeugung von ihm.

Die Großnasen haben übrigens auch noch eine andere Art, Bilder zu malen. Das geht mittels eines komplizierten Mechanismus in einem schwarzen Kästchen. Man drückt auf Knöpfe (wieder einmal Knöpfe!) und bringt das Kästchen dann in einen speziellen Laden, und nach einiger Zeit bekommt man das Kästchen und kleine, glänzende Bilder auf Papier zurück, auf denen man erstaunlicherweise die Dinge sieht, die damals vorhanden waren, als man auf die Knöpfe gedrückt hat. Es ist keine Kunst, dieses Kästchen zu bedienen. Frau Pao-leng hat eins, und ich selber habe schon auf die Knöpfe gedrückt, während Frau Pao-leng in dem weithinleuchtenden Wellenkleid auf ihrer Terrasse stand. Tatsächlich war dann später Frau Pao-leng auf dem Bildchen dargestellt, im Wellenkleid, obwohl sie es da längst schon gegen ein anderes eingetauscht hatte. Auch von mir gibt es schon solche Bildchen, und mehrmals habe ich Frau Pao-leng abgebildet, wie sie ganz nackt war. Ich denke, daß ich diese Bildchen mitnehmen werde, und dann kann ich sie Dir ja zeigen. Da dieses Kästchenbedienen und damit Bildermachen sehr einfach ist, werden auch von den unfähigsten Leuten solche Bilder hergestellt. Es ist wieder einmal so: nachdem es keine Kunst mehr ist, werden die unsinnigsten Gegenstände abgebildet. Frau Pao-leng zum Beispiel hat ein solches Bildchen – es ist mir zufällig in die Hände gefallen –, auf dem zu sehen ist, wie ihr vormaliger Ehemann mit einem Holzlöffel in einem Topf rührt. Wen kann so etwas schon interessieren?

In dem Kunst-Gebäude habe ich übrigens auch ein Gemälde gesehen, auf dem dargestellt ist, wie einem Menschen der Kopf abgehackt wird. Das veranlaßte mich, Herrn Te-cho nach den Strafen zu fragen, die in dieser Welt üblich sind. Dabei habe ich ganz eigenartige Dinge erfahren. Die Strafe des Kopf-Abhackens und überhaupt alles Strangulieren, Aufhängen und dergleichen ist vor nicht allzu langer Zeit in Ba Yan und in vielen Ländern abgeschafft worden. Auch einzelne Gliedmaßen werden nicht abgehackt, und es werden auch keine Verbrecher verprügelt. Werden denn Verbrecher überhaupt nicht bestraft? fragte ich. Doch, sagte Herr Te-cho. Es gibt aber, zumindest hier in Ba Yan und den vergleichbaren Staaten, nur noch zwei Arten von Strafen: für leichtere Verstöße gegen die Gesetze muß der Verbrecher Geld zahlen, für schwerere wird er in einen Kerker gesteckt, wo ihm sonst weiter nichts geschieht, wo er sogar ernährt wird.

Nun ist das ohne Zweifel eine edle und menschliche Gesinnung, die ich den Großnasen gar nicht zugetraut hätte. Wie Du weißt, habe ich immer schon den Standpunkt vertreten, daß durch strenge und grausame Strafen die Verbrecher nicht auszurotten sind, wie man ja lange Zeit und namentlich unter den Anhängern der »Rechtsschule« meinte. Durch grausame Strafen – so wenig wie durch großzügige Belehrungen – sind die Menschen noch nie gebessert worden. Ich fragte Herrn Te-cho, ob denn dank dieser humanen Behandlung der Verbrecher ein gutes Ergebnis erzielt worden sei oder ob nicht vielleicht gerade durch die milden Strafen die Verbrecher förmlich ermuntert werden, in ihrem Unwesen fortzufahren? Weder – noch, sagte Herr Te-cho. Soweit er sehe, sei alles gleichgeblieben, und es habe sich nichts geändert. Ich gestehe, daß mich das traurig macht, nicht, weil mir damit ein Argument gegen die grausamen Strafen aus der Hand geschlagen ist, sondern weil ich erkennen muß – wieder einmal –, daß die Menschen nicht zu bessern sind, ob sie nun als Großnasen hier leben oder als Menschen des Reiches der Mitte bei uns. – Belohnungen für Wohlverhalten, übrigens, sind völlig abgeschafft. Nur Strafen sind geblieben. Warum? Herr Te-cho staunte über meine Frage und sagte: von so einem Gedanken, daß der Staat nicht nur die Verbrecher bestrafe, sondern die Wohltuenden belohne, habe er noch nie gehört oder gelesen. Dieser Gedanke erscheine ihm völlig neu, und die Regierenden würden das als restlos abwegig empfinden.

Neulich bekam ich einen Brief. Er erreichte mich auf vielen Umwegen, und er stammt von einem jener gewerbsmäßigen Fürsprecher, von denen ich Dir schon berichtet habe. Auch dieser Brief, der mich anfangs sehr stark beunruhigte, veranlaßte mich über Belohnungen und Strafen nachzudenken. Du erinnerst Dich, daß ich Dir schilderte, wie ich unmittelbar nach meiner Ankunft hier in dieser Welt die erste unerfreuliche Begegnung mit einem A-tao-Wagen hatte. Heute kann ich mir den Vorgang von damals besser erklären. Ich ging ahnungslos und unbedacht über die Straße. Der A-tao-Wagen hätte mich überfahren, wenn er nicht versucht hätte, mir auszuweichen. Das aber gelang ihm nur, indem er gegen einen Baum fuhr, an dem er zerschellte. Der Fahrer des A-tao-Wagens stieß sich, wie ich jetzt weiß, ziemlich stark den Kopf an und mußte von einem Arzt behandelt werden. Der A-tao-Wagen war unbrauchbar geworden.

Durch vielfache Nachfrage und mühsame Ermittlungen erfuhr der inzwischen wieder genesene Herr meinen Namen und daß ich in diesem Hong-tel hier wohne. Er verlangt von mir einen neuen A-tao-Wagen. Dies schrieb mir der gewerbsmäßige Fürsprecher in seinem Auftrag. An und für sich ist dieses Ansinnen nicht unbillig, denn zum einen war ich ja wirklich schuld an der Zerstörung seines A-tao-Wagens, zum anderen hat mir die Tatsache, daß jener Herr nicht über mich hin, sondern gegen den Baum fuhr, das Leben gerettet. Aber der Brief, den mir der gewerbsmäßige Fürsprecher schrieb, ist selbst für großnäsische Begriffe, an die ich mich sonst langsam gewöhnt habe, außerordentlich unhöflich. Der gewerbsmäßige Fürsprecher verlangt nicht weniger als den Gegenwert von zehn Silberschiffchen. Kä-w' heißt der Fürsprecher. Wie jeder Mensch, der plötzlich mit Gerichtssachen zu tun bekommt, erschrak ich zutiefst über den Brief. Aber jetzt habe ich mich gefaßt, und ich denke, wenn es gelingt, die Sache etwas hinzuziehen, dann bin ich fort und unauffindbar, und der Herr und sein unhöflicher Kä-w' können sehen, wie sie das Geld bekommen.

Nun muß ich gestehen, daß das ein unmoralischer Standpunkt ist, denn ich habe ja dem Herrn wirklich Schaden zugefügt. Aber ich sage mir: jeder A-tao-Wagen weniger ist ein Segen für die

Großnasen. Also zahle ich nichts. Das ist meine moralische Rechtfertigung, und die restlichen Silberschiffchen und die fünf schönverzierten Goldbecher (meine eiserne Reserve) hinterlasse ich lieber Herrn Shi-shmi. Im Übrigen werde ich die Angelegenheit mit Herrn Richter Me-lon besprechen, dessen Gewerbe das alles ja ist.

So grüße ich Dich, mein ferner Freund; von Tag zu Tag rückt der Augenblick unseres Wiedersehens näher.

Ich bin Dein Kao-tai

## *Zweiunddreißigster Brief*

(Mittwoch, 22. Januar)

Teurer Dji-gu,

ich danke Dir für Deinen langen und ausführlichen Brief. Ich will auf alles das, was Du schreibst, nicht mehr eingehen, denn es dauert ja nur noch kurze Zeit, bis ich wieder daheim bin. Du brauchst keine großen Anstrengungen mehr in der Fürsorge für meine Angelegenheiten aufzuwenden, denn Du kannst allen sagen: ich hätte geschrieben, kurz nach dem letzten Wintervollmond käme ich zurück. Es gibt nichts mehr, was so dringend wäre, daß es nicht von jetzt bis dahin warten könnte.

Inzwischen war auch Kleine Frau Chung wieder da. Es ist schon merkwürdig. Erst führt sie sich auf wie ein fauchender Salamander, dann sitzt sie in der Halle des Hong-tels und schnurrt, als ich (zum Glück allein) hereinkomme. Ich brauchte weder Ring noch Armreif, noch Blumen kaufen. Ich bin nicht geizig, wie Du weißt, aber ich bin ganz dankbar, diese Ausgabe vermeiden zu können, denn der Vorrat meiner Silberschiffchen geht zur Neige, und ich möchte bis zum Ende meines Aufenthalts hier nur sehr ungern auf meine Da-wing-do-Brandopfer und auf den köstlichen, kühlen Mo-te Shang-dong verzichten. Es ist nämlich nicht so, mußt Du wissen, daß dieser Mo-te Shang-dong das allgemeine Getränk der Großnasen ist – weit gefehlt. Nur die Reichen trinken es, und dank der Silberschiffchen, die ich mitgenommen habe, kann ich hier leben wie ein Reicher. Anders wäre es mir auch äußerst unangenehm. Die Armen oder selbst die einfacheren Leute trinken keinen Mo-te Shang-dong oder allenfalls sehr selten. Dabei ist es ganz schwer zu unterscheiden, wer hier in der Großnasenwelt arm und wer reich ist. An der Kleidung ist es kaum zu erkennen, Rangabzeichen gibt es so gut wie gar nicht. Selbst die Minister – ich habe neulich noch einen weiteren gesehen außer dem meineidigen Südbarbaren Chi' Man-man – sind äußerlich nicht von irgendwelchen Lastenträgern zu unterscheiden. (Der Minister hat, was niemanden zu erstaunen schien, auf einem öffentlichen Platz vor einer eher kläglichen Anzahl von Zuhörern geschrien. Es findet nämlich die *Auswahl* statt, aber davon später.) Wahrscheinlich ist es der Neid und die Kehrseite des Neides: die Angst vor Anwürfen der Neider, die die Großnasen veranlaßt, sich nahezu einheitlich zu kleiden. Prächtige Gewänder, bestickte Mäntel, goldbesetzte Mützen und dergleichen gibt es gar nicht. Alle kleiden sich gleich: grau, mattblau (Tschinx heißt diese Kleidung), braun, grünlich oder, am allerliebsten, in einer Mischung aus allen Farben, was eine Nicht-Farbe zwischen grau, braun und grün ergibt. Etwas farbenfroher sind die Weiber, sofern sie kühn sind in diesen Dingen. Zu bunt gilt allerdings auch schon wieder als frech. Schmuck tragen fast nur Frauen und meist auch nicht sehr viel.

Die Großnasen zeigen es nicht gern, wenn sie reich sind. Dabei sind die Straßen, selbst finstere und einsame, erfrischend sicher, nicht wie bei uns. Räuber gibt es wenig. Es ist so, als ob sich die Großnasen sowohl ihres Reichtums, wenn sie reich sind, wenn sie aber arm sind, sich ihrer Armut schämten. Dabei sind sie sonst alles andere als schamhaft, wie ich Dir schon mehrfach berichtet habe. Einzig und allein der A-tao-Wagen dient als Schmuck. Ja: Du lachst. Der A-tao-Wagen ist für die Großnase, und namentlich für die männliche solche, nicht ein Fortbewegungsmittel, sondern ein Rangabzeichen. Je größer, je schneller, je greller und vor allem je lauter das A-tao ist, desto höher steht dessen Besitzer im Ansehen bei den anderen. Es versteht sich, daß A-tao-Wagen je größer und lauter, desto teurer sind. Ich habe den Rangunterschied deutlich beobachtet: ein nicht ganz so lauter A-tao-Wagen muß dem lauteren Platz machen. Das merkwürdige und für unsereinen völlig unverständliche aber ist, daß die einzelnen Abstufungen der A-tao-Wagen nicht dem Rang des Besitzers nach zugeteilt werden, wie es der Ordnung entspräche, vielmehr, daß jeder einen so laut hinhallenden A-tao-Wagen kaufen kann, wie er will und wie er es sich leisten kann. Das heißt, sagt mir Herr Shi-shmi (der einer der wenigen Großnasen ist, die freiwillig auf einen A-tao verzichten, obwohl sie sich einen leisten könnten), die meisten Leute kaufen sich weit größere und weiterhinhallende A-tao, als sie eigentlich bezahlen können, und verschulden sich hoch auf Jahre hinaus, nur um auf der Straße Ansehen zu gewinnen bei Leuten, die sie gar nicht kennen. Man könne davon ausgehen, sagt Herr Shi-shmi, daß in den weitesthinhallenden A-tao Leute sitzen, die sich so hoch verschuldet haben, daß sie nur löchrige Hosen tragen können, was man aber, da A-tao-Wagen nicht durchsichtig sind, nicht sehen kann. Jeder wisse das, sagt Herr Shi-shmi, dennoch sei die Achtung vor dem Besitzer eines weithinhallenden A-tao ungebrochen. Verstehe die Großnasen, wer will.

So bemühen sie sich also im normalen Leben, so wenig Rangunterschiede wie möglich zu zeigen, und nur wenn sie in ihrem A-tao sitzen und herumrasen, protzen sie. Wahrscheinlich, weil sie da allein sind und sich vor Nachfragen sicher fühlen. –

Aber ich wollte Dir von den *Auswahlen* erzählen. Das ist auch so eine Sache, die, wenn man sie einmal durchschaut hat, sehr gut erscheint, die den Großnasen aber unter ihren Händen pervertiert ist. Ich habe Dir schon viel früher geschrieben, daß es keinen Wang und keinen Kaiser und keine Dynastie mehr gibt. Keine der hohen Würden des Staates ist mehr erblich. Die Würdenträger werden *gewählt.* Herr Shi-shmi erklärte mir das: in bestimmten Abständen (meist sind es vier oder fünf Jahre) werden an die Bevölkerung, Männer wie Weiber, Zettel verteilt, auf denen die Namen der Personen aufgeführt sind, die sich für würdig halten, Minister oder Erster Minister oder Kanzler oder Stadt-Kwan oder dergleichen zu werden. An bestimmten Tagen dann gibt man den Zettel an gewissen Amtsstellen ab, nachdem man angekreuzt hat, welchen der Bewerber man den Vorzug gibt. Die Zettel werden gesammelt und ausgezählt, und derjenige, auf den die meisten Stimmen entfallen sind, ist für die nächsten vier, fünf Jahre Kanzler oder Ober-Mandarin. Ähnlich wird ein Gremium, eine Art Groß-Rat gewählt, der die Gesetze beschließt.

Das klingt alles nicht schlecht, dachte ich mir. »Aber«, sagte ich, »es wird sehr schwer sein, Personen zu finden, die schamlos genug sind, sich für würdig zu halten, auf die Auswahl-Listen gesetzt zu werden.«

»Im Gegenteil«, sagte Herr Shi-shmi, »sie prügeln sich darum.«

Verstehst Du das? Da entblößen sich diese Leute nicht, sich öffentlich hinzustellen und laut auf den Märkten zu schreien, was für hervorragende Eigenschaften sie haben, und daß man ja ihren Namen bei der Auswählung ankreuzen soll. Hast du so etwas Schamloses je gehört? Eigene Verdienste und seinen – angeblich – guten Charakter wie ein Jahrmarktschreier anzupreisen? »Das bringt doch nur einer«, sagte ich, »über sich, der eben gerade *nicht* die Würde hat, Ober-Mandarin zu werden.«

»So ist es, fürchte ich«, seufzte Herr Shi-shmi. Und das ist, dachte ich, der Haken an diesem an sich lobenswerten System.

Wie nicht anders zu erwarten – das kennen wir auch –, stemmen sich vor allem die, die schon Minister und dergleichen sind, dagegen, wieder herabzusinken. Es ist daher so, daß, je näher eine Auswahl kommt, desto weniger regiert wird, alle Zügel schleifen, und die Würdenträger rasen wie die Ferkel, die vom Dreckwurm befallen sind, durchs ganze Land und schreien und zetern, daß ja der Name keines anderen und nur ihrer angekreuzt wird. An allen Wänden hängen grellbunte Bilder, auf denen diese Kandidaten die Zähne fletschen (wahrscheinlich um zu zeigen, welchen Mut und welche Widerstandskraft sie haben) oder kleine Kinder küssen. Warum sie weiter ihr Würdenträgeramt behalten wollen (der Fachausdruck dafür lautet, sagt mir Herr Shi-shmi: »am Sessel kleben«), war mir nicht ohne weiteres klar. Man möchte meinen, daß mit der Zeit dem Würdenträger die Last zu schwer wird, und auch, daß sein Vermögen schrumpft. Nicht so hier: erstens tun, sagt Herr Shi-shmi, die Würdenträger, sobald sie ausgewählt sind, nichts Nennenswertes mehr. Es gibt hier ein Sprichwort, das die Tätigkeit der Würdenträger bezeichnet. Sinngemäß lautet es: »Der Mandarin trägt die Verantwortung, das schwere eiserne Bettgestell trägt sein Untergebener.« Zweitens: die Würdenträger werden dafür, daß sie ein Amt übernehmen, auch noch bezahlt. Dadurch ist »Politiker sein« ein Beruf geworden, sogar ein stark einträglicher, weil zum Salär auch noch die Bestechungssummen kommen. Und zu allem Überfluß wird ausgerechnet für diesen Beruf keinerlei Prüfung vorausgesetzt, ob der einzelne dazu geeignet ist. Es genügt, daß der Betreffende von sich überzeugt ist. Daß unter diesen Umständen das an sich lobenswerte System der »Volksherrschaft« verkommt, ist klar. Die größte Chance, Würdenträger zu werden, hat, sagt Herr Shi-shmi, »Herr Li, der in alle Läden rennt*«.

* Es ist zu vermuten, daß Kao-tai hier den Begriff »G'schaftlhuber« ins Chinesische umzuwandeln versucht.

Vorgestern habe ich so einen, der derzeit Minister ist und um alles in der Welt nicht von seiner Pfründe vertrieben werden will, auf dem Großen Platz Ma-ja gehört. Er hat mit der offenbar rituell vorgeschriebenen Würdenträgerstimme gesprochen. Die Stimme der Großnasen ist, wie ich Dir schon mehrfach berichtet habe, stark tief und brummend. Nur wenn Würdenträger öffentlich sprechen, benutzen sie eine hohe Stimmlage. So ist das, wenn einer in der Fern-Blick-Maschine erscheint und redet, und so ist es, wie ich mich überzeugen konnte, auch in natura. Der Würdenträger fistelte zwei Stunden lang davon, wie schwer es ist, im Gegensatz zum eisernen Bettgestell, die Verantwortung zu tragen. Soviel ich unter den Zuhörern herauszuhören glaubte, hat ihm keiner geglaubt. –

Ich grüße Dich und bin Dein

Kao-tai

### *Dreiunddreißigster Brief*

(Dienstag, 28. Januar)

Lieber Freund Dji-gu.

Der vorletzte Wintervollmond ist gekommen. Es liegt immer noch Schnee. Das Wetter ist trostlos.

Gestern war ich mit Frau Pao-leng in der Schule, in der sie unterrichtet. Die Schule ist ein großes Haus mitten in der Stadt, und der Lärm der Straße ist so heftig, daß man fast sein eigenes Wort nicht versteht. Ich hätte gern einer Lektion beigewohnt, aber erstens wird es nicht gern gesehen, daß ein fremder alter Mann unter den Schülern sitzt, und zweitens hat Frau Pao-leng gesagt, daß sie unsicher und nervös wäre, wenn ich da hinten sitze und ihr quasi auf die Finger schaue. Ich hatte auch das Gefühl, daß sich

Dame Pao-leng beim Betreten des – im Übrigen sehr unschönen und schmutzigen – Schulhauses von einer Frau in eine Lehrerin verwandelte. Sie betrat eine andere Welt. Es war so, als ob sie schlagartig von einem Licht anderer Farbe beleuchtet würde. Selbst ihre Sprache mir gegenüber wurde anders. Ich hielt mich still in einer Ecke auf dem Flur und beobachtete sie. Die Schüler und Schülerinnen tobten und lärmten um mich herum. Frau Pao-leng sprach hier mit einem Schüler, dort mit einem Kollegen, also einem anderen Lehrer. Es war etwas wie ein tiefer Graben zwischen uns. Ich sah die Dame Pao-leng dort stehen – kühl und unnahbar und Autorität ausströmend, und in meine Gedanken schlich sich das Bild von ebenderselben Frau Pao-leng, die hilflos glücklich in meinen Armen liegt in jenem Moment der Verzückung … und daß alle, die hier um sie sind, nichts davon wissen und ahnen, wie die Dame Pao-leng *dann* aussieht … Was ist ihr wahres Bild? Wohl beides.

Frau Pao-leng stellte mich dem Direktor der Schule vor und erzählte kurz die übliche Erklärung: daß ich ein Mann aus Chi-na sei, zu Studienaufenthalt in Min-chen und so weiter und so fort. Frau Pao-leng verschwand mit einer Schar von Schülern. Der Herr Direktor war sehr erfreut und nahm mich freundlich mit in sein Zimmer. Er erzählte mir viel vom Schulsystem der Großnasen, das sich, soweit ich es verstanden habe, hauptsächlich dadurch auszeichnet, daß es sich ständig ändert. Die Kinder kommen durchwegs mit sechs Jahren in die Schule und bleiben, bis sie vierzehn sind, manche bis achtzehn, manche, sofern sie sich einer Wissenschaft verschreiben, noch länger. Die unterste Stufe der Schulen heißt: »Schule des Volkes«, die höchste »Mutter der Wissenschaften«. Dazwischen gibt es viele Abstufungen und Seitenzweige.

Die Hauptschwierigkeit, mit der das Schulsystem und überhaupt das Bildungssystem zu kämpfen hat, ist, sagte mir der Direktor, nicht die Bösartigkeit, Unpünktlichkeit und Unaufmerksamkeit der Schüler, sondern die Tatsache, daß die Schulen von einem Minister und dessen Mandarinen überwacht werden, die zwar viele Vorschriften mit mühsamer Genauigkeit ausarbeiteten, vom Schulwesen aber keine Ahnung hätten. Die Hauptaufgabe der Lehrer bestünde darin, einen halblegalen Mittelweg zwischen den Untugenden der Schüler und den hanebüchenen Vorschriften des Ministeriums zu finden.

Was mir der Direktor nicht sagte, was ich aber aus vielen Äußerungen von ihm schloß, ist eine weit tiefer gehende Schwierigkeit im Bildungssystem, die auf eine auffallende Merkwürdigkeit in der Denkgewohnheit der Großnasen zurückzuführen ist. Ein Lehrer hier bei den Großnasen darf von einem Schüler sagen, er sei frech, er sei vorlaut, er sei faul, er sei unordentlich – der Lehrer darf *nicht* sagen: der Schüler sei dumm oder sei unbegabt. Das erschwert verständlicherweise den Standpunkt der Lehrer gegenüber den Familien der Schüler, denn wenn die Erziehung mißglückt, so ist das doch in den seltensten Fällen auf Frechheit und Unordnung zurückzuführen, sondern auf Dummheit und mangelnde Begabung. Aber gerade *das* dürfen die Lehrer nicht sagen. Es herrscht der ungeschriebene politische Sittenkodex, der besagt, daß alle gleich begabt sind. Woher kommt das? Es kommt von der an sich edlen Anschauung der Großnasen, daß alle Menschen gleich sind. Das ist im Gesetz verankert, das wird überall und immer betont, und wer es laut sagt, ist des Beifalls aller sicher. Ich habe mit Herrn Me-lon darüber gesprochen, der als Richter sehr darauf bedacht ist, alle Menschen gleich zu behandeln. Er war über meine Fragen und Ansichten zunächst wenig erfreut, mußte mir dann aber beipflichten. Ja – sagte ich – gleich behandeln schon; das ist ein hochachtbarer Grundsatz, wenn Arme und Reiche, Hochgeborene und Niedriggeborene, Schwarzhäutige und Bleichhäutige gleich behandelt werden, aber *sind* sie denn gleich? Sie *wiegen* gleich, ihre Seelen wiegen gleich, aber sie *sind nicht* gleich. Ein Dummer wiegt in seiner Menschlichkeit wie ein Weiser, und ihm darf so wenig Schaden oder Unrecht zugefügt werden wie jenem, aber gleich *sind* sie deswegen noch nicht. Das ist doch eine Verwirrung der Begriffe, wenn man Gewicht und Charakter vermengt.

Aber die Großnasen betreiben da seit alters her eine augenwischende Philosophie. Aus der Gleichheit der Menschen, aus dem gleichen Gewicht ihrer Seelen leiten sie eine Identität der Lebensansprüche her. Das geht so weit, daß sie heutigentags überhaupt die Tatsache verschiedener Begabung leugnen. Es ist nicht mehr erlaubt, der Ansicht zu sein, daß es Minderbegabte gibt. Erlaubt ist nur noch die Ansicht, daß alle Menschen völlig gleich sind. Da aber natürlich der bloße Augenschein gegen diese Ansicht spricht, haben sie die Seelen-Wissenschaft erfunden, mit deren Hilfe jede Minderbegabung wegdiskutiert werden kann, in dem Sinn, daß man herausfindet: der Minderbegabte ist nicht minderbegabt, sondern durch schädliche Vorkommnisse im Mutterleib, in seiner Jugend oder dergleichen beeinträchtigt.

Überhaupt ergibt sich aus der Verwechslung von Gleich-Sein und Gleich-Wiegen eine erstaunliche und unverständliche Scheu, die Dinge beim Namen zu nennen. Keiner darf als arm, als dumm, als krüppelhaft bezeichnet werden, selbst wenn er es wirklich ist. Die Großnasen haben Angst bei solcher Bezeichnung (die nur hinter vorgehaltener Hand vorkommt), den Betreffenden in seinen Rechten zu verletzen. Haben die Großnasen Angst, der Realität in die Augen zu schauen? Die Geschichte der Philosophie der Großnasen in den – von jetzt aus gesehen – zwei vergangenen Jahrhunderten ist die Geschichte der Abkehr vom Denken in der Realität. Die großnäsische Philosophie denkt nicht darüber nach, wie der Mensch und seine Gesellschaft *ist*, sie befaßt sich damit, immer neue Vorschläge zu erfinden, wie der Mensch und seine Gesellschaft *sein soll.* Da man darüber natürlich hunderterlei verschiedener Meinung sein kann, ist die Philosophie nie zu einem einheitlichen Ergebnis gekommen. Aber die vorherrschende Meinung zumindest derzeit scheint zu sein, daß der Mensch im Kern gut und weise ist, und wenn er verdorben ist oder wird, dann sind immer die anderen schuld. Ich habe ja nun mit vielen gebildeten Großnasen gesprochen und habe ihre Meinung erforscht: mit Herrn Shi-shmi (der Geprüfter Gelehrter ist), mit Meister Yü-len, mit Herrn Richter Me-lon, mit Frau Pao-leng. Alle sind im Grunde der Meinung, daß man vom Menschen nur gut zu *denken* brauche, dann werde er gut.

Das kommt mir so vor wie die Ansicht, man brauche einem Einbeinigen nur die unschönen Krücken wegzunehmen, dann könne er wieder grade gehen. –

Nicht mit einem leisen Trommelwirbel wie bei uns, sondern mit einem schrillen Klingeln wird hier das Ende des Unterrichts angekündigt. Ich stand auf und bedankte mich mit einer Drei-Viertel-Verbeugung beim Herrn Direktor. Draußen erwartete mich Frau Pao-leng, und wir fuhren in ihrem A-tao-Wagen nach Hause. Ich genieße das Fahren mit dem A-tao-Wagen jetzt, wie ich überhaupt gelernt habe, die Annehmlichkeiten der Großnasenwelt anzunehmen. Aber ich verkenne nicht den Preis, den sie dafür zahlen muß. Darum werde ich den Annehmlichkeiten nicht nachtrauern. Wenn ich an die Unordnung und an die Verwirrung der Begriffe denke, die der Preis dieser Annehmlichkeiten ist, wird es mir nicht schwerfallen, mich wieder in unserer Welt zurechtzufinden, wo man nicht nur auf einen Knopf zu drücken braucht, um Licht zu machen.

Aber das Mo-te Shang-dong werde ich vermissen.

Ich grüße Dich innig, Dein bald wieder bei Dir weilender

Kao-tai

*Vierunddreißigster Brief*

(Dienstag, 4. Februar)

Mein teurer Dji-gu.

Du hast recht, wenn Du bemängelst, daß ich – der ich immerhin Präfekt der kaiserlichen Dichtergilde »Neunundzwanzig moosbewachsene Felswände« bin – noch kein Wort über den Stand der Literatur in der Welt der Großnasen verloren habe. Das hat nicht seinen Grund darin, daß mich die Literatur plötzlich nicht mehr interessiert, sondern vielmehr darin, daß die Großnasen heute eigentlich keine Literatur mehr haben. Sie haben nur noch Bücher.

Seit ich die Sprache der Großnasen soweit beherrsche und seit ich die Schrift lesen kann, habe ich mich bemüht, auch in die Literatur einzudringen. Ich habe verschiedene Werke gelesen, manche haben mir gefallen, manche haben mir mißfallen, viele habe ich nicht verstanden. Es gibt keine einheitliche Literatur der Großnasen, so wie es – was ich bei der Gelegenheit erfahren habe – keine einheitliche Sprache der Großnasen gibt. Wenn ich also sage: ich spreche und verstehe – einigermaßen – die Sprache der Großnasen, so ist das strenggenommen falsch. Ich spreche die Sprache der Leute von Ba Yan, die hier und in einigen Gegenden des Gebirges und bis nach Norden ans Meer hin gesprochen wird. Daneben gibt es zahlreiche andere Sprachen. Frau Pao-leng spricht außer der Sprache der Leute von Ba Yan auch eine Sprache von Leuten, die westlich auf einer großen Insel wohnen. Sie unterrichtet die Schüler auch in der Handhabung dieser Sprache. Außerdem hat Frau Pao-leng die Literatur dieser beiden Sprachen studiert. Den diesbezüglichen Gesprächen mit ihr verdanke ich es, daß ich Dir den folgenden kleinen Abriß der Literatur der By yan-Sprache (die auch »Sprache der Tugend«* genannt wird) geben kann.

* Kao-tai benutzt das chinesische Schriftzeichen: »Te« = Tugend, das ihm offenbar dem Wort »deutsch« am ähnlichsten klingt.

Die ältesten Zeugnisse dieser Literatur reichen nicht viel weiter als bis auf die Zeit zurück, in der wir leben – in der im Augenblick Du lebst, ich bald wieder leben werde. Es sind aus dieser Zeit mehrere ziemlich blutrünstige Balladen großen Ausmaßes überliefert, die aber kein Mensch mehr lesen kann, weil sich – anders als bei uns – die Sprache sehr stark geändert hat. Frau Pao-leng hat einmal gesagt, wenn eine Großnase aus der Zeit jener blutrünstigen Lieder herauftauchen würde, könnte sie sich anfangs auch nicht viel besser verständigen als ich.

Einige Jahrhunderte später wurde es üblich und galt als fein und gebildet, in einer bereits damals ausgestorbenen Sprache – genannt La-teng – zu dichten. Das versteht heute natürlich auch kein Mensch mehr. Wiederum etwas später, um die Zeit eines großen, dreißig Jahre andauernden Krieges, hat man sich wieder auf die »Sprache der Tugend« besonnen, aber die Dichtwerke aus dieser Zeit, sagt Frau Pao-leng, zeichnen sich durch überquellende Schwülstigkeit aus, so daß auch diese Werke ungenießbar sind. Erst vor etwas mehr als zweihundert Jahren glückte es einem Meister, der den für uns anheimelnden Namen Le-sing trug (mit dem Beinamen: »Gott ist ihm hold«) und den Frau Pao-leng sonderlich schätzt, auch heute und hier noch lesbare Werke zu schaffen. In gewisser Weise die Fortsetzer dieses Le-sing, dem Gott hold war, waren die zwei Dichter, die die Großnasen (die *hiesigen* Großnasen, muß ich einschränken) als Zweigestirn und Gipfel ihrer Literatur preisen. Der eine davon hieß »Kommt von oben«, der andere hieß »Geht nach oben«*. Von beiden habe ich Gedichte gelesen, von denen ich keinen schlechten Eindruck habe. Danach, sagt Frau Pao-leng, sei die Literatur sehr in die Breite gegangen. Viele Dichter hätten sich damit beschäftigt, namentlich den »Kommt von oben« zu kommentieren und auszulegen, aber

* Kao-tai meint vermutlich Goethe und Schiller. Vielleicht hat ihm Frau Pao-leng diese seinerzeit gängigen Epitheta mitgeteilt.

plötzlich sei eine neue Richtung der Literatur aufgetaucht, die alles bisherige als alten Plunder bezeichnet und ihre Aufgabe darin gesehen habe: die Welt darzustellen, wie sie wirklich ist. Das konnte nicht gutgehen (das sagte nicht Frau Pao-leng, das sage ich), denn die Großnasen sind, wie ich Dir im letzten Brief geschrieben habe, überhaupt außerstande, die Welt zu sehen, wie sie wirklich ist. Einer der hervorstechendsten dieser Wirklichkeitsdichter war – das sagt wieder Frau Pao-leng – »der Große Kapitän«, der so aussah, daß er häufig mit dem »Kommt von oben« verwechselt wurde – was aber dem »Großen Kapitän« eher angenehm war.

Die Literatur der letzten hundert Jahre endlich ist völlig unübersichtlich. Man kann sagen, sagt Frau Pao-leng, daß jeder grad so dahinschreibt, wie er will. Je weniger sich einer an Regeln hält, desto mehr gilt er. Da es keine Regeln zu befolgen gilt, kann praktisch jeder dichten – das ist ja klar. Da Dichten und Schreiben eine angenehmere und weniger anstrengende, auch sauberere Arbeit als viele andere Tätigkeit ist, und zudem oft angesehener, dichtet fast jeder zweite. Das ist mittelbar auch die Folge der Tatsache, daß so gut wie jeder als Kind gezwungen wird, lesen und schreiben zu lernen. Hier haben wir wieder so einen Punkt, wo man sagen muß: eine an sich gute Sache, nämlich die allgemeine Bildung und Erziehung, hat ihre entschiedenen Schattenseiten. Da jeder schreibt, ist der Ruhm des einzelnen kurz. Das ist ja klar.

Frau Pao-leng hat mir nach und nach einige Bücher gegeben, die ich lesen sollte. Sie sagte, das seien ihre Lieblingsbücher, und sie maße sich nicht an zu behaupten, daß mein Eindruck von der großnäsischen Literatur damit allseitig sein werde; im Gegenteil: er sei wohl eher einseitig. Aber selbst wenn ich statt einem Jahr hundert Jahre hierbliebe, könnte ich unmöglich alles lesen.

Ich las ein sehr dickes Buch von einem Autor, der vor über hundert Jahren gelebt hat. Das Buch hieß: ›Der späte Sommer‹ und war sehr fromm und idyllisch. Wie der Autor hieß, habe ich vergessen. Seine Vorliebe galt den Rosen – zumindest in diesem Werk. Im großen und ganzen gesehen aber war das Buch sauber und beruhigend. Danach las ich ein Buch eines moderneren Autors. Es hieß: ›Der Prozeß‹ und war düster und grausam. Es schildert, wie ein Mann von ungenannten Mächten verfolgt wird und sich – wie im Traum sich mühsam bewegend – nicht wehren kann. Das dritte Buch habe ich so gut wie nicht verstanden: es hieß ›Irregehen und Verwirrungen‹ und handelte von Dingen, die mir überhaupt nicht einleuchteten. Ich sagte das auch Frau Pao-leng, worüber sie enttäuscht war, denn sie hält gerade große Stücke auf diesen Autor als einen, der die »Sprache der Tugend« hervorragend elegant und gleichzeitig bestechend schlicht beherrscht. Es mag daran liegen, sagte Frau Pao-leng, daß ich die Hintergründe und die Zeit, in der dieses Buch spielt, nicht kenne. Gut, mag sein. Dann hätte sie es mir nicht geben sollen.

Danach las ich ein Buch, ein sehr dickes Buch von einem Autor, der merkwürdigerweise nur »der Mann« genannt wird. Es war die ausführlich und zum Teil humorvoll geschilderte Geschichte einer Familie, die zunehmend in Schwierigkeiten gerät. Es gefiel mir so gut, daß ich ein weiteres Buch dieses »Mannes« lesen wollte, aber das war dann eine Enttäuschung. Dieses Buch war noch dicker als das erste, hieß ›Der Berg des Zaubers‹ und handelte ausschließlich davon, daß alle lungenkrank sind. Ein drittes Buch von dem Autor, das den Titel trug ›Geprüfter Gelehrter, die Faust ballend‹ legte ich dann nach wenigen Seiten weg.

Insgesamt gesehen aber ist der Stand der Literatur bei den Großnasen ganz anders als bei uns und äußerst merkwürdig. Wie Du schon aus der kurzen Zusammenfassung ersehen konntest, die mir Frau Pao-leng dargestellt hat, und die ich oben wiedergegeben habe, wird alte Literatur so gut wie überhaupt nicht gelesen. Das hängt mit der starken Veränderung zusammen, die die Sprache durchgemacht hat. Man kennt aber auch kaum noch die

Namen der alten Autoren. Das liegt, meine ich, auch an der mangelnden Pietät der Großnasen. Das Alte gilt ihnen nichts. Sie halten das Neue zunächst einmal ungeprüft für besser. Ich glaube, ich habe das Beispiel schon einmal gebraucht: eine alte, ausgeleierte und geflickte Wagenachse ist ohne Zweifel weniger wert als eine neue, eben angefertigte. Das ist für viele Dinge des täglichen Lebens eine Feststellung von banaler Richtigkeit. Ein neuer Teppich ist besser brauchbar als ein zerschlissener alter, eine neue Öllampe ist zweckmäßiger als eine alte, die schon gesprungen ist, ein neuer Winterpelz ist wärmer als ein abgetragener, an dem die Nähte aufgeplatzt sind. Diesen Standpunkt dehnen die Großnasen aber auf alle Dinge aus, auch auf die Philosophie und die Literatur. So ist die mangelnde Pietät zu verstehen: sie halten eine neue Philosophie und eine neue Literatur für von vornherein besser als jede alte. Sie legen einen Wagenachsen-Maßstab an, was natürlich völlig unsinnig ist, denn nur dort ist dieser Maßstab richtig, wo es sich um Dinge handelt, die verbraucht werden. Hat man jemals gehört, daß ein Gedicht sich abnützt, wenn man es oft liest? Die Großnasen sind dieser Ansicht. Wahrscheinlich können sie nicht anders, denn sie betrachten im Grunde genommen alles unter dem Gesichtspunkt der Nützlichkeit. Deshalb gilt ihnen Literatur, die – an sich schon ein abwegiger Gedanke – Nützlichkeit ausströmt, mehr als alles andere. Sie nennen das angebundene Literatur: solche, die sich mit Politik und Gesellschaft befaßt und in der der Autor einen heftigen Kampf für die Nützlichkeit führt. Überhaupt gilt die Gesinnung des Autors mehr als der Stil. Das ist nur folgerichtig: denn Gesinnungen nützen sich in der Tat ab wie Wagenachsen. Also müssen die Großnasen immer wieder neue hervorbringen.

Ich war, wie Du ja weißt, anfangs gar nicht sicher, ob diese Reise, die ich – zugegebenermaßen – aus reiner Neugier unternommen habe, gut für mich war, und ich hatte starke Seelenschmerzen in dieser fernen und fremden Welt. Jetzt aber weiß ich, daß ich einen großen Schritt getan habe. Erst jetzt, in so fortgeschrittenem Alter, halte ich meine Bildung für abgeschlossen – nicht, weil ich dies alles hier, diese Bequemlichkeiten und Annehmlichkeiten, kennengelernt habe, nicht, weil ich weiß, wie es in einer fernen Welt aussieht, sondern weil ich den Unterschied kennengelernt habe, der in dem Versuch liegt, die Menschen zu betrachten, wie sie sind, und in dem Bemühen, darüber nachzudenken, wie die Menschen sein sollen. Ich habe mit vielen darüber geredet. Die Großnasen denken nur darüber nach, wie die Menschen sein sollen. Warum tut ihr das? habe ich immer wieder gefragt. Weil wir, haben sie gesagt, die Menschen dazu bringen wollen, so zu sein, wie sie sein sollen. Was für ein Unsinn, denke ich (gesagt habe ich es nie) – abgesehen davon, daß es hundert verschiedene, sich oft ganz und gar widersprechende Ansichten davon gibt, wie die Menschen sein sollen, bleiben die Menschen so, wie sie sind. Wie die Katze Mäuse fängt, jagt der Mensch nach Vorteilen für sich, und seit eh und je hat jeder sein Leben gewagt, um es auf Kosten anderer besser zu haben. Was helfen da die schönsten Gedankenspiele? Aber die Großnasen werden nicht müde, sie weiter zu spielen, um eine gerechte, glückliche Welt herbeizuführen. Die einen glauben, daß das möglich sei, wenn die Weisen die Führung des Staates übertragen bekommen, die anderen meinen, daß das möglich sei, wenn jeder endlich mehr hat, als er braucht, die Dritten nehmen an, daß man nur die Güter gerecht und gleichmäßig zu verteilen brauche … alles Unsinn. Das ist mein Schritt nach vorn: hier bei den Großnasen erkannt zu haben, daß es keine Schritte nach vorn gibt.

Seit – von der Zeit der Großnasen aus gerechnet – dreitausend Jahren haben die Weisen festgestellt, daß es kein richtiges Paradies geben kann. In kaum einem Punkt waren sich die sonst so unterschiedlichen Weisen dermaßen einig. Aber die Großnasen wollen das nicht wahrhaben. Sie lügen sich vor, daß durch das Fort-Schreiten das irdische Paradies erreicht werden kann. Das Band, das sich wie der Himmel über die Großnasenwelt hinzieht, ist die Lüge, das Sich-selbst-Belügen. Dadurch ist es eine so faulige Welt. Es hat zwar nicht direkt damit zu tun, aber es erscheint mir nachträglich wie ein nur zu deutliches Symbol, daß mir als eines der ersten Phänomene hier der Gestank aufgefallen ist.

So ist es also nicht anders zu erwarten, als daß die Großnasen auch die neue Literatur der alten vorziehen, daß sie die neue für besser halten. Fast alles, was hier in Min-chen und in Ba Yan und überhaupt in der »Tugend«-Sprache geschrieben wird, befaßt sich mit der merkwürdigen Situation, in die das Reich des ehemaligen Kaisers von Te-chih geraten ist. Damit Du das verstehen kannst, muß ich wiederum weiter ausholen. Ich glaube, ich habe Dir schon einmal vom letzten Kaiser von Te-chih berichtet: Herr Shi-shmi sagt, er habe Wi-li geheißen, sei der zweite dieses Namens gewesen und habe einen Kopf aus Holz gehabt. Dieser Wi-li mit dem Holzkopf hat – von »jetzt« aus gerechnet vor etwa siebzig Jahren – einen Krieg angezettelt, den er verloren hat. Man hat ihn daraufhin abgesetzt, worauf er sich in ein Schloß zurückgezogen und fortan damit beschäftigt hat, Holz zu sägen. Die Wirren, die auf die Absetzung jener Dynastie Wi-li folgten, hat ein ehemaliger Haus-Anstreicher ausgenützt, um sich zum Diktator aufzuschwingen. Dieser Diktator hatte natürlich auch eine Vorstellung davon anzubieten, wie die Menschen sein sollen. Seine Vorstellung war denkbar einfach: er verkündete, daß das irdische Paradies erreicht würde, wenn es nur noch Menschen mit gelben Haaren gäbe. (Ich habe Bilder von diesem Haus-Anstreicher gesehen: er selber hatte keine gelben Haare. Es ist dies sehr schwer zu verstehen.) Auch dieser Usurpator zettelte einen Krieg an und bekam fürchterliche Schläge. Das heißt: er selber natürlich nicht, leider nur sein Heer.

Nach dem Sturz und der Beseitigung des Usurpators teilte sich das Land. Die eine Hälfte schloß sich der West-Lehre an, die andere der Ost-Lehre. (Von beiden Lehren habe ich Dir schon berichtet.) Wie immer es um die Richtigkeit oder Wichtigkeit der einen oder anderen Lehre steht (oder beider), ist das, daß nämlich ein Land sich teilt, ein wenig aufregender Vorgang – möchte man meinen. Wie oft hat sich unser Erhabenes Reich der Mitte geteilt, ist oft in viele kleine Fürstentümer aufgesplittert gewesen, hat sich wieder vereinigt. Hat das der Vernunft oder Moral irgendwelchen Abbruch getan? Sicher ist es zweckmäßig, wenn in einem großen Reich ein Herrscher die Möglichkeit hat, gewisse praktische Dinge einheitlich zu regeln: die Breite der Wagenspur, die Währung, Maße und Gewichte. Auf den Geist der Menschen hat das keinen Einfluß. Ein weiser Herrscher kann in einem großen Land mehr Gutes bewirken als in einem kleinen – ein dummer Herrscher aber auch viel mehr Unfug. Da weise Herrscher seltener sind als dumme, war ich immer schon gegen große Reiche skeptisch. Und haben nicht die erhabensten unserer Weisen, K'ung-fu-tzu und Lao-tzu, in kleinen Staaten gelebt und gelehrt?

Nicht so denken die Großnasen. Sie betrachten es als Unglück, ja als undenkbar und über alle Maßen unvorstellbar, wenn und daß ihr Staatsgebiet angetastet wird. Offenbar denken großnäsische Politiker auf der Basis der Landkarten. Alles lassen sie sich gefallen: Währungsverfall, Auswanderung der Bevölkerung, Niedergang von Handel und Gewerbe, das Zunehmen des Stumpfsinns und das Abbröckeln der Kultur – das macht ihnen alles nichts aus, wenn sich nur die Landkarten nicht ändern. Sie sehen Staaten als festgefügte Organismen – und wenn ihnen auch nur eine Provinz oder ein Dorf entgleitet, so erheben sie ein Geschrei, als ob ihnen ein Fuß abgehackt würde. Die Großnasen von Te-chih kommen sich vor, seit sich ihr Reich in zwei getrennte Staaten aufgesplittert hat, als wären ihre Leiber in der Mitte auseinandergeschnitten.

Halt – ich muß hier gerechterweise die Meinung des Herrn Richter Me-lon einfließen lassen, die sich im Übrigen auch mit der Meinung von Herrn Shi-shmi in diesem Punkte deckt: nicht die Leute, meint Herr Me-lon, empfänden sich als in der Mitte geschlitzt, sondern die Politiker, und die redeten den Leuten ein, auch sie empfänden so. In Wirklichkeit ist der Masse der Großnasen diese Teilung völlig gleichgültig – jedenfalls hier im West-Teil von Te-chih. Im Ost-Teil nicht, sagt Herr Richter Me-lon, aber da auch nur deswegen, weil es den Leuten dort infolge noch größerer als üblicher Unfähigkeit und Korruption der Minister weit schlechter geht als hier. Ansonsten wäre es den Leuten dort in Wirklichkeit auch gleichgültig.

Nichtsdestoweniger ist das Geheul über die Trennung hier eine Art Staatsdoktrin geworden, in die jeder einstimmen muß, wenn er im öffentlichen Leben etwas erreichen will. Das gilt – und damit komme ich zum Ausgangspunkt zurück – namentlich auch für die Literatur. Nur Gesänge, die diese Trennung beweinen und die neuerliche Vereinigung des Staates dereinst herbeiwünschen, werden ernst genommen. Am günstigsten, sagt Frau Pao-leng, treffen es jene Autoren, die vom Land der Ost-Lehre hierhergekommen sind und nun hier leben. Sie gelten als die wahren Frommen und genießen das höchste Ansehen. Ich habe einige Bücher von diesen Leuten gelesen. Du wirst verstehen, daß ich mir nicht die Mühe gemacht habe, mir ihre Namen zu merken.

Mein treuer Dji-gu, nur noch wenige Tage trennen uns von unserem Wiedersehen. Ich danke Dir schon jetzt für alles, was Du in meinen Angelegenheiten während meiner Abwesenheit besorgt hast. Ich grüße Dich und bin, wie in allen Briefen

Dein Kao-tai

*Fünfunddreißigster Brief*

(Sonntag, 16. Februar)

Mein geliebter, alter Dji-gu.

Ich bin zweifach erleichtert, wenngleich der kommende Abschied von Frau Pao-leng, räume ich ein, meine restlichen Tage hier ein wenig mit Trauer überschattet. Ich bin zweifach erleichtert: Herr Shi-shmi ist endlich gereist und vor allem wiedergekommen. Als ich den vorhergehenden Brief zum Kontaktpunkt brachte – der ja ganz in der Nähe von Herrn Shi-shmis Wohnung liegt, an der kleinen Brücke über den Kanal, den ich anfangs für den »Kanal der blauen Glocken« hielt, habe ich Herrn Shi-shmi besucht und nochmals mit allen möglichen Argumenten versucht, ihm seinen Plan auszureden. Aber er beharrte auf seinem Vorsatz. So blieb mir nichts anderes übrig, als zu meinem alten Versprechen zu stehen. Ich brachte ihm am Tag danach den Zeit-Kompaß, unterwies ihn in der Handhabung und sah ihn am Kontaktpunkt in die Zukunft verschwinden. Er versprach mir vorher noch, alle Sorgfalt zu beachten und nicht zu weit zu reisen.

Und mit welchen Gefühlen ich mich auf den Weg zurück ins Hong-tel machte, kannst Du Dir denken. Abends besuchte ich mit Frau Pao-leng (die sich dabei schon stark langweilte) die Tanz- und Musikdarbietung ›Das Land, in dem immer gelächelt wird‹, aber ich konnte diesmal der Darbietung nur wenig Komik abgewinnen. Danach redeten wir lange. Frau Pao-leng sagte, daß sie so egoistisch sei, zu hoffen, Herr Shi-shmi komme nicht mehr zurück, so daß auch ich für immer hierbleiben müsse. Sie weinte. Ich sagte nichts, stand auf und schaute die Wand an. Alles, was ich dazu zu sagen habe, habe ich ihr schon gesagt. Ich will zurück in meine Zeit-Heimat fahren, weil ich es mir einmal so vorgenommen habe. Anders würde es meine Ordnung zerstören, die der Boden ist, auf dem meine Füße stehen.

Nach einigen Tagen läutete das Glöckchen meines Rüben-Apparates Te-lei-fong in meinem Zimmer im Hong-tel, und ich hörte erleichtert die Stimme von Herrn Shi-shmi. Sie klang belegt. Er sagte nur, er danke mir, und er bringe mir in den nächsten Stunden den Zeit-Kompaß in der Reisetasche zurück.

Ich erwartete ihn in der Halle des Hong-tel. Er kam herein, ergriff meine Hand und beutelte sie nach Art der Großnasen, stellte die Reisetasche neben mich hin und trank einen Becher Mo-te Shang-dong. Dann entzündeten wir je ein großes braunes Brandopfer Da-wing-do, und ich fragte nach angemessenem Schweigen, wie es denn gewesen sei?

Herr Shi-shmi erzählte, daß er zunächst nur ein ganz kleines Stück, zwanzig Jahre etwa, in die Zukunft gereist sei, dann noch einmal das Doppelte ungefähr weiter – insgesamt nicht mehr als hundert Jahre. Dann schwieg er wieder. Nun, sagte ich, edler Freund und Geprüfter Gelehrter Shi-shmi, wie ist es denn gewesen? Aber er schüttelte nur den Kopf, ächzte und wischte sich mit der Hand über die Augen. Das Schütteln des Kopfes im waagrechten Sinn bedeutet bei den Großnasen eine Verneinung, hier aber, erkannte ich, bedeutete es eine Geste der Hilflosigkeit, oder besser gesagt: den Ausdruck dafür, daß es schlimmer gewesen sei als angenommen. Mir genügte das nicht. Eine bösartige Neugier kam mich an: ich wollte wissen, ob es stimmt, was ich von der Zukunft der Großnasenwelt erwarte. Aber Herr Shi-shmi lehnte es ab zu reden. Er schüttelte immer nur den Kopf. Als ich ihn genauer ansah, sah ich seine von unnennbarem Schrecken geplagten Augen. Da tat er mir leid, und ich hörte auf, in Herrn Shi-shmi zu dringen, und fragte nichts mehr. Im Grunde wußte ich es ja damit ... Wir saßen noch eine Weile so, dann sagte Herr Shi-shmi, daß er am liebsten mit mir in die Vergangenheit zurückreisen würde. Aber er wisse ja, sagte er, daß der Zeit-Kompaß nur *eine* Person befördere. Er umarmte mich, sagte, daß ich ihn vor meiner Abreise noch besuchen solle, und ging dann.

In einigen Tagen werden sich bei Herrn Shi-shmi wieder die musikalischen Freunde treffen. Es wird das letzte Mal sein, daß ich sie höre. So lösen sich nach und nach die Bande, die mich in dieser Welt festgehalten haben. Ich werde auch diese Art der Musik vermissen. Aber Ordnung in Trauer ist besser als Freude ohne Ordnung, sofern man nicht beides haben kann, was, wie wir wissen, in den seltensten Fällen möglich ist.

Meine Briefe werden kürzer. Bald werden wir in der Frühlingssonne unter der Pinie Deines Parks an der Westtreppe des Sperlingpavillons sitzen, und ich werde Dir alles erzählen, was ich Dir nicht geschrieben habe. Ich würde Dir ja gern auch ein kleines Augen-Gestell fürs leichtere Lesen mitbringen, aber das geht nicht. Der kenntnisreiche Mann, der mein Augen-Gestell angefertigt hat, hat gesagt – ich habe eigens gefragt –, daß er nur dann ein Gestell für den fremden Freund anfertigen könne, wenn er die genaue Stärke Deines Augenlichts kennt. Die Großnasen haben da die feinsten Unterschiede herausgebracht und können sie auch messen. Nur auf gut Glück ein Augen-Gestell mitzubringen ist unsinnig, weil Du womöglich damit schlechter siehst als ohne es. Aber ich werde Dir etwas anderes mitbringen, das Dich freuen wird. Du wirst sehen. Ich grüße Dich und bin Dein alter

Kao-tai

*Sechsunddreißigster Brief*

(Sonntag, 23. Februar)

Teurer Dji-gu.

Das wird einer der letzten oder vielleicht überhaupt der letzte Brief sein, den ich Dir aus dieser Welt schreibe. Ich muß gestehen, daß ich ein wenig Wehmut verspüre, wenn ich durch die Halle des Hong-tel »Die vier Jahreszeiten« gehe. Dieses Hong-tel, diese Stadt Min-chen, war doch für fast ein Jahr meine Heimat. Wo immer man war, ob gern oder ungern, und sei es nur kurze Zeit, bleibt ein Stück von einem zurück. Nur der Augenblick ist Wirklichkeit. Das Zukünftige formt sich erst zur Wirklichkeit, wenn seine Zeit – sein Augenblick – eintritt. Die Vergangenheit sinkt in die Unwirklichkeit zurück, aber sie verfestigt sich in der Erinnerung. Die Erinnerung ist jedoch nicht von dauernder Festigkeit. Sie wird fließend, dann Rauch, verfliegt endlich. Dennoch ist das einzige, was von gewesener Wirklichkeit zurückbleiben kann, die Erinnerung; und Dinge, an die sich niemand erinnert, sind so gut wie nicht gewesen. Das gilt auch von Menschen. Wenn wir uns unserer Ahnen nicht mehr erinnern, sind sie nicht gewesen. Dann sind wir vom Himmel abgeschnitten, und es entsteht Unordnung.

Die Ordnung ist bei den Großnasen in Mißkredit gekommen. Ordnung ist fast ein Schimpfwort, zumindest ein Streitpunkt, meist zwischen jüngeren und älteren. (Diese Einteilung ist nicht wörtlich zu nehmen; ich habe festgestellt, daß es in dem Sinn sowohl jüngere Ältere als auch ältere Jüngere gibt.) Die Jüngeren verstehen unter Ordnung Unfreiheit, das Verbot zu tun, was ihnen grad einfällt, die Polizei. Die Älteren verstehen unter Ordnung Zucht, daß auf der Straße alle rechts gehen und nicht unmäßig denken. Die wahre Bedeutung der Ordnung ist den Großnasen verlorengegangen. So wie die Dinge stehen, werden sie sie auch nicht mehr erlangen. Die Jüngeren behaupten, die Ordnung, die

die Älteren wollen, sei der Ruhe auf dem Gräberfeld vergleichbar, die Älteren tragen vor, daß die Unordnung der Jüngeren das Chaos sei. Die wahre Bedeutung der Ordnung ist ihnen verlorengegangen. Das kommt wohl unter anderem davon, daß sie ihre Zeit hauptsächlich damit zubringen, in sich hineinzuhorchen, um dort festzustellen, wozu sie Lust haben und wozu nicht. Wenn sie merken, daß sie zu gar nichts Lust haben, schauen sie in die Luft und nennen es »spontan«. Die wahre Bedeutung der Ordnung ist ihnen verlorengegangen. Wahre Ordnung heißt vernünftiges Einfügen in die Harmonie der Realität. Dem würden die Großnasen entgegenhalten, daß die Realität nicht harmonisch sei. Dieses Argument würden die Großnasen sogar als unschlagbar ansehen. Der Berufene aber sagt, daß die Realität sehr wohl harmonisch ist, wenn man sich bemüht, die Harmonie zu erkennen, wenn man nicht ständig von sich fortschreiten will. Aber das wollen die Großnasen nicht wahrhaben. Sie springen so schwer über ihren Schatten. Sie verwechseln die Realität mit den Begriffen, die sie willkürlich erfinden. Sie haben den Bezug zur wahren Ordnung verloren. Sie sind von der wahren Ordnung *fortgeschritten.*

Dabei ist es gar nicht so, daß es nicht einige gibt, die das zumindest in Ahnungen erkennen. In einem Buch eines Autors, der Mafa Bi-la heißt, habe ich den bemerkenswerten Satz gelesen: wer ununterbrochen fortschreitet, steht sein halbes Leben auf *einem* Bein. Ich habe in meinen vielen Gesprächen mit den Großnasen immer wieder diesen Satz zitiert. Alle haben zustimmend gelächelt, und dann hat sich doch wieder der Schleier des Nicht-wahrhaben-Wollens über ihre Stirn gesenkt. Es ist nichts zu machen. Ich reise ab.

Dennoch spüre ich Wehmut. Ein Teil meiner gelebten Wirklichkeit gerinnt zur Erinnerung an diese seltsame Welt, die doch für eine lange Zeit meine Heimat war. Dies bleibt von mir in dieser Welt zurück; davon muß ich Abschied nehmen. Ich bringe aber auch meine Angelegenheiten hier in Ordnung. Ich möchte nicht, daß die Spur meiner Existenz hier in dieser Welt schlampig bleibt. Ich mache meine Abschiedsbesuche. Ein wichtiger Abschied war der von der Himmlischen Vierheit vor vier Tagen. Herr Shi-shmi und seine Freunde haben mir die Freude gemacht, jenes Musikstück zu spielen, das für mich das Tor zum Verständnis der Großnasen war: die Himmlische Vierheit aus dem Ton Yü vom Meister We-to-feng. Danach reichte Herr Shi-shmi jedem einen Becher Mo-te Shang-dong, wir erhoben uns. Herr Shi-shmi hielt eine kurze Rede, in der er sagte, daß ich, sein Freund Kao-tai, nun bald in die Heimat zurückkehren würde, und alle tranken auf einen glücklichen Verlauf meiner langen Reise. Herr Te-cho schenkte mir ein Bild, auf dem der Meister We-to-feng dargestellt ist; außerdem schenkten sie mir ein Bild, auf dem sie selber dargestellt sind, ihre Instrumente haltend.

Dann besuchte ich Herrn Richter Me-lon und seine Frau, die mich mit köstlichen Speisen bewirtete. Wir sprachen über die wahre Ordnung, und Herr Richter Me-lon versprach mir, das ›Lun Yü‹ zu lesen, das ich ihm als Abschiedsgeschenk mitbrachte. Außerdem schenkte ich ihm ein Blatt, auf das ich in der schönsten mir möglichen Schrift die Zeichen Cheng-ming geschrieben habe sowie den Namen des Hsün K'uang.

Herrn Yü-len-tzu schrieb ich einen Brief in die ferne Stadt, in der er lebt, und dankte ihm für die vielen Gespräche. Im Hong-tel bezahlte ich die Rechnung, deren Höhe mich allerdings etwas erschreckte. Dennoch habe ich nicht einmal die Hälfte aller Silberschiffchen verbraucht, die ich mitgenommen hatte. Als ich die Rechnung bezahlte, rief der Ober-Beschließer den Besitzer des Hong-tel, Herrn Mo, der mir versicherte, daß ich ein gerngesehener Gast im Haus gewesen sei, und er beutelte mir heftig die Hand. Ich lobte die Einrichtungen seines Hong-tel und log ihm vor, daß ich wiederkommen würde. Es gibt Lügen, die sind bedeutungslos für die Harmonie der Realität. Das habe ich bei einem Autor gelesen, den ich irrtümlich nicht erwähnt habe, als ich vom Stand der Literatur berichtete. Der Autor heißt Chei-mi-to und ist – von »jetzt« an gerechnet – vor zwanzig Jahren gestorben. In einem Buch von ihm habe ich gelesen: nur die Lüge, die man selbst glaubt, ist gefährlich; wenn man lügt und weiß das – die »freche Lüge« nennt es Meister Chei-mi-to –, so ist es ungefährlich. Das Nicht-wahrhaben-Wollen der Großnasen ist eine Große Lüge, die sie selber glauben und die deshalb gefährlich ist. Wieder siehst Du das Problem: einige der Großnasen *wissen*, sagen es sogar, aber niemand richtet sich danach. Sie gehen mit einem zustimmenden Lächeln darüber hinweg und ziehen dann sofort den Schleier ihrer Großen Lüge wieder vor die Stirn.

Herr Richter Me-lon hat mir übrigens geholfen, die Sache mit dem A-tao-Wagen-Besitzer zu regeln. Es ist errechnet worden, daß der Besitzer mit seinem A-tao-Wagen viel schneller gefahren ist als zulässig. Herr Richter Me-lon begleitete mich zu jenem berufsmäßigen Fürsprecher Kä-w', der freundlicher war, als sein Brief damals geklungen hat. Herr Kä-w' sagte, daß sein Mandant das einsehen müsse. Wenn er nicht so schnell gefahren wäre, wäre nichts passiert, oder zumindest wäre der Aufprall auf den Baum halb so schlimm gewesen. Da ich mich nicht aus dieser Welt verflüchtigen will, während ich noch jemandem etwas schuldig bin, habe ich Herrn Fürsprecher Kä-w' die Hälfte der ursprünglichen Forderung, nämlich den Gegenwert von fünf Silberschiffchen bezahlt, dem Fürsprecher selber für seine Mühe den Gegenwert von einem. Damit sei, versicherte mir Herr Kä-w' unter heftigem Beuteln meiner rechten Hand, die Sache erledigt.

Die wenigen Tage, die mir hier noch verbleiben, die Tage, nachdem ich die Rechnung im Hong-tel bezahlt habe, verbringe ich ganz bei Frau Pao-leng. Sie wird Deine Briefe bei sich behalten, die Du mir geschrieben hast. Ich habe ihr zu dem Zweck ein Lackkästchen gekauft, das recht hübsch ist und das man mit einigem guten Willen als aus dem Reich der Mitte stammend ansehen könnte. Über den Abschied reden wir nicht mehr. Als wir noch einmal die Tanz- und Gesangsvorstellung ›Das Land, in dem immer gelächelt wird‹ besuchten, lachten wir beide gemeinsam. Frau Pao-leng werde ich die restlichen Silberschiffchen und die Goldbecher hinterlassen.

Außerdem werde ich ihr einen Armreif aus Email schenken, dessen materieller Wert ganz gering ist, aber die Farbe soll sie an mich erinnern. Es ist eine Drachenfarbe. Es ist auch eine Gefühlsfarbe.

Ich hatte zunächst den Gedanken, meine Abreise so zu gestalten, daß mich Frau Pao-leng und Herr Shi-shmi zum Kontaktpunkt begleiten würden, dorthin auf die kleine Brücke über den Kanal, daß wir zusammen noch einen Becher Mo-te Shang-dong trinken würden und daß dann die beiden einige Schritte zurücktreten würden … aber ich glaube, das ist kein guter Gedanke. Es ist besser, wenn ich allein hingehe, allein meine Reise antrete, um so, wie ich gekommen bin, diese Welt wieder zu verlassen. So werde ich es halten. Auf der anderen Seite, wenn man so sagen kann, wirst Du mich erwarten, meine geliebte Shiao-shiao auf dem Arm, der ich von Meister Mi erzählen werde.

Lebe wohl, mein Treuer, in wenigen Tagen sehen wir uns wieder. Ich bin

Dein Kao-tai

*Siebenunddreißigster und letzter Brief*

(Montag, 24. Februar)

Mein lieber Dji-gu.

So schreib ich Dir doch noch einen kurzen Brief. Deinen letzten habe ich noch erhalten. So sage ich Dir also genau den Tag und die Stunde meiner Ankunft.

Heute ist Vollmond. In sieben Tagen, merke Dir das genau, ist es soweit.

Das Wetter ist kalt, aber sonnig. Die Großnasen, die in allen, selbst in unwichtigen Dingen die Zukunft berechnen wollen, versuchen sogar das Wetter vorauszusagen. Ab und zu treffen diese Voraussagungen sogar ein. Jetzt, so heißt es, glaube man, daß das Wetter für die nächsten Tage so bleiben wird. Vom Frühling ist hier noch keine Spur zu bemerken, aber das macht mir jetzt nichts mehr aus, denn Du schreibst, daß in Deinem Park schon die Magnolien blühen, und so werde ich in einen heimatlichen Frühling reisen. In sieben Tagen, und zwar genau zu Beginn der Stunde des Pferdes.* Ist das Werk vollbracht, dann sich zurückziehen, das ist des Himmels Sinn (Tao**).

Ich habe mein Werk im Geheimen vollbracht. Es war kein leichtes Werk. Die Großnasen haben nichts bemerkt davon, daß sie von mir beobachtet wurden. Sie werden es auch nicht bemerken. Meinen Zeitgenossen werde ich meine Erkenntnisse verschweigen. Warum? das habe ich Dir schon geschrieben.

Herr Shi-shmi hat mich aufgefordert, ja dringend gebeten, meine Erkenntnisse über diese Welt, seine Welt der Großnasen von Min-chen und Ba Yan niederzuschreiben, die letzten Tage zu

* Stunde des Pferdes (Wu) = die Doppelstunde von 11 Uhr vormittags bis 1 Uhr nachmittags; Kao-tai kündigt also seine Rückkehr für den 3. März 11 Uhr an.

** Schlußzeilen eines Gedichtes aus dem ›Tao-te-ching‹.

benutzen, um meine Eindrücke zusammenzufassen. Er würde, sagte er, für die spätere Veröffentlichung sorgen. Er sagte, daß meine Erkenntnisse, die sozusagen eine angeborene Unvoreingenommenheit hätten, für die Großnasen von unschätzbarem Wert seien.

Ich habe abgelehnt. Ich zweifle nicht am Wert meiner Erkenntnisse für die Großnasen. (So gering der Wert für meine Zeitgenossen wäre.) Es fiele mir auch nicht schwer, mich hinzusetzen in den restlichen Tagen und – vielleicht sogar in der Sprache der Großnasen, damit sie sich die Übersetzung sparen können – meine Eindrücke, eben alles das etwa, was ich in diesen vielen Briefen an Dich geschrieben habe, in geraffter und geordneter Form zu Papier zu bringen. Ich habe abgelehnt.

Ich weiß, was mit dem Büchlein, der Schrift jenes rätselhaften Kao-tai geschähe: die Großnasen würden es lesen; wenn es hochkommt, würden sie es aufmerksam lesen. Sie würden zustimmend nicken und sich dann dem zuwenden, was sie für den Ernst ihres Lebens halten. Gegen diesen Ernst des Lebens ist nicht anzukommen.

Ich habe Herrn Shi-shmi die Geschichte mit dem Grenzwart des Blumenlandes erzählt, aus dem XXII. Buch des Chuang-tzu, die Geschichte, in der der Herrscher Yen das Blumenland besichtigt und der Grenzwart versucht, dem Yen von Sinn (Tao) und Leben (Te) zu erzählen, Yen aber begreift es nicht. Der Grenzwart wird böse, und die mir unvergeßlichen Schlußzeilen lauten: »Mit diesen Worten ließ ihn der Grenzwart stehen. Yen ging ihm nach und sagte: ›Darf ich fragen …?‹ Der Grenzwart aber sprach. ›Vorbei.‹«

Ich bin nicht so vermessen, mich mit dem Grenzwart oder gar mit dem überaus erhabenen Chuang-tzu zu vergleichen. Dennoch sage ich: Kao-tai aber sprach zu den Großnasen: vorbei.

Das soll mein letztes Wort aus der Welt der Großnasen sein, abgesehen von einem Gruß an Dich, den ich in ganz kurzer Frist wieder in die Arme schließen werde

als Dein Kao-tai

Mandarin und Präfekt der kaiserlichen Dichtergilde »Neunundzwanzig moosbewachsene Felswände« in K'ai-feng im Reich der Mitte.

Es ist mir eine angenehme Pflicht, Herrn Prof. Dr. Herbert Franke, Präsident der Bayerischen Akademie der Wissenschaften, für viele äußerst wertvolle Hinweise und für seine geduldige Beratung in Fragen der altchinesischen Geschichte und Kulturgeschichte sehr herzlich zu danken.

Was die Gastronomie und die chinesischen Eßgewohnheiten anbetrifft, verdanke ich entscheidende Hinweise Herrn Hans W. Stoermer.

*An Literatur habe ich insbesondere verwendet:*
die Darstellungen der chinesischen Geschichte von Herbert Franke und Rolf Trauzettel ›Das Chinesische Kaiserreich‹ (Fischer Weltgeschichte Band 19), ›China im Altertum‹ von A. F. P. Hulsewé und ›China bis 960‹ von Hans H. Frankel (beide in der ›Propyläen Weltgeschichte‹ Band II, 2 bzw. VI, 1), die Einführung ›Klassische chinesische Philosophie‹ von Hubert Schleichert (Frankfurt 1980) und den Artikel ›Chinesische Musik‹ in ›Musik in Geschichte und Gegenwart‹, Band 2 (Kassel 1952), von Kenneth Robinson und Hans Eckardt.

Von größtem Wert waren für mich außerdem – alle in der Übersetzung des Altmeisters der deutschen Sinologie Richard Wilhelm – die Quellen: das ›I Ching – Buch der Wandlungen‹, Kung-fu-tzu: ›Gespräche – Lun Yü‹, ›Frühling und Herbst der Lü Pu-wei‹, Lao-tzu: ›Tao-te-ching‹, ›Li Chi – das Buch der Riten, Sitten und Gebräuche‹ und Chuang-tzu: ›Das wahre Buch vom südlichen Blütenland‹ (alle aus der Sammlung ›Diederichs gelbe Reihe‹).

Im Grunde genommen auch zur Literatur über das alte China gehört die Bildrolle ›Die Stadt K'ai-feng‹ des Malers Chang Tzu-tuan, die das Ch'ing-ming-Fest in der Stadt K'ai- feng zur Sung-Zeit in einem Genrebild mit 3500 Figuren darstellt. Eine Reproduktion dieser Bildrolle hat mir ebenfalls Prof. Dr. Franke liebenswürdigerweise zur Verfügung gestellt.